L'INDUSTRIE FRANÇAISE

AU XIXe SIÈCLE

REVUE & EXAMEN

DES

EXPOSITIONS NATIONALES & INTERNATIONALES

EN FRANCE ET A L'ÉTRANGER

Depuis 1798 jusqu'à 1878

L'INDUSTRIE FRANÇAISE

AU XIXᵉ SIÈCLE

PAR NOËL REGNIER

PARIS

IMPRIMERIE TYPOGRAPHIQUE, LÉON SAULT, ÉDITEUR

5, *Rue du Quatre-Septembre*, 5

1878

PREFACE

*Ce livre, qui embrasse une période de 80 ans, qui prend l'in-
dustrie française à cette modeste et première manifestation de sa
vitalité, au mois de Septembre 1798, pour se terminer en 1878
à l'épanouissement si brillant de sa puissance, est une histoire
complète de l'industrie entre ces deux dates bien éloignées et
bien différentes comme résultat.*

*Il n'est pas inutile de faire précéder un tel travail de quelques
réflexions sur sa portée, sur le but que l'auteur a tenté d'atteindre
en entreprenant de passer en revue, à un point de vue nouveau,
les Expositions nationales et internationales qui se sont succédées,
à des intervalles réguliers, pendant une aussi longue période.*

*L'auteur a voulu, en arrêtant le plan de son ouvrage, faire,
modestement, pour l'industrie, ce que d'illustres écrivains, avec
la magie de leur plume, l'éclat de leur talent, ont réalisé, par de
brillants panégyriques des grandes figures de la science, de la
littérature, de l'armée et du clergé. Il a pensé que le mérite d'un
Jacquard, d'un Oberkampf, d'un Koechlin, d'un Philippe de Girard,
d'un Ternaux, d'un Schneider, pour ne citer que les premiers,
n'était pas inférieur à celui d'un général fameux ou d'un artiste
hors ligne, et que tout français aimant la patrie pouvait confondre*

dans la même admiration l'industriel, le savant, le poète, le musicien, qui, chacun dans sa sphère, avait contribué à la grandeur et à la prospérité du pays.

Voilà quel est l'esprit de ce livre, et ce qui en constitue l'intérêt; il suit pas à pas, depuis 1798, le progrès qui se manifeste, cherchant à attirer l'attention du lecteur sur des noms souvent obscurs ou même oubliés, saisissant, à chaque exposition, la physionomie particulière de l'industrie de l'époque, analysant les causes politiques et économiques qui en ont arrêté ou précipité l'essor.

Cette histoire de l'industrie devait, à côté de la découverte ou de l'amélioration introduite, donner la biographie de celui à qui elle était due; l'auteur ne pouvait s'arrêter à cette objection sans portée que les grands manufacturiers ne visent que la fortune, il croit très sincèrement qu'il est bon et utile de montrer à tous par quelle suite d'efforts intelligents, par quelle volonté persévérante, par quelle lutte contre des obstacles sans cesse renaissants, ces hommes sont arrivés à créer leurs établissements ou à les étendre, à conquérir en même temps la richesse et la renommée; il tient à démontrer que la fortune n'est que la conséquence naturelle de tous ces efforts dépensés et qu'elle ne vient en rien altérer le principe et le point de départ, qui est toujours le travail. La gloire d'un pays se mesure au génie de ses écrivains et de ses artistes, de cette élite qui embrasse toutes les classes de la société, mais sa prospérité est l'œuvre de l'industrie et du travail toujours en haleine.

Pour mener à bonne fin une telle entreprise, l'auteur a dû consulter tous les documents officiels, bon nombre de brochures et journaux, qui ont mis en lumière nos grands Industriels Français. Jusqu'ici beaucoup d'entre eux s'étaient dérobés ou avaient échappé à toute remarque personnelle, mais ce livre ne le permet pas, chacun y est cité et sa place y est marquée de droit: malgré tout, il s'en trouvera, et des meilleurs peut-être, qui n'auront pas tout le développement qui leur appartient, mais c'est qu'alors rien n'aura été dit ou écrit qui permit d'établir leur biographie exacte.

Rapports des Jurys, livres spéciaux sur tous les arts et toutes les industries, tableaux de douanes, journaux de l'époque, l'auteur a tout vu, tout lu, et ce travail opiniâtre, qui lui a coûté trois années, l'a mis à même de donner à chaque période son caractère particulier et de retrouver, à côté de faits connus, la trace d'événements importants oubliés qui méritent mieux que cette indifférence.

N'est-il pas intéressant, pour ne citer qu'un seul fait, de rappeler, alors que l'Angleterre se fait gloire d'avoir, pour la première fois, réuni le monde entier à l'Exposition de 1851, que, dès 1819, en France, un Ministre, conseillé par des manufacturiers et des savants, avait conçu l'idée, incomplète sans doute, d'exposer à côté des produits nationaux, au Louvre, un grand nombre d'articles anglais à l'abbaye Saint-Martin ? La politique s'en mêla et le projet dut être abandonné. En 1834, autre tentative d'Exposition internationale soumise au Conseil des manufactures qui ne sut pas ou ne voulut pas comprendre la portée de cette innovation; en 1849, nouvelle proposition faite par le Gouvernement officiellement aux Chambres de Commerce : la situation indécise et ébranlée du pays vint, cette fois, influer sur la décision des Chambres dont la majorité se prononça pour l'ajournement. Il ressort, avec évidence, de tout ceci, que les Anglais, plus heureux que nous, ont pu réaliser les premiers une idée née dans le pays qui avait vu la première réunion des produits de l'industrie.

Bien d'autres documents que l'auteur a su découvrir dans ses recherches patientes, mettent en lumière des faits aussi intéressants pour la gloire du pays et viennent attester que dans l'émulation qui s'est emparée vers le commencement de ce siècle, de l'Europe entière, la France a toujours conservé sa place et s'est signalée, souvent, par des inventions de premier ordre dont nul ne peut lui contester le mérite.

Il fallait, avant tout, dans la composition de cet ouvrage, éviter l'écueil d'être trop abstrait, d'entrer dans des descriptions technologiques plus à leur place dans un traité spécial, sans négliger, cependant, de citer, avec quelques détails, les découvertes importantes : il fallait écrire pour tout le monde et intéresser le lecteur, en essayant, par l'attrait et la variété du récit, de lui faire partager la conviction qu'une telle œuvre était utile et arrivait bien à son moment.

J'ai voulu, dans cette courte préface, résumer, en quelque sorte, les grandes lignes d'un ouvrage, fruit de longues veilles et de profondes méditations. J'ai voulu qu'avant de commencer la première page le lecteur fût averti qu'il n'a point affaire à un livre composé seulement de documents pris au hasard de tous les côtés et ne formant qu'une compilation sans méthode.

Le sujet par lui-même était trop sérieux, présentait un intérêt trop réel pour qu'on pût entreprendre de le traiter convenablement sans y avoir été préparé par les connaissances des principes de l'économie politique et des notions exactes sur les matières industrielles.

Je suis sûr, maintenant, que ma tâche est terminée, de n'avoir rien négligé pour atteindre le but que je poursuivais et je m'estime heureux si j'ai pu mener à bien un ouvrage consacré tout entier à la gloire de mon pays.

PREMIÈRE EXPOSITION

DES

PRODUITS DE L'INDUSTRIE FRANÇAISE

1798

APERÇU GENERAL

Le primidi onze Fructidor, an 6 de la République (23 Août 1798), le *Moniteur universel* insérait dans ses colonnes la Circulaire suivante :

« *Le Ministre de l'Intérieur aux Administrations centrales de départements et aux Commissaires du Directoire exécutif près ces Administrations.*

« *Paris, le 9 Fructidor, an 6 de la République Une et Indivisible.*

« CITOYENS,

« Au moment où l'anniversaire de la République embellissant nos fêtes nationales des plus glorieux souvenirs va rappeler à tous les Français et les événements qui la préparèrent et les triomphes qui l'ont affermie, pourrions-nous oublier dans les témoignages de notre reconnaissance les arts utiles qui contribuent si puissamment à sa prospérité.

« Ces arts qui nourrissent l'homme, qui fournissent à tous ses besoins et qui ajoutent à ses facultés naturelles par l'invention et l'emploi des machines sont, à la fois, le lien de la Société, l'âme de l'agriculture et du commerce et la source la plus féconde de nos jouissances et de nos richesses. Ils ont été oubliés et même souvent avilis : La liberté doit les venger.

« La France républicaine est devenue l'asile des beaux-arts ; et, grâce au génie de nos artistes et aux conquêtes de nos guerriers, c'est, désormais, dans nos musées, que l'Europe viendra prendre des leçons.

« La liberté appelle également les arts utiles en allumant le flambeau d'une émulation inconnue sous le despotisme et nous offre ainsi les moyens de surpasser nos rivaux et de vaincre nos ennemis. Le Gouvernement doit donc couvrir les arts utiles d'une protection particulière, et c'est dans ces vues qu'il a cru devoir lier à la fête du 1er Vendémiaire un spectacle d'un genre nouveau, l'Exposition publique des produits de l'industrie française.

« Il eut été à désirer, sans doute, que le temps eut permis de donner à cette solennité, vraiment nationale, une étendue et un éclat dignes de la grandeur de la République, mais le Gouvernement connaît le zèle des fabricants industrieux qui honorent leur pays. Il espère qu'ils s'empresseront de concourir à l'embellissement de la fête qu'il a conçue.

« Cette fête se renouvellera toutes les années. Tous les ans elle doit acquérir plus d'ensemble et plus de majesté.

« Un emplacement décoré, sûr et abrité, fourni par le Gouvernement, recevra les fabricants français et les produits de leur industrie qu'ils voudront y exposer à l'estime et à la vente qui ne peut manquer d'en être la suite.

« L'Exposition aura pour époque et pour durée les cinq jours complémentaires. Un Jury nommé par le Gouvernement parcourra les places attribuées à chaque industrie et choisira, le cinquième jour, les douze fabricants qui leur auront paru dignes d'être offerts à la reconnaissance publique dans la fête du 1er Vendémiaire. Le local sera indiqué par le programme de cette fête.

« Je n'ai pas besoin de vous assurer que le Gouvernement veillera d'une manière spéciale à la sûreté des personnes et des propriétés ; mais, je dois ajouter que son intention est de contribuer par tous les moyens possibles à l'embellissement du tableau varié que présentera ce tableau de nos richesses industrielles. Il faut que le peuple français conçoive une juste idée de sa dignité et qu'il soit le témoin de la considération attachée aux arts utiles, à ces arts dont l'exercice fait son occupation et doit faire son bonheur.

« Les conditions exigées des Français industrieux pour être admis à cette espèce de concours se réduisent aux suivantes :

« 1° Justifier de leur qualité par la présentation de leur patente ;

« 2° N'exposer en vente que des produits de leur industrie.

« Sous ces conditions, tout manufacturier ou fabricant français qui
se sera fait inscrire avant le 26 Fructidor dans les bureaux de la
4ᵐᵉ division du Ministère de l'Intérieur, rue Dominique, 238, (bureau
des Arts et Manufactures), sera admis à l'Exposition et obtiendra un
local gratuit pour le temps de sa durée. Il aura l'attention d'indiquer non-seulement le nom de la fabrique et du département où
elle est établie, mais encore l'espèce de produits manufacturés ou
industriels qu'il destine à l'Exposition.

« Comme le local, à raison du nombre des concurrents, ne peut
avoir une très grande étendue, j'espère que les fabricants ne présen-
teront que ce qu'ils ont de plus parfait. Nul art ne sera excepté. Les
fabricants qui n'habitent pas Paris ou ses environs et qui voudront
concourir vous remettront leur inscription que vous m'adresserez
sur le champ. Il sera publié une liste de ceux qui seront admis à
l'Exposition.

« Je vous invite, Citoyens, à donner à cette annonce la plus
grande et la plus prompte publicité. Je n'ai pas besoin d'exciter votre
zèle pour l'exécution de cette idée. Tous les départements doivent
être jaloux de concourir à cette fête de l'industrie nationale et faire
leurs efforts pour qu'elle devienne tous les ans plus riche et plus
brillante. Les Français ont étonné l'Europe par la rapidité de leurs
exploits guerriers ; ils doivent s'élancer avec la même ardeur dans la
carrière du commerce et des arts de la paix.

« Salut et fraternité.

« FRANÇOIS (de Neufchâteau). »

J'ai cru devoir reproduire en son entier cette circulaire un peu longue,
il est vrai, mais très-intéressante au point de vue historique de l'idée
qu'elle met au jour. Elle montre, en effet, à travers le langage emphatique
de l'époque, les préoccupations du gouvernement et son ardent désir de
reconstituer, sur les ruines de l'ancien régime, une nouvelle société où
l'agriculture et l'industrie étaient appelées à prendre la place importante
qui leur était légitimement due.

Pour atteindre ce but, il fallait les plus grands efforts, une direction
ferme et soutenue; il fallait, surtout, au pouvoir un homme intelligent et

actif, assez patriote pour comprendre la grandeur de l'entreprise et s'y dévouer tout entier : François de Neufchâteau était bien l'homme de la situation qu'on lui imposait. Partisan des idées nouvelles, il avait siégé à l'Assemblée. législative et voté toutes les mesures qui avaient assuré l'émancipation de la nation française; mais, ennemi de la violence et de la tyrannie, il n'était pas entré à la Convention. Il avait laissé passer les orages de la Terreur, en déplorant ses excès sanguinaires, et, le calme revenu, s'était décidé, sur les instances du Directoire, à accepter les fonctions de ministre de l'intérieur.

C'était une lourde tâche que de diriger à une époque aussi troublée cet important ministère. Indépendamment de l'administration intérieure du pays, il avait encore dans ses attributions l'agriculture, le commerce et l'industrie. François de Neufchâteau, appuyé par un entourage d'hommes instruits, dévoués à leur pays, résolut de profiter du calme relatif dont jouissait la France pour porter ses efforts sur certaines parties de son administration que ses prédécesseurs, plus occupés de politique, avaient jusqu'alors complètement négligées. Quelques mois lui suffirent pour se rendre un compte général à peu près exact de la situation qui l'intéressait particulièrement.

Tout d'abord, il avait dû constater que, malgré la suppression des entraves de toutes sortes qui opprimaient l'agriculture avant la Révolution, la situation économique ne s'était pas modifiée d'une façon plus heureuse.

Les cultivateurs, peu habitués à ce régime d'indépendance qu'ils devaient au nouvel état de choses, ne savaient pas profiter des avantages de la position qui leur était faite; ils en étaient encore, sauf dans quelques parties trop rares du territoire, aux méthodes agronomiques qui, depuis des siècles, se transmettaient, dans chaque province, de père en fils, comme un héritage sacré et inviolable.

Il fallait apporter et répandre la lumière dans les campagnes, lutter victorieusement contre la routine et les préjugés, pour fertiliser ces landes immenses, ces marais improductifs, qui laissaient stérile une étendue trop considérable de pays ; il fallait arriver à faire comprendre l'inutilité de ces jachères si préjudiciables à la production et au producteur, tandis qu'à prix d'or l'industrie se trouvait forcée d'aller chercher à l'étranger les laines et les chanvres qui lui étaient nécessaires, et que la France aurait dû lui fournir.

Cette question de l'éducation agricole des cultivateurs était pour le gouvernement un point essentiel qui réclamait ses efforts les plus soutenus : dans l'état d'hostilité déclarée où se trouvait l'Europe vis-à-vis de la France, le pays devait, avant tout, pouvoir se suffire à lui-même et n'avoir plus à craindre, à un moment donné, les disettes et les famines qui avaient marqué les commencements du nouveau régime.

Si l'état de l'agriculture préoccupait, à juste titre, les membres du gouvernement, l'industrie avait un besoin encore plus pressant de toute sa sollicitude.

Avant 1789, les manufactures de draps de Sedan, de Louviers, d'Elbeuf, les fabriques de soieries de Lyon, de Nîmes, de Tours, les cotonnades de Rouen, jouissant en Europe d'une réputation incontestée, répandaient dans tout le royaume et à l'étranger leurs productions sans rivales : le Midi : Castres, Carcassonne, Lodève, alimentaient, sans concurrence, de leurs draps et de leurs étoffes orientales toutes les côtes de la Méditerranée et du Levant ; la révolution était arrivée, suivie de la guerre, et toutes ces industries, alors considérables, subissant le contre-coup des bouleversements politiques, avaient perdu presque complètement leurs débouchés et menaçaient de disparaître.

L'industrie de la batiste, de la dentelle, qui faisait vivre, auparavant, pendant l'hiver, dans deux ou trois provinces, les paysans inoccupés, subsistait à peine et suffisait à une consommation des plus réduites.

Quant à l'industrie métallurgique, les procédés surannés dont elle se servait n'avaient pu la soutenir contre la supériorité des fabriques anglaises et allemandes et les rares usines que nous comptions alors éteignaient leurs feux et renvoyaient leurs ouvriers.

Il en était de même pour toutes les autres branches d'industrie, moins importantes que celles citées plus haut, mais dont la situation malheureuse était d'autant plus intéressante qu'elles n'avaient point, la plupart, pour se soutenir, une réputation depuis longtemps acquise.

Le tableau peut paraître un peu noir, mais il est de l'exactitude la plus rigoureuse, ainsi qu'on peut s'en convaincre en lisant avec attention les débats aux Chambres de l'époque accablées, chaque jour, de mémoires, de pétitions, de suppliques.

C'était au gouvernement qu'incombait la difficile tâche, tout en faisant face aux ennemis du dehors, d'examiner sérieusement toutes les causes qui empêchaient, à l'intérieur, la régénération de ces deux forces d'une nation que l'on appelle l'Agriculture et l'industrie, et de prendre les moyens énergiques et indispensables pour leur donner la vitalité qui leur manquait.

François de Neufchâteau, avant d'aviser aux moyens de combattre le mal, jugea convenable de constater, par une enquête, jusqu'où s'étendaient ses ravages.

Il prescrivit aux administrateurs de départements de lui fournir sur les localités de la région qu'ils étaient chargés d'administrer des renseignements détaillés concernant : les terrains en friche, les cultures, les plantations, les troupeaux, les mines, les industries, les manufactures : ce travail considérable devait lui permettre de dresser un tableau exact de l'état actuel de l'Agriculture et de l'Industrie ; ce point obtenu, le gouvernement avait pour la première fois en main l'exposé de la production du travail de la France et il lui devenait possible d'appliquer les mesures indispensables pour augmenter les ressources et la puissante production du pays.

Mais une telle enquête ne pouvait pas être terminée, on le comprendra facilement, dans un délai rapproché : les rouages administratifs dans chaque département étaient trop nouvellement établis pour qu'il fût facile d'avoir rapidement une situation exacte ; le zèle des agents du gouvernement ne répondait pas toujours aux instructions pressantes qui leur étaient données.

Malgré les facilités si grandes laissées pour l'admission, les intéressés furent loin de répondre aux avances du Gouvernement : soit que le délai entre la circulaire créant l'Exposition et la date de son ouverture fût trop court, soit que cette innovation parût sans portée et ne fût pas comprise comme un progrès évident, il ne se présenta pour réclamer leur inscription sur les registres ouverts au Ministère de l'Intérieur, que cent dix manufacturiers, dont soixante-dix appartenaient au département de la Seine.

Seize départements seulement fournissaient quarante exposants et, sauf la Haute-Garonne, la Creuse et l'Indre, tous appartenaient à la région située en deçà de la Loire.

L'industrie française, quelle que fût sa détresse actuelle, était loin d'être représentée, dans toutes ses parties, par un nombre aussi faible de concurrents ; mais le résultat, malgré ses modestes proportions, suffisait pour prouver au Gouvernement l'utilité de l'institution nouvelle qu'il venait de créer.

Il s'était produit un double courant d'opinion favorable aux projets du Ministre : les savants qui l'avaient aidé de leurs conseils et encouragé dans cette patriotique entreprise, lui avaient fait de nombreux prosélytes en montrant les bienfaits qui pouvaient en résulter pour le pays tout entier ; enfin, d'un autre côté, pour une raison plus frivole mais non moins puissante, ses idées avaient conquis la sympathie de la population parisienne. Celle-ci, un peu blasée sur les fêtes républicaines, voyait avec plaisir un attrait nouveau s'ajouter aux pompeuses cérémonies habituelles.

Les éléments semblaient s'être conjurés pour mettre obstacle aux intentions de François de Neufchâteau ; il avait été décidé et annoncé qu'à la suite de l'amphithéâtre qui occupait le milieu du Champ-de-Mars réservé pour la fête civique du 1er Vendémiaire on préparerait une enceinte carrée décorée de soixante-huit portiques sous lesquels devaient être exposés à tous les regards les produits admis au concours : dans cette enceinte serait élevé un temple à l'Industrie, orné de ses attributs et destiné à recevoir les productions distinguées par le Jury.

Un violent orage survenu dans les derniers jours de Fructidor vint arrêter les ouvriers au milieu de leurs préparatifs et les empêcher de terminer l'installation et la décoration des portiques pour le premier jour complémentaire.

L'ouverture solennelle fut remise au troisième jour, mais le temps ne permit pas de profiter de ce délai accordé pour l'achèvement, et l'inauguration dut avoir lieu dans une enceinte à moitié construite qui protégeait à peine les exposants contre les intempéries d'une saison prématurément mauvaise.

Le temple de l'Industrie où, chaque soir, à la clarté des illuminations, les meilleurs artistes de Paris, réunis par les soins de Sarrette, directeur du Conservatoire, devaient, pendant une heure, exécuter les plus brillantes symphonies des compositeurs de l'époque, était encore moins avancé que les arcades et, malgré les promesses du programme affiché de tous côtés dans Paris, il ne figura point dans la cérémonie d'ouverture et ne fut terminé que deux jours plus tard.

Le troisième jour complémentaire, à dix heures du matin, le Ministre de l'Intérieur arrivait à la maison du Champ-de-Mars où s'organisait le cortége, suivant un cérémonial arrêté à l'avance.

1° École des trompettes ; 2° Un détachement de cavalerie ; 3° Deux pelotons d'appariteurs ; 4° Des tambours ; 5° Une musique militaire à pied ; 6° Un peloton d'infanterie ; 7° Les hérauts ; 8° L'ordonnateur de la Fête ; 9° Les artistes inscrits pour l'Exposition ; 10° Le Jury ; 11° Le Bureau central du Département ; 12° Le Ministre de l'Intérieur ; 13° Un peloton d'infanterie, qui fermait la marche.

Le cortége, à travers une foule énorme attirée par la nouveauté du spectacle, fit le tour de l'enceinte consacrée à l'Exposition et, laissant de côté le temple inachevé, reprit sa marche vers le cirque du Champ-de-Mars.

Il avait été convenu que, du haut de l'estrade du temple de l'Industrie, au milieu de l'Exposition elle-même, François de Neufchâteau

prononcerait quelques mots sur la nouvelle institution et le parti qu'avec
le concours de tous les citoyens, il serait possible d'en tirer pour l'avenir
du pays ; le discours du Ministre eut été plus saisissant s'il avait été prononcé en face des produits exposés, mais l'état des travaux ne permit pas
d'user de cette mise en scène où se complaisait le goût un peu théâtral de
l'époque.

C'est du haut du tertre du Champ-de-Mars que le Ministre, dans un
discours remarquable par les idées élevées qu'il renfermait, développa la
pensée du Gouvernement sur l'Exposition et les heureux résultats qu'il
en attendait.

Il crut devoir, en commençant, célébrer les bienfaits de la révolution
opérée pour le bien-être de tous ; la suppression des corporations, des priviléges, des entraves fiscales, l'unité des lois s'étendant également sur le
pays à la place de ces règlements désastreux qui différaient de province à
province, de ces juridictions nombreuses et compliquées embrouillant les
affaires et ruinant le commerce et l'industrie. C'était à la guerre qu'il
fallait s'en prendre si l'on n'avait pas encore tiré bénéfice d'une situation
si heureusement bouleversée.

« Le jour où l'"Europe, subjuguée par nos généraux, consentira à déposer les
« armes, quel merveilleux essor prendra l'industrie débarrassée de tous ses obstacles !

« L'agriculture, guidée et éclairée par la science, triomphera peu à peu de ces
« landes incultes qui couvrent encore, en trop d'endroits, le sol de la patrie; mais,
« pour arriver à ces résultats désirés par tous les citoyens vraiment patriotes, il faut
« que les artistes, les fabricants répondent à l'appel qui leur est fait, il faut qu'ils con-
« sacrent leurs efforts et leur intelligence à égaler et même à surpasser les industries
« rivales de l'étranger ; il ne peut pas suffire à la France de conserver ou de recouvrer
« son ancienne supériorité pour certaines parties spéciales, il est nécessaire qu'elle s'ap-
« proprie, en les perfectionnant, les procédés de tous les arts, et qu'elle ne soit plus
« tributaire forcée, comme par le passé, de nations ennemies ou hostiles, par l'insuffi-
« sance de ses manufactures.

« Jusqu'à présent, dispersés sur la surface de la République, les fabricants tra-
« vaillaient isolément, chacun de leur côté, sans pouvoir établir entre leurs produits et
« les produits similaires d'une autre partie du territoire une comparaison utile et qui
« ne peut être qu'une source de perfectionnements.

« Des talents distingués, par suite de l'éloignement où ils se trouvaient de la
« capitale, privés des encouragements qu'il est du devoir du Gouvernement de leur
« accorder, végétaient dans une obscurité énervante, et renonçaient à poursuivre des
« découvertes où le pays pouvait être intéressé.

« Il ne suffisait donc pas de demander au dévouement et à l'intelligence des fabri-
« cants les efforts nécessaires pour triompher d'une situation aussi difficile ; il fallait
« faire naître entre tous une émulation bienfaisante et leur fournir l'occasion de pro-
« fiter, en réunissant les industries les plus diverses, des études poursuivies et des
« progrès accomplis dans chacune d'elles.

« C'était pour le Gouvernement une obligation sacrée d'apprendre à tous les
« citoyens qu'il n'est point de prospérité nationale là où les arts et les manufactures ne

« florissent point ; pour appuyer ces doctrines économiques dont la sagesse était re-
« connue par tous les hommes d'Etat, le Directoire avait approuvé la réunion solennelle
« à laquelle il était heureux de présider et qui coïncidait avec l'anniversaire de la fon-
« dation de la République.

   « Grâce à cette innovation, les artistes auront enfin une occasion éclatante de se
« faire connaître, et l'homme de mérite ne courra plus le risque de mourir ignoré après
« toute une vie de travail et de privations.

   « En accourant contempler les produits de l'industrie française, chacun pourra
« se rendre compte de l'importance de nos manufactures et jouir de la variété des pro-
« duits du génie national.

   « A un point de vue plus pratique, les hommes de science viendront étudier sur
« place les procédés de fabrication et pourront enfin prendre une base certaine pour la
« théorie des arts et métiers, science ignorée et même méprisée avant que l'Encyclopédie
« en traçât la première ébauche et ouvrît ainsi à l'esprit humain le champ le plus
« illimité.

   « Il n'est point d'art si simple, si commun, en apparence, qui, au contact de la
« géométrie, de la mécanique, de la chimie, de la physique, des mathématiques, du
« dessin, ne puisse s'améliorer.

   « Les sciences, portant leur lumière de tous côtés, simplifieront les procédés,
« créeront ou perfectionneront les machines, diminueront la main d'œuvre en modifiant
« les formes et en doublant les forces. »

En prononçant ces paroles remarquables qui, aujourd'hui, paraîtraient
une vérité banale, le Ministre faisait preuve d'un esprit véritablement
supérieur ; et, certes, dans l'assistance nombreuse qui applaudissait son
discours, peu de citoyens devaient croire à la réalisation possible de ses
espérances.

   Le peuple, habitué jusqu'alors à regarder le savant comme un être
supérieur absorbé dans la théorie, considérait la science comme une propriété exclusive des classes assez riches pour s'offrir les bienfaits de
l'instruction, et la jugeait trop grande dame pour daigner s'occuper des
arts et métiers.

   Ce jugement superficiel était juste, en somme ; la science, inaccessible
au vulgaire, n'avait pas encore, prise en général, reçu de ces hommes de
génie ou d'élite que l'on nomme Lagrange, Laplace, Lalande, Legendre,
Monge, Fourcroy, Berthollet, Vauquelin, Chaptal, Cuvier , Lacépède,
les lois admirables qui ont préparé toutes les grandes découvertes modernes. Il était difficile, à cette époque, pour des esprits peu cultivés, de
prévoir les merveilles produites, depuis, par son heureuse association avec
l'industrie.

   François de Neufchâteau termina en adressant le plus pressant appel
à tous les artistes de la République, en les engageant, avec chaleur, à venir
de tous les points de la France disputer l'honneur de se voir distinguer
pour la perfection de leurs produits. Il exprima tous les regrets du

Directoire de n'avoir pu prendre assez tôt les mesures nécessaires pour donner à cette première réunion un aspect plus solennel ; le laps de temps restreint avait amené trop d'abstentions, involontaires, sans doute, mais il comptait bien, en l'an 7, voir toute une légion d'artistes répondre à la sollicitude du Gouvernement.

La foule, transportée, salua de vivats enthousiastes la péroraison du Ministre, et accompagna de ses milliers de voix l'air patriotique joué par les musiques pour clôre la cérémonie d'inauguration.

EXAMEN DES PRODUITS EXPOSÉS

L'ouverture officielle était faite : chacun se précipita vers les portiques où étaient rassemblés les produits de la première Exposition française.

Toute la journée, l'enceinte fut envahie par la multitude passant en revue l'exhibition encore bien modeste des articles des manufactures nationales ; le soir, les arcades furent illuminés, et il y eut concert dans le temple de l'Industrie inachevé.

Le lendemain, l'affluence fut égale ; la curiosité de voir cette chose si nouvelle attira non-seulement la population parisienne de tous rangs, mais encore un grand nombre d'habitants des départements voisins. Chaque jour une foule considérable se portait vers le Champ-de-Mars ; du matin au soir, les portiques étaient encombrés de visiteurs, examinant, questionnant, discutant les mérites ou les défauts des objets exposés. Le résultat, au moins comme attraction, dépassait les prévisions du Gouvernement.

Pourtant, dans cet assemblage bien incomplet des divers produits de l'industrie de l'époque, il n'y avait, sauf quelques rares exceptions, aucun nouveau procédé, aucun effort pour améliorer la fabrication ou diminuer la main-d'œuvre.

Certains produits étaient d'une exécution remarquable et faisaient honneur aux manufacturiers qui les présentaient, mais ils ne devaient cette supériorité isolée qu'à une méthode de travail ancienne et surannée transmise d'âge en âge par leurs prédécesseurs et qu'ils avaient acceptée, telle quelle, sans y rien changer. C'était déjà beaucoup d'avoir gardé, comme un héritage précieux, la réputation acquise pour certaines productions, mais l'intérêt bien compris du fabricant devait le pousser à profiter du régime d'émancipation industrielle établi par la Révolution pour marcher dans la voie du progrès, en suivant l'exemple que donnait l'Angleterre à la même époque.

Au reste, jusqu'alors, la situation politique du pays avait été trop agitée pour qu'il eut été possible aux fabricants de songer à autre chose qu'à préserver de la ruine leur manufactures ébranlées par tant de secousses. A ce point de vue, l'Exposition prouvait qu'un grand nombre d'industries intéressantes avaïent échappé à la tourmente révolutionnaire relevées de leurs désastres, elles ne demandaient que du calme et un peu d'aide pour reconquérir leur situation, sinon perdue, au moins gravement compromise.

Ainsi, les fabricants de Chollet réunis avaient envoyé des échantillons de leurs mouchoirs qui faisaient, avant 1789, l'objet d'un commerce très-important. On devait considérer comme une bonne fortune la réapparition dans ces départements de l'Ouest, ravagés par la guerre civile, d'une industrie que l'on pouvait croire à tout jamais ruinée.

La bonneterie de Troyes, les cuirs de Pont-Audemer étaient représentés par un certain nombre de manufacturiers distingués; Louviers, Sedan, Châteauroux, avaient envoyé leurs draps; Rouen, ses toiles peintes si renommées.

On contemplait avec orgueil des fils de coton exposés par des fabricants de divers départements et obtenus par la filature mécanique; ces échantillons, un peu grossiers, ne pouvaient, en aucune façon, lutter avec la finesse des produits anglais, ils se ressentaient de l'inhabileté des ouvriers à se servir de machines, mais de tels essais, tentés par des manufacturiers intelligents et entreprenants, méritaient, malgré leurs imperfections évidentes, les encouragements du gouvernement et la sympathie de tous les patriotes; ils marquaient un effort pour délivrer le pays du joug étroit où le tenait l'Angleterre qui lui fournissait, à peu près exclusivement, le coton filé nécessaire à ses besoins.

Plus loin, on se pressait devant un autre produit dont la fabrication était complètement négligée en France : Raoul, de Paris, exposait un ensemble de limes de toutes grosseurs et de toute finesse d'un acier aussi parfait que celui des meilleures marques anglaises.

La foule était surtout attirée par la brillante exposition des produits de Paris : les porcelaines de Russinger et les cristaux du Gros-Caillou, les horloges et montres de précision de Bréguet, les instruments de physique et de mathématiques de Lenoir, de Fortin, les crayons de plombagine de Conté, les nécessaires de Lepetit Wale, les nouveaux caractères de typographie fondus par Didot jeune, les mécanismes de toutes sortes inventés par les citoyens Kutsch, Mathieu, Prudon, Cointereau, Touroude, Lacaze, ingénieurs mécaniciens auxquels l'Exposition offrait le précieux avantage d'une publicité immense. Papiers, cristaux, meubles, choses utiles ou agréables, tout était examiné, admiré, critiqué, car, à côté de la multitude des badauds sollicités par ce spectacle d'un nouveau genre, il y avait un grand nombre de manufacturiers désirant profiter de l'occasion qui se présentait d'étudier les procédés de concurrents plus heureux et plus renommés.

En présence d'un tel engoûment du public, il devenait difficile de clore le cinquième jour complémentaire une fête qu'un contre-temps malheureux avait déjà retardé de deux jours.

Les fabricants de l'Exposition, sur les instances de nombreux visiteurs, prirent l'initiative d'une demande de prolongation qu'ils adressèrent au Ministre de l'Intérieur.

Ils lui exposèrent que le mauvais temps ayant empêché le concours d'ouvrir au jour indiqué, ce retard préjudiciable empêchait beaucoup de citoyens de jouir, dans un laps de temps aussi court, du spectacle imposant que le gouvernement leur avait offert. Pour satisfaire au désir qui leur était exprimé de tous côtés, les artistes et manufacturiers exposants priaient le Ministre de vouloir bien demander au Directoire Exécutif son agrément pour que l'Exposition fût prolongée jusqu'au 10 vendémiaire inclus. Cette prolongation permettrait à tous d'admirer la première foire nationale.

François de Neufchâteau n'eut pas de peine à obtenir du Directoire la faveur qui lui était réclamée, et pour ajouter un attrait de plus à la fête, il donna ordre au citoyen Sarrette d'organiser deux nouveaux concerts pour les 5 et 10 vendémiaire.

Il annonça, en même temps, que plusieurs arcades, encore inachevées au moment de l'inauguration, étaient enfin terminées et mises à la disposition des artistes qui désireraient s'y établir, après avoir obtenu, toutefois, l'autorisation nécessaire.

Ces places disponibles furent occupées le jour même par des retardataires qui ne purent, toutefois, arriver assez tôt pour prendre part au choix fait par le jury des fabricants dignes d'être proclamés par la voix du Président du Directoire à la fête du 1er vendémiaire.

Cette date, fixée comme anniversaire, ne pouvait être reculée ; la proclamation de la décision des membres du jury avait trop d'importance dans l'esprit de François de Neufchâteau pour ne pas figurer au milieu des détails d'une fête consacrée à la patrie. Il voyait dans cette illustration soudaine d'un nom, peut-être inconnu jusqu'alors, lancé par la voix des hérauts à la foule assemblée, le stimulant le plus actif de l'émulation entre les manufacturiers. Qui d'entre eux ne devait être fier de la réputation qu'une telle distinction, consacrée par le premier magistrat de la République, donnerait à la supériorité de ses produits !

Le jury se réunit le cinquième jour complémentaire. dans le local de l'Exposition, à 10 heures du matin, et procéda, en corps, officiellement, à l'examen des produits.

Dans cette visite devaient être appréciés les titres de chacun des exposants à la récompense promise.

Il ne fallait voir là qu'une formalité solennelle ; l'opinion du jury, comme celle du public, avait eu le temps de se faire sur les mérites respectifs des artistes et manufacturiers. Il n'y avait aucun doute sur les noms qui seraient proclamés, mais un examen d'ensemble pouvait modifier sur quelques points la décision à prendre, et le jury, dans le procès-verbal qu'il devait dresser du résultat de ses opérations, s'était imposé la tâche d'indiquer, par des considérants brefs et précis, la méthode qu'il avait adoptée pour accorder les récompenses.

Il n'eut point été possible de confier à une réunion d'hommes plus compétents le soin de déterminer les artistes à distinguer. La science y était représentée par l'illustre Chaptal qui devait, deux ans après, Ministre de l'Intérieur à son tour, continuer l'œuvre de François de Neufchâteau et augmenter par son activité et son dévoûment le prestige des Expositions, par Darcet, un des premiers à donner à l'Industrie le concours précieux de la chimie ; les beaux arts par le peintre Vien et le sculpteur Moitte, membres de l'Institut, remarquables, tous deux, comme représentant l'ancienne école à une époque où la nouvelle génération artistique commençait à peine à se faire connaître ; l'agriculture et l'industrie par Duquesnoy, membre de la Société d'Agriculture de la Seine, et Berthoud, célèbre fondateur d'une dynastie d'horlogers mécaniciens sans rivaux en Europe.

A côté de ces individualités plus en relief, des savants de mérite tels que Molard, Démonstrateur au Conservatoire des Arts-et-Métiers, Gillet Laumont, membre du Conseil des Mines, Gallois, économiste, associé de l'Institut, tous, depuis le plus éminent jusqu'au plus modeste, partisans déclarés de la tentative de François de Neufchâteau et disposés à l'encourager et à le soutenir de tout leur dévouement à la prospérité nationale.

Dans le compte-rendu de leurs travaux qu'ils remirent au Ministre, ils développèrent tout d'abord les principes qui les avaient guidés :

« Dans toute production il y a trois genres de mérites qui ne doivent jamais être « confondus et qu'un esprit sage ne peut peser dans la même balance : l'invention, le « perfectionnement et l'utilité pratique.

« Le premier caractère d'un ouvrage est l'invention, le premier titre à la reconnais-
« sance publique est le degré d'utilité, et le perfectionnement, quel qu'il soit, ne suppo-
« sant, ni les mêmes talents, ni les mêmes recherches, ne peut avoir le même droit aux
« récompenses nationales.

Après cette distinction équitable, le rapport continuait brièvement l'exposé de leur examen.

Ils avaient constaté avec un sentiment d'orgueil patriotique et une émotion sincère, la présence, dans les objets exposés, de produits analogues à ceux dont l'Angleterre semblait avoir, jusque-là, le monopole : des limes, des cristaux, des toiles peintes, qui, en perfection, pouvaient rivaliser avec ce que l'étranger produisait de plus soigné ; et, pourtant, que d'abstentions parmi les manufacturiers les plus justement estimés !

L'Exposition n'avait pas sous ses arcades les étoffes de coton renommées de Boyer-Fonfrède, les éditions merveilleuses et le papier vélin de Didot jeune, les fils de coton de Delaître d'Arpajon, un des premiers filateurs à la mécanique : il était regrettable que des délais trop restreints n'eussent point permis une représentation plus complète de l'industrie du pays.

Le jury n'avait pas cru devoir admettre au concours les manufactures nationales de Sèvres et de Versailles, à cause de la subvention qu'elles recevaient du gouvernement : les moyens plus étendus dont disposaient ces deux établissements, grâce à ces subsides, mettaient les particuliers dans des conditions d'inégalité trop choquantes pour qu'il fût possible de récompenser leurs mérites.

Il se plaisait à reconnaître, toutefois, que les superbes produits exposés par la manufacture de Sèvres en vases, en porcelaines, et par la manufacture de Versailles, en armes, constataient la haute supériorité de leur fabrication.

Renfermé dans les limites étroites qui lui avaient été tracées par le règlement, il se voyait, avec peine, obligé de borner ses suffrages à un nombre trop restreint d'objets exposés et de paraître laisser de côté des produits dignes, aussi, de toutes les faveurs ; il croyait devoir rappeler cette fâcheuse circonstance qui, seule, pouvait expliquer les rigueurs apparentes de ses décisions.

RECOMPENSES

Les douze fabricants distingués étaient:

Bréguet, pour un nouvel échappement applicable à toutes les horloges.

Lenoir, pour divers instruments d'astronomie et de mathématiques.

Didot et Herhan, pour une superbe édition de Virgile avec caractères et encre de leur fabrication.

Clouet, de Paris, pour avoir, par la simple fusion, converti du fer en acier, et s'en être servi pour faire d'excellents rasoirs.

Dihl et Guérard, pour des couleurs en porcelaine inaltérables au feu.

Desarnod, ingénieur caminologiste, pour des cheminées de divers modèles en fonte de fer.

Conté, pour l'importante invention de ses crayons de toutes couleurs.

Ces artistes appartenaient à l'industrie parisienne.

Gremont et Barré, de Bercy, pour leurs toiles peintes.

Potter, de Chantilly, pour des faïences blanches, le dessin parfait des vases et objets divers qu'il avait présentés.

Deharme, de Bercy, pour ses ouvrages en tôle vernie ornés de dessins.

Payn, *fils*, de Troyes, pour sa bonneterie de coton et le basin blanc dont il avait innové la fabrication.

Jullien, du Luat (Seine-et-Oise), pour son coton filé à la mécanique à un degré de finesse que nul n'avait pu atteindre jusque-là.

Le jury ne s'en était point tenu rigoureusement aux prescriptions du règlement, et après avoir désigné les douze artistes qui étaient au premier rang, il crut devoir mentionner, dans son procès-verbal, un certain nombre de manufacturiers dont les produits auraient mérité, à un degré moindre, toutefois, les faveurs du gouvernement. Voici, en quelques lignes, les noms et les titres de ces industriels :

Berthier, de la Nièvre, et Raoul, de Paris, pour fabrication d'acier français et application à divers usages.

Bouvier, de Paris, pour ouvrages de filigrane.

Gerentel, de Paris, pour feuillets de corne à lanterne obtenus en dimensions inusitées jusqu'alors.

Kutsch, mécanicien, pour sa machine à diviser et vérifier les nouvelles mesures de longueur.

Thirouin et Gauthier, de Pont-Audemer, pour leurs coutils, serges et étamines.

Patoulet, Audry et Lebeau, de Champlan, près Longjumeau, fabricants de couverts en acier, plaqués d'or et d'argent.

Detrey, de Besançon, pour sa bonneterie de fil.

Cahours, de Paris, pour sa bonneterie de coton, toutes deux d'une qualité supérieure.

Plummer-Donnet, pour ses cuirs corroyés.

Lepetit Wale, pour ses nécessaires.

Salneuve, de Paris, pour son balancier et sa presse à timbre sec.

Perrin, de Paris également, pour ses toiles métalliques, depuis celle qui est employée par les fabricants de papier vélin jusqu'à celle qui sert aux brasseurs.

Le Jury accordait encore de chaleureux éloges aux fabriques de mouchoirs de *Chollet*, aux cristalleries du *Creuzot* et du *Gros-Caillou*, et aux cardes croisées du citoyen Flages, de Toulouse.

Telle était la liste complète des manufacturiers récompensés ou jugés dignes, par le Jury, d'une Mention honorable.

L'industrie parisienne, favorisée par l'emplacement de l'Exposition, avait, naturellement, la part la plus considérable, car soixante-dix exposants, sur les cent dix qui étaient rassemblés au Champ-de-Mars, lui appartenaient. Malgré tous les événements dont Paris avait été le théâtre depuis 1789, la capitale avait moins souffert que la province des bouleversements politiques, et les besoins d'une population nombreuse lui avaient permis de se soutenir en dépit de toutes les chances contraires.

Le soir du cinquième jour complémentaire, à 8 heures, une première salve d'artillerie annonça la fête du lendemain ; à 9 heures, une seconde salve retentit, immédiatement suivie d'un feu d'artifice, composé de six cents fusées, qui partit de la place nouvellement construite sur le Pont-Neuf ; au même instant, des feux s'allumèrent sur les tours, les télégraphes, les monuments les plus élevés de Paris.

Dès l'aube, le 1ᵉʳ Vendémiaire, la population commença à se diriger vers le Champ-de-Mars et à prendre rang sur les gradins du cirque, chacun s'installant à sa convenance pour ne pas perdre un détail de la cérémonie à laquelle la proclamation des noms des artistes lauréats ajoutait un charme inaccoutumé.

L'arrivée des Autorités devait avoir lieu à 10 heures. A l'heure dite, on vit apparaître le pompeux cortége où se trouvaient réunis les membres du Gouvernement, les généraux, magistrats, fonctionnaires de la République, escortés de détachements de troupes de toutes armes.

Un silence profond se fit quand le Ministre de l'Intérieur annonça au public que le Président du Directoire allait proclamer le nom des citoyens qui, par des actions héroïques, des découvertes utiles, ou des succès dans les beaux-arts, avaient bien mérité de la patrie : puis il remit au Président la liste de tous ceux qui, pendant l'année, avaient exposé leur vie pour secourir et sauver leurs semblables.

Une fanfare suivit cette proclamation et des hérauts vinrent répéter au peuple, des deux côtés du cirque, ces noms appartenant à toutes les classes de la société.

Ce fut ensuite le tour des manufacturiers qui avaient reçu des brevets d'invention et, enfin, de ceux dont les produits avaient été distingués pendant l'Exposition.

Cette seconde partie de la cérémonie eut lieu dans la même forme que la précédente. D'unanimes applaudissements accueillirent les noms de tous ces citoyens qui, chacun dans sa sphère d'action, avaient travaillé pour la patrie et l'humanité.

L'Exposition officielle était close, mais la bienveillance du Gouvernement en avait heureusement prolongé la durée et, jusqu'à son dernier jour, elle fut encombrée de visiteurs.

Les exposants, en général, vendirent, presque aux enchères, les marchandises qu'ils avaient présentées, et ceux qui avaient eu la bonne fortune d'être distingués non seulement acquirent la juste réputation méritée par leur supériorité, mais firent encore une excellente affaire commerciale par l'affluence des commandes dont ils furent l'objet.

Il était dit que les éléments qui avaient empêché l'inauguration au jour fixé viendraient encore troubler la fin de la fête.

Le 7 Vendémiaire, une bourrasque de vent et de pluie s'abattit en rafales sur Paris, l'inondant de torrents d'eau et, par sa violence, semant la ruine sur son passage.

L'Exposition construite à la hâte, au milieu de cette plaine du Champ-de-Mars, en prise à tous les vents, ne pouvait résister à un tel déchaînement ; le temple de l'Industrie et une partie des portiques s'écroulèrent sans qu'on eût, toutefois, d'accident de personne à déplorer. Par suite de ces dégâts que l'on ne pouvait songer à réparer, ni les illuminations, ni le concert annoncés pour le 10 Vendémiaire, jour de la clôture, ne purent avoir lieu.

Mais ce contre-temps final n'eut aucune influence sur le succès de l'Exposition, l'effet moral produit fut immense. La faveur du public s'était nettement prononcée pour ces exhibitions où chacun pouvait prendre sa part de distraction ou d'étude ; les fabricants et commerçants un peu opposés ou indifférents, au commencement, à une innovation dont ils ne saisissaient pas encore toute l'importance, furent à même de constater, par les résultats obtenus, tout le parti qu'ils pouvaient tirer de ces réunions périodiques où se reconnaîtraient et s'affirmeraient publiquement les supériorités de fabrication et de procédés de travail.

Le Gouvernement, de son côté, put se convaincre qu'une telle mesure, poursuivie avec persévérance, devait être le salut de l'industrie française si fortement ébranlée par la Révolution.

L'empressement des manufacturiers à louer cette source nouvelle de prospérité pour leurs industries, les éloges moins intéressés et non moins vifs des savants qui comprenaient tout ce que les arts pouvaient gagner en perfection dans cette comparaison annuelle de leurs produits, engagèrent le Ministre à affirmer le principe des Expositions en formulant d'ores et déjà le règlement qui serait suivi pour les Expositions futures.

RÉSUMÉ

—⌒∞⌒—

François de Neufchâteau, dans la précipitation avec laquelle avait été décidé et arrêté ce concours, quelques jours seulement avant la fête du 1er Vendémiaire, avait réduit au plus strict nécessaire les conditions exigées des concurrents, il en était résulté qu'à côté de produits utiles ou agréables, d'une fabrication soignée, l'on avait admis des objets d'un travail tellement grossier, qu'il était urgent d'éviter, à l'avenir, par quelques précautions, d'aussi frappantes inégalités.

Pour atteindre ce but, il institua dans chaque département un Jury chargé, dès le 1er Messidor de chaque année, d'examiner les produits destinés à l'Exposition et de décider s'ils lui paraissaient dignes d'y figurer.

Ce Jury, choisi parmi les manufacturiers ou savants du département, fut, en quelque sorte, le premier pas vers la restauration des Chambres de Commerce, supprimées en 1791 et rétablies dix années après, sous le Consulat, mais avec des attributions plus étendues et en nombre plus considérable.

La nomination du Jury devait avoir lieu le 1er Messidor et, jusqu'au 10 Thermidor, chaque fabricant pouvait lui envoyer des échantillons des produits qu'il destinait à l'Exposition; cette date passée, aucune demande n'était reçue.

Le Jury, après avoir terminé son examen, informait par lettre les manufacturiers de la décision prise à leur égard.

Ceux qui avaient été admis pouvaient, dès la réception de cette lettre, prendre les dispositions nécessaires pour faire parvenir leurs produits à Paris et les amener dans l'édifice préparé pour les recevoir. Les places seraient assignées dix jours avant les jours complémentaires; ce laps de temps paraissait suffisant pour installer convenablement tous les objets.

Une augmentation du nombre des récompenses était aussi nécessaire. Le Jury de l'an 6 avait dû se contenter, à son grand regret, de signaler à la reconnaissance publique des manufacturiers honorables sans consacrer par une récompense effective leurs titres à la considération.

Dorénavant, le Jury désignerait, le cinquième jour complémentaire, vingt fabricants pour être proclamés le 1er Vendémiaire ; le jour de la fête, chacun de ces industriels recevrait, de la main du Président du Directoire, une médaille d'argent, et celui d'entre eux qui, par la perfection de sa fabrication et l'étendue de son commerce, serait reconnu avoir porté à l'industrie étrangère, et surtout anglaise, le coup le plus funeste, aurait une médaille en or.

Cette haute récompense correspondait à une préoccupation constante et universelle de l'opinion ; les difficultés que créait à plusieurs branches d'industrie la privation des produits anglais qui leur étaient indispensables, autorisaient le Gouvernement à seconder de toute son influence les efforts des particuliers pour s'affranchir d'un tribut aussi humiliant et aussi onéreux.

François de Neufchâteau, pour compléter cet ensemble de mesures, décidait qu'un échantillon des produits distingués serait déposé au Conservatoire des Arts et Métiers, dans une salle consacrée spécialement à recevoir les monuments de l'Exposition de chaque année, avec une inscription particulière rappelant les mérites du fabricant.

Toutes ces dispositions avaient un but bien déterminé : exciter le zèle et l'émulation des manufacturiers.

Après les résultats heureux, en somme, de l'Exposition de l'an 6, il fallait continuer tous les ans ces expériences qui convenaient si parfaitement au caractère français et qui offraient à chaque fabricant, fut-il tout à fait obscur, l'occasion la plus favorable de prouver son intelligence et son mérite.

Le patriotisme élevé de François de Neufchâteau, secondé par tout ce qu'il y avait d'esprits éminents à cette époque, tenait le moyen le plus sûr de préparer, dans une proportion très modeste encore, les progrès de la puissante industrie de la France moderne.

JACQUARD

BIOGRAPHIES

~~~~~~

M. JACQUARD

~~~~~~

Le nom de Jacquard doit figurer un des premiers dans ces biographies destinées à rappeler le souvenir de tous ceux qui, à un titre quelconque, ont concouru au développement de l'industrie française. Jacquard, né à Lyon en 1752, fils d'un ouvrier et d'une ouvrière en soies, connut, dès l'enfance, tout ce qu'avait de pénible le métier du tireur de lacs. Sa santé délicate se trouva tellement ébranlée par un travail au-dessus de ses forces que son père dut le placer chez un relieur où il put acquérir l'instruction élémentaire qui lui manquait complètement.

Il devint ensuite fondeur en caractères, et son aptitude pour la mécanique trouva moyen, dans ce dernier état, de se donner carrière, par quelques modifications heureuses. Il monta quelque temps après, une fabrique d'étoffes façonnées, mais son industrie végétait, et le siége de Lyon par les républicains vint le ruiner complètement et l'obligea à la fuite, lors du triomphe de l'armée assiégeante. Marié, père de famille, il partit et s'enrôla comme soldat à l'armée du Rhin. Il revint en apprenant la mort de son fils unique et retrouva sa femme dans la plus profonde misère, vivant d'un modique salaire gagné à tresser des chapeaux de paille.

C'est alors que Jacquard, pressé par la misère, construisit sa machine à remplacer la tireuse de lacs. Le Jury de l'Exposition de 1801 lui accorda une médaille de bronze. Ayant remporté, dans un concours public, le prix accordé à l'inventeur d'une machine à fabriquer les filets, il se vit appelé par Carnot, alors Ministre de l'Intérieur, qui l'estimait beaucoup, au Conservatoire des Arts-et-Métiers pour réparer les modèles des machines, mais Jacquard, poursuivi par son idée fixe de créer un métier plus pratique, quitta Paris et revint à Lyon où il monta en 1806 le mécanisme qui porte son nom. La ville lui acheta son privilége moyennant une pension de 3,000 fr. et une prime de 50 fr. par métier qu'il établirait.

Il semble qu'une telle faveur devait prouver à tous le mérite de cette invention, il n'en fut rien cependant, et Jacquard put voir le Conseil des Prud'hommes assemblé briser sur la place publique le métier qui lui avait coûté tant de veilles. Il dut même, pendant quelque temps, éviter de sortir le jour pour ne pas s'exposer aux mauvais traitements des ouvriers ignorants et grossiers persuadés que son métier leur enlevait un moyen de travail !

Ce ne fut qu'en 1809 qu'il réussit à vaincre un peu toutes ces préventions qui disparurent en 1812, époque à laquelle son métier fut enfin adopté par tous les manufacturiers. De Lyon, dont il releva l'industrie chancelante, le métier de Jacquard s'est répandu par toute l'Europe, jusqu'en Chine où l'on a su en apprécier les immenses avantages.

Jacquard, après avoir organisé, en France, dans les grandes villes manufacturières des ateliers de tissage suivant ses procédés, refusa les offres séduisantes que lui fit la ville de Manchester dans le même but. Cette conduite patriotique jointe aux mérites de son génie de mécanicien, lui valut la décoration de la Légion d'honneur que Louis XVIII lui accorda au moment de l'Exposition de 1819. Une telle distinction, rarement accordée à ce moment aux manufacturiers, vint consacrer aux yeux du pays entier la réputation de Jacquart et couronner dignement la carrière de ce grand homme aussi modeste qu'illustre.

Jacquard passa ses dernières années à Oullins, entouré du respect et de l'admiration de ses compatriotes, assistant, fier et heureux, au développement rapide qu'imprimait à l'industrie lyonnaise, l'immortelle invention à laquelle il avait attaché son nom.

OBERKAMPF

L'INDUSTRIE FRANÇAISE AU XIXème SIÈCLE

M. OBERKAMPF

OBERKAMPF (Christophe-Philippe), est né en 1738 à Weissembach (Bavière). Son père, teinturier établi à Aarau (Suisse) poursuivait, depuis longtemps, le problème de l'impression sur étoffes, mais nulle part il n'avait rencontré un esprit assez intelligent pour comprendre l'importance des perfectionnements qu'il avait déjà réalisés et des recherches qu'il continuait avec une persévérance infatigable.

Philippe OBERKAMPF élevé auprès de lui, assistant à ces expériences dont les résultats commençaient à être remarqués, comprit tout le parti que l'on pouvait tirer d'une fabrication encore rudimentaire en lui appliquant les procédés nouveaux dont son père était l'auteur. Les toiles peintes, telles qu'elles étaient, à cette époque, rencontraient, à leur entrée en France, des obstacles insurmontables dans les droits excessifs dont le gouvernement les frappait. Les industries nationales du lin, du chanvre, de la soie, se liguaient contre les tissus de coton qui menaçaient leur monopole, et la contrebande s'exerçait à la frontière avec une activité qui déjouait la surveillance la plus rigoureuse.

OBERKAMPF qui à 19 ans, était venu habiter Paris, se rendit compte immédiatement de l'avenir qu'offrait l'introduction de cette industrie dans un pays comme la France, il obtint, à force de démarches et d'instances, l'autorisation d'installer un atelier à Jouy-en-Josas, au milieu des marécages malsains qu'alimentaient les débordements de la Bièvre.

Un moulin abandonné et en ruines, tel fut le commencement de cette manufacture célèbre que Napoléon ne dédaigna pas de visiter, alors que l'Europe entière se courbait vaincue devant sa toute-puissance. OBERKAMPF se mit à l'œuvre tout seul ; reprenant avec ardeur les progrès déjà réalisés par son père, il appliqua les ressources de son esprit à en développer toutes les conséquences ; le crayon, le ciseau, le burin à la main, il créa des modèles d'impression à la planche, d'impression mécanique, construisit des métiers, et, put livrer à la vente, au bout de quelques mois, des produits déjà supérieurs à tous ceux que nous fournissait l'étranger.

OBERKAMPF alors, sûr de lui-même, recruta quelques ouvriers habiles qui ne tardèrent pas, sous sa direction, à accroître la production de la petite usine dans des proportions dont s'effrayèrent les fabricants d'étoffes de fil et de lin ; ils réclamèrent avec énergie contre cette industrie nouvelle qui menaçait leur monopole, et firent à OBERKAMPF mille tracasseries en sollicitant du pouvoir qui entravait l'importation, un règlement pour interdire la fabrication.

Tous ces obstacles ne parvinrent pas à détourner OBERKAMPF du but qu'il poursuivait, il sut intéresser à son œuvre des personnages influents qui firent avorter ces projets hostiles ; bientôt, grâce à son activité, la Bièvre fut endiguée, les marais desséchés, et toute une population qui vivait de la manufacture, vint se grouper autour des ateliers considérablement agrandis.

L'abbé Morellet, économiste aussi intelligent qu'éclairé, se fit le défenseur de cette industrie qui devint aussitôt à la mode. La cour de Versailles ne voulut plus d'autres étoffes. il fut de bon ton de suivre l'exemple donné par le Souverain lui-même, et cette vogue permit à OBERKAMPF, qui cherchait toujours à faire mieux, de perfectionner ses procédés, et de faire appel aux plus habiles chimistes pour étudier à l'étranger, et jusqu'en Asie, les méthodes de teinture les plus appréciées.

Jouy, en 1787, devint, par édit du Roi, manufacture royale, et, de tous côtés, s'élevèrent des fabriques auxquelles OBERKAMPF fournissait des contre-maîtres formés par ses soins. La Révolution vint arrêter un moment cet essor, mais, la tourmente passée, quand Bonaparte devint Napoléon, les toiles peintes françaises se répandirent par toute l'Europe courbée sous le blocus continental.

Napoléon ne crut pas trop faire en attachant, lui-même, sur la poitrine d'OBERKAMPF la croix de la Légion d'Honneur et en accompagnant cet acte de justice d'une de ces paroles flatteuses qu'il avait le talent si rare de trouver à propos.

OBERKAMPF fonda en 1805 à Essonne une filature mécanique de coton qui alimentait Jouy de ses produits. Il n'avait qu'un but, comme tout bon Français, à cette époque : faire concurrence à l'Angleterre sur tous les marchés du monde.

1815 vint anéantir son œuvre. Les alliés brûlèrent Jouy comme, ils avaient brûlé la manufacture Japy, à Beaucourt, et OBERKAMPF, en présence de ces ruines fumantes, de cette population sans pain et sans travail, n'eut pas la force de survivre à la ruine de ses espérances.

OBERKAMPF, que Louis XVI avait voulu en vain anoblir, à qui Paris avait offert une statue en 1790, mérite une place en première ligne dans cette histoire de l'industrie française. Il sut, après avoir vaincu les obstacles, rester ce qui est son vrai titre de gloire : un grand citoyen.

DEUXIÈME EXPOSITION

DES

PRODUITS DE L'INDUSTRIE FRANÇAISE

1801

APERÇU GÉNÉRAL

—◦◦◦◦—

Pendant les trois années qui s'écoulèrent entre l'an vi et l'an ix, la cause des Expositions, si chaleureusement plaidée par François de Neufchâteau et gagnée dans l'opinion publique, fut délaissée pour des besoins plus pressants. La guerre de nouveau déclarée à la République, les dangers dont elle menaçait le pays, détournèrent les esprits des préoccupations pacifiques, en nécessitant, de plus, l'emploi de toutes les ressources disponibles.

Il fallut donc attendre le retour de temps plus favorables et paraître renoncer à une tentative bien accueillie, mais que l'on ne pouvait renouveler.

Le génie de Bonaparte et le courage de ses soldats, les rapides succès de Moreau sur le Rhin, conjurèrent les périls qui avaient effrayé la France et amenèrent la conclusion d'une paix avantageuse.

L'Europe, encore une fois, dut perdre l'espoir de dompter la nation rebelle aux idées de l'ancien monde et fière de son indépendance.

Une modification importante s'était aussi produite pendant ce laps de temps dans l'administration du pays : au Directoire sans force et sans énergie avait succédé le Consulat, cette période brillante de l'histoire française, qui recueillit l'héritage des travaux ébauchés depuis 1789, opéra tant de réformes utiles, pour finir sa glorieuse carrière entre les mains d'un Empereur.

Bonaparte, général de génie, organisateur incomparable, ceint de l'auréole de ses triomphes foudroyants, était désigné, tout naturellement, par le pays enthousiasmé, pour occuper la première place dans la nouvelle magistrature que l'on venait de créer.

On connaissait déjà la faculté remarquable qu'il avait de s'assimiler toutes les questions et de les traiter, dans toutes leurs conséquences, avec la logique et la profondeur d'un savant spécialiste. Tout en dressant ces plans de campagne admirables qui déjouaient les calculs des tacticiens ennemis, il savait adresser aux académies les communications les plus intéressantes sur les objets d'art qu'il exigeait comme rançon des pays qu'il avait subjugués. Appréciant tous les genres de mérite, il s'honorait d'accueillir avec sympathie et respect les grands savants dont il encourageait les recherches et admirait les travaux.

Ces considérations réunies faisaient de lui l'homme le plus capable de terminer l'organisation nouvelle du pays encore bien incomplète, et des suffrages presque unanimes lui accordèrent les prérogatives et les honneurs de premier Consul.

Dans la répartition des pouvoirs à laquelle il dut procéder, Bonaparte confia à Chaptal, son ami intime, le Ministère de l'Intérieur. En lui donnant des fonctions aussi lourdes, il fit appel à son patriotisme, lui laissant la plus grande indépendance pour les réformes qu'il jugerait convenables et les améliorations qu'il voudrait introduire.

Chaptal, un des plus ardents promoteurs de l'idée des Expositions annuelles, membre du jury de l'an vi, nommé au Ministère chargé de protéger le Commerce et l'Industrie, résolut, dès que les circonstances le permettraient, de proposer aux Consuls la restauration de cette idée féconde en progrés.

Il n'eut pas besoin de longs arguments pour convaincre les membres du gouvernement de l'intérêt immédiat qu'il y avait d'inaugurer le nouveau régime par une mesure utile. Les marques nombreuses et évidentes de sympathie qui avaient salué la première tentative engageaient à marcher résolûment dans la même voie en assurant une représentation plus complète des manufactures du pays entier. Cet objet n'avait pu être rempli en l'an vi. Organisée à la hâte et tardivement, l'Exposition ne fut, en quelque sorte, que locale et ne réunit qu'un nombre très-restreint de fabricants.

Pour obtenir un résultat plus satisfaisant, il fallait, tout d'abord, annoncer, en temps utile, la date du concours et recommander aux préfets la plus grande publicité concernant les intentions du gouvernement.

Malgré le vif désir qu'il avait de hâter l'exécution de ses projets, Chaptal dut attendre une heure plus propice. La guerre épuisait alors les ressources du pays ; il était d'un grand citoyen et d'un bon ministre d'étudier les moyens de les accroître et de développer, quand la France jouirait des bienfaits d'une paix durable, la prospérité de l'industrie qui fait la richesse des nations.

Il y avait un mois à peine que le traité de Lunéville était signé, quand Chaptal poursuivant son dessein présenta aux consuls un rapport détaillé qui concluait énergiquement en faveur d'une nouvelle Exposition.

Après avoir apprécié les résultats avantageux du premier essai, le Ministre réclamait du gouvernement un arrêté ordonnant, pour les jours complémentaires de l'an ix, un second concours où tous les Français devaient tenir à honneur de paraître.

Le projet reproduisait complètement les dispositions prises par François de Neufchâteau au commencement de l'an vii; les préfets, dans chaque département, étaient chargés de former un jury de cinq membres afin d'examiner les objets jugés dignes d'être envoyés à Paris.

Pour stimuler le zèle des fabricants, encourager leurs efforts, Chaptal prescrivait aux préfets de faire connaître dans toutes les communes les noms des manufacturiers ou artistes dont les produits auraient été distingués par le jury départemental. Cette marque d'honneur produirait le meilleur effet et aurait la plus heureuse influence sur les progrès de l'industrie.

Il avait cru devoir introduire cette modification afin d'augmenter encore l'empressement des artistes à concourir pour obtenir les récompenses.

Chaptal proposait aussi de changer le lieu de l'Exposition et de lui assigner un autre emplacement que le Champ-de-Mars, éloigné du centre de Paris, exposé à toutes les intempéries des saisons. La Cour du Louvre lui semblait préférable par sa position centrale et les facilités qu'elle offrait pour la garde des objets exposés. Des portiques y seraient construits en temps utile et abriteraient les produits admis à l'Exposition.

Un jury national composé de 15 membres, après un examen sérieux et approfondi, désignerait 12 artistes supérieurs à leurs concurrents, et 20 autres qui auraient mérité d'être cités en seconde ligne.

Le procès-verbal des opérations du jury devait ensuite être adressé aux préfets de chaque département ainsi que le tableau imprimé des objets admis, avec ordre à ces fonctionnaires de faire connaître à leurs administrés les résultats obtenus. Par cette dernière mesure le Ministre assurait à ce concours ouvert à tous une publicité étendue jusque dans les départements les plus éloignés en même temps qu'il répandait dans tout le pays la réputation des manufacturiers distingués.

Ce rapport ne différait, sur aucun point, de celui dont François de Neufchâteau avait pris l'initiative trois ans auparavant : c'était toujours la même pensée patriotique, le même désir ardent de développer la prospérité industrielle, manufacturière, de la France.

Atteindre un tel but n'était pas chose facile : il fallait exciter l'émulation des fabricants découragés ou insouciants, il fallait leur prouver avec une évidence irrésistible tout le parti qu'ils pouvaient tirer, dans leur intérêt comme dans celui du pays, de ces exhibitions périodiques.

Le Ministre, pour l'aider dans cette tâche ardue, n'avait sous la main, comme auxiliaires, que les préfets. De ces administrateurs dépendait, en quelque sorte, le succès des Expositions futures.

Dans les départements éloignés de Paris, à une distance qu'augmentaient, bien souvent, la difficulté et le peu de sûreté des communications, le préfet, représentant du Gouvernement, pouvait, suivant ses dispositions personnelles, tenir pour lettre morte les instructions du Ministre ou n'apporter dans leur application qu'une indifférence tout aussi préjudiciable.

Chaptal, sans espérer un seul instant que chacun des 108 préfets de la République seconderait ses projets avec le dévoûment et l'activité qu'il déployait lui même, voulut, au moins, en leur exposant ses idées et son programme, leur faire comprendre les bienfaits qui en résulteraient pour le pays et les convaincre de l'importance du rôle qu'il leur confiait.

Deux circulaires, l'une du 28 germinal (17 avril), l'autre du 17 floréal (6 mai), leur recommandèrent la propagande la plus active vis-à-vis des manufacturiers.

« Il était indispensable de répéter aux commerçants et industriels que le gouvernement, ayant enfin une paix honorable, n'avait rien plus à cœur que de préparer les institutions propres à assurer la richesse publique.

L'Exposition, timidement et incomplètement essayée en l'an VI, devait être un des moyens les plus propres à relever le commerce de l'inaction funeste où l'avaient plongé les guerres et les révolutions.

Grâce à ce concours périodique qui, chaque année, présenterait le tableau de l'industrie nationale, les fabricants de tous les départements pourraient voir réunies, sous leurs yeux, les productions diverses du sol de la patrie qui leur seraient, peut-être, restées inconnues dans leurs départements.

Il ne s'agissait pas là d'un étalage stérile pour satisfaire la curiosité d'une foule désœuvrée, l'expérience de la première Exposition avait suffisamment prouvé que, si la curiosité avait été le premier mouvement, le second avait été un désir irrésistible d'acheter les objets qui la déterminaient.

La disposition des portiques par département permettrait de juger d'un coup d'œil l'état de leurs manufactures, de constater les progrès accomplis à chaque Exposition et de comparer entr'eux les produits similaires des départements représentés.

Dix années passées dans les guerres et les bouleversements politiques, une nouvelle société née au milieu des orages et substituée à la division si tranchée des classes du régime disparu, avaient changé les habitudes et modifié le goût et les mœurs de la nation. Depuis 1789, les vêtements, les meubles, avaient subi une transformation complète, absolue : plus de poudre dans les cheveux, plus d'habits de velours de soie ; l'austérité républicaine et la misère à peu près générale s'accommodaient mieux de costumes de laine plus ou moins grossière.

La France ne pouvait revenir en arrière et ressusciter le passé, il fallait que le goût si sûr du pays où la mode avait toujours été toute puissante inventât de nouveaux modèles et une nouvelle fabrication.

Des arts, des industries avaient disparu dans la tourmente, d'autres étaient nées, n'attendant pour grandir et se développer qu'un peu d'aide et d'encouragement.

Le strict devoir du gouvernement était d'accorder une protection efficace et de puissants secours à ces manufactures qui marchaient encore d'un pas timide et mal assuré ; en attendant qu'une consommation certaine et des capitaux toujours prêts vinssent leur permettre d'affermir leur existence, il fallait leur donner les moyens de vivre et de lutter contre une situation difficile.

Les préfets absorbés par les détails d'une administration compliquée ne pouvaient connaître, par eux-mêmes, tous les besoins de l'Agriculture et de l'Industrie ; pour les aider dans cette tâche patriotique ils devaient appeler auprès d'eux un petit nombre recommandé dans l'opinion publique par leur moralité et leurs connaissances pratiques.

Grâce aux renseignements qu'ils pourraient puiser auprès d'eux, les préfets dresseraient l'état des arts dans les départements qu'ils administraient, s'enquerraient des causes de variation et des changements survenus, des nouveaux genres d'industrie qu'il serait facile de créer pour remplacer les branches perdues.

Ces observations réunies seraient transmises avec les noms des citoyens composant le conseil au Ministre de l'Intérieur qui les examinerait avec la plus sérieuse attention.

De telles mesures appliquées avec intelligence permettraient de faire assez rapidement l'inventaire de l'Agriculture, de l'Industrie et du Commerce et de prendre, en connaissance de cause toutes les dispositions propres à les relever de leur abattement.

(Extrait des Circulaires des 28 germinal et 17 floréal).

Les notices réclamées par le Ministre aux préfets commencèrent à parvenir en fructidor. L'empressement des manufacturiers à répondre à la bienveillance du gouvernement, sans être aussi vif que Chaptal pouvait le désirer, témoignait de sentiments plus sympathiques à la nouvelle idée.

42 départements avaient répondu à l'appel qui leur était fait avec un total de 235 exposants qui se répartissaient ainsi :

Ain	4	Indre-et-Loire	1	Haut-Rhin	1
Aisne	1	Loir-et-Cher	2	Bas-Rhin	1
Ardèche	4	Haute-Loire	7	Rhône	5
Ardennes	2	Lot-et-Garonne	1	Saône-et-Loire	1
Aube	5	Maine-et-Loire	1	Seine	106
Calvados	1	Manche	1	Seine-Inférieure	20
Charente	1	Marne	3	Seine-et-Marne	1
Corrèze	1	Haute-Marne	3	Seine-et-Oise	9
Côtes-du-Nord	1	Mayenne	3	Somme	10
Doubs	1	Moselle	8	Haute-Vienne	1
Drôme	1	Nord	5	Dyle	3
Eure	10	Oise	3	Escaut	1
Gironde	1	Orne	1	Léman	1
Hérault	1	Pas-de-Calais	1	Deux-Nèthes	1

C'était plus du tiers des départements français à cette époque, et le nombre des exposants admis dépassait de 125 le chiffre de l'an vi.

Ce résultat avantageux, dû à diverses causes, parmi lesquelles il faut compter surtout la stabilité du gouvernement que l'on possédait, répondait victorieusement aux objections des adversaires des Expositions.

Il se trouvait, en effet, parmi des partisans inavoués de l'ancien état de choses, des esprits hostiles à cette innovation qu'ils affectaient de considérer comme une simple satisfaction donnée à la curiosité parisienne. Ils niaient obstinément qu'il fût possible de tirer un parti quelconque des Expositions pour la prospérité de l'Industrie, et refusaient de reconnaître les résultats immédiats qui avaient suivi celle de l'an vi.

Mais cette opposition systématique, réduite à un petit groupe chagrin et jaloux, restait sans échos dans le pays, il n'était pas besoin d'autre argument pour lui imposer silence que de montrer le nombre éloquent des produits rassemblés dans la Cour du Louvre.

Transformé en Palais-National des Sciences et Arts, cet édifice servait de lieu de réunion aux Membres de l'Institut les jours de séance.

On avait construit 104 portiques, du style romain, ornés d'une colonnade qui s'élevait jusqu'à la hauteur de la première corniche du palais et qui, par son style, la couleur des marbres qui avaient été figurés en peinture, par la manière habile dont elle avait été disposée, semblait former le bas de la partie supérieure du bâtiment.

Cette construction avait été faite sous la direction et d'après les dessins du citoyen Chalgrin, architecte.

L'emplacement de l'Exposition, au centre même de Paris, dans un quartier resserré, obligea le Préfet de Police à prendre quelques précautions pour la circulation du public.

Un avis du 29 Fructidor (15 septembre), interdit aux voitures, pendant les cinq jours complémentaires, le passage dans les rues des Prêtres, des Fossés-Saint-Germain-l'Auxerrois, de la rue de l'Arbre-Sec jusqu'au Louvre, dans les rues Bailleul, du Petit-Bourbon, des Poulies, d'Angivilliers, de l'Oratoire, du Coq.

Les abords du Palais se trouvaient ainsi dégagés et, si grande que fût l'affluence, il n'y avait pas à craindre d'accident.

EXAMEN DES PRODUITS EXPOSÉS

———⁓⁓⁓———

Tous les préparatifs furent exactement terminés pour le premier jour complémentaire, date de l'ouverture.

Dès le matin, la foule accourut ; elle se pressait aux portes, encombrant les issues, se disputant le passage ; il fallut, dans la journée, organiser un service d'entrée et de sortie par des côtés opposés, afin d'éviter le désordre qui s'était produit aux premières heures.

Le spectacle, cette fois, était digne de l'admiration générale : l'Exposition encadrée dans l'enceinte de ce Palais merveilleux du Louvre, où le Gouvernement avait réuni les objets d'art conquis sur les peuples vaincus, gagnait beaucoup à son emplacement actuel, qui en rehaussait la belle ordonnance.

Les produits exposés sous des portiques élégants mettaient bien en évidence à tous les regards leurs défauts et leurs mérites ; la disposition adoptée qui suivait la conformation de l'édifice laissait un espace assez considérable entre toutes les arcades pour qu'il ne pût y avoir encombrement. Le soir du premier jour, il y eut illumination générale.

L'impression produite sur le public fut excellente : il était bien établi, maintenant, après cette seconde épreuve concluante, que les Expositions entraient dans les mœurs du pays ; il dépendait surtout du zèle des préfets d'augmenter, chaque année, le nombre des concurrents, quant aux fabricants, leur intérêt leur conseillait d'accourir à ces Expositions où l'absence pouvait être considérée comme un aveu d'infériorité.

Les départements voisins de Paris offraient naturellement la plus grande quantité de produits, le rapprochement facilitait l'envoi des objets admis au concours et l'influence directe du Ministre s'y faisait sentir avec plus d'efficacité ; la plupart des exposants de l'an 6 qui leur appartenaient avaient constaté, par les commandes données, les ventes opérées, toute l'utilité de la nouvelle institution.

La seconde Exposition réunissait, sinon la représentation complète des départements, au moins l'industrie des parties les plus opposées du territoire.

Le Midi seul était resté sourd aux sollicitations et, sauf quelques rares exceptions, s'était abstenu de paraître. Castres, Mazamet, Carcassonne, Lodève, centres de manufactures de draps, sans rivales autrefois dans tout l'Orient, mais dont la guerre maritime avec l'Angleterre fermait les débouchés habituels ; Nîmes qui, même à cette époque, malgré la ruine presque absolue de l'industrie de la soie avait encore 18,000 métiers et 3,450 ouvriers ; Lyon, à moitié détruite par la Révolution et n'ayant plus, pour réparer ses malheurs, la prospérité de son commerce, Lyon où les métiers étaient tombés de 7,500 à 3,500, où les canuts, de 12,700 en 1789, se réduisaient à 5,800 et végétaient misérablement ; toutes ces contrées, dont l'intérêt le plus direct était de venir montrer à Paris que leur industrie, quoique ébranlée par tant de secousses, se soutenait encore, n'avaient pas envoyé les échantillons de leurs produits.

C'était une lacune regrettable que tous les efforts du Gouvernement devaient essayer de combler.

L'exposition de certains départements était brillante, en la comparant, comme nombre de fabricants admis et variétés d'objets, avec celle de l'an 6.

En mettant à part le département de la Seine, qui fournissait, à lui seul, presque la moitié des exposants, on trouvait au premier rang :

La Seine-Inférieure, qui présentait : un assortiment complet des étoffes de coton de Rouen, aux dessins variés, d'un bon marché accessible à toutes les bourses, une blanchisserie établie d'après les principes tout récemment découverts par Berthollet, qui apportaient un changement immense dans le blanchiment, en rendant à l'agriculture les espaces considérables nécessités par les anciennes méthodes, les draperies moyennes d'Elbeuf, moins fines sans doute que les qualités supérieures de Sedan et de Louviers, mais plus abordables comme prix à la consommation.

L'Eure, avec Louviers, et ses drapiers justement célèbres, entre autres Decretot, un des plus renommés, qui envoyait des échantillons

obtenus avec la laine de mérinos français du troupeau de Rambouillet et
de métis de divers départements. Cette tentative d'affranchissement d'un
tribut onéreux, payé chaque année à l'Espagne par le commerce français,
était d'autant plus méritoire qu'un préjugé enraciné dans l'esprit des
fabricants eux-mêmes, voulait que la toison du mérinos français eût perdu
les qualités qui distinguaient celle des Espagnols. Il fallait un grand
patriotisme et une conviction profonde pour lutter aussi ouvertement
contre les habitudes et les idées de tous. L'Eure présentait encore
plusieurs tanneurs de Pont-Audemer, depuis longtemps réputés pour la
perfection de leurs produits, et les essais timides de quelques manufacturiers, cherchant à établir la fabrication des sangles, rubans de fil,
coutils, dont la France était obligée de s'approvisionner à l'étranger.

La Moselle : les poteries d'Utzschneider, de Sarreguemines, un nom
que nous retrouverons à chaque Exposition à la première place, chaque
fois avec un progrès remarquable, les cristaux de Weiller, de Saint-Louis,
dont la renommée n'est plus à faire, Soller et Cie, de Dilling, Letixerand,
de Sierck, voulant doter la France des outils que l'Allemagne et l'Angleterre étaient seules capables de lui fournir, tels que scies, alènes,
poinçons, quincaillerie.

La Somme : la serrurerie dite d'Escarbotin qui alimentait Paris et
donnait du travail à toute une contrée, les velours de coton d'Amiens, la
fabrication en avait été cruellement éprouvée par la Révolution et bien
des métiers avaient dû cesser de battre, mais, grâce au dévouement patriotique de quelques manufacturiers qui, même aux plus mauvais jours,
avaient gardé et payé leurs ouvriers, cette industrie, source de richesse
pour le pays, était conservée, des modifications heureuses apportées par
Bonvalet d'Amiens lui ouvraient une nouvelle perspective de prospérité et
de splendeur.

La Haute-Marne : la coutellerie de Langres, de Nogent-le-Roi ;

Les Ardennes : les draps de Ternaux, qui occupait, à Sedan et à
Reims, entr'autres, dans deux fabriques, plus d'un millier d'ouvriers,
homme aussi patriote qu'intelligent, n'hésitant pas à sacrifier son temps
et sa fortune en coûteux essais pour améliorer les toisons françaises dont
il faisait usage.

L'Ardèche : des échantillons de soies grèges et ouvrées, et le papier
vélin fabriqué, à Annonay, pour la maison Didot, par Montgolfier, digne
descendant d'un nom illustre, occupé sans cesse à étudier les progrès qu'il
pouvait apporter à son industrie ;

Seine-et-Oise : des cotons filés à la mécanique dans plusieurs manufactures, d'un degré de finesse presqu'égal, déjà, à celui des cotons de l'An-

gleterre et laissant bien loin derrière eux les échantillons présentés en l'an vi ;

Seine-et-Marne : les faïences de Montereau ;

Le Nord : ses batistes dont la Révolution avait arrêté la prospérité mais qui n'avaient rien perdu de leurs hautes qualités, ses dentelles, aussi éprouvées, mais également sauvées des orages ;

La Haute-Loire : des dentelles aussi, travail des paysans et montagnards dans les longues et inactives journées d'hiver et des peaux préparées pour la mégisserie et la chamoiserie ;

Le Haut-Rhin n'avait qu'un exposant, Rochet, d'Audincourt, mais il fournissait des produits dont la France était presque complètement dépourvue ; des tôles, des aciers, aussi soignés que les produits allemands, sans atteindre encore, peut-être, la supériorité des aciers anglais.

Le Rhône n'avait pas envoyé un seul échantillon de ses soieries ; s'il fallait regretter cette inexplicable absence, en revanche on pouvait contempler un métier qui se rattachait directement à cette industrie. Jacquart, pourvu d'un brevet quelques années auparavant, repoussé dans la ville dont il devait faire renaître la splendeur, n'avait pas laissé échapper l'occasion propice qui lui était offerte de montrer au grand jour son invention, et d'en prouver l'importance.

On s'arrêtait peu devant ce métier bizarre dont le jury lui-même fut loin de comprendre le mérite, car, tout en lui accordant une mention honorable, il accompagna cette récompense d'un considérant qui n' visait que l'économie de main-d'œuvre obtenue.

Divers départements devenus français, depuis la République, concouraient aussi : Pictet, de Genève (département du Léman), exposait des laines améliorées d'un troupeau réuni par ses soins, Liévin Bauwens, de Gand, établi à Passy, dans l'ex-couvent des Bonshommes, où il avait installé la première filature à coton du département de la Seine, en 1797, fournissait des échantillons de sa manufacture : une société formée à Anvers, sous la direction du citoyen Bourgeois, envoyait des mousselines, dont la fabrication avait été, jusqu'alors, négligée en France.

Cette énumération est suffisante pour constater les différences profondes qui séparaient l'Exposition de l'an ix de celle de l'an vi. Sans avoir la réunion complète de tous les genres de fabrication cultivés en France, l'Exposition étalait aux yeux du public plus de quatre cents produits divers de toutes les parties du territoire.

A l'aide des notices transmises par les préfets sur les manufactures et des renseignements fournis par les exposants eux-mêmes, le gouvernement rassemblait les éléments de l'enquête nécessaire pour modifier les règlements en usage, établir de nouvelles prescriptions propres à relever les industries chancelantes et soutenir dans leurs progrès celles qui naissaient.

La Seine comptait 186 exposants dont un certain nombre avait déjà paru en l'an vi. Cette année, l'industrie parisienne qui embrassait tant d'articles différents, se distinguait, entre toutes, par les produits envoyés.

Les instruments de physique, de mathématiques, d'astronomie de Lenoir, Chevalier, Assier-Péricat, témoignaient des progrès remarquables accomplis par ces ingénieurs dans une branche de fabrication dont l'Angleterre avait le monopole : des usines de produits chimiques, établies dans plusieurs quartiers, présentaient des échantillons de toutes sortes et préparaient leur fortune et leur renommée en mettant en pratique les découvertes et les nouveaux procédés indiqués par les illustres chimistes de l'époque.

On pouvait admirer, pour la première fois, sous les portiques :

Des articles d'une fabrication essentiellement parisienne et que la Révolution avait gravement compromise, des meubles de tous genres, en bois exotiques, en marqueterie, d'un goût qui demandait, sans doute, à être épuré par l'étude du dessin, mais d'un travail très-soigné ;

Des papiers peints de Jacquemart et Bénard, successeurs de Réveillon, qui avaient rétabli l'importante manufacture détruite en 1789 par les fureurs populaires ;

Des tapis d'Aubusson, de Rogier, de Sallandrouze-Lamornaix, un nom illustre dans cette industrie autrefois si prospère, et qui cherchait à ramener le goût du public vers ces remarquables produits ;

Un nouvel art, présenté par Luton, la dorure sur cristaux ;

Puis, les chefs-d'œuvre typographiques des Didot ;

Des grès porcelaines inventés par Fourmy sous le nom d'hygiocérames ;

Des cristaux des usines du Creusot et de Mont-Cenis qui existaient depuis 1784 ;

Des toiles et taffetas cirés ;

Des mécanismes d'ingénieurs auxquels l'avenir réservait les plus grands succès, tels que Thilorier, Calla, Jecker, étudiant les machines anglaises et cherchant à les faire adopter par les manufacturiers français ;

Des lampes de Carcel, ferblantier, rue de l'Arbre-Sec, associé à Carreau, pharmacien de la même rue, dans le but d'exploiter le brevet qu'il venait de prendre pour la lampe à laquelle l'histoire a donné son nom. Ni le public, ni le jury, ne surent rendre justice à cette découverte dont Carcel ne devait pas voir la prospérité éclatante; il n'eut qu'une mention honorable pour avoir, selon les termes du rapport, perfectionné la lampe à courant d'air ; nul ne comprit alors le progrès immense qu'accomplissait dans l'éclairage cette ingénieuse invention.

Paris avait encore des planches d'antiquités romaines gravées par les frères Piranesi, importateurs en France de la chalcographie qui n'y avait pas encore été pratiquée ;

Des toiles métalliques, des outils de toutes sortes, de la colle-forte, tous produits que l'on allait chercher à l'étranger et dont aucun manufacturier n'avait songé, auparavant, à introduire l'industrie dans le pays.

C'était un devoir sacré pour le gouvernement d'encourager, par tous les moyens dont il disposait, ces tentatives d'émancipation d'un joug que la guerre pouvait rendre un jour très pénible à supporter, comme on venait de l'éprouver pendant les dernières luttes.

Il fallait que les industriels assez audacieux pour entreprendre, à leurs risques et périls, une fabrication nouvelle et qui, à ses débuts, était très imparfaite, pussent compter, en toute confiance, sur l'appui d'un pouvoir déterminé à seconder leurs efforts.

Le jury, malgré l'augmentation assez considérable des récompenses, dut, pour ne pas priver des distinctions qu'ils méritaient les nouveaux exposants, mettre hors concours les sept plus célèbres fabricants déjà nommés au premier rang en l'an vi, ainsi que les huit meilleurs manufacturiers portés au second ordre à l'Exposition précédente.

De là vient la coutume, adoptée dans les concours suivants, de voter simplement le rappel de médaille en faveur des artistes qui continuaient de mériter la faveur obtenue précédemment.

Si l'on n'avait pas pris cette mesure équitable, les récompenses auraient pu se perpétuer dans des maisons de premier ordre en enlevant à des fabriques rivales tout espoir de surpasser ou même d'égaler une supériorité ainsi reconnue ; l'émulation, le zèle des exposants à paraître au concours étaient à ce prix ; quant aux manufactures déjà primées, en confirmant la distinction accordée, on rendait pleine justice à leurs efforts et à leurs progrès.

Le jury était composé des citoyens :

BARDEL, Membre du bureau consultatif des arts et manufactures.

BERTHOLLET, Membre de l'Institut.

BERTHOUD (Ferdinand), membre de l'Institut.

BONJOUR, Commissaire des Salines.

BOSC, Membre du Tribunat.

COSTAZ, Id.

GUYTON-MORVEAU, Membre de l'Institut.

MÉRIMÉ, peintre, professeur de dessin à l'Ecole polytechnique.

MOLARD, Démonstrateur au Conservatoire des Arts-et-Métiers.

MONTGOLFIER, Id.

PÉRIER, de l'Institut.

PÉRIER (Scipion), Membre du bureau consultatif des Arts et Manu-factures,

PRONY, Membre de l'Institut.

RAYMOND, Id Architecte du Palais des Sciences et Arts.

VINCENT, Membre de l'Institut.

Dans le rapport qu'il présenta au Ministre de l'Intérieur sur ses tra-vaux, le cinquième jour complémentaire, il invita le gouvernement à vouloir bien accorder des médailles aux exposants proclamés en l'an VI et qui avaient, depuis cette Exposition, acquis de nouveaux titres à la recon-naissance publique.

En réservant les médailles accordées aux nouveaux exposants il n'eut point été juste de ne pas rendre l'hommage qui était dû aux mérites in-dustriels des fabricants distingués au dernier concours. Il avait en plus établi les points suivants :

1° Afin d'assurer que les objets présentés ont été réellement fabriqués en France, il serait nécessaire que les produits destinés à concourir fussent marqués en cours de fabrication par l'autorité publique.

2° Comme le jugement à porter sur le mérite d'une fabrication dépend autant de son prix que de ses qualités matérielles, il serait nécessaire que le prix courant de chaque chose destinée à l'Exposition fût déclaré et affirmé par des experts nommés *ad hoc* par les magistrats locaux.

3° Comme les résultats d'une fabrication habituelle qui alimentent un commerce méritent plus de faveur que des tours de force qui n'attestent souvent que l'adresse et la patience d'un individu et n'apprennent rien sur l'industrie d'une contrée, il serait nécessaire que chaque chose présentée au concours fût accompagnée d'une déclaration authentique qui apprendrait si cette chose est le produit d'une fabrication courante, si elle est un objet de commerce, ou si elle est, simplement, une de ces productions isolées auxquelles on donne quelquefois le nom de chef-d'œuvre.

Ces desiderata avaient pour but d'obvier à certains inconvénients que le Jury avait remarqués dans son examen.

Des manufacturiers peu scrupuleux présentaient, comme le produit de leur travail, des échantillons achetés à l'étranger ou, afin d'obtenir une récompense grâce au bon marché de leurs produits, abaissaient, pour le Jury seulement, le prix de leurs marchandises ; d'autres, plus loyaux, mais se trompant sur le caractère des Expositions, offraient à l'admiration un objet très soigné mais unique, et qui ne prouvait ni la supériorité de leur fabrication habituelle ni l'étendue de leurs opérations commerciales.

Le cinquième jour complémentaire, les trois Consuls, accompagnés du Ministre de l'Intérieur, se rendirent au Louvre et visitèrent les portiques en détail avec la plus grande attention.

Le 2 Vendémiaire, les Consuls reçurent aux Tuileries les membres du Jury et les fabricants ou artistes jugés dignes des récompenses.

Ce fut le citoyen Costaz qui prit la parole et proclama, après un résumé très concis des résultats de l'Exposition, les noms des lauréats.

« L'Exposition solennelle qui venait d'avoir lieu devait calmer toute inquiétude sur le sort de notre commerce, les départements de la Seine, Seine-Inférieure, Somme, Eure, Aube, Seine-et-Marne, Seine-et-Oise s'étaient distingués par leur brillante exposition.

Lyon, il est vrai, n'avait pas envoyé de soieries, mais un négociant de Paris, M. Levacher avait exposé des ouvrages de grand prix de cette fabrique ; il était regrettable que les départements du Midi n'eussent point pris part à cette manifestation nationale.

Une Exposition annuelle est une institution du plus haut intérêt, elle excite l'émulation des fabricants, augmente leur instruction, forme le goût des consommateurs en leur donnant la connaissance du beau, elle développe enfin les causes les plus sûres et les plus énergiques du triomphe des arts. »

RÉCOMPENSES

———✦✦✦———

Des douze fabricants qui avaient obtenu, en l'an 6, la première mention honorable, sept s'étaient présentés, et le Jury les eût jugés dignes de la médaille d'or s'il n'avait pas pris une décision contraire.

C'étaient :

DIDOT frères, connus de toute l'Europe par la perfection où ils avaient porté l'art typographique, avec deux chefs-d'œuvre : Un *Horace* in-folio et le premier volume des *Œuvres de Racine*.

LENOIR, fabricant d'instruments de mathématiques, qui fournissait maintenant à l'Observatoire les lunettes, cercles, télescopes que celui-ci était autrefois obligé de faire venir à grands frais d'Angleterre.

HERHAN, fondeur de caractères, inventeur de perfectionnements remarquables sur la stéréotypie, et toujours à la recherche de nouvelles améliorations dans cet art.

CONTÉ, ingénieur-mécanicien, chimiste tour à tour, qui ne connaissait point de difficultés que son esprit inventif ne sût vaincre, avec ses crayons artificiels de toutes couleurs qui dotaient la France d'une nouvelle branche d'industrie.

DESARNOD, ingénieur caminologiste, poursuivant le problème des cheminées économiques.

DEHARME et DUBAUX, importateurs à Paris de l'industrie de la tôle vernie, qu'ils transformaient en ouvrages de toutes sortes.

DENYS, du Luat (Seine-et-Oise), filateur de coton à la mécanique, qui, en trois années, avait gagné en finesse cent vingt-deux numéros.

4

Les douze médailles d'or effectives étaient accordées aux citoyens :

SOLAGES et BOSSUT, ingénieurs hydrauliciens, pour un modèle d'écluse économisant considérablement la dépense d'eau nécessaire poyr le passage d'un bateau.

SOLLIER, GUENTZ, GOURY et Cⁱᵉ, de Dilling (Moselle), prenant le fer en minerais pour le livrer entièrement transformé en nombreux objets de quincaillerie à un prix inférieur aux fabriques allemandes du même genre.

UTZSCHNEIDER et Cⁱᵉ, de Sarreguemines, pour sa poterie brillante et solide, d'une teinte plus agréable que celle des articles anglais, et accessible aux bourses les plus modestes.

MERLIN HALL, de Montereau, également pour sa poterie, moins solide que celle d'Utzschneider, d'un vernis plus attaquable et plus tendre, mais quelques-uns des échantillons étaient des merveilles de forme et d'élégance.

Le Jury laissait au sort le soin de décider lequel de ces deux fabricants aurait la médaille.

FAULER, KEMPFF et MUNTZER, fabricants de maroquins à Choisy-le-Roi, l'une des plus importantes manufactures de la Seine pour les maroquins de toutes couleurs, supérieurs en finesse et en beauté à ceux du Levant eux-mêmes.

DECRETOT, de Louviers, pour draps de vigogne, de laines d'Espagne, de laines du troupeau de Rambouillet.

TERNAUX frères, drapiers à Sedan, Reims, Louviers et Einsival, fabriquant toutes les espèces, depuis la plus commune jusqu'à la plus fine dans leurs quatre établissements, qui occupaient 5,000 ouvriers environ. La Révolution leur avait porté un coup terrible, mais, malgré les désastres de leur industrie, ils avaient supporté le choc sans cesser un seul instant de faire travailler leurs ouvriers ; ils tenaient le premier rang dans la fabrication des draps, tant pour l'importance de leurs manufactures et leur chiffre d'affaires que par leurs efforts intelligents pour augmenter la production en perfectionnant l'outillage et en améliorant les laines employées.

DELAITRE, NOËL et Cⁱᵉ, à l'Epine, près Arpajon, possesseurs d'une des plus anciennes filatures de coton de France, dans laquelle cent jeunes filles des hôpitaux de Paris étaient élevées et formées au travail ; ils exposaient des cotons fabriqués à la filature continue et des cardes pour le filage.

BAUWENS, de Gand, pour son coton filé au mull-jenny jusqu'au n° 250 ; il produisait des basins, de la mousseline, des piqués qui pouvaient soutenir la comparaison avec ce que l'étranger avait de plus remarquable.

GODET et DELÉPINE, de Rouen, pour velours plein et demi-velours de coton.

MORGAN et DELAHAYE, d'Amiens, pour velours de coton renommés, ancienne maison qui, même dans les temps difficiles, avait assuré de l'ouvrage à ses ouvriers.

LIGNEREUX, fabricant de meubles, à Paris.

JACOB, fabricant de meubles, à Paris.

Les meubles du premier se distinguaient par l'élégance, la richesse et le bon goût ; les meubles de Jacob, par un style de plus grand caractère et des détails en sculpture excessivement soignés.

Le sort devait donner la médaille à l'un d'eux.

Huit, sur les treize fabricants qui avaient obtenu une seconde mention honorable en l'an 6, avaient paru à celle de l'an 9.

C'étaient :

RAOUL, fabricant de limes ; SALNEUVE, mécanicien, vis en fer ; LE PETIT WALE, rasoirs et nécessaires ; PERRIN, toiles métalliques ; BOUVIER, fondeur, filigranes fondus ; PLUMMER-DONNET et VANNIER, tanneurs de Pont-Audemer ; CAHOURS, de Paris, DETREY, de Besançon, bonnetiers tous deux.

Les vingt médailles d'argent étaient données aux citoyens :

SCHEY, de Paris, quincaillerie d'acier.

ROBERT, de Besançon, pour d'excellentes montres d'un prix peu élevé.

BOUTET, directeur de la manufacture d'armes de Versailles, devenu établissement privé et n'ayant rien perdu, malgré ce changement, de la belle qualité de ses produits.

SMITH, CUCHET et MONFORT, de Paris, fontaines filtrant les eaux les plus infectes et les rendant potables.

RUSSINGER, manufacture de creusets et cornues, façon de Hesse.

FOURMY, grès porcelaines qui, chauffés au rouge, pouvaient recevoir de l'eau froide sans éclater.

L'administrateur des établissements du *Creuzol* et du *Mont-Cenis*, cristaux gracieux de forme et d'une limpidité parfaite.

DESCROIZILLES frères, qui avaient installé à Rouen une blanchisserie bertholéenne, et obtenaient, grâce aux procédés indiqués par le grand chimiste, des tissus d'un blanc admirable.

PAVIE, teinturier à Rouen, pour son rouge incarnat sur coton.

BONVALET, d'Amiens, inventeur d'une machine à imprimer en plusieurs couleurs deux cent trente mètres de toile ou velours de coton en une heure.

JOHANNOT, d'Annonay, papiers vélin et serpente.

DELARUE, draps de Louviers.

PETOU, draps de Louviers et casimir.

LEFÈVRE, ayant réussi à faire fabriquer de l'excellent drap par les aveugles des Quinze-Vingts.

PICTET, de Genève, schalls tramés laine et soie.

RICHARD et NOIR-DUFRÈNE, d'Alençon, cotons filés au mull-jenny.

SEVENNES frères, de Rouen, velours de coton très beau, eu égard, au prix.

PIRANESI frères, fondateurs d'un établissement de chalcographie.

JOURDE, inviteur d'une nouvelle marqueterie sur bois.

Enfin, quatre fabricants : PATUROT, GATTELIER, de Troyes ; BASSAL et SANSON, de Clairfontaine ; GRILLON, de Dourdan, devaient tirer au sort la médaille accordée à leurs basins et piqués.

A titre de mention honorable, le Jury accordait des médailles de bronze à trente fabricants parmi lesquels il convient de citer des noms habitués, depuis, aux plus hautes récompenses :

JECKER, instruments de précision ; CALLA, constructeur de machines ; ROCHET, d'Audincourt (Bas Rhin), tôles et aciers ; LETIXERANT, de Sierck, scies, alènes, poinçons ; JACQUART, inventeur d'un mécanisme qui supprime un ouvrier dans la fabrication des étoffes brochées ; LUTTON, de Paris, doreur sur cristaux ; CARCEL et CARREAU, lampistes ; PAYEN et BOURLIER, produits chimiques ; LENFUMEY-CAMUSAT, bonnetier à Troyes ; VANDESSEL, CLAUSSE et CHEVASSUT, fabricants de dentelles à Chantilly ; JACQUEMART et LÉNARD, papiers peints ; SALLANDROUZE-LAMORNAIX, tapis d'Aubusson, etc.

Le Ministre remit lui-même les médailles aux titulaires. Ceux qui avaient été jugés dignes de la médaille d'or furent invités à dîner chez le premier Consul.

L'attention du Jury s'était principalement portée sur les tentatives bien dignes d'intérêt et d'encouragement de quelques manufacturiers pour enrichir le pays d'industries inconnues en France ou peu cultivées.

Il avait vu avec la plus grande satisfaction des fabricants foulant aux pieds les préjugés de leur métier, employer, pour des usages divers, des toisons provenant de mérinos du troupeau de Rambouillet.

La laine des mérinos d'Espagne était, sans conteste reconnue comme supérieure à toutes les autres par sa finesse et son éclat ; elle devait ses qualités, disait-on, à tout un système d'éducation pratiqué par les Arabes alors qu'ils occupaient l'Espagne ; cet ensemble de soins, qui remontaient à plusieurs siècles, avait amélioré la race des mérinos au point d'en faire, avant 1789, une source d'excellents revenus pour l'Espagne, où toute l'Europe venait s'approvisionner de laines fines.

Le troupeau de Rambouillet s'était formé grâce au roi Charles III qui, pour être agréable à Louis XVI, lui avait, sur son désir, expédié quelques mérinos ; don d'autant plus précieux que l'exportation de cette race unique était prohibée sous les peines les plus sévères.

Le troupeau, confié à l'habile direction de Daubenton, n'avait perdu aucune des qualités qui le distinguaient sous un climat plus chaud, il s'accrut même au point de rendre possible la vente de ses rejetons aux particuliers désireux d'en acquérir.

Mais quand la multiplication fut assez avancée pour permettre de considérer l'acclimatation comme accomplie et d'essayer, par des croisements bien entendus l'amélioration des races françaises, un préjugé frappa ces toisons en leur refusant la beauté et le nerf de celle des espagnols. Cette opinion défavorable était à un tel point répandue que le gouvernement devait soutenir et encourager les manufacturiers assez osés pour braver la routine en employant, dans leurs usines, des laines françaises.

RÉSUMÉ

—◦◦◦—

L'Exposition de l'an ix prouvait, d'une manière très satisfaisante, que l'industrie, sous un pouvoir assez fort pour assurer l'ordre et la tranquillité ainsi que la paix extérieure, était prête à réparer les pertes de dix ans d'inaction et de ruine et à se mettre à la hauteur de la nouvelle situation que lui créaient les changements si complets survenus dans les habitudes et dans les mœurs.

L'ère des guerres semblait fermée, un gouvernement dirigé par un homme de génie, poursuivait, sans s'écarter de sa route, un programme de régénération matérielle et morale en inspirant la confiance par son énergie.

A ce moment propice, se produisit un fait appelé à une influence considérable sur les progrès de l'Industrie.

Chaptal, débordé par les occupations multiples d'une position considérable, ne pouvait, autant qu'il l'aurait voulu, consacrer son temps et ses efforts aux matières industrielles, il sentait bien qu'il fallait porter la lumière dans les campagnes, instruire les cultivateurs et les manufacturiers, leur enseigner les nouvelles méthodes de travail et les procédés plus parfaits découverts chaque jour, il regrettait avec ses amis de n'avoir point, comme les héros de la fable, cent yeux et cent bras pour tout voir et tout faire en même temps.

Ce fut dans une de ces réunions intimes où s'épanchait cette âme d'élite que naquit l'idée de fonder une société d'encouragement pour l'industrie nationale.

Le gouvernement, par lui-même, par ses agents, disposait d'une grande force pour encourager et protéger l'industrie, mais, malgré sa bonne volonté, il lui fallait l'esprit public pour l'aider de son puissant concours.

Au bout de quelques jours la société était fondée et faisait connaître son programme des plus simples et des plus pratiques. Elle faisait appel à tous, fonctionnaires, savants, manufacturiers, négociants, amis des arts, qui voudraient s'associer à ses efforts. Son but était précis.

1° Recueillir de toutes parts les inventions et découvertes utiles au progrès des arts.

2° Distribuer, chaque année, des encouragements, soit par des prix, soit par des gratifications.

3° Propager l'instruction, soit au moyen d'une publicité très étendue, soit en provoquant des réunions où, théoriciens et praticiens s'éclaireraient mutuellement par la discussion, soit en faisant composer des manuels sur les diverses parties des arts, soit en faisant exécuter à ses frais et distribuer dans les ateliers les machines, instruments ou procédés perdus, la plupart du temps, pour l'industrie, faute de publicité ou d'exécution.

4° diriger certains essais ou expériences pour s'assurer de l'utilité des procédés qui feraient espérer de grands avantages.

5° Venir au secours des artistes distingués qui auraient éprouvé des malheurs.

6° Rapprocher par de nouveaux rapports tous ceux qui, par leur état, leur goût, leurs lumières, prenaient intérêt au progrès des arts où pouvaient y concourir.

7° Devenir le centre d'institution semblables qui étaient désirées dans les principales villes manufacturières de la République.

L'entreprise était vaste, elle se résumait en peu de mots : exciter l'émulation, seconder les talents, répandre les lumières.

Pour atteindre ce but, plusieurs commissions permanentes composées d s hommes les plus exercés dans les connaissances relatives aux arts s'raient chargées de recevoir, d'examiner les inventions et découvertes, de proposer les sujets de concours, d'accorder les récompenses.

Une commission de correspondance entretiendrait des relations dans tout's les villes, recueillerait les renseignements et disséminerait les conna'ssances.

On créerait également une commission des fonds chargée de surveiller l'emploi des sommes versées et de rendre compte de ses travaux.

Le conseil d'administration serait composé de ces diverses commissions. Les membres de chacune d'elles seraient nommés au scrutin par les sociétaires.

Tout le travail, tout le service seraient faits gratuitement.

Le Ministre de l'Intérieur donnait le local des réunions qui seraient bi-annuelles.

La cotisation était fixée à 36 francs, mais on acceptait avec reconnaissance les dons plus considérables qui permettraient à la nouvelle société de marcher avec plus d'assurance.

Pour être sociétaire il ne fallait justifier d'aucune autre condition qu'une honnêteté et une moralité sans tache.

Les souscriptions s'ouvrirent en vendémiaire an X chez F. Delessert, Banquier, Scipion Perrier et Huzard, tous deux membres de l'Institut.

Les trois consuls, les savants illustres de l'époque, Monge, Berthollet, Vauquelin, Fourcroy, Guyton-Morveau, etc..., s'inscrivirent au premier jour.

Le 27 brumaire la société comptait 299 membres représentant 460 souscriptions, le 9 nivôse 500 membres et 800 souscriptions.

Définitivement fondée, elle se mettait de suite à la tâche, sans tâtonnements, avec le but bien arrêté à l'avance de seconder par tous les moyens l'action du gouvernement et le développement de la richesse nationale.

Après les Expositions qui agissaient si vivement sur l'esprit des fabricants en excitant leur amour-propre et leur intérêt, cette création, qui complétait l'idée de François de Neufchâteau, était destinée à rendre les services les plus signalés au pays, en mettant à côté des encouragements officiels du gouvernement les récompenses et les secours de toute nature accordés aux mérites et aux talents même les plus obscurs.

Cette société, véritable institution nationale, étendue à tout le pays, correspondant avec tous les savants, tous les amis du bien public, ayant une oreille dans chaque ville, un pied dans chaque département, allait, par son action incessante et progressive, répandre de tous côtés les méthodes scientifiques, renouveler les procédés surannés, et contribuer pour une part considérable à l'éducation industrielle de la France.

TROISIÈME EXPOSITION

DES

PRODUITS DE L'INDUSTRIE FRANÇAISE

1802

APERÇU GÉNÉRAL

———◈———

La paix venait d'être conclue avec l'Angleterre ; les relations interrompues depuis dix années au détriment des deux peuples allaient pouvoir
reprendre leur ancienne activité ; les routes maritimes fermées par les
croisières ennemies, pendant si longtemps, étaient rouvertes à notre commerce, mais, l'Angleterre, croisant devant nos côtes, tenant nos ports
dans un état de blocus étroit que, seuls, des navires armés en course
avaient su rompre, s'était, peu à peu, emparée de tous nos débouchés
d'exportation.

Les contrées du Levant où, pour certains articles, et, surtout, les
draps, nos manufactures régnaient seules autrefois, commençaient à
être inondées de produits anglais supérieurs en qualité aux nôtres et d'un
prix bien moins élevé.

D'un autre côté, en faisant main basse sur nos colonies d'Amérique,
l'Angleterre avait aussi bénéficié d'une de nos branches de commerce les
plus importantes.

Avant 1789 la France fournissait la plupart des contrées de l'Europe
de denrées coloniales pour une valeur qui atteignait le chiffre énorme de
150 millions ; la guerre maritime nous avait enlevé cette source de richesse
assurée.

Dépouillés de nos colonies, incapables de lutter contre les puissantes
flottes anglaises avec les débris désorganisés de notre ancienne marine,
non-seulement il nous avait fallu renoncer à tenir le marché de l'ancien
Monde, mais notre pays s'était trouvé presque absolument privé lui-même
d'une consommation nécessaire.

La paix d'Amiens restituait à la France toutes les colonies perdues
depuis 1790 ; il devait se passer, toutefois, un laps de temps considérable
avant qu'elle fût en état de rétablir cette branche de commerce dans sa
splendeur passée et qu'elle pût de nouveau faire face aux besoins de l'Eu-

rope dont l'Angleterre, pendant cette période, s'était chargée d'assurer les approvisionnements.

Notre marine marchande, inactive par suite des rigoureuses croisières qui surveillaient nos côtes, réduite à un effectif très restreint, sans équipages organisés et exercés, n'était pas en état de reprendre immédiatement la mer et de rétablir, de suite, sa situation compromise : la guerre à coups de canon était terminée, il fallait entamer contre l'Angleterre une nouvelle lutte pour rouvrir les débouchés de notre commerce, il fallait employer, pour vaincre l'influence acquise par nos ennemis, les moyens dont ils se servaient eux-mêmes.

Après avoir écrasé tour à tour ses ennemis du continent et forcé la Grande-Bretagne elle-même à un traité désavantageux, la France, pourvue d'une forme de gouvernement que l'on pouvait croire définitive, confiante dans sa force et dans son bon droit, devait s'attacher à développer, par une organisation nouvelle, la prospérité des arts de la paix. Il était de toute nécessité de forger, suivant une expression de l'époque, les armes propres à ébranler l'édifice du commerce anglais.

Cette tâche considérable n'était pas au-dessus du patriotisme et de l'intelligence des membres du gouvernement ; ils étaient disposés, pour leur part, à solliciter et obtenir des pouvoirs établis tous les règlements propres à atteindre ce but ; mais il ne suffisait pas de rendre d'excellents décrets, de faire voter les lois les plus favorables à l'industrie : là s'arrêtait l'initiative du gouvernement ; malgré l'ardent désir qu'il avait d'encourager les progrès des manufactures, il ne pouvait leur imposer l'obligation de profiter des mesures bienveillantes qu'il prenait à leur égard.

Il fallait arriver, par la persuasion et par l'évidence, à prouver aux fabricants qu'il dépendait d'eux, surtout, de donner au commerce une activité que le pouvoir était prêt à seconder de tous ses efforts.

La concurrence anglaise avait tiré parti de la détresse de notre industrie pendant les guerres et les orages de la Révolution ; appelant à son aide les moyens mécaniques qui nous étaient encore inconnus, utilisant les découvertes de ses savants avec l'esprit pratique qui la caractérisait, elle avait atteint un degré d'expansion qui nous devenait très préjudiciable.

La France, à son tour, devait, sans hésiter, suivre la voie tracée par sa rivale, en modifiant, selon le génie national, les nouveaux procédés inventés, en substituant à une main d'œuvre coûteuse et moins rapide, l'emploi des machines qui, au-delà de la Manche, étaient adoptées, depuis quelque temps, par tous les manufacturiers intelligents.

Les savants dont s'honorait alors notre pays étaient au courant des progrès de l'industrie anglaise, ils voyaient, en leur rendant justice, les efforts individuels des fabricants anglais pour améliorer leurs méthodes de travail et leurs produits, sans l'intervention du pouvoir ; il ne pouvait en être de même en France où l'on sortait d'une longue période de troubles et où l'Etat avait joué constamment le rôle de protecteur et de directeur du Commerce et de l'Industrie.

Disséminés sur le vaste territoire de la République, les manufacturiers, abandonnés à eux-mêmes, peu habitués au calme et à la sécurité dont ils jouissaient, hésitaient à se lancer dans les entreprises et à compromettre une situation qui tendait à s'améliorer.

La société d'encouragement, récemment fondée, n'avait pas encore dans le pays des racines assez profondes et une influence assez étendue dans tous les départements, pour donner dans chaque centre industriel une cohésion, une direction à tous ces intérêts timorés, il devenait urgent de créer ou plutôt de restaurer en étendant ses attributions, une institution qui avait déjà rendu les plus grands services sous la monarchie : les chambres de commerce.

En composant ces assemblées de négociants, de manufacturiers appartenant aux branches cultivées dans chaque contrée, le gouvernement, mieux que par les préfets, serait à même de connaître l'état de l'industrie, les mesures à prendre pour la protéger et la développer, les réformes à introduire dans la règlementation dont elle était l'objet.

Ces projets, arrêtés en principe, mais encore à l'étude, n'étaient pas réalisés ; Chaptal, qui avait proposé ce rétablissement nécessaire, devait, en l'attendant, continuer son œuvre de régénération avec les préfets pour collaborateurs.

Il possédait, en l'état des choses, un seul moyen d'agir sur l'esprit des fabricants, d'exciter leur émulation, d'encourager leur zèle. Les résultats de l'Exposition de l'an IX confirmaient l'excellence du principe de ces concours périodiques, il n'avait qu'à essayer d'obtenir en l'an X un succès plus éclatant.

Pour le préparer, dès le commencement de Floréal, trois mois avant l'époque fixée pour l'ouverture de l'Exposition, il communiqua à tous les préfets de la République ses impressions sur la réunion de l'an IX, en insistant de nouveau sur le but de cette innovation afin que chacun de ces fonctionnaires, convaincu de son opportunité, pût faire, en connaissance de cause, les plus grands efforts pour décider les manufacturiers de son département à y venir en grand nombre.

» Il se félicitait d'avoir vu, réunies dans la cour du Louvre, plus de quatre cents espèces de produits différents ; il avait constaté avec un légitime orgueil que si, dans quelques fabrications, nous étions encore bien faibles, il restait bien peu de chose à désirer dans toutes les parties qui supposaient des connaissances étendues et un goût exquis chez le fabricant.

» Le premier Consul, lui-même, avait daigné distribuer de sa main les médailles aux artistes distingués par le Jury ; parmi ceux-ci il s'en trouvait un certain nombre qui, grâce à ces récompenses, avaient déjà vu, depuis cette époque, leurs affaires prendre un notable accroissement, et leur maison acquérir une juste renommée.

» Le vœu du premier Consul était de réunir, chaque année, à Paris, dans une grande foire nationale, tous les produits de l'industrie française et de les offrir à l'admiration de l'Europe. C'était au commerce qu'il appartenait d'accomplir ce désir.

» Si tous les départements n'avaient pas envoyé à la dernière Exposition, cette abstention venait certainement de ce qu'on s'était mépris sur le vrai but de cette institution ; il lui paraissait donc utile d'entrer dans quelques détails pour bien en faire apprécier tous les mérites.

» L'Exposition publique des produits de l'industrie n'avait pas été créée pour présenter un étalage solennel de chefs-d'œuvre, mais pour offrir un tableau exact de tous les objets fabriqués en France.

» C'était une erreur grossière de croire, un seul instant, que le Gouvernement estimait ces tours de force, œuvres d'adresse ou de patience que quelques-uns s'obstinaient à présenter ; il considérait surtout les objets d'une fabrication habituelle, et jugeait de l'importance d'une manufacture par l'utilité, la quantité et les prix des produits qui en sortaient. Il mettait sur la même ligne et regardait avec un intérêt égal les draps communs de Lodève, les serges du Gévaudan et les qualités supérieures de Louviers et de Sedan. A ses yeux, la poterie la plus commune bien fabriquée, à bas prix, égalait la porcelaine la plus élégante, et le couteau à un sol de Saint-Etienne était pour lui aussi précieux que les lames les plus fines.

» Chaque genre de fabrication avait sa destination particulière, chaque objet son genre d'utilité et un prix, fixé par le commerce, qui ne pouvait être dépassé ; le manufacturier devait, pour atteindre ce but, savoir proportionner la qualité et le prix de son produit à l'usage auquel il était destiné ainsi qu'au goût et à la bourse du consommateur.

» En instituant une Exposition annuelle, le Gouvernement entendait réunir sous ses yeux l'ensemble de toutes les productions des fabriques ; ses intentions ne seraient pas remplies si toutes les étoffes, depuis la plus commune jusqu'à la plus riche, n'étaient pas offertes aux regards du public, si la même enceinte ne trouvait pas rassemblés tous les produits des métaux, depuis la fonte jusqu'aux pièces d'orfèvrerie les plus magnifiques.

» Par ce rapprochement de tous les arts, de tous les travaux, on arriverait enfin à connaître les ressources, les moyens, l'état de toutes les branches et à dresser la carte industrielle de la France.

» Ce concours périodique permettrait de constater les progrès de l'industrie, d'établir une utile comparaison avec celle des autres nations, il indiquerait les améliorations et les perfectionnements nécessaires. Un tel but atteint devait amener les résultats les plus heureux, éveiller l'émulation des fabricants et présenter aux savants le tableau de la marche progressive de l'industrie française, mais il fallait absolument que tous les départements tinssent à honneur d'apporter leur tribut à cette réunion solennelle, il fallait qu'aucun art, aucune fabrication n'y fussent oubliés ; l'effet que le gouvernement espérait obtenir de cette institution était à ce prix. »

Chaptal réclamait ensuite des préfets, avant le 15 Thermidor, la liste des manufacturiers de chaque département disposés à exposer, ainsi que l'indication des objets qui devaient être envoyés.

Il joignait les dimensions des portiques, 3 mètres (9 pieds) de largeur sur 4 1/2 mètres (13 1/2 pieds) de profondeur. Il entrait dans les détails matériels les plus minutieux sur l'envoi des produits, soit à des correspondants, à Paris, soit au citoyen Frion, inspecteur chargé de l'organisation, sur le soin avec lequel chaque objet serait installé de façon à n'avoir à craindre ni dégradation ni soustraction.

L'arrivée à Paris devait précéder le 15 Fructidor ; le moindre retard empêcherait d'ordonner les dispositions convenables, soit pour le placement des produits, soit pour la rédaction du catalogue et l'examen du Jury.

Puis, à la fin de cette longue circulaire, il revenait avec chaleur sur le rôle important qu'il leur confiait et sur les arguments qu'ils devaient employer pour triompher de la routine et décider les manufacturiers à paraître à l'Exposition.

« Répétez, disait-il, je vous en conjure, à tous les fabricants, que cette Exposition n'est point destinée à former un spectacle stérile, qu'elle a pour objet de faire connaître tous les produits de nos fabriques, de marquer les progrès de notre industrie et de récompenser le talent.

« Dites-leur que les productions y sont appréciées par leur utilité bien plus que par leur éclat, qu'on n'y compare que les produits de même qualité et de même genre lorsqu'on veut prononcer un jugement, et qu'une étoffe grossière mais bien façonnée, avec économie, obtiendra la distinction sur une étoffe riche et d'un prix disproportionné.

« Assurez leur qu'ils peuvent tous concourir, que le Gouvernement verra avec plaisir qu'ils assoéient le motif d'une louable émulation à l'espoir très probable de trouver dans cette Exposition solennelle l'occasion d'y faire connaître leur fabrique et d'y former des ventes considérables. »

En se conformant aux instructions si complètes du Ministre, en répétant aux manufacturiers ces lignes empreintes du patriotisme le plus pur et le plus désintéressé, les préfets ne devaient pas être embarrassés pour vaincre les résistances et entraîner ceux qui hésitaient. Chaptal cherchait, par ces arguments énumérés avec tant de persistance, à faire passer dans leur esprit un peu de cet ardeur dont il brûlait lui-même; il leur exposait chaleureusement ses vues et ses idées, dans l'espérance de les leur faire épouser et d'augmenter le zèle de leur propagande.

Il craignait par dessus tout que les fabricants ne se fissent une fausse idée de la réunion où il les conviait; pour répondre aux allégations mensongères qui avaient déjà couru en l'an IX, il fallait prouver aux manufacturiers récalcitrants que l'Exposition n'était pas un spectacle de curiosité pour les habitants de la ville où elle avait lieu et les étrangers qu'elle y attirait; il était utile de les convaincre que le Gouvernement poursuivait un but plus élevé qu'il ne pouvait atteindre sans le concours empressé de tous les fabricants dont les intérêts les plus sérieux étaient en jeu.

L'Exposition fournissait en outre au Ministre l'occasion de connaître les besoins des diverses branches d'industrie, d'étudier leurs progrès et de préparer les mesures propres à hâter leur développement; il lui importait beaucoup, en attendant une organisation moins défectueuse, de se servir du seul moyen existant alors pour arriver à dresser plus rapidement le tableau du commerce français.

Cette année, soit que les préfets, plus convaincus eux-mêmes, eussent pressé plus vivement les manufacturiers de leurs départements, soit que les fabricants, éclairés par deux expériences, eussent compris à leur tour qu'il ne s'agissait pas d'une exhibition frivole et sans portée, l'empressement fut grand de tous les points de la France.

A la fin de Thermidor, quand le Ministre de l'Intérieur, ayant reçu toutes les notices concernant les objets envoyés, fît dresser la liste exacte des exposants, il put constater avec joie le succès de ses efforts.

84 départements répondaient à l'appel du Gouvernement; le nombre des exposants s'élevait à 540, quand il n'avait été que de 235 l'année précédente.

43 départements qui n'avaient jamais paru à une Exposition promettaient les produits de leur industrie; cette abstention regrettable de la région du Midi au dernier concours cessait enfin et, bien qu'il fût possible de souhaiter une représentation moins restreinte de cette partie du pays,

il y avait dans le fait de la présence de quelques départements méridionaux à l'Exposition une bonne volonté dont il fallait leur tenir compte.

Voici, par ordre alphabétique, la liste des 43 départements qui prenaient part, pour la première fois au concours avec le chiffre d'exposants qu'ils comptaient :

Alpes-Maritimes	1	Jemmapes	6	Pyrénées-Orientales	3
Ariége	1	Jura	4	Rhin-et-Moselle	1
Aude	2	Loire	10	Roër	1
Aveyron	10	Loiret	10	Sambre-et-Meuse	1
Bouches-du-Rhône	6	Lot	1	Haute-Saône	5
Charente-Inférieure	2	Lozère	1	Sarre	2
Cher	1	Meurthe	2	Sarthe	4
Creuse	2	Meuse-Inférieure	4	Deux-Sèvres	4
Côte-d'Or	2	Mont-Blanc	1	Tarn	5
Dordogne	1	Mont-Tonnerre	1	Var	1
Finistère	2	Nièvre	1	Vaucluse	1
Forêts	4	Ourthe	3	Vendée	1
Gard	2	Puy-de-Dôme	5	Vienne	2
Ille-et-Vilaine	3	Basses-Pyrénées	2	Vosges	8
Isère	1				

Le total était de 127. Les 41 autres départements réunissaient 413 manufacturiers qui se répartissaient ainsi :

Ain	1	Gironde	1	Oise	9
Aisne	1	Hérault	4	Orne	5
Ardèche	4	Indre-et-Loire	4	Pas-de-Calais	14
Ardennes	3	Léman	2	Bas-Rhin	5
Aube	17	Loir-et-Cher	2	Haut-Rhin	2
Charente	3	Haute-Loire	7	Rhône	4
Corréze	2	Lot-et-Garonne	4	Saône-et-Loire	1
Côtes-du-Nord	1	Maine-et-Loire	4	Seine	143
Deux-Nèthes	6	Manche	3	Seine-Inférieure	46
Doubs	5	Marne	3	Seine-et-Marne	3
Drôme	7	Haute-Marne	8	Seine-et-Oise	6
Dyle	3	Mayenne	3	Somme	22
Escaut	11	Moselle	10	Haute-Vienne	13
Eure	10	Nord	11		

L'augmentation considérable du nombre d'exposants ne portait pas uniquement, comme il est facile de le voir par les tableaux ci-joints, sur les départements qui paraissaient pour la première fois, ils fournissaient, au contraire, un chiffre assez modeste ; les 41 départements admis déjà en l'an IX avaient presque doublé leur contingent.

On s'aperçoit, de suite, en comparant les deux divisions adoptées pour la clarté de la démonstration, que les départements ayant envoyé des produits l'année précédente l'emportent en nombre d'exposants sur les premiers et donnent un total bien supérieur à celui de l'an IX.

Cet accroissement était un argument irrésistible pour prouver l'utilité des Expositions ; il établissait d'une manière évidente les résultats avantageux que l'on pouvait en tirer, puisque les départements qui en avaient fait une première expérience, non-seulement paraissaient de nouveau, mais encore augmentaient dans de fortes proportions le nombre de ceux qui avaient sollicité l'honneur d'être admis.

Chaptal, en même temps, recevait des notices détaillées sur ces manufactures dont les produits allaient être disposés, aux yeux de tous, dans la cour du Louvre et les faisait insérer au *Moniteur universel*. Cette immense publicité accordée dans le *Journal officiel* de la République à l'industrie française avait un double effet : elle répondait victorieusement à ceux qui croyaient ou faisaient semblant de croire à la ruine complète de notre industrie ; elle donnait, d'un autre côté, à chaque manufacturier une notoriété qui devait encore rehausser le prestige des Expositions à ses yeux, et servait en même temps ses intérêts et ceux du pays.

Il n'avait pas été possible, malgré les opinions les plus favorables, de prévoir cette affluence de concurrents ; on s'aperçut, trop tard pour qu'il fut possible de remédier à cet inconvénient, que la Cour du Louvre contiendrait difficilement la quantité des produits qu'il fallait y installer ; on dut, pour faire de la place, renoncer, au moins en partie, à grouper, comme il avait été annoncé, les objets de chaque département sous un même portique, et rassembler les productions semblables de plusieurs contrées dans un même espace. Si l'on perdait l'avantage de pouvoir embrasser d'un coup d'œil l'industrie d'un département, on y gagnait d'établir plus facilement la comparaison entre produits de même nature.

L'ouverture de l'Exposition eut lieu le premier jour complémentaire. La préfecture de police avait pris les mêmes précautions qu'en l'an IX, mais en y ajoutant l'indication des portes par lesquelles l'entrée et la sortie devait avoir lieu.

On pénétrait dans l'enceinte de l'Exposition par la porte de la colonnade vis-à-vis Saint-Germain l'Auxerrois et par celle de la place du Muséum des Tableaux, côté de la rue Froidmanteau : on la quittait par les guichets de la rue du Coq et du quai du Louvre. Dans la Cour, une escouade d'agents de police assurait le maintien de l'ordre en surveillant les objets exposés.

A l'aide des notices imprimées qui se vendaient aux abords du Louvre et qui contenaient des renseignements concis, mais exacts, sur chaque département et les productions qu'il avait envoyées, les visiteurs se rendaient compte par eux-mêmes de l'état de l'industrie. Le catalogue don nait quelques détails sur des fabrications nouvelles tentées par des manufactures naissantes, sur les progrès accomplis dans des branches établies depuis longtemps en France.

Il n'est pas inutile de faire un rapide examen des produits présentés par les 43 nouveaux départements admis à concourir en réservant quelques lignes pour les tentatives heureuses qui méritaient d'être signalées dans les autres parties du territoire, en montrant les résultats heureux obtenus déjà par certains manufacturiers entreprenants.

EXAMEN DES PRODUITS EXPOSÉS

———∿∿∿———

Le département des Alpes-Maritimes où, depuis fort longtemps, la parfumerie était cultivée, n'envoyait rien de sa fabrication habituelle, il exposait des échantillons de toiles à voiles ; l'Ariége des modèles de machines à peigner, carder la laine, inventées par un horloger de Foix ; l'Aude, des draps destinés à la traite des nègres, fabriqués par Pascal Thoron, de Carcassonne, une des premières maisons du département pour ces articles qui, avant 1789, s'exportaient en quantité considérable et s'échangeaient contre du bois d'ébène, comme disaient les négriers ; seul parmi ses nombreux confrères, Pascal Thoron paraissait au concours.

L'Aveyron présentait plusieurs échantillons de ces étoffes grossières et communes dont il approvisionnait les contrées environnantes : serges, bures, cadis, il y joignait de l'alun extrait de ses montagnes, raffiné dans deux usines, des peaux, des maroquins, des ouvrages de tour ; l'Aveyron, qui comptait 10 exposants, avait complètement rempli les vues du Gouvernement en montrant l'ensemble des genres d'industrie qu'il pratiquait.

Les Bouches-du-Rhône offraient des faïences, des chapeaux, des bas de soie, mais pas un seul fabricant de cette industrie renommée des savons dont le département avait le monopole en France, lacune regrettable qu'il fallait combler lors d'une nouvelle Exposition ; la Creuse, des tapis d'Aubusson qui soutenaient, par leurs qualités, la réputation autrefois si brillante de ce genre alors délaissé ; la Dordogne, des papiers vélins de Bergerac ; le Finistère, des fils et des toiles blanchis par les procédés de Berthollet, du sel ammonical très soigné comme fabrication et d'un prix modique.

Le département des Forêts, contrée annexée par la République, couvert, comme son nom l'indiquait, de forêts très étendues, était occupé par des verreries très importantes qui trouvaient à bon marché et sous la main le combustible nécessaire ; trois d'entre elles envoyaient des verres, bouteilles et cristaux : le Gard, de la bonneterie de soie, cette industrie, très ancienne dans le département, avait beaucoup perdu pendant la Révolution, au bénéfice des industries rivales de Troyes, pour le coton, et Amiens pour la laine, dont s'accommodait mieux la pauvreté républicaine sincère ou affectée : l'Ille-et-Vilaine, des toiles à voiles et une collection d'hameçons pour la grande pêche.

Le département de Jemmapes comptait les villes les plus manufacturières des anciens Pays-Bas : Mons, Tournay ; ses produits étaient nombreux : des faïences de Mons, des tricots pour l'habillement des troupes, de la bonneterie de laine et de coton et vingt tapis de la fabrique de Piat, Lefebvre et fils, de Tournay, établissement considérable où l'on trouvait des tapis depuis 10 jusqu'à 800 francs l'aune.

La Loire, avait sa coutellerie sans rivale comme prix et qualité, ses armes à feu de guerre et de luxe, des scies, des outils de menuiserie en acier cémenté, des cotons blancs et teints de manufactures établies récemment à Roanne qui, par leurs progrès rapides, allaient faire de cette ville un des premiers centres de commerce de la région du Rhône, mais pas un seul exposant de rubannerie.

Le Loiret, des bonnets façon de Tunis, des couvertures en laine de toutes qualités, des toiles peintes d'Olivet, des poteries.

La Meurthe, des toiles imprimées et des faïences.

La Meuse-Inférieure exposait des produits précieux pour le pays auquel la conquête l'avait rattachée, des aiguilles, des épingles que la France tirait complètement d'Allemagne et d'Angleterre ; tous les efforts tentés, à diverses époques, pour introduire cette industrie, avaient échoué. La manufacture de Trostorff, à Vaels, occupait 150 ouvriers qui fabriquaient par an 25,000,000 d'aiguilles, les épingles étaient présentées par Rouville, de Maëstricht ; les Pyrénées-Orientales avaient des draps destinées au commerce du Levant.

Le Puy-de-Dôme, des toiles, des blondes en soie, des rubans de fil, de laine, du papier serpente propre à faire des éventails ; l'arrondissement de Thiers, célèbre par sa coutellerie, n'avait pas envoyé de produits ; la Haute-Saône, des échantillons de fer de ses forges, des horloges, des carrés de montre, des balles pour le service de l'artillerie, de l'usine d'Héricourt ; la Sarthe, des toiles de chanvre, des étamines, des couvertures et des bougies de cire. Les Deux-Sèvres, dont Niort, le chef-lieu, disputait à Grenoble la palme pour la préparation des peaux et leur confection en produits divers, avaient des gants de daim, des peaux pour culottes, gilets, pantalons. Le Tarn, les draps de Castres, de Mazamet, des chapeaux de feutre, des couvertures en molleton de coton.

Le département des Vosges présentait l'assortiment le plus varié de plusieurs genres d'industries : des faïences, des fils de fer et des feuilles de fer-blanc de la manufacture de Bains, fondée depuis quelques années seulement, et qui entreprenait hardiment la lutte contre la concurrence étrangère ; un violon de Nicolas, luthier à Mirecourt, qui soutenait la réputation des instruments de musique fabriqués en cette ville, des dentelles, également de Mirecourt, ouvrages des paysannes pendant l'hiver, enfin deux importantes forges, tout un assortiment d'instruments aratoires, d'ustensiles en fer battu, de tôles.

Dans cette énumération aussi brève que possible, je n'ai cru devoir citer que les départements ayant envoyé assez d'exposants pour représenter les industries qui en faisaient la richesse. Comme il est facile de le voir par le tableau dressé plus haut, beaucoup étaient réduits à un seul exposant dont les produits ne pouvaient donner qu'une faible idée des ressources de la contrée, tels que le Cher, avec des étoffes de laine commune fabriquées au dépôt de mendicité de Bourges ; la Côte-d'Or, avec du vinaigre de Dijon ; le Jura, avec des ouvrages de tour de Saint-Claude, le Var, le Vaucluse, avec des soies grèges et ouvrées, la Vendée, la Vienne, le Lot, la Lozère, avec des serges, droguets, futaines, cadis, les départements du Mont-Blanc, Mont-Tonnerre, Rhin et Moselle, Roër, Sambre-et-Meuse, Sarre, avec des objets de laine, produits chimiques, faïences, toiles peintes ; les échantillons envoyés étaient trop peu nombreux pour qu'il fût possible d'apprécier l'importance de la fabrication de ces divers départements.

Le résultat, bien que modeste pour eux, était préférable à l'abstention de l'année précédente, et l'on pouvait légitimement espérer que les fabricants de ces contrées, encouragés par l'exemple de leurs confrères, se décideraient, en l'an XI, à venir à leur tour concourir pour les récompenses.

Le succès de l'Exposition présente appartenait de fait aux départements qui avaient déjà paru en l'an IX. Dans certains d'entre eux, le nombre des exposants s'était doublé, la plus grande partie des fabricants récompensés se présentait à nouveau, soit pour voir confirmer la distinction obtenue, soit pour en gagner une d'un ordre supérieur.

Les Ardennes avaient Ternaux frères ; l'Aube, la bonneterie de Cahours, de Troyes, du papier, du carton, faits avec de la paille par les procédés du citoyen Rousseau, qui avait installé pour cette industrie 600 ouvriers dans l'ancienne abbaye de Clairvaux, de la tabletterie, des verres à vitres, de la poterie.

L'Escaut, du bleu pour blanchir les toiles et la batiste, une peau tannée et corroyée en quinze jours à Gand, alors que les meilleures méthodes connues exigeaient deux années avant de mettre le cuir en travail, des papiers de toutes dimensions, des indiennes, toiles imprimées, de la colle forte, deux cheminées à brûler le charbon de terre. Ce département qui avait Gand pour chef-lieu, français depuis quelques années seulement, était un des plus avancés dans l'industrie et fournissait à sa nouvelle patrie beaucoup d'objets qu'elle allait chercher à l'étranger auparavant.

L'Oise, des porcelaines tendres de Chantilly, une des premières fabriques dans le genre et la plus considérable comme chiffre d'affaires, des fontaines en grès de Laffineur, à Savignies, qui occupait 500 ouvriers, des cardes pour coton de la fabrique de Liancourt, et des dentelles de Chantilly, dignes de leur ancienne réputation. Le Pas de-Calais des dentelles d'Arras, des batistes, des poteries de Saint-Omer, des pipes de la même ville, de Fiolet, dont l'usine comptait 200 ouvriers et exportait ses produits dans toute l'Europe, des huiles d'œillette, des draps.

La Moselle, des aciers de la forge de Monterhausen, tenant le milieu entre les aciers styriens et anglais, et coûtant moitié moins, des alènes, burins, forêts de Letixerand de Sierck, des poteries d'Utzschneider, des cristaux de Saint-Louis.

Le Haut-Rhin présentait deux exposants nouveaux, dont les noms ont constamment figuré depuis en tête de leur industrie : Japy, de Beaucourt, qui, avec 300 ouvriers, produisait, tous les jours, trois cents douzaines d'ébauches de montres, il arrivait à ce résultat surprenant au moyen de mécanismes de son invention mus par des vieillards, des infirmes ou des enfants ; Bornèque, de Bischwiller, qui tentait le premier de fabriquer en France les faux que nous tirions d'Allemagne, il en fournissait chaque mois quinze cents à la consommation.

L'Indre-et-Loire cherchait à regagner la splendeur passée de son commerce de soieries, il envoyait des échantillons d'étoffes de soie, de satin broché pour ameublements, des limes de Ducrusel, d'Amboise, un des manufacturiers les plus distingués dans cette nouvelle industrie, des cuirs des tanneries renommées de Château-Renault.

Le Maine-et-Loire, les mouchoirs de Chollet, dont nul autre département ne pouvait égaler les qualités et le bon marché des prix. La Marne, les flanelles, draps, casimirs de Reims. — Le Doubs, des fils de fer, des montres, de Robert, de Besançon, une entr'autres, montée en bague et indiquant l'heure de Cayenne, du Caire, de Pondichéry et de Paris, la bonneterie de fil de Detrey.

L'Eure, des coutils, flanelles et les draps de Louviers, des modèles en fer coulé pour fondre les obus et boulets, l'inventeur, Mazières, d'Evreux, était parvenu en l'an II à substituer les modèles en fer aux modèles en cuivre dont on s'était servi jusque-là. — La Haute-Vienne, des porcelaines de 13 fabricants ; dans une Exposition locale qui avait eu lieu en Floréal dernier, la Société des Arts et Agriculture de Limoges avait choisi les objets d'une exécution remarquable et d'un prix modique faits avec les matières premières fournies par le département.

L'Orne, des dentelles de Laigle, où l'on essayait d'implanter cette industrie, des fils de fer à carde. — La Haute-Loire, des blondes en soie noire, des dentelles de fil et des peaux de chevreau de la fabrique d'Escomel, du Puy, qui livrait aux gantiers, chaque année, 120,000 peaux préparées. — La Haute-Marne, des couteaux, canifs, ciseaux de Nogent-le-Roi, des gants de Chaumont ; le Rhône, des rubans, un métier pour la fabrication des bas de soie inventé par Aubert, ouvrier à Lyon, et trois échantillons, seulement, de ces splendides étoffes qui faisaient la réputation universelle de son chef-lieu.

La Somme était au nombre des départements qui comptaient le plus d'exposants : 22 fabricants, presque tous d'Amiens, offraient des casimirs, de la bonneterie de laine, des toiles de cotons, de chanvre, des moquettes, des velours en chaîne de coton. Après avoir souffert cruellement de la stagnation des affaires depuis la Révolution, Amiens commençait à réparer ses pertes et à étendre ses relations commerciales en essayant d'autres genres de fabrication que ceux qu'elle pratiquait avant 1789. — Le Nord avait les batistes de Cambrai, les dentelles de Valenciennes, des drap de coton de Roussel-Grimonprez, de Roubaix ; c'était la première fois que paraissait à l'Exposition le nom de cette ville, encore mince bourgade, à qui l'avenir réservait des destinées si brillantes, des velours, nankins de Lille.

Après Paris, la Seine-Inférieure offrait le spectacle le plus complet. Rouen, Bolbec, Darnétal, Yvetot envoyaient tout cet assortiment varié des toiles de coton connues sous le nom de rouenneries ; Elbeuf, ses draps, dont les progrès en qualité s'accentuaient grâce aux efforts soutenus de ses fabricants, rivaux de Louviers et de Sedan ; le Havre, des instruments pour la pêche de la baleine et du papier ; Fécamp, des cuirs tannés ; Rouen joignait à ses produits plus connus une pompe à incendie, quelques échantillons de produits chimiques nécessaires à ses nombreuses teintureries, des rôs d'acier pour filature.

Le département de la Seine avait un tiers d'exposants en plus. D'importantes branches d'industries, qui lui sont propres : les objets d'art, les articles de Paris, la passementerie, la tabletterie, etc... n'avaient été jusque-là que fort incomplétement représentés.

Cette année, les deux plus célèbres orfèvres du temps, Auguste et Odiot, paraissaient sous les portiques. Côte à côte on voyait des bijoux de platine, des boutons de métal, des nécessaires, des portefeuilles, des fleurs artificielles, des pendules à sujets en bronze, des glaces dorées et gravées, des chapeaux en cuir vernissé, nouveauté qui excitait vivement la curiosité, de la musique imprimée, des objets en marqueterie, des plumes d'argent, des lorgnettes de théâtre, un modèle de billet de banque, des sujets sculptés en ivoire et en marbre, des panneaux en arabesques, des plans d'architecture, des papiers peints, veloutés ; au milieu de la Cour, la représentation, en grandeur naturelle et en terre cuite, du monument de Lysicrates, appelé communément lanterne de Démosthène, etc.

Tous ces objets divers, qui constituent aujourd'hui la plus grande partie de l'industrie parisienne, n'empêchait pas Paris, à cette époque où la main d'œuvre et la vie étaient moins chères, de compter un certain nombre de fabriques très importantes de basins, bonneterie, cotons en fil, chanvre et lin.

A Passy même, où les frères Bauwens avaient une grande filature de coton, les frères Delessert, banquiers, dirigeaient une raffinerie de sucre ; à Grenelle s'installaient des usines de produits chimiques et, dans différents quartiers, des mécaniciens formaient des ateliers déjà considérables.

L'astronomie, les sciences trouvaient chez les Lenoir, Chevallier, Jecker, Lerebours, Devrine, les instruments que le talent de ces ingénieurs habiles perfectionnait sans relâche ; l'imprimerie, avec les Didot, marchait de progrès en progrès ; l'horlogerie tenait encore le premier rang par les Bréguet, Berthoud, Janvier, Cave, malgré la concurrence assez sérieuse de l'industrie bisontine.

Paris, en un mot, réunissait les genres les plus divers, et, dans tout ce qui demandait de la variété, du goût, de la grâce, l'emportait de beaucoup sur tous les départements.

Le cinquième jour complémentaire, le premier Consul, accompagné de ses deux collègues et du Ministre de l'Intérieur, se rendit, dès le matin, à l'Exposition pour la visiter en détail. Il y passa près de trois heures, examinant successivement tous les portiques, questionnant les manufacturiers, s'assurant par lui-même que chaque ville de fabrique avait tenu à honneur d'exposer les produits de sa fabrication.

L'empressement du public à jouir, pendant les cinq jours fixés, de ce spectacle attrayant fut encore plus vif qu'en l'an IX et, dès le premier jour, on reconnut, à l'affluence des visiteurs que la cour du Louvre était de dimensions trop exiguës pour une réunion d'objets aussi nombreux. On avait dû prendre sur l'espace laissé libre l'année précédente, pour élever à la hâte quelques nouveaux portiques destinés au surcroît d'exposants qui s'étaient présentés, si bien que la circulation était des plus difficiles et qu'un encombrement inévitable se produisait chaque jour.

Il fallait renoncer, pour les Expositions suivantes, à un emplacement aussi restreint, dont la position au centre de Paris était pourtant très avantageuse, mais qui avait le grave inconvénient de ne pouvoir se prêter à une extension indispensable.

Le Jury était composé de la même façon qu'en l'an IX, sauf Berthollet et Bonjour, commissaire aux salines, qui n'en faisaient plus partie, remplacés par Conté, démonstrateur au Conservatoire des Arts-et-Métiers, et Allard, membre de la Section du Commerce du Conseil du Ministère de l'Intérieur.

En présence du grand nombre de produits qu'ils avaient à examiner et à juger, les membres du Jury, au lieu d'accorder les récompenses sans méthode, comme ils avaient fait précédemment à cause du peu de distinctions dont ils disposaient et du chiffre limité d'exposants, partagèrent, suivant leur nature, tous les objets en quinze classes.

Les médailles à décerner étaient attribuées à chaque classe en raison de l'importance de sa fabrication et des manufacturiers qui en faisaient partie. Cette division nécessaire était des plus logiques et permettait d'établir immédiatement une comparaison entre les productions semblables de plusieurs départements.

Le deuxième jour de Vendémiaire, le Jury, accompagné des artistes et fabricants qu'il avait distingués, était admis aux Tuileries, à deux heures, devant le premier Consul, qui se tenait dans la grande salle du Trône, entouré des Ministres et d'un grand nombre de personnages de tous rangs. Le citoyen Costaz, président du Jury, prit la parole et constata l'empressement des manufacturiers à prendre part à l'Exposition. Le progrès sur l'année précédente était tellement manifeste, que le Jury, certain de voir le Gouvernement entrer dans ses vues, avait franchi les limites qui lui étaient assignées, en augmentant le nombre des récompenses ; une trop stricte observation de ses devoirs l'aurait obligé à laisser de côté des mérites distingués et, par conséquent, à être injuste.

RÉCOMPENSES

Dans la première classe, qui comprenait les laines et toutes les étoffes qui en dérivent, il n'avait point été décerné de médailles d'or : DECRETOT, de Louviers ; TERNAUX, de Sedan, ayant obtenu cette récompense en l'an IX, ne pouvaient l'avoir de nouveau, mais le Jury rendait justice à leur fabrication hors ligne et reconnaissait qu'ils méritaient toujours cette haute distinction.

Cinq médailles d'argent étaient attribuées à : PASCAL THORON, de Carcassonne, JACQUES GRANDIN l'aîné, d'Elbeuf ; GUIBAL jeune, de Castres ; deux en commun aux quatre fabriques suivantes : LECAMUS et FRONTIN, de Louviers ; Veuve DE RÉCICOURT, JOBERT, LUCAS et Cⁱᵉ, de Reims ; GENSSE, DUMINY et Cⁱᵉ, d'Amiens ; BALIGOT père et fils, de Reims, les titres de ces établissements étant égaux, le Jury laissait au sort le soin de décider auquel la médaille serait attribuée.

Huit médailles de bronze à : MOREZ, de Prades, PEYRE et Cⁱᵉ, de Marvejols ; GAUTHIER, de Mons, GAYON-MARTIN, COLAS DE BROUVILLE, VANDERBERGUE et Cⁱᵉ, d'Orléans, qui cardaient la laine à la mécanique et la travaillaient à la filature continue ; BROSSER, de Beauvais ; HECQUET-D'ORVAL, d'Abbeville ; deux à partager entre LOUIS ROBERT FLAVIGNY et fils, d'Elbeuf, et JEAN NICOLAS LEFÈVRE, de la même ville : MARTEL et fils, de Bédarieux, et VIALÈTES-D'AIGNAN, de Montauban, dont la fabrique datait de 1627, enfin vingt mentions honorables. — Le Jury n'avait eu aucun égard aux étoffes qui ne portaient pas avec elles la preuve authentique qu'elles provenaient de la manufacture qui les avaient présentées. Il n'avait point pris en considération également les pièces sur lesquelles il était inscrit : Fait dans telle ville, façon de Sedan, de Louviers, car des fabricants déloyaux et peu scrupuleux enlevaient à l'inscription ce qui indiquait le lieu réel de fabrication et, laissant subsister le reste, trompaient les acheteurs sur la véritable origine de la marchandise.

La deuxième classe comprenait les soieries subdivisées en soies filées et étoffes.

Une médaille d'or était accordée aux frères Jubié, de la Sône (Isère), pour leurs soies filées et ouvrées avec les machines de Vaucauson ; on devait de la reconnaissance à ces manufacturiers intelligents pour leurs efforts à vaincre les préjugés qui repoussaient ces précieuses machines et pour le dévouement avec lequel ils avaient formé un grand nombre d'élèves capables de les manœuvrer.

Pour les étoffes, Camille Pernon, de Lyon, recevait une médaille d'or, son exposition était magnifique et, tout en représentant dignement la grande ville, faisait regretter l'absence de concurrents aussi renommés , elle comprenait : une robe de mousseline française brodée satin et soie , un coupon de velours teint en écarlate, nuance qui n'avait pu être obtenue jusqu'ici, du satin et du taffetas, grande largeur ; une médaille d'argent à Cartier Rose, père et fils, de Tours ; deux médailles de bronze à Vacher et à Bontems, de Paris ; une mention honorable à un fabricant de crêpe de Romans (Drôme).

La troisième classe ne comptait qu'un exposant : Bardel fils, de Paris, récompensé par une médaille de bronze pour des étoffes de crin, inusables, propres à la fabrication des meubles, à des prix très modérés.

La quatrième division se composait des fils, toiles, batistes, linons. Les produits exposés étaient de bonne qualité, bien soignés, mais, sans être inférieurs à leur ancienne réputation, ils ne montraient aucun progrès, aucune amélioration dans les procédés de travail.

Le Jury s'était contenté de donner quatre médailles de bronze, l'une à Boniface et Cⁱᵉ, de Cambrai ; la seconde à partager entre Bouan, de Quintin (Côtes-du-Nord) ; Mahieu, Rue-Saint-Pierre (Oise) ; Duplessier, de la même localité ; la troisième entre Gounon, d'Agen et Sollier fils et Delarue, directeurs de l'importante manufacture de toiles à voiles de la Piltière, à Rennes ; la dernière à Visser, de Turnhout, pour ses coutils ; un rappel de médaille de bronze en faveur des fils écrus de Trotry, de Craon (Mayenne) ; treize mentions honorables.

Dans la cinquième classe se trouvaient les dentelles. Une médaille d'argent était à tirer au sort entre Boulay, d'Alençon et Vandessel, de Chantilly.

Deux médailles de bronze entre Mme Onfroy, de Laigle et Soudra, de Valenciennes ; l'autre entre Robert cadet, Dasserat, Roland père et fils, Guichard-Portal, tous les quatre du Puy, — trois mentions honorables à trois fabricants d'Arras.

La sixième classe comprenait les filatures de coton. Un rappel de médaille d'or était accordé à Noël, Delaitre et Cie, d'Arpajon ; une médaille d'or à Louis Pouchet, de Rouen, qui, depuis 1786, s'occupait de l'établissement des filatures.

Une médaille d'argent à partager entre Jacques Lemaitre et fils, de Bolbec, filateur au Mull-Jenny, et Guéroult et Lelièvre, de Rouen, qui avaient une machine à vapeur pour force motrice ; une autre médaille entre Linard, de Lescar (Basses-Byrénées), et Deladerrière-Dubois, d'Arras , et trois mentions honorables.

La septième classe, les cotonnades et le velours de coton. Un rappel d'or en faveur de Bauwens frères, de Gand ; une médaille d'or à Richard et Noir-Dufresne, de Paris, dont l'établissement s'était étendu et la fabrication améliorée d'une façon remarquable ; en l'an IX, ils avaient obtenu une médaille d'argent.

Vatinel, de Paris, pour ses piqués, Pujol, de Saint-Dié (Loir-et-Cher), pour ses couvertures, voyaient aussi leurs mentions honorables de l'an IX converties en médailles d'argent, ainsi que les onze associés de la manufacture de Chollet, mentionnés en l'an VI.

Cinq médailles de bronze à Beaufour, de Rouen , Prunet, d'Albi , Decresme, de Roubaix, Mlles Cousin, de Neufchâtel, mentionnés en l'an IX ; une à partager entre Charles Huot et Faverot, tous deux de Troyes. Cinq mentions honorables.

Godet et Delépine, de Rouen, Morgan et Delahaye, d'Amiens obtenaient le rappel de leur médaille d'or pour leurs velours ; Devillers et fils, d'Amiens, pour le même objet, une médaille de bronze.

La huitième classe embrassait la bonneterie de laine, soie, coton, fil. Payn fils, de Troyes, distingué à la première Exposition, avait la médaille d'or.

Deux rappels de médailles d'argent étaient accordés à Cahours père et fils et à Detrey, de Besançon : une médaille d'argent à tirer au sort entre Lenfumey Camusat, de Troyes, et la manufacture de Grillon, près Dourdan.

Quatre médailles de bronze: Mme veuve Legrand, de Saint-Just (Oise); Benoit Hanapier, Gaudry le jeune ; Benoit Mérat Desfrancs et Mingre Bagueneau, tous, fabricants, à Orléans, de bonnets façon de Tunis. Plus sept mentions honorables.

La classe 9, les papiers : JOHANNOT, d'Annonay gagnait une médaille d'or à la place de la médaille d'argent de l'an IX ; PERRIN, de Paris, fabricant de papiers au moyen de toiles métalliques, un rappel de médaille d'argent ; deux fabricants d'Angoulême, ROCHEBRUNE et VILLARMAIN se disputaient une médaille de bronze.

La dixième classe, classe des arts mécaniques, se divisait en cinq parties :

1° *Horlogerie.* — Trois médailles d'or : LOUIS BERTHOUD, BRÉGUET, ANTIDE JANVIER ; un rappel médaille d'argent, ROBERT, de Besançon, qui occupait 600 ouvriers et fabriquait par an 5,000 montres de 25 à 1,200 fr.; une médaille d'argent, SANDOZ, de Besançon ; une médaille de bronze, JAPY, de Beaucourt. Deux mentions honorables.

2° *Instruments de mathématiques et de physique.* — Rappel de médaille d'or, LENOIR ; médailles d'argent, JECKER, DEVRINE ; mention : LEREBOURS.

3° *Art monétaire.* — Médaille d'or, DROZ, de Paris ; médaille d'argent, GENGEMBRE, mécanicien des monnaies de la République ; médaille de bronze, SAULNIER, employé à la Monnaie.

4° *Machines et procédés applicables aux manufactures.* — Médaille d'or, AUBERT, de Lyon, métier à tricot sur chaîne au moyen duquel 400 fils sont emmaillés avec la plus grande précision par le simple mouvement d'une manivelle ; médaille d'argent, JEANDEAU, de Genève, métier à tricot ; rappel de médaille de bronze, TISSOT, de Paris, cornes à lanternes ; médailles de bronze, PELLUARD et Cⁱᵉ, de Liancourt ; FAUQUIER, de Rouen, pour cardes et rôs d'acier. Quatre mentions.

5° *Productions mécaniques applicables à divers objets.* — Médailles d'or, MONTGOLFIER fils, pour un bélier hydraulique ; BOUTET, entrepreneur de la manufacture d'armes de Versailles ; médaille d'argent, WHITE, combinaison d'engrenage. Une mention.

La onzième classe. *Préparation des métaux.* — Médaille d'or : COLIN DE CANCEY et SERCILLY, à Souppes (Seine-et-Marne), directeurs de l'aciérie la plus considérable que possédait le territoire français.

Médailles d'argent : BADIN, fondeur à Paris, veuve FLEUR, à Lods (Doubs), MOURET, à Châtillon, BOUCHOTTE, FLEURY jeune, à Laigle, fils de fer pour cardes, DUCRUSEL D'AMBOISE, limes, JEANNETY, fabricant de vases en platine. — 2 Rappels de médailles d'argent : RAOUL, de Paris, BOUVIER, fondeur de caractères. — Une médaille de bronze à HENRI et THIROUIN, fabricants de boutons de métal. — 7 Mentions.

La douzième classe, *Arts chimiques*, comptait 7 divisions :

1° *Produits chimiques*. — Rappel de médaille d'or : CONTÉ. — Médailles d'or : DESCROISILLES frères, de Rouen, pour fabrication de muriate d'étain à un prix réduit de moitié, AMFRYE et D'ARCET, à la Monnaie, exposaient des carbonates de strontiane et de baryte qu'ils s'engageaient à livrer au prix maximum d'un franc le kilog. Médaille d'argent : GOHIN frères, de Paris, couleurs nouvelles.

Médailles de bronze : DEGOUVENAIN, de Dijon, vinaigre, DAMART-VILLET, de Paris, introducteur en France de la fabrication du bleu de tournesol, VAN DER SCHELDEN, RAEPSEL et Cⁱᵉ, de Gand, bleu pâle dit de Hollande. — 10 mentions.

2° *Poteries*. — Rappels de médailles d'or : UTZSCHNEIDER et Cⁱᵉ, de Sarreguemines, MERLIN HALL, de Montereau. Médailles d'or : POTTER, de Montereau, FOURMY, de Paris. Une médaille d'argent à partager entre MICHAUD, de Chantilly, VILLEROY, de Vaudrevanges et HAERNER, de Nancy.

3° *Cristaux et Verreries*. — Rappels de médailles d'argent : Cristallerie du Creusot, RUSSINGER. Les cristaux de Saint-Louis changeaient leur médaille de bronze de l'an IX pour une médaille d'argent. WALTER, de Gœtzembruck (Moselle) et VINCHON, de Bligny (Aube), tiraient au sort une médaille de bronze, une seconde était accordée à ROUSSEAU, de Clairvaux, pour verre à vitres. — 5 mentions honorables.

4° *Cuirs et Peaux*. — Rappel de médaille d'or : FAULLER, KEMPF et MUNTZER, de Choisy. Médaille de bronze : VERMONT frères, de Sedan. — 7 mentions.

5° *Vernis*. — Rappel or : DEHARME et DUBEUX. Médaille d'argent : SEGHER, qui avait eu la médaille de bronze en l'an IX pour ses toiles et taffetas cirés, une seconde médaille d'argent pour les trois manufacturiers suivants : LIÉGROIS et VALENTIN, LEBRETON, DIDIER, de Paris. Médaille de bronze : DESQUINEMARE. — Une mention.

6° *Apprêts et Teintures*. — Une médaille bronze à FALLOIS, de Puteaux. — Une mention.

7° *Chauffage et Eclairage*. — Rappel de médaille d'or : DESARNOD. Rappel de médaille de bronze : CARCEL et CARREAU. Médaille bronze : JOLY, lampiste. — 2 mentions.

La troisième classe embrassait sous le titre général de : *Beaux-Arts*, tout ce qui n'avait pu entrer dans les douze premières divisions adoptées. Une médaille d'or à partager était accordée aux deux célèbres orfèvres AUGUSTE et ODIOT ; une autre médaille à Mᵐᵉˢ JOUBERT et MASQUILIER qui avaient entrepris la gravure de la broderie de Florence et présentaient les vingt-trois premières livraisons de ce remarquable ouvrage. Rappel de médailles d'or aux Didot frères, aux meubles de Lignereux et de Jacob.

Des médailles d'argent à : Desray, libraire, Trabucchi frères, poëliers, auteurs du Monument qui occupait le milieu de la Cour du Louvre, Lemaire, fabricant de nécessaires, Rogier et Sallandrouze, qui n'avaient eu qu'une médaille de bronze en l'an VI. Rappel de médailles d'argent : Piranesi frères, mosaïstes, Jouvet, pour sa marqueterie en métaux sur bois.

Rappel de médailles de bronze : Olivier, graveur-imprimeur de musique, Jacquemart et Bénard, fabricants de papiers peints. Médailles de bronze : Piat et Lefebvre, de Tournay, Gillé, fondeur de caractères, Simon, papiers veloutés. — 5 mentions honorables.

La quatorzième classe comprenait les manufactures nationales hors concours.

Enfin la quinzième, les travaux exécutés dans les maisons de travail et ateliers de charité de Paris, Bruxelles, Rouen, Valenciennes.

Le total des récompenses accordées était de 18 médailles d'or, 34 d'argent, 45 de bronze, auxquelles il fallait ajouter 13 rappels de médailles d'or, 10 d'argent, 3 de bronze, plus 107 mentions honorables.

Cette augmentation considérable des distinctions était amplement justifiée par le nombre d'exposants et la nécessité de reconnaître les efforts des fabricants qui cherchaient à faire progresser leur industrie ou à créer de nouvelles sources de richesse pour la France.

TERNAUX

M. TERNAUX

Ce nom, dont peu de personnes se souviennent maintenant, a tenu, dans les premières armées de ce siècle, une place considérable, il personnifie, au même titre qu'OBERKAMPF, la restauration de l'industrie française, ébranlée par la Révolution et les troubles qui l'ont suivie.

TERNAUX, né à Sedan en 1765, prit à l'âge de 16 ans la direction de la manufacture de draps que son père lui laissait avec un crédit ébranlé et une situation compromise. Il dut, pour échapper à la ruine, déployer une intelligence, une activité dont les résultats heureux rétablirent complètement ses affaires.

La Révolution vint lui porter un coup plus terrible encore. Officier municipal en 1790, il lui fallut passer la frontière pour avoir contrevenu aux ordres souverains de l'Assemblée législative en ordonnant l'arrestation du commissaire chargé d'appréhender au corps le général Lafayette. Le 9 thermidor il put rentrer en France, et dès lors, profitant de la tranquillité dont jouissait le pays, après toutes ses épreuves, il se donna tout entier au développement de l'industrie du drap dont il augmenta considérablement la production et les ressources.

Il créa tour à tour à Louviers, à Reims, à Einsival, des manufactures dont l'importance aujourd'hui même serait remarquable. Des milliers d'ouvriers, dans ces différents centres, peignaient, cardaient, tissaient la laine.

TERNAUX, dont l'activité suffisait à la direction d'intérêts ainsi dispersés, encourageait l'éducation des moutons mérinos métis dans son pays en n'employant que des laines françaises, il installait en même temps à Paris le premier lavoir de laines qui existât en France, au moyen d'ouvriers espagnols attirés à grands frais.

Des agents choisis avec soin allaient chercher en Russie des ballots de cachemire et TERNAUX essayait à Reims de fabriquer les premiers châles cachemires espoulinés, à l'imitation de ceux de l'Inde dont les officiers français revenus d'Egypte avaient apporté des échantillons fort goûtés par le monde.

Président du Conseil général des Manufactures, TERNAUX occupait la plus haute situation industrielle du pays, mais les honneurs dont le gouvernement de la Restauration le combla ne le détournèrent pas du but qu'il voulait atteindre : améliorer à tout prix les laines françaises. En 1819, il réussit, malgré toutes les difficultés d'une telle entreprise, à introduire en France un troupeau, bien décimé par la traversée, de chèvres du Thibet.

On peut voir à l'Exposition de 1823 des châles fabriqués avec ces toisons fines et brillantes et dont le dessin, les dispositions rappelaient de la façon la plus heureuse les superbes châles indiens.

Baron, Membre du Conseil général de la Seine, TERNAUX, après avoir, depuis 40 ans, dépensé son intelligence et ses forces pour rétablir son industrie en France, lui créer de nouvelles ressources, lui donner la prospérité dont elle jouissait, devait voir son autorité discutée par l'envie, sa situation attaquée par des concurrents peu scrupuleux. Nous avons raconté, dans notre récit des Expositions de 1819, 1823, 1827, toutes les jalousies suscitées par sa réputation sans tache et sa supériorité incontestable. 1830 vint lui donner un coup fatal : à ce moment, il se retira complètement des affaires et termina ses jours, quelques années plus tard, en 1833, laissant un nom respecté dont je m'estime heureux d'avoir retracé, à grands traits, la glorieuse histoire.

BONNET

M. Claude-Joseph BONNET

Claude-Joseph BONNET a débuté dans l'industrie des soies comme ouvrier, et son intelligence, son travail, l'ont placé de suite au premier rang pour la production des articles riches, les satins, les taffetas noirs unis.

Doué d'une grande persévérance, d'un esprit ouvert à tous les progrès, il a compris le premier tout l'avantage qu'il pouvait tirer d'une organisation plus en rapport avec l'esprit moderne.

En 1835 il fondait, dans le village de Jujurieux (Ain) où il était né, un établissement modèle pour toutes les opérations préparatoires qui sont la base d'une fabrication régulière et économique.

Le succès devait couronner de tels efforts. A l'Exposition de 1844 M. BONNET recevait une médaille d'or et quelque temps après la croix de la Légion d'honneur, — en 1849 le Jury rappelait cette récompense et faisait les plus grands éloges de sa maison qui occupait près de 3,000 ouvriers et livrait à la consommation environ 4 millions d'étoffes de soie, dont les deux tiers à l'exportation. — A l'Exposition de 1855, M. BONNET obtenait une médaille d'honneur pour la supériorité de ses articles et son application constante à rechercher de nouveaux procédés de fabrication. M. BONNET, en fondant l'établissement modèle de Jujurieux, avait poursuivi ce but honorable : arriver à concilier les exigences du travail industriel, les résultats qu'il doit donner à celui qui l'entreprend et y consacre son capital, avec des conditions réelles et sérieuses de moralité, de bien-être et d'avantages pécuniaires, dans une sage, limite, pour le personnel employé.

Une volonté bien arrêtée de réaliser cette pensée a dirigé dès le début le travail de l'organisation première et inspiré toutes les modifications successives qui ont dû y être apportées.

M. BONNET, profondément et sincèrement chrétien, a cru qu'en confiant à des personnes d'un ordre religieux la surveillance, la direction morale des jeunes filles employées à Jujurieux, il assurerait l'harmonie des rapports et l'excellence du travail.

Ses petits fils qui dirigent aujourd'hui sa manufacture ont respecté et continué les traditions de leur ancêtre.

L'INDUSTRIE FRANÇAISE AU XIX' SIÈCLE

Jujurieux compte 1,200 personnes employées. 50 ouvriers sont occupés aux machines, aux manutentions diverses. 650 jeunes filles, engagées à l'année et surveillées par des sœurs, sont logées, nourries et travaillent dans les divers ateliers qui sont situés dans deux corps de bâtiments et comprenant :

Une filature de 100 bassines, — un moulinage de 2,500 tavelles et 28,000 fuseaux, — un atelier de dévidage, — un atelier d'ourdissage, de lissage, etc...

L'enceinte de l'usine renferme en outre deux autres corps de logis affectés : l'un à l'infirmerie, l'autre aux réfectoires, cuisines, etc...

Chaque jeune fille, après avoir terminé son apprentissage, contracte un engagement d'une année, renouvelable. Le travail de la journée est suivi d'une classe d'instruction le soir. Les gains annuels des ouvrières, une caisse d'épargne qui les permet de faire fructifier ce qu'elles ont acquis, les mettent à même, au bout de quelques années, de quitter la maison, avec une somme relativement importante, et de se marier dans le pays. -- Des ateliers de tissage et de dévidage à domicile sont formés pour ces anciennes ouvrières.

Cet établissement de Jujurieux, sur lequel j'ai cru devoir m'étendre, mérite, à tous égards, cette mention particulière, il fait honneur, en même temps à celui qui a eu l'idée de la fonder et à ses descendants qui en ont conservé précieusement toute l'organisation.

RÉSUMÉ

—◦◦◦◦—

Il se produisait alors, dans le pays calme et confiant, un mouvement de bon augure pour tous ceux qui avaient à cœur la prospérité nationale. Les grands centres de l'industrie avant 1789 se relevaient peu à peu de leurs désastres.

Débarrassés de tout cet arsenal de règlements fiscaux qui se dressaient entre chaque province de l'ancienne monarchie pour séparer des intérêts souvent communs, nombre de manufacturiers intelligents cherchaient à profiter du régime de liberté commerciale que la Révolution avait inauguré. Ils essayaient timidement encore, d'introduire en France plusieurs genres de fabrication qui, jusque-là, n'avaient pu y être pratiqués ; étudiant avec une attention scrupuleuse les progrès de l'industrie anglaise, ses procédés de travail, ils commençaient à lui emprunter ses machines et ses mécanismes, à attirer dans notre pays, grâce à la paix, des constructeurs anglais de métiers, cardes, broches.

Ainsi, à Saint-Quentin, quelques fabricants avaient formé des établissements pour le tissage du coton ; débutant par les étoffes les plus faciles à exécuter dans une manufacture naissante, telles que les calicots pour impression, ils tentaient maintenant la fabrication de la mousseline. Dans une région opposée, dans le Rhône, à Tarare, le même mouvement se produisait : les progrès de cette nouvelle industrie étaient tellement rapides dans ces deux villes qu'au bout de peu d'années elles suffisaient déjà aux besoins de la consommation française.

L'Exposition de l'an X avait montré quelques autres produits nouveaux : des cuirs vernis, des faux, des outils, des aiguilles, des épingles.

Il dépendait du gouvernement de préparer, pour soutenir et encourager ces efforts individuels, une organisation solide et durable. On lui devait les Expositions, mais cette excellente innovation qui pouvait suffire pour donner l'impulsion à l'industrie n'excluait pas la création des moyens encore plus efficaces que le premier Consul se disposait à prendre pour défendre ses intérêts.

La restauration des chambres de Commerce, l'institution des chambres consultatives des arts et manufactures, des bourses, la discussion d'un code unique régissant les matières commerciales allaient compléter cet ensemble de sages mesures qui ont le plus contribué au rétablissement et au développement de l'industrie.

QUATRIÈME EXPOSITION

DES

PRODUITS DE L'INDUSTRIE FRANÇAISE

1806

APERÇU GÉNÉRAL

De 1802 à 1806, de grands changements avaient eu lieu dans les destinées de la nation; la France, séduite par l'auréole de gloire et les talents de Bonaparte, avait renoncé d'elle-même au régime de liberté tranquille dont elle jouissait après les bouleversements et les orages. En représentant cette situation respectée comme l'œuvre du général auquel étaient dus tant de succès éclatants, en montrant qu'il dépendait de sa présence au pouvoir que cette période heureuse durât toujours, on avait décidé le pays, encore sous le souvenir des troubles et des désordres affreux de la Révolution, à donner au premier Consul une couronne d'Empereur héréditaire.

Il faut reconnaître, après avoir fait la part de l'admiration enthousiaste qu'excitait le génie de Napoléon et qui lui attira beaucoup de suffrages, l'intérêt égoïste bien naturel qui poussa nombre d'esprits, indifférents pour la forme du Gouvernement, à s'assurer, par la fondation d'une dynastie nouvelle, contre les dangers d'une seconde Terreur.

Bonaparte, à ce point de vue, offrait les plus sérieuses garanties. On l'avait vu réprimer avec une énergie sans égale, sur les marches de Saint-Roch, les tentatives des sectionnaires, alors qu'il n'était que général.

Premier Consul, il avait, avec la même vigueur, terminé la pacification intérieure du pays en ne reculant devant aucun moyen pour la rendre pleine et entière ; il remplissait toutes les conditions exigées d'un homme d'État pour faire respecter les lois et l'autorité du Gouvernement et défendre le territoire contre d'injustes attaques.

On ne lui demanda pas davantage, et la jeune République, qui commençait à marcher le front haut, le pas assuré, se trouva métamorphosée du jour au lendemain en monarchie populaire.

Ce changement de régime avait donné une nouvelle activité à la réorganisation administrative de la France.

Pliant son génie souple et puissant à toutes les études de réformes et d'améliorations, Napoléon, pendant le Consulat, aux premiers jours de l'Empire, consultait sans cesse l'élite des législateurs et des magistrats et ne prescrivait l'exécution des mesures importantes qu'après avoir obtenu l'approbation des hommes compétents. Esprit d'élite, sachant discerner, du premier coup, dans une question, le parti le plus avantageux à embrasser il avait encore, à cette époque, cette faculté que possèdent seuls les hommes supérieurs dans la plénitude de leur intelligence, d'abandonner, immédiatement et sans regret, son idée lorsqu'on lui soumettait un avis plus sage et plus logique.

Il passait, avec une merveilleuse facilité et une lucidité incroyable, de la discussion des articles du Code civil qu'élaborait le Conseil d'Etat, à la préparation de ces plans de campagne foudroyants dont les résultats s'appelaient Ulm et Austerlitz. La dignité suprème dont il venait d'être revêtu, en comblant pour le moment les désirs de son ambition, ne pouvait détourner sa pensée de toutes les grandes choses qu'il méditait ; il n'était point de la race de ces ambitieux vulgaires qui, en atteignant le but, perdent les hautes qualités auxquelles ils doivent leur élévation.

Napoléon, empereur, voulait un Empire sans rival en Europe et, là, à quelques lieues, de l'autre côté du détroit, se dressait la perpétuelle menace de l'Angleterre, se riant de toute la puissance du nouveau César, se croyant inaccessible derrière son enceinte de tempêtes et de brouillards, l'Angleterre, qui avait suscité contre nous, en Europe, tant de coalitions, qui subventionnait l'Autriche et l'Allemagne de ses guinées, bloquait étroitement nos ports avec ses flottes redoutables, éludait, avec une déloyauté sans égale, toutes les stipulations des traités.

C'était là qu'il fallait frapper le grand coup. On obtenait, en écrasant l'Angleterre, ce double résultat de mettre fin aux intrigues dont elle était le foyer actif et de ruiner un commerce immense au profit de notre industrie régénérée.

La France entière applaudit à cette pensée qui répondait si bien au sentiment général ; sans évoquer les souvenirs lointains de haines séculaires entre les deux nations, chacun se rappelait l'hostilité implacable de l'Angleterre sous les deux derniers monarques, ses efforts couronnés de succès pour s'emparer de colonies dont elle convoitait la prospérité, son attitude aggressive depuis qu'une Révolution avait jeté à bas le trône des Bourbons.

Ce fut avec enthousiasme que la nation accueillit comme premier dessein du souverain qu'elle s'était donné l'idée d'une descente en Angleterre. Toutes les grandes villes votèrent des fonds pour la construction de

chaloupes, bateaux plats destinés au transport des troupes ; tous les ports
envoyèrent leurs bâtiments disponibles pour contribuer à l'anéantissement
de celle qu'on pouvait appeler à juste titre la perfide Albion.

A Boulogne, en face de ces côtes mêmes dont, par les beaux temps, on
apercevait vaguement les contours brumeux, une armée composée de ces
soldats admirables éprouvés dans tant de campagnes, commandée par
l'élite des généraux, n'attendait, pour franchir le détroit, que l'ordre
suprême de l'Empereur.

L'Angleterre, après avoir raillé ces préparatifs immenses, se prenait
à trembler en assistant à l'exécution progressive du gigantesque plan
conçu par Napoléon ; vainement ses flottes avaient tenté d'empêcher la
réunion de la multitude d'embarcations qui, de tous les points de la France,
se dirigeaient vers les ports, désignés à l'avance, de Wimereux Etaples,
Boulogne ; malgré tous ses efforts, la concentration s'opérait.

Alors, craignant que les flots, cette défense naturelle qui, jusqu'a-
lors l'avait si bien protégée, ne vinssent à favoriser les projets des en-
vahisseurs, elle eut recours à cet esprit d'intrigue qui distinguait sa
politique et à la puissance de ses richesses.

Une coalition formidable détourna pour toujours le danger de son territoire, et les Autrichiens et les Russes payèrent de sanglantes défaites le
salut de leur habile alliée.

Napoléon, après avoir, une fois de plus, anéanti les espérances de
l'Europe déchaînée contre la France, dut renoncer, par l'incapacité de ses
amiraux, au projet qu'il nourrissait de frapper l'Angleterre au sein même
de sa puissance.

Toutes ces préoccupations guerrières avaient détourné momentanément son esprit des intérêts précieux du commerce et de l'industrie.

Depuis 1802 de nombreuses mesures avaient été prises, sans doute,
pour hâter leurs progrès et favoriser leur développement, elles témoignaient
de l'importance que prenait à ses yeux la prospérité des manufactures,
mais les Expositions périodiques créées sous le Consulat n'avaient point
été restaurées sous l'Empire.

Napoléon, cependant, bien qu'absorbé par les complications d'une
guerre redoutable, ne perdait pas de vue les desseins qu'il avait résolus
d'accomplir ; il avait été trop vivement frappé lui-même des résultats obtenus par la dernière Exposition pour ne pas utiliser un moyen de progrès
que l'expérience prouvait être excellent ; il comprenait, alors, que les succès militaires, œuvre de son génie, ne pouvaient suffire pour assurer à la
France grandeur et richesse. La gloire des armes devait avoir pour corol-

laire la puissance de l'industrie et son esprit pénétrant n'était pas encore
assez aveuglé par la victoire pour ne pas saisir ces vérités qui forment
en quelque sorte la base des connaissances nécessaires à un homme
d'Etat.

Après cette mémorable campagne de 1805 où la France avait répondu
à une injuste aggression en infligeant aux coalisés une terrible leçon,
Napoléon pouvait espérer qu'une ère de paix et de tranquillité s'ouvrirait
pour l'Europe subjuguée. Il comptait, grâce à ses triomphes, être à même
de donner ses soins au bien-être intérieur du pays, aux améliorations de
tous genres que réclamaient les diverses branches de l'administration.

Un de ses premiers actes pour affirmer la bienveillance qu'il portait à
l'industrie et au commerce fut un décret daté du 15 février 1806, aux Tuileries, et décidant une Exposition pour le 25 Mai de la même année. Cette
cérémonie devait faire partie des fêtes consacrées à célébrer les triomphes
des armées françaises.

Les dispositifs du décret n'apportaient que quelques changements au
règlement précédent de l'Exposition de 1802. Il y avait toujours un jury
départemental chargé de désigner les objets admis au concours et un jury
central à Paris qui devait distinguer, comme en 1802, 12 manufacturiers
en première ligne et 20 autres pour une mention honorable. Les artistes
récompensés auraient l'honneur d'être présentés à S. M. I. et R. par le
Ministre de l'Intérieur.

La modification la plus importante consistait dans l'emplacement de
l'Exposition. On avait reconnu en 1802 que la Cour du Louvre était trop
exiguë pour contenir un nombre d'exposants supérieur aux 540 qui s'y
trouvaient réunis : la difficulté réelle provenait de la nécessité de choisir
un emplacement sinon aussi avantageux, comme point central, que le
Louvre, au moins assez rapproché pour être facilement visité par la population. Le Champ-de-Mars, abandonné dès la seconde exposition, fut écarté
à cause de son éloignement, et le choix du gouvernement tomba sur l'esplanade des Invalides.

Des portiques y seraient élevés en nombre suffisant pour les exposants
et les bâtiments de l'école des ponts-et-chaussées, ci-devant école polytechnique, sur le côté gauche de la place, seraient affectés au dépôt des objets
envoyés.

La disposition de ce vaste établissement permettrait d'organiser dans
les salles du rez-de-chaussée l'exposition des objets précieux d'orfèvrerie,
bijouterie, horlogerie, cristaux, porcelaines, qui, grâce à cette mesure,
seraient à l'abri de tout accident et plus faciles à garder et à surveiller.

Le décret instituait, à la suite de l'Exposition, une grande foire nationale où pouvaient être admis non-seulement les exposants mais encore tous ceux qui en feraient la demande. La seule réserve faite était de n'autoriser la mise en vente sous les portiques que des produits dont les échantillons y auraient été déposés. En cas d'insuffisance des arcades, les marchands et fabricants de Paris admis à concourir, avaient le droit de mettre, pendant la durée de la foire nationale, à leurs magasins et boutiques, une enseigne particulière indiquant qu'ils faisaient partie de l'Exposition. Cette foire devait durer 15 jours.

Enfin, pour parer aux dépenses de ces diverses installations l'Empereur mettait à la disposition du Ministre de l'Intérieur une somme de 60,000 francs.

A quelques jours de là, le Ministre Maret transmettait aux Préfets, avec le décret signé par l'Empereur, les instructions détaillées qui lui servaient de commentaire.

« Il leur faisait connaître que l'Empereur avait fixé le mois de Mai pour donner à Paris une fête aux braves de la Grande Armée. Afin de donner à cette solennité tout l'éclat dont elle était susceptible et de faire tourner à l'avantage des manufactures françaises le concours qu'elle attirerait dans la capitale, Sa Majesté ordonnait pour la même époque une Exposition générale des produits de l'Industrie.

« Il recommandait le plus grand zèle pour seconder les vues du Souverain qui désirait vivement voir représentée au concours l'industrie de chaque département. Dans les Expositions précédentes les abstentions avaient été trop nombreuses. Il fallait que le concours décrété cette année pût offrir, en quelque sorte, le tableau vivant de la Statistique industrielle de la France par l'envoi d'échantillons de toutes les fabriques, et que les visiteurs fussent à même de faire le dénombrement de nos manufactures et d'en apprécier, en même temps, les productions.

« Tout dépendait à cet égard de leurs efforts et de l'impulsion qu'ils sauraient donner à l'opinion.

« Quant aux arguments à faire valoir pour décider les fabricants à envoyer leurs produits, ils n'avaient qu'à se reporter aux considérations si complètes exposées par Chaptal dans ses circulaires de germinal an IX, brumaire et floréal an X ; les heureux effets des Expositions précédentes, la mémorable circonstance qui amenait celle-ci, devaient leur fournir de puissants moyens pour lever toutes les hésitations.

« L'emplacement choisi, par ses vastes proportions, permettrait d'augmenter, suivant les besoins, le nombre des portiques et de conserver un ordre parfait dans l'installation des produits.

« Le Ministre, tout en laissant aux Préfets la haute direction en ce qui concernait les mesures à prendre pour arriver à un résultat favorable, leur adjoignait comme auxiliaires les chambres consultatives des arts et manufactures créées depuis quelques années et qui étaient appelées, par leur essence même, à rendre les plus grands services dans cette tâche importante.

« Il prescrivait aux préfets de réunir, le lendemain même du jour où ils recevraient cette lettre, toutes les chambres du département et de leur indiquer, de suite, le travail qui leur était demandé. Dans un délai de 15 jours elles devaient dresser un état exact des fabriques de leur arrondissement, et, en particulier, de celles dont les produits étaient dignes d'être admis au concours : elles devaient suivre pour règle d'admission la bonne qualité dans chaque genre et l'économie des prix sans exclure les produits de l'agriculture tels que les laines, lin, chanvres, si leurs qualités méritaient de fixer l'attention.

« Les chambres consultatives, par de pressantes démarches auprès des manufacturiers de leur ressort, chercheraient à exciter leur émulation, à provoquer l'envoi d'échantillons nombreux, et enverraient leur rapport au préfet chargé de le transmettre à Paris après l'avoir examiné et contrôlé avec soin.

Les Chambres consultatives étaient appelées, comme on le voit, à jouer un rôle considérable dans ce premier travail de préparation ; composées des manufacturiers et des artistes les plus justement renommés de l'arrondissement où l'industrie était assez développée pour nécessiter leur institution, elles pouvaient avoir une influence d'autant plus grande que chacun de leurs membres, aux yeux des fabricants eux-mêmes, représentait une supériorité reconnue dans son genre d'industrie.

La similitude de profession les mettait à même d'employer les arguments les plus convenables pour amener à résipiscence les esprits récalcitrants. Ils sauraient faire appel, en même temps, suivant les personnes et les circonstances, aux sentiments élevés, à l'intérêt, et ces sollicitations, en passant par leur bouche, prendraient un caractère de persuasion irrésistible que n'avaient pas toujours les exhortations plus officielles des préfets.

En chargeant les Chambres consultatives de la propagande pour l'Exposition décrétée, en leur imposant le devoir patriotique d'obtenir de nombreuses participations, le Ministre de l'Intérieur assurait aux Préfets une coopération puissante, efficace, et leur laissait toutefois le soin mieux approprié à leur rang de diriger et de coordonner tous ces efforts

« Il appartenait aux Préfets de donner aux manufactures du département qu'ils administraient tous les moyens de soutenir leur fabrication ou de réparer les désastres des mauvais jours. Celles qui avaient été arrêtées momentanément dans leurs travaux n'étaient pas moins en état de fournir des échantillons ; elles devaient, à cause même de leur triste situation, s'empresser de profiter du moyen de salut qui leur était offert, en faisant connaître leur existence et ressortir leurs mérites ; les Préfets ne devaient pas montrer moins de zèle à encourager ces dispositions par une attente bienveillante.

» Maintenant que l'Empereur avait désarmé et pacifié le continent, il était libre de consacrer tous ses soins à l'administration intérieure, de diriger ses méditations sur les intérêts de la prospérité nationale.

» L'Exposition procurait à S. M. la meilleure occasion d'apprécier avec certitude l'étendue des ressources industrielles de la France et d'en reconnaître les besoins afin d'en réparer les pertes. La plus prompte et la plus complète publicité devait être donnée aux généreuses intentions de l'Empereur ; la sollicitude que S. M. daignait témoigner à leurs établissements était bien faite pour inspirer aux fabricants une vive émulation.

» Il fallait aussi les prévenir que l'Exposition serait immédiatement suivie d'une foire nationale où pourraient être vendus les produits exposés. Deux états séparés seraient dressés par les Préfets ; l'un, des échantillons envoyés pour l'Exposition, l'autre des marchandises expédiées pour le concours et la vente. L'envoi des échantillons était aux frais de l'Etat, celui des marchandises aux frais des expéditeurs. Du reste, tout produit de fabrique française pouvait faire partie de la foire, même sans avoir concouru, avec cette seule différence que l'Etat pour ceux-ci ne se chargeait ni du local ni de la dépense.

» L'arrivée des produits à Paris était fixée, comme dernier terme, à la fin du mois d'Avril.

Enfin, le Ministre prescrivait une dernière formalité qui n'était que le complément nécessaire des dispositions prises par le Gouvernement.

« Il engageait les Préfets à faire rédiger, dans l'intervalle, sur chacune des manufactures dont les produits seraient admis, une notice détaillée indiquant le nom et la demeure du fabricant, le nombre d'ouvriers qu'il employait, leurs salaires, l'origine et le prix des matières premières, le prix des produits eux-mêmes, les débouchés, l'étendue de la fabrication, le mérite des procédés, l'époque de la fondation de la manufacture, les variations qu'elle avait éprouvées et leurs causes ; ces notices devaient être ensuite transmises au Ministre, pour lui permettre de dresser, avec les renseignements qu'il possédait déjà, le tableau exact et complet de la statistique du commerce et de l'industrie.

» Comme dernière recommandation, il leur enjoignait de lui rendre compte immédiatement des mesures qu'ils auraient prises pour remplir la mission qui leur était conférée et de le tenir au courant de l'activité de leurs opérations. Pour plus de sûreté, chaque lettre était adressée en *duplicata*.

Cette circulaire traçant avec précision les devoirs qui incombaient à chacun pour l'organisation de l'Exposition, indiquant aux Préfets la part de collaboration qu'ils devaient réclamer aux Chambres consultatives, leur donnait toutefois l'initiative la plus absolue, sous la condition d'informer le pouvoir central des décisions prises ; elle établissait en quelque sorte la règle de conduite pour les Expositions futures.

La manière de procéder qu'elle recommandait était la plus propre à exciter le zèle, l'émulation des fabricants et, d'un autre côté, la défiance montrée par certains d'entre eux contre les Expositions ne devait pas tenir contre des considérations tirées de leur propre intérêt et contre les résultats avantageux, faciles à constater chez ceux qui y avaient déjà pris part.

Après avoir indiqué à chaque Préfet les dispositions qu'il devait prendre dans son département, il restait à préparer à Paris le vaste emplacement nécessaire pour recevoir les exposants. Il fallait en outre organiser complètement les divers services nécessaires pour éviter le désordre et la confusion qui s'étaient produits en l'an X, par suite de l'affluence inattendue des concurrents.

Les chefs des deuxième et troisième divisions du Ministère de l'Intérieur furent chargés, en se partageant la tâche, des préparatifs et de la direction de l'Exposition ; l'un s'occupant des produits exposés ou mis en vente, l'autre des constructions, décorations, police et menus changements exigés pour les bâtiments de l'Ecole polytechnique.

Le chef du bureau du commerce remplissait les fonctions d'inspecteur pour l'arrivée et l'emmagasinage des marchandises ; le chef du bureau des arts et manufactures, les mêmes fonctions pour le classement, l'enregistrement, la qualification des objets envoyés, il devait, en plus, rédiger la nomenclature destinée à l'impression et seconder les opérations du Jury ; le chef du bureau des beaux-arts avait l'inspection des objets précieux exposés ; enfin, un cinquième inspecteur veillait à l'installation des portiques et des produits sous les arcades.

MM. Raymond et Chalgrin, architectes, étaient chargés des constructions, de leur décoration et de la séparation de l'enceinte réservée au moyen de poteaux et de cordes.

Sous les ordres de chacun des inspecteurs il était mis deux sous-inspecteurs pris parmi les employés du Ministère et, pour les travaux manuels, vingt garçons de bureau ou hommes de peine.

Ces mesures attachaient au service de l'Exposition un personnel habile et éprouvé, aux attributions bien définies, qui suffisait amplement pour assurer la bonne organisation du concours.

A la fin d'Avril, un mois à peine avant l'ouverture, le Ministre de l'Intérieur annonçait aux Préfets que l'Empereur venait de lui faire connaître son intention de renvoyer aux derniers jours de Juin la célébration des fêtes triomphales qui devaient être données dans le courant de Mai aux braves de la Grande Armée. Il les instruisait de ce retard afin qu'ils pussent en aviser, sans aucun délai, les manufacturiers et artistes de leurs départements qui se disposaient à se rendre à Paris pour l'Exposition ou la foire.

La situation politique l'Europe était la cause de ce contre-temps fâcheux.

Napoléon, vainqueur de la coalition austro-russe à Austerlitz, remaniait en maître souverain l'Allemagne toute entière. Détruisant l'empire séculaire des Hapsbourg, il y substituait des royaumes enrichis de ses dépouilles et formés en une confédération dont il se nommait le protecteur ; à Naples, il donnait pour roi son frère Joseph ; à la Hollande, son autre frère Louis ; à Murat, il octroyait un grand duché taillé dans les états allemands.

L'ambition demesurée qui devait causer sa perte perçait déjà dans ces changements audacieux. L'Autriche, trop affaiblie par la guerre dont elle était la principale victime, supportait, sans oser se plaindre, cet effondrement de sa puissance et les stipulations désastreuses du traité de Presbourg, mais la Russie, plus épargnée, mettait une mauvaise volonté évidente et traînait en longueur les négociations pour la paix générale.

La Prusse, qui avait su garder, à propos, une stricte neutralité, se voyant entourée d'Etats à la dévotion de Napoléon, s'effrayait malgré l'abandon gracieux qui lui avait été fait de l'électorat de Hanovre, du voisinage dangereux de ce grand génie militaire, et préparait en secret une nouvelle coalition.

Ces divers motifs nécessitaient la présence en Allemagne des troupes victorieuses jusqu'au jour où toutes les difficultés seraient aplanies et tous les dangers écartés.

La date de l'ouverture de l'Exposition, fixée au mois de Juin, dut, pour les mêmes causes, être encore reculée de deux mois et, malgré les fâcheuses complications que l'on pouvait prévoir, l'Empereur décida que l'Exposition commencerait irrévocablement le 25 Septembre.

Dix jours auparavant, une note conçue en ces termes paraissait au *Moniteur* :

« Quelques incidents auxquels on n'avait pas lieu de s'attendre ont porté du retard dans le retour de la Grande Armée et ont, en conséquence, différé l'époque des fêtes qui avaient été annoncées pour le commencement d'Octobre. L'Exposition des tableaux, au Louvre, s'ouvrira demain ; celle des produits de l'industrie est fixée au 25 du même mois. »

Ces incidents, comme la feuille officielle appelait, par euphémisme, les graves événements qui allaient éclater, étaient la rupture définitive des négociations avec la Russie, la mobilisation de l'armée prussienne et une triple alliance avec les Suédois.

Il n'était plus possible, après tous les préparatifs terminés, après la réception à Paris de tous les objets admis au Concours, de retarder encore le moment de l'inauguration.

A l'heure même où la nation française pouvait admirer la réunion complète, cette fois, de tous les genres d'industries pratiqués sur le vaste territoire de l'Empire, le souverain partait prendre le commandement de son invincible armée pour réduire à néant, sur les champs de bataille d'Auerstædt, d'Iéna et d'Eylau, les espérances de ses ennemis.

Le 25 Septembre, à midi, l'Exposition s'ouvrit par un temps favorable, avec un ordre parfait et un brillant concours de spectateurs.

Le développement des portiques entre la Seine et les Invalides produisait l'effet le plus agréable, et la partie de l'Exposition renfermée dans les bâtiments de l'Administration des Ponts et Chaussées offrait un coup d'œil aussi magnifique que nouveau. Là, sur des tables prolongées en perspective s'étalaient les produits les plus précieux : orfèvrerie, bijouterie, cristaux, porcelaines, broderies, dentelles. Les murs étaient tendus avec les magnifiques tapisseries des Gobelins, de la Savonnerie, de Beauvais ; des étoffes de soie, de satin, des meubles luxueux, des instruments de musique, décoraient aussi les nombreuses salles ouvertes au public.

Une semblable suite de pièces couvertes, réunies dans le même édifice avait manqué aux précédentes Expositions.

Chacun rendait justice aux mesures prises pour l'ordre, l'élégance et la beauté du spectacle.

Les objets exposés étaient bien en place, faciles à examiner ; des agents, en nombre suffisant, surveillaient les produits et, par la bonne organisation du service, empêchaient les encombrements de se produire sur certains points.

L'Exposition, cette année, malgré tous ses retards, était bien digne de l'admiration et de l'enthousiasme qu'elle excitait chez tous les visiteurs.

Près de 4,000 manufactures, disséminées dans 107 départements, présentaient des produits de leur industrie. Il semblait que les fabricants du pays entier, désireux de remplir les vœux de Napoléon, jaloux de la gloire qu'acquéraient les armées, eussent tenu à honneur de prouver à l'Europe que les Français, si redoutables dans l'art de la guerre, n'étaient pas moins à craindre dans les luttes pacifiques de l'industrie.

Voici la liste des départements avec le nombre d'exposants que comptait chacun d'eux :

Ain	21	Calvados	34	Eure	105
Aisne	40	Charente	7	Eure-et-Loir	23
Allier	8	Charente-Inférieure	3	Finistère	2
Basses-Alpes	10	Cher	4	Forêts	35
Hautes-Alpes	32	Corrèze	3	Gard	73
Alpes-Maritimes	3	Côte-d'Or	10	Haute-Garonne	12
Apennins	2	Côtes-du-Nord	20	Gênes	11
Ardèche	13	Creuse	9	Gers	4
Ardennes	26	Doire	18	Gironde	12
Ariége	10	Dordogne	5	Hérault	51
Aube	25	Doubs	23	Ille-et-Vilaine	29
Aude	31	Drôme	20	Indre	18
Aveyron	22	Dyle	18	Indre-et-Loire	18
Bouches-du-Rhône	51	Escaut	24	Isère	82

Jemmapes	55	Morbihan	2	Saône-et-Loire	6
Jura	50	Montenotte	12	Sarre	14
Landes	1	Moselle	4	Sarthe	17
Léman	9	Nièvre	12	Seine	277
Loir-et-Cher	10	Nord	219	Seine-Inférieure	168
Loire	28	Deux-Nèthes	28	Seine-et-Marne	13
Haute-Loire	28	Oise	110	Seine-et-Oise	34
Loire-Inférieure	17	Orne	55	Sésia	8
Loiret	23	Ourte	28	Deux-Sèvres	18
Lot	9	Pas-de-Calais	73	Somme	44
Lot-et-Garonne	42	Parme	10	Stura	14
Lozère	4	Pô	7	Tarn	25
Lys	88	Puy-de-Dôme	45	Var	24
Maine-et-Loire	21	Basses-Pyrénées	23	Vaucluse	27
Manche	21	Hautes-Pyrénées	12	Vendée	3
Marne	52	Pyrénées-Orientales	5	Vienne	22
Haute-Marne	37	Bas-Rhin	24	Haute-Vienne	17
Mayenne	39	Haut-Rhin	62	Vosges	37
Meurthe	25	Rhin-et-Moselle	54	Yonne	20
Meuse	3	Rhône	92		
Meuse-Inférieure	12	Roer	104	TOTAL	3.392
Mont-Blanc	18	Sambre-et-Meuse	16		
Mont-Tonnerre	23	Haute-Saône	25		

En présence d'un total aussi important, si fort au-dessus du chiffre qui avait pourtant paru élevé en l'an X, il faut reconnaître la puissante influence de l'organisation qui avait été adoptée par le Ministre de l'Intérieur. C'était surtout aux mesures prescrites avec tant de soin, à cette double pression exercée par les Préfets et les Chambres consultatives qu'on devait un tel résultat.

Le but entrevu, dès la création des Expositions, par François de Neufchâteau, de pouvoir, un jour, grâce à cette innovation, dresser la statistique de la production du pays, était atteint ; les notices si détaillées réclamées aux préfets sur les exposants formaient en quelque sorte le tableau de l'industrie de chaque contrée, elles rendaient au gouvernement la tâche facile pour développer les progrès, augmenter la prospérité des manufactures établies, soutenir et encourager l'introduction de diverses branches de commerce peu ou point cultivées.

EXAMEN DES PRODUITS EXPOSÉS

―――――⁓⁓⁓―――――

Le travail considérable de rédaction et d'impression des renseignements transmis par les préfets fut terminé pour l'ouverture de l'Exposition ; il comprenait tous les départements par ordre alphabétique avec des commentaires nombreux répondant, autant qu'il avait été possible, aux questions posées dans la circulaire du Ministre de l'Intérieur au mois de février.

Ces notices, toutes concises qu'elles soient, toutes sèches qu'elles paraissent, forment le document le plus précieux et le plus complet à consulter pour avoir une idée juste et précise de l'état de l'industrie en 1806.

Comme préface de ce travail dont il avait été spécialement chargé, M. Anthelme Costaz, Chef du bureau des Arts et Manufactures au Ministère de l'Intérieur montrait les résultats principaux acquis depuis la première Exposition.

Après avoir, en quelques mots, fait l'historique de cette création du Directoire, accueillie par une approbation universelle et consacrée par deux expériences concluantes, il arrivait au décret du 15 Février 1806 et constatait l'empressement avec lequel les fabricants avaient répondu à l'appel du Gouvernement.

Il examinait ensuite la situation industrielle et se félicitait d'en pouvoir louer la prospérité présente.

Louviers, Sedan, Elbeuf, Verviers tenaient toujours le premier rang en Europe pour les draps. Cette industrie considérable s'était enrichie de machines à lainer, à tondre, dont l'introduction progressive dans les usines devait, en peu de temps, apporter à la fabrication un nouvel élément d'activité.

Mais une des conquêtes les plus utiles était d'avoir naturalisé en France les mécaniques à filer le coton. Des manufactures de tissage s'élevaient aussi de tous côtés, et dans la seule ville de Saint-Quentin où le travail du coton datait de quelques années à peine il y avait 8,000 métiers en activité.

La préférence que la mode donnait au coton sur la laine produisait dans l'industrie des tissus une crise économique inquiétante. Cet engoûment ruinait les manufactures de petits lainages, où tout était profit pour le pays, puisque nous tirions la matière première de notre propre sol. Il portait un coup terrible à la batiste, aux toiles de chanvre, de lin, et diminuait dans de regrettables proportions la consommation de nos étoffes de soie sans rivales au monde,

Le gouvernement avait bien vu les graves inconvénients qui devaient résulter de cette situation ; il avait essayé d'en atténuer les effets dangereux, mais que pouvait-il contre les entraînements de la mode !

Le coton mettait en mouvement par année une somme de 150 à 160,000,000 de francs. Les femmes ne s'habillaient qu'avec des étoffes dont il était le principe, les hommes s'en servaient pour gilets, cravates, habillements du matin ; on en faisait des rideaux de croisée, de lit, des couvertures, des bas, des mouchoirs, des chemises et jusqu'à des draps,

Il résultait de là que, tous les ans, des capitaux considérables passaient à l'étranger pour les matières premières. Une guerre maritime survenait-elle ? le coton devenait rare et les manufactures subissaient une crise ; la paix offrait d'autres inconvénients ; le coton baissait de prix, et le fabricant, suivant la réserve qu'il avait en magasin, éprouvait des pertes plus ou moins importantes.

Les troupeaux mérinos et métis se répandaient en Europe grâce à l'exemple donné par la bergerie de Rambouillet. Les produits étaient aussi beaux que ceux qu'il fallait demander à l'Espagne et nous avions le précieux avantage de ne plus être tributaires de ce dernier pays.

La fabrication de la porcelaine, plus que toute autre, s'était accrue considérablement. En 1789 il n'y avait à Paris que 4 manufactures, en 1806 la capitale en possédait 33. Cet avantage était dû à la suppression du privilège accordé à la manufacture de Sèvres sous la monarchie. Maintenant la porcelaine pénétrait dans toutes les maisons, même chez les gens de moyenne fortune. le seul obstacle à l'abaissement des prix était la rareté du kaolin qui ne s'exploitait qu'en un seul endroit, à Saint-Yrieix.

Il était trois branches d'industrie très-importantes pour lesquelles nous nous trouvions à la merci de l'étranger : l'acier, les limes, les faux et faucilles. Le gouvernement avait encouragé les fabricants à combler cette lacune regrettable par des récompenses accordées à ceux qui avaient présenté des échantillons aux dernières Expositions ; la Société d'Encouragement, de son côté, proposait des prix pour la découverte de nouveaux procédés de fabrication, mais, malgré tous ces efforts, nos manufactures ne pouvaient suffire aux besoins de la consommation ; il fallait avoir recours à l'Angleterre et à l'Allemagne. Il y avait là, pour des capitalistes, une exploitation avantageuse à tenter ; nos fers étaient d'assez bonne qualité pour faire de l'acier, nos ouvriers assez habiles pour les transformer en produits de tous genres.

Anthelme Costaz terminait en disant des notices sur chaque département que jusqu'alors il n'avait pas été fait un travail aussi complet ; les renseignements qu'elles contenaient provenaient des sources les plus authentiques, telles que : les chambres de commerce, les chambres consultatives des arts et manufactures ; elles présentaient, en quelque sorte, la statistique industrielle de la France.

Ce tableau de la production française présente le plus vif intérêt au point de vue historique : il montre les ressources qu'offrait, à ce moment, le vaste territoire qui s'appelait l'empire français ; mais, je me trouve, à mon grand regret, obligé, par les dimensions de cet ouvrage, de laisser de côté le remarquable travail préparé par le gouvernement et inséré au *Moniteur universel*, en me contentant d'en signaler toute l'importance.

Pour résumer brièvement l'impression qui se dégage d'une lecture attentive de ces notices, il faut reconnaître que la Révolution, par ses troubles, par ses modifications radicales dans l'organisation des métiers, avait fortement ébranlé l'industrie, mais d'autre part l'ère de tranquillité intérieure dont on jouissait depuis le Consulat, une organisation plus en rapport avec les principes de la société nouvelle créée par le Code Civil, avaient rendu à l'industrie et au commerce une partie de son ancienne prospérité.

D'un autre côté, des fabrications nouvelles cherchaient à s'implanter dans le territoire ; quelques-unes même, les mousselines par exemple, avaient pris en peu de temps une extrême importance. Les efforts du gouvernement devaient tendre à encourager ces effets de l'initiative privée par des récompenses, des priviléges, des primes accordés aux manufacturiers renonçant aux méthodes routinières et surannées pour employer les machines qui faisaient la grande force de l'Angleterre et favorisaient le prodigieux écoulement de ses produits.

Le public continuait à se porter en foule à l'Exposition où les marchands avaient été autorisés, sans attendre l'ouverture de la foire, à vendre les objets qui n'étaient pas nécessaires pour motiver les décisions du jury.

Cette mesure donnait une grande animation aux portiques. On se pressait autour des arcades où les fabricants profitaient de l'autorisation gracieuse accordée par le gouvernement. Tout s'enlevait presqu'aux enchères.

Une modification dans la disposition des produits donnait aussi un nouvel attrait au concours. Les échantillons envoyés par les départements avaient d'abord été classés par genre afin qu'on pût d'un coup d'œil comparer les qualités. Maintenant on les distribuait par département; chaque département devait avoir son portique ou un panneau dans un portique. L'ordre observé dans la notice était exactement suivi, en sorte qu'ayant à la main cette nomenclature on pouvait successivement connaître, les principaux genres de fabrication, les fabricants les plus distingués de chaque partie du territoire. Cette distribution offrait un nouveau genre d'instruction et de curiosité pour les spectateurs.

Le 7 octobre, S. A. I Madame Mère et Caroline, grande duchesse de Berg, accompagnées du Ministre de l'Intérieur, de M. de Gérando, Secrétaire général de ce département, de Vincent, membre de l'Institut, honorèrent de leur visite la partie de l'Exposition placée dans l'ancien local de l'Ecole polytechnique. Ces princesses examinèrent avec une attention scrupuleuse tous les produits, questionnant, soit les personnes de leur suite, soit les exposants eux-mêmes, montrant enfin le plus vif intérêt pour cette manifestation éclatante de notre industrie.

Le conseiller d'Etat Lacuée, gouverneur de l'Ecole polytechnique s'était adressé au Ministère de l'Intérieur afin d'obtenir pour les élèves de cette Ecole la faculté de visiter l'Exposition sous la conduite d'un professeur. L'autorisation fut immédiatement accordée, de 7 heures du matin à midi, c'est-à-dire à un moment où l'Exposition, n'étant pas encore publique, les études et les observations pouvaient être faites tranquillement avec plus de fruit.

Le jury de l'Exposition était ainsi composé :

MONGE, de l'Institut, président du Sénat.

BERTHOLLET, de l'Institut, Sénateur.

PERRIER, de l'Institut.

Ferdinand BERTHOUD, de l'Institut.

MOLARD, Administrateur du Conservatoire des Arts-et-Métiers, Membre du bureau consultatif des arts et manufactures au Ministère de l'Intérieur.

MONTGOLFIER, Démonstrateur au Conservatoire des Arts-et-Métiers.

GUYTON-MORVEAU, de l'Institut, Administrateur des monnaies

Scipion PERRIER, manufacturier.

MÉRIMÉE, peintre, de la Société d'Encouragement.

DE GÉRANDO, de l'Institut, Secrétaire général du Ministère de l'Intérieur.

VINCENT, de l'Institut.

REYMOND,   id.

ALARD, Commissaire à la vérification des marchandises prohibées.

BARDEL, même qualité.

COSTAZ, Préfet de la Manche.

Camille PERNON, tribun, manufacturier à Lyon.

GILLET-LAUMONT, Membre de l'Institut et du Conseil des Mines

COLLET-DESCOTILS, professeur de chimie à l'Ecole des Mines.

GAY-LUSSAC, Membre du bureau consultatif des arts et manufactures au Ministère de l'Intérieur.

PINTEVILLE-CERNON, tribun.

LASTEYRIE, membre du Conseil d'Administration de la Société d'Encouragement.

SARRETTE, Directeur du Conservatoire de Musique.

Ses travaux furent terminés le 17 octobre et le dimanche 19, à 5 heures du soir, les salles de l'administration des ponts-et-chaussées fermèrent leurs portes au public.

L'Exposition avait duré 24 jours pendant lesquels l'affluence n'avait pas cessé d'être énorme. D'innombrables visiteurs, accourus de toutes les parties de la France, se rendaient chaque jour à l'esplanade des Invalides si bien que, par moments, malgré toutes les précautions prises, la circulation devenait impossible.

Le succès incontesté de l'Exposition, vraiment nationale cette fois, était dû, en partie, à l'organisation dont elle avait été pourvue dès le premier jour. Les inspecteurs, sous-inspecteurs, aides, s'étaient multipliés pour remplir dignement des fonctions que le grand nombre des exposants rendait très-pénibles.

Dès l'ouverture du concours chacun avait loué sans réserve l'ordre et la bonne disposition des produits : le jury, interprétant la pensée de tous, adressa au Ministre de l'Intérieur les plus grands éloges pour la manière dont les services avaient été distribués en appelant son attention sur le zèle déployé par les agents de tous grades qui avaient collaboré à ce travail considérable.

Le Ministre, pour reconnaître les mérites de chacun, accorda les gratifications suivantes : un inspecteur 1,200 francs, 2 autres 600 fr., un 300 fr , le dernier 200 fr., les 10 sous-inspecteurs 2,030.fr., les 22 garçons, hommes de peine, concierge 1,260 fr., le bureau des arts et manufactures 300 fr., 2 ordonnances 100 fr., 2 gardes 360 fr.

Le jury composé par le Ministre de l'Intérieur dès le 15 septembre dans sa première séance, le 19 du même mois, sous la présidence de Berthoud, doyen d'âge, avait choisi pour président le plus illustre de ses membres : Monge ; il s'était ensuite partagé en quatre sections : arts mécaniques, arts chimiques, beaux-arts, tissus.

Dans chacune de ces divisions l'un d'entr'eux était chargé de l'office de secrétaire pour dresser un procès verbal à soumettre au jury réuni.

M. Costaz, nommé rapporteur général, devait rédiger et proclamer les décisions.

Ces opérations préliminaires terminées, les sections s'étaient séparées pour procéder à leur travail. Pendant quelques jours avant l'ouverture de l'Exposition, elles s'occupèrent de l'examen et de la comparaison des objets réunis alors dans l'hôtel des ponts-et-chaussées.

Après le 25 Septembre les sections parcoururent scrupuleusement chaque salle où portique, en présence des fabricants et artistes, jusqu'à l'achèvement complet de leurs opérations. Alors on invita tous les manufacturiers à assister à la revue générale faite en corps par le jury afin de répondre aux questions et observations qui pourraient leur être posées. Dans cette visite solennelle et décisive les sections, à tour de rôle, appelèrent l'attention sur les objets qui leur avaient paru mériter quelque distinction.

Après ce dernier examen, le jury se réunit à l'hôtel des Ponts-et-Chaussées pour entendre le rapport des sections et délibérer sur les récompenses. Le procès-verbal fut arrêté le samedi 18 octobre.

Cette réunion de savants et de fonctionnaires distingués avait accepté, pendant plus d'un mois, la tâche absorbante d'examiner un à un les 4000 échantillons de produits envoyés de tous les points de la France, d'en comparer, d'en signaler les qualités, d'en distinguer les mérites. Leur zèle et leur dévouement patriotique ne s'étaient point démentis un seul instant.

Il ne s'agissait plus, seulement, en effet, comme aux Expositions précédentes, de distribuer à quelques fabricants, dans chaque industrie incomplètement représentée, des récompenses propres à encourager leurs efforts et à reconnaître une supériorité relative.

L'empressement du pays à répondre aux intentions de l'Empereur en exposant à Paris l'ensemble de ses productions manufacturières donnait une importance exceptionnelle au jugement que le jury devait rendre.

Il fallait, tout en accordant des distinctions à ceux qui en étaient dignes, apprécier l'état de chaque industrie, indiquer les améliorations à poursuivre, les progrès à accomplir, mettre enfin le gouvernement à même de prendre, en connaissance de cause, le meilleur parti pour développer les genres de fabrication qui manquaient encore à la France.

RÉCOMPENSES

DÉCERNÉES SUR LA PROPOSITION DU JURY

La distribution des prix eut lieu le dimanche 19 octobre, à 10 heures du matin, dans une des salles de l'Administration des ponts-et-chaussées. Le Ministre de l'Intérieur la présidait ayant à ses côtés les membres du jury et le conseiller d'Etat, préfet de la Seine.

Costaz, préfet de la Manche, rapporteur général, prit la parole pour constater les progrès sensibles obtenus depuis l'Exposition de l'an X, l'émulation louable qui s'était emparée des fabricants et propagée jusqu'aux départements les plus éloignés de l'Empire. L'admission, seule, accordée sur l'examen d'un premier jury composé d'hommes éclairés, devait, être considérée comme un premier honneur et une première récompense.

Le jury s'était borné à distinguer, dans le grand nombre de fabricants reçus, ceux qui se faisaient remarquer par un degré spécial de perfectionnement reconnu dans des échantillons d'étendue suffisante et établi d'une manière authentique. Les suffrages décernés, précédés d'une discussion approfondie, témoignaient, vis-à-vis des fabricants cités ou mentionnés seulement, d'une estime réfléchie, ainsi qu'on pourrait bientôt le voir dans les rapports détaillés qui avaient motivé son opinion.

Le jury contraint de s'arrêter aux produits purement manufacturés et répandus dans le commerce, s'était privé du plaisir de tenir compte de plusieurs découvertes intéressantes mais d'un caractère trop exclusivement scientifique pour entrer dans le cercle tracé par la nature de l'Exposition.

Il avait dû se contenter de citer plusieurs tentatives, nouvelles dans

les arts, susceptibles de succès, mais qui n'avaient pas encore pour elles des
résultats établis par l'expérience. En mentionnant au procès-verbal les
justes espérances conçues par tout le monde, le jury ne préjugeait pas
l'avenir réservé à ces établissements mais leur faisait connaître l'attente
qu'ils excitaient et les encourageait à la remplir.

Les récompenses étaient divisées en cinq classes : 26 médailles d'or,
64 d'argent de première classe, 54 d'argent de deuxième classe, mentions
honorables, citations, sans autres limites que les mérites des exposants

Après cette allocution préliminaire, le rapporteur commença la proclamation des fabricants jugés dignes d'une distinction particulière ; il
appela en première ligne ceux qui, ayant été récompensés aux précédentes
Expositions et ayant paru à celle-ci, continuaient à soutenir leur réputation
par la constance de leurs efforts et par des progrès soutenus.

Les manufacturiers nommés qui se trouvaient à la séance furent présentés par Monge au Ministre de l'Intérieur qui accompagna la remise de
chaque médaille d'un mot gracieux et bienveillant.

Pendant ce temps les inspecteurs plaçaient sur les objets distingués
des écussons annonçant les prix obtenus.

Pour terminer la solennité, le Ministre, à son tour, adressa quelques
paroles aux fabricants en leur témoignant combien il regrettait avec eux
que l'Exposition eût été privée de la cérémonie qui en faisait l'importance
et l'éclat, par le départ de Sa Majesté. Il leur annonça qu'il mettrait le
tableau de leurs efforts et de leur succès sous les yeux du chef auguste de
l'Etat qui, même au milieu de ses armées victorieuses, au sein des glorieux
travaux que lui commandaient la défense et l'honneur de l'Empire, ne
cessait pas d'étendre sur leurs établissements les pensées d'une sollicitude
pleine de bienveillance.

Il exprima aux membres du Jury toute sa satisfaction du zèle avec
lequel ils s'étaient dévoués à un examen aussi considérable, il les remercia
d'avoir supporté avec tant de patriotisme les fatigues d'un tel travail et
d'avoir donné, avec autant d'impartialité, que de désintéressement, le
concours des lumières qui les distinguaient.

Le rapport du Jury était divisé en trente-cinq chapitres subdivisés
eux-mêmes en plusieurs paragraphes et sections, suivant l'importance de
la branche d'industrie que comprenait le chapitre.

La laine comprenait ainsi 8 sections embrassant toutes les étoffes
où elle était employée : la soie, 5 ; le lin, le chanvre, 6 ; le coton, 7 ; la
bonneterie, 4 ; le fer et l'acier, 6 ; la quincaillerie, 6 ; les produits chimiques, 7 ; les cristaux, 5 ; les poteries, 6.

Le premier paragraphe de chaque chapitre était généralement consacré à l'étude d'ensemble de l'industrie ; le rapporteur y montrait son état actuel, les progrès dont elle était susceptible, les améliorations qu'il fallait poursuivre : les sections suivantes entraient dans le détail des distinctions accordées et du mérite des lauréats.

C'était la laine qui commençait le rapport ; cette place lui appartenait de droit par l'étendue de sa fabrication dans le pays et le mouvement d'affaires quelle amenait.

L'acquisition de la race de bêtes à laine connues sous le nom de mérinos faisait époque dans l'histoire de l'agriculture française. De nombreux cultivateurs travaillaient à l'amélioration des laines, soit en multipliant la race pure, soit en dirigeant ses alliances avec la race indigène. Des échantillons pris sur quatre-vingt-sept troupeaux, disséminés dans toutes régions, avaient été envoyés à l'Exposition.

Le Jury, comparant les produits de mérinos de race pure établis en France depuis plusieurs générations avec ceux de mérinos d'Espagne, avait trouvé la laine française égale en finesse, en beauté ; les premiers manufacturiers en drap superfin ayaient attesté qu'elle était propre aux mêmes usages et que, soit au coup d'œil, soit à la main, il n'était pas possible de distinguer les draps où elle entrait de ceux fabriqués avec les meilleures laines espagnoles ; des pièces de drap faites avec les deux laines, mises sous les yeux du Jury, avaient confirmé ces assertions.

Dans les laines métis, dès le premier croisement, on reconnaissait une amélioration évidente et, dans les degrés plus élevés, la laine trompait les connaisseurs eux-mêmes.

Il fallait féliciter les cultivateurs qui s'adonnaient à cette branche si productive de l'économie rurale et applaudir aux succès qu'ils remportaient tous les jours.

L'Exposition avait reçu des draps de presque toutes les manufactures de France ; le Jury reconnaissait qu'en général les produits avaient de sérieuses qualités et qu'une amélioration très sensible se faisait remarquer chez certains fabricants.

Les réquisitions, le maximum, la dépréciation des assignats avaient fait perdre à la draperie française son ancienne réputation. Pendant la Révolution les usines suspendaient leurs travaux ou ne livraient que des étoffes d'une qualité inférieure.

Sous le Consulat on comprit qu'il était urgent de relever une industrie aussi nécessaire au pays et d'encourager le retour à une fabrication soignée. En l'an IX, en l'an X, 2 médailles d'or, 4 d'argent et de bronze récompensèrent les meilleurs produits.

Le Jury constatait que les draps exposés cette année n'avaient rien à envier à ceux que l'on fournissait avant 1789, mais ils étaient beaucoup plus chers. Cet inconvénient grave devait disparaître. Les fabricants ne pouvaient se proposer un but plus intéressant : l'amélioration des laines indigènes, l'introduction des machines, leur donnaient les moyens de l'atteindre.

Le Jury, dans la situation présente, jugeait à propos de réserver les récompenses pour les manufactures de draps qui parviendraient à baisser les prix sans baisser les qualités. Les fabricants déjà médaillés aux Expositions précédentes n'étaient point exclus du Concours ouvert à ce point de vue ; la règle passée en usage de ne pas donner deux fois la même médaille ne paraissait point applicable dans cette circonstance où le but à poursuivre était différent et la difficulté à vaincre d'une autre espèce.

Le Jury, pour cette raison, se contentait de rendre justice aux fabriques principales de Louviers, Sedan, Elbeuf, Verviers, Carcassonne, du département de l'Ourthe, de la Roer, de l'Hérault, en rappelant les médailles de MM. Decretot et Cie de Louviers ; Ternaux frères, de Sedan ; Delarue, Petou, Lecamus, tous trois de Louviers ; Grandin, d'Elbeuf ; Guibal, de Castres ; Martel et fils, de Bédarieux ; Gauthier, de Mons, et en mentionnant honorablement un grand nombre de manufactures des régions les plus diverses.

La fabrication des casimirs avait fait de grands progrès depuis la dernière Exposition, elle s'était étendue et perfectionnée assez pour que la France pût la regarder comme une acquisition définitivement consommée.

A titre d'encouragement pour ceux qui exploitaient cette industrie nouvelle, le Jury accordait une médaille d'or à MM. Gensse-Duminy et Cie, d'Amiens, médaillés d'argent en l'an X ; et quatre médailles d'argent de première classe à MM. Poupard-Neuflize, de Sedan ; Homberg et Cie, de l'Ourthe ; Giscard aîné et Cie, de Marvejols ; Bohmé, de l'Ourthe.

Les cadis, serges, étamines, ratines, étoffes de fantaisie, couvertures, molletons, velours d'Utrecht ne méritaient que des citations ; les exposants des années précédentes, distingués à cette époque, voyaient confirmer la récompense déjà obtenue. Ces lainages soignés et de bonne qualité, sans doute, ne témoignaient, ni dans les procédés, ni dans la main-d'œuvre, de progrès assez remarquables pour être l'objet d'une mention spéciale.

MM. Jubié frères, de la Sône (Isère), avaient des soies moulinées et des organsins d'une beauté remarquable qu'ils devaient à l'emploi des machines de Vaucauson, médaillés d'or en l'an X, ils ne pouvaient prétendre à une nouvelle distinction. Une médaille d'or était décernée à M. Gensoul, de Lyon, inventeur d'un appareil pour échauffer, au moyen de la vapeur, l'eau des bassines où les cocons étaient mis pour être filés ; les échantillons obtenus par ce nouveau procédé se distinguaient par la pureté de leurs teintes. Le Jury donnait encore 2 médailles d'argent de première classe, 5 de deuxième classe à divers mouliniers en soie du Var, de l'Ardèche, de la Drôme, de la Stura.

Pour les étoffes, Camille Pernon, membre du Jury et, par ce fait, hors concours, tenait le premier rang ; une médaille d'or était accordée à M. Malié Joseph, de Lyon, pour avoir exposé des satins plus souples et plus brillants que les qualités anglaises, du taffetas et du velours légers, dont la fabrication offrait des difficultés vaincues par lui de la façon la plus heureuse. Onze fabricants, en grande partie lyonnais, recevaient une médaille d'argent de première classe.

Une maison de Saint-Chamond, celle de Dugas frères et Cⁱᵉ, gagnait une médaille d'or pour des rubans de qualité supérieure, d'une perfection d'apprêt sans égale. Elle surpassait de beaucoup tout ce que l'Angleterre avait été en état de fournir jusque-là.

Les tulles, crêpes, broderies, passementeries avaient 1 médaille d'argent de première classe, 3 de deuxième classe.

Pour les dentelles et blondes, malgré la beauté des produits, le Jury ne donnait pas de médailles d'or, il distribuait 3 médailles d'argent de première classe, en rappelant à M. Vandessel, de Chantilly, celle qu'il avait déjà reçue en l'an X.

Le Jury n'avait constaté dans l'industrie du chanvre et du lin, qui comprenait les cordages, toiles à voiles, toiles de corps, de ménage, batistes, rubans de fil, aucun changement capable de rendre la fabrication plus parfaite et plus économique. Le travail soigné, du reste, s'exécutait d'après les errements anciens, sans aucune modification dans la main-d'œuvre, sans progrès dans les procédés. Le Jury se contentait de rendre hommage, par un rappel, aux manufactures médaillées précédemment, et par une mention, à celles qui se présentaient pour la première fois.

Les filatures de coton s'étaient multipliées depuis l'an X, les fabriques de basins, de piqués, avaient pris une grande importance dans certaines régions, les étoffes de ce genre, mieux apprêtées, plus régulières, méritaient tous les suffrages.

Quelle différence avec la dernière Exposition où ne figurait qu'une seule pièce de mousseline digne d'être mentionnée ; le Jury même, doutant de son origine, n'eut pas assez de confiance dans son origine pour oser en parler !

Depuis cette époque, Tarare s'était mis à fabriquer, en grande quantité, des mousselines très belles ; Saint-Quentin avait 8,000 métiers employés à faire des mousselines, des percales, des calicots. Ce seul arrondissement pouvait fournir à la consommation 800,000 pièces par an.

Les calicots français commençaient à devenir si abondants, que les manufacturiers en toiles peintes s'en servaient à la place des calicots anglais dont ils étaient privés. Oberkampf, lui-même, assurait que les produits français allaient de pair avec ceux d'Angleterre et qu'il les employait dans ses ateliers sans que l'acheteur le plus difficile et le plus exercé pût y apercevoir une différence au désavantage des nôtres.

Des fabriques de nankin s'établissaient de tous côtés et donnaient l'espérance de voir bientôt cette étoffe, d'une consommation populaire, fournie entièrement par leur travail.

Dans la filature, le Jury remarquait que les fabricants s'en tenaient généralement aux numéros les moins élevés, alors que Saint-Quentin et Tarare offraient aux fils fins un débouché important alimenté par l'étranger. Tous les échantillons envoyés dans les bas numéros étaient irréprochables ; il fallait, de toute nécessité, combler cette lacune qui existait et encourager la filature en fin qui laissait encore à désirer.

PLUVINAGE et ARPIN, de Saint-Quentin ; MATAGRIN et Cⁱᵉ, de Tarare, pour leurs mousselines ; TIBERGHIEN frères et Cⁱᵉ, d'Heylissem (Dyle), pour leurs basins ; SÉVENNE, de Rouen, pour son velours de coton, avaient chacun une médaille d'or. Les autres récompenses consistaient en quatre rappels de médaille d'or, à MM. DELAITRE, NOËL et Cⁱᵉ, de l'Epine, près Arpajon, filature ; RICHARD, ancien associé de NOIR-DUFRESNE, de Paris, basins ; MORGAN et DELAHAYE, d'Amiens ; GODET et DELÉPINE, de Rouen, velours ; 3 rappels de médaille d'argent, 4 rappels de médaille de bronze et 8 médailles d'argent de première classe.

La bonneterie de coton, seule, avait fait des progrès remarquables ; la bonneterie de fil, de laine, de soie se soutenait, mais sans présenter des perfectionnements notables depuis la dernière Exposition.

M. GRÉGOIRE, de Paris, était arrivé à tisser des tableaux en velours avec une correction qu'il ne paraissait pas possible d'atteindre ; le Jury, considérant que ce nouvel art, mis dans le commerce, pouvait être l'objet d'une exploitation intéressante, lui donnait une médaille d'argent de première classe.

Pour les tapis et moquettes, le choix du dessin constituait une partie essentielle de la fabrication ; certes, la solidité de l'étoffe, la fixité des couleurs, étaient des conditions fondamentales, mais les procédés pour les obtenir rentraient dans les connaissances ordinaires d'un bon ouvrier, aussi le mérite d'un tapis dépendait, avant tout, du goût plus ou moins pur avec lequel on l'avait dessiné.

La médaille d'or était accordée à MM. PIAT-LEFEBVRE et fils, de Tournay, dont les produits, bien soignés à tous les points de vue, coûtaient un prix modique grâce à une excellente division du travail dans leurs ateliers. Le Jury rappelait les médailles de MM. ROGIER et SALLANDROUZE, de Paris, pour tapis d'Aubusson et d'HECQUET-D'ORVAL, pour moquettes d'Abbeville.

L'art de la papeterie était aussi dans un état d'amélioration très satisfaisant. CANSON et MONTGOLFIER, JOHANNOT, d'Annonay, médaillés d'or précédemment, présentaient des papiers vélins magnifiques ; après eux venaient les fabriques d'Angoulème, qui recevaient 2 rappels d'argent en faveur de MM. TRÉMEAU-ROCHEBRUNE et HENRI VILLARMAIN, plus 1 médaille d'argent de première classe.

La fabrication des cartons à presser les papiers, les draps, les étoffes, était une branche d'industrie nouvelle que le Jury encourageait par 3 médailles d'argent.

Pour le blanchîment et la teinture, Rouen avait toutes les récompenses avec DESCROIZILLES, créateur en France d'un établissement de blanchisserie fondé sur les principes de Berthollet, médaillé d'or en l'an X, GONFREVILLE, LEROY, teinturiers, distingués par 2 médailles d'argent, l'une de première classe, l'autre de deuxième classe.

Pour les toiles peintes, une médaille d'or était décernée à celui qui avait formé à Jouy la manufacture la plus considérable de l'époque, au plus illustre représentant de cette industrie florissante, à OBERKAMPF.

Cet établissement, créé en 1760, dans les plus modestes proportions, n'avait eu, pendant quelque temps, que le seul mérite d'être la première fabrique de ce genre dans la contrée où Oberkampf s'était installé après avoir étudié tous les procédés de son art sous la direction de Samuel Kœchlin, de Mulhouse. Maintenant, Jouy, arrivé à un haut degré de prospérité, comptait 150 tables d'imprimerie, 1,200 ouvriers des deux sexes, et imprimait par an 30 à 36,000 pièces d'une valeur de 3 à 4,000,000 de francs. L'Empereur avait daigné, tout dernièrement, visiter en détail la manufacture et exprimer sa satisfaction à Oberkampf, en lui attachant sur la poitrine sa propre croix d'honneur.

A côté de lui, pour les améliorations constantes qu'ils poursuivaient dans l'impression des toiles, se plaçaient MM HAUSSMANN frères, de Logelbach, DOLLFUS, MIEG et Cie qui recevaient chacun une médaille d'argent de première classe.

En récompensant deux des plus célèbres représentants des maisons de Colmar et de Mulhouse, le Jury donnait une marque d'estime et de sympathie à ces deux villes dont les produits gagnaient en réputation de jour en jour.

Dans les papiers peints, à part M. Zuber, de Rixheim (Haut-Rhin) et Dufour, de Mâcon, tous les fabricants étaient de Paris.

Des tentures d'un bon fond, pleines de goût, une exécution remarquable des dorures méritaient à MM Jacquemart et Bénard une médaille d'argent de première classe, qui remplaçait la médaille de bronze obtenue par eux en l'an X ; Simon, du pavillon de Hanôvre, Robert, place Vendôme, voyaient simplement confirmer leurs médailles de bronze obtenues à la dernière Exposition, avec de grands éloges pour l'excellence de leurs produits.

Le tannage restait stationnaire. Dans certains départements le cuir était préparé avec soin, mais le Jury n'avait constaté aucun effort pour améliorer ou simplifier le travail.

Il n'en était pas de même pour le corroyage où, depuis quinze ans, de grands progrès avaient été réalisés ; ces progrès influaient d'une façon marquée sur les ouvrages de cordonnerie et de sellerie, et ils étaient dûs, en grande partie, aux établissements de Pont-Audemer, dans l'Eure. Le Jury rappelait les médailles d'argent de MM. Plummer-Donnet et Vanier, de Pont-Audemer ; de Liégrois, Didier, de Paris.

Le maroquin, d'importation récente en France, surpassait déjà, par la supériorité de sa fabrication, le Levant, son pays d'origine. La comparaison entre les produits français et étrangers était tout à l'avantage des nôtres par la variété, la solidité des couleurs, l'apprêt et la souplesse de la peau. Fauler-Kempff et Cie, de Choisy, les premiers à pratiquer cette industrie en France, étaient toujours dignes de la médaille d'or qu'ils avaient reçue en l'an IX, et Mattler, de Paris, nouvel exposant, avait une médaille d'argent pour ses maroquins dont les nuances et la préparation ne laissaient rien à désirer.

Le Jury mentionnait, pour la chamoiserie et la ganterie, les centres de Grenoble, Niort, Chaumont ; pour la mégisserie, plusieurs fabriques d'Annonay.

Le chapitre XIII comprenait les fers et aciers. Plus de 150 usines, répandues dans 40 départements, avaient adressé des échantillons en fonte, aciers, tôles, fers-blancs, faux, scies, limes. Le nombre des envois était de 161 formant 779 articles.

Les essais relatifs aux fers et aciers faits par MM. Rosa, ancien serrurier-mécanicien de Vaucauson, et Vanderbroeck, artiste mécanicien, devant plusieurs membres du Corps des Mines pendant vingt-deux jours, prouvaient que la France était plus riche en bon fer et en bon acier qu'on ne l'avait pensé jusque là. Sur 67 envois de fer, 16 étaient de qualité ordinaire, 5 de bonne qualité, 16 de fort bonne qualité, 17 d'excellente, 13 de supérieure.

Le Jury mentionnait seulement les 13 maîtres de forges dont les fers appartenaient à la première qualité.

Les récompenses pour les aciers étaient plus élevées à cause des encouragements nécessaires à une fabrication encore bien incomplète ; deux médailles d'or à MM. Gouvy et Guentz, du département de la Sarre ; Loup, du departement de l'Aube ; et 3 médailles d'argent de première classe à MM. Plantier, de l'Isère ; Georges et Cugnolet, du Haut-Rhin ; Grasset, de la Charité (Nièvre).

La médaille d'or était donnée aux faux de MM. Irroy père et fils, de la Hutte (Vosges).

Le Jury rappelait les médailles de Ducrusel, d'Amboise, pour les limes ; de l'aciérie de Souppes, pour les cylindres à laminoir ; de Mme veuve Fleur, à Lods (Doubs) ; Mouret, à Châtillon (Doubs) ; Fleury, à Laigle, pour la tréfilerie.

M. Guérin, de Dilling (Moselle), recevait une médaille d'argent de première classe pour ses fers-blancs, ainsi que MM. Mouchel père et fils, de Laigle, pour leurs fils de fer et d'acier destinés à la fabrication des cardes.

MM. Frérejean frères, de Vienne (Isère), avaient une médaille d'argent de première classe pour leur cuivre laminé ; Roswag père et fils, de Schlestadt, pour leurs toiles métalliques.

La serrurerie d'Escarbotin (Somme), dont les 2,000 ouvriers approvisionnaient Paris, était récompensée, dans la personne de M. Olive, un de ses entrepreneurs les plus distingués, par une médaille d'argent de première classe ; M. Bataille, coutelier à Bordeaux, obtenait également une médaille d'argent pour ses instruments de chirurgie.

Le Jury mentionnait les fabriques de Saint-Etienne, de Thiers, de coutellerie fine de Paris, de Langres, de Moulins, de Châtellerault.

Une médaille d'or décernée aux manufactures d'aiguilles à coudre, broder, tricoter, d'Aix-la-Chapelle, devait être remise au maire de la ville : Jecker avait une médaille d'argent pour ses épingles, ainsi que Metton frères et Cie, de Laigle.

La fabrique d'armes de Klingentall, dirigée par MM. Coulaux frères, méritait une médaille d'or ; PENIET, arquebusier à Paris, une médaille d'argent.

En mécanique, les progrès étaient également remarquables, et des machines de toute nature, pour les étoffes de laine, les filatures de coton, les métiers à tisser, à fabriquer le filer, envoyées par de nombreux ingénieurs , témoignaient d'une tendance très accusée des fabricants à employer ces auxiliaires si précieux ; on commençait à comprendre l'utilité de ces mécaniques qui économisaient la main-d'œuvre en faisant un travail plus régulier, et auxquelles l'Angleterre devait sa prodigieuse activité industrielle.

Des médailles d'or étaient données à MM. DOUGLAS pour ses machines à filer la laine et tondre les draps , ALBERT, CALLA, de Paris.' pour leurs cardes à coton , BURON, de Bourgtherouldе (Eure), pour un métier à filet ; le Jury rappelait celles accordées à MM. POUCHET, de Rouen ; BOSSUT et SOLAGES, SALNEUVE, de Paris ; enfin, il distribuait 12 médailles d'argent des deux classes à des constructeurs d'appareils divers.

Il résultait de l'examen des ouvrages d'horlogerie présentés que l'exécution en était, en quelque sorte, trop soignée ; les artistes devaient se défier un peu de leur habileté et de leur talent d'invention afin d'éviter l'écueil de produire des mouvements trop subtils et trop compliqués.

Cette critique faisait le plus bel éloge des progrès obtenus par nos horlogers, et de la perfection de leur travail. ROBERT, de Besançon ; BRÉGUET, JANVIER, PONS, LEPAUTE, OUDIN, de Paris , JAPY, de Beaucourt, pour ses ébauches de montres, étaient rappelés ou mentionnés.

Le premier rang appartenait toujours, pour les instruments d'optique et de sciences, à LENOIR ; LEREBOURS, JECKER, HARING, LANÇON marchaient sur ses traces et fabriquaient d'excellents instruments.

Les frères DIDOT, déjà si renommés pour leurs productions typographiques hors ligne, avaient gravé un nouveau caractère pour représenter l'écriture cursive ; à l'aide de ce procédé, il devenait possible de fournir à bas prix les écoles de bons modèles dont le besoin se faisait vivement sentir.

BODONI, de Parme, recevait une médaille d'or pour ses belles éditions et, en même temps, pour sa persévérance à exécuter seul, dans un pays où la typographie était plus négligée que partout ailleurs, ses remarquables travaux.

Deux médailles d'or étaient accordées, pour la calcographie, à MM. BALTARD, graveur, dessinateur, architecte en même temps, d'un ouvrage représentant Paris et ses monuments ; à MM. ROBILLARD et

LAURENT, pour la gravure de la collection du Musée français ; 5 médailles d'argent récompensaient MM. TREUTTEL et WURTZ, MILLING et NÉE, DENNÉ le jeune, LANDON, FILHOL, AUBERT, de Paris, pour divers ouvrages du même genre.

M. BELLONI, mosaïste, avait une médaille d'argent de première classe. La mosaïque, récemment introduite en France, devait beaucoup à ses efforts pour faire prendre goût à cet art italien d'origine.

Dans les industries du chauffage et de l'éclairage, il n'y avait pas de découvertes nouvelles, le Jury constatait de nombreuses améliorations et des perfectionnements notables ; on retrouvait à cette Exposition, poursuivant la solution des mêmes problèmes, presque tous ceux qui figuraient déjà aux précédentes : DESARNOD, THILORIER, CURAUDEAU, pour le chauffage ; CARCEL et CARREAU, JOLY, GIRARD frères, BERTIN, pour l'éclairage ; BORDIER, successeur d'Argand, qui présentait un spécimen de reverbères assez puissant pour remplacer, à lui seul, deux de ceux que l'on employait jusqu'alors. Des expériences suivies pendant quelque temps permettraient d'affirmer la supériorité du nouvel appareil.

Depuis plusieurs années l'industrie des produits chimiques, peu pratiquée en France jusque-là, faisait des progrès surprenants.

L'alun français, raffiné sans soin autrefois, était généralement rejeté par les teintureries qui lui préféraient l'alun de Rome, mieux traité, moins chargé d'acide et de fer : des manufacturiers pour réhabiliter l'alun avaient créé de grands établissements dont les produits pouvaient rivaliser avec ceux de Rome et diminuaient déjà de beaucoup l'importation.

La France qui tirait à peu près exclusivement de l'Espagne la soude naturelle si nécessaire pour les savonneries, verreries, blanchisseries, commençait à exploiter les procédés encore trop peu répandus de Leblanc, l'inventeur de la soude artificielle.

Des fabriques de sulfate de fer, de cuivre, de minium, de couleurs, de colle-forte, se fondaient de tous côtés, nous affranchissant peu à peu du tribut que nous payions pour ces produits à l'Angleterre et à la Hollande.

La verrerie du Creusot, sous la direction de M. LADOUEPE-DUFOUGERAIS, recevait une médaille d'or, celle de Saint-Louis, voyait confirmer sa médaille d'argent de l'an X.

La manufacture de glaces de Paris, sans rivale en France, avait la médaille d'or.

La poterie dite terre de pipe, dont l'établissement en France datait à peine de 15 ans, après avoir suivi, tout d'abord, une marche de perfectionnement assez rapide reconnue par des récompenses aux Expositions, se soutenait au même degré, mais, sans mériter par ses progrès, des distinctions particulières. UTZSCHNEIDER, de Sarreguemines, médaille d'or précédemment, gagnait une médaille d'argent de première classe pour une nouvelle composition tout-à-fait différente qu'il appelait poterie grès. Cette branche d'industrie était encore trop récente pour qu'il eût été possible de lui accorder la première récompense.

La porcelaine française jouissait à l'étranger d'une renommée incontestée ; Paris, surtout, grâce aux artistes éminents qu'il comptait, contribuait à nous assurer la prééminence. Une médaille d'or était décernée à MM. DIHL et GUÉRARD, déjà récompensés à l'Exposition de l'an VI, des médailles d'argent à MM. NAST, CARON et LEFÈVRE, DAGOTY, DARTHE frères, DESPRÉS, GONARD, de Paris, une mention à ALLUAUD, de Limoges.

A côté d'AUGUSTE et d'ODIOT, les deux plus célèbres orfèvres de l'époque, le jury récompensait par une médaille d'or, différentes pièces de BIENNAIS.

THOMIRE, le plus habile ciseleur de Paris, paraissait en 1806, pour la première fois, avec ses bronzes. Le jury reconnaissait l'art et le goût des objets qu'il avait exposés par une médaille d'or, il donnait deux médailles d'argent à RAVRIO et à GALLE.

L'ébénisterie, cette industrie parisienne, par excellence, recevait une médaille d'argent et un rappel de médaille d'or en faveur de JACOB DESMALTER, un des principaux fabricants dans cette partie.

Enfin, pour clore la série des récompenses décernées, les instruments de musique, à cordes et à vent, recevaient 4 médailles d'argent, DIDIER, NICOLAS, de Mirecourt, pour un violon, COUSINEAU père et fils, pour des harpes, DUPOIRIER, pour un piano, et LAURENT, pour une flûte insensible aux variations de l'atmosphère : mention était faite des pianos de PFEIFFER et Ci⁰, SCHMIDT, tous deux de Paris, où la fabrication de ces instruments ne faisait l'objet que d'un commerce encore peu important.

Le rapport se terminait par de vifs éloges aux manufactures impériales hors concours, et aux maisons de charité et de travail fondées par les préfets dans divers départements pour venir en aide aux malheureux.

Il contenait tant en médailles qu'en rappels, mentions, citations, 610 noms proclamés.

RÉSUMÉ

—◦◦◦—

A quelque point de vue que l'on voulût se placer, le concours de 1806 faisait époque dans l'ère des Expositions. La dernière réunion de l'an X, bien que supérieure elle-même à la précédente, n'avait pas préparé les esprits à des résultats aussi surprenants. La proportion était de beaucoup dépassée : l'empressement des fabricants à présenter leurs produits, qu'il fut dû à leur initiative personnelle ou aux instances des préfets et des chambres consultatives, avait complètement rempli les espérances conçues par le gouvernement.

Toutes les manufactures du territoire s'étaient trouvées sur l'esplanade des Invalides, offrant un objet d'étude aux savants et aux économistes, un aliment à la curiosité des milliers de visiteurs qui se succédaient chaque jour devant les portiques.

Une vérité consolante se dégageait pour tout le monde de cet assemblage de productions si variées, l'industrie française, ébranlée par la Révolution, n'avait pas succombé à ces crises violentes, et si toutes les branches dont elle se composait ne pouvaient se vanter d'avoir recouvré leur splendeur passée, quelques-unes prenaient leur essor vers une prospérité inconnue pour elles auparavant.

D'un autre côté, et c'était là un fait des plus heureux à constater, des fabricants comprenant l'intérêt qu'il y avait pour le pays à se suffire à lui-même, dans les genres les plus divers, entreprenaient de le doter de fabrications nouvelles pour lesquelles il avait été jusqu'alors tributaire des nations voisines ; d'autres cherchaient à substituer à une main-d'œuvre coûteuse et à des procédés surannés et compliqués l'emploi des machines joignant à l'économie un travail plus régulier et plus parfait.

De tous côtés, les efforts les plus généreux se produisaient pour profi-ter du régime d'émancipation et de liberté conquis par tant de sang et de troubles.

La tâche du Gouvernement, à présent qu'il était à même de connaître les côtés faibles et les besoins de chaque industrie, devenait facile : par des priviléges accordés à propos, il pouvait donner aux manufactures nais-santes le moyen de vaincre les premières difficultés ; par des primes à celles qui transformaient ou amélioraient leur outillage, un puissant se-cours et une récompense de leurs tentatives et de leurs progrès : d'habiles et sages règlements devaient compléter un ensemble de mesures propres à développer, dans des proportions inconnues jusque-là, la prospérité du commerce.

Ces différentes considérations mûries et pesées par les hommes d'état et de science, adoptées par le gouvernement, durent céder le pas à des préoccupations plus pressantes.

La première phase des Expositions fut close par la brillante réunion de 1806. Les conseils insidieux d'une ambition sans limites détournèrent l'esprit de Napoléon de toutes ces questions importantes pour l'absorber dans les combinaisons militaires où se complaisait son génie guerrier.

L'industrie abandonnée à elle-même, au milieu de toutes ces victoires suivies de tant de revers, subit, grâce à sa vitalité puissante, sans en res-sentir trop cruellement les effets, les désastres qui fondirent sur le pays, et tout en éprouvant le contre-coup de ces événements malheureux, repa-rut, lors de la restauration des Expositions en 1819, avec un cortége de progrès, de perfectionnements et de découvertes dont rien n'allait plus arrêter la marche incessante.

CINQUIÈME EXPOSITION

DES

PRODUITS DE L'INDUSTRIE FRANÇAISE

1819

APERÇU GENERAL

De 1806 à 1815 Napoléon ne put trouver l'instant propice pour renouveler cette réunion de 1806 si remarquable à tous les points de vue. Le
canon, pendant sept années ne cessa de gronder en Europe : la guerre ar-
rachant les ouvriers aux usines, les laboureurs aux campagnes, se déchaîna
dans son épouvantable fureur, de Cadix à Moscou, jusqu'au jour où l'Empire
fondé par l'ambition gigantesque du César moderne s'écroula sous la coalition formidable des peuples menacés dans leur indépendance et des souverains tremblant pour leur trône ébranlé.

La France paya chèrement de son sang et de ses richesses les victoires
dont elle s'était enorgueillie jusqu'alors : Napoléon la laissa, épuisée
d'hommes, rassasiée de gloire et de combats, aux mains des Bourbons res-
taurés par l'étranger.

Jusqu'en 1812 les combinaisons stratégiques méditées par le puissant
Empereur pour réaliser ses visées dominatrices absorbèrent à tel point les
facultés de son esprit qu'il n'eut ni le temps ni le loisir de songer aux
intérêts pacifiques de l'industrie qu'il croyait assurés par le blocus continental.

Après la fatale campagne de Russie, les revers successifs qu'il éprouva
dans sa politique et dans ses armes lui permirent encore moins de se dis-
traire des graves préoccupations que les événements faisaient naître, et,
loin de pouvoir songer à soutenir et à encourager l'industrie et le commerce, Napoléon dut leur demander, sous la forme d'impôts et de levées
extraordinaires, les ressources nécessaires pour faire face aux complications qui surgissaient de tous côtés.

Quand il fut tombé, le gouvernement des Bourbons, aux prises avec les difficultés d'une occupation par les coalisés, avec les réactions orageuses qui se produisirent plus particulièrement dans le Midi et qu'il ne sut ou n'osa point réprimer avec l'énergie nécessaire à cause de la bannière sous laquelle elles s'abritaient, le gouvernement eut assez de la double tâche de renvoyer l'étranger et de calmer l'effervescence des passions.

Ce ne fut qu'en 1819 qu'un ministre éclairé, profitant d'un moment de calme et d'apaisement, proposa, comme un excellent moyen de pacification, à Louis XVIII de reprendre la tradition des Expositions interrompues depuis 1806, et de donner, par cette reconnaissance d'une création du nouvel ordre social fondé par la révolution, un gage de ses sentiments de conciliation envers le pays et de bienveillance pour le commerce et l'industrie.

Le comte Decazes exposa au roi qu'en décrétant la restauration des Expositions, en les rendant périodiques à des intervalles assez éloignés pour qu'il fut possible de constater entre chacune d'elles des progrès réels, il arriverait à rendre à la France la prospérité que l'Empire n'avait pas su conserver.

Il lui représenta, qu'en encourageant, par tous les moyens dont le Gouvernement pouvait disposer, les efforts des manufacturiers et des fabricants, on atteindrait ce double résultat de détourner un grand nombre d'esprits mécontents des questions politiques irritantes et de développer, en même temps, dans des proportions illimitées, les ressources du pays ruiné par les guerres du dernier règne.

Louis XVIII était trop éclairé pour ne pas se rendre aux raisons politiques et patriotiques que lui soumettait son Ministre : les quelques années qui s'étaient écoulées depuis son retour en France lui avaient permis d'étudier, de près, la nouvelle société française dont il avait suivi la formation pendant son long exil.

Il ne considérait pas, comme beaucoup de ses plus dévoués courtisans, les trente années écoulées depuis 1789 comme un mauvais rêve qui venait de s'évanouir ; il comprenait, malgré les dénégations de son entourage le plus intime, que la vieille France était morte et que sur ses ruines s'était établi un nouvel ordre de choses où la distinction des classes n'existait plus.

La Révolution avait brutalement émancipé le peuple français et le Code était venu donner à cette mémorable conquête la consécration de la Loi.

Il y avait là un fait acquis contre lequel toutes les déclamations furibondes du *Drapeau Blanc* et de *la Quotidienne* ne pouvaient prévaloir.

La situation se résumait ainsi : d'un côté, la nation décidée à conserver des droits si chèrement acquis, de l'autre, les émigrés rentrés en France à la suite des alliés et réclamant à grand cris, leur rang, leurs honneurs, leurs priviléges.

Louis XVIII avait la lourde tâche d'empêcher un conflit inévitable entre ces deux principes opposés : il lui fallait obtenir, des uns par l'observation loyale et franche des prescriptions de la Charte, les concessions qu'il demandait aux autres au nom du respect et de l'affection qu'ils portaient à l'autorité royale.

Malgré toute son habileté à tourner les obstacles, Louis XVIII se trouvait bien souvent empêché, dans ses tentatives de conciliation et de rapprochement, par la résistance énergique que rencontraient ses projets aux Tuileries, jusqu'au sein de sa famille.

Soutenu ostensiblement par la Cour, le parti ultra royaliste compromettait, par son attitude provocante, les résultats obtenus par la politique prudente du monarque ; les mesures libérales, combattues ouvertement dans des journaux qu'on savait puiser aux Tuileries leurs inspirations, prenaient, aux yeux prévenus, un caractère de duplicité qui les faisait accueillir avec la plus grande défiance, et en détruisait tout l'effet.

On ignorait les luttes et les discussions que, tout roi qu'il fût, Louis XVIII était obligé de soutenir aux Tuileries contre les partisans obstinés d'un retour complet aux institutions de l'ancien régime ; il supportait ces difficultés, sans cesse renaissantes, en considération des services et du dévoûment loyal de la plupart des courtisans intimes qui, de bonne foi, croyaient autant combattre pour le Roi que pour leur propre cause.

Lorsque le comte Decazes soumit au Roi la question des Expositions périodiques, il dut subir une vigoureuse polémique ; mais les raisons invoquées par le Ministre étaient tellement convaincantes, l'intérêt du pays était si évidemment en jeu, que Louis XVIII imposa silence à tous et, sans s'arrêter aux vives protestations de son entourage, signa l'ordonnance.

Les journaux du Ministère, les feuilles de l'opposition libérale, rendirent justice à l'initiative royale en reconnaissant tous les avantages qui pouvaient résulter de ce rétablissement fait à propos. Les organes du parti ultra royaliste se contentèrent d'enregistrer le décret en accompagnant son insertion de quelques lignes qui semblaient attribuer à Louis XVIII, le premier, l'honneur et le mérite de cette excellente mesure, qui n'était qu'une restauration intelligente.

La presse, à quelque opinion qu'elle appartînt, du reste, parut considérer les quatre Expositions antérieures comme des essais sans importance et dont les résultats n'étaient point dignes d'attirer l'attention.

Par cette ordonnance du 14 Janvier 1819, le Roi fixait l'époque de l'ouverture de l'Exposition au 25 Août suivant, en lui désignant pour emplacement les salles et galeries du Palais du Louvre. Les formalités d'admission étaient les mêmes qu'en 1806 ; toutes les prescriptions des circulaires antérieures se trouvaient reproduites presque textuellement, la seule différence à remarquer consistait dans le nombre des récompenses, qui n'était point arrêté d'une manière absolue, et restait subordonné aux mérites des exposants.

Trois mois après, le comte Decazes, pour affirmer encore davantage les intentions bienveillantes de Sa Majesté, lui soumettait une nouvelle ordonnance dont le but était de créer une classe spéciale de récompenses destinées aux artistes de tous ordres qui, sans être fabricants, contribuaient par leur esprit inventif aux découvertes et aux perfectionnements qui enrichissaient le commerce.

Le Roi, voulant assurer l'effet de cette innovation, confiait aux Préfets, dans les départements où plusieurs branches de grande industrie existaient, le soin de nommer, avant le 15 Mai, un Jury de sept fabricants chargés de désigner ceux des artistes qui, depuis dix ans, avaient eu la plus grande influence sur les perfectionnements des manufactures de leur département, soit par l'invention ou la confection des machines, soit par les progrès qu'ils avaient obtenus dans les procédés de teinture, tissage, etc.

Le travail de ce Jury terminé, le Ministre devait s'assurer de la réalité des services rendus par ceux qui lui avaient été désignés et faire connaître à sa Majesté leurs noms et leurs titres.

Des distinctions particulières seraient accordées à tous ces artistes, lors de la distribution des récompenses aux produits de l'industrie.

Cette mesure, provoquée par les La Rochefoucauld, Chaptal, Ternaux et bien d'autres, comblait une lacune signalée par eux dans l'appréciation des mérites du fabricant et de l'ingénieur.

Depuis le commencement du siècle et surtout depuis quelques années, l'application de la mécanique à l'industrie avait fait des progrès immenses. D'habiles artistes, étudiant sans relâche la solution de ce problème complexe, étaient déjà parvenus à obtenir d'importants résultats dont l'industrie avait profité immédiatement, tandis qu'eux-mêmes, obscurs souvent et inconnus, ne tiraient ni honneur ni bénéfice de la découverte dont le manufacturier avait seul l'avantage.

C'était cette classe intéressante de travailleurs infatigables et intelligents que l'ordonnance du 9 Avril voulait mettre en lumière et récompenser.

Une circulaire du comte Decazes, en date du 28 Avril, adressée à tous les Préfets, entrait dans les plus grands détails sur la nouvelle mission qui leur était imposée ; quelques extraits, mieux qu'un résumé, en feront connaître l'esprit. Le Ministre, après avoir rappelé l'ordonnance du 13 Janvier, qui assurait d'honorables distinctions aux fabricants signalés par la supériorité de leurs produits, exposait que, tout en tenant compte du mérite des manufacturiers, de leur zèle, de leur activité, il fallait reconnaître qu'ils trouvaient de grandes ressources dans le génie de certains hommes assez habiles pour découvrir d'utiles applications des sciences aux besoins des manufactures.

« Un mécanicien, un simple contre-maître ou même un ouvrier doué d'un esprit
« observateur, ont quelquefois, par d'heureuses découvertes, élevé des manufactures au
« plus haut degré de prospérité. Le fabricant leur doit les moyens de ménager le com-
« bustible, d'abréger le travail, d'épargner la main-d'œuvre, de donner aux couleurs plus
« de fixité, plus d'éclat, de tirer parti des matières premières auparavant rejetées.

« Ces hommes industrieux cherchent rarement la fortune, ils s'oublient eux-mêmes
« et ne songent qu'aux progrès de l'industrie. Le plus modique salaire est, pour l'ordi-
« naire, tout le prix qu'ils recueillent de leurs importants travaux.

« Ce sont ces artistes que le Roi a voulu honorer par son ordonnance du 9 Avril
« dernier ; il n'ignore pas les services multipliés que rend chaque jour à nos manufac-
« turiers cette classe modeste et laborieuse qui sera constamment l'objet de sa sollici-
« tude et de ses encouragements. »

Cet hommage, rendu par la bouche d'un Ministre de Louis XVIII au mérite humble et obscur d'un homme appartenant, presque toujours, à la classe que quelques-uns considéraient encore avec dédain comme peu digne de fixer l'intérêt, montre le sentiment large et libéral qui animait le Roi et son Ministre, lorsque les passions violentes des royalistes ne venaient pas se jeter au travers de leurs meilleures intentions.

En terminant, le comte Decazes recommandait aux Préfets de déterminer avec précision l'époque à laquelle la découverte avait eu lieu ou avait été appliquée dans leur département. Cette circonstance était très importante, l'ordonnance, en effet, n'accordait de récompense qu'aux inventions remontant, au plus tard, au 1er Janvier 1809.

Une telle prescription faisait tache dans une circulaire dont chaque Français de cœur, à quelque parti qu'il appartînt, pouvait sans réserve applaudir les termes, et arrivait malencontreusement après l'expression des sentiments les plus généreux.

Pourquoi, puisque l'on créait un ordre particulier de distinctions décernées aux périodes de concours, ne pas en faire remonter le bénéfice à la date de la première Exposition, ou, au moins, de la dernière, en 1806 ?

Un tel ostracisme ne pouvait s'expliquer que par des raisons politiques dont il était malheureux de constater l'influence à la fin d'une circulaire aussi élevée d'idées que mesurée dans la forme.

Cette réserve faite, il n'y a plus qu'à louer le nouveau projet empreint d'un libéralisme très éclairé.

Le comte Decazes eut moins de succès dans une autre tentative d'un intérêt général bien supérieur, cependant, et contre laquelle se déchaîna avec violence toute la presse royaliste, et surtout le *Drapeau blanc*.

Lorsque l'Exposition fut décidée, Chaptal, Berthollet, le duc de La Rochefoucauld, et plusieurs grands industriels, aussi remarquables par leur intelligence que par leur patriotisme, suggérèrent au Ministre l'idée de faire acheter par le gouvernement en Angleterre une collection d'objets manufacturés dans ce pays et de les exposer dans un endroit public en même temps que les produits de l'industrie nationale.

Ils s'appuyèrent auprès du comte Decazes sur les raisonnements suivants : les fabricants français pourraient, grâce à une disposition aussi nouvelle étudier à loisir les articles anglais similaires et en tirer d'utiles leçons, et les visiteurs moins directement intéressés seraient à même de se convaincre, par leurs yeux, de la supériorité d'un grand nombre de produits français et de l'exagération avec laquelle on accordait trop facilement aux Anglais une suprématie industrielle, contestable sur certains points.

Cette mesure incomplète, puisqu'elle ne visait que les productions d'un seul pays, le plus redoutable, il est vrai, comme concurrence au commerce français, contenait le germe des expositions internationales.

A part quelques inconvénients, que les feuilles opposées au Ministère firent habilement ressortir, elle avait ce précieux avantage de montrer à tous, fabricants et consommateurs, dans un ensemble à peu près complet, les nombreux échantillons de cette industrie que l'on disait invincible, de ramener les esprits, par une comparaison attentive et impartiale, à une plus juste appréciation des deux commerces rivaux, de fixer avec soin leurs côtés faibles et leurs qualités respectives, et de fournir, par un examen scrupuleux et une étude approfondie des procédés, les moyens d'égaler l'Angleterre dans les différents genres où elle se montrait sans rivale.

Le comte Decazes, convaincu par de tels arguments, entra tout-à-fait dans ces vues : il envoya, de suite, en Angleterre, M. Molard jeune, sous-directeur du Conservatoire des Arts-et-Métiers, et lui remit 30,000 francs pour les employer à l'achat d'échantillons.

Cette délicate mission ne pouvait être confiée à de meilleures mains : M. Molard appartenait à une famille dévouée tout entière aux progrès de l'industrie ; lui-même devait la position qu'il occupait au Conservatoire à ses recherches persévérantes pour l'application des forces mécaniques à l'agriculture et à tous les arts ; les études qu'il poursuivait le mettaient à même, mieux que personne, de choisir, avec discernement, dans la masse des productions du génie commercial anglais, celles qui pouvaient donner à nos manufacturiers les enseignements les plus utiles. M. Molard, pendant trois mois, réunit un grand nombre d'échantillons et s'empressa de les expédier à Paris au Conservatoire.

Jusqu'au dernier moment, le comte Decazes, craignant, sans doute, à ce sujet, de nouvelles attaques de ses ennemis politiques, sans le tenir absolument secret, n'avait pas divulgué son projet d'Exposition étrangère.

Au commencement du mois d'Août, quand les dernières caisses furent arrivées, le *Moniteur Universel* rompit le silence, et annonça, dans quelques lignes élogieuses, le plan conçu et exécuté par le Ministre. La riposte ne se fit pas attendre.

La presse opposée au Ministère jeta les hauts cris, se déchainant avec fureur contre une mesure qu'elle considérait comme antinationale et désastreuse pour le commerce français.

Le *Drapeau Blanc*, journal du trop célèbre Martainville, se signala, entre tous, par sa haine tenace et ses violentes diatribes. Dans le nombre des arguments dont il chercha à accabler le Ministre, il en était quelques-uns qui, par leur apparente logique, devaient obtenir les suffrages du public accessible surtout aux raisonnements qui flattent ses passions.

Le *Drapeau Blanc*, voulant faire justice de cette allégation que l'intérêt du fabricant et du consommateur était en jeu, cherchait à démontrer que cette exposition n'aurait pour résultat appréciable que d'indiquer aux marchands les villes d'Angleterre où ils devaient aller chercher les étoffes et les objets qui se débitaient bien en France au préjudice des manufactures nationales.

Sous le couvert du Ministre, s'organiserait ainsi une spéculation qui créerait au commerce français les plus sérieux embarras. La contrebande, déjà très-active d'Angleterre en France, trouverait dans cette réunion, où les Anglais auraient soin d'entretenir des commis et des employés, les renseignements nécessaires pour faciliter ses entreprises et connaître exactement les centres de production où elle irait puiser.

« On a aussi parlé des consommateurs qu'on veut, par ce moyen,
« faire juge de la supériorité de nos fabriques, mais il faut leur sup-
« poser la mémoire bonne et l'œil bien exercé pour croire qu'ils re-
« connaîtront la différence qui existe entre deux étoffes dont l'une
« sera au Louvre et l'autre à l'abbaye Saint-Martin.

« Enfin cette Exposition aura un de ces deux résultats : ou les
« échantillons anglais seront supérieurs aux nôtres et notre industrie
« sera humiliée, ou bien ils seront inférieurs, et les Anglais ne
« manqueront pas de dire qu'on a choisi les plus imparfaits.

« Beaucoup d'autres motifs combattent ce projet absurde et
« dangereux contre lequel tout bon Français doit élever la voix.
« Quand le Ministre aura la fantaisie d'égayer les Anglais, que ce
« ne soit pas aux dépens de ses compatriotes »

Il faut bien le reconnaître, à côté des arguments mesquins et pi-
toyables que le *Drapeau Blanc* avait été ramasser un peu partout, le
dilemne qu'il posait au Ministre était rigoureusement logique dans ses
termes, il se dégageait net et tranchant, et devait frapper vivement des
esprits déjà prévenus contre tout ce qui était étranger par un patriotisme
mal placé.

Le *Journal de Paris, le Constitutionnel*, soutinrent avec énergie
le projet du comte Decazes et rétablirent la vérité en démontrant tout le
bénéfice qui pourrait résulter pour notre industrie d'une comparaison où
nos produits, surtout pour le goût et l'élégance, n'avaient rien à perdre.

Malgré tous ces efforts, le coup porté au projet par le *Drapeau
Blanc* produisait un effet désastreux ; un mouvement très-accentué
d'opinion se déclarait contre une Exposition qu'on qualifiait de foire
anglaise à Paris.

Le *Drapeau Blanc* ne voulait pas, du reste, lâcher pied avant d'être
complètement victorieux. Quelque temps après son premier article, il
imagina, sous une forme populaire, une lettre à lui adressée par un sieur
Dubois, douanier rue Bar-du-Bec et concernant les marchandises déposées
au Conservatoire :

« Dubois vient d'apprendre avec joie qu'un lot considérable d'articles anglais se trouve enfermé dans les bâtiments de l'abbaye Saint-
Martin ; il se réjouit de pouvoir faire main basse sur tous ces

produits et fait partager son bonheur aux ouvriers des fabriques qui prétendent qu'acheter en Angleterre nuit au commerce de la France et que, seuls, de mauvais citoyens peuvent porter à l'étranger des capitaux réclamés par l'industrie.

« L'article sur les saisies dit « les lois ne permettent, sous aucun prétexte, l'introduction des marchandises anglaises. » Il n'a donc plus qu'à verbaliser, mais, pour cette opération, il lui faut un contrôleur ; celui-ci refuse de l'accompagner parce que les marchandises appartiennent à un Ministre, qu'elles ont été achetées avec des fonds votés par les chambres et sont devenues françaises.

« Dubois s'exclame et n'en peut croire ses oreilles, pour tirer le Ministre de ce mauvais pas, il n'a plus qu'à le débarrasser de ses marchandises en les saisissant ;

Et le *Drapeau Blanc* termine par ces mots :

« Allez en avant, Monsieur le douanier, vous avez le droit et la « loi pour vous. Saisissez aussi bien que vous raisonnez et puissiez- « vous, avec les marchandises frauduleuses, faire exporter le Ministre « contrebandier. »

Le comte Decazes, qui ne se sentait soutenu dans cette lutte contre l'opinion, la presse, la cour, que par quelques esprits éclairés, dut plier devant ces attaques renouvelées sous toutes les formes avec un acharnement sans pareil ; les marchandises restèrent emballées dans leurs caisses au Conservatoire, et le premier essai d'Exposition internationale avorta piteusement sous une réprobation presqu'unanime.

Au mois de Mai, le Jury fut composé de 16 membres, parmi lesquels : BERTHOLLET, BRONGNIART, CHAPTAL, BRÉGUET, duc de LA ROCHEFOUCAULD, PERCIER, baron GÉRARD, TERNAUX, ARAGO.

Dans sa première réunion, qui eut lieu le 7 Juin, il choisit pour Président le duc de LA ROCHEFOUCAULD, et pour Vice-Président CHAPTAL.

Les nouvelles adressées par les Préfets au Ministre annonçaient toutes un louable empressement des manufacturiers à répondre aux bienveillantes intentions de Sa Majesté par l'envoi de produits nombreux et intéressants.

En attendant l'arrivée des objets destinés à l'Exposition, l'on travaillait à préparer au Louvre les salles qui leur étaient attribuées.

On en comptait 27, tant au rez-de-chaussée qu'au premier étage, auquel on arrivait par deux grands escaliers construits par MM. Fontaine et Percier. Chacun de ces escaliers, décoré d'ornements, formait trois révolutions autour d'un massif couronné par une balustrade et orné de huit colonnes corinthiennes qui soutenaient la voûte.

L'installation se faisait en toute hâte. A la fin du mois de Juillet, les ouvrages de menuiserie, consistant en tables pour l'étalage des marchandises, étaient achevés au premier étage, depuis l'angle nord-est de la colonnade jusqu'à l'angle sud-ouest de la façade sur le fleuve, ce qui présentait une suite de vastes pièces doubles, en quelques endroits, sur un développement de 160 toises.

Le rez-de-chaussée était réservé aux machines de toutes sortes et aux métaux ouvrés ou non.

Au commencement du mois, le Ministre de l'Intérieur, par une dernière circulaire aux Préfets, les avait avisé que les dimensions des locaux destinés à l'Exposition permettaient aux fabricants admis d'offrir à l'examen du public des objets entiers au lieu de se borner à l'envoi de simples échantillons.

Il leur recommandait d'informer surtout les manufacturiers de lainages, coton, papiers peints, etc... de ces nouvelles dispositions en les assurant que les mesures étaient prises pour que tous les articles fussent traités avec le plus grand soin et garantis de la plus légère avarie.

L'envoi devait être fait aux frais du Gouvernement et, pour éviter les détériorations que les produits auraient pu éprouver par suite des visites aux barrières de Paris par les préposés de l'Octroi, ordre était donné de laisser entrer, sans vérification, tous les colis envoyés des départements à l'adresse de M. Arnoux, Inspecteur de l'Exposition, mais à la charge d'être escortés jusqu'au Louvre par un agent chargé de rapporter le récépissé de l'Inspecteur.

Dès les premiers jours du mois d'Août, un certain nombre d'objets envoyés des départements arrivèrent au Louvre ; ils furent enregistrés sur le champ, puis déposés avec ordre dans une salle particulière en attendant le complet achèvement du local qui leur était réservé.

L'exécution de la médaille à décerner par le Jury fut confiée à M. Guérard, graveur renommé, le dessin en avait été fait par Gérard, premier peintre du Roi ; d'un côté elle portait l'effigie du Roi et de l'autre la figure de l'Industrie appuyée sur un gouvernail et sur une charrue, avec cette légende : *Aux arts utiles.*

Le 20 Août, cinq jours avant l'Exposition, le Ministre de l'Intérieur se rendit au Louvre pour constater, de visu, si tous les produits étaient arrivés.

Il y avait bien encore quelques retardataires, mais, grâce au zèle déployé par les Inspecteurs et leurs aides, la majeure partie des objets était en place, et le temps qui restait avant le terme fixé suffisait amplement pour que l'ouverture pût avoir lieu le jour de la fête de Louis XVIII.

Le règlement concernant l'ordre et la police de l'Exposition contenait les dispositions suivantes : Les salles étaient ouvertes au public de 10 heures du matin à 4 heures du soir, à partir du 25 Août, les lundi, mardi, mercredi, jeudi et dimanche de chaque semaine. Le vendredi était réservé aux personnes munies de cartes particulières ; le samedi, l'entrée était interdite à tout le monde pour permettre de s'occuper du service intérieur.

On entrait par les deux salles du rez-de-chaussée ouvrant sous le pavillon de la colonnade ; on passait dans les salles du premier étage en gravissant les deux escaliers placés à l'extrémité. La sortie avait lieu par les deux escaliers situés sous le pavillon de l'Horloge, au bout de la grande galerie destinée à l'Exposition des porcelaines.

Après avoir pris toutes ces mesures et mis la main aux derniers préparatifs, on ouvrit les portes le 25 Août, à l'heure précise indiquée par un avis de la Préfecture de Police.

Depuis le matin, devant les deux entrées, s'était amassée une foule qui grossissait sans cesse, contenue à grand peine par des escouades d'agents de police ; dans la journée, l'encombrement causé par la multitude des visiteurs fut tel qu'on dut fermer les portes pendant une heure afin d'éviter les accidents et d'organiser la circulation dans les salles où l'on ne pouvait plus ni avancer ni reculer.

Cet empressement, sans être aussi vif, que le premier jour, fut loin de se ralentir par la suite ; un journal constata même l'arrivée à Paris, depuis le 25 Août, de 15,000 Anglais attirés par un spectacle aussi intéressant.

Sauf les départements du Cantal, Charente-Inférieure, Corse, Finistère, Gers, Landes, dont l'industrie était presque nulle, ou ne travaillait que pour la consommation locale, et les Côtes-du-Nord, la Creuse qui n'avaient envoyé ni leurs toiles ni leurs tapis, l'industrie française figurait au concours dans les proportions les plus satisfaisantes.

76 départements en tout fournissaient un total de 1,658 exposants, représentant à peu près complètement tous les genres cultivés en France.

Le progrès, depuis 1806, était incontestable et frappait les yeux même les plus prévenus mais, avant d'entrer dans quelques détails sur les améliorations et les perfectionnements qu'on rencontrait à chaque pas, il est nécessaire de faire la part de la critique et d'indiquer brièvement ce qui laissait à désirer dans l'organisation.

Les reproches portaient sur deux points principaux : le classement et l'admission.

Sur le premier point, on était unanime à reconnaître qu'aucune méthode n'avait présidé au travail. Etait-ce la conséquence de délais insuffisants ou de l'arrivée tardive des produits ? On voyait côte à côte, dans les mêmes salles, les objets les plus disparates, si bien que, dans certaines galeries où ce défaut était plus accentué, l'Exposition ressemblait à une grande maison de prêt ou au magasin du Mont-de-Piété.

Pour les admissions, les Jurys, et particulièrement le Jury parisien, s'étaient montrés d'une facilité excessive et regrettable.

En même temps que les échantillons d'importantes manufactures, on avait reçu indistinctement des perruques, chandelles, fromages, jouets d'enfant, bonbons, essences, parfums, cosmétiques, etc... articles qui, pour la plupart, se fabriquaient à Paris et l'enrichissaient, mais dont la présence à l'Exposition lui enlevait son caractère sérieux et utile sans contribuer, en quoi que ce fût, à prouver le développement de l'industrie.

Dans certains genres, tels que l'horlogerie, les bronzes, la coutellerie, la porcelaine, de simples marchands occupaient la place des fabricants sans autre titre d'honneur à invoquer pour figurer au concours que d'avoir acheté aux manufacturiers les divers articles qu'ils étalaient sous leur nom comme s'ils eussent été leur ouvrage.

Ce dernier reproche était un des plus graves que l'on pût faire aux Jurys d'admission, et le Gouvernement était intéressé à empêcher le retour de tels abus, qui avaient pour résultat de décourager les fabricants et de les éloigner, à l'avenir, d'envoyer leurs produits à l'Exposition.

Malgré ces inconvénients qu'il était facile d'éviter une autre fois par des instructions plus précises et plus rigoureuses, et dont la masse du public constatait seulement les effets par le rapprochement étrange de certains articles, le succès de l'Exposition s'affirmait chaque jour.

On s'étonnait des progrès surprenants de certaines branches d'industrie pendant la période de treize années qui séparait la réunion actuelle de celle de 1806.

Les désastres causés par l'ambition de l'Empereur, l'invasion et ses conséquences néfastes avaient ralenti l'activité de nos manufactures, mais, sans arrêter un seùl instant leurs progrès incessants ; les milliers d'hommes que Napoléon avait dù arracher au travail pour la défense de ses conquêtes et du sol de la patrie, la lutte terminée, reprenaient leur place dans les fabriques, dans les usines, et l'industrie, triomphant de ces nouvelles épreuves, venait affirmer sa puissante vitalité au Palais du Louvre.

EXAMEN DES PRODUITS EXPOSÉS

————~~~——

Draps, tissus de coton, laine, soie, métaux ouvrés, etc... attestaient, sinon une amélioration égale dans tous les genres, au [moins une étude patiente et suivie des perfectionnements qu'il fallait obtenir.

Un progrès de premier ordre, et qui dominait en quelque sorte tous les autres, était l'introduction des machines. Cette opération, ébauchée en 1806, pouvait être considérée comme consommée pour l'industrie de la laine ; l'adoption des forces mécaniques était devenue si générale en ce laps de temps bien court cependant, que les maisons opposées à leur emploi se trouvaient dans l'alternative de faire amende honorable ou de cesser leurs travaux.

C'est vers 1803 que MM. Douglas et Cockerill, établissant dans l'île des Cygnes de vastes ateliers de construction de machines à travailler la laine, avaient commencé les premiers à fabriquer des machines du modèle anglais, achetées immédiatement par les grands manufacturiers.

Depuis cette époque, des ingénieurs français avaient également marché dans cette voie nouvelle pour le pays.

Le cardage, le filage de la laine ne se faisaient plus qu'à la mécanique.

Cette année même, M. Henraux jeune exposait une invention très importante pour les drapiers, un chardon métallique destiné à remplacer le chardon à foulon (dipsacus), que l'on cultivait très onéreusement pour le foulage des draps. Cette plante, dans certaines contrées, occupait des espaces considérables, elle enlevait un terrain précieux à l'agriculture proprement dite, plus nécessaire au bien être général, et avait, en outre, l'inconvénient de coûter fort cher aux fabricants, qui ne pouvaient s'en passer. L'invention de M. Henraux, à ce double point de vue, méritait l'examen attentif de tous les manufacturiers de l'industrie du drap.

Sedan qui comptait alors 50 établissements, Elbeuf 180, présentaient un très petit nombre d'exposants. Certains, parmi ces derniers, étaient, il est vrai, justement renommés par l'excellence de leur fabrication, l'étendue de leurs débouchés, le perfectionnement de leur outillage, il n'en était pas moins regrettable de voir deux centres aussi considérables ne réunir que 20 exposants.

Une importation toute récente venait d'ouvrir à l'industrie des tissus une nouvelle source de richesse.

MM, Ternaux et Jaubert, envoyés par le Gouvernement aux Indes, étaient parvenus, avec les plus grandes difficultés, à ramener en France des chèvres du Thibet, dont la laine servait à confectionner ces châles de l'Inde, si fort appréciés, depuis quelque temps, en Europe. Plusieurs de ces animaux n'avaient pu supporter la longueur et les fatigues de la traversée, mais le résultat, bien qu'il ne portât que sur un nombre très-restreint de sujets, prenait une extrême importance si on parvenait à les acclimater et à les multiplier.

Les étoffes de fantaisie en laine, les flanelles étaient l'objet à Reims d'une fabrication de plus en plus étendue : nulle autre ville n'était à même de lutter avec elle pour la solidité et le bon marché : ces deux qualités réunies lui assuraient un monopole avantageux dont l'honneur et le bénéfice revenaient à l'intelligence des manufacturiers.

La laine formait, dans la masse des produits exposés un des groupes principaux, tant par le nombre des fabricants que par la place qu'elle tenait dans le commerce du pays. On comptait ainsi : 28 filateurs de laine, 123 manufacturiers en draps, 91 en étoffes de laine et châles.

L'industrie de la soie, ruinée par la révolution, avait déjà réparé sous l'Empire, grâce à Jacquart, en première ligne, et à d'autres fabricants ingénieux et habiles, les pertes de cette terrible époque ; en 1819, de nouveaux progrès augmentaient sa situation florissante,

La récolte annuelle des cocons dans les départements du Midi, où les plantations de mûriers augmentaient chaque année dans de notables pro-

---

	OUVRIERS	MÉTIERS	PIÈCES
Exportation de draperie			23.693.700
Etat des principaux centres de l'industrie des draps en 1812 (Comte CHAPTAL) :			
Sedan	18.090	1.550	37.297
Elbeuf	7.852	775	21.480
Carcassonne.	9.000	290	12.000
Fabriques de l'Aude autres que Carcassonne . . .	7.219	530	13.850
Louviers	»	3.080	3.680
Articles de Reims.	20.000	6.300	927.000

portions, s'élevait à 22,000,000 fr. : nous étions tributaires de l'étranger pour une somme à peu près égale. Le travail y ajoutait une valeur de 70,000,000 fr., ce qui faisait un total approximatif de 110,000,000 fr. sur lesquels 30,000,000 fr. étaient exportés.

Lyon tenait la tête avec 10,720 métiers et 15,500 ouvriers. On y fabriquait une variété infinie d'étoffes qui lui méritaient une suprématie incontestée.

M. Bonnard, en inventant un métier à faire le tulle avait implanté à Lyon une nouvelle branche d'industrie. Plus de 2,000 métiers étaient en activité, tant dans la ville que dans les environs. Lyon, en quelque temps, était devenu le lieu presque exclusif de la fabrication de ce tissu.

Nîmes s'occupait, surtout, de foulards, mouchoirs, châles, bas, avec 4,910 métiers et 13,700 ouvriers ; Avignon, des taffetas, satins, gros de Florence avec 1,800 métiers et 6,000 ouvriers.

La rubannerie, concentrée dans la Loire, à Saint-Etienne et Saint-Chamond comptait 8,760 métiers et 16,000 ouvriers.

Tours, autrefois rivale de Lyon, quoique bien déchue de sa splendeur passée, avait encore 920 métiers et autant d'ouvriers employés aux soieries pour tentures et meubles.

Enfin la bonneterie de soie, dont Ganges était le centre principal, faisait battre 922 métiers et donnait de l'ouvrage à 1,000 ouvriers.

L'Exposition réunissait pour la soierie : 7 filateurs, 33 fabricants d'étoffes, 3 de crêpes et gazes, 21 de dentelles, blondes, tulles.

L'industrie du lin et du chanvre représentée par 12 filatures, 47 manufactures de toiles, 8 de coutils, 3 de réseaux de fil, n'avait pas fait de progrès sensibles.

M. Achille de Jouffroy, rédacteur du *Drapeau Blanc*, dont l'appréciation ne pouvait être suspecte, regrettait vivement l'abandon de ces matières indigènes délaissées pour le coton dont la vogue s'augmentait sans cesse.

Il reconnaissait, et c'est un aveu de sa plume précieux à recueillir, le sentiment patriotique qui avait décidé Bonaparte (*sic*) à promettre à celui qui découvrirait la meilleure machine à filer le lin, un prix de 1,000,000 fr.

Il reprochait au Gouvernement de n'avoir point su encourager M. de Girard qui s'était expatrié pour aller exploiter à Vienne, en Autriche, des procédés mécaniques de son invention et qui obtenait d'excellents résultats.

En effet, le principal obstacle à l'extension du commerce du lin et du chanvre consistait dans la filature. La main-d'œuvre était coûteuse, la méthode de travail peu susceptible de modifications. Cette industrie ne se prêtait pas, par suite de l'absence de moyens plus économiques et plus rapides, à des améliorations et à des perfectionnements comme le coton dont les progrès lui causaient le plus grand préjudice.

Un problème aussi difficile à résoudre, jusqu'alors, s'imposait aux hommes de science et d'étude qui s'intéressaient à l'avenir du pays.

Il n'est pas moins curieux de lire dans un journal aussi opposé aux idées de progrès, quelles qu'elles fussent, cet hommage indirect rendu à Philippe de Girard dont le Gouvernement n'avait point su ou n'avait pas voulu examiner les droits incontestables à la récompense nationale promise sous le règne précédent.

Nous verrons, par la suite, que l'Angleterre, moins dédaigneuse et plus pratique, sut s'approprier habilement une découverte aussi considérable et nous la rendre, plus tard, en s'en attribuant tout le mérite.

Le coton, dont, en 1806, le rapporteur du jury, M. Costaz, déplorait déjà l'Empire sur la mode, disputait presque le premier rang à la laine par l'importance des affaires auxquelles il donnait lieu.

A l'Exposition on trouvait 54 filateurs, 125 fabricants de calicots, percales, mousselines, 18 de toiles peintes, 50 de bonneterie. Il y avait en France 220 établissements de filature de coton à la mécanique réunissant 922,000 broches, 70,000 métiers à tisser et 10,500 à bonneterie.

Les filatures disséminées dans toutes les parties du territoire se rencontraient surtout dans le Nord, à Roubaix, Tourcoing, Lille ; en Alsace, où elles alimentaient les manufactures de toiles peintes; à Rouen, Bolbec, Darnetal, Saint-Quentin: à Tarare, à Roanne pour la région méditerranéenne.

Tarare qui, comme ville industrielle, existait à peine avant la Révolution avec 1,800 habitants et 600 ouvriers, grâce à l'introduction de l'industrie de la mousseline, depuis moins de quinze années, comptait 10,000 habitants et donnait de l'ouvrage à 40,000 ouvriers disséminés dans les campagnes environnantes.

Principaux centres de la fabrication du chanvre et du lin :

	MÉTIERS	OUVRIERS
Lisieux .	8.000	5.000
Dauphiné .	3.609	16.900
Laval .	3.500	28.000
Nord. .	»	52.000

L'emploi des machines dans l'impression des toiles peintes, les améliorations étudiées sans cesse et appliquées de suite par les Oberkampf, de Jouy ; Gros-Davillier, Heilmann, Haussmann, Dollfus, Schlumberger, Blech, d'Alsace ; Barbet, Pouchet, Kettinger, de Normandie ; Kœchlin frères, de Mulhouse (dont l'aïeul Samuel avait eu l'honneur de donner à Oberkampf ses premières connaissances industrielles), le choix, la variété des dessins dont le goût s'épurait sous une direction intelligente pour satisfaire aux caprices de la mode, toutes ces causes réunies donnaient à ces manufactures une activité sans précédent.

Lyon, où la chapellerie était autrefois très florissante, paraissait avoir renoncé à disputer à Paris une supériorité qui devenait de jour en jour plus évidente à l'avantage de la capitale.

Il fallait regretter de voir trop faiblement représentée une industrie qui comptait en France 1,160 ateliers, 17,000 ouvriers et rapportait plus de 25,000,000 fr. On attribuait généralement ce peu d'empressement aux changements de mode qui, occasionnant un travail extraordinaire, n'avaient pas laissé aux chapeliers le temps de préparer des produits pour l'Exposition.

En tannerie, en corroierie, les progrès étaient peu sensibles depuis 1806 ; ils ne portaient que sur quelques améliorations de main-d'œuvre ; mais nul n'avait encore trouvé le moyen pratique de tanner convenablement les cuirs dans un laps de temps plus restreint.

Paris, à lui seul, réunissait 31,000 cordonniers, tant ouvriers que patrons.

La valeur des peaux fraîches employées en corroierie, mégisserie, chamoiserie atteignait 71,000,000 francs que le travail de ces diverses branches de la même industrie transformait en 143,000,000 francs.

M. Raymond, professeur de chimie, teinturier à Lyon, venait de faire une découverte très intéressante en substituant, pour la teinture des tissus de toutes sortes, le bleu de Prusse à l'indigo.

La découverte était d'autant plus précieuse pour la France, que l'indigo dont la culture très délicate pouvait être tentée seulement dans les départements méridionaux, avortait bien souvent là où on l'essayait dans des proportions trop modestes pour subvenir à tous les besoins des manufactures.

Il fallait, de toute nécessité, demander à l'étranger cette plante tinctoriale fort chère et indispensable, jusqu'alors, pour obtenir toutes les nuances du bleu sur les étoffes.

M. Raymond, reprenant à son tour un problème qui avait déjà lassé l'esprit des chimistes les plus habiles, était arrivé, à la suite de manipulations nombreuses et de recherches persévérantes, à vaincre la difficulté en substituant le bleu de Prusse à l'indigo, pour toutes les teintures sur laine, toile, coton et soie ; par son procédé, les couleurs étaient même plus vives et plus éclatantes.

La papeterie était redevable à M. Didot-Saint-Léger d'un progrès dont les heureux résultats devaient lui donner un merveilleux essor. Il présentait des vélins fabriqués sans ouvriers, d'une longueur indéfinie, par des machines de son invention.

Il fallait regretter toutefois que l'Angleterre les eut connues avant la France et que l'inventeur n'eût point jugé à propos de révéler à son pays, tout d'abord, un perfectionnement aussi notable.

M. Didot-Saint-Léger ne pouvait, du reste, revendiquer la première idée du papier à la mécanique. En 1798, M. Robert avait pris un brevet pour une machine à faire du papier de grande dimension. Le Gouvernement encouragea ses efforts par une subvention, et sa machine fonctionna la même année à Essonne, dans les ateliers de M. Didot, mais ce ne fut qu'un essai, et M. Didot-Saint-Léger avait le mérite incontesté d'être le fondateur du premier établissement où la fabrication courante était entretenue par des moyens mécaniques.

L'Exposition comprenait les produits de 34 maisons, tant d'Angoulême que d'Annonay et d'autres départements tels que les Vosges, l'Isère, l'Auvergne, où cette industrie profitait des eaux courantes et pures descendues des montagnes. Les papeteries françaises produisaient 21,000,000 francs.

Dans l'industrie des métaux, il restait beaucoup à faire malgré les progrès évidents réalisés depuis 1806 ; les procédés anglais de fonte et d'affinage, bien supérieurs à nos méthodes dispendieuses et surannées, étaient loin d'être adoptées par les maîtres de forges qui s'en tenaient, pour la plupart, aux vieux errements.

Ainsi, en 1810, il n'existait qu'une seule usine en France, celle du Creusot, où les minerais de fer fussent travaillés au moyen de la houille carbonisée, c'est-à-dire du coke ; il n'en était pas une qui sût faire usage du fer carbonaté terreux, en abondance dans les houillères. Nulle part, ce précieux minerai n'était l'objet d'une recherche sérieuse.

On comptait en France 350 hauts-fourneaux, 98 forges catalanes, 861 feux d'affinerie. Les hauts-fourneaux, tant en fonte moulée qu'en fer forgé, produisaient près de 800,000 quintaux ; le fer livré à la consommation et approprié à divers usages, représentait une somme de 187,500,000 francs.

Les efforts des savants et des ingénieurs s'étaient portés plus particulièrement sur la composition de l'acier et les moyens pratiques d'en obtenir d'aussi bonne qualité que celui qui nous était fourni par les Anglais.

Le Gouvernement avait employé tous les moyens pour exciter en France l'émulation des industriels et affranchir le pays d'un tribut humiliant et onéreux. La Société d'Encouragement, de son côté, avait créé des prix considérables destinés à récompenser les découvertes, mais ce n'est guère qu'en 1809 que l'acier fondu commença à être fabriqué d'une manière satisfaisante dans le département de l'Ourthe, enlevé à la France par les traités de 1815.

Il fallait, de toute nécessité, essayer de réparer une perte aussi sensible.

Des usines se fondèrent dans plusieurs parties du territoire, on s'efforça, dans celles qui existaient déjà, d'améliorer les procédés, si bien qu'en 1819, 21 départements envoyaient des produits plus ou moins satisfaisants, mais qui témoignaient de l'importance attachée, de tous côtés, à une telle fabrication.

Au premier rang, avec des aciers hors ligne, se montrait l'aciérie de la Bérardière, près Saint-Etienne, dont la création remontait seulement à 1816. Dans ces ateliers, quoiqu'ils fussent tout récents, on produisait à la fois tous les aciers connus dans le commerce, sous l'habile direction de M. Beaunier, ingénieur en chef des Mines. L'établissement de la Bérardière, le plus vaste et le plus complet du pays, fabriquait 123 pièces différentes. Un tel résultat obtenu en trois années présageait pour cette usine, et pour l'industrie de l'acier en général, un avenir brillant qui affranchirait en peu de temps la France de l'impôt payé à l'étranger.

Dans certains autres produits métallurgiques il y avait aussi des améliorations qui faisaient concevoir de justes espérances, mais les capitaux hésitaient à s'engager dans des entreprises dont la réussite n'était pas absolument certaine ; le Gouvernement se trouvait seul à même d'inspirer la confiance en assurant aux établissements qui se fondaient l'appui le plus énergique et les encouragements les plus sérieux.

Le laiton brut, alliage de cuivre rouge et de zinc, manquait à la France en 1806, il n'était exploité que dans les départements de la Roër et de l'Ourthe, perdus en 1815.

Nul ne songeait à tirer parti des gisements de zinc dont on connaissait parfaitement l'emplacement; ce n'est qu'en 1808 qu'une fabrique s'était installée dans les Ardennes. Cet exemple avait été suivi dans d'autres départements; plusieurs grandes usines se trouvaient dans la situation la plus prospère, mais elles étaient loin de suffire à la consommation.

L'importation de cuivre, bronze, laiton atteignait la somme de 8,085,000 francs.

Il en était de même pour l'étain. Le Gouvernement impérial, sur des indices recueillis par les Préfets dans certains départements, en 1808, avait prescrit à ses frais, dans la Haute-Vienne et la Loire-Inférieure, des recherches qui aboutirent à faire ouvrir deux mines. Leurs produits de bonne qualité étaient trop peu abondants pour alimenter les usines françaises, à l'exclusion de l'étain étranger, qui entrait en quantité considérable.

Les métallurgistes, du reste, il faut le reconnaître, étaient loin de soutenir les propriétaires de mines dans leurs coûteux essais; soit que l'extraction se fît par des procédés défectueux et peu pratiques, qui augmentaient les prix de revient, soit que le minerai n'eût point les qualités désirables, ils préféraient de beaucoup, le zinc, l'étain, exotiques.

Pour les faux, limes, scies, la France commençait à se suffire à elle-même.

L'industrie des limes, qui datait de quarante ans au plus, en France, jusqu'en 1798, n'avait donné que des produits très imparfaits.

M. Raoul, le premier, établit une manufacture qui, en 1806, égalait déjà la supériorité des limes anglaises. A Amboise, M. Saint-Bris travaillait aussi, de son côté, à doter la France de cette précieuse fabrication. A l'Exposition de 1806, 4 départements envoyèrent des spécimens; en 1819, 11 départements adressaient des échantillons qui, tous, étaient de bonne qualité.

Les premières faux françaises sortaient, en 1802, des ateliers de M. Bornèque, de Bischwiller; à cette époque, un préjugé, qui n'avait même pas encore tout à fait disparu dans les campagnes, repoussait les faux qui ne venaient point d'Allemagne ou de Styrie.

Des expériences multipliées avaient établi d'une manière satisfaisante l'excellente condition des instruments français; il ne restait plus qu'à augmenter la production, qui était loin de suffire aux besoins de la consommation; une seule maison confectionnait 50,000 faux par an sur une fabrication totale pour le pays de 72,000 par an.

MM. Coulaux frères, directeurs de la manufacture d'armes de Mutzig, utilisaient leur nombreux personnel d'ouvriers, inactifs depuis la fin des guerres, en entreprenant une industrie encore peu avancée en France, celle des scies. Une telle initiative, tout en leur assurant des bénéfices considérables, rendait au pays le service signalé, de lui donner une branche nouvelle de commerce.

Laigle devenait peu à peu le centre important de la tréfilerie de fer et d'acier.

M. Mouchel, le premier, en 1806, avait présenté à l'Exposition un assortiment de fils d'acier gradués pour cardes ; il occupait aujourd'hui, dans de vastes ateliers, 300 ouvriers et, par une amélioration constante de son outillage, une étude persévérante des procédés suivis à l'étranger, il augmentait sans cesse le nombre et la perfection de ses produits.

L'horlogerie était arrivée à un tel degré de précision, que le seul but à poursuivre maintenant était de faire d'excellentes montres à des prix modérés et plus accessibles.

Dans la bijouterie, et surtout l'orfèvrerie, on pouvait à juste titre critiquer la dépense d'intelligence et de travail de nos plus célèbres ciseleurs, tels que : Thomire, Odiot, qui subissaient les caprices de la mode au lieu de donner le ton, et exposaient des objets dont le dessin bizarre, la massive et lourde apparence étaient en opposition avec tous les principes du bon goût.

M. Thomire exhibait un temple d'argent, fouillé, sculpté, destiné à un grand seigneur russe ; personne ne reconnaissait dans cet ouvrage, fort cher sans doute, le talent auquel il devait sa réputation.

L'orfèvrerie plaquée datait de quelques années seulement. En 1810, la Société d'Encouragement avait proposé, pour cette fabrication, un prix qui fut remporté par MM. Levrat et Papinaud. Leur succès excita l'émulation de concurrents moins favorisés ; cette industrie, modeste à ses débuts, donnait déjà les résultats les plus avantageux.

La dorure sur bronze, exclusivement cultivée à Paris, employait, dans 800 à 900 ateliers, 6,000 ouvriers, et donnait un chiffre de 35,000,000 fr.

Dans l'industrie des produits chimiques, les progrès depuis 1806 étaient étonnants ; les découvertes et leurs applications immédiates

---

Produit de l'horlogerie en France : 300,000 montres, 5,000 pendules . . . . 17.500.000 fr.
Produit de l'horlogerie fine à Paris 19.000.000
Produit de l'orfèvrerie, bijouterie 38.000.000
(22.800.000 fr. à Paris).

se succédaient avec une rapidité que l'Angleterre même pouvait nous envier.

Des fabriques s'étaient créées de tous côtés pour exploiter en grand les procédés de cet homme de génie qui s'appelait Leblanc et nous avait donné la soude factice. Darcet, par une simple modification apportée au fourneau à réverbère avait rendu pratique une préparation dédaignée tout d'abord comme trop difficile.

La soude factice avait eu pour résultat d'enlever à Marseille le monopole immémorial de la fabrication du savon. Paris maintenant, grâce à Leblanc, produisait le savon de toilette : les quelques maisons créées depuis 1806 se développaient de jour en jour et exportaient en articles de parfumerie pour près de 1,000,000 fr.

Dans le Nord on faisait 3,000,000 fr. de savon mou.

L'alun français, autrefois rejeté par tous à cause des impuretés qu'il contenait, malgré les perfectionnements apportés dans son raffinage, ressentait toujours le contre-coup des préventions dont il avait été l'objet. 21 fabriques en purifiaient pour 6,000,000 fr.

Darcet venait de découvrir, à la suite de longues expériences, que la gélatine extraite des os au moyen de l'acide muriatique constituait un aliment nourrissant, facile à digérer, et en même temps la meilleure colle-forte connue.

Plusieurs fabricants, appliquant ce principe nouveau, exposaient de la gélatine en pots, en tablettes, mélangée avec des substances propres à lui donner un goût agréable sans rien lui enlever de ses qualités nutritives.

La culture de la betterave pour en extraire le sucre se répandait peu à peu dans le nord de la France : des sociétés se formaient, dans l'Aisne, le Pas-de-Calais, le Nord, pour y établir cette industrie qui devait son origine en France au blocus continental et pouvait faire au sucre des colonies une concurrence redoutable.

Un pharmacien, M. Derosne, appliquant les principes dus aux savantes recherches de M. Figuier, chimiste de Montpellier, venait de doter les raffineries d'une méthode excellente et pratique en employant,

Savonnerie. — Marseille	30.000.000	fr.
Parfumerie. — France	13.000.000	
Acide sulfurique	6.000.000	
Couperose.	3.000.000	

le premier, dans l'usine qu'il avait fondée, le charbon animal à l'épuration des jus.

La verrerie, la porcelaine, la miroiterie, dont les principaux centres étaient, pour les cristaux : Saint-Gobain, Saint-Quirin, Baccarat, Choisy-le-Roi, Paris, pour la poterie : Sarreguemines, Orléans, Gien, Limoges, Creil, Montereau, suivaient le mouvement général de progrès qui se manifestait par une augmentation très sensible du chiffre d'affaires.

Dans l'ébénisterie, Paris tenait la première place. Avec ses 11,000 ouvriers occupés à fabriquer des meubles, tant en bois exotiques qu'en bois indigènes, la capitale produisait 14,000,000 fr. sur les 16,000,000 fr. obtenus par le pays tout entier.

Les facteurs d'instruments de musique, assez nombreux à Paris, paraissaient sortir de l'indifférence où ils étaient restés jusqu'alors pour les expositions ; quelques-uns comprenant mieux leurs intérêts servis si utilement par ce concours, donnaient des spécimens assez remarquables de leur travail.

Erard, le plus célèbre d'entre eux, présentait des pianos dont le mécanisme perfectionné l'emportait de beaucoup sur tout ce que l'Allemagne, ce pays classique des fabricants de clavecins, avait inventé depuis longtemps.

Les instruments de musique, de toutes sortes, occupaient à Paris 1,000 ouvriers et produisaient 2,000,000 fr. dont 400,000 fr. à l'exportation.

M. Bordier, déjà récompensé en 1806 pour des réverbères dont la clarté ne laissait rien à désirer, exposait un fanal destiné à l'île de Ré, qui allait être soumis à des expériences publiques. Sur le sommet du massif du côté sud de l'Arc-de-Triomphe de l'Étoile on devait élever une grande lanterne montée en fer et en cuivre qui correspondrait avec la tour de Montlhéry à 7 lieues au sud-ouest de Paris : on pourrait juger par là de la puissance éclairante de son invention.

Les arts, enfin, venaient de s'enrichir d'une découverte faite en Bavière par M. Adrian Senefelder et dont l'importation en France, dès 1815, était du à M. le comte de Lasteyrie.

	CHIFFRE D'AFFAIRES
Verrerie	20.500.000 fr.
Porcelaine	5.000.000
Poterie fine	5.500.000
Poterie grossière	15.000.000
Briques	17.500.000
Exportation des meubles	700.000

La lithographie, inventée par M. Senefelder, grâce aux gisements de pierre dont il avait déterminé les propriétés particulières, donnait aux dessinateurs le moyen le plus facile et le plus favorable de répandre dans les masses, de mettre à la portée de tout le monde, par ses prix modérés, les reproductions des chefs-d'œuvre enfermés dans les musées.

Avec la lithographie le dessin s'introduisait partout, épurant le goût et fournissant aux artistes la meilleure occasion de se faire connaître et apprécier par le public.

Il résulte de cet examen à vol d'oiseau des principales industries françaises que, dans un grand nombre d'entr'elles, il s'était fait, depuis 1806, des progrès remarquables et sensibles, surtout, dans les arts mécaniques et chimiques, malgré tous les événements que le pays avait eus à supporter.

Il était permis d'espérer et de croire que, sous un gouvernement pacifique, ces progrès allaient devenir plus rapides encore et développer dans des proportions sérieuses la prospérité nationale.

Le Roi, pour encourager les manufacturiers, pour leur donner un gage des sentiments de bienveillance qu'il leur portait, visita plusieurs fois l'Exposition, et sut, avec le tact et l'esprit qui le distinguaient, dire à chacun une parole aimable et gracieuse.

La duchesse de Berry, malgré son état de grossesse avancé qui l'obligea à se faire traîner dans un fauteuil à roulettes, le duc, le duc et la duchesse d'Angoulême parcoururent aussi les galeries du Louvre, à plusieurs reprises, accompagnés de savants chargés du soin de leur donner les explications nécessaires.

Les salles ouvertes au public le 25 août fermèrent leurs portes le 1er Octobre.

Quatre jours avant cette date, le Roi avait présidé à la distribution des récompenses. Les manufacturiers convoqués aux Tuileries furent réunis dans la pièce qui précède celle des Maréchaux et placés sur le passage du Roi au moment où il se rendait à la chapelle. Après la Messe on les introduisit dans la salle du Trône où Louis XVIII les reçut, entouré de ses Ministres.

Le Ministre de l'Intérieur présenta au Roi les membres du Jury et le duc de La Rochefoucauld, président, remercia Sa Majesté d'avoir convié les manufacturiers français à une Exposition aussi brillante.

Le Roi répondit en affirmant tout l'intérêt qu'il portait à l'industrie et la satisfaction qu'il éprouvait à voir la France marcher dans la voie des découvertes et des perfectionnements.

Puis, après ces harangues officielles, commença le défilé des exposants récompensés, partagés en 36 classes et qui reçurent, tous, des mains de Louis XVIII la médaille qui leur était destinée.

A 2 heures chacun se retirait, mais l'impression favorable qu'on aurait pu retirer des paroles du Roi se trouvait grandement atténuée par l'absence, à la cérémonie, des princes de la famille royale.

On sut que, ce jour-là même où le Roi rendait un éclatant hommage aux efforts des fabricants français pour augmenter la prospérité du pays, ces princes, jugeant sans doute une telle réunion indigne de leur présence, chassaient le cerf dans les environs de Versailles. Cette conduite, imprudente et impolitique, pour ne pas la qualifier plus sévèrement, détruisait, encore une fois, le bon effet de l'initiative royale et donnait lieu aux commentaires les plus défavorables de la presse hostile au Gouvernement.

RÉCOMPENSES

DÉCERNÉES SUR LA PROPOSITION DU JURY

MÉDAILLES D'OR

Les médailles d'or décernées par le Jury, au nombre de 58, se répartissaient ainsi :

Draps fins. — 3 : RIBOULEAU, GERDRET (de Louviers), BACOT (de Sedan). Rappel : TERNAUX.

Casimirs. — Rappel : GENSSE-DUMINY, d'Amiens.

Étoffes de soie. — 7 : MALLIÉ et fils, GRAND frères, CHUARD et Cⁱᵉ, DÉPOUILLY et Cⁱᵉ, BEAUVAIS et Cⁱᵉ, GUÉRIN-PHILIPPON, SÉGUIN et YÉMENIZ, de Lyon.

Cotons filés. — 2 : MILLE (Auguste), de Lille, FLORIN, de Roubaix.

Calicots, percales, mousselines. — 3 : MATAGRIN, CHATONAY et Cⁱᵉ, de Tarare, ARPIN, de Saint-Quentin.

Piqués. — 1 : SEVENNES, de Rouen.

Dentelles. — 1 : MOREAU, de Chantilly.

Impressions sur toiles de coton. — 7 : OBERKAMPF et Cⁱᵉ, de Jouy ; GROS-DAVILLIER et Cⁱᵉ ; KŒCHLIN frères ; HEILMANN frères ; HAUSSMANN frères ; DOLLFUS MIEG et Cⁱᵉ ; HOFER et Cⁱᵉ, du Haut-Rhin.

Maroquins. — 1 : MATTLER, de Paris.

Papeterie. — 1 : CANSON frères, d'Annonay. Rappels : MONTGOLFIER, JOHANNOT, d'Annonay.

Fer. — 1 : PAILLOT (Cher). *Acier.* — 3 : MILLERET (Loire) ; IRROY (Haute-Saône) ; DEQUENNE (Nièvre). *Laiton, zinc.* — 1 : BOUCHER fils, de

Rouen. *Tôles.* — 1 : Boigues et Cie (Nièvre). *Fer blanc.* — 1 : Mertian frères (Oise).

Cuivre laminé. — 1 : Fabrique de Romilly (Eure). *Tréfilerie* — 1 : Mouchel fils, de Laigle. *Scies.* — 1 : Coulaux frères (Bas-Rhin).

Limes. — Saint-Bris, d'Ambroise.

Faux. — Garrigou et Cie, de Toulouse.

Armes blanches. — Rappel : Coulaux frères.

Orfèvrerie. — 1 : Cahier. Rappels : Odiot, Biennais.

Bronzes. — Rappel : Thomire.

Bijouterie d'acier. — 1 : Veuve Schey, de Paris.

Moiré métallique, — 1 : Allard, de Paris.

Tonte de draps. — 3 : Baron de Neuflize, de Sedan ; Collier, Sevenne, de Paris.

Horlogerie. — 1 : Japy frères (Haut-Rhin). Rappels : Bréguet, Berthoud.

Instruments de précision. — 3 : Fortin, Gambey, Lerebours, de Paris.

Instruments de musique. — 1 : Erard, de Paris.

Produits chimiques. — 3 : Chaptal fils d'Arcet et Holker, Roard, de Paris; Mollerat (Côte-d'Or).

Faïences. — Rappel : Utzschneider, de Sarreguemines.

Porcelaine. — 1 : Nast frères, de Paris.

Décoration de faïences. — 1 : Gonord, de Paris.

Glaces. — Rappel : Saint-Gobain.

Cristaux. — 2 : Chagot, Veuve Desarnod-Charpentier, de Paris.

Ebénisterie. — 1 : Desmalter, de Paris Rappel : Ecole de Chalons.

Gravure et fonte de caractères. — 1 : Didot Henri et Cie, de Paris. Rappels : Didot (Firmin), Didot (Pierre), Herhan, de Paris.

Editions. — Rappels : Firmin Didot et Pierre Didot.

Calcographie. — 1 : Gonord, de Paris. Rappels : Laurent, les enfants de M. Joubert.

Les médailles d'argent étaient au nombre de 160, et les médailles de bronze atteignaient 123.

DISTINCTIONS SPÉCIALES

accordées en vertu de l'Ordonnance du 9 avril

Médailles d'or :

DUFAUD, de Grossouvre (Cher), maître de forges.

WILLIAMS AITKENS, de Senonches (Eure-et-Loir), pour perfectionnements aux mécaniques.

BEAUNIER, ingénieur en chef des Mines, directeur de l'Ecole des Mineurs de Saint-Etienne.

KŒCHLIN (Daniel), de Mulhausen, toiles peintes.

RAIMOND, de Lyon, professeur de chimie.

JACQUARD, de Lyon.

GONIN aîné, teinturier, à Lyon.

BONNARD, de Lyon, mécanicien.

VITALIS, de Rouen, professeur de chimie.

WIDMER (Samuel), de Jouy, inventeur d'un vert solide sur les cotons.

Médailles d'argent :

CORDIER et CAZALIS, de Saint-Quentin.

BÉLANGER (Eure), constructeur de machines.

BRETON, de Lyon, mécanicien.

GARDON, de Lyon, tireur d'or, pour avoir trouvé le fil de cuivre propre aux travaux des tireurs d'or.

BRÉANT, de Paris, vérificateur des essais à la Monnaie.

DOBO, de Paris, mécanicien à la Monnaie.

SALNEUVE, de Paris, mécanicien à la Monnaie.

CALLA, de Paris, mécanicien à la Monnaie.

DEROSNE, pharmacien, fabricant de sucre, pour avoir fait connaître et adopter l'usage du charbon animal pour le raffinage.

DIDOT-SAINT-LÉGER, de Paris, fabricant de papiers.

DELARUE (Julien), de Rouen, apprêteur d'étoffes.

Médailles de bronze :

ROBERT (Louis), de Privas, maître ouvrier en soieries.

PROST frères, de Saint-Symphorien (Loire), mécaniciens.

FOURMAND, de Nantes, mécanicien.

HIMMER, de Bazancourt (Haute-Marne), mécanicien, chez M. Lucas.

HALETTE, d'Arras, mécanicien.

PAVIE, de Rouen, teinturier.

LAMI, de Rouen, mécanicien.

PERDREAU, de Tours, teinturier.

LEBLANC, dessinateur au Conservatoire des Arts-et-Métiers.

Mentions honorables :

BERNISET père et fils, de Vienne (Isère), menuisiers.

GRANDJEAN, de Vienne (Isère), serrurier.

JOUFFRET frères, de Vienne (Isère), charpentiers.

DEROUET, de Vienne (Isère), charpentier.

BOUCHAT, de Vienne (Isère), cordier.

BURGIN, de Saint-Etienne, mécanicien.

MICHAUD, de Lyon, mécanicien.

MISTRAL, de Paris, chaudronnier-mécanicien.

MANOURY-D'HECTOT, de Paris, inventeur de machines.

BÉLANGER, de Versailles, ingénieur des Ponts-et-Chaussées.

DELFAU, dit LAMOTTE, de Montauban, serrurier-mécanicien.

DÉGEN, de Saint-Etienne, mécanicien.

BELOT, de Paris, mécanicien.

Récompenses pécuniaires :

CUÉNIN-D'AUDINCOURT (Doubs), mécanicien et chimiste : pension à fixer.

HUGONET, de Blye (Jura), 300 fr. à délivrer un jour de fête.

BLANCHON aîné, de Saint-Hilaire-sur-Rille (Orne), serrurier : 300 fr. donnés en présence des ouvriers de la ville.

DODILLET, de Mulhouse, mécanicien chez M. Japy : 300 fr. envoyés à M. Japy pour les remettre en présence des ouvriers.

ANDRÉ (Jacob), de Massevaux (Haut-Rhin), ouvrier chez M. Kœchlin frères : 300 fr. envoyés à M. Kœchlin, pour distribuer en présence des ouvriers.

NOMINATIONS DANS LA LÉGION D'HONNEUR
faites par Sa Majesté

Une suite d'ordonnances nommaient, à différentes dates, dans la Légion d'Honneur, à l'occasion de l'Exposition.

28 Août. — CHAPTAL, fils.

1er Septembre. — POUPART baron de NEUFLIZE.

8   —   BREGUET, LE REBOURS.

10   —   JOURDAN, Chef d'instruction à l'Ecole de Châlons.

26   —   WELTER, chimiste.

12 Octobre. — DETREY, de Besançon.

19 Novembre. — BEAUNIER, ingénieur en chef; BONNARD, fabricant de tulles à Lyon ; FIRMIN-DIDOT, imprimeur à Paris ; DUFAUD, maitre de forges ; JACQUART, de Lyon ; KŒCHLIN (Daniel). chimiste à Mulhouse ; LENOIR, ingénieur ; RAIMOND, chimiste à Lyon ; VITALIS, chimiste à Rouen ; WIDMER, chimiste à Jouy ; ARPIN, fabricant de mousselines à Saint-Quentin ; BACOT, drapier à Sedan ; BEAUVAIS, DEPOUILLY, MALLIÉ, fabricants de soieries à Lyon ; SAINT-BRIS, fabricant de limes à Amboise ; UTZSCHNEIDER, fabricant de poteries à Sarreguemines.

Darcet obtenait le cordon de Saint Michel, et deux des plus illustres manufacturiers, Ternaux et Oberkampf, recevaient le titre de baron.

Ces récompenses, ces distinctions de toutes sortes généreusement accordées au commerce et à l'industrie devaient produire le meilleur effet sur l'esprit des manufacturiers et leur prouver d'une manière éclatante toute l'importance que le Gouvernement attachait à reconnaître et à encourager le mérite de ceux qui contribuaient au développement de la richesse nationale.

La presse entière, royaliste ou libérale, malgré ses divergences d'opinion sur la question même des Expositions et de leur utilité, s'abstint de toute critique au sujet des actes de la bienveillance royale, et tous les journaux reproduisirent, les uns, sans commentaires, les autres, avec des éloges et de nombreux détails, la liste des exposants récompensés par le Roi.

RÉSUMÉ

—∞—

Il est intéressant, au point de vue historique, pour compléter le récit de cette exposition de 1819, de passer, rapidement, en revue, les appréciations des journaux sur cet événement industriel : l'on trouve, à chaque pas, dans les jugements émis par les rédacteurs des principaux organes de l'opinion publique, le reflet des passions politiques ardentes qui divisaient le pays.

Entre tous, le *Drapeau Blanc* se signalait par une charge à fond contre les Expositions et le rôle progressif qu'on se plaisait à leur attribuer. Il s'élevait contre cette prétention des libéraux de faire remonter l'essor de l'industrie à la Révolution.

« Singulière prétention que de vouloir persuader qu'une catas-
« trophe qui a bouleversé toutes les fortunes ait favorisé l'industrie
« qui a besoin de tranquillité.

« Toutes les institutions léguées par la Révolution sont contraires
« à la prospérité des arts, depuis les petits livres de la Rente publique,
« qui enlèvent à l'industrie tous les capitaux disponibles, jusqu'à la
« bande noire qui démolit les monuments et les manufactures.

« Remarquez que cette bande noire est l'expression précise de
« la législation actuelle. L'existence de ces nouveaux vandales est
« attachée irrévocablement à ce principe qui veut que tout établis-
« sement soit divisé à la mort de son fondateur. »

Le signataire de cet article, M. Achille de Jouffroy ne pouvait faire d'une façon plus violente le procès de la nouvelle société créée par le Code civil.

Il faisait habilement ressortir, pour les besoins de sa polémique, les difficultés du nouveau système de succession, plus équitable, sans contredit, mais dont les dangers préoccupent, à juste titre, depuis longtemps, l'esprit des économistes les plus éminents.

Son argumentation acrimonieuse et partiale perdait beaucoup d'autorité en laissant, volontairement, de côté, tous les bienfaits qui compensaient au-delà les inconvénients de la dispersion des fortunes.

Dans un deuxième article, M. Jouffroy continuait la campagne contre les institutions modernes en critiquant l'abolition des corporations et jurandes.

« Nos exportations, depuis l'époque où on les avaient supprimées, étaient diminuées considérablement, cela tenait à ce qu'autrefois, en 1789, les acheteurs recevaient les expéditions sans ouvrir balle, sûrs de la bonne qualité des produits garantis par la corporation ; maintenant, toute concurrence était permise ; des fabricants déloyaux envoyaient des objets de mauvaise qualité, deux ou trois d'entr'eux y gagnaient des sommes considérables, mais la France y perdait 12,000,000 fr. »

Ces allégations exagérées, évidemment, ne prouvaient rien contre le régime d'émancipation industrielle établi par la Révolution ; fallait-il, pour quelques négociants malhonnêtes, demander le rétablissement de ces corporations privilégiées, jalouses de leur autorité, hostiles aux idées de progrès, qui enlevaient toute initiative à l'homme de génie ou de talent en l'écrasant sous des prescriptions immuables et tyranniques ?

La Quotidienne, moins violente, se contentait de supprimer, dans l'histoire de nos progrès manufacturiers, la Révolution et l'Empire.

Après avoir attribué l'essor de l'industrie à Louis XIV, elle gardait le silence sur le commencement du siècle pour arriver à Louis XVIII qui régénérait le pays par la paix et le retour aux traditions nationales de la monarchie.

Les précédentes Expositions n'avaient été faites que dans un but d'ostentation et de curiosité : l'industrie, paralysée par la guerre, les entraves militaires, la conscription, le blocus, devait sa restauration au Roi qui avait reconquis le trône de ses ancêtres.

Cet assemblage de produits dont l'Europe était tributaire faisait mieux sentir la puissance de la France que les milliers de baïonnettes qui, pendant vingt ans, avaient pesé sur elle.

La Quotidienne, on le voit, plus modérée dans la forme, se contentait de fermer les yeux pour ne pas voir et se refusait à reconnaître le grand mouvement d'idées d'où était sorti la France moderne.

Le Constitutionnel, feuille libérale, ramenait les choses à un point de vue moins étroit et plus juste. Il rappelait la nécessité où s'était trouvé le pays, en guerre avec l'Europe, de se suffire à lui-même, privé de ses colonies, bloqué par l'Angleterre, qui tenait la mer avec ses flottes puissantes.

De là, ces découvertes : la soude factice, le sucre de betterave, l'emploi de la chicorée pour remplacer le café devenu rare, les perfectionnements de nos fers et aciers, l'emploi des essences de bois indigènes pour l'ébénisterie.

L'Angleterre, d'abord indifférente, se trouvant en rivalité avec nous sur les marchés du continent avait suscité de nouvelles coalitions, sans pouvoir empêcher les progrès des manufactures ; disposant d'immenses capitaux, appuyée sur la Compagnie des Indes, elle ne s'occupait que de son commerce. Le devoir du Gouvernement était d'observer sa manière d'agir et d'encourager l'industrie intérieure et extérieure surtout. Il fallait d'abord réformer les lois de douanes défectueuses et les remplacer par des tarifs protecteurs, afin de nous mettre à même de lutter contre la concurrence anglaise qui, pour citer un exemple entre beaucoup d'autres, livrait des cotonnades, tirées comme matières premières, de ses possessions, à 25 0/0 moins cher que nos fabriques.

Le Journal des Débats attaquait vivement les Expositions en protestant de leur inutilité, il faisait leur procès, non plus pour obéir à une conviction politique, mais à un point de vue neuf et inattendu ; au nom de la littérature et des choses de l'esprit.

Il citait cette phrase paradoxale de Diderot, prétendant que chez les peuples où les têtes sont tournées vers les objets d'intérêt, où l'on s'occupe d'agriculture, de commerce, d'exportation, la poésie, les beaux-arts, les sciences tendent vers leur déclin « *C'est une belle chose que la science économique, mais elle nous abrutira* ».

Après avoir soutenu cette thèse amusante, le rédacteur, revenant à la raison, critiquait l'amalgame de joujoux, parfumerie, clinquant, verroterie, etc., dont les galeries étaient encombrées, pêle-mêle, sans ordre.

Il faisait judicieusement remarquer que l'usage des machines, pas plus que la conquête tant vantée des mérinos d'Espagne, n'empêchait que les draps se vendissent fort cher. Puis, le journal reprenant un ton doctrinaire et pédagogique, terminait en ces termes dédaigneux :

« Ces Expositions solennelles ne sont pas une invention nou-

« velle, et l'époque à laquelle en remonte l'usage explique bien la
« cause du désordre que nous lui reprochons. La première eut lieu
« sous le Directoire. Les idées démocratiques et d'égalité absolue
« étaient fort en faveur alors. Semblable Exposition eut lieu en 1806.
« Ce fut la dernière. Il paraît que Bonaparte *(sic)* y avait renoncé. »

Un fait dominait toutes ces appréciations passionnées ou sincères ;
l'Exposition, restaurée par Louis XVIII, attestait les progrès remarquables
de l'industrie depuis 1806, malgré les mauvais moments qu'elle avait dû
passer.

Ce résultat, qu'on l'attribuât au retour de la Royauté légitime ou au
nouvel état social, était bien réel, nul ne pouvait le nier, et les esprits les
plus chagrins devaient reconnaître, de bonne foi, que ces concours, si
inutiles qu'ils fussent, avaient eu, au moins en cette occasion, le mérite de
permettre de constater la vitalité merveilleuse de l'industrie française.

ÉRARD

M. Sébastien ÉRARD

Sébastien ERARD est né en 1792 à Strasbourg. Fils d'un ouvrier ébéniste, il apprit, en fréquentant assidûment les écoles, les connaissances élémentaires indispensables pour l'exercice des arts mécaniques vers lesquels il se sentait attiré par une vocation irrésistible. A 16 ans il arrivait à Paris, seul, sans argent, sans appui, n'ayant pour tout patrimoine qu'un désir ardent d'arriver et une volonté ferme d'apprendre tout ce qu'il ignorait encore.

Ouvrier chez un facteur d'instruments, il sut, en peu de temps, tout ce que l'art du luthier, encore dans l'enfance, possédait de secrets. Renvoyé par son patron inquiet et jaloux de son intelligence, ERARD entra chez un facteur plus connu dont il réussit à gagner l'amitié et la confiance en se chargeant de la construction d'un nouveau clavecin que celui-ci n'osait fabriquer, parce qu'il sortait des dispositions habituellement arrêtées, enchanté de son travail, son patron fit généreusement ressortir toute la part qu'il avait prise dans la confection de l'instrument.

Dès lors le nom d'ERARD commença à se répandre dans le monde des amateurs de musique et des artistes. Le clavecin mécanique, qu'il inventa peu de temps après, le mit en pleine lumière, et lorsqu'il eut construit pour la marquise de Villeroy cet instrument encore peu répandu : un piano, il dut, pour satisfaire l'aristocratique clientèle qui affluait chez lui, fonder un vaste établissement, rue de Bourbon, dans le faubourg Saint-Germain.

La corporation des luthiers, jalouse d'un tel succès, voulut alors lui chercher chicane en s'appuyant sur des règlements surannés mais tout-puissants ; il fallut l'intervention du roi Louis XVI pour mettre fin aux avanies dont il était l'objet ; un brevet des plus élogieux vint rappeler les services rendus par lui à l'industrie du pays et le dédommager de toutes ces injustices en lui assurant une vogue à laquelle la Révolution vint brusquement couper court.

ERARD, tout en s'occupant particulièrement des perfectionnements à apporter au piano, tourna également son attention vers la harpe qu'il améliora en inventant la fourchette d'abord, puis en lui donnant le double mouvement qui en faisait un instrument nouveau.

Pendant les premiers orages de la Révolution, il s'installa en Angleterre pour écouler ses produits et profita de ce séjour pour créer une manufacture qui réussit au-delà de ses espérances. Rentré à Paris en 1796, ERARD inventa successivement le piano à échappement, le piano à queue, dont les célébrités musicales de l'époque louèrent à haute voix la merveilleuse sonorité et la douceur sans pareille.

Le piano perfectionné, autant qu'il pouvait l'être, ERARD voulut être aussi le rénovateur de l'orgue, il fit pour la chapelle des Tuileries un jeu complet dont une grande partie fut perdue à la Révolution de 1830, mais qui attestait ses aptitudes remarquables de facteur hors ligne.

Il s'éteignit en 1831 dans d'horribles souffrances causées par la maladie de la pierre, laissant à son neveu Pierre Erard le soin de conserver une réputation si honorablement acquise.

SIXIÈME EXPOSITION

DES

PRODUITS DE L'INDUSTRIE FRANÇAISE

1823

APERÇU GÉNÉRAL

———∘⌀∘———

Le 29 janvier 1823 une ordonnance royale convoquait de nouveau les manufacturiers à une Exposition publique située comme précédemment, dans les salles et galeries du Louvre et fixée au 25 août, jour anniversaire de la fête du Souverain.

Un nouveau Ministre de l'Intérieur, M. de Corbière, était appelé à prendre les mesures nécessaires pour assurer la réussite du concours. Il crut ne pouvoir mieux faire que d'adresser aux préfets une copie des instructions transmises, en 1819, sur cette matière, par son prédécesseur le comte Decazes.

Il ajouta, toutefois, cette observation suggérée par l'expérience, que le terme du 1er août était le dernier délai pour recevoir les produits au Louvre. Un encombrement fâcheux se produirait si l'on accordait une date plus rapprochée de l'ouverture, et l'organisation méthodique des produits pourrait en souffrir. Il était facile aux Préfets d'éviter ces inconvénients reconnus, lors de la précédente réunion, en nommant sur le champ le Jury départemental, en pressant la présentation des objets soumis à ce premier examen, enfin en prescrivant le départ immédiat pour Paris des échantillons agréés.

Le Ministre espérait, par ces dispositions, avoir plus de temps pour organiser les produits suivant une classification déterminée à l'avance : on avait assez violemment reproché, en 1819, à la direction de l'Exposition, l'entassement pêle-mêle des objets les plus disparates, installés sans ordre dans les galeries du Palais.

Quand le terme de rigueur fut arrivé, le Ministre dut le proroger de quelques jours. Les produits des départements étaient à peu près tous arrivés, seul le département de la Seine, qui fournissait la moitié des exposants, se signalait par de nombreuses absences.

A Paris, le Jury central composé de MM. le vicomte Héricart de
Thury, vicomte Chaptal, baron Cagniard la Tour, Bussche, Hachette,
fonctionnait sans relâche depuis le 13 Mars et ses opérations portaient
sur un chiffre de demandes considérable. Il avait dû examiner sur place
beaucoup d'objets, soit inachevés encore, soit de dimensions trop volu-
mineuses pour être facilement déplacés. Ce travail terminé, le Préfet de
la Seine fut appelé à prendre les mesures nécessaires pour le dépôt, en
temps utile, dans les galeries de l'Exposition, des produits désignés par
son verdict, mais l'examen avait pris plus de temps qu'on ne croyait et
l'Administration, malgré ses efforts et ses exhortations, vint se heurter
contre cette négligence traditionnelle de l'industrie parisienne qui ne se
presse qu'au dernier moment et préfère se surmener lorsque la nécessité
l'y oblige.

Un avis accorda à tous les fabricants un délai suprême de neuf jours,
passé lequel l'inspecteur de l'Exposition était autorisé à refuser toute
admission. Cette dernière concession suffit pour stimuler le zèle des retardataires, et les décider à arriver exactement avant le terme de rigueur
arrêté par le Ministre.

L'Exposition était magnifiquement installée au premier étage du
Louvre, occupant 40 grandes salles de plain pied, plus 2 pièces au rez-de-
chaussée destinées aux machines et instruments trop encombrants et trop
lourds pour être placés au premier.

Le règlement portait que les galeries seraient ouvertes au public les
lundi, depuis midi seulement, mardi, mercredi, jeudi et dimanche de
10 heures du matin à 4 heures du soir. Les autres jours, l'entrée était
exclusivement réservée aux porteurs de billets, suivant les distinctions
marquées sur les billets mêmes.

On pénétrait dans les salles par une seule porte, celle de la salle du
rez-de-chaussée à gauche en venant de la cour sous le vestibule de la
colonnade. La sortie se faisait à volonté, soit par l'un des deux escaliers
du vestibule sous l'horloge, soit par la salle du rez-de-chaussée dite de la
statue d'Henri IV, dans laquelle on descendait après avoir fait le tour
complet du premier étage.

Pour éviter toute confusion, sous le péristyle où se trouvait la porte
d'entrée, on fermait, pendant la durée de l'Exposition toute communication de la cour du Louvre à la place Saint-Germain-l'Auxerrois, sauf,
toutefois, pour les voitures des pairs, des grands d'Espagne et des ambassadeurs en faveur de qui cette interdiction était levée.

Dès les premiers jours de l'Exposition ,les billets d'entrée de 8 heures
à 10 heures et ceux pour le vendredi furent épuisés, et le directeur du

commerce, M. de Castelbajac, informa, par un avis au *Moniteur universel*, les nombreux solliciteurs qui s'étaient adressés à l'Administration qu'il ne pouvait plus être donné suite à leur demande.

L'ouverture eut lieu le 25 août à 10 heures : l'affluence considérable des visiteurs dont les flots grossissaient à chaque instant nécessita l'intervention de la police chargée de la surveillance et de l'ordre dans les galeries et cette vogue de l'Exposition, où la curiosité entrait pour la plus grande part, dura, comme en 1819, jusqu'au moment de la clôture.

Envisagée au point de vue étroit du nombre des fabricants et manufacturiers, l'Exposition n'était pas en progrès sur 1819, d'autant plus que le département de la Seine, par une trop grande facilité laissée au Jury nommé pour les admissions, comptait 250 exposants de plus.

Malgré cette infériorité purement numérique, chaque grand centre de fabrication figurait, d'une façon remarquable, avec des perfectionnements dont on constatait avec étonnement le développement rapide dans un laps de temps aussi court.

Il fallait certainement regretter des absences que nulle raison ne justifiait, mais, en portant les yeux sur l'état florissant des manufactures qui exposaient leurs produits, on se consolait facilement de ces abstentions volontaires, préjudiciables, surtout, aux chefs d'établissement qui avaient pris des résolutions si contraires à leurs intérêts.

Certains départements, indifférents à ces manifestations nationales, soit par leur éloignement de la capitale, soit par le caractère local de leur industrie très restreinte, soit par la nature de leurs travaux exclusivement agricoles, le fait de leur position maritime les vouant au commerce et au négoce, continuaient à rester sourds aux sollicitations des préfets : c'étaient : le Cantal, la Corse, la Charente-Inférieure, le Gers, les Landes, les Basses-Pyrénées, les Hautes-Pyrénées, le Tarn-et-Garonne, le Var, la Vendée.

D'autres départements ne figuraient au concours que par quelques rares productions qui ne pouvaient donner qu'une faible et bien modeste idée de leur importance industrielle. A part ces taches inévitables, l'Exposition était réellement remarquable, l'on pouvait y reconnaître avec satisfaction la marche sûre et incessante du travail qui nous rapprochait peu à peu de l'Angleterre.

L'Exposition réunissait 1,639 fabricants dont 783 pour le département de la Seine.

Le département de la Seine, ainsi, à lui seul, réunissait presque la moitié de tous les exposants : ce résultat excessif était dû, non pas tant à un développement rapide et prestigieux de l'industrie parisienne, qu'à l'admission prononcée d'une façon trop indulgente par le Jury en faveur d'objets dont rien n'expliquait la présence au Louvre.

Le public, la presse, fidèle écho des réflexions générales, s'étonnaient à bon droit de voir accorder à de menus objets de bimbeloterie, à des pommades, cosmétiques, perruques, comestibles, etc..., une place considérable au détriment de productions plus intéressantes pour le pays, que le défaut d'espace obligeait à laisser entassées dans les parties les moins favorables des salles où on les reléguait.

L'industrie parisienne, à cause de son importance, pouvait présenter au concours un nombre d'exposants bien supérieur à celui de tout autre département, mais, il ne fallait pas, dans le seul but de faire connaître, sous tous ses aspects, l'esprit ingénieux des fabricants de la capitale, introduire dans une Exposition des objets qui n'étaient point dignes d'y figurer.

Cette critique s'était déjà produite en 1819; elle renaissait en 1823 avec un degré d'intensité justifié par le peu d'égards qu'avait montrés le Jury départemental de la Seine pour des observations aussi modérées, reproduites par tous les journaux sous les formes les plus courtoises.

La présence de ces différents produits enlevait à la réunion son caractère sérieux et utilitaire : ils avaient l'inconvénient d'attirer la foule curieuse et ignorante en détournant les regards de choses moins attrayantes, sans doute, (telles que les machines et instruments aratoires), mais auxquelles l'avenir de la France était attaché.

Il n'y avait pas, du reste, unanimité sur cette question : l'argument principal invoqué par les défenseurs de l'opinion contraire était l'importance relative du commerce auquel donnaient lieu ces futilités, ces frivolités condamnées par des esprits trop rigoristes.

Les tableaux de la douane de Paris donnaient les chiffres suivants pour l'exportation :

BIMBELOTERIE	81.452 fr.	CURIOSITÉS	13.560
CHEVEUX	59.880	PARAPLUIES	51.530
FARINEUX, Pâtes d'Italie	10.078	PARFUMERIE	613.840
FANONS DE BALEINE	3.270	PLUMES A PARURE	278.660
OUVRAGES DE MODE	1.510.452	SUCRERIES	26.770
FLEURS ARTIFICIELLES	518.554		

Ainsi, ces industries, indépendamment de la masse de produits qu'elles versaient dans la consommation nationale, expédiaient à l'étranger pour 3,168.046 fr.

Eût-il été juste, comme quelques-uns le demandaient, de les exclure des Expositions quand elles entraient pour une part aussi forte dans le tribut que nous payait l'étranger ?

Le meilleur moyen d'accorder tout le monde consistait à recommander au Jury départemental de restreindre, dorénavant, d'une façon plus circonspecte, le nombre des admissions et de s'en tenir, pour toutes ces industries, aux représentants les plus autorisés.

Le mal était irrémédiable pour l'année présente, et, tant bien que mal, chacun arriva à se caser dans l'étroit espace qui lui était réservé ; ce ne fut pas, toutefois, sans récrimination et sans orage.

Un des plus grands manufacturiers de l'époque, Ternaux, trouvant qu'on avait accordé à ses nombreux et admirables produits une place trop exiguë ouvrit dans la maison de dépôt qu'il avait à Paris une exposition fort complète des articles de ses fabriques, et, pour répondre à un désir exprimé par le Jury en 1819, il ajouta le prix en regard de chaque échantillon.

Cette innovation souleva les plus violentes tempêtes. Les concurrents de Ternaux, jaloux de sa supériorité et des avantages qu'il pouvait retirer de cette exposition particulière, au moment où l'Exposition nationale attirait la foule à Paris, s'élevèrent avec indignation contre lui, l'accusant de déloyauté.

Sur ces entrefaites, quelques amis trop zélés de Ternaux eurent l'imprudence de blâmer le Gouvernement de ne pas l'avoir désigné pour faire partie du Jury : plusieurs fabricants s'emparèrent de ce nouveau grief, ils publièrent dans quelques journaux une lettre où ils relevaient avec vivacité cette allégation et déclaraient qu'ils s'inclinaient tous devant l'excellente composition du Jury dont la compétence paraissait assez éclatante pour qu'il ne fût pas nécessaire de donner satisfaction aux orgueilleuses prétentions de M. Ternaux.

Les partisans de celui-ci ripostèrent en affirmant que M. Ternaux n'avait jamais eu la pensée de faire au Jury l'injure de se croire indispensable pour éclairer ses décisions, ils assumèrent la responsabilité de cette appréciation, à laquelle il était étranger, en l'expliquant par la haute position et les services patriotiques rendus par M. Ternaux à l'industrie française.

Il n'est pas difficile, en allant au fond de cette querelle qui passionna un moment tous les esprits, d'en démêler les véritables causes.

M. Ternaux, indiquant sur les étoffes qu'il exposait dans sa maison de Paris le prix qu'elles coûtaient, s'était attiré l'inimitié des tailleurs, dont cette mention divulguait, par comparaison, les énormes profits.

Le public, la presse se plaignaient vivement, depuis longtemps, que l'emploi des machines, la simplification de la main-d'œuvre dans l'industrie des draps, n'eussent point fait baisser les prix des vêtements confectionnés, qui demeuraient fort élevés. Ternaux avait eu le courage de prouver à tous que ce reproche, adressé par ignorance aux manufacturiers, devait retomber de tout son poids sur les tailleurs.

Telle était la raison véritable, mais inavouée, de la campagne acharnée dont il était la victime, mais toutes ces attaques ne purent, ni le faire dévier de la ligne de conduite loyale qu'il s'était tracée, ni ébranler la situation florissante de ses établissements.

Malgré le grand nombre de salles livrées aux exposants et pour les raisons qui viennent d'être énumérées, il n'avait pas été possible d'adopter une classification méthodique des produits, et les visiteurs rencontraient, en traversant les galeries, les contrastes les plus étranges: les échantillons de toutes sortes étaient réunis sans ordre, comme en 1819, et la critique pouvait s'exercer à juste titre sur une situation dont toute la faute incombait au Gouvernement.

Cette année, la presse ultra-royaliste, profitant du prétexte de l'Exposition, continuait, avec une nouvelle ardeur, la lutte contre le progrès ; elle cherchait, par des arguments trop passionnés pour être sincères, à exciter la population des villes et des campagnes contre les inventions et les perfectionnements de chaque jour, et surtout contre les machines ; elle essayait de prouver aux ouvriers, ignorants et grossiers encore, que l'emploi plus répandu des forces mécaniques allait leur enlever le travail qui les faisait vivre.

Aveuglés par la haine et par leur impuissance, ces écrivains d'un parti qui regardait toujours en arrière, tentaient de faire triompher leurs antipathies systématiques ; sans scrupule sur les moyens, ils n'hésitaient pas à prêcher la révolte à une population dont les habitudes routinières répugnaient de tous temps aux innovations.

Les machines leur semblaient une des formes de l'esprit moderne qui envahissait tout, malgré leurs efforts désespérés.

Pour caractériser ces idées rétrogrades, il suffit de citer un fait qui les résume : Un frère du roi d'Angleterre, visitant l'Hôtel des Monnaies, s'étonnait de n'y pas rencontrer les puissants engins mécaniques dont on se servait à Londres, un des hauts fonctionnaires répondit aussitôt :

« Grâce à Dieu, Monseigneur, la France n'en est pas encore
« réduite à se servir des machines, les bras ne manquent pas en
« France. »

Cette réponse dédaigneuse montre à quel point, dans une certaine classe, on était réfractaire au grand mouvement d'intelligence et de progrès qui remuait la société issue de 1789.

A Paris, dans les grandes villes manufacturières, chacun s'indignait de ce parti pris d'hostilité, de ces manœuvres déloyales qui entretenaient, dans les populations ouvrières, des sentiments de défiance et de mauvais vouloir contre les améliorations et les perfectionnements proposés pour notre outillage agricole et industriel.

Était-il patriotique de chercher à enrayer la marche de notre industrie, quand l'Angleterre, notre rivale, devait sa prospérité à ces machines dont la puissance et le nombre s'augmentaient de jour en jour? Ce pays de l'individualisme fournissait les arguments les plus péremptoires aux défenseurs des idées nouvelles. Qu'y voyait-on, en effet? La production croissant à grands pas et, comme corrélation, l'abaissement progressif des prix, l'ouvrier, loin de souffrir du perfectionnement des moyens mécaniques, profitant de cette situation, au double titre d'ouvrier et de consommateur, enfin, dernier coup porté aux partisans du passé, le nombre des bras employés suivant dans une proportion égale la multiplication des machines.

La France n'avait pas à tenter une expérience périlleuse ; elle voyait, de l'autre côté du détroit, les résultats admirables atteints par l'esprit pratique et hardi du peuple anglais, elle devait s'avancer résolûment dans la même voie, sous peine de tomber au rang des nations déchues.

Dans les grandes industries, l'introduction des machines était un fait accompli, et les manufacturiers n'avaient plus le choix entre leur adoption ou la ruine ; sans cesse à l'affût des inventions, des perfectionnements, ils se disputaient les mécanismes que d'habiles ingénieurs, tels que les Calla, Pecqueur, Séguin, Collier, Risler, Viard, Dobo, Senefelder, Rollé, Schwilgué, simplifiaient ou augmentaient en force et en puissance.

Il n'en était malheureusement pas de même pour l'industrie agricole, et l'on en trouvait la preuve dans l'abandon et l'isolement où restaient, à l'Exposition, les charrues, hâche-paille et autres ustensiles aratoires. A peine quelques rares visiteurs jetaient-ils un regard distrait sur ces instruments délaissés, tandis que la foule s'empressait de venir admirer les machines employées dans la fabrication des tissus de toutes sortes, qui flattaient plus l'esprit et les yeux par la perspective des produits obtenus immédiatement.

Cette situation déplorable de l'agriculture, considérée au point de vue industriel, entre l'indifférence de la masse du pays et les préventions et la routine des intéressés, remontait à une époque reculée, bien que certains journaux royalistes prétendissent l'imputer à la Révolution.

En France, la propriété du sol appartenait à un grand nombre de petits propriétaires, de fermiers, absorbés par des travaux journaliers, manquant des capitaux et du temps nécessaires pour s'occuper des progrès à poursuivre, tandis qu'en Angleterre, l'aristocratie, possédant la terre, tenait la tête du mouvement et accueillait avec empressement toutes les améliorations.

Chez nous, le mal datait de Louis XIV, au moment où ce prince, désireux de terminer la lutte, engagée depuis des siècles, entre l'autorité royale et les grands vassaux, avait appelé auprès de lui, pour en faire un peuple de courtisans, la noblesse indisciplinée et indépendante au fond de chaque province.

Quel eut été l'avenir du pays si, moins jaloux de la suprématie souveraine, Louis XIV avait su donner à cette vie inutile des grands seigneurs le noble but de poursuivre l'amélioration de l'agriculture au moyen de l'influence considérable dont ils jouissaient et des fortunes immenses qu'ils gaspillaient en luxueuses folies !

Il manquait en France une classe nouvelle de grands propriétaires fonciers disposés à faire des expériences, des essais, à prendre en main la direction d'un mouvement analogue à celui qui se produisait dans l'industrie proprement dite. C'était à l'État qu'il appartenait, par des primes, des encouragements, des récompenses, de forcer la population agricole à sortir de ses habitudes enracinées, à utiliser ces inventions qui, faute d'être adoptées, quittaient bien souvent le pays pour y revenir, quelques années après, sous un nom étranger.

EXAMEN DES PRODUITS EXPOSÉS

~~~~~~~

Au premier rang des inventeurs remarquables, dont les machines attiraient à juste titre l'attention des connaisseurs, se tenait M. John Collier ; il présentait de nouvelles tondeuses pour drapier.

Trois de ces instruments, qui coûtaient 4,200 fr., faisaient une somme d'ouvrage qui revenait à 19,000 fr. par le tondage à la mécanique ordinaire et 34,000 fr. par le tondage à la main. La différence s'accentuait encore sur un nombre plus élevé ; ainsi 96 tondeuses transversales réalisaient sur le travail à la main d'une quantité pareille, une économie de 954,000 francs.

L'importance de ce nouveau mécanisme, pour les grandes maisons, était extrême ; plusieurs manufacturiers de Sedan, Louviers, Elbeuf, en appréciaient déjà les heureux résultats.

L'industrie de la laine, en général, avait, plus qu'aucune autre, profité des efforts tentés pour développer cette source de richesse, un moment compromise par la Révolution.

L'acclimatation des mérinos, faite en grand dans certains départements, surtout dans l'Ain, où le troupeau de Naz était célèbre, et dans le Calvados, permettait aux fabricants d'étoffes de trouver en France une partie des matières premières pour 70,000,000 fr. environ.

Le progrès était réel, principalement dans les qualités fines, mais le produit des laines françaises ne pouvait suffire aux besoins des manufactures ; les bonnes méthodes de croisement et d'éducation du bétail, au point de vue des toisons, manquaient encore dans les campagnes et les esprits éclairés qui cherchaient à les répandre et à en montrer les avantages, se heurtaient souvent à l'obstination hostile des paysans.

La Saxe, où l'introduction des mérinos avait eu lieu un demi-siècle avant la France, devait à cette circonstance le privilége de nous fournir ce nous manquait pour nos fabrications. Les laines de Saxe, connues sous le nom de laines électorales, l'emportaient sur toutes les autres, grâce aux soins intelligents et persévérants apportés, de longue date, par les éleveurs de bestiaux, à leur amélioration.

La France, en suivant l'exemple de l'Allemagne, en développant le croisement de races étrangères avec les moutons indigènes, devait arriver à supprimer une importation dont tout le désavantage pesait sur notre agriculture.

La fabrication des draps nécessitait jadis un ouvrier de choix, habile, attentif; aujourd'hui, par l'emploi des machines, il suffisait d'un ouvrier assez expérimenté pour en surveiller la marche. Du moment que les laines étaient classées et assorties avec soin, il ne pouvait y avoir une cause de grande infériorité que dans des opérations étrangères à la mécanique, tels que : la teinture, le dégraissage, les apprêts.

Pour les draps fins et superfins nous l'emportions sur l'Angleterre ; mais, dans les qualités moyennes et grossières, la supériorité lui était acquise à cause de la rareté des matières premières en France et de la main-d'œuvre dont l'emploi des machines, plus généralisé dans le Royaume-Uni, diminuait considérablement les frais.

Au commencement du siècle, nous ne possédions pas un seul lavoir pour les laines fines. Ternaux avait fondé le premier établissement à Auteuil ; depuis cette époque, le pays comptait près de 40 lavoirs disséminés dans la Seine, l'Eure, les Ardennes, etc.

Les manufacturiers filaient eux-mêmes, autrefois, les laines qu'ils employaient dans leurs usines ; cette industrie commençait à devenir indépendante et à être exploitée par des fabriques séparées fort importantes.

Dans le midi, l'industrie des draps, sans adopter encore complètement les machines, faisait de rapides progrès ; ainsi Castres qui, en 1814, fabriquait des laines communes, devait à l'un de ses plus illustres manufacturiers, Guibal Anne-Veauce, l'introduction du casimir, puis du cuir laine, si bien qu'on y comptait, en 1823, 40 assortiments de filature, et que, depuis 1814, sa population s'était accrue de 5,000 habitants.

La valeur totale des produits versés dans le commerce par la draperie française montait à 150,000,000 de fr , et la ville d'Elbeuf, sur cette somme, prenait à elle seule 36,000,000 fr.

La fabrication des châles de cachemire français et indiens, imités au moyen du duvet qui se trouve sous les longues laines des chèvres du Thibet, de race Kirghise, importées en France par MM. Ternaux et Jaubert, augmentait dans des proportions merveilleuses. En 1823, le mouvement d'affaires auquel donnait lieu cette industrie, à Paris, était de 24,000,000 fr.

Pour arriver à de tels résultats, il avait fallu de longues recherches et des expériences suivies avec persévérance.

C'est en 1800 que la France connut les châles indiens, rapportés par les généraux de l'armée d'Egypte. En 1801, Ternaux, associé à Jobert Lucas, de Reims, résolut de les imiter. Il fabriqua des châles de vigogne, mais, malgré la ressemblance de la matière première, il vit bien qu'il ne pourrait remplacer celle dont on se servait en Asie. Il donna ordre à un de ses voyageurs d'acheter en Russie un ballot de cachemire, qui arriva à Reims au mois d'Avril 1802. En 1804, il fit un châle de laine broché ; en 1805 un châle tout cachemire, encore bien imparfait ; en 1806, s'étant avisé de peigner le cachemire, il atteignit un résultat déjà satisfaisant. Les premiers châles espoulinés parurent en 1812, enfin, à la date de la dernière Exposition, les dessins de l'Inde, imités par d'habiles artistes, étaient venus donner aux châles une vogue dont l'influence s'étendait à toutes les classes.

Le commerce de la soierie, tant à Lyon que dans le Gard, atteignait le chiffre élevé de 180,000,000 de fr., dont plus de 30,000 pour l'exportation. 70,000 ouvriers à Lyon, 6,000 à Nîmes, à Uzès, travaillaient cette précieuse matière fournie, pour une part encore trop faible, par les départements méridionaux tels que l'Ardèche, le Gard, la Drôme, le Vaucluse, les Bouches-du-Rhône, où les plantations de mûriers se multipliaient. L'importation de Chine et d'Italie comblait la différence.

En 1815, M. Ajac, manufacturier, avait établi le premier métier à fabriquer des châles en bourre soie ; dès 1816 deux fabricants l'imitèrent ; trois ans après Lyon en réunissait six ; vingt en 1822 ; le nombre des métiers était de 1,800, la valeur des marchandises de 5,400,000 fr.

M. Ajac, dont la Société d'Encouragement avait récompensé l'initiative par plusieurs distinctions, tenait la première place dans cette nouvelle industrie ; sa maison, la plus importante de la ville, occupait 730 ouvriers et employait 400,000 fr. de déchets de soie.

Les rubans, à Saint-Chamond et à Saint-Etienne, rapportaient 37,000,000 francs.

Dans l'industrie du chanvre et du lin, le seul progrès à réaliser était l'application de la mécanique au filage. Les fabricants de toiles, batistes, d'excellente qualité, mais de prix élevés, avaient un grand intérêt, pour l'extension de leurs affaires, à employer ce nouvel agent qui, en réduisant la main-d'œuvre si coûteuse, devait développer la production.

Le problème était soumis aux recherches de nos ingénieurs et nul, en France, ne pouvait encore se vanter de l'avoir résolu.

Le linge damassé, article jusqu'alors exclusivement fabriqué par l'Allemagne, venait d'être importé dans le département de l'Aisne par M. Pelletier, de Saint-Quentin ; les produits de son établissement, bien qu'il fût tout récent, rivalisaient déjà avec ce que la Saxe faisait de plus achevé.

A Nancy et dans les communes environnantes, la broderie sur batiste occupait 12,000 à 13,000 femmes, et fournissait un article d'exportation très avantageux.

Les dentelles et blondes souffraient de la concurrence acharnée que leur faisait le tulle brodé, plus abordable aux petites bourses ; néanmoins, cette industrie qui comptait, dans le seul département du Calvados, 60 à 70,000 ouvrières, était assez active dans l'Orne, l'Oise, le Nord, la Seine, la Haute-Loire, le Puy-de-Dôme.

Le coton, dont le capital fixe s'élevait à un milliard, s'était enrichi, depuis 1819, d'une nouvelle fabrication importée de l'étranger. En 1821, quatre établissements munis de mécanismes anglais s'étaient fondés simultanément à Rouen, Douai, Beuvron (Calvados), pour faire du tulle de coton.

Les mousselines de Tarare produisaient 20,000,000 de francs. Les perfectionnements se succédaient dans les grandes manufactures de toiles peintes, percales, calicots, nankins, tissus de toutes sortes ; sans être assez remarquables pour mériter une mention spéciale, ces améliorations incessantes développaient la production et les débouchés nécessaires pour une masse d'articles évalués, dès 1822, à 400,000,000 de francs.

Ces 400,000,000 de francs comprenaient 50,000,000 seulement de matières premières provenant de l'étranger ; la plus value considérable donnée au coton représentait les frais des fabricants et les importants bénéfices qu'ils recueillaient.

L'industrie cotonnière était arrivée à un degré de développement qui ne pouvait être dépassé. Des manufacturiers intelligents, mélangeant le coton avec la laine et la soie, inventant des étoffes nouvelles, des dispositions variées, allaient lui ouvrir une carrière encore plus brillante.

Un fabricant d'Alençon, M. Odelant-Desnos, occupait 200 ouvriers à un genre de travail dont l'Italie, jusqu'alors, avait conservé le monopole : les chapeaux de paille. Il existait bien, dans quelques départements, l'Ain, i'Ardèche, la Haute-Garonne entr'autres, des ateliers modestes où l'on confectionnait des chapeaux de matière végétale de différentes sortes, mais nul fabricant n'avait encore entrepris cette fabrication dans des proportions aussi grandes.

Une autre importation non moins utile était due à M. Chenavard, de Paris, il était parvenu à dérober aux Anglais le secret des toiles cirées au bitume, qu'ils faisaient exclusivement.

Les maîtres tanneurs et corroyeurs continuaient, cette année, à montrer pour l'Exposition l'indifférence déjà signalée par le Jury et la presse, en 1819. La fabrication du cuir restait, il est vrai, stationnaire, aucun progrès n'était à signaler, mais on regrettait néanmoins de remarquer, dans un concours national, le petit nombre d'industriels qui consentaient à exposer leurs produits.

Il n'en était pas de même pour la mégisserie, la chamoiserie, dont les principaux centres de fabrication, les Deux-Sèvres, l'Ardèche, l'Isère, étaient largement représentés.

A Niort, 56 patrons employaient un personnel de 306 hommes et 1,600 femmes à préparer, chaque année, 131,976 peaux diverses.

Poitiers avait envoyé des échantillons d'une industrie qui lui était spéciale : les peaux d'oie apprêtées pour fourrure. On en livrait annuellement à la consommation 2,000 douzaines, au prix de 36 fr. la douzaine.

On devait à MM. Séguin frères, d'Annonay, la fabrication nouvelle en France des feutres destinés à recevoir le papier au sortir de la forme.

Ces feutres nous étaient fournis par l'Angleterre, et leur supériorité reconnue les rendait indispensables aux papetiers. MM. Seguin frères, s'attaquant à ce problème, avaient fondé, dès 1816, une manufacture pour arriver à donner aux feutres français les qualités que possédaient seuls les produits anglais. Après de nombreux essais, des expériences poursuivies sans relâche, ils étaient arrivés, en 1823, à présenter à l'Exposition des feutres d'une apparence irréprochable et dont plusieurs fabricants de papier commençaient à adopter l'usage au préjudice des articles anglais du même genre.

Une nouvelle industrie, dont tout le bénéfice devait profiter au pays, venait de naître, grâce au concours du Gouvernement pour en encourager l'essor.

Des ingénieurs, en mission spéciale depuis 1819, avaient parcouru la

France, étudiant sa constitution géologique et signalant aux Préfets les gisements de marbre susceptibles d'exploitation répandus sur divers points du territoire. Les Préfets avaient fait connaître à leurs administrés les richesses cachées dans le sol et leur avaient en même temps montré les avantages qui résulteraient pour eux de la mise en œuvre de carrières encore intactes ou abandonnées.

Dans un grand nombre de départements, grâce aux indications des ingénieurs, les rechercherches avaient été couronnées de succès et l'Exposition présentait de nombreux échantillons de marbres précieux venant des départements de la Haute-Garonne, Ariége, Hautes-Pyrénées, Nord, Pas-de-Calais, Oise, Meurthe, Haute-Vienne.

Dans Seine-et-Marne, à Torigny, on avait également découvert de l'albâtre gypseux ou agathisé dont plusieurs fabricants de Paris faisaient des pendules, vases, chambranles de cheminées, accueillis avec faveur par la mode.

C'était à des sondages pratiquées pour trouver de la houille, en mai 1819, qu'on devait la mine de sel gemme de Vic dont l'exploitation était en pleine activité, et fournissait des produits d'une qualité parfaite.

Un savant professeur du Conservatoire des Arts-et-Métiers, M. Clément Desormes, étudiant, dans son cours de chimie appliquée aux arts, les progrès de la science et ses applications à l'industrie, résumait de la façon la plus remarquable tout cet ensemble de travaux accomplis par nos ingénieurs sur les indications fournies par la géologie.

« Le plus grand agent de l'industrie anglaise, terminait-il dans une de ses confé-
« rences, est la force motrice, trop négligée jusqu'ici en France. Ce qui distingue
« essentiellement nos voisins, c'est l'esprit hardi d'initiative qui nous manque. A Saint-
« Etienne, des mines considérables de charbon de terre sont à peines entamées et
« presque sans utilité pour le moment. Que faut-il pour en tirer parti ? des chemins de
« fer, des canaux, une législation mieux établie. Le jour où la France saura profiter
« de ces richesses naturelles moins abondantes, sans doute, qu'en Angleterre, mais de
« nature plus variée, elle sera bien près d'atteindre la haute situation industrielle
« acquise par la Grande-Bretagne. »

La houille, ce précieux combustible, encore peu employé chez nous, commençait à être activement recherchée. Des maîtres de forges intelligents, convaincus que la supériorité des Anglais dans l'affinage, et le bon marché de leurs produits étaient dus en grande partie à cet agent, prenaient l'initiative d'installer des forges à l'anglaise et abandonnaient la méthode catalane, excellente, mais trop dispendieuse.

Pour accomplir cette révolution dans les habitudes métallurgiques, il fallait de toute nécessité chercher un combustible moins cher que le bois.

La science consultée avait fourni des données certaines sur les terrains où l'on devait rencontrer la houille en masses compactes.

L'heure n'était pas encore arrivée, cependant, où les capitalistes, comprenant mieux l'importance de ces mines de charbon à peine exploitées jusque-là, allaient créer de puissantes sociétés pour fouiller les entrailles de la terre et développer en même temps toutes les industries qui s'y rattachent.

Cette année, d'habiles mécaniciens présentaient plusieurs types de machines à vapeur fabriquées avec la plus grande précision.

La vapeur, considérée comme force motrice, avait, depuis 1819, fait des progrès considérables : ainsi l'on comptait en France plus de cent machines à vapeur disséminées dans les grandes usines, et les commandes affluaient chez les constructeurs.

L'avantage pour le manufacturier d'employer un auxiliaire aussi puissant était manifeste ; l'économie de main-d'œuvre, la régularité du travail, tout concourait à rendre la vapeur indispensable pour remplacer les moyens si dispendieux dont on se servait jusque-là, faute de mieux, là où les moyens hydrauliques faisaient défaut.

La presse ultra royaliste cherchait, il est vrai, à exciter contre les machines, prises en général, l'esprit des ouvriers, mais toutes les raisons de sentiment dont elle se servait ne réussissaient pas à cacher entièrement ses pensées de regret pour les institutions renversées en 1789.

M. Dufaud, de la Nièvre, avait rendu au pays un service signalé en important l'affinage anglais à la houille et les cylindres cannelés pour l'étirage du fer. Cet habile ingénieur était un des promoteurs du mouvement de progrès qui se manifestait dans l'industrie métallurgique.

Jusqu'en 1781, la France était restée tributaire forcée de l'Angleterre pour la chaudronnerie en cuivre rouge. A cette époque, M. Le Camus de Limare avait installé l'établissement de Romilly pour nous délivrer de cette sujétion. Pendant 25 ans, ses ateliers, qui employaient 300 ouvriers, avaient suffi à l'approvisionnement de la marine de l'Etat.

C'était de là que sortaient l'usine de Vaucluse et celle d'Imphy, qui datait de sept ans et rivalisait déjà d'importance avec Romilly.

Les aciers, tôles, faux, limes, scies, alènes, par le perfectionnement continu de la fabrication, réduisaient l'importation anglaise et allemande à des proportions de plus en plus modestes.

Trois manufactures d'aiguilles existaient en France, deux à Laigle, la dernière à Paris. Une seule exposait des produits assez distingués sans égaler encore la supériorité de l'étranger pour cet article.

La catégorie des instruments, machines et outils divers, comprenait une variété dont tout l'honneur revenait à l'esprit inventif des ingénieurs et constructeurs, parisiens pour la plupart. M. Pinard, entr'autres, exposait une presse à vapeur et à mouvement continu au moyen de laquelle on pouvait imprimer une grande quantité de feuilles par heure.

M. Molé, graveur et fondeur, était arrivé, avec l'aide et les lumières de l'orientaliste Langlès, à exécuter toutes les lettres qui entrent dans la composition des langues orientales. Ce travail immense, hérissé de difficultés, devait être particulièrement apprécié par les philologues , il permettait la reproduction de manuscrits précieux pour des études où les savants français tenaient le premier rang.

Autrefois, l'Angleterre seule était jugée capable de réussir dans la fabrication des instruments de précision, qu'elle nous fournissait à grands frais. Aujourd'hui, les Lenoir, Lerebours, Gambey, Fortin, Cauchoix, nous avaient complètement affranchis de cette dépendance.

La France pouvait s'enorgueillir de la découverte due au génie de l'ingénieur Fresnel : le phare lenticulaire à rotation. Un avenir peu éloigné allait prouver les conséquences immenses d'une pareille invention qui, en faisant la gloire de l'ingénieur, rendait à la marine, à l'humanité, un de ces services dont la postérité transmet à toutes les générations l'immortel souvenir.

En horlogerie, la perfection atteinte par des artistes tels que les Bréguet, Berthoud, Lepaute, Pons, Janvier, ne pouvait être dépassée. Cette industrie se maintenait à la même hauteur et le progrès consistait dans des détails de fabrication dont le résultat était de simplifier la main-d'œuvre.

Cependant la foule s'arrêtait, dans la salle des instruments de précision, devant un nouveau chronomètre, œuvre de M. Pichot, qui excitait vivement la curiosité.

Voici quelle en était la disposition assez étrange : Un indicateur formé par une aiguille de cristal tournait dans tous les sens autour du cadran tracé sur la surface d'une glace sans tain, transparente. Il reposait sur un pivot placé au centre, et marquait l'heure sans aucun principe apparent de mouvement. Si on l'agitait, il se balançait, formait des oscillations qui diminuaient peu à peu, et il finissait par reprendre la place que l'ébranlement lui avait quitter.

Le public admirait beaucoup, sans comprendre, et peu de gens songeaient à un mouvement de montre enfermé dans le gros bout de l'indicateur. Il y était disposé de façon à déplacer sans cesse une petite balle de plomb qui servait de contre-poids, tenait l'aiguille en équilibre et, changeant successivement le centre de gravité, imprimait à la flèche un mouvement circulaire calculé avec un temps donné pour parcourir le cadran.

M. Bréant avait retrouvé la fabrication des sabres damassés tels que les font les Orientaux.

On avait cru pendant longtemps, à voir leur surface moirée, qu'ils étaient un composé de barres de fils d'acier, soudés, corroyés et tordus en divers sens.

Par une longue suite d'expériences, M. Bréant s'était convaincu que l'acier oriental était un acier fondu plus chargé de carbone que les aciers d'Europe, et dans lequel, par l'effet d'un refroidissement bien ménagé, il s'était formé une cristallisation des deux combinaisons distinctes du fer et du carbone.

Comme preuve, il présentait des lames, à l'épreuve d'un choc violent, qui coupaient le fer sans être entamées. M. Bréant traitait également le palladium, nouvellement découvert, en le séparant du platine avec lequel il était mélangé. Il était parvenu à le purifier complètement.

Les produits chimiques, plus qu'aucune autre industrie, avaient profité des découvertes et des études des savants. Tous les établissements créés depuis vingt ans avaient doublé et triplé leur production.

On pouvait citer, à titre d'exemple, les trois usines de MM. Chaptal fils, d'Arcet et Holker, qui livraient par jour au commerce une quantité de produits évaluée à 50,000 kilog.

La fabrication des savons de toilette implantée à Paris depuis quelques années, par M. de Croos, devait à M. Roëland, son successeur, de nouvelles améliorations qui en augmentaient les débouchés. Plusieurs autres maisons contribuaient à assurer, à Paris, le monopole de cette industrie.

La manufacture de Baccarat se signalait, entre toutes, par la perfection de ses cristaux taillés et par la modicité de ses prix. Auprès d'elle se plaçaient les établissements importants de MM. Chagot, au Creusot, qui se composaient: 1° d'une cristallerie fondée en 1784 ; 2° d'une fonderie ; 3° de laminoirs ; 4° de mines de fer et de houille, avec un personnel de 900 ouvriers. Les trois usines annexées à la verrerie étaient récentes, leur création coïncidait avec une exploitation plus active des gisements considérables de minerai de fer et de houille reconnus par les ingénieurs.

La verrerie avait été la première en France à employer pour ses travaux le charbon de terre; depuis longtemps déjà elle puisait le combustible dans la couche épaisse de houille qui occupe en partie le département de Saône-et-Loire, et au milieu de laquelle elle était établie.

En joignant des ateliers métallurgiques à leur cristallerie, MM. Chagot préparaient l'essor de cette cité industrielle qui s'appelle le Creusot et dont MM. Schneider frères, dans quelques années, allaient élever la réputation au plus haut degré.

Les porcelaines, faïences, poteries ne présentaient rien de nouveau ; les produits exposés étaient faits avec soin, mais on leur faisait le reproche assez grave d'être d'un prix trop élevé.

Toutes ces industries qui viennent d'être passées brièvement en revue représentaient, dans des proportions inégales, la part que chaque département apportait à la prospérité nationale.

Paris, dans la question industrielle, tenait la place la plus importante, tant à cause des branches spéciales que l'on y cultivait, qu'en raison des idées de progrès dont elle était le centre le plus actif.

J'ai cru devoir, à ce titre, étudier la capitale de plus près, en entrant dans quelques détails sur les établissements qu'elle renfermait.

L'industrie du coton à Paris, quoiqu'elle ne pût soutenir la comparaison avec les grands centres du pays, comptait 52 filatures occupant près de 5,000 ouvriers et donnant un produit de 6,000,000 fr. pour une dépense de 3,750,000 fr.

Le coton filé passait, d'une part, entre les mains des bonnetiers qui, au nombre de 1,650, réalisaient une plus value de 3,122,000 fr. La plus grande partie était livrée aux manufactures de tissus où 4,500 ouvriers fabriquaient avec 4,300,000 fr. de coton 13,000,000 fr. d'étoffes diverses.

Ainsi, par la main-d'œuvre de 10,000 à 11,000 ouvriers, une quantité de matières premières importées valant 3,750,000 fr. montait à 18,000,000 francs.

Les châles, gazes, barèges, tissus de soie et laine, réunissaient, à Paris et en Picardie, 3,270 métiers et 12,000 ouvriers : le chiffre des produits atteignait 15,270,000 fr. et la dépense des métiers 6,800,000 fr.

Ces chiffres, sans être très élevés, montrent, d'une façon suffisante, que, dans la grande industrie des tissus, Paris tenait un rang honorable.

Les arrondissements ruraux de la Seine et le département de Seine-et-Oise, considérés ensemble comme agglomération manufacturière, comptaient 25 raffineries de sucre occupant 600 ouvriers et fournissant 32,000,000 kil. de sucre au commerce.

Les départements du Nord, de l'Aisne, du Pas-de-Calais, où cette industrie se développait rapidement grâce à la betterave que l'on cultivait avec succès dans les grandes plaines du Nord, étaient loin d'arriver encore à un tel résultat.

Les produits chimiques, embrassant la fabrication de 23 sels ou acides, comptaient 180 établissements et un personnel de 750 ouvriers rapportant 11,225,000 fr.

Les forges et fonderies de la Seine avaient 850 ouvriers et donnaient un produit de 6,000,000 fr. L'affinage des matières d'or et d'argent, avec 850 ouvriers, représentait 6,600,000 fr.

Mais, à part ces industries principales pour lesquelles les départements faisaient à la grande ville une concurrence sérieuse, Paris avait une supériorité incontestable en tout ce qui touchait à l'art, au goût, à l invention, au dessin.

On peut même dire que Paris était la seule ville de France où certaines industries telles que les bronzes, bijouterie, meubles, tabletterie, marqueterie, etc... existaient et s'imposaient, par leurs productions, sur tous les marchés étrangers.

La bijouterie, l'orfèvrerie, mettaient en œuvre, chaque année, une valeur d'or et d'argent de 14,500,000 fr. avec 7 à 800 ouvriers dont le salaire s'élevait à près de 6,000,000 fr. Ces matières précieuses, après les différentes transformations qu'elles subissaient, formaient une somme de produits de 27,400,000 fr. dont 2,700,000 étaient exportés.

L'horlogerie parisienne, malgré la cherté de la main-d'œuvre qui commençait à éloigner les fabricants, comptait 520 établissements et 2,000 ouvriers : le chiffre d'affaires atteignait 19,800,800 fr. dont 1,000,000 passait à l'étranger.

105 ateliers faisaient des pendules, candélabres, lustres, en bronze argenté et doré. Ils occupaient 850 ouvriers et vendaient leurs produits 5,500,000 fr. L'étranger nous en achetait pour 2,000,000 fr.

L'imprimerie occupait 3,000 ouvriers dans 80 établissements : Paris, seul, prenait les deux tiers de 5,153 ouvrages parus en 1823 et qui se décomposaient ainsi : théologie 378, jurisprudence 306, sciences et arts 1,649, belles-lettres 1,685, histoire 1,135.

Les renseignements qu'il m'a été possible de recueillir sur les autres industries sont trop peu précis pour trouver place dans ce travail, mais j'ai trouvé dans les tableaux des marchandises exportées par la douane de Paris des chiffres qui donnent, indirectement, idée de l'importance de ces diverses fabrications. (Ces chiffres sont un peu forts, car ils peuvent s'appliquer en partie à des marchandises entreposées, et, par conséquent, n'étant pas le produit exclusif de Paris). Voici cette énumération pour 1823 :

Armes de luxe	136.099 fr.	Cheveux	59.880
Bimbeloterie	81.452	Couleurs	19.240

Encre.	21.370	Cartes géographiques.	36.510
Vernis	14.020	Cartes à jouer	20.860
Coutellerie	40.290	Gravure	218.500
Crayons.	10.580	Musique gravée.	56.310
Pâtes d'Italie.	10.078	Parapluies	51.530
Fanons de baleine.	3.270	Parfumerie	613.840
Horlogerie	251.280	Peaux..	1.238.010
Habillements neufs	107.020	Pelleterie.	566.060
Outils à métiers.	41.500	Perles fines.	121.900
Caractères d'imprimerie.	50.660	Plâtre moulé.	16.624
Cardes	30.352	Joaillerie.	86.900
Machines et Mécaniques.	120.623	Porcelaine	1.451.730
Instruments de sciences.	98.063	Sucreries.	26.770
— de musique.	136.491	Tabletterie	247.850
Médicaments	184.823	Plumes de parure.	278.660
Mercerie	3.142.052	Papier colorié.	34.620
Métaux plaqués.	208.420	Papiers peints	726.742
— argentés	1.419.538	Vannerie.	55.240
— vernissés	626.820	Cristaux, Glaces	200.756
Meubles	507.912	Verreries.	292.294
Ouvrages de modes.	1.510.452	Voitures.	7.272
Fleurs artificielles	518.554	Teintures.	468.415
Objets d'histoire naturelle.	128.962	Passementerie.	6.336.700
Curiosités.	13.560	Châles	1.178.630
Tableaux.	339.058	Tissus crin.	14.915
Carton moulé.	115.770	Chapeaux.	13.210
Librairie.	2.634.050	Chapeaux paille.	402.830

Le total dépasse 27,000,000 fr. et porte sur un grand nombre d'articles dont Paris avait le monopole.

En estimant l'exportation au huitième de la production totale, l'évaluation calculée, d'après Paris, montait à 200,000,000 fr. Sur les 1,800,000,000 fr. fournis par les manufactures à la richesse du pays, Paris prenait une part de 1/9.

La grande ville ne se contentait pas, pour affirmer sa prééminence, de son titre ancien de capitale : on peut voir, par les détails ci-dessus, le grand mouvement d'affaires auquel donnaient lieu ces industries variées à l'infini et toutes réunies dans la populeuse cité.

Examen fait de l'Exposition de la Seine, le Jury départemental était excusable, jusqu'à un certain point, de s'être laissé déborder par les demandes d'admission : les quelques taches relevées par les journaux n'empêchaient pas la réunion de ces articles d'offrir un spectacle intéressant et instructif de l'ingéniosité parisienne.

Il est curieux, toutefois, de relever quelques-unes des inventions bizarres et extravagantes qui avaient le don d'exciter la bonne humeur du public et la verve railleuse de la presse légère.

MM. Briot, Leroux et Cⁱ° exposaient des meubles de haute et basse toilette d'une disposition nouvelle : en levant le couvercle de la partie supérieure on trouvait des rasoirs, peignes, brosses à dents, plat à barbe, en tirant la partie inférieure on avait sous la main tous les instruments nécessaires à une toilette plus intime. *Le Corsaire* s'étonnait de ce mariage de nécessités qui ne se conciliaient guère et regrettait que les inventeurs n'eussent pas eu l'idée de consacrer la partie du milieu à un petit couvert où l'on aurait trouvé verres, couteaux, fourchettes, assiettes.

M. Charrier, coiffeur, montrait des faux toupets, dits à enchâssements invisibles, et une espèce de perruque découpée « qui servait à *caractériser la figure* » suivant l'expression du fabricant lui-même. Il s'engageait à reprendre l'objet si l'acheteur n'était pas satisfait du caractère donné à sa physionomie.

Un autre exposant qualifiait d'un nom nouveau l'instrument célèbre autrefois par Molière, il lui donnait la dénomination plus harmonieuse de Philippine.

Certains échantillons de viandes conservées par des procédés nouveaux impressionnaient désagréablement l'odorat des visiteurs et donnaient une idée peu favorable de l'amélioration des moyens employés.

La critique s'attaquait avec vivacité à toutes ces inventions d'une utilité contestable qui formaient les petits côtés du concours national, mais elle savait rendre justice à l'industrie sérieuse qui manifestait des progrès bien constatés.

Le théâtre lui-même fit passer devant les yeux du public le panorama de l'Exposition. Le 30 Septembre, la Gaîté donna la première représentation d'une bluette intitulée : *Une visite au Louvre,* œuvre de MM. Philadelphe et Ludvic (deux pseudonymes, sans doute). L'action était à peu près nulle, et tout l'intérêt de la pièce consistait à entendre célébrer, avec des refrains de vaudeville, les grandes industries et les grands industriels. Elle reproduisait, en musique, avec assez peu d'esprit, du reste, toutes les critiques dont l'Exposition et les exposants étaient l'objet.

Le Jury central nommé par trois arrêtés différents du Ministre de l'Intérieur en date des 10, 26, 31 Juillet était composé de 22 membres choisis avec le plus grand soin parmi les notabilités scientifiques et industrielles du pays.

Le président élu par ses pairs était le duc de Doudeauville, et le vice-président le vicomte Héricart de Thury.

Le Jury, malgré les jours qui lui avaient été réservés pour qu'il pût procéder mûrement à un examen attentif, fut obligé, dans les derniers temps, de demander au Ministre, à cinq reprises, la fermeture de l'Exposition.

Le 6 Octobre, les opérations furent terminées Six jours après, le Ministre de l'Intérieur annonçait la clôture pour le mercredi 15.

L'Exposition avait duré 50 jours et l'on estimait à 600,000 le nombre des visiteurs,

Le 23 Octobre, le Roi reçut aux Tuileries les membres du jury central présentés par le duc de Doudeauville en sa qualité de Président,

Le duc en quelques mots remercia Sa Majesté de l'intérêt qu'Elle prenait à la prospérité des manufactures et de la nouvelle preuve qu'Elle venait d'en donner en voulant bien autoriser une Exposition plus splendide que celle de 1819.

Après ce discours, le Ministre prit place à côté du Roi et le vicomte de Castelbajac, Directeur du Commerce, commença la lecture de la liste des récompenses que Sa Majesté daigna remettre Elle-même aux fabricants présents à la cérémonie.

Les distinctions accordées étaient nombreuses : 11 croix de la Légion d'honneur, 72 médailles d'or, 153 d'argent, 250 de bronze, plus le rappel de 43 médailles d'or, 60 d'argent et 21 de bronze.

Le rapport du Jury comprenait les 8 divisions suivantes :

TISSUS

Médailles or.	33
Rappel.	8
Médailles argent.	23
Rappel.	55
Médailles bronze.	77
Rappel.	7

MÉTAUX

Médailles or.	16
Rappel.	15
Médailles argent.	32
Rappel.	8
Médailles bronze.	47
Rappel	»

MACHINES

Médailles or.	4
Rappel	1
Médailles argent.	12
Rappel	2
Médailles bronze.	21
Rappel	1

INSTRUMENTS DE PRÉCISION

Médailles or.	7
Rappel	1
Médailles argent.	16
Rappel	4
Médailles bronze	12
Rappel.	»

BEAUX-ARTS

Médailles or.	7
Rappel	6
Médailles argent.	11
Rappel.	7
Médailles bronze.	25
Rappel	7

POTERIES

Médaille or	1
Rappel	4
Médailles argent	3
Rappel	1
Médailles bronze.	8
Rappel	2

ARTS CHIMIQUES

Médaille or	1
Rappel	3
Médailles argent.	7
Rappel	8
Médailles bronze.	31
Rappel	7

ARTS DIVERS

Médailles or.	3
Rappel	5
Médailles argent.	17
Rappel	7
Médailles bronze.	29
Rappel	2

RÉCOMPENSES

MÉDAILLES D'OR

Laines. — Troupeau de Naz (Ain); Comte DE POLIGNAC (Calvados).

Laine filée. — D'AUTREMENT et DOYEN, de Villepreux (Seine-et-Oise)

Draperie fine et moyenne. — GUIBAL-VEAUCE, de Castres; DANET, GERDRET (Anatole), de Louviers; QUESNÉ et fils, d'Elbeuf; CUNIN-GRIDAINE et Cie, POUPART DE NEUFLIZE père et fils, CHAYAUX frères, de Sedan. Rappels : JOURDAIN, GERDRET, de Louviers; BACOT et fils, de Sedan; TERNAUX, de Paris.

Fil de cachemire. — HINDENLANG, de Paris.

Châles. — BAUSON, LAGORCE et Cie, BOSQUILLON, REY, de Paris.

Soie grège — ROCHEBLAVE, d'Alais; POIDEBARD, de Lyon.

Etoffes de soie. — DUTILLEU, BANSE et Cie, AJAC, MAILLÉ, SAINT-OLIVE, REVILLIOD et Cie, de Lyon; PILLET, de Tours; SABRAN, de Nimes. Rappels : GRAND frères, CHUARD et Ce, SÉGUIN et YÉMENIZ, de Lyon; DÉPOUILLY et Cie, de Paris.

Rubans. — DUGAS, VIALIS et Cie, de Saint-Chamond.

Cotons filés. — Samuel JOLY et fils, de Saint-Quentin; veuve DEFRENNE et fils, de Roubaix; TRÉMEAUX, de Lille. Rappel : MILLE, de Lille.

Mousseline. — GLAIZE et Cie, de Tarare. Rappel : CHATONEY et Cie, de Tarare.

12

Percales, calicots. — Veuve FERDINAND LADRIÈRE, de Saint-Quentin.

Linge de table damassé. — PELLETIER (Henri), de Saint-Quentin.

Dentelles. — MOREAU, de Chantilly.

Impressions sur toiles. — Rappels : HAUSSMANN frères, HEILMANN et Cⁱᵉ, du Haut-Rhin.

Tapis en feutre verni. — CHENAVARD, de Paris.

Teinture fil de coton. — GONFREVILLE fils, de Rouen.

Maroquins. — Rappels : FAULER et fils, de Choisy ; MATTLER, de Paris.

Papiers à la cuve. — JEFFERY-HORNE, Pas-de Calais. Rappel : MONT-GOLFIER (Jean-Baptiste), d'Annonay.

Sel gemme. — Société de Vic.

Fonte de fer. — Cⁱᵉ des Mines de fer de Saint-Etienne. Rappel : BEAUNIER (Isère).

Fer. — DE WENDEL (Moselle) ; LABBÉ et BOIGUES (Nièvre ; DUFAUD (Nièvre). Rappel : MERTIAN (Oise).

Cuivre. — Rappels : Fonderie de Romilly (Eure) ; DEBLADIS et Cⁱᵉ (Nièvre).

Acier. — JACKSON père et fils (Loire) ; RUFFIÉ (Ariége) ; BERNADAC (Pyrénées-Orientales). — Rappels : GARRIGOU et Cⁱᵉ (Toulouse) ; BEAUNIER (Isère) ; MONTMOUCEAU (Orléans) ; DEQUENNE (Nièvre) ; SAINT-BRIS, d'Amboise.

Tréfilerie. — Rappel : MOUCHEL fils, de Laigle.

Tôles. — DEBLADIS et Cⁱᵉ (Nièvre) ; FOUQUES (Nièvre).

Fer-blanc. — DE WENDEL (Moselle).

Limes. — REMOND (Versailles).

Cardes. — HACHE-BOURGOIS (Eure).

Peignes, ros. — BORMAND et Cⁱᵉ, de Lyon. Rappel : JAPY frères (Haut-Rhin).

Toiles métalliques. — ROSWAG, de Schelestadt.

Outils divers. — COULAUX frères (Bas-Rhin) ; JAPY frères (Haut-Rhin).

Armes blanches. — CRÉANT (Paris).

Bronzes, dorures. — DENIÈRE, GALLE, de Paris. Rappels : THOMIRE, de Paris ; Ecole de Châlons.

Orfèvrerie. — Fauconnier, de Paris. Rappels : Odiot, Cahier, de Paris.

Plaqué. — Tourrot, de Paris.

Bijouterie d'acier. — Frichot, de Paris.

Machines. — John Collier, de Paris ; Abraham Poupart, de Sedan , Viard, de Rouen ; Rissler frères et Dixon (Haut-Rhin). Rappel : Gensoul, de Lyon.

Instruments de physique. — Fortin, Gambey, de Paris.

Instruments de précision. — Pecqueur, de Paris.

Pendules. — Pons (Seine-Inférieure). Rappel : Janvier (Paris).

Pianos. — Erard, de Paris.

Eclairage. — Rappel : Allard, de Paris.

Chauff'g '. — Rappel : Germon, de Paris.

Couleurs. — Rappel : Roard, de Clichy.

Poterie. — Rappel : Utzschneider (Moselle).

Porcelaine. — Rappel : Nast, de Paris.

Glaces. — Rappel : Saint-Gobain (Aisne).

Cristaux. — Godard, de Baccarat. Rappel : Chagot frères (Côte-d'Or)

Caractères d'imprimerie. — Firmin Didot fils ; Didot (Jules) aîné ; Molé jeune, de Paris.

Gravure. — Veuve Gonord, de Paris. Rappels : Henri Didot, Herhan, de Paris.

———

DÉCORATIONS

Accordées par S. M. à l'occasion de l'Exposition

———

Guibal, fabricant de draps, à Castres. .

Jourdain (Frédéric), fabricant de draps, à Louviers.

Gerdret aîné, fabricant de draps, à Louviers.

Aimé Joly, fabricant de cotons filés, à Saint-Quentin.

Dutilleu, fabricant de soie, à Lyon.

Rey, fabricant de châles, à Paris.

Hindenlang fils aîné, fabricant de châles, à Paris.

Boigues, un des propriétaires de l'usine de Fourchambault.

Gensoul (Joseph), filateur et mécanicien à Lyon.

Molé jeune, fondeur et graveur en caractères d'imprimerie.

Bréant, vérificateur général des essais à la Monnaie.

RÉSUMÉ

—◦◦◦◦—

Bien que le nombre des exposants fût à peu près égal à celui des manufacturiers et artistes réunis en 1819, la proportion des médailles était sensiblement supérieure.

Le Jury expliqua dans son rapport cette apparente anomalie en l'attribuant à toute une suite de progrès et de découvertes dans tous les genres dont il avait dû reconnaître les mérites.

Cette raison concluante ne prêtait point à la critique, elle émanait d'un Jury consciencieux où l'industrie tenait sa place à côté des plus illustres représentants de la science, elle devait réjouir sincèrement les cœurs patriotes qui mettaient l'intérêt national au-dessus des questions étroites de parti.

Il faut le reconnaître, à cette époque la politique envahissait tout ; les matières industrielles qui, par leur essence même, semblaient être à l'écart de ces luttes passionnées, servaient souvent de prétexte à de violentes polémiques.

Cette année même, pendant la durée de l'Exposition, les deux camps principaux qui divisaient la presse s'étaient livré bataille au sujet de l'importation en France de l'éclairage au gaz.

En 1815, le Préfet de la Seine, averti des avantages qui résultaient de l'emploi du gaz en Angleterre, institua une commission chargée de l'appliquer à l'hôpital Saint-Louis. L'affaire traîna en longueur pendant deux années, et ce ne fut qu'en 1818, le 1er Janvier, que toutes les dépendances de l'établissement furent éclairées par 300 becs.

Cet exemple venu de l'administration, la grande supériorité, comme luminaire, du nouvel agent découvert par Lebon, décidèrent, vers 1821, l'Opéra et deux ou trois autres théâtres à adopter, avec l'autorisation municipale, cet éclairage supérieur aux quinquets et reverbères.

Une compagnie montée par actions, dirigée par M. Pauwels, se fonda en 1822 pour exploiter en grand, à Paris, cette innovation et installer un gazomètre assez puissant pour conduire la lumière partout où elle serait demandée. M. Pauwels demanda au Préfet de Police l'autorisation, qui lui fut accordée, de placer son établissement dans le haut du faubourg Poissonnière.

Jusque-là tout allait bien, mais le directeur de la Compagnie comptait sans l'esprit timoré de la population parisienne dont un petit livre, paru au moment où les travaux commençaient, vint exciter les susceptibilités et les méfiances.

Charles Nodier, associant son nom à celui de M. Pichot, docteur en médecine, venait de résumer, dans un essai sur l'éclairage au gaz, toutes les critiques qui couraient Paris contre ce projet et d'en faire ressortir habilement tous les dangers.

Ecrivain délicat et fin, mais peu au courant des progrès de la science, Charles Nodier attaqua de bonne foi le gaz dont les inconvénients et les périls lui paraissaient incontestables.

Il fut, volontairement, l'instrument d'un parti hostile à toutes les idées nouvelles qui sut, cette fois encore, prendre le masque hypocrite de l'intérêt général.

L'histoire peut pardonner cette erreur à l'auteur de tant de contes charmants qui, quelques années plus tard, devait voir, à sa grande confusion, le triomphe complet de la lumière que son esprit fourvoyé avait anathématisée en pure perte.

Dans cet essai, Nodier énumérait complaisamment les dangers auxquels étaient exposées les villes assez imprudentes pour user du nouvel éclairage : l'explosion, les exhalaisons méphitiques.

Il rappelait que, le 7 Août 1822, à Edimbourg, la représentation de Rob-Roy avait été arrêtée par l'obscurité survenant subitement; à Wolwich, une maison s'était écroulée à cause d'une fuite. Un tuyau mal construit ou usé, un robinet incomplètement fermé, un bec resté ouvert par l'insouciance d'un domestique, tous ces cas divers pouvaient amener les accidents les plus déplorables.

On racontait en Angleterre l'histoire d'un puits, voisin d'un réservoir à gaz, empoisonné par un suintement à travers les pierres.

Le gaz était répandu en Angleterre, mais la Société royale de Londres avait prescrit des précautions indispensables : la construction des appareils loin des maisons, avec des réservoirs de petite dimension et des murailles épaisses.

A ces arguments présentés sous une forme originale et facile qui frappait vivement les imaginations, d'autres détracteurs du gaz ajoutaient des affirmations plus inexactes et dont l'absurdité fait sourire aujourd'hui. Ils assuraient que des chimistes venaient de prouver, sans réplique, que la modicité du prix invoquée par les partisans du nouvel éclairage, existait en imagination seulement ; après expérience, ils avaient constaté que le prix annuel d'un bec de gaz était de 192 fr. 83 cent., tandis que par l'huile on ne dépensait que 69 francs.

Cette polémique acharnée finit par émouvoir les habitants du quartier Poissonnière. Ils s'adressèrent à l'Administration pour obtenir le déplacement de l'usine en construction. Le Conseil de Préfecture rejeta cette prétention. M. Pauwels, fort de cet arrêt, continua tous les travaux pour achever l'établissement de ses appareils.

Requête fut alors déposée au Conseil d'Etat qui, dans sa séance du 7 Septembre, annula l'autorisation accordée à la Compagnie, cassa la délibération du Conseil de Préfecture et fit défense à la direction de terminer ses préparatifs.

Les ennemis du gaz avaient la victoire. *La Quotidienne, le Drapeau blanc* entonnèrent un chant d'allégresse, ils se réjouirent de la suppression de ce gazogène insalubre, jusqu'alors relégué en Angleterre et dont la présence constituait un danger effroyable pour tout un quartier de la capitale.

Les journaux libéraux, heureux de cette nouvelle maladresse du Gouvernement, examinèrent la question au point de vue des intérêts de la Compagnie et n'eurent pas de peine à montrer tout l'arbitraire de cette mesure.

Le *Courrier français*, entr'autres, critiqua l'arrêté par un raisonnement d'une logique impitoyable : la Compagnie n'avait pas à savoir si l'autorité à qui elle s'adressait était compétente ; il lui fallait l'autorisation du Préfet de Police, elle l'avait obtenue. Le Conseil de Préfecture ayant rejeté les oppositions formées, elle se trouvait en règle, et c'était au moment où toutes les dispositions étaient prises, les dépenses faites, que le Ministère, qui connaissait l'affaire, depuis longtemps en litige, qui avait gardé le silence pendant les débats, entrait en lice pour la condamner et lui faire perdre le bénéfice des travaux entrepris.

Il n'y avait rien à répondre à de tels arguments. *Le Journal du*

Commerce, à son tour, attaqua, mais avec plus de violence, la conduite du Ministre, et traita d'abus de pouvoir l'arrêté du Conseil.

Le Gouvernement, au lieu de laisser les esprits se calmer, commit la faute de poursuivre le journal dont l'éditeur responsable, M. Cardon, fut condamné comme coupable d'outrages envers le Conseil d'Etat, d'excitation à la haine et au mépris du Gouvernement, à un mois de prison et 150 fr. d'amende, minimum de la peine !

L'opposition ne pouvait obtenir un succès plus complet, et le Ministère, vainqueur par la force, sortait battu devant l'opinion, dans la nouvelle campagne qu'il avait si imprudemment entamée.

Le Gouvernement vit trop tard la faute qu'il avait commise et, pour la réparer, il prit une détermination dont l'à-propos, quelques mois auparavant, lui eut évité bien des ennuis. Il consulta l'Académie des Sciences sur l'éclairage au gaz. Celle-ci, dans sa séance du 29 Septembre, nomma une Commission composée de cinq membres : Prony, Gay-Lussac, d'Arcet, Dulong et Fresnel, chargés d'examiner cet éclairage à tous les points de vue, et d'en faire un rapport à l'Académie.

Cet épisode de l'histoire de la Restauration montre à quel point, même dans les questions où la politique n'avait pas raison d'être mêlée, la passion des partis saisissait avec empressement l'occasion favorable de continuer la lutte acharnée qui se poursuivait entre la nouvelle société issue de la Révolution et ceux qui regrettaient l'ancien régime et ses priviléges.

SEPTIÈME EXPOSITION

DES

PRODUITS DE L'INDUSTRIE FRANÇAISE

1827

APERÇU GÉNÉRAL

———o≪∞≫o———

Il n'est pas inutile, avant d'entamer le récit de l'Exposition de 1827, de consacrer quelques lignes à la situation politique de la France au moment où le concours avait lieu et de déterminer ainsi les conditions défavorables dans lesquelles il se produisait.

En 1824, le comte d'Artois, frère de Louis XVIII, lui succédait sous le nom de Charles X. L'avènement du nouveau monarque fut assez froidement accueilli par le parti libéral, qui lui reprochait d'avoir été, pendant le dernier règne, le principal instigateur de la réaction royaliste dans les Conseils du Gouvernement.

Nul n'ignorait les sentiments religieux du Roi et l'influence qu'exerçait sur son esprit le parti des jésuites. On craignait alors, ce qui s'est réalisé par la suite, de voir un Gouvernement occulte et ténébreux entamer une lutte obstinée contre les institutions nouvelles et tenter, en brisant toutes les résistances, une résurrection impopulaire du passé.

Charles X, moins fin, moins lettré que son frère, avait toute la fierté de la race des Bourbons ; vingt-cinq ans d'exil supportés avec impatience ne lui avaient point donné la philosophie un peu misanthropique de Louis XVIII, et les ultra royalistes, sous le dernier règne, trouvaient en lui le défenseur le plus intraitable des prérogatives royales.

Dès qu'il fut Roi, il ne fut pas difficile au parti dont il était le jouet d'épaissir le voile qui lui dérobait l'état réel des esprits et de lui démontrer, d'une manière irréfutable, qu'en cédant aux vœux de la nation, il amoindrissait son autorité et sa personne.

Toute l'histoire du règne de Charles X est là. Un malentendu habilement entretenu par ses courtisans le séparait du pays qui, de son côté, le tenait en défiance ; on lui représentait la moindre concession comme inconciliable avec la Majesté royale, et Charles X qui, laissé à ses inspirations naturelles, aurait su faire aimer de la France entière son caractère grand et généreux, se croyait obligé de maintenir à tout prix le principe de respect pour la dignité suprême dont il devait compte à Dieu et à ses successeurs.

Ses conseillers, en exagérant encore la haute idée qu'il se faisait de son titre souverain, négligèrent à dessein de lui indiquer les obligations qui en étaient la conséquence ; ils réussirent à lui persuader, tant était grand son aveuglement, que la France, un moment affolée par la Révolution, ne demandait qu'à être sauvée d'elle-même et à voir renaître ce qui existait avant cette funeste époque.

Quand éclata l'orage qui allait renverser le trône des Bourbons, Charles X assista, impassible, sans en comprendre la cause, à l'effondrement de la monarchie et refusa obstinément de compromettre la dignité royale en cédant à l'émeute qui grondait aux portes du Palais.

Toutes les fautes de ce règne si court retombent sur les Ministres, coupables d'avoir entretenu constamment dans l'esprit du Roi des idées aussi fausses qu'absolues, coupables d'avoir tourné les yeux vers le passé au lieu de chercher à concilier l'autorité du Chef de l'Etat avec les aspirations légitimes du pays.

Malgré les difficultés sans cesse renaissantes d'une situation politique assez délicate, le Ministre de l'Intérieur, M. de Corbière, soumit à la signature du Roi, le 4 Octobre 1826, un projet d'ordonnance instituant une Exposition pour le 1er Août 1827.

Bien qu'il fût un des plus zélés partisans des idées rétrogrades, M. de Corbière sentait trop bien l'importance du développement de l'industrie et du commerce, au point de vue budgétaire, pour essayer de supprimer le retour quaternal des concours : s'il l'eût voulu, d'ailleurs, l'opinion publique, surexcitée, lui aurait forcé la main en réclamant sous toutes les formes.

M. de Corbière avait vu les résultats heureux de l'Exposition de 1823, à laquelle il avait présidé comme organisateur ; il n'hésita pas, en 1826, malgré les scrupules de ses opinions personnelles, à solliciter du Roi l'autorisation d'annoncer une nouvelle réunion au mois d'Août dans le Palais du Louvre.

Toutes les dispositions des ordonnances de 1819 et 1823 étaient rappelées sans aucune modification ; il n'y eut, quand il s'agit de passer à l'exécution, qu'un changement assez important toutefois.

Au mois de Janvier, quand le Ministre prescrivit les études nécessaires pour examiner l'emplacement destiné à l'Exposition, on s'aperçut qu'elle ne pourrait avoir lieu dans les mêmes salles qu'en 1823. Le Conseil d'Etat occupait la partie du bâtiment située du côté de l'Oratoire ; la partie ouest était consacrée à la salle du Trône et à ses dépendances, les galeries du Midi devaient servir à augmenter le musée Charles X, déjà bien à l'étroit.

Il ne restait donc disponible que le rez-de-chaussée et la partie est du Palais, connue sous le nom de Colonnade.

Il ne fallait pas songer à établir l'Exposition dans un espace aussi limité, alors qu'en 1823 déjà, quarante salles avaient été jugées insuffisantes pour la quantité des produits exposés.

Le Gouvernement, reconnaissant l'impossibilité de trouver la place nécessaire dans les bâtiments, prit la résolution de faire élever, dans la cour même du Louvre, des constructions provisoires assez vastes pour contenir tout ce qui serait envoyé.

M. Dejoly, architecte de plusieurs Ministères et du Palais des Députés, fut chargé d'en dresser le plan, qui fut approuvé, et l'on passa d'urgence à l'exécution des travaux, car les délais ne pouvaient franchir la limite extrême du 1er Août.

Dès que cette décision fut connue, un double courant d'opinion s'établit dans la presse et dans le public. Les journaux du Ministère trouvaient l'installation projetée bien supérieure à celle de 1823, tandis que ceux de l'opposition, estimant la dépense à 300,000 fr., blâmaient l'emploi de fonds aussi considérables pour une construction tout à fait provisoire.

Un notable commerçant, M. Rey, émettait le vœu de voir bâtir un édifice spécial pour les Expositions générales qui deviendrait le Musée de l'Industrie ; on arriverait, malgré les frais, à faire une économie sur les sommes importantes que l'on serait, dans l'avenir, obligé de consacrer tous les quatre ans, à élever des bâtiments dont rien ne restait. M. Rey, pour faire des prosélytes, lança dans le commerce et l'industrie une circulaire où il énumérait tous les avantages d'un édifice permanent ; les ressources nécessaires, 7 à 8,000,000 francs, pouvaient être rapidement recueillies au moyen d'une augmentation proportionnelle annuelle sur les patentes.

Cette question fit surgir de tous côtés des projets, dont quelques-uns méritaient mieux que le dédain qui les accueillit tous.

Un fabricant de Saint-Quentin, entr'autres, proposa d'obtenir du Roi la permission de construire, aux frais des intéressés, soit l'aile droite du

Louvre, soit la galerie non achevée des Tuileries pour y placer l'Exposition. Si le Roi refusait, ne pourrait-il, du moins, autoriser l'établissement, sur la place du Carrousel, entre le Louvre et les Tuileries d'un jardin d'hiver à colonnes jointes par des vitrages et couvert de la même manière ? Entre temps, ce jardin, qui servirait de serre aux orangers du Louvre, formerait un lieu de promenade pour les Parisiens dans la mauvaise saison en restant ouvert cinq ou six heures par jour. Toute autre construction mettrait l'industrie dans l'obligation de faire de grandes dépenses pour l'achat d'un emplacement dans un endroit central.

Ces projets étudiés, commentés dans tous les journaux, accueillis avec faveur par les uns, repoussés par les autres, ne réussirent pas à modifier les mesures prises par le Gouvernement, qui évita de se prononcer dans aucun sens et fit continuer avec activité les travaux entrepris dans la cour du Louvre.

Au milieu de Juillet tout était terminé et l'on pouvait, dès cette époque, se rendre compte de l'effet général produit par les nouvelles galeries.

Ces pavillons formaient quatre équerres séparés des entrées principales et isolés des bâtiments par une large rue. Les fenêtres, au nombre de 120 avaient 8 pieds de haut, et des toiles transparentes imperméables remplaçaient les vitres.

Chaque corps de bâtiment était long de 234 pieds ; sa hauteur, dans le milieu, était de 21, et de 18 sur les côtés à cause de l'inclinaison du toit. Une allée de 15 pieds de large, destinée à la circulation du public, séparait les boutiques, qui avaient chacune 7 1/2 pieds de profondeur alors qu'en 1823 chaque travée comptait seulement 5 pieds.

De grandes portes cintrées, ornées d'un fronton et de deux bas-reliefs en saillie représentant les attributs du commerce et des arts, servaient d'entrée dans les salles où l'on arrivait par quatre marches ornées de piédestaux qui supportaient des figures moulées sur l'antique. Ces figures faisaient partie de l'Exposition.

Dans l'intérieur, le plafond des salles était peint en blanc, le fond des boutiques en vert clair et les colonnes imitaient un marbre blanc veiné.

La décoration du côté de la cour se composait de grandes divisions formées par des pilastres surmontés d'un entablement qui couronnait l'édifice ; les baies étaient placées à droite et à gauche entre ces grands pilastres à une hauteur de 10 pieds environ ; des pilastres de dimension moindre les divisaient de nouveau, et le bandeau du soutènement les rapprochait entre elles. Aux objets d'un grand volume tels que les voitures et les machines on réservait la salle dite d'Henri IV. Les dentelles, cachemires, étoffes de Lyon occupaient, comme en 1823, une partie de la salle du premier étage.

Cette installation provisoire fut à peine achevée qu'elle devint l'objet de nombreuses critiques.

Le Courrier français blâma l'architecte, à cause du jour trop faible, des dimensions trop exiguës qui occasionnaient une chaleur insupportable. Il alla, même, jusqu'à lui reprocher le service des pompiers organisé avec le plus grand soin, en alléguant que de telles précautions prouvaient les dangers qu'il y avait à craindre.

Le Constitutionnel, plus modéré, tout en s'associant aux mêmes observations, examina cette installation au point de vue financier et constata que la dépense, évaluée à 150,000 francs, si l'on rendait aux entrepreneurs tous les matériaux, atteindrait autrement près de 400,000 fr.

L'impartialité de ces deux journaux pouvait à bon droit passer pour suspecte, car ils avaient soutenu avec la plus grande insistance le projet d'un Palais d'Exposition permanent. L'architecte, en somme, tenu par les dimensions de la cour, en avait tiré le meilleur parti, et son œuvre, trop peu importante pour donner une haute opinion de ses talents, attestait, du moins, de l'habileté et du savoir-faire.

Mais la critique, injuste sur cette question, s'exerçait avec sévérité sur les organisateurs de l'Exposition. Les observations du Jury, des industriels, de la presse, aux précédents concours, n'avaient en rien modifié les procédés administratifs concernant le classement des objets et la confection du catalogue. Il était regrettable de voir se renouveler ainsi des errements défectueux, condamnés deux fois déjà par l'opinion publique.

Ces inconvénients, excusables à une époque où l'industrie était encore dans les langes, où les Expositions faisaient leurs premiers pas, ne devaient point se reproduire maintenant, et l'on était disposé à y voir, de la part des organisateurs, une grande indifférence et un profond dédain pour des objets jugés par eux aussi peu intéressants que les produits industriels.

Depuis longtemps on réclamait une méthode de classement qui permît de suivre le minéral ou le végétal comme matière première jusqu'à sa complète transformation par l'industrie ; cette division si facile, si nécessaire pour l'étude des progrès, n'avait pu être obtenue.

Dans les salles réservées à chaque catégorie de produits, tout était rassemblé pêle-mêle sans qu'il fût venu à l'idée de l'Inspecteur chargé du service de grouper les exposants suivant une classification aussi simple. Lo

livret lui-même était un véritable chaos, au lieu d'inscrire les objets par
ordre de matière, on les avait portés confusément suivant leur arrivée, si
bien qu'il était très difficile de s'y reconnaître.

La première galerie de bois, à l'est, en entrant par la Colonnade,
comprenait : les bronzes, dorures, cristaux, orfévrerie ; la deuxième, au
nord, en entrant par la rue du Coq : les draperies, bonneteries, mousselines, étoffes de coton ; la troisième, à l'ouest, sous l'horloge : les meubles,
sculpture, carton pierre, papeterie, typographie, lithographie ; enfin, la
quatrième, au sud, en arrivant du pont des Arts : les produits chimiques,
chapellerie, parfumerie.

Nous avons indiqué, plus haut, les salles réservées dans le Palais aux
machines, châles, cachemires, soieries. On y avait ajouté les tapis, papiers
peints, instruments de musique, bijouterie, joaillerie, coutellerie, armurerie.

L'Exposition, cette année, sauf pour le département de la Seine,
n'attestait aucun progrès au point de vue du nombre des exposants. Les
départements restaient dans les mêmes proportions qu'en 1823, et même
certains d'entre eux accusaient une différence notable.

Les raisons inavouées de ce peu d'empressement à répondre à l'appel
du pouvoir venaient en grande partie du mécontentement profond qui régnait dans le pays, tant au point de vue politique qu'au point de vue
industriel.

Les Chambres de Commerce, les grands manufacturiers s'étonnaient
de voir repousser leurs légitimes réclamations sur des questions de tarifs
de douane tout à l'avantage de l'étranger sans que la réciproque eut été
établie pour nous, ils s'effrayaient aussi de la politique autoritaire des
Ministres et des projets de réaction qu'on leur prêtait ; il résultait de là
un malaise général qui se traduisait par un ralentissement de la production.

Seul, entre tous, le département de la Seine, avec ses branches d'industrie spéciales si nombreuses, donnait une augmentation considérable
d'exposants.

Le nombre total des exposants était de 1,775, dont 1,045 pour la
Seine. 10 départements n'avaient rien envoyé, entr'autres l'Aveyron, le
Loir-et-Cher, le Var, le Vaucluse où l'industrie, sous diverses formes, était
pourtant assez active. Plusieurs départements étaient représentés de la
façon la plus incomplète, tels que : l'Ardèche, Dordogne, Isère, Loire, Lot-
et-Garonne, Mayenne, Pas-de-Calais, Haute-Saône, Sarthe, Seine-et-
Marne, Somme, Tarn, Tarn-et-Garonne, Vendée, Vienne, Vosges.

La statistique établissait que sur les 85 départements de la France convoqués à l'Exposition, les 37, qu'une ligne conventionnelle attribuait à la France septentrionale, réunissaient 415 exposants, tandis que les 48 de la région du Midi n'en comptaient que 308 ; sur les 16 départements absents, 13 étaient au-delà de la Loire.

Ces regrettables abstentions, à quelque point de vue que l'on se plaçât, paraissaient inexplicables et témoignaient d'une indifférence profonde des populations industrielles ; quant à la proportion exagérée du département de la Seine, elle provenait, comme les années précédentes, de l'indulgence du Jury départemental qui, débordé par les demandes, avait admis trop facilement bien des objets indignes d'être offerts à l'admiration d'un grand peuple.

Il semblait, du reste, que nul n'eut profité des critiques formulées en 1823. Peu d'exposants s'étaient décidés à indiquer sur leurs produits le prix pour lequel ils les livraient au commerce. Il résultait des explications données par les grands manufacturiers qu'ils craignaient de s'attirer ainsi l'animadversion de leurs émules : le moyen proposé par eux pour parer à cet inconvénient consistait dans l'obligation imposée par le jury à tout exposant de porter cette indication sur les échantillons présentés pour l'Exposition.

Le public, en effet, ne s'intéressait que médiocrement à un tour de force fait par un fabricant qui offrait des objets n'ayant rien de commun, ni pour le prix, ni pour la valeur, avec ceux qu'il vendait au commerce.

Une des conditions les plus essentielles aux produits de l'industrie était le bon marché comparatif des articles pour les qualités données et l'on ne pouvait en juger qu'au moyen de la mention du prix sur les objets. On n'avait pas à craindre que les fabricants missent sur leurs produits des prix inférieurs à ceux de la vente habituelle, car ils se seraient trouvés ainsi dans l'alternative fâcheuse ou de livrer à un prix peu rémunérateur ou de refuser la vente et de discréditer leurs maisons par des agissements aussi déloyaux.

Il était temps que le gouvernement intervînt dans cette question importante et fît un règlement d'Exposition plus rigoureux pour relever le niveau des réunions à venir.

Cette année, l'Exposition avait un savant historiographe dont les travaux sur l'économie industrielle ont illustré le nom : Charles Dupin : ses ouvrages estimés sur des matières un peu arides sont d'un précieux secours pour quiconque veut raconter les phases diverses des Expositions.

Dans un livre intitulé : *Situation progressive des forces de la*

France depuis 1815, le baron Dupin examinait, à un point de vue général, le développement industriel et en étudiait les causes. Tous les progrès, selon ses appréciations, étaient dus à l'enseignement, né avec le siècle, des sciences appliquées à l'industrie. Avant la Révolution cette application était jugée chimérique ou dangereuse : on regardait la théorie comme trop supérieure à la pratique pour s'occuper d'intérêts aussi vulgaires.

La chimie, pourvue, par le génie de Lavoisier, d'une nomenclature claire et précise, avait commencé, la première, à faire descendre la science des hauteurs où elle planait. Berthollet, Chaptal, Fourcroy, Vauquelin, pendant les guerres de la République, rendirent les plus grands services au pays, en suppléant, grâce à leurs découvertes, à tout ce qui nous faisait défaut, par la rupture de nos relations avec l'Europe. Leur influence, sous l'Empire, avait amené le gouvernement à créer, dans les grandes villes industrielles, des cours de chimie appliquée aux arts.

Une autre institution qui rendit les plus grands services à la France fut l'Ecole polytechnique. C'est là que pour la première fois Monge enseigna la géométrie descriptive, créée par ses puissantes facultés mathématiques : elle fut pour les arts graphiques ce que la chimie avait été pour les arts qui travaillaient sur la nature même des substances. D'anciens élèves de cette école dirigeant vers l'industrie l'application de leurs connaissances avaient fondé des usines considérables qui avaient contribué pour une large part aux progrès réalisés.

En 1819, le Conservatoire était pourvu de chaires où l'on enseignait la géométrie, la mécanique, la chimie, la science économique appliquée à l'industrie. En 1824 on créait également à Paris l'enseignement élémentaire des sciences appliquées pour les contre-maîtres et ouvriers, cette innovation si utile s'était rapidement propagée et existait déjà dans 110 villes manufacturières. Le résultat de ces efforts se constatait facilement par le nombre des brevets délivrés depuis 1793 (époque d'où datait la législation garantissant aux inventeurs la possession exclusive, mais temporaire, des méthodes industrielles pour lesquelles ils prenaient un brevet auprès de l'autorité publique).

1793 4	1811 66	1823 187
1798 10	1816 115	1824 217
1803 64	1821 170	1825 321
1806 74	1822 175	

On voit, grâce à la diffusion plus grande de l'enseignement scientifique et industriel, dans quelle proportion toujours croissante, les inventions se multipliaient. Il n'était pas possible d'indiquer d'une manière plus précise et plus juste les différentes causes des progrès constants de notre industrie. Ce résumé montre avec évidence dans quelle mesure la science contribuait au développement de nos manufactures arrêtées quelquefois, dans leur marche, par la politique ou une législation peu en rapport avec leurs besoins, mais triomphant toujours des obstacles qu'elles rencontraient sur leur route.

Tout en reconnaissant que l'Exposition de 1827 n'était en rien inférieure, comme produits, aux concours précédents, il y avait dans l'indifférence des manufacturiers des grands centres un symptôme d'autant plus grave que nul n'ignorait maintenant les bénéfices qu'on retirait des distinctions accordées, ou même de la seule présence à l'Exposition.

Les facilités qu'offrait à l'industrie parisienne l'emplacement choisi, de tout temps, expliquaient l'affluence toujours croissante des demandes d'admission. Le Jury départemental, qu'on accusait d'une complaisance abusive, ne pouvait montrer une bien grande sévérité envers des objets, un peu en dehors sans doute des grandes divisions du commerce, mais qui constituaient, cependant, pour Paris une source de richesse et de prospérité et entraient, pour une part importante, dans le revenu général du pays.

Cette critique se renouvelait, à chaque période d'exposition, avec insistance, en s'appuyant sur des arguments tirés de l'honneur de l'industrie compromis par un voisinage choquant.

Que pouvait faire ce jury auquel on reprochait tant d'indulgence ? repousser des catégories d'exposants, sous prétexte d'indignité ? en avait-il le droit, alors que le règlement de l'Exposition restait muet sur les questions d'admissibilité ?

La grande fabrication s'éloignait peu à peu de Paris, chassée par la cherté de la main-d'œuvre et les frais considérables d'établissement : d'autres industries plus modestes, se substituaient aux manufactures et aux grands ateliers : fallait-il, parce qu'elles s'adressaient plutôt aux besoins factices du luxe et de la richesse qu'aux nécessités de l'existence et de la société, leur fermer tous les débouchés ? Cette voie conduisait à l'absurde et à l'arbitraire.

Ces inconvénients, signalés par tout le monde, étaient, d'ailleurs, en partie le résultat de la conduite des manufacturiers des départements qui se désintéressaient des Expositions et jugeaient à propos de n'y point paraître. Paris profitait de cette indifférence et encombrait les salles des nombreux objets sur lesquels s'exerçait son activité industrieuse.

Il y avait, dans cette querelle, un juste milieu à établir pour arriver à la vérité : reconnaître, d'une part, que l'admission avait été prononcée un peu largement pour un trop grand nombre de représentants de branches d'industrie dont la médiocre importance ne légitimait pas une telle faveur, et d'autre part, se garder d'appréciations injustes ou erronées sur des produits dont on ne saisissait pas à première vue l'utilité, les mérites et qui concouraient, cependant, à répandre, surtout à l'étranger, notre réputation de goût et d'ingéniosité.

Tous les préparatifs étaient terminés quand l'Exposition ouvrit, le 1er août, ses portes à la foule. Dès les premiers jours, le Gouvernement dut reconnaître lui-même que les galeries provisoires étaient très incommodes et, par leurs dimensions forcément restreintes, rendaient la circulation difficile, sinon impossible, quand la foule s'arrêtait à regarder les boutiques.

L'allée réservée au milieu avait 15 pieds de large qui auraient pu suffire si les visiteurs avaient marché continuellement et dans le même sens, mais dès qu'un noyau de curieux se formait autour de certains articles, un encombrement inévitable se produisait.

Il y avait un autre désagrément non moins grave qui amena quelques accidents. Les murs du Palais sur lesquels les rayons du soleil dardaient tout le jour, renvoyaient une chaleur intense, qui, dans les galeries, avec la foule, devenait suffocante.

La nécessité s'imposait, pour l'Exposition suivante, de prendre un autre parti et de trouver un emplacement plus large, le moins éloigné possible du centre de Paris. Le Gouvernement n'avait qu'à étudier, les divers systèmes proposés, quelques mois auparavant, et à choisir, parmi eux, celui qui présentait l'exécution la plus facile et la plus économique.

EXAMEN DES PRODUITS EXPOSÉS

————————ᗱᗱᗱ————————

L'Exposition compensait, toutefois, sa faiblesse numérique par plusieurs progrès remarquables.

L'industrie de la laine, entr'autres, qui, en 1823, s'était signalée par les produits perfectionnés de la fabrication des cachemires et des échantillons superfins des chèvres originaires du Thibet naturalisées en France, apportait une nouvelle acquisition. Plusieurs propriétaires avaient envoyé des laines longues de moutons anglais, race Dihsley, acclimatés depuis 3 ans en France. Cette importation était d'autant plus heureuse que les laines longues entraient pour une part assez forte dans les 20 à 25,000,000 fr. de laines que nous demandions, chaque année, à l'étranger.

La société pour l'amélioration des laines rendait les plus grands services aux agriculteurs, mais le nombre de ses adhérents était encore peu considérable et, dans l'exposition des laines longues, pas un seul des 48 départements du Midi ne montrait d'échantillons. Les manufacturiers se plaignaient de n'avoir point de laines communes en quantité suffisante, et, quant aux laines fines, elles étaient encore plus rares.

Le comte de Polignac, possesseur d'un superbe troupeau de 12,000 têtes, dans le Calvados, venait dans un mémoire adressé à M. de Corbière, Ministre de l'Intérieur, d'indiquer, selon lui, le seul moyen de relever une industrie qui dégénérait : la protection. Il demandait la prohibition absolue des laines étrangères au profit des laines nationales.

Cette question extrêmement grave ne pouvait être résolue sans réflexion. La législation adoptée en Angleterre à ce sujet, donnait aux conseils du comte de Polignac le démenti le plus formel. Les Anglais, pour atteindre le but que l'on poursuivait en France, avaient déclaré libre l'importation des laines fines et prohibé l'exportation. Une telle mesure enrichit les fabricants de draps ; pour lutter contre la concurrence étrangère, les propriétaires de troupeaux firent des croisements entre animaux de différentes races, si bien qu'à ce jour l'Angleterre possédait les races les plus précieuses, tant au point de vue de la valeur des toisons que de la façon économique dont on engraissait les moutons.

Le système qui avait pleinement réussi en Angleterre méritait d'être sérieusement étudié avant de prendre un parti. Il fallait tenir compte du caractère très différent des deux pays, et ne se prononcer qu'après avoir consulté les intéressés au moyen des chambres de commerce et d'agriculture. Le mal était évident; le grand mouvement qui datait du commencement du siècle avec l'acclimatation des mérinos semblait arrêté : l'emploi des machines étendant et augmentant la fabrication nécessitait une production plus active et plus considérable des toisons.

On citait, il est vrai, des troupeaux, tels que ceux de Naz (Ain), du comte de Polignac, dont les laines étaient égales à tout ce que l'étranger fournissait de plus soigné, mais le progrès, très réel dans quelques grands troupeaux, ne pénétrait pas encore dans les petites exploitations où les moutons manquaient des soins nécessaires pour donner des toisons convenables.

Il fallait introduire dans les villages les bonnes méthodes d'éducation et de croisement et montrer aux paysans tous les avantages qu'ils devaient tirer de leurs efforts pour améliorer des laines trop inférieures.

Là, peut-être, plutôt que dans des mesures restrictives de douanes, toujours dangereuses à cause des représailles, était le moyen de relever dans le pays une industrie que l'insouciance des agriculteurs et de mauvais errements avaient gravement compromise.

Le gouvernement, par des primes, des encouragements, pouvait exciter l'émulation et récompenser le zèle de tous ceux qui, comprenant mieux leurs intérêts, consentiraient à suivre les enseignements précieux répandus par ses soins. L'industrie mettait en œuvre 42,000,000 de kilog. de laines françaises et 8,000,000 de kil. de laines étrangères.

Les draps, en 1827, avaient sensiblement baissé de prix : il était regrettable, toutefois, que cette diminution ne pût pas profiter au public. La différence augmentait encore le bénéfice des tailleurs, intermédiaires obligés entre le fabricant et le consommateur.

Une répartition aussi peu équitable excitait l'animosité générale, d'autant plus qu'il ne s'agissait pas de sacrifier exclusivement une des deux parties : il fallait simplement concilier deux intérêts opposés en ramenant le niveau des prix à des proportions plus raisonnables.

Les fabricanls, semblait-il, pouvaient s'entendre avec les tailleurs pour fixer un prix de vente assez élevé pour sauvegarder leurs bénéfices, et en même temps assez bas pour faire profiter le public de la diminution obtenue par l'emploi des machines. Cette convention conclue, les fabricants auraient la faculté d'afficher, sans inconvénient, sur leurs marchandises, ces prix qui auraient constitué une sorte de mercuriale. La chose était facile, il n'y avait qu'à suivre l'exemple de M. Ternaux.

Celui-ci, continuant en 1827 la campagne qui avait suscité tant de colères en 1823, indiquait les prix d'habillements faits avec ses draps par des tailleurs convertis à ses idées :

1ʳᵉ qualité. — (Habit drap, bleu ou noir, doublé de soie). . . . 100 fr.
2ᵉ — — — 90
3ᵉ — — — 80
4ᵉ — (Habit drap, bleu ou noir). 70
5ᵉ — — 60

Le public n'en demandait pas davantage et savait, malgré l'hostilité et la jalousie de ses confrères, reconnaître les services que ce grand manufacturier rendait à tout le monde par de tels procédés.

21 départements figuraient par des échantillons de draperie, mais, à part Elbeuf, Sedan, Louviers, les autres centres étaient faiblement représentés. Lodève, entr'autres, dont les gros draps à l'usage des troupes alimentaient 50 établissements, n'avait envoyé que 2 exposants, il en était de même pour toute la région du Midi, Castres, Mazamet, Carcassonne, dont les fabriques jouissaient, pourtant, d'une grande renommée et d'un débit très important.

En châles, cachemires de laine et de soie, la production atteignait 32,000,000 fr. sur lesquels Paris prenait une part de 14,000,000 fr. avec 9,000 ouvriers. Dans l'exportation dont le total était de 6,907,000 fr., Paris revendiquait 4,500,000 fr.

En 1823 on signalait comme récente la création, en France, de 4 fabriques de tulle de coton ; dès le mois de décembre 1824 il existait 43 maisons dans les départements, de l'Aisne, Oise, Nord, Pas-de-Calais : en 1827 les métiers à tulle dépassaient 1,200, laissant chaque année dans le pays un bénéfice de 2,000,000 fr. et mettaient en mouvement 9,000,000 fr. de capitaux et 6,000 ouvriers. Un tel résultat en quatre ans montrait tout le parti qu'on pouvait tirer de cette heureuse importation, à l'aide d'une variété de dessin et de composition inspirée par le bon goût.

Le coton filé pour lequel en 1823 on ne paraissait pas pouvoir dépasser le n° 200 atteignait le n° 291 sans arriver encore à remplacer les fils

étrangers employés dans les mousselines de Tarare et Saint-Quentin. La
ville de Mulhouse, à elle seule, exportait pour 21,103,524 fr. de toiles
peintes.

La fabrication des soieries et l'éducation des vers à soie remontaient
en France à près de trois siècles. De Touraine où elles avaient d'abord
été installées, ces industries étaient venues à Lyon et de là avaient gagné
le Midi, les villes riveraines et voisines du Rhône. Les fabriques de
soieries qui, grâce à la protection des souverains s'étendaient, en 1580,
au nord de la Seine et jusqu'en Picardie, avaient peu à peu disparu de
ces contrées pour se fixer et acquérir un haut degré de splendeur dans le
bassin du Rhône.

La science, depuis le commencement du siècle, à la suite d'observations et d'études sur le ver à soie, était arrivée à donner à son éducation
tous les caractères d'une expérience de physique. La température, graduée
selon la force de résistance et la croissance du ver, jouait le principal rôle
dans sa transformation au sein des magnaneries. Les départements du
Rhône, Drôme, Gard, Vaucluse, se signalaient par les progrès les plus
remarquables dans ces délicates opérations et par le développement de la
culture du mûrier. Malgré cela, l'étranger nous fournissait encore 50 à
60,000,000 fr. de soie brute. L'exportation des étoffes de soie, rubans,
passementerie, gazes, crêpes, châles..., etc... atteignait presque le chiffre
de l'importation en matières premières.

On voit, de suite, l'avantage qu'il y avait à développer en France
la production de la soie qui, en étant à même de satisfaire aux demandes
des fabriques, devait laisser dans le pays les sommes considérables dont
profitait l'étranger.

La consommation du lin et du chanvre restait stationnaire. L'obstacle
à vaincre pour arriver à l'extension du commerce des toiles restait tou-
jour le même : l'élévation des prix. Le problème qui se posait aux recherches des ingénieurs n'était pas encore résolu, aucun d'eux n'avait
réalisé la filature du lin par mécanique. Avec cette découverte, et, comme
conséquence, la culture plus étendue dans les campagnes, le tissage par
ateliers, le lin devait prendre à côté de la laine et du coton la place qu'il
méritait comme produit végétal indigène ; il était même permis d'espérer
qu'en parvenant à vaincre ces trois difficultés, dont une seule était bien
sérieuse, le lin augmenterait ses débouchés aux dépens du coton, matière
exotique.

Les dentelles du Calvados, de l'Oise, de l'Orne, gardaient leur haute
réputation, toutefois, l'importation de dentelles étrangères atteignait
1,500,000 fr. tandis que notre exportation ne dépassait pas 950,000 fr.

Cette stagnation tenait aux causes énumérées plus haut : il fallait, dans l'état actuel des choses, demander à l'étranger, et payer fort cher, les fils de lin employés pour ces travaux délicats.

Reims, Tourcoing, Roubaix, mélangeant le coton à la laine, à la soie, revendiquaient la spécialité des étoffes nouvelles que la mode leur réclamait sans cesse. Les mécanismes perfectionnés adoptés dans ces grands centres permettaient les combinaisons les plus diverses et faisaient entrer l'industrie dans une voie toute nouvelle où le goût des fabricants consistait à se distinguer des étoffes anglaises rivales.

Les manufacturiers, en Angleterre, familiarisés depuis longtemps avec l'application de la mécanique au tissage, favorisés par l'abondance des mines de houille en pleine exploitation, produisaient à meilleur marché un grand nombre de tissus : il n'était pas encore possible de placer la lutte sur ce terrain, mais, pour les produits de choix, les étoffes soignées et supérieures, notre industrie devait tenter de leur disputer la prééminence sur les marchés étrangers.

La fabrication des fleurs artificielles remontait à l'année 1775, assez florissante avant 1789, elle avait subi le contre-coup de la Révolution, puis des guerres de l'Empire, et, depuis quelques années seulement, elle commençait à reprendre son ancienne splendeur. Cette industrie, exclusivement parisienne, donnait lieu à une exportation de 250,000 fr.: les ouvrages de modes, dont les fleurs constituaient le principal ornement formaient avec les chapeaux de paille un total de 1,261,850 fr. payés par l'étranger.

Paris avait aussi enlevé à Lyon la première place pour la chapellerie. Paris comptait 340 fabricants produisant, par an, 8,500,000 fr. de chapeaux de feutre, représentant 2,000,000 fr. en poils de lapins, lièvres, chèvres, vigognes. Dans les départements, bien qu'aucun centre ne fût aussi important que Paris, on faisait une assez grande quantité de chapeaux, car, sur les 200,000 exportés en 1826 pour une somme de 1,761,364 fr. la part de Paris n'était que de 238,000 fr.

Les maîtres tanneurs, corroyeurs, hongroyeurs, ne montraient pas plus d'empressement qu'en 1823. Quelques-uns, seulement, parmi les plus distingués, exposaient des produits fabriqués avec soin ; aucun progrès, du reste, n'était à signaler dans cette industrie arrivée à un degré de perfectionnement dans la main-d'œuvre qu'il paraissait difficile de surpasser. Paris comptait 17 tanneurs, 24 mégissiers, 7 hongroyeurs, 15 corroyeurs, 8 maroquiniers, 7 fabricants de cuir verni, 3 teinturiers, employant une quantité de peaux valant 6,520,000 fr. et représentant après le travail 8,650,000 fr. Il y avait en outre 450 établissements de confection de chaussures en cuir, 14 de pantoufles, 10 de socques, 6 de chaussons, et la vente annuelle des produits montait à 12,000,000 fr.

La ganterie, qui recevait les peaux préparées de Grenoble, Niort, de l'Ardèche, de Loir-et-Cher, produisait 30,000,000 fr., l'exportation montait à 1,500,000 fr. La valeur totale des cuirs, peaux de toutes couleurs, travaillées ou non, passant à l'étranger, s'élevait à 12,000,000 francs.

Dans l'industrie des produits chimiques, Paris réunissait les fabrications les plus diverses : ammoniaque, oxyde de fer, de plomb, de mercure, chlorures, acides nitrique, acétique; sulfates, muriates, chromates, céruse, cinabre, vermillon, etc... évalués à 4,000,000 kilogrammes et 7,000,000 francs.

Paris ne pouvait se suffire pour l'acide sulfurique, quoiqu'il en préparât 2,964,000 kilog. ; l'excédant, 500,000 kilog., lui venait des manufactures de Rouen. Il recevait également des départements 500,000 kilog. d'acide hydrochlorique qui se joignaient aux 1,812,980 kilogr. livrés par ses usines.

Le sulfate de soude brut fabriqué en France dépassait 51,000,000 kil. valant 5,610,000 fr. Paris entrait dans cette quantité pour 1,643,000 kil. et 391,000 francs. Le commerce total de la soude du département de la Seine équivalait à 4,518,000 fr. Marseille était le grand marché pour ce produit.

L'alun français, si dédaigné autrefois en France, atteignait 2,260,000 kilog., tirés en partie du département de l'Aisne (1,286,000 kilog.). Le salpêtre traité à Paris donnait 1,000,000 francs. L'indigo, appliqué en teinture, coûtait à la France 20,000,000 francs, dont 4,000,000 seulement fournis par son propre sol. La substitution du bleu de Prusse à cette matière tinctoriale, adoptée partout, devait laisser en France les 16,000,000 fr. qui en sortaient tous les ans.

La découverte du principe actif du quinquina datait de 1820; elle était due à MM. Pelletier et Caventou, dont l'Académie des Sciences avait reconnu les mérites en leur décernant un grand prix. Depuis 1820, le commerce du sulfate de quinine prenait une extension considérable : le monde entier était tributaire de la France, qui avait le monopole exclusif de la préparation de ce fébrifuge : le département de la Seine en fabriquait 2,447 kilog. représentant 2,240,000 fr.

Plusieurs usines faisaient aux Hollandais une concurrence sérieuse pour le raffinage du camphre dont, autrefois, il fallait s'approvisionner chez eux. Paris raffinait 7,500 kilog. valant brut 47,900 fr. et, après le travail, 60,000 fr. Six fabriques principales livraient aux raffineries de sucre 2,560,000 kilog. de charbon animal pour 512,000 francs. Cette quantité représentait 25,600,000 kilog. de sucre brut qui se changeaient en 21,450,000 kilog. de produits épurés montant à 40,609,000 fr , pour le département de la Seine, sans tenir compte des nombreux établissements répartis dans les départements du Nord, Pas-de-Calais, Aisne, Oise, Somme.

M. Lowitz, chimiste russe, était l'auteur de la découverte de la propriété anti-putride et décolorante des charbons. En 1798, M. Kels publia les résultats de la décoloration obtenue au moyen du charbon de bois et du charbon d'os. En 1800, M. Scaub, de Cassel, indiqua l'emploi du charbon végétal dans la décoloration du miel et du jus de betteraves. Figuier, pharmacien-chimiste de Montpellier, démontra en 1811 que le charbon animal décolorait les vins, vinaigres, etc... avec plus d'énergie que le charbon végétal. Enfin, en 1812, Derosne, pharmacien de Paris, s'assura par plusieurs expériences que la propriété décolorante du charbon animal devait le faire préférer au végétal dans la fabrication et le raffinage du sucre. De cette époque datait le merveilleux essor d'une industrie à laquelle la culture de la betterave, dans toute la région du Nord, promettait un développement de plus en plus rapide.

Paris, en savons de toutes sortes, en parfumerie, fabriquait pour 8,250,000 fr.; et quatre principaux manufacturiers livraient au commerce, par an, 1,875,000 francs de savons. Paris recevait des départements 180,000 kilog. de cire d'une valeur de 1,080,000 fr. qui représentaient, en bougies, une somme de 1,350,000 fr. La colle forte, obtenue dans quatorze usines occupait 105 ouvriers produisant 525,000 kilog. et 677,680 fr. La vente des couleurs atteignait, à Paris, 9,000,000 fr. partagés entre 154 négociants, fabricants ou marchands. L'encre d'imprimerie montait à 158,000 francs.

Ces détails de chiffres un peu longs prouvent l'importance de l'industrie des produits chimiques dans la capitale et les progrès qu'une période de quatre années permettait de constater.

D'autres départements pouvaient l'emporter sur la Seine, tels que les Bouches-du-Rhône pour la soude; l'Aisne, pour l'alun, etc... nul ne réunissait une variété aussi grande de substances dont plusieurs y étaient exclusivement préparées.

C'était également sur Paris que les marbres extraits des Pyrénées, des Vosges, Alpes, Jura, Pas-de-Calais, Ardennes, étaient dirigés pour s'y changer en pendules, cheminées, etc... et prendre ces mille formes diverses que le goût parisien pouvait seul leur donner. 925 ouviers, dans 110 établissements, travaillaient le marbre, qui produisait 3,205,000 fr.

Les importations de marbres précieux, sous l'empire de la mode, augmentaient notablement malgré l'exploitation active des gisements français ; ainsi, les états de douanes montraient qu'on avait introduit en :

1820 . . . .   3.080.872 kilog.
1824 . . . .   6.202.870   »
1826 . . . .   6.574.471   »

La proportion était doublée dans une période de six années.

Les échantillons de métaux étaient nombreux et de qualité satisfaisante. 10 départements avaient envoyé de la fonte de fer ; 10 du fer en barres ; 13 de l'acier et 4 du cuivre. Au premier rang figuraient : la Nièvre, l'Isère, le Doubs, le Bas-Rhin, la Haute-Garonne, l'Eure, Saône-et-Loire ; les usines de Fourchambault, Imphy, Romilly, Vierzon, du Creuzot, de l'Isle sur le Doubs, dirigées par des ingénieurs habiles et entreprenants.

Depuis 1823 la production de l'acier avait doublé, elle dépassait 5,500,000 kilog. ; il en était de même pour le fer, la fonte qui s'était accrue de 6,400,000 kilog. L'extraction du cuivre fournissait à peine 30 0/0 de la quantité consommée : 164,000 kilog. pour 5,400,000 kilog. importés.

Le laiton, que la France, au commencement du siècle, était obligée d'aller chercher à l'étranger était aujourd'hui presque entièrement fourni par les manufactures nationales : 1,100,000 kilog. ; l'étranger n'en introduisait que 20,000 kilog.

On devait à M. Mignard-Billinge, de Belleville, d'être le premier à nous affranchir du tribut que nous payions à l'Angleterre et à l'Allemagne pour les fils d'acier, de fer, de cuivre. Il commençait même à fabriquer les cordes de piano qui, jusque là, se tiraient de Berlin ; Paris en produisait pour 660,000 francs.

Nous ne comptions pour le plomb, dont la consommation en France atteignait 11,160,000 kilog., que six établissements traitant le minerai indigène : 4,000,000 kilog. La différence considérable nous venait de l'étranger.

Les limes, les râpes étaient encore inférieures aux produits anglais et allemands ; l'importation, moins forte que par le passé, dépassait encore 1,000,000 francs. 4 départements envoyaient des scies ; 5 des faux ; 17 des outils divers pour métiers. Dans ces branches d'industrie on constatait avec plaisir un progrès réel qui devait nous débarrasser complètement, en peu d'années, du joug étroit sous lequel nous étions restés si longtemps. En effet, avant la Révolution, la fabrication de ces instruments de travail était peu répandue, sinon tout à fait inconnue. L'armurerie de luxe, en quatre ans, avait quadruplé son exportation, qui était de 1,736,000 francs·

Notre infériorité était toujours notoire pour les aiguilles; un seul fabricant, de Laigle, paraissait à l'Exposition. On ne s'expliquait pas qu'aucun manufacturier n'eût encore essayé d'introduire en France les mécanismes perfectionnés dont se servaient nos voisins. Le Gouvernement, plusieurs fois déjà, avait encouragé des efforts en ce sens, mais toutes les tentatives échouaient, et l'on attribuait ces insuccès répétés à l'imperfection des moyens employés et surtout à la cherté de la main-d'œuvre qui ne permettait pas de soutenir la concurrence étrangère.

Les machines à vapeur présentées à l'Exposition étaient peu nombreuses et de force médiocre. Il y avait pourtant un progrès très-réel. Depuis 1823 elles avaient doublé; on en comptait 200, dont 79 dans le département de la Seine-Inférieure.

Nos ingénieurs mécaniciens, considérés jusqu'alors comme inférieurs aux Anglais au double point de vue de la construction et du prix de revient des machines, étaient parvenus à surmonter en partie le préjugé injuste qui les frappait; la moitié des machines à vapeur qui fonctionnaient en France sortait d'usines françaises. Paris seul avait 58 constructeurs dont les ateliers livraient aux départements une valeur de 5,400,000 fr.

L'Angleterre, initiée bien avant la France aux avantages de l'emploi de forces mécaniques, gardait encore, aux yeux d'une certaine classe, une supériorité dont le raisonnement prouvait de suite l'exagération. On confondait involontairement deux faits bien distincts pourtant : l'emploi plus général chez les Anglais de tous les mécanismes, l'esprit de recherche, les connaissances des ingénieurs.

Le premier fait était indiscutable, il tenait au caractère entreprenant et froidement logique de nos voisins, sachant choisir dans une découverte

---

En 1826, l'importation des métaux bruts, moins l'or, l'argent, le platine, fut de . . . . 20.985.505 Fr.

L'exportation 363.182

Importation : Or, argent, platine. 216.648.391

Exportation 124.611.372

Plus value de l'importation 112.659.339

Ce nombre exprime l'excès de l'importation des métaux bruts sur l'exportation ; si on soustrait l'exportation des métaux ouvrés. . . 13.723.595

Il reste une valeur de plus de 100,000,000 fr. sortant de France pour l'achat des métaux bruts.

les côtés pratiques et en tirer parti, immédiatement, sans hésitation ; quand au second, il fallait reconnaître que l'Angleterre, grâce au génie des Watt, Stephenson, avait pris en mécanique l'avance que notre pays revendiquait pour la chimie. Mais, depuis le commencement du siècle, l'enseignement des sciences répandu par l'Ecole polytechnique, l'Ecole des Ponts-et-Chaussées, des Mines, le Conservatoire des Arts-et-Métiers, avait formé toute une pépinière d'ingénieurs habiles appliquant leur ésprit à résoudre les problèmes industriels par les rigoureux calculs de la théorie.

Le niveau d'instruction supérieure, grâce à ces établissements, s'était élevé. La technologie, dédaignée auparavant, faisait l'objet d'études sérieuses, approfondies ; les procédés des arts et métiers, débarrassés de formules bizarres et inutiles, commentés et expliqués avec clarté, remaniés constamment pour suivre les progrès de la science, étaient enseignés dans toutes les grandes villes industrielles.

Il ne pouvait y avoir, dans ces conditions nouvelles, aucune raison de supériorité générale en faveur de l'Angleterre et cette défiance que les manufacturiers gardaient encore pour les mécaniques faites par des constructeurs français n'avait pas la moindre raison d'être puisque les deux pays procédaient d'après les mêmes errements en partant des mêmes principes.

La seule raison de bon marché, due à des circonstances heureuses particulières à la Grande-Bretagne, pouvait expliquer la préférence donnée aux produits anglais.

Les mécanismes divers étaient nombreux et s'appliquaient aux industries les plus diverses, depuis les tondeuses pour draps de John Collier et d'Abraham Poupart jusqu'à la presse mécanique de Gaultier-Laguionie, la première de ce genre faite en France, qui tirait 2,000 journaux à l'heure et n'employait qu'un ouvrier.

La statistique montre les progrès dus à nos ingénieurs :

A l'Exposition de 1806 on avait présenté 23 modèles de machines.

—	1819	—	30	—
—	1823	—	68	—
—	1827	—	90	—

L'industrie des papiers peints avait son siége principal à Paris ; 72 établissements, comptant 3,500 ouvriers, femmes et enfants, 500 graveurs livraient au commerce 14,000,000 fr. de papiers. L'exportation générale de France atteignait 1,600,000 fr. sur lesquels la part de la capitale était de 850,000 fr. L'imprimerie, à Paris, employait 3,300 agents divers, 350,000 rames de papiers. La valeur des impressions était de 9,550,000 fr. dont 2,770,000 fr. passaient à l'étranger.

En instruments d'optique et de précision, Paris exportait 200,000 fr. L'horlogerie, pratiquée par 2,500 ouvriers, recevait de province les ébauches de montres, de pendules, etc..., ces produits achevés atteignaient la somme de 20,000,000 fr., dont 4,000,000 fr. exportés.

Un progrès indiscutable se manifestait plus vivement encore dans les industries où le bon goût entrait pour une part légitime. Ce n'était pas que le dessin, considéré comme art, fut plus parfait, mais on devait reconnaître qu'il tendait à se répandre dans toute la société. Ce mouvement, commencé par David et son école, avait gagné les objets pratiques ; le style néo-grec, régénérant le goût, imposait à la mode ses formes correctes et académiques, un peu lourdes et froides, mais d'un caractère bien déterminé et pur de tout mélange. Un tel retour aux saines traditions de l'esthétique amenait les changements les plus complets dans l'industrie, depuis les lampes qui n'existaient autrefois que dans les cuisines, la ferblanterie bornée aux cafetières et ustensiles de ménage jusqu'aux cristaux, porcelaine, orfévrerie, bijoux, décors d'appartement, cheminées, etc.

L'art se décidait à suivre l'exemple de la science ; appliqué à l'industrie, il ouvrait de nouveaux horizons à l'activité et au goût des fabricants. Il fallait, pour précipiter ces résultats, mettre le dessin à la portée de toutes les classes, puiser dans les riches collections des musées les modèles précieux légués par les siècles disparus et créer ainsi une génération d'artistes artisans formés par une étude scrupuleuse des chefs-d'œuvre de l'antiquité et de la Renaissance, prêts à transporter dans les industries les plus diverses, les principes immuables du beau.

C'était à Paris surtout que vivaient et prospéraient toutes ces branches confinant aux arts ; là, plus que partout ailleurs, le goût, pour se développer, trouvait les éléments les plus abondants et les ressources les plus avantageuses.

Le bronze fabriqué en France dépassait 900,000 kilog. ; l'importation donnait 100,000 kilog. Le département de la Seine, à lui seul, en employait 200,000 kilog. valant 540,000 fr. 105 établissements occupant 840 ouvriers transformaient ces 200,000 kilog. en produits artistiques de toutes sortes, qui en décuplaient la valeur : 5,250,000 francs. L'exportation atteignait 2,000,000 francs.

La bijouterie dépassait encore ces chiffres importants. Les lapidaires comptaient 60 établissements, 200 ouvriers et une recette de 1,797,000 fr.

Les pierres fines ou fausses étaient taillées dans le Jura. La commune de Septmoncel, l'arrondissement de Saint-Claude occupaient à ce travail 3,500 personnes. 505 joailliers, bijoutiers, réunissaient dans leurs ateliers 3,345 ouvriers. Ils employaient 6,400,000 fr. d'or ; les droits de garantie montaient à 550,000 fr., les produits à 15,100,000 fr. ; enfin, le commerce de la bijouterie s'exerçait dans 330 maisons et rapportait 24,142,360 fr.; l'exportation était de 4,000,000 francs.

La verrerie se fabriquait dans des usines célèbres depuis longtemps, et qui profitaient avec un rare bonheur de toutes les découvertes chimiques dues à nos savants pour perfectionner leurs produits en abaissant sensiblement les prix. Les principaux centres étaient, pour les verres plats : Monthermé, Choisy, Prémontré, Givors, Rive-de-Gier ; pour la cristallerie : Baccarat, Saint-Louis, Bercy, Trélon, Choisy, le Creusot; pour les glaces : Saint-Gobain, Saint-Quirin, Circy et Commentry.

Le Gouvernement, en prohibant l'entrée des cristaux étrangers, pour céder aux sollicitations des verriers, nous avait attiré des représailles qui arrêtaient à toutes les frontières les produits de nos grandes fabriques fort peu en état de lutter, du reste, et qui confisquaient ainsi le marché intérieur. Ces règlements fiscaux, utiles, peut-être, à une époque où nous avions à craindre une concurrence redoutable, étaient trop facilement accordés aux industriels qui se trouvaient ainsi dispensés d'étudier les moyens d'abaisser leurs prix. Cependant la vente des vins et liqueurs faisait exporter pour environ 4,000,000 fr. de bouteilles et à peu près autant de cristaux et verreries diverses.

L'industrie parisienne recevait de province 2,000,000 fr. de cristaux ; elle y ajoutait, ainsi qu'aux objets de sa fabrication, une valeur de 1,200,000 fr. par la taille, la gravure, la dorure, etc. Les glaces des trois établissements cités plus plus haut donnaient lieu à un commerce de 2,700,000 fr. dont 835,000 fr. à l'exportation.

La poterie, moins protégée que la verrerie par la législation douanière, jouissait à l'étranger d'une faveur toujours croissante, dont les chiffres suivants prouvent l'importance :

Poterie, terre et faïence.	1.942.900 Fr.
Pipes	111.160
Grès.	214.177
Porcelaine	599.633
TOTAL	2.867.870

Ces résultats magnifiques étaient dus, en grande partie, à la maison de M. Utzschneider, de Sarreguemines qui, depuis 1801, tenait la pre-

mière place dans cette industrie. Nul fabricant n'avait poursuivi avec plus
de persévérance la solution des problèmes qui entravaient la rapidité des
progrès de la poterie, nul n'avait cherché plus activement à détruire les
obstacles qui empêchaient l'abaissement du prix de vente. Il pouvait être
fier, à juste titre, de cette œuvre patriotique, en voyant le succès cou·
ronner ses constants efforts.

D'autres maisons, justement renommées, Honoré, Nast frères, de
Paris ; Pillivuyt, de Vierzon ; de Saint-Cricq, de Creil ; Merlin-Hall, de
Montereau, avaient aussi vivement contribué à atteindre le but. La classe
moyenne, la basse classe profitaient largement de cette diminution sensible ; la porcelaine remplaçait partout la faïence en terre grossière ; il
n'était pas jusqu'aux ustensiles de ménage qui n'eussent tiré parti des
progrès de l'industrie, comme fabrication et bon marché.

L'ébénisterie parisienne, sans avoir encore atteint son grand développement moderne, occupait 3,000 ouvriers qui livraient au commerce, par
an, 9,450,000 fr. de meubles. L'exportation était de 531,000 fr., le tiers à
peu près de ce qu'exportait la France entière : 1,457,360 francs.

Les fabricants de Paris, sans renoncer complètement à l'emploi des
bois exotiques, continuaient les essais tentés depuis plusieurs années pour
se servir d'essences indigènes, ils y trouvaient le double avantage d'augmenter les ressources de la fabrication, d'obtenir de nouveaux effets par
des combinaisons habiles, et d'avoir ainsi des meubles moins coûteux dont
le goût de l'artiste faisait le véritable prix.

On reprochait toutefois aux ébénistes de ne pas respecter toujours
d'une façon très scrupuleuse le style des époques dont ils copiaient les
formes, de surcharger quelquefois leurs meubles d'ornements assez
chers, mais d'un effet douteux. La culture du dessin pouvait seule
modifier ces défauts qui venaient d'une éducation artistique incomplète.

Depuis plusieurs années, l'Allemagne avait adopté l'usage des lits
élastiques, MM. Nuellens et Cᵢᵉ faisaient jouir la France de cette innovation en y ajoutant de notables perfectionnements.

La tabletterie constituait une des industries les plus sérieuses de
Paris tant par le nombre des ouvriers qu'elle occupait que par la valeur
des produits obtenus. L'exportation, en 1826, était de 426,000 fr. pour
Paris, et 3,530,000 fr. pour le pays entier.

La fabrication des éventails se faisait dans 15 établissements ; elle
comptait 334 ouvriers, 500 femmes, 166 enfants, et, dans le département
de l'Oise, à Méru, toute une population de 1,200 personnes exclusivement
occupées à ces articles. Sur le million de francs d'affaires que réalisait

14

cette branche d'industrie, la France ne gardait que 100,000 fr. de produits, le reste passait à l'étranger dans les proportions suivantes :

Espagne	225.000 Fr.
Portugal.	80.000
Italie	200.000
Amérique espagnole, Chili, Pérou, Mexique	300.000
Brésil.	4.500
Antilles et Colonies françaises	18.000
Etats-Unis.	20.000
Autres pays	25.000

Les peignes d'écaille et de corne donnaient également lieu à un commerce considérable ; en cornes et ergots, nous recevions de l'étranger une valeur de 257,000 fr., le département de la Seine fournissait 800,000 fr. de matières premières, l'importation d'écaille était de 608,000 francs.

Paris comptait 40 fabricants de portefeuilles, nécessaires, qui produisaient 200,000 fr., dont la moitié pour l'exportation. — 115 fabricants de parapluies livraient 4,620,000 fr. d'articles dont 350,000 fr. à l'étranger. — La sellerie française envoyait 682,000 fr. d'objets divers hors de France ; le tiers (200,000 fr.) était fait à Paris.

L'art d'exécuter en carton des ornements de décor florissait au XVI° siècle. Pendant 300 ans, il disparut presque complètement ; ce ne fut qu'en 1806, à l'Exposition, qu'un fabricant, M. Gardeur, en présenta des échantillons. En 1819, M. Hirsch avait reçu une médaille de bronze pour son habile restauration d'un art oublié ; en 1823, les exposants, plus nombreux, s'étaient assez signalés pour mériter une médaille d'argent et deux de bronze ; cette année, le carton-pierre retrouvait tout son éclat passé et de nouvelles applications lui promettaient un avenir plus brillant encore.

Le département de la Seine ne produisait pas de pierres lithographiques, mais c'était lui qui en employait le plus ; la valeur annuelle de la consommation s'élevait à 50,000 fr. Des recherches faites dans les départements de l'Ain, de l'Indre, avaient amené la découverte de gisements, mais de trop peu d'étendue pour nous dispenser d'avoir recours à l'importation étrangère. Presque toutes les pierres se tiraient de Solenhofen, près de la ville où la lithographie était née.

Paris comptait 25 chefs d'établissement, 77 artistes payés de 2,000 à 2,500 fr., 340 ouvriers dont les salaires étaient de 950,000 fr. Le produit total atteignait 2,000,000 fr., et l'exportation 500,000 francs.

Paris avait encore exposé toute une suite de produits moins importants, tels que : biberons, bourrelets, stores, bretelles élastiques, garde-
robes, des nécessaires de pêche, dont un renfermant 587 pièces, des
inventions ingénieuses, mais sans grande portée, dissimulant leur inutilité
sous des noms pompeux et barbares. Cette partie de l'exposition parisienne prêtait justement à la critique par la quantité d'objets frivoles ou
bizarres dont on avait toléré l'admission.

Le gaz dont, en 1823, j'ai fait connaître les mésaventures, sans
triompher encore de tous les obstacles, était répandu dans la ville par
trois compagnies différentes : la Compagnie royale, la Compagnie française et la Compagnie Manby et Wilson, établies au moyen de 6,360 actions
de 1,000 fr., formant un capital de 6,360,000 fr. Les 10,000 becs fournis
par les trois usines donnaient, tous les frais et intérêts payés, un bénéfice
de 37,419 francs.

L'adoption de ce nouvel éclairage, repoussé par la ville de Paris,
rencontrait encore de sérieuses résistances qui s'appuyaient sur des accidents récemment arrivés. Le 7 août, le Palais-Royal s'était trouvé tout-à-
coup dans l'obscurité par suite de l'extinction du gaz avec détonation. Le
même fait s'était produit, avec la même intensité, dans les passages Colbert, Vivienne, au théâtre des Nouveautés, au Gymnase. Aussi le directeur
de ce dernier théâtre annonçait en ces termes qu'il supprimait le gaz et
le remplaçait par l'huile :

« L'extinction de la rampe et du lustre, et, plus encore, le bruit
« extraordinaire produit par les becs ayant nécessité l'évacuation de
« la salle et mis l'administration dans la nécessité de rendre l'argent
« au public (et par suite du désordre, une somme plus considérable
« que celle reçue) les administrateurs croient devoir prévenir le public
« que, pour éviter le danger de pareils accidents, à partir de ce jour,
« l'éclairage au gaz sera cessé. L'administration fera en sorte de
« rendre l'éclairage par l'huile aussi brillant que le gaz, *en évitant*
« *les inconvénients graves que présente ce dernier système.* »

Fabrication des tabacs à Paris et dans la Seine, en 1826 :

Onvriers 804 } Prix moyen de la journée de travail . . . . . 2.085 f. »
Ouvrières 250 }

Total. 679.073 85

Matières premières { Tabac exotique, 1,003,000 kilog. . . . 1.745.640 »
{ Tabac indigène. 2,148,000 — . . . . 1.697.800 »
{ Sel en kilos. . 130,000 — . . . . 57.070 »

Produits . . . . 2,650,000 — . . . . 19.986.000 »
Consommation : 620 débits . . . . 930,000 — 6.620.000 f. »

Pendant la durée du concours, le Roi, à deux reprises. quita sa résidence favorite de Rambouillet pour venir visiter au Louvre les produits de l'industrie française. Il resta, chaque fois, pendant cinq heures, parcourant les salles, et demandant aux membres du Jury qui l'accompagnaient des explications sur certaines parties, enfin paraissant s'intéresser assez vivement à tout ce qu'il avait devant les yeux.

L'Exposition ouverte le 1ᵉʳ Août, ferma ses portes le mardi 2 Octobre à 4 heures.

Pendant sa durée, le Ministre de l'Intérieur, pour donner aux institutions de l'Université et aux pensionnats des deux sexes l'occasion d'étudier et d'admirer les progrès de notre industrie appuyée sur la science et les arts, leur avait réservé la matinée du lundi jusqu'à midi. L'autorisation pour profiter de cette faveur était accordée, sur demande, par le Directeur du Commerce au Ministère de l'Intérieur. La mesure était d'autant plus sage que l'affluence constante du public pendant la journée n'aurait pas permis aux professeurs de tirer de leurs visites des enseignements utiles pour leurs élèves.

L'Exposition, comme en 1823, inspira à un auteur, en renom, cette fois, l'idée d'une pièce destinée à en célébrer les beaux côtés et surtout à en critiquer, spirituellement, l'organisation défectueuse. Théaulon fit représenter aux Variétés un vaudeville en un acte : *John Bull au Louvre*. Le titre montre le parti facile que l'auteur avait tiré des sentiments toujours hostiles et antipathiques des deux peuples en forçant, dans sa pièce, un Anglais à convenir, au bruit des applaudissements de la foule, des mérites de nos industriels. L'inimitable Brunet fit le succès de cette bluette dans le rôle d'un marchand de cuirs occupé à en débiter continuellement.

Le Jury nommé par le Ministère de l'Intérieur par arrêté en date du 19 avril, était composé de manière à donner satisfaction à tous les intérêts. A côté des illustrations de la science, telles que Biot, Thénard, Arago, Gay-Lussac, on y trouvait le baron Oberkampf, Legentil, Président de la Chambre de Commerce de Paris, Camille Beauvais, Rey, manufacturiers, dont la compétence ne faisait doute pour personne.

Le 3 Octobre, à 10 heures et demie, le Roi arrivait aux Tuileries pour procéder à la distribution des récompenses. Il reçut dans la salle du Trône les membres du Jury central qui lui étaient présentés à tour de rôle par le marquis de Rochemore, Maître des Cérémonies de France.

Le marquis d'Herbouville, président, prononça la harangue accoutumée pour remercier le Souverain de sa sollicitude envers les intérêts du commerce et de l'industrie, en le suppliant de vouloir bien, d'ici à la prochaine Exposition, préparer un local plus convenable, le Louvre étant insuffisant, à cause de l'occupation des salles par les objets d'art. Le Jury se faisait, en cette circonstance, l'organe des vœux des manufacturiers ; il avait reconnu, lui-même, pendant la durée du concours, tous les inconvénients d'un emplacement aussi réduit.

L'idée d'un édifice spécial affecté aux expositions accueillie, d'abord, avec dédain, par le gouvernement, revenait appuyée de l'autorité d'un Jury éclairé et d'un mouvement irrésistible d'opinion jusqu'au pied du Trône.

Le Roi répondit qu'il s'occuperait de ce soin et remercia les membres du Jury du zèle qu'ils avaient apporté dans leurs opérations. Puis M. Sirieyx de Marinhac, député, Directeur du Commerce et des Manufactures, commença l'appel des exposants récompensés.

Ils étaient nommés successivement et présentés par le duc de Blacas, premier gentilhomme de la Chambre. Sa Majesté distribuait les médailles qui lui étaient remises par le comte de Villèle suppléant le Ministre de l'Intérieur absent. La cérémonie était terminée à 12 heures.

RÉCOMPENSES

Le nombre des distinctions accordées était de : 48 médailles d'or, 148 d'argent, 219 bronze, les récompenses spéciales visées par l'art. 3 de l'ordonnance du 4 octobre 1826 étaient : 3 médailles d'argent, 1 bronze. 57 fabricants obtenaient le rappel d'une médaille d'or, 89 d'une médaille d'argent, 79 d'une médaille de bronze : enfin 12 croix de la Légion d'honneur venaient attester les mérites supérieurs de manufacturiers ayant atteint la plus haute situation dans leur industrie.

DÉCORATIONS
décernées par le Roi à la suite de l'Exposition.

CHAYAUX (Pierre), manufacturier à Sedan.

AUBERTOT père, maître de forges à Vierzon.

ROUX-CARBONNEL, manufacturier d'étoffes de soie à Nîmes.

ROZE-CARTIER (Raymond), manufacturier de tapis et draps à Tours.

POIDEBARD, filateur de soie à Lyon.

GAMBEY, ingénieur, fabricant d'instruments de mathématiques à Paris.

TURGIS (Pierre), manufacturier de draps à Elbeuf.

GUIBAL (David),   id.   à Castres.

DE SAINT-CRICQ-CAZEAUX (Edouard), manufacturier de faïence à Creil.

BELLANGÉ, Conseiller de S. M. au Conseil général des Manufactures.

DENIÈRE, fabricant de bronzes à Paris.

CAUTHION (Jacques), Directeur des travaux de la manufacture de glaces de Paris.

MÉDAILLES D'OR

décernées par le Roi sur la proposition du Jury.

Laines. — Vicomte de JESSAINT, préfet de la Marne. — *Rappel :* Comte de POLIGNAC, troupeau de Naz.

Laines lisses. — Comtesse du CAYLA (Seine).

Laine filée. — *Rappels :* DOYEN (Eure-et-Loir) : POUPART DE NEUFLIZE, de Sedan.

Draps. — TERNAUX et fils, de Paris ; FLAVIGNY et fils, TURGIS, d'Elbeuf ; FAGÈS, de Carcassonne. — *Rappels :* BACOT père et fils, CHAYAUX frères, CUNIN-GRIDAINE et BERNARD, de Sedan ; JOURDAIN, AUBÉ frères, GERDRET aîné, de Louviers ; Mathieu QUESNÉ et fils, d'Elbeuf ; GUIBAL ANNE-VEAUTE, de Castres.

Flanelles, étoffes rases. — HENRIOT et Cie, de Reims.

Fils et tissus unis de cachemire. — *Rappel :* HINDENLANG, de Paris.

Châles. — DENEIROUSE et GAUSSEN, de Paris. — *Rappel :* BOSQUILLON, de Paris.

Soie grèse. — *Rappels :* POIDEBARD, de Lyon ; ROCHEBLAVE, de Nîmes.

Etoffes soie. — MAISSIAT aîné, OLLAT et DESVERNAY, CORDERIER et LEMIRE, SABRAN père et fils, BALME et d'HAUTANCOURT, de Lyon ; ROUX-CARBONNEL, de Nîmes. — *Rappels :* GUÉRIN et PHILIPPON, CHUARD, DELORE et Cie, AJAC, SÉGUIN et YÉMENITZ, SAINT-OLIVE jeune, de Lyon ; PILLET et fils, de Tours.

Coton simple filé. — SCHLUMBERGER (Haut-Rhin) ; ARNAUD et FOURNIER, de Paris.. — *Rappels :* Veuve DEFRENNE et fils, de Roubaix ; HAUSSMANN frères (Haut-Rhin).

Mousselines, calicots. — CLÉREMBAULT et Cie, MERCIER père et fils (Orne) ; *Rappels :* CHATONEY, LEUTNER et Cie, MATAGNIN, de Tarare.

Coutils, basins. — GRÉAU aîné (Aube).

Etoffes mélangées de coton. — LELONG, de Rouen.

Linge de table damassé. — DOLLÉ (Aisne). — *Rappel :* PELLETIER, Henri (Aisne).

Dentelles et blondes. — Veuve CARPENTIER (Calvados). — *Rappels :* MOREAU frères (Oise).

Impressions d'étoffes de coton. — JAVAL frères et Cie, Paris. — *Rappels :* HAUSSMANN frères, Jean HOFER et Cie (Haut-Rhin).

Maroquins. — *Rappel :* FAULER, de Choisy.

Fabrication du papier. — SAINT-LÉGER-DIDOT (Meuse). — *Rappel :* HORNE fils (Pas-de-Calais).

Exploitation des marbres. — PUGENS et Cie, de Toulouse.

Cuivre. — DEBLADIS et Cie (Nièvre) ; FRÉREJEAN et Cie (Isère).

Platine. — *Rappel :* BRÉANT, de Paris.

Fonte de fer. — MANBY et WILSON, du Creusot. — *Rappel :* RISLER frères et DIXON (Haut-Rhin).

Fer. — BOIGUES et fils (Nièvre).

Acier. — *Rappels :* RUFFIÉ fils, de Foix ; MONMOUCEAU et Cie, d'Orléans ; LECLERC et DEQUENNE (Nièvre).

Fer-blanc. — DE BUYER (Haute-Saône). — *Rappel :* FOUQUES fils Nièvre).

Tréfilerie. — Baron FALATIEU (Vosges). — *Rappel :* MOUCHEL, de Laigle.

Faux. — *Rappel :* GARRIGOU et Cie, de Toulouse.

Limes. — MUSSEAU, de Paris. — *Rappel :* SAINT-BRIS, d'Amboise.

Peignes et ros. — LAVERRIÈRE et GENTELET, de Lyon.

Toiles métalliques. — *Rappel :* ROSWAG (Bas-Rhin).

Outils divers. — *Rappel :* JAPY frères (Haut Rhin).

Armes blanches. — COULAUX et Cie (Bas-Rhin).

Bronzes. — DENIÈRE, de Paris. — *Rappels :* THOMIRE et Cie, GALLE, de Paris.

Orfèvrerie. — *Rappel :* CAHIER, ODIOT fils, FAUCONNIER, de Paris.

Machines pour fabriquer les tissus. — CALLA, John COLLIER, ARNAUD et FOURNIER, de Paris. — *Rappel :* Abraham POUPART, de Sedan.

Instruments d'optique. — *Rappels :* LEREBOURS, CAUCHOIX, de Paris.

Instruments de physique. — GAMBEY, de Paris.

Horlogerie de précision. — BRÉGUET, PERRELET, de Paris.

Horlogerie de fabrique. — PONS, de Saint-Nicolas-d'Aliermont.

Harpes et pianos. — ERARD, PLEYEL fils, de Paris.

Conservation de comestibles. — APPERT, de Paris.

Sucre de betterave. — CRESPEL-DELISSE, d'Arras.

Chaux hydraulique. — Vicat, de Paris.

Sang calciné. — Derosne, de Paris.

Faïence. — *Rappel* : Utzschneider, de Sarreguemines.

Porcelaine. — *Rappel :* Nast, de Paris.

Glaces. — *Rappel* : Manufacture de Saint-Gobain.

Cristaux. — *Rappels :* Baccarat, le Creusot.

Meubles. — *Rappel* : Jacob, de Paris.

Gravure et fonte de caractères. — Didot (Firmin). — *Rappel :* Didot et Cie.

RÉCOMPENSES

accordées en exécution de l'art. 3 de l'ordonnance du 4 Octobre 1826

Médailles d'Argent

Burdin, ingénieur des mines à Clermont-Ferrand.

Leblanc, professeur de dessin au Conservatoire des Arts-et-Métiers.

Casalis et Cordier, mécaniciens à Saint-Quentin.

Médaille de Bronze

Rouflet, menuisier-mécanicien à Paris

RÉSUMÉ

La seconde période des Expositions se termine en 1827. De 1819 à cette date, de nombreux progrès ont été constatés. Le pays, respirant après les guerres sanglantes du Premier Empire, applique son intelligence et ses efforts à réparer les désastres d'un règne si glorieux pendant quelques années.

Toutes les forces vives de la nation, un moment détournées de leur voie, se précipitent dans les carrières libérales ou industrielles dont rien ne peut plus gêner l'expansion rapide. L'instruction supérieure se répand, l'enseignement secondaire des arts et métiers se crée, grâce au concours empressé des savants ; la science elle-même, jusqu'alors absorbée dans la théorie, applique ses principes incontestés à la solution des problèmes pratiques, et fait profiter l'industrie de ses admirables découvertes.

L'art, démocratisé par la lithographie, devient, dans l'une de ses expressions, le dessin, l'objet d'applications heureuses et rehausse le niveau de certaines branches d'industrie, sans rien perdre de sa suprématie comme abstraction idéale.

Ces neuf années constituent une période d'études, de tâtonnements, de découvertes, d'inventions pendant laquelle la politique indécise et tourmentée des Ministres successifs entrave souvent la marche de l'industrie.

Le Gouvernement, soupçonneux et regrettant le passé, reste sourd aux conseils des économistes qui lui indiquent les moyens d'augmenter la prospérité nationale en renversant les barrières fiscales, en modifiant les tarifs de douane suivant les idées modernes D'un autre côté, il n'ose, tout en le désirant peut-être, entamer la lutte contre la nation, rétablir les corporations dont les journaux royalistes célèbrent les avantages en dissimulant déloyalement leurs graves inconvénients connus de tous.

Il résulte de ces tiraillements continuels entre deux principes opposés une cause de défiance qui paralyse tous les efforts et toutes les bonnes volontés. Malgré cette situation difficile, les progrès se succèdent, n'attendant que l'occasion favorable, un régime plus libéral, pour produire tous leurs effets. Avec le règne de Louis-Philippe commence pour le pays une ère d'épanouissement et de puissance industrielle dont la Restauration n'avait pas su hâter le développement tout en ayant eu l'honneur d'en voir les premières manifestations.

HUITIÈME EXPOSITION

DES

PRODUITS DE L'INDUSTRIE FRANÇAISE

1834

APERÇU GÉNERAL

Pendant un intervalle de sept années, de 1827 à 1833, il ne fut pas question de réunir de nouveau les manufacturiers : ni le gouvernement de Charles X aux prises avec les difficultés qui amenèrent sa chute, ni celui de Louis-Philippe préoccupé, avant tout, d'asseoir sa dynastie d'une façon solide, n'eurent le loisir de penser à un intérêt moins dominant.

Ce ne fut qu'en 1833, sur les instances des conseils généraux du commerce et des manufactures, que le Ministre du Commerce, M. Thiers, vint soumettre au Roi les vœux des fabricants dont il avait promis d'appuyer les légitimes réclamations.

Il y avait déjà quelques années, et tout le mérite en revenait au dernier règne, que le Ministère de l'Intérieur qui avait autrefois, en même temps que l'administration du pays, la lourde tâche de veiller au commerce, à l'industrie, à l'agriculture, s'était vu enlever une partie de ces attributions multiples par la création d'un nouveau département : le Ministère du Commerce et des Travaux publics.

Cette mesure était réclamée depuis longtemps par les économistes, les manufacturiers, les agriculteurs ; ils avaient, plus d'une fois, au moyen de la presse, signalé les graves inconvénients qui résultaient pour ces trois branches de la prospérité nationale d'être règlementées par un Ministère disposé, par son essence, à négliger leurs intérêts et à s'occuper plus particulièrement de politique.

Charles X, soit qu'il crût devoir donner cette satisfaction à l'opinion publique, soit qu'on l'eût convaincu, en lui montrant l'extension considérable que prenait l'industrie, de la nécessité de songer à une organisation meilleure pour aider à son développement, encourager l'agriculture dans des progrès qui se faisaient beaucoup attendre, servir d'appui, d'une façon plus active et plus efficace qu'une simple direction de Ministère, aux bonnes volontés et aux efforts particuliers, Charles X créa le département du Commerce et des Travaux publics.

Les journaux de l'opposition, dont le ton agressif égalait souvent les violences du *Drapeau Blanc* insinuèrent que le Roi avait eu pour but de fonder une nouvelle charge pour une de ses créatures, mais cette calomnie n'empêchait point la chose d'être excellente, en principe, du moment qu'à la tête du Ministère si discuté se trouverait un homme intelligent, résolu à faire consciencieusement son devoir.

Louis-Philippe devenu roi confia à M. Thiers le soin d'administrer cette création encore récente. Bien que nulle aptitude spéciale ne l'eût désigné au choix du Souverain, M. Thiers possédait, au premier chef, les qualités nécessaires pour faire un bon Ministre, même du Commerce. Son intelligence supérieure, dont je n'ai pas à faire l'éloge ici, pouvait se donner libre carrière dans les questions importantes de douanes, et par l'étude sérieuse des besoins de l'industrie, contribuer puissamment à renverser les derniers obstacles qui l'arrêtaient dans son expansion.

Il avait, entre toutes, cette qualité suprême et indispensable d'être un homme pratique, et, quoiqu'on pût lui reprocher une certaine tenacité dans ses opinions, il fallait reconnaître qu'il ne prenait un parti (dont il se détournait difficilement) qu'après en avoir mûrement pesé toutes les conséquences.

Il n'eut point de peine à démontrer au Roi tous les avantages qu'il retirerait en convoquant les manufacturiers à une Exposition pour l'année suivante, en affirmant dans son ordonnance le principe des réunions périodiques.

Il y avait trois ans, à peine, que la branche cadette des Bourbons régnait en France et déjà se manifestaient dans le pays ces tendances républicaines, aux explosions si souvent comprimées, qui devaient arriver à la renverser, quinze ans plus tard.

Le Roi, dans ces circonstances, avec ces sentiments hostiles dont il combattait déjà les manifestations, ne pouvait trouver un appui qu'auprès des manufacturiers, des industriels, des commerçants, directement intéressés à soutenir le gouvernement lorsqu'il prendrait les mesures propres à assurer l'ordre et la tranquillité nécessaires à leurs intérêts.

Il fallait absolument attirer à soi la classe bourgeoise, puisque 1830 avait consommé la ruine définitive de la noblesse, comme influence politique. Louis-Philippe, d'ailleurs, savait parfaitement que les royalistes ne lui pardonnaient pas, sinon d'avoir contribué à renverser le chef de la

Maison de France, au moins d'avoir profité de sa chute pour escalader le trône.

La Révolution de 1830 était l'ouvrage de la bourgeoisie lasse de sa dépendance étroite et du dédain dont elle supportait impatiemment les marques; la nouvelle royauté issue de cette victoire remportée avec l'aide du parti républicain, se trouvait obligée, dès ses premiers pas, de lutter contre des alliés compromettants pour sa sécurité, en cherchant une force capable de rétablir l'équilibre du pouvoir.

Il était donc indispensable d'offrir de nombreux avantages à cette bourgeoisie sans laquelle le gouvernement, environné, à ses débuts, de rancunes et de défiances, ne pouvait régulièrement fonctionner.

M. Thiers fit remarquer au Roi que les conseils généraux du commerce, des manufactures, dans leur séance annuelle, s'étaient prononcés très vivement pour le retour de ces réunions périodiques, si utiles au développement de l'industrie: il avait même été question de reprendre l'entreprise, si piteusement avortée en 1819, d'une exposition où serait conviée l'Angleterre, mais de nombreuses objections s'étaient produites de la part de certains membres des conseils, ils avaient paru craindre pour les fabriques françaises une comparaison peut-être à leur désavantage, et cette raison supérieure avait terminé le débat.

Louis-Philippe, sur l'avis de son Ministre, rendit une ordonnance, en date du 4 octobre 1833, qui annonçait l'ouverture d'une exposition des produits des manufactures pour le 1er Mai suivant, sur la place de la Concorde. L'article 5 décidait le retour des expositions à des périodes quinquennales.

L'emplacement, cette fois, était bien choisi, au moins comme dimension. La place de la Concorde, par ses vastes proportions, permettait de construire des bâtiments suffisants pour contenir la masse des objets et laisser un large espace pour la circulation du public.

Les projets, discutés au moment du concours de 1827, de construire dans la Cour du Carrousel un édifice permanent n'avaient pas été représentés par leurs auteurs; l'idée paraissait bonne en mettant à part, toutefois, le choix de l'emplacement qui pouvait être, sans inconvénient, fixé ailleurs; ces bâtiments provisoires que l'on devait élever tous les cinq ans coûtaient fort cher, tandis que, pour une dépense plus forte, sans doute, mais définitive, on était à même d'assurer, aux exposants, un abri plus convenable qu'un asile en planches mal installé, à la population parisienne, un palais d'hiver disposé pour offrir une promenade ou être embelli par des fêtes. Le gouvernement n'avait pas les fonds disponibles pour tenter

ùne telle aventure, il préféra se contenter de constructions provisoires
sur la place de la Concorde.

Le plan général présentait quatre divisions principales prises dans
chacun des terre-pleins de la place. Elles avaient la forme d'un parallélogramme rectangle de 76 mètres de long sur 47 de large : leurs entrées
et sorties étaient disposées sur la même façade. La forme intérieure était
la même : deux vestibules entre lesquels se trouvaient les salles.

Deux grandes galeries parallèles régnaient sur les grands côtés du
parallélogramme séparées par une vaste cour couverte en certains endroits
pour les besoins du service : ces deux galeries se composaient de cinq
travées, terminées, chacune, par une grande salle carrée qui donnait
entrée à une troisième galerie,

Toutes ces salles ou galeries avaient la même largeur de 13 mètres,
ce qui donnait la facilité, après avoir appliqué à chacune de leurs parois
des tables assez larges, d'en établir une au milieu plus large encore et de
conserver deux passages suffisants pour la circulation. Un corps de garde
pour 50 hommes était affecté à chaque division et adossé à la face opposée
à l'entrée.

La première division du côté du Garde-Meuble destinée aux machines
était dépourvue de plancher ; la deuxième division se trouvait dans le
terre-plein en face, du côté de la rivière ; la troisième, sur le côté de la
Seine également, à gauche en sortant des Tuileries ; enfin la quatrième à
droite, du côté du Ministère de la Marine.

La superficie des constructions excédait d'un quart celle des galeries
de bois de la cour du Louvre en 1827.

Les objets présentés étaient partagés suivant un classement ainsi
déterminé : meubles, étoffes, machines, décors, et assemblés par genre
dans chacune des quatre grandes salles.

Toutes ces dispositions, prises avec sagesse et méthode, ne désar-
mèrent pas la critique. Certains journaux reprochèrent au gouvernement
d'avoir choisi la date du 1er Mai trop voisine de l'hiver pour les apprêts
de tissus, les constructions à établir ; d'un autre côté le transport des
produits était engagé dans deux saisons de vente, il paraissait préférable, puisqu'on voulait rattacher l'Exposition à un anniversaire, de
choisir les fêtes de Juillet.

D'autres, tout en approuvant le nouvel emplacement, s'attaquèrent
aux détails d'exécution : ils regrettaient qu'on n'eût pas su tirer parti des
cours intérieures pour doubler la surface disponible, que la disposition du
terrain n'eût point permis de réunir les quatre pavillons, ou du moins

d'en établir la continuité par un portique abrité. Il y en eut qui s'élevèrent contre la dépense évaluée à 250,000 fr.

Malgré ces attaques sans cesse renouvelées, le Ministre n'en continua pas moins, avec activité, l'exécution des plans adoptés, sans négliger la partie la plus importante de sa tâche et de laquelle dépendait le succès de l'Exposition.

Deux circulaires très étendues du 7 Octobre 1833 et du 29 Janvier 1834 furent adressées par M. Thiers aux préfets afin de leur tracer bien exactement le rôle considérable qui leur était confié et de leur faire comprendre toute l'importance de ces opérations préliminaires pour le succès de l'Exposition.

La première entrait dans les détails les plus complets sur les conditions réclamées des objets présentés aux Jurys départementaux. Le Ministre, rappelant lui-même les critiques formulées contre les précédents concours, indiquait les écueils dont il fallait se garder.

Il recommandait aux Préfets d'insister particulièrement auprès des Jurys d'admission pour les engager à ne recevoir que des produits bien confectionnés, mais d'une vente courante, des articles appartenant en propre à l'industrie spéciale de chaque département, et non des essais imparfaits, des imitations défectueuses de ce que les autres départements faisaient mieux et à moins de frais.

Les Jurys devaient éviter, également, d'admettre des objets minutieux sans aucun intérêt, ou faits pour des étalages de magasin et non pour une exposition qui ne comportait pas d'acheteurs : tels que les liquides enfermés dans les vases, boissons, comestibles, parfums, cosmétiques, etc..., qui dérobaient inutilement la place à des fabrications plus importantes.

Les manufacturiers, autant que possible, seraient bien venus à exposer des tissus par pièces, des produits entiers plutôt que de simples échantillons : leur voyage du chef-lieu du département à Paris était aux frais du Gouvernement.

Enfin M. Thiers attendait du zèle des Jurys des notices raisonnées sur les envois : ces notices avaient pour but de faire connaître les manufactures des exposants, leur importance, l'étendue de leurs affaires, leurs débouchés, le nombre des ouvriers, leur salaire, la nature et l'origine de la matière première ; tous ces éléments étaient non-seulement indispensables pour l'appréciation des objets exposés, mais ils formaient les bases les plus précieuses d'une statistique manufacturière en projet.

La seconde circulaire visait simplement les mesures d'ordre concernant l'expédition des produits : elle entrait dans les plus minutieuses prescriptions afin d'éviter l'encombrement et le désordre qui avaient été reprochés précédemment à la direction des concours : ces graves inconvénients résultaient de l'affluence, au dernier moment, des articles de tous les départements ; on avait imaginé, cette année, pour y obvier un système de bordereaux et de numérotage qui permettait une vérification prompte et un classement rapide et raisonné.

Les instructions générales, comme les recommandations plus particulières témoignaient d'un esprit essentiellement net et organisateur, M. Thiers connaissait, du reste, les dispositions peu bienveillantes de la presse à son égard, et savait parfaitement que les journaux hostiles ne se feraient pas faute de profiter de la plus légère occasion pour l'attaquer et nier ses capacités et ses efforts.

Les tristes événements qui survinrent quelques jours avant l'Exposition déjouèrent toutes les précautions du Ministre pour en assurer la bonne organisation ; et les portes s'ouvrirent le 1ᵉʳ Mai pour montrer au public des salles vides en grande partie, alors que tout faisait présager une réunion des plus brillantes.

Il faut remonter de quelqus mois en arrière pour expliquer brièvement les causes de cette situation malheureuse.

Au mois de Février, quelques fabricants de soieries de Lyon, par suite d'un ralentissement dans la demande, crurent devoir simultanément abaisser le prix de la main-d'œuvre dans leurs ateliers. Les ouvriers se récrièrent et portèrent leurs doléances à une association toute puissante dite des Mutuellistes qui luttait, quelquefois avec succès, contre les prétentions des patrons en défendant la cause des travailleurs.

Le Comité directeur ordonna la suspension du travail le 14 Février jusqu'au jour où les ouvriers auraient reçu satisfaction. Dans la matinée du 14, les 20,000 métiers cessèrent de battre : un grand nombre d'ouvriers, décidés à subir les exigences des manufacturiers, furent menacés et obligés, malgré eux, de quitter les ateliers.

Les fabricants, frappés dans leurs intérêts, tinrent bon, et comme les ressources de la Société des Mutuellistes ne lui permettaient pas de soutenir la grève aussi longtemps que les patrons, dix jours après, le travail reprenait dans toutes les usines.

L'autorité, pendant cette lutte, n'était point intervenue, elle avait surveillé le mouvement, prête à agir si les circonstances l'exigeaient. Le parquet de Lyon, sur ces entrefaites, fit arrêter six Mutuellistes, comme chefs de la coalition de Février. L'affaire fut instruite en Mars et le procès fixé aux premiers jours du mois d'Avril.

Pendant ce temps le parti républicain, redoutable à Lyon où il trouvait, parmi une agglomération ouvrière considérable, les meilleurs éléments pour répandre ses doctrines, s'emparait de ce prétexte pour surexciter les esprits et représenter les Mutuellistes arrêtés comme des martyrs de la cause du prolétariat.

A l'audience, les plus graves désordres se produisirent, il fallut expulser de la salle le public acclamant les accusés ; mais ce n'était que les préliminaires d'une insurrection terrible. Elle éclata le 9 Avril : dès le matin les rues furent sillonnées de bandes armées criant vive la République, à bas le Roi, affichant des proclamations où l'on annonçait la déchéance de Louis-Philippe et son remplacement par Lucien Bonaparte, nommé Consul. Le tocsin retentissait de tous côtés appelant la foule à la guerre civile.

L'autorité militaire, préparée depuis quelques jours à cette explosion populaire, ne perdit pas un instant. Les troupes furent lancées immédiatement sur les faubourgs ; pendant quatre jours la lutte fut acharnée et sanglante, il fallut s'emparer, barricade par barricade, de quartiers aux rues étroites dont la défense était facile, mais le général commandant à Lyon déploya la plus grande énergie pour mettre fin promptement à cet horrible conflit.

Dès qu'on connut à Paris le soulèvement de Lyon, le peuple des faubourgs commença à s'agiter. Les meneurs du parti républicain ignorant quel serait le résultat de cette tentative, résolurent de saisir l'occasion favorable pour fomenter à Paris une émeute qui pouvait devenir une Révolution. Ils persuadèrent sans peine aux ouvriers qu'ils devaient faire cause commune avec leurs frères de Lyon, et défendre avant tout leurs droits sacrifiés.

Le 12 Avril, le quartier Saint-Merry fut envahi par les barricades et l'armée dut prendre les armes pour combattre l'insurrection qui menaçait d'embraser la ville entière.

La journée toute entière ne put suffire pour enlever les différentes positions occupées par les émeutiers ; le lendemain 13 Avril la bataille recommença pour se terminer par la défaite des révoltés dans le cloître Saint-Merry où les soldats, exaspérés par des projectiles dirigés contre le duc de Nemours, ne firent pas quartier.

Ces déplorables collisions (si souvent renouvelées pendant le règne de Louis-Philippe) venaient, du moins pour Lyon, d'une crise industrielle habilement exploitée par le parti républicain. Elles arrivèrent à quelques semaines du jour où l'Exposition, ce symbole du travail et de la paix, allait montrer à la France les progrès réalisés depuis sept ans dans tous les arts.

Il ne faut pas s'étonner si, après de tels événements, les galeries de la place de la Concorde, à peine achevées, du reste, renfermaient au 1er Mai un petit nombre de produits. L'espace réservé à Reims était vide, Louviers n'avait qu'un seul représentant, la Seine-Inférieure également, Elbeuf et le Haut-Rhin seuls occupaient les places qui leur étaient destinées. Quant aux soieries de Lyon, il devait s'écouler un laps de temps assez long avant que la malheureuse cité fût à même d'envoyer ses merveilleux produits.

Il était plus difficile d'expliquer, d'une manière satisfaisante, les absences constatées pour les autres régions qui n'avaient point des excuses aussi tristes.

Malgré tous ces événements survenus si malencontreusement, l'Exposition, comme résultat numérique, avait pleinement réussi : l'augmentation constatée sur l'année 1827 était de 700 fabricants, un tiers en plus : une bonne part dans ce succès revenait au Ministre du Commerce qui, par ses sages prescriptions, avait su inspirer la confiance aux manufacturiers et les décider à répondre à l'appel qui leur était fait.

Les départements comptaient 200 exposants de plus qu'en 1827 (1014), la Seine 300 (1368) ; comme aux précédentes réunions, ce département, à lui seul, dépassait de beaucoup le total fourni par les fabricants du pays entier, et le jury départemental, sans se départir de ses habitudes d'indulgence, avait montré cependant quelque sévérité.

Tous les départements où l'industrie, sous ses différents aspects, était active, avaient envoyé des représentants, et l'on pouvait constater, à ce point de vue particulier, un progrès réel.

Jusque-là, même aux yeux des fabricants, les expositions étaient considérées uniquement comme une occasion favorable de faire ressortir leurs produits par la comparaison : c'était là certainement le côté le plus intéressant à leur point de vue, mais les moyens employés pour tirer bénéfice de ces concours en altéraient complètement le principe.

Le Gouvernement, les Jurys, dans leurs rapports, avaient bien souvent constaté que la plupart des exposants, au lieu d'envoyer des objets d'une fabrication courante, d'une vente habituelle, préparaient des produits mieux soignés. Le jury, quand il avait à discuter les mérites, se trouvait fort embarrassé pour juger sur des échantillons qu'il savait pertinemment avoir été faits exceptionnellement, dans le but d'obtenir une distinction : il se trouvait dans la fâcheuse alternative de paraître en désaccord avec l'opinion publique, peu au courant des difficultés de la situation, ou d'être suspecté de partialité en récompensant des fabricants dont l'Exposition était moins brillante.

Il fallait, de toute nécessité, faire cesser des errements déplorables qui menaçaient de rendre illusoires les avantages de ces réunions industrielles.

Un des moyens proposés consistait dans l'indication du prix de vente, mais il y avait contre cette mesure de nombreuses résistances qui venaient du commerce intermédiaire entre le manufacturier et le consommateur. Le Gouvernement hésitait à faire de cette prescription une condition expresse pour être admis ; et l'on pouvait peut-être, sans avoir recours à un expédient aussi rigoureux, trouver un terme moyen qui ne mécontentât personne.

Le Jury avait le droit d'exiger cette mention et de ne récompenser que ceux qui consentiraient à se conformer à une telle clause parfaitement équitable. Cette question agitait tous les esprits préoccupés des progrès de l'industrie et surtout les économistes qui étudiaient les moyens d'en accélérer la marche.

Les journaux, aussi, à propos de l'Exposition actuelle, cherchaient à déterminer, d'une manière précise, le rôle de ces réunions ; certains d'entre eux leur assignaient un but économique dont les conséquences devaient être précieuses pour la prospérité du pays.

Il ne pouvait plus être question de concours sans autre but qu'un étalage pompeux de produits industriels. De deux choses l'une ; ou l'industrie indigène était suffisamment avancée pour fabriquer à un taux plus rapproché de l'étranger, ou elle n'avait pas profité de la protection pour améliorer ses méthodes et se mettre en état de soutenir la concurrence ; dans l'un et l'autre cas l'abaissement des tarifs était nécessaire.

Aux Expositions le manufacturier ne visait qu'à montrer ses productions et à faire ressortir la modicité des prix. C'était ce moment que l'Administration devait saisir pour établir son opinion sur des chiffres donnés.

Le rôle du Jury ne pouvait être de dire uniquement que tel fabricant avait exposé des produits remarquables, il devait consacrer quelques lignes aux éléments des prix, à la réduction amenée par le perfectionnement des procédés afin de mettre le public à même de juger, par leur résultat matériel, de l'importance de ces deux progrès. Il était facile, ainsi, de donner aux Expositions une utilité économique.

Ces idées larges et modernes, émises dans des feuilles sérieuses, montrent à quel point, depuis quelques années, l'économie industrielle s'était développée sous l'influence d'intelligences d'élite qui ne reculaient devant aucun problème et s'inspiraient des vrais principes longtemps méconnus ou dédaignés.

Toutes ces lois de douanes restrictives et arbitraires qui élevaient entre les productions des différents pays de barrières fiscales insurmontables allaient tomber sous les coups répétés d'adversaires ardents et convaincus, première étape vers le libre échange qui devait attendre encore vingt-six ans le jour du triomphe.

Le 30 avril, veille de l'ouverture de l'Exposition, le roi vint visiter les salles et s'assurer par lui-même que tout, comme installation, au moins, était prêt Il constata, ainsi que je l'ai dit plus haut, que, malgré toutes les promesses d'envoi faites par les jurys départementaux, à part quelques rares exceptions, les exposants ne s'étaient point piqués d'une exactitude scrupuleuse.

L'inauguration ne pouvait être retardée puisqu'elle coïncidait avec le jour de la fête du Roi ; les portes s'ouvrirent, ainsi qu'il avait été annoncé, à 10 heures, pour livrer passage à la foule désappointée devant tous ces espaces vides ou à peine occupés. Pendant la semaine qui suivit, plus de 20,000 personnes arrivèrent de province et de l'étranger pour visiter l'Exposition.

L'installation se poursuivit tout le mois et dans les premiers jours de Juin, seulement, on put jouir du spectacle intéressant de cette réunion de nos produits industriels. A part quelques critiques (dont une assez fondée portait sur l'inconvénient d'avoir à traverser, même en temps de pluie, un espace assez large, sans abri, pour passer d'un pavillon à l'autre), les objets étaient placés, de la façon la plus convenable, avec un espace suffisant pour les disposer de manière à faire ressortir leurs mérites.

Le public, de son côté, dans ces grandes galeries embrassait, d'un coup d'œil, l'ensemble, et chacun se dirigeait, à l'aise, vers les objets qui attiraient son attention.

Toutes les places étaient prises lorsque Lyon fut à même d'envoyer ses produits ; on construisit dans la cour d'un des pavillons une annexe spéciale dans laquelle on installa son exposition qui ne paraissait pas se ressentir trop vivement des dissensions encore récentes. L'impression générale, à vol d'oiseau, était bonne, il n'y avait pas de ces découvertes, de ces inventions qui font époque, mais les progrès continuaient dans toutes les branches, ainsi qu'il ressortait de l'accroissement considérable, pour certaines industries, du chiffre des exportations.

Pour donner à ces résultats tout le développement dont ils étaient susceptibles, le Gouvernement devait remanier les tarifs douaniers, supprimer des prohibitions d'une autre époque, dangereuses en ce qu'elles arrêtaient l'expansion de nos produits au-delà des frontières et contribuaient à entretenir un régime de fiscalité internationale désavantageux pour tout le monde.

La chose était d'autant plus importante que, pour la laine, le coton surtout, l'emploi des machines avait donné à la production des moyens tout puissants qui permettaient de la doubler, de la tripler, si, à un moment donné, la demande n'arrivait pas à faciliter l'écoulement de cette réserve toujours entretenue par le travail, il y avait crise, avilissement des prix, les fabricants fermaient leurs usines, renvoyaient leurs ouvriers, laissés sans ressources, et quelquefois se ruinaient.

Le marché national ne suffisait pas à tout consommer, il devenait nécessaire de s'ouvrir à l'étranger des débouchés assurés et rémunérateurs. Cette question s'imposait à la sollicitude du Gouvernement, directement intéressé à favoriser l'extension du commerce qui avait pour conséquence immédiate l'augmentation des revenus.

Au point de vue politique, il n'était pas moins indispensable d'éviter ces crises ouvrières amenées par la fermeture des ateliers ou la diminution des salaires, et dont le parti républicain profitait habilement pour prêcher la révolte contre l'ordre de choses existant, de là, des émeutes, comprimées, il est vrai, mais la répression engendrait la haine sans supprimer le mal et ses causes latentes.

Je me suis laissé détourner un instant de mon sujet par des considérations qui ne s'y rattachent qu'indirectement ; mais ces quelques lignes ne me paraissent point inutiles pour expliquer la situation d'une manière bien nette et montrer que, dans ce règne si troublé, la question ouvrière, jusqu'alors inconnue, commençait à imposer ses redoutables problèmes aux préoccupations des hommes d'Etat et des économistes.

EXAMEN DES PRODUITS EXPOSÉS

―――ᰔᰔ―――

Cette année, les échantillons de laines envoyés étaient au nombre de 18, tant de mérinos que de laines longues anglaises. Les éleveurs, comme on l'avait déjà remarqué en 1827, avaient recherché avec trop d'insistance la production de la laine fine, en laissant de côté la quantité, si bien que les manufactures de lainages grossiers ou moyens périclitaient et succombaient.

L'agriculture devait poursuivre, avant tout, les croisements, fournir en masse des laines de qualités intermédiaires indispensables à la consommation générale, et surtout à bon marché.

Pour apprécier les progrès de l'industrie de la laine, un des éléments les plus sérieux était le chiffre des exportations ; les tissus de laine rase, de mérinos avaient triplé leurs envois à l'étranger, les draps avaient gagné un cinquième, et ces résultats considérables avaient été obtenus en sept années.

Elbeuf, autrefois en troisième ligne, tendait à détrôner Louviers et Sedan par l'activité de sa fabrication; sans laisser de côté les qualités moyennes pour lesquelles, depuis longtemps, ses manufactures étaient renommées, cette ville industrieuse essayait de produire les draps fins et superfins, tandis que Louviers, menacée dans sa supériorité par cette con-

---

Nombre de têtes de bétail en France en 1834 :
30 à 35,000,000 de moutons, dont 8 à 9,000,000 de mérinos ou métis.

		1827	1834
Exportation de tissus en laine cardée.		16.623.202 Fr.	21.634.354 Fr
—	— en laine rase.	2.363.818	7.405.000
—	— mérinos	2.300.000	7.400.000

currence, entreprenait les draps inférieurs dont Elbeuf avait été jusque là le grand centre.

L'emploi des machines amenait ces tentatives hardies. Des principes nouveaux se substituaient aux vieux errements, et toutes les manufactures, sous peine de déchoir, se trouvaient obligées de suivre le mouvement en abordant des fabrications auparavant spéciales à certaines régions. Elbeuf comptait 32,000 ouvriers qui produisaient 36,000,000 fr. de draps. Reims 30,000 ouvriers occupés, tant dans la ville qu'aux environs à faire des flanelles, circassiennes, mérinos.

Les échantillons de soie grèse étaient rares à l'Exposition ; le Gard, l'Isère, l'Ardèche, la Drôme avaient, chacun, deux exposants ; le Vaucluse un seul ; neuf mouliniers en tout représentaient une industrie fort importante cultivée avec succès dans les départements du Midi. Les produits de Lyon, quoiqu'arrivés tardivement, donnaient une haute idée de leur répu tation incontestée, la fabrique lyonnaise atteignait un chiffre d'affaires de 130,000,000 fr. Saint-Etienne et Saint-Chamond, en une année, avaient augmenté l'exportation de leurs rubans d'une somme de 7,000,000 francs.

L'industrie du chanvre et du lin ne faisait aucun progrès sérieux, il ne pouvait y en avoir, du reste, que par la substitution de la mécanique au filage à la main. En Angleterre, la chose était réalisée, car nos voisins possédaient trois filatures où le lin atteignait un degré de finesse inconnu jusqu'ici. Nos fabricants, par suite de l'insuffisance de la récolte et du bon marché des fils, allaient s'approvisionner de l'autre côté du détroit.

On citait cependant un fabricant du département du Nord qui installait, en ce moment même, une filature mécanique où il importait les machines anglaises les plus nouvelles. Il fallait quelques années pour que

Exportation des châles :

1831	2.945.933 Fr.
1832	3.117.278
1833	5.333.325
Importation de soie (non travaillée)	50.000.000
Total de la production	40.000.000
Nombre d'ouvriers employés : 50,000.	

	1832	1833
Exportation des rubans	23.534.440 Fr.	30.735.523 Fr.
Passementerie	3.285.609	4.123.021
	Importation	Exportation
Toiles de toutes sortes { 1822	37.844.751 Fr.	30.033.624 Fr
1824	38.992.904	23.801.175
1825	29.587.722	25.266.706
1832	17.760.102	29.747.917
1833	15.484.706	26.982.354

l'on pût se prononcer sur cette tentative si nécessaire pour régénérer une fabrication indigène font intéressante à ce point de vue.

Le coton l'emportait encore, par ses progrès rapides, sur la laine et la soie. Dans le Haut-Rhin, les impressions sur tissus s'élevaient à 43,000,000 fr., et la maison Dollfus Huguenin venait d'ajouter une nouvelle source de richesse pour les manufactures du département en introduisant en Alsace les impressions sur soie ; cette importation, adoptée avec l'initiative intelligente qui distinguait les fabricants de la contrée, devait restreindre l'entrée de ces produits fort estimés de l'Allemagne et de la Suisse.

La Seine-Inférieure employait toute une population de 107,000 ouvriers à faire ces indiennes communes dont elle inondait le pays et l'étranger. Roubaix, Tourcoing, Reims consommaient, par an, près de 50,000 balles à tisser les étoffes légères réclamées par la mode.

Il est facile de se convaincre du développement prodigieux des tissus de coton en considérant qu'en dix ans l'exportation avait quadruplé. Comme ombre à ce brillant tableau, il faut dire que l'article nouveauté, sans doute en raison des demandes ou des bénéfices qu'il procurait, était plus spécialement cultivé que certains genres non moins utiles pourtant.

Ainsi, M. Nicolas Schlumberger, de Guebviller, était le seul filateur à même de fournir à Tarare les fils pour la mousseline. La contrebande se chargeait de procurer le reste, et le Ministre du Commerce, au courant de cette situation peu régulière, concluait, dans un projet de loi sur les douanes, à rendre légale l'entrée de ces produits nécessaires.

On ne pouvait s'expliquer comment des manufacturiers ne tentaient pas une fabrication dont les produits, établis au même prix que l'étranger, étaient sûrs de trouver, à Tarare comme à Saint-Quentin, un placement avantageux.

Les métiers à tulle, au nombre de 4 en 1823 s'élevaient à 3,000 en 1834, et produisaient 14,000,000 fr., mais les prix restaient élevés à cause du coton retors employé qui nous était fourni par l'Angleterre ; la Société d'Encouragement, le Gouvernement devaient encourager la fondation

	1822	1832
Exportation des tissus de coton.	14.468.630 Fr.	53.947.556 Fr.
	1827	1832	1833
Exportation des tulles de coton. . .	981.600 Fr.	1.712.800	2.087.600
	1826	1832	1833
Exportation des mousselines	515.610	1.163.320	1.688.160

Haut-Rhin et Seine-Inférieure : 1,350,000 broches.

d'usines destinées à faire les divers fils de coton indispensables pour ces deux branches importantes d'industrie.

MM. Rattier et Guibal venaient de révéler à la France une invention anglaise toute nouvelle : les tissus imperméables en caoutchouc.

Le caoutchouc, connu seulement en Europe au commencement du XVIII° siècle, ne fut pendant longtemps qu'un objet de curiosité. Une commission d'académiciens, présidée par La Condamine, et envoyée en Amérique en 1753, pour mesurer un angle du méridien, étudia les propriétés de l'arbre (le jatiopha elastica) qui produisait le caoutchouc, mais nul ne songea à tirer parti du rapport très exact qui fut fait à l'Académie.

Le premier qui eut l'idée d'appliquer le caoutchouc à l'imperméabilité des tissus fut M. Haucock, de Fulham (Angleterre) ; quelques années après, MM. Rattier et Guibal reprenaient cette invention encore imparfaite et trouvaient le moyen pratique d'arriver à la confection d'étoffes élastiques. Ils avaient installé une fabrique aux portes de Paris et s'étaient assurés par un brevet le monopole de cette industrie nouvelle.

Les mécanismes employés pour obtenir les papiers continus se répandaient peu à peu ; ainsi, en 1823, une seule maison exposait des papiers fabriqués par ces procédés ; en 1827 il y en eut 2 ; cette année, on en comptait 12.

. Les échantillons de marbre exposés étaient envoyés par 12 départements ; cette industrie, depuis 1827, avait fait de grands progrès, comme il est facile de s'en convaincre par la diminution des importations. La France commençait même à faire passer à l'étranger les marbres indigènes sous forme de cheminées, etc...

Il dépendait du Gouvernement de rendre plus active encore l'exploitation des gisements en employant ces marbres dans les monuments publics et surtout en améliorant les voies de communication qui conduisaient aux carrières. Par des travaux de viabilité bien entendus on pouvait diminuer de beaucoup les frais qui consistaient surtout dans le transport du lieu d'extraction aux villes les plus voisines.

L'art de la mosaïque restait stationnaire, à part la manufacture de Sèvres qui le cultivait avec toute la perfection de ses nombreux produits,

Importation des peaux, en 1823 . . . . 15.002.727 Fr.
Exportation — — 23.767.508
— de ganterie, en 1833 . . . . 9.856.840
— de maroquinerie, en 1833 . . . . 1.225.654

	1823	1832	1833
Exportation de papeterie	3.665.343 Fr.	4.256.400 Fr.	5.323.621 Fr.

peu d'artistes consentaient à s'adonner à un genre délaissé par la faveur du public.

Les manufactures de porcelaines de Creil, Montereau, Sarreguemines fabriquaient des poteries, genre Wegdwood, dont les spécimens exposés attiraient l'admiration générale. La poterie, depuis 1800, avait continuellement progressé ; à qualités égales, la douzaine d'assiettes qui coûtait, à cette époque, 24 francs, était tombée à 12 fr. ; mais ce n'était pas là le dernier mot, car, en comparant les prix en France et en Angleterre, on pouvait reprocher à nos potiers de n'avoir pas su abaisser leurs prix comme dans ce dernier pays.

La fabrication de la porcelaine datait du milieu du XVIII° siècle, vers 1750 : après de nombreux essais à Rouen, puis à Saint-Cloud, à Passy, les manufacturiers étaient arrivés à de tels résultats que leurs produits rivalisaient de vogue avec les articles de la Chine, mais ils restaient réservés exclusivement aux grandes fortunes à cause de leur cherté.

Depuis vingt ans les fabricants avaient pu arriver à diminuer suffisamment les prix pour les rendre accessibles à la classe moyenne : ils s'assuraient par là des débouchés considérables, et l'on était en droit d'espérer que, par de nouvelles études, de nouvelles méthodes, d'une part, de l'autre une recherche moins âpre des bénéfices, ils parviendraient à mettre la porcelaine à la portée des plus petites bourses.

Les glaces comptaient deux établissements rivaux d'une extrême importance et uniques en Europe : Saint-Gobain et Saint-Quirin.

L'art de faire les glaces remontait en France à près de trois siècles. En 1668, Abraham Thevart inventa l'art de couler les glaces et obtint un privilège de trente années pour la fabrication de miroirs de 30 pouces de haut sur 40 de large avec défense d'en couler dans les dimensions inférieures. Thévart s'établit d'abord à Paris, qu'il dut quitter à cause du prix élevé de la main-d'œuvre ; il alla s'installer à Saint-Gobain dans l'ancien château de Coucy.

En 1695, un arrêté du Conseil réunit la Compagnie qu'il avait fondée à celle que Colbert avait installée en 1662 à Tourlaville (Manche), au moyen d'ouvriers vénitiens qui soufflaient des glaces de 45 à 50 pouces.

	1823	1827	1833
Importation des marbres étrangers .	1.726.114 Fr.	1.655.241 Fr.	368.701 Fr
Exportation de marbre travaillé (1832), 70,000 fr. à 50 fr. les 100 kilogrammes.			
	1823	1817	1833
Exportation, arts céramiques. . . .	4.276.623 Fr.	4.346.924 Fr.	5.114.179 Fr.
— verrerie	4.562.158	6.307.120	6.709.716.

On accorda un nouveau privilége à la nouvelle Compagnie qui languit. En 1701, elle éteignait une partie de ses fours ayant 800,000 livres de dettes : une partie des ouvriers allaient porter leur industrie en Allemagne, en Angleterre, en Espagne, où ils créaient la manufacture de Saint-Ildefonse.

En 1702, une nouvelle Compagnie se forma sous le nom d'Antoine d'Agincourt et obtint un privilége de trente ans qui fut continué jusqu'à la Révolution. Telle fut l'origine de la manufacture établie longtemps rue Saint-Antoine.

La cristallerie de Baccarat occupait 700 ouvriers. La Compagnie de Saint-Louis, aussi florissante, exposait de remarquables produits. Les cristaux, grâce surtout à ces deux manufactures, étaient dignement représentés, il n'en était pas de même pour des objets moins brillants mais aussi utiles, tels que les verres à vitres et à bouteilles, qui ne comptaient que quatre spécimens.

Dans la section des produits chimiques, on remarquait des échantillons d'une découverte due à M. Guimet, de Lyon, et dont les résultats étaient inappréciables. M. Guimet, stimulé par l'espérance de gagner le prix créé par la Société d'Encouragement en 1824 pour celui qui obtiendrait l'outremer factice, avait réalisé complètement le programme du concours, en 1827 : il suffit, pour donner une idée de l'importance de sa découverte, de dire que ce produit, indispensable dans un grand nombre d'industries, coûtait 4,000 fr. le kilog., alors qu'aujourd'hui la même quantité revient à 16 francs.

Une diminution très sensible était remarquée dans une fabrication pharmaceutique créée en France : le sulfate de quinine. Tout le mal venait d'une amélioration des droits décrétée par l'administration des contributions indirectes ; cette mesure fiscale maladroite avait eu pour conséquence presque immédiate de faire passer en Angleterre la préparation de ce produit et les bénéfices que la France seule touchait autrefois en fournissant le monde entier.

On voyait aussi à l'Exposition de nouvelles applications de l'iode découvert depuis quelques années.

M. Courtois, en 1817, en évaporant des eaux mères des soudes de varech avait remarqué que le fond des chaudières était attaqué par un principe inconnu. Il découvrit une substance grisâtre, d'une odeur désa-

		1827	1833
Exportation des produits chimiques		10.790,749 Fr.	14.043.613 Fr.
	1819	1823	1827	1833
Importation de quinquina. . 5.049 Fr.	14.769 Fr.	171.467 Fr.	89.184 Fr.

234 LINDUSTRIE FRANÇAISE AU XIX° SIÈCLE

gréable qui jaunissait les doigts et rendait l'amidon bleu quand on le mettait en contact. En brûlant, ce produit engendrait d'épaisses vapeurs violettes d'où son nom fut tiré (iode veut dire violet, en grec).

M. Courtois, d'une condition modeste, ne pouvait tirer parti de sa découverte, il la vendit. Depuis lors, chaque année amenait de nouvelles combinaisons et de nouvelles ressources dans l'art de guérir. On mélangeait l'iode à la potasse, au mercure, pour le traitement des goîtres, scrofules, et l'on obtenait les meilleurs résultats.

Il me paraît curieux de montrer, bien que la chose en elle-même n'ait aucun rapport avec mon sujet, une des conséquences de la Révolution que Broussais venait d'opérer en médecine en attribuant la plupart des maladies à des inflammations.

Le résultat de cette méthode avait été de supprimer les nombreux médicaments usités jusque-là et de leur substituer de simples auxiliaires, tels que les sangsues, qui étaient devenues, en peu de temps, comme on va le voir par les chiffres ci-dessous, un objet de commerce très sérieux.

La culture de la betterave avait pris la plus grande extension dans le nord de la France : les seuls arrondissements de Douai, Lille, Cambrai, Valenciennes, réunissaient 39 sucreries en pleine activité.

Depuis 1827 l'exploitation des gisements de houille s'établissait avec rapidité, 32 départements fouillaient le sol pour en retirer le précieux combustible, mais les 4/5 du produit total étaient donnés par l'Aveyron, la Loire, le Nord, la Saône-et-Loire. En dix ans l'importation avait doublé, malgré les droits considérables qu'il fallait acquitter. L'achèvement des canaux, l'entreprise des chemins de fer pouvaient seuls restituer un avantage relatif au charbon tiré de notre sol.

Pour tous les métaux autres que la fonte, le fer et l'acier, nous étions absolument tributaires de l'étranger, non point qu'il n'y eût en France des gisements exploitables mais nul ne paraissait tenté de mettre des capitaux dans une entreprise qui était considérée comme aventureuse.

Ainsi sur les 12,200,000 kil. de plomb nécessaires chaque année à l'industrie, les mines françaises n'entraient que pour 500,000 kil. : pour le cuivre la proportion était la même, la consommation de 6,000,000 kil. ne tirait du pays que 250,000 kil.

Depuis quelques années on remplaçait pour la couverture des maisons

		1820	1823	1827	1833
Sangsues	Exportation. .	1.157.970 Fr.	1.188.855 Fr.	196.950 Fr.	868.650
	Importation. .	»	320.800	33.634.494	41.654.300

le cuivre et le plomb par le zinc ; il en résultait un accroissement considérable dans la demande de ce métal, mais cette faveur dont il jouissait n'avait pu décider des industriels à exploiter les riches et puissants filons dont les ingénieurs indiquaient l'emplacement en prouvant les facilités d'extraction. Une seule mine était en activité dans la France entière.

Il n'y avait pas de mine d'étain exploitée, tout nous arrivait de l'étranger.

Cette tendance manifeste de recourir à l'importation plutôt que de tirer parti des richesses enfouies dans notre sol était malheureuse : le Gouvernement, par des encouragements, des primes, en prenant même l'initiative des recherches, devait exciter le zèle et tenter les esprits par l'appât des bénéfices que pouvait procurer une mine bien dirigée : on concevait difficilement l'indifférence des industriels pour des travaux, très rémunérateurs, quand ils étaient couronnés de succès, alors que dans toutes les autres branches, le principal but poursuivi consistait, à augmenter les débouchés en restreignant l'importation. Sur ces 44,000,000 fr. dont chaque année l'étranger bénéficiait à nos dépens, une grande partie, il est vrai, nous revenait, en échange de ces mêmes métaux transformés de diverses manières, mais l'avantage eut été double en demandant à notre sol les ressources dont il disposait suffisamment pour certains métaux.

L'importation du fer, de l'acier, des fers blancs, avait considérablement diminué, pour les fers blancs surtout qui étaient tombés de 419,232 kil. à 15,291 kil.

			1833	
Houille	{	Importation.	10.477.398 tonnes	
		Exportation.	15.009.741 —	
Métaux divers	{	Importation.	44.919.664 Fr.	
		Production	1.269.168	
Fonte, Fer, Acier	{	Importation.	4.047.256 Fr.	
		Production	85.955.254	

	1824	1827	1830	1833
Importation de zinc.	907.548 kil.	1.203.205 kil.	1.654.782 kil.	5.840.888 kil.
	1821			
Importation d'étain	622.842	1.099.502	»	1.523.900
Production du fer, de 1818 à 1820.				79.000.000 kil.
— de 1833 à 1834.				133.870.000
Importation du fer, de 1818 à 1820.				12.360.133
— de 1833 à 1834.				6.553.710
			1827	1833
Production acier.			5.485.300 Fr.	6.264.900 Fr.
Importation acier			697.000	802.978

16

Les outils de fer autrefois fournis par l'Allemagne à nos industries comptaient quelques ateliers importants qui cherchaient à nous libérer tout à fait de ce joug.

MM. Coulaux frères, de Molsheim, y avaient établi en 1817 une fabrique de grosse quincaillerie à l'instar de celles d'Allemagne. L'entreprise avait réussi, si bien qu'aujourd'hui avec leurs 700 ouvriers tous français, ils distançaient les usines allemandes. M. de Guaita, à Zornhoff, employait 650 ouvriers à la même fabrication.

Quatre départements avaient envoyé des échantillons de faux : 280,000 étaient livrés chaque année à l'agriculture, mais elles ne suffisaient pas à la consommation et l'on en importait encore pour 755,000 fr.

Les mêmes progrès étaient constatés pour les limes, les scies ; en 1827 nous avions acheté 975,000 fr. de limes, en 1833, 590,000 fr.; pour les scies la diminution était plus sensible de 140,000 fr. à 50,000 fr.

Les manufactures d'aiguilles, peu nombreuses, du reste, ne parvenaient pas à suffire au marché national et à vaincre la résistance des commerçants qui refusaient, en général, d'acheter leurs produits, d'un prix trop élevé, sans une supériorité qui pût le justifier. L'importation atteignait 1,500,000 fr.

Les ateliers de M. Japy, à Beaucourt, tenaient toujours le premier rang par les perfectionnements de chaque jour apportés à leurs travaux ; les ébauches de montres, vis à bois..., etc... Cette fabrique renommée avait pourtant passé par de sérieuses épreuves. Fondée en 1776, elle avait, au moment de l'Empire, atteint un développement remarquable quand, en 1815, le général autrichien Scheiler, voulant, dans sa haine du peuple française, détruire tout ce qui pouvait lui permettre de se relever, donna l'ordre de brûler l'établissement de Beaucourt. Le fer accompagna l'œuvre du feu ; le général fit briser le matériel, les machines, pendant que l'incendie dévorait les bâtiments : l'évaluation de la perte faite par les experts peut donner une idée de l'importance des ateliers ; on les cota 1,297,698 fr.

Il paraissait difficile de se relever d'un pareil désastre. Mais MM. Japy ne perdirent pas courage, ils se remirent de suite à l'œuvre, reédifièrent leur fabrique, inventèrent de nouveaux mécanismes et, dès

	1820	1825	1830	1833
Importation de fers blancs. . . .	419.232 kil.	132.472 kil.	64.765 kil.	15.291 kil.
Exportation —	12.334	4.375	4.756	9.276
Production en 1833.	1.531.900 kil. valant.			2.651.719 Fr.

	1827	1832
Importation d'outils de fer.	2.612.763 Fr.	1.896.221 Fr.

1819, ils reparaissaient aux Expositions avec un éclat qui leur méritait la distinction du premier ordre.

L'Exposition de 1834 révélait aussi le développement d'une industrie dont l'importance s'accroissait rapidement. Jusqu'alors la fabrication des instruments de chirurgie bornée à quelques instruments rudimentaires et connus de longue date, n'avait pas rencontré l'homme qui devait l'émanciper et lui donner, au-dessus de la coutellerie, dont elle était considérée comme une branche, une place particulière.

M. Charrière, ouvrier coutelier, devenu patron à force de travail et d'intelligence, par les appareils qu'il exposait, se mettait de suite à une distance considérable de ses rivaux. Doué de véritables aptitudes, il avait mis au service des praticiens célèbres de l'époque une habileté sans pareille et un esprit inventif toujours en éveil. Ses instruments remarquables opéraient une révolution dans l'art chirurgical et, par leurs perfectionnements, en supprimant les difficultés des opérations, créaient à leur auteur un véritable titre à la reconnaissance de l'humanité.

La construction des machines subissait un moment de ralentissement. L'Exposition ne montrait aucune de ces découvertes essentielles qui font époque dans l'histoire industrielle d'un pays ; les constructeurs avaient amélioré, simplifié ce qui existait, mais au milieu du mouvement général de progrès, ils n'avaient pas fait un pas en avant.

Le Conservatoire des Arts-et-Métiers exposait 17 modèles de diverses machines très intéressantes. Cet établissement soutenait sa réputation par les services qu'il rendait à l'industrie en l'initiant à toutes les découvertes de France et de l'étranger ; depuis sa fondation, en 1775, il avait bien mérité de la patrie.

C'était à Vaucanson que l'on était redevable d'une création aussi pratique. Vaucanson, en 1775, réalisant une idée de Descartes, rassembla, rue de Charonne, dans l'hôtel de Mortagne, depuis l'hôtel Vaucanson, une collection de machines et d'outils servant à l'industrie et dont la plupart avaient été inventés ou perfectionnés par lui. A sa mort, en 1782, Vaucauson légua sa collection au roi et, par les soins de M. de Montaran, elle s'enrichit encore.

La Convention, approuvant cette idée de génie, enleva de l'hôtel

	1820	1823	1827	1833
Importation des machines	357.500 Fr.	842.486 Fr.	1.045.293 Fr.	797.866 Fr.
Exportation —	216.500	566.436	1.319.303	1.668.376
Importation des instruments p' les sciences		9.364	7.579	6.933
Exportation —	—	110.566	178.236	243.676

Vaucanson, du dépôt du Louvre et de l'hôtel d'Aiguillon toutes les collections et les installa dans l'ancienne abbaye Saint-Martin.

Le Conservatoire s'était enrichi, depuis, de la collection de l'Institut, de la collection des machines et outils d'horlogerie léguée par Ferdinand Berthoud, du cabinet de physique de M. Charles.

Les modèles exposés étaient réduits au cinquième ; on y voyait entre autres, la machine à vapeur locomotive de Stephenson, importée d'Angleterre en 1831 par MM. Millet et Henry, en 1833, par MM. Périer, Edwards, Chaper et Cᵉ, de Chaillot.

Une notice explicative disait que cette machine était fort estimée dans la Grande-Bretagne, qu'elle faisait 12 lieues à l'heure, obéissait à son conducteur comme un cheval bien dressé, et coûtait 15,000 francs. La foule s'amassait de préférence devant cette machine nouvelle, merveilleuse, qu'elle regardait avec une curiosité d'autant plus excitée que l'on annonçait son prochain fonctionnement en France.

Les instruments d'agriculture, assez nombreux, n'attiraient, comme par le passé, que de rares visiteurs, on les délaissait pour les raisons exposées précédemment, en 1827. Certains constructeurs, du reste, semblaient s'être complètement mépris sur le but et l'utilité des instruments qu'il fabriquaient. Il ne fallait pas, pour l'agriculture, de ces charrues, hâche-paille, semoirs, etc... bien peints, bien polis, bien légers, bons tout au plus pour figurer dans un parc ou un parterre, mais des articles solides et simples, tels qu'un charron de village pût facilement les réparer.

L'horlogerie parisienne, autrefois la première du monde, avait disparu presque complètement de la ville où elle était si brillante. Paris ne fabriquait plus. La plupart des montres exposées, même sous le nom des premiers horlogers, venaient de Suisse, du Jura, du Doubs, et l'on se contentait, à Paris, de les repasser et de les terminer.

Les industries artistiques de l'orfèvrerie, bronzes, bijouterie, joaillerie, plaqué, paraissaient être restées stationnaires depuis 1827. La principale cause était dans une imitation fâcheuse des formes anglaises, bizarres, sans grâce, et lourdes ; le Jury, dans son rapport, se plaignit vivement de ce que les orfèvres, comme les fabricants de bronzes, au lieu d'étudier les traditions de bon goût, de remonter aux types de chaque

	1823	1827	1833
Exportation d'horlogerie	3.418.481 Fr.	4.250.697 Fr.	7.003.831 Fr.
— de bronzes.			1.586.700
Production de bronzes			18.000.00.
Exportation, bijouterie, orfèvrerie . .			2.550.000

époque, eussent sacrifié au désir d'une vente considérable, en abandonnant la qualité pour viser à une production étendue.

Quelques exceptions devaient être signalées: MM. Mention et Wagner nous restituaient un genre d'orfèvrerie connu depuis longtemps mais perdu en France ; les nielles ou la gravure en taille-douce sur l'argent.

L'exportation des pianos s'était aussi faiblement accrue depuis 1827, malgré les progrès obtenus par MM. Pape, Pleyel et Pierre Erard ; les instruments de celui-ci avaient eu l'honneur d'être touchés, devant Sa Majesté, par Liszt. C'était cette famille des Erard qui, depuis 1778, tenait la première place dans une industrie autrefois exclusivement allemande.

Le plus ancien essai de piano fut fait dans les premières années du XVIIIᵉ siècle, à Paris, par un facteur de Paris nommé Marius, il l'appela clavecin à maillets. En 1718, à Padoue, Cristofori répandit cette invention améliorée en lui donnant le nom de *Cembalo martellato*. Nous fûmes tributaires de l'Allemagne jusqu'au jour où Sébastien Erard et son frère, quittant Strasbourg, leur ville natale, vinrent se fixer à Paris en 1775. Leur premier piano date de 1778.

En 1791, la Révolution vint compromettre l'existence de leur maison déjà connue, et Sébastien passa en Angleterre où il fonda une seconde manufacture. Depuis cette époque, la renommée des deux frères avait suivi leurs efforts persévérants pour améliorer leurs instruments devenus sans rivaux, en France, comme à l'étranger.

La commune de Mirecourt, toute entière occupée à la fabrication de violons dans les prix de 3 à 12 fr., avait beaucoup amélioré ses produits qui atteignaient jusqu'à 60 fr. Un M. Langrenez exposait un piano qu'il présentait sous le nom harmonieux d'apythmolamproterique, ce qui voulait dire un piano sans fond rendant des sons plus clairs que les pianos ordinaires ; cette invention ingénieuse, peut-être, eut gagné à ne pas être affublée d'une expression aussi barbare qui suffisait pour effrayer le public.

C'était une tendance assez maladroite, du reste, de quelques inventeurs, de déguiser sous un vocable grec francisé, sous une combinaison odieuse, quelquefois, de plusieurs langues, des produits qui auraient gagné à être désignés par des noms moins pompeux et moins prétentieux.

	1823	1827	1833
Exportation de plaqué	2.262.948 Fr.	3.170.760 Fr.	3.175.470 Fr.
— de tabletterie	»	»	898.047
— de pianos	406.102	473.680	498.700
Importation de pianos	64.338	105.70s	55.780

Ainsi, des mappemondes en peau gonflée d'air devenaient des œsophyses, le cuir destiné à faciliter les fonctions du rasoir s'appelait le philophile ; on trouvait encore le typophone pour juger les distances par le son, enfin un chef-d'œuvre accompagné d'un commentaire qui est une perle : le métographe « *au moyen duquel l'homme d'Etat ou l'homme* « *de lettres peut, au sein de la nuit, fixer l'idée heureuse qui inter-* « *rompt son sommeil.* »

Jules Janin, qui avait été chargé, à cette époque, par la *Revue de Paris*, de faire la critique de l'Exposition, s'égayait, avec son esprit si fin, si attique, aux dépens de toutes ces inutilités. Je ne puis résister au désir de citer un passage entier ravissant qu'il consacrait dans une de ses chroniques à une invention baroque appelée : la canne-parapluie.

« Ce parapluie-canne est un des meubles les plus utiles qu'ait
« inventé l'imagination contemporaine. Vous sortez, vous prenez
« votre canne, outre votre canne, vous prenez un morceau de taffetas,
« car, sans ce morceau de taffetas, votre canne ne sera jamais un
« parapluie. Voilà qui va bien. Vous vous promenez, sans songer à
« mal, tout à coup le tonnerre gronde, le nuage se fend et se brise,
« la pluie tombe. Le vulgaire ouvre tout simplement son parapluie
« et se met à l'abri, vous, vous prenez fièrement votre canne,
« vous la démanchez au moyen d'un crochet que vous avez dans
« votre poche ; dans cette poche, vous prenez le susdit morceau de
« taffetas, vous le dépliez avec soin, puis, sur les cinq ou six
« baleines dont se compose votre parapluie-canne, vous étendez le
« susdit taffetas. Cela fait, vous êtes aussi bien à l'abri qu'un
« homme qui a un parapluie ordinaire. Il est vrai qu'en dix mi-
« nutes qu'il a fallu pour préparer votre machine, vous avez eu le
« temps d'être transpercé jusqu'aux os. Ce parapluie-canne, qui n'est
« ni une canne ni un parapluie, vous donnera une juste et honorable
« idée de la plupart de nos inventions. »

Malgré ce scepticisme professé d'un ton enjoué et plaisant sur le mérite des découvertes industrielles, Jules Janin savait rendre justice à ce qui était véritablement grand et beau. Il consacrait plusieurs pages aux presses d'imprimerie de Selligue et Thonellier, en comparant, à la grande gloire de notre époque, les progrès immenses réalisés par la mécanique.

Autrefois, en effet, les plus célèbres imprimeurs se servaient de presses à bras de levier au bout desquels on mettait deux hommes qui se relevaient d'heure en heure et tiraient 2,000 exemplaires. Aujourd'hui, la presse à cylindre, en 24 heures, produisait 24,000 exemplaires.

Mais Jules Janin se faisait à juste titre, l'organe de l'opinion publique en critiquant le silence et l'immobilité des machines. Il plaidait la cause de la foule ignorante qui ne pouvait juger de leur utilité sans les voir en mouvement. Cette revue, faite de la façon spirituellement narquoise qui distinguait son esprit et son style, était pleine de bon sens et de bienveillante équité.

Jules Janin, bien qu'étranger aux questions techniques, reconnaissait les progrès de tous les arts, mais il était impitoyable pour les objets qui n'avaient d'autre but que de satisfaire la curiosité des badauds tels qu'un verre à Champagne de six pieds, Notre-Dame en sucre candi, les œsophyses, le métographe et un fauteuil chauffé à la vapeur auquel était adaptée une table pour écrire.

Dans une masse de 2,500 produits différents, ces taches légères se remarquaient à peine, elles prêtaient à rire aux dépens des inventeurs malheureux et leurs ridicules ne rejaillissaient point sur l'Exposition.

Le Jury était ainsi composé : THÉNARD, président ; le baron Charles DUPIN, vice-président ; MIGNERON, inspecteur des mines, secrétaire ; BARBET, BLANQUI, CUNIN-GRIDAINE, GIROD, KŒCHLIN, LEGENTIL, MÉNARD, PATURLE, PETIT, Clément DESORMES, DARCET, HÉRICART DE THURY, GUILLARD-SENAINVILLE, POUILLET, SAVART, SÉGUIER, TARBÉ DE VAUXCLAIRS, BRONGNIART, GAY-LUSSAC, CHENAVARD, DELAROCHE, baron GÉRARD, FONTAINE.

Il se partagea tout d'abord en huit commissions correspondant aux divisions suivantes : *Tissus, instruments de précision, métaux, machines, chimie, beaux-arts, poterie, cristaux, arts divers* et se mit aussitôt à l'œuvre ; sa tâche était lourde vu le grand nombre de concurrents dont il fallait tour à tour apprécier et discuter les mérites.

Le 13 Juillet, le procès-verbal définitif fut dressé et, le 14 Juillet, le roi Louis-Philippe présidait, aux Tuileries, la distribution solennelle des récompenses. La proportion était fortement augmentée ; le total des distinctions accordées, tant en rappels qu'en médailles atteignait 938 (268 rappels, 670 médailles), soit une médaille par 3 exposants.

Ce total se divisait ainsi : *Or :* 72 médailles, 71 rappels ; *Argent :* 229 médailles, 106 rappels ; *Bronze :* 369 médailles, 91 rappels ; plus 2 médailles d'or et rappel, 10 médailles d'argent, 8 médailles de bronze accordées à des artistes qui, par des inventions ou procédés non susceptibles d'être exposés séparément, avaient contribué au progrès des manufactures depuis l'Exposition de 1827. Le Roi remit, en outre, 28 décorations de la Légion d'Honneur.

RÉCOMPENSES

MÉDAILLES D'OR

Laines, Draps, Châles, Etoffes

Rappel. — Vicomte DE JESSAINT (Marne
— Comte DE POLIGNAC (Oise).
— BACOT et fils, Sedan.
— CHAYAUX frères, Sedan.
— DANNET frères, Louviers.
— AUBÉ et Cⁱᵉ, Louviers.
— JOURDAIN et RIBOULLEAU Louviers.
— FLAVIGNY et fils, Elbeuf.
— GUIBAL ANNE VEAUCE, Castres.
— REY, Paris.
— HINDENLANG fils, Paris.
— BOSQUILLON, Paris.
— REY, Paris.
— GAUSSEN, Paris.
— DENEIROUSE, Paris.
— AJAC, Lyon.
— D'HAUTENCOURT, Lyon.
— SABRAN et Cⁱᵉ, Nîmes.
— CURNIER et Cⁱᵉ, Nîmes.
— HENRIOT frère et sœur Reims.

Médailles. — GRIOLET, Paris.
— BERTÈCHE-LAMBQUIN, Sedan.
— CHEFDRUE et CHAUVREULX, Elbeuf.
— GRANDIN (Victor), Elbeuf.
— LEMAIRE et RANDOING (Somme).
— Julien GUIBAL et Cⁱᵉ (Tarn).
— EGGLY, ROUX et Cⁱᵉ, Paris.
— Louis AUBERT, Rouen.
— HENRIOT aîné, Reims.

— BIÉTRY, Paris.
— HÉBERT, Paris.
— GIRARD, Sèvres.
— REVERCHON, Lyon.
— ROUVIÈRE-CABANES, Nîmes.

Soie, Soieries

Rappel. — OLLAT et DESVERNAY, Lyon.
Médailles. — CHARTRON et fils, (Drôme).
— TEYSSIER-DUCROS (Gard).
— LIOUD (Ardèche).
— LEMIRE et Cⁱᵉ, Lyon.
— MATHEVON et BOUVARD, Lyon
— THOMAS frères, Avignon.
— DURAND-BOUCHET, Nîmes.

Coton, Tissus

Rappel. — SCHLUMBERGER et Cⁱᵉ (Haut-Rhin).
— DOLLFUS, MIEG et Cⁱᵉ (Haut-Rhin).
— HAUSSMANN frères (Haut-Rhin).
— LEUTNER et Cⁱᵉ, Tarare.
— DOLLFUS, MIEG et Cⁱᵉ (Haut-Rhin).
— HAUSSMANN frères (Haut-Rhin).
— KŒCHLIN frères (Haut-Rhin).
— GROS-ODIER, ROMAN et Cⁱᵉ (Haut-Rhin).
— HAUSSMANN frères (Haut-Rhin).
— DOLLFUS, MIEG et Cⁱᵉ (Haut-Rhin).

Médailles. — Jacques HARTMANN (Haut-
    Rhin).
— FAUQUET-LEMAITRE, Bolbec.
— VANTROYEN et Cⁱⁱ, Lille.
— BAUMGARTNER et Cⁱᵉ (Haut-
    Rhin).
— HARTMANN et fils (Haut-
    Rhin).
— GROSJEAN-KŒCHLIN (Haut-
    Rhin).
— SCHLUMBERGER - KŒCHLIN
    (Haut-Rhin).
— JAPUIS (Seine-et-Marne).
— DUPONT, Troyes.

Caoutchouc

Médaille. — RATTIER et GUIBAL.

Tapis

Rappel. — CHENAVARD, Paris.
Médaille. — SALLANDROUZE-LAMORNAIX,
    Paris.

Papeterie, Papiers peints

Rappel. — CANSON, Annonay.
- JOHANNOT, id.
— DE LA PLACE (Meuse).
Médailles. — ZUBER et Cⁱᵉ (Haut-Rhin).
— Papeterie du Marais (Seine-
    et-Marne).
— Papeterie d'Echarçon (Seine-
    et-Oise).
— FIRMIN DIDOT (Eure).

Maroquins

Rappel. — FAULER frères, Choisy.
— MATTLER, Paris.

Fer, Acier, Fonte

Rappel. — BOIGUES (Nièvre).
— RUFFIÉ, Foix.
— MONMOUCEAU, Orléans.
— LECLERC (Loire).
— JACKSON frères (Loire).
— DEQUENNE fils (Nièvre).
— DE SAINT-BRIS (Indre-et-Loire).
    COULAUX et Cⁱᵉ (Bas-Rhin).
Médailles. — TAYLOR (Seine).
— Forges d'Alais.
— Emile MARTIN (Nièvre).
— TALABOT et Cⁱᵉ (Tarn).

Cuivre, Bronze, Tôles, Fers blancs

Rappel. — FRÉREJEAN (Isère).
— Fonderie de Romilly (Eure).

— Société de Pont-Saint-Ours
    (Nièvre).
— JAPY frères (Haut-Rhin).
— DE BUYER (Haute-Saône).
— Société de Pont-Saint-Ours
    (Nièvre).
— Société d'Imphy.
Médailles. — Société d'Imphy, 3 méd.

Faux, Limes, Soies

Rappel. — RUFFIÉ, Foix.
— REIMOND, Versailles.
— ROITIN et Cⁱᵉ, Paris.
— COULAUX frères (Bas-Rhin).
— COULAUX frères.
Médailles. — TALABOT et Cⁱᵉ, Toulouse,
    2 médailles.

Toiles métalliques

Rappel. — ROSWAG.

Outils, Essieux, Armes, Lits fer

Rappel. — JAPY frères (Haut-Rhin).
Médailles. — COULAUX (Bas-Rhin).
— PIHET frères, Paris.
— ROBERT, id.
— BOIGUES et fils (Nièvre).
— Emile MARTIN, —

Bronzes, Orfèvrerie, Bijoux

Rappel. — DENIÉRE, Paris.
— THOMIRE, id.
— GALLE, id.
— ODIOT fils, id.
— FRICHOT, id.
Médaille. — MENTION et WAGNER.

Instruments agricoles

Médailles. — GRANGER, garçon de ferme.
— MATHIEU DE DOMBASLE
    (Meurthe).

Mécanismes divers

Rappel. — John COLLIER, Paris.
— HACHE-BOURGOIS, Louviers.
— John COLLIER, Paris.
Médailles. — SUDDS, ATKINS et BAKER,
    Rouen.
— LEBAS, Toulon.
— André KŒCHLIN et Cⁱᵉ (Haut-
    Rhin).
— Emile MARTIN, Paris.
— SCRIVE frères, Lille.
— CAVÉ, Paris.
— PIHET, id.
— MOULFARINE, id.

—   SAULNIER aîné, id.
—   PHILIPPE,   id.
—   SUDDS, ATKINS et BAKER, Rouen.

Instruments de précision

Rappel. — BRÉGUET neveu et Cie, Paris.
—   PERRELET et Cie,   id.
—   JAPY frères (Haut-Rhin).
Médailles. — CAUCHOIX,   Paris.
—   LEREBOURS,   id.
—   Charles CHEVALIER, id.
—   BERTHOUD frères,   id.
—   MOTEL,   id.
—   PONS DE PAUL,   id.
—   BORDIER-MARCET,   id.

Instruments de musique

Rappels. — ERARD (Pierre), 2 rappels.
—   PLEYEL,   id.
Médailles. — PAPE,   Paris.
—   ROLLER et BLANCHET, id.

Produits chimiques

Rappels. — DEROSNE. 2 rappels.

Médailles. — GUIMET,   Lyon.
—   SAINT-ANDRÉ,   id.
—   POISAT et Cie,   id.

Faïence, Porcelaine, Cristaux

Rappel. — UTZSCHNEIDER, Sarreguemines.
—   NAST, Paris.
—   SAINT-GOBAIN (Aisne).
—   GODART, Baccarat.
Médailles. — LEBEUF et THIBAULT, Montereau.
—   DE SAINT-CRICQ CAZEAUX, Creil.
—   SAINT-QUIRIN (Meurthe).
—   Compagnie de SAINT-LOUIS, Moselle.

Typographie

Rappel. — FIRMIN DIDOT.

Pièces anatomiques

Médaille. — Docteur AUZOUX.

RÉCOMPENSES SPÉCIALES

Rappel de médaille d'or. — HOLKER, fabricant d'acide sulfurique, rappel de la médaille décernée en 1819 à la Société Chaptal fils, Darcet et Holker.

Médailles d'or. — Emile GRIMPÉ, graveur de cylindre à imprimer les étoffes ; ABADIE, mécanicien à Toulouse.

Médailles d'argent. — CAVELIER, dessinateur à Paris ; DESSOYE, directeur de la fabrication des limes à l'usine de Bazach (Haute-Garonne); PAYEN et PERSOZ, chimistes à Paris ; DUMONT, raffineur de sucre à Paris ; EASTWOOD, ingénieur en chef des ateliers de mécanique de la fonderie de Chantemerle, à Essonne ; TUVION, ouvrier en châles à Nimes ; GUILLEMIN, mécanicien à Besançon ; JOSUÉ-HEILMANN, mécanicien à Mulhouse ; Amédée RIEDER, mécanicien à Mulhouse ; CANDES, dessinateur à Paris.

Médailles de bronze. — DÉON, ouvrier ciseleur à Paris ; CHAUSSENOT, directeur de la fabrication de dextrine à Neuilly ; JACOND, machiniste à Mulhouse ; HENRI (Claude-François), contre-maître à Mulhouse ; DROUARD (Isidore), chimiste, attaché à la manufacture de papiers peints de MM. Dufour et Leroy, à Paris ; LEBLANC (Gilles), ouvrier en châles à Paris ; DESCAT-GROUZET, teinturier-apprêteur à Roubaix ; BELHIER (Jacques), ouvrier tisserand à Fresnais (Sarthe).

Décorations de la Légion d'honneur :

BOSQUILLON, fabricant de châles à Paris

CAUCHOIX, opticien   id.

CAVÉ, mécanicien   id.

Henri CHENAVARD, fabricant de tapis et meubles.

DEBLADIS, directeur des fonderies d'Imphy.

DELATOUCHE, fabricant de papier (Seine-et-Marne).

DEROSNE, fabricant de produits chimiques,

DUFAUD (Achille), directeur des usines de Fourchambault.

ÉRARD (Pierre), facteur de pianos et de harpes.

FAUQUET-LEMAITRE, filateur de Bolbec.

FLAVIGNY (Robert), fabricant de draps à Elbeuf.

GRANGER, inventeur de la charrue Granger.

GUIMET, inventeur du bleu d'outre-mer factice.

HARTMANN (Jacques), filateur de coton à Munster.

JOSUÉ-HEILMANN, mécanicien.

HENRIOT (Isidore), manufacturier à Reims.

JAPY jeune, manufacturier à Beaucourt (Haut-Rhin).

KŒCHLIN-GROSJEAN, fabricant de toiles peintes à Mulhouse.

LEUTNER, fabricant de mousseline à Tarare.

MOUCHEL, manufacturier à Laigle.

PATURLE, manufacturier à Paris.

PLEYEL (Camille), facteur de pianos

PERRELET, horloger.

REVERCHON, fabricant de châles à Lyon.

SALLANDROUZE, fabricant de tapis.

SCRIVE, manufacturier à Lille.

THOMIRE père, fabricant de bronze à Paris.

ZUBER, fabricant de papiers peints à Rixheim.

RÉSUMÉ

—◦◦◦—

Ces distinctions fort nombreuses répondaient au mouvement de progrès qui, depuis 1827, s'était accentué d'une manière très manifeste. La forme constitutionnelle du gouvernement, inaugurée en 1830, le régime parlementaire, se prêtaient, mieux que la monarchie absolue des Bourbons à l'extension du commerce et de l'industrie.

Les Chambres, par leur influence prépondérante, pouvaient obtenir du Ministère la révision des tarifs douaniers qui entravaient encore les transactions extérieures et pousser activement, malgré les résistances routinières, à la construction rapide de ces puissants agents du progrès encore inconnus en France : les chemins de fer.

NEUVIÈME EXPOSITION

DES

PRODUITS DE L'INDUSTRIE FRANÇAISE

1839

APERÇU GÉNÉRAL

Le 29 Septembre 1838, une ordonnance royale rendue en conformité de l'ordonnance d'Octobre 1833 qui instituait des Expositions quinquennales, informait les manufacturiers et artistes qu'une réunion des produits industriels aurait lieu l'année suivante, à dater du 1er Mai.

L'emplacement choisi était le carré des jeux aux Champs-Elysées, là où se célébraient les réjouissances publiques de la fête du Roi et de l'anniversaire des trois journées de Juillet, du côté gauche de l'avenue, en venant des Tuileries. La place de la Concorde avait été jugée insuffisante pour le grand nombre d'exposants que l'activité industrielle du pays promettait.

Cette partie des Champs-Elysées, peu éloignée du centre de la capitale, but ordinaire des promenades du public le dimanche, semblait parfaitement convenir pour y élever un bâtiment de belle dimension, plus vaste et mieux aménagé qu'aucune des constructions provisoires édifiées précédemment.

Il devenait nécessaire, en effet, à cause des grands mécanismes, des machines-outils, des appareils à vapeur, des instruments agricoles, d'un volume considérable, de prendre des dispositions nouvelles plus en harmonie avec l'état actuel de l'industrie. Il ne pouvait plus être question de quelques salles étroites et encombrées où les produits et le public s'entassaient pêle-mêle ; la multiplicité des objets soumis à l'examen du Jury et à l'attention des visiteurs exigeait une méthode et un ordre rigou_ reux qui empêchassent l'Exposition de tourner au bazar et au Mont-de-Piété.

L'intervalle de sept mois entre l'ordonnance et le jour fixé pour l'ouverture permettait, sans perdre de temps, de faire un palais digne des produits qu'il était destiné à abriter.

Le plan, tel qu'il fut arrêté, comprenait : une longue galerie de 187 mètres de long sur 13 de large, parallèle à l'avenue des Champs-Elysées, en façade sur cette promenade, six salles perpendiculaires à la galerie principale, ayant chacune 69 mètres de long sur 26 de large ; le tout formait un parallélogramme rectangle de 187 mètres de long sur 82 mètres de large, avec une superficie de 16,500 mètres carrés, alors qu'en 1834 les bâtiments n'occupaient que 14,228 mètres.

Des cours, des magasins, des bureaux établissaient une communication entre toutes ces salles. Du côté de la place de la Concorde, on réservait la place d'un corps de garde ; à l'autre extrémité, après l'allée des Veuves, se trouvait le service de pompiers attachés d'une manière permanente à l'Exposition.

Malgré cette augmentation notable d'espace accordé aux exposants, il fallut, au dernier moment, élever une annexe spéciale pour l'industrie de Mulhouse. Le total des frais de ces diverses installations dépassa 300,000 francs.

La presse s'empara de ce chiffre pour prouver, d'une manière péremptoire, qu'il était temps d'en finir avec ces bâtiments de planches, fort coûteux, peu dignes des richesses industrielles qu'ils abritaient. La dépense, pour élever un palais de dimension égale, était évaluée à 3,000,000 fr. comme achat de terrain, et 11,300,000 fr. de construction ; total : 14,300,000 fr. La somme était forte, sans doute, mais on avait ainsi un monument durable et susceptible, entre chaque période d'exposition, d'être approprié pour des fêtes, concerts, etc.

Le Gouvernement, vivement tourmenté, d'un côté par les journaux, de l'autre par les manufacturiers qui, sous forme de pétitions et de vœux, sollicitaient la même chose, se décida..... à nommer une commission chargée d'étudier, à un point de vue général, les modifications qui pouvaient être apportées dans le régime des Expositions.

Dans le rapport qui accompagna l'ordonnance, il n'était point parlé spécialement et uniquement d'un projet d'édifice consacré à l'industrie, mais le travail de la Commission devait porter encore sur les moyens d'améliorer les services, sur l'étude des méthodes de classements, enfin sur une organisation complète qui pût, à l'avenir, servir de règle constante. Les membres choisis étaient : MM. le baron Thénard, de Bonnard, Brongniart, Chevreul, Dumas, Charles Dupin, Fontaine, Legentil, Payen, Pouillet, Savart.

L'Exposition, pour cette année, était obligée de se contenter du bâtiment qu'on lui élevait aux Champs-Elysées. Le Ministre de l'Agriculture et du Commerce, Martin du Nord, informa les Préfets de l'ordonnance rendue par le Roi et leur transmit en même temps les instructions les plus minutieuses sur les devoirs qui leur incombaient.

Deux autres circulaires des 18 Janvier et 20 Février 1839, leur indiquèrent les mesures à prendre pour l'envoi des produits, en leur prescrivant quelques formalités d'enregistrement qui facilitaient la tâche des commissaires préposés à la réception des objets aux Champs-Elysées.

Il n'oublia pas, ainsi que l'avait fait M. Thiers, en 1833, de recommander aux Préfets d'insister auprès des Jurys de département pour les engager à n'admettre que des produits ou échantillons, d'une consommation habituelle, et indiquant leur prix véritable

A chaque Exposition se renouvelait cette difficulté de connaître exactement la valeur des marchandises ; le Jury exigeait la mention du prix, nécessaire pour asseoir son jugement, mais nulle sanction ne lui permettait d'en faire une condition formelle de récompense ; les fabricants, de leur côté, objectaient, à juste titre, que le commerce intermédiaire ne les autorisait pas à divulguer les bénéfices qu'il réalisait.

Il fallait, pour accorder ces deux opinions contraires, chercher un terme moyen qui, sans léser les intérêts des marchands, permît au Jury de se rendre compte de chaque fabrication.

Dans une question depuis si longtemps controversée, on s'en prenait habituellement aux manufacturiers de la résistance qu'ils opposaient au désir exprimé tant de fois par le Jury ; on ne voulait pas comprendre qu'ils obéissaient à un mot d'ordre donné par leur clientèle commerciale toute puissante. Ils subissaient une loi à laquelle ils ne pouvaient se soustraire qu'en se fermant leurs débouchés habituels.

Il était urgent, dans le règlement général que la Commission devait établir, de fixer d'une manière définitive l'opinion sur ce point important et de mettre ainsi fin aux polémiques acrimonieuses qui se reproduisaient périodiquement.

L'industrie française, mieux encore qu'en 1834, se signala par son empressement à répondre aux désirs du Gouvernement ; certains départements, tels que le Cher, le Vaucluse figuraient à peine, malgré leur importance, mais ces taches légères se trouvaient largement compensées par les envois nombreux de toutes les autres parties du territoire.

Le département de la Seine comptait près des deux tiers du chiffre total des exposants (2,047 sur 3,338). Toutes les industries pratiquées dans la capitale étaient largement représentées et nul ne trouvait mauvais que le Jury départemental eut laissé la porte ouverte aux mérites même les plus modestes, mais il y avait, en dépit des observations formulées plusieurs fois, un trop grand nombre d'articles sur le quels la critique s'égayait avec justice.

Les baignoires, garde-robes, avaient, certes, droit à une place au soleil, surtout avec leurs perfectionnements de chaque jour : on s'étonnait, pourtant, de constater la présence de vingt fabricants de ces appareils indispensables.

La coquetterie masculine rencontrait à l'Exposition 11 échantillons de cols, cravates, de divers systèmes, avec ou sans ressorts, en soie, satin, laine, cachemire, à la dernière mode du présent, à la première de l'avenir. 26 corsets attiraient l'attention des dames par leur cambrure gracieuse, leurs formes élégantes, destinées à faire ressortir les contours harmonieux d'un corsage opulent ou à remplacer habilement par l'art les injustices de la nature.

Plus loin, une forêt de perruques, toupets, bandeaux, frisons, œuvre de 17 coiffeurs, offraient aux personnes atteintes de calvitie le moyen de réparer les injures de l'âge ou les conséquences d'une jeunesse trop prodiguée. Les gourmets pouvaient contempler une rangée de bocaux, vases, boîtes de toutes dimensions, contenant des conserves préparées par 27 artistes culinaires.

Puis, à côté de tous ces objets, dont la présence pouvait être jusqu'à un certain point expliquée, une suite d'inventions bizarres, étranges, saugrenues, qui paraissaient avoir été seulement admises pour exciter la bonne humeur des curieux. Par exemple : un billard supporté par des globes en cristal dans lesquels nageaient des poissons rouges, un costume pour la chasse au lion, composé d'une enveloppe de cuir qui garantissait la tête, le corps, les bras, les jambes, toute hérissée de grands clous, la pointe tournée en dehors.

Pour terminer cette énumération, l'idée suivante germée, sans doute, dans la cervelle de quelque pauvre garçon à la poursuite d'une nouvelle force naturelle. Un arbre entouré d'un collier de fer avec une inscription ainsi conçue :

« Moyen d'utiliser le balancement des arbres produit par le « vent en l'appliquant à toute sorte d'usage, au remorquage des « bateaux, etc..... »

Pour compléter la chose, l'inventeur, homme de précaution, avait placé près de son arbre une petite maison en bois et même une niche pour un chien.

Aucun règlement n'excluait ces produits cités plus haut, et l'on aurait pu s'étonner même de ne pas les voir dans les galeries de l'Exposition. Ce que l'opinion publique blâmait avec vivacité, c'était la quantité trop considérable d'objets de même nature, ne se distinguant les uns des autres que par des différences à peine sensibles.

17 coiffeurs, 26 corsetières, 27 fabricants de conserves alimentaires, sans compter les biberons, cravates, bretelles, jarretières, élixirs, cosmétiques .., tous ces articles formaient une masse de produits en nombre exagéré. Quelques-unes de ces industries jouissaient d'une certaine importance à Paris, et le mélange de bon et de mauvais que l'on apercevait dans les galeries, jetait sur elles une défaveur imméritée et prédisposaient les esprits à l'injustice.

Le Jury départemental, assailli de demandes, n'avait pas su accomplir un travail d'épuration nécessaire; pour ne pas exciter de jalousies, il s'était décidé à admettre indistinctement tous ceux qui voulaient bien se présenter. Les inconvénients de cette mesure trop libérale n'existaient qu'en raison des dimensions restreintes du palais de l'Exposition : la place qu'usurpaient ces produits se trouvait enlevée à des fabrications plus intéressantes et le seul moyen de parer à tout consistait à fixer dorénavant, dès que le chiffre des envois serait connu, le nombre de mètres carrés attribués à chaque industrie, en proportionnant l'espace réservé à leur degré d'importance.

Nul n'avait songé, jusqu'alors, à une disposition aussi simple dont le résultat devait être de réduire l'admission d'objets frivoles ou inutiles et de relever ainsi sensiblement le niveau des expositions à tous les yeux.

EXAMEN DES PRODUITS EXPOSÉS

————~~~~————

L'industrie de la laine comptait 178 représentants, dont la plus grande partie étaient des manufacturiers en draps et tissus mélangés. Les éleveurs de bestiaux, au nombre de 19, ne montraient qu'un seul échantillon de laine longue de la race anglaise de Dishley. Depuis quelques années on s'était efforcé de multiplier en France cette race précieuse, mais peu d'essais avaient réussi, et cet insuccès expliquait, sans l'excuser, le peu d'empressement des producteurs à tenter de nouvelles expériences.

Le Jury, dans son rapport, constatait avec regret quel petit nombre d'exposants avait réuni une branche de l'agriculture aussi indispensable, il s'étonnait de voir des contrées qui comptaient des troupeaux estimés s'abstenir de paraître. Il engageait, en même temps, à confectionner des manuels élémentaires propres à servir aux bergers, fermiers, propriétaires, pour leur enseigner l'éducation des diverses espèces de bêtes à laine, l'étude de la toison, les qualités à acquérir, les défauts à éviter.

Les agriculteurs, possesseurs de petits troupeaux, ne paraissaient pas comprendre l'immense intérêt qu'il y avait pour eux à améliorer la toison et la viande ; les Chambres d'agriculture, la Société d'amélioration des laines, voyaient leurs efforts se briser contre la routine et l'apathie.

Ces résistances inconcevables venaient de l'esprit méfiant et ennemi des innovations qui caractérise encore le paysan français, tant qu'il n'a pas été convaincu par l'évidence : les théories les plus sages, les enseignements les plus pratiques ne sont acceptés de lui que lorsqu'on peut lui montrer en même temps le résultat favorable de leur application.

Les chemins de fer en première ligne, les comices agricoles plus répandus, mieux organisés, ensuite, ont contribué efficacement à répandre le progrès dans les campagnes, et ont atténué, sans la faire disparaître tout-à-fait, cette répugnance instinctive du cultivateur pour tout ce qui est nouveau.

Depuis 1834, le nombre des broches employées au filage de la laine peignée s'était augmenté d'un tiers — en 1834 — 7 établissements avaient 20,000 broches ; cette année, dans 10 manufactures fonctionnaient 60,000 broches.

Elbeuf pour la draperie avait détrôné Sedan et Louviers. On y trouvait 56 machines à vapeur de 600 chevaux ; la laine employée montait à 28,000,000 kil. et la production en draps s'élevait à 45,000,000 fr. dont 5,000,000 fr. pour l'exportation.

Les manufacturiers, aiguillonnés par la concurrence, cherchaient à se créer de nouveaux débouchés en inventant de nouvelles étoffes. Des fabriques inspirées par des fantaisies anglaises s'étaient mises à faire des tissus pour damas, des nouveautés accueillies avec faveur par la mode. L'Exposition montrait certains articles d'Elbeuf, de Sedan, dont la beauté, le merveilleux, expliquaient la vogue auprès des Parisiennes élégantes.

Les filatures de Reims produisaient 66,000,000 fr. en donnant de l'ouvrage à 100,000 ouvriers ; Roubaix, Tourcoing employaient 5,000 métiers Jacquart à fabriquer le stoff importé d'Angleterre.

La destinée de ces deux villes et en particulier de la première était un exemple frappant des progrès industriels et des heureux résultats qu'ils amenaient. En 1786, Roubaix avait à peine 5,000 habitants occupés en grande partie à fabriquer des lainages communs ; en 1806, la population doublait grâce à la création de filatures de coton, de manufactures de tissage ; jusqu'en 1830 l'importance des usines s'augmentait, et vers 1831 on constatait 15,000 habitants et 15,000,000 fr. de produits.

A cette époque une crise terrible de l'industrie cotonnière détermine une révolution complète dans la fabrication du pays. Abandonnant le coton, Roubaix revient à la laine en introduisant ces tissus légers anglais que la consommation française paraissait adopter. Les filateurs de coton se métamorphosent en filateurs de laine, et au lieu de la ruine qui les attendait s'ils avaient persévéré dans une industrie dont la production dépassait les besoins intérieurs, ils trouvent une source nouvelle de prospérité plus rapide encore.

De 1830 à 1839, la ville avait gagné 10,000 habitants et le chiffre de ses affaires atteignait 28,000,000 fr. Les manufactures de ce centre important entreprenaient quatre productions distinctes : les étoffes pour meubles, gilets, robes, pantalons.

Tourcoing, séparé de Roubaix par deux kilomètres, seulement, avait suivi sa voisine dans ces évolutions diverses, avec le même succès : ces deux villes, étroitement liées par les mêmes intérêts, s'étaient partagé le travail, Roubaix tissait, tandis que Tourcoing avait les peigneries et la plupart des filatures.

Dans nulle autre partie du territoire on ne voyait une fortune aussi promptemént acquise, due toute entière à l'esprit d'initiative des industriels. Ce changement de front, opéré de sang-froid, avec réflexion; mais sans hésitation, pour parer à une situation gravement compromise, faisait honneur aux fabricants des deux villes et prouvait leur ingéniosité pratique.

Les départements séricicoles du Midi méritaient des reproches pour leur peu d'empressement à envoyer des échantillons de leurs soies grèses. C'est à peine si quelques filatures au Gard et de la Drôme avaient exposé, l'Ardèche, le Var, l'Isère, le Vaucluse comptaient à peine 6 mouliniers présents au concours.

Lyon, avec 43 exposants, montrait toutes les merveilles de ses soieries ; cette ville était dans une condition plus favorable qu'en 1834 pour briller de tout son éclat, et son activité tournée vers l'industrie faisait oublier les passions politiques qui grondaient au sein des masses ouvrières. Le nombre des métiers y atteignait 40,000 dont 31,000 en ville et 9,000 à la campagne.

Les manufacturiers commençaient à s'établir dans les environs et jusque dans les départements voisins à cause de la cherté de la main-d'œuvre à Lyon. Cette tendance menaçait même d'amener un nouvel élément de discorde entre les patrons et les canuts lyonnais qui se plaignaient d'une manœuvre qu'ils regardaient comme une spéculation à leur détriment

L'exportation en tissus de Lyon, en rubans de Saint-Etienne et Saint-Chamond formait un total de 110,000,000 fr. dont 80,000,000 fr. pour les soieries.

On voyait aussi à l'Exposition une fabrication qui, du département du Rhône, où on la cultivait, avait été transportée par des manufacturiers dans une localité de l'extrême frontière. La peluche de soie devait à MM. Massing frères, Huber et Cie son installation à Puttelange, dans la Moselle. En 1834, à leurs débuts, ils occupaient 40 ouvriers ; en 1839 ils en avaient 800 et faisaient plus d'un million d'affaires par an ; ils nous affranchissaient ainsi de la nécessité de tirer comme précèdemment d'Allemagne l'excédant de peluches qui nous était nécessaire.

Dans l'industrie du coton les broches étaient évaluées pour la France entière à 3,415,000 sur lesquelles le département du Haut-Rhin à lui seul revendiquait 1/5, soit 683,000.

A un kilogramme de coton par 24 broches cela représentait par jour 142,290 kil., soit pour une année 42,687.000 kilog valant 106,717,500 fr. A 4 fr. en moyenne le kil., les cotons en fils représentaient 157,0‥8,160 fr. dont il fallait retrancher le prix d'achat du coton brut. Il restait donc, pour parer à tous les frais 50,370,660 fr. dont la moitié passait à la main-d'œuvre, à 70,000 ouvriers, à raison d'un ouvrier par 49 broches.

L'exportation, tout en augmentant, d'une manière à peu près constante ne s'était pas accrue dans la proportion du développement du nombre des broches; la main-d'œuvre avait surenchéri, la production, maintenue à un degré anormal, en raison du manque de débouchés, encombrait les magasins des usines; il résultait de ces diverses causes un malaise, une crise, dus en partie à l'imprévoyance des manufacturiers et qui obligeaient un grand nombre d'usines à fermer ou à diminuer les heures de travail.

Les économistes, les journaux sérieux s'occupaient depuis plusieurs années de cette situation qui paraissait inévitable et dont il n'existait qu'un seul moyen de sortir sans danger : la réforme des tarifs douaniers, la révision de ce régime prohibitif que des esprits étroits considéraient comme une panacée et qui n'avait pour résultat que de nous fermer les pays où notre industrie pouvait écouler ses produits.

Il fallait supposer à nos voisins une forte dose de naïveté pour croire un seul instant qu'ils allaient abaisser leurs barrières fiscales alors que notre gouvernement se complaisait à en élever de nouvelles contre l'introduction de leurs produits. L'expérience faite, jusqu'à présent, dans ce sens, démontrait, d'une façon suffisante qu'on avait employé, sans y réfléchir, aveuglé par des idées fausses et routinières, les mesures les plus opposées au but qu'on prétendait atteindre.

Depuis 1834, le filage du lin à la mécanique avait fait de sérieux progrès, malheureusement les agriculteurs ne donnaient pas à la culture les soins nécessaires, si bien qu'en mainte occasion l'emploi d'une machine devenait impossible et qu'on était obligé de peigner à la main.

Le tissage à la mécanique prenait une certaine importance ; son appa-

---

Exportations de coton (fils, tissus):

1834	1835	1836	1837	1838
2.289,828 kil.	2.578.177 kil.	2.734.945 kil.	2.840.745 kil.	3.363.985 kil.

rition sur le marché français amenait dans les prix une réduction d'au moins 20 0/0 en augmentant sensiblement l'exportation : ainsi la bastiste, si longtemps stationnaire, s'élevait de 15 à 18,000,000 fr.

En Angleterre, la fabrication mécanique du lin était résolue depuis longtemps ; des centres considérables existaient à Belfast en Irlande, Dundee, Aberdeen en Ecosse, Leeds en Angleterre. Les Anglais nous fournissaient les 3/4 des 3,770;000 kil. de fil que nous importions.

Nos hommes d'Etat partant de ce principe absurde, mais généralement a 'opté, que dès qu'une industrie souffrait il était nécessaire, pour la rétablir, d'élever les droits de douanes, avaient abusé de cette dangereuse habitude, sans s'arrêter à cette considération que ce n'est jamais une augmentation douanière qui peut sauver une fabrication menacée.

Dans la circonstance que devions-nous faire ? prendre les armes dont l'étranger se servait contre nous et lui emprunter des procédés supérieurs aux nôtres. Des philantropes cherchaient à introduire dans la question des idées sentimentales d'humanité en plaignant le sort des fileuses, mais elles subissaient à leur tour les conséquences du progrès, comme toutes les autres industries où la mécanique avait remplacé l'ouvrier ; il n'y avait pas raison de s'apitoyer plus sur leur compte qu'on ne l'avait fait autrefois pour d'autres, d'autant plus qu'à l'emploi des machines, correspondait une augmentation considérable de la production qui abaissait les prix pour tous les consommateurs.

L'exportation des métiers anglais était sévèrement interdite ; 3 fabriques pourtant en possédaient, mais au moyen de la fraude et en payant une prime de 75 0/0 en sus du prix d'achat. Le Gouvernement avait un un moyen très naturel d'en accroître le nombre : élever les droits sur les fils si l'Angleterre maintenait sa défense d'exportation, ou les laisser tels quels si elle consentait à la lever.

La broderie de Paris, de Nancy, produisait 20,000,000 fr. et donnait de l'ouvrage dans la Meurthe à un grand nombre de personnes.

L'industrie du fer, fonte, acier, représentait une somme de 127,000,000 fr. avec 45,000 ouvriers. Au premier rang entre toutes les usines, le Creuzot exposait de remarquables produits. Cet établissement si longtemps prospère, était tombé, en quelques années, à un tel degré de discrédit que nul marchand ne voulait plus de ses fers et qu'il menaçait de disparaître complètement. En 1836, MM. Schneider frères, en commun avec MM. Sellière et les héritiers de Louis Boigues entreprirent la tâche difficile de relever l'usine et de lui rendre son éclat passé·

Depuis trois ans, leurs efforts, leur administration intelligente et énergique' avaient rétabli la réputation compromise du Creusot et développé la fabrication en l'améliorant. Ils disposaient de quatre hauts-fourneaux soufflés par une machine à vapeur de 100 chevaux : leur production était de 8,000,000 kil. de fonte au coke et de 7,000,000 kil. de fer et d'acier. Les ateliers contenaient 2,000 ouvriers.

La fabrication des limes s'était sensiblement perfectionnée et accrue, mais il fallait regretter de voir nos marchands, dans l'intérêt de leur commerce, plus que dans celui de leur pays, obliger les fabricants à mettre leurs produits sous la protection d'une marque étrangère.

11 mines de plomb étaient exploitées dans différentes parties du territoire, mais l'extraction atteignait un chiffre dérisoire si on le compare à la consommation de la France, qui avait recours à l'étranger pour le surplus.

Nulle part on ne cherchait à tirer parti des gisements de zinc indiqués par les ingénieurs, alors que l'industrie du bâtiment commençait à s ibstituer, dans la couverture des maisons, ce métal au plomb, autrefois exclusivement employé : l'importation de 58,400,000 kil., en 1834, s'élevait à 116,000,000 kil. en 1839.

La même remarque pouvait être faite pour l'étain, avec cette différence, toutefois, qu'on n'en avait encore découvert aucune mine. La France consommait par an 18,000,000 kilog. d'étain.

Dans le département de l'Orne, à Laigle, centre de la tréfilerie, plusieurs manufacturiers fabriquaient des épingles au moyen de mécanismes importés d'Angleterre ; ces procédés nouveaux n'avaient pas encore triomphé des résistances que rencontraient leurs produits auprès du commerce français entiché des articles étrangers. La tréfilerie avait fait les plus grands progrès, sauf dans la préparation du fil d'acier fondu destiné à la fabrication des aiguilles.

Avant la Révolution, l'Angleterre et l'Allemagne nous fournissaient d'aiguilles. Le Directoire, pour changer cet état de choses, établit à ses frais une manufacture qui tomba sans résultat utile. Sous la Restauration eut lieu une nouvelle tentative appuyée par le comte Delaborde, par le comte Decazes ; mais le résultat fut aussi défavorable.

De simples industriels, pendant ce temps, avaient essayé, par leur propre initiative, d'arriver au but que le Gouvernement ne pouvait atteindre. Ainsi, vers 1801, M. Boucher s'était exposé aux plus grands

		1837
Plomb ..	Production française, 11 mines	8.000.000 kilg.
	Importation étrangère	149.000.000 —

dangers en voulant enlever aux Anglais le secret de leur fabrication, il faillit même perdre la vie sans réaliser son dessein.

Son petits-fils par alliance, M. Cadou-Taillefer, s'inspirant de ces courageuses traditions, venait enfin d'atteindre le résultat si longtemps attendu. Après les plus grandes difficultés pour vaincre les obstacles de tous genres qui s'opposaient à ses desseins, après de grands sacrifices d'argent, il était parvenu à se procurer les machines nécessaires et à recruter les ouvriers expérimentés indispensables pour les mettre en œuvre.

Depuis plusieurs années sa manufacture était en exploitation à Laigle et fonctionnait parfaitement; les aiguilles qui en sortaient étaient supérieures à celles d'Allemagne et égalaient les meilleurs produits anglais. M. Cadou fabriquait lui-même le fil d'acier qu'il employait. Il ne fallait plus maintenant que vaincre la prévention du commerce contre les articles fabriqués en France et démontrer à tous, par l'usage, leur bonne qualité.

La coutellerie de Paris, si renommée à l'étranger, devait sa réputation au bon goût, à l'élégance du montage, car les lames, le couteau en lui-même, arrivaient terminés à Paris, de Thiers, en Auvergne, et de Nogent-le-Roi, dans la Haute-Marne.

La coutellerie, à Thiers et dans les environs, occupait 15,000 ouvriers et produisait 5,000,000 fr. Le système de travail, différent de celui pratiqué dans la Haute-Marne, consistait à faire faire par un ouvrier toujours la même pièce à façon, l'ajustage et le montage étaient fournis par les maîtres couteliers, qui ne se chargeaient que de cette opération.

A Nogent-le-Roi, au contraire, où il y avait 3,000 ouvriers fournissant 1,800,000 fr. de produits, l'ouvrier achetait ses matériaux et les mettait en œuvre chez lui, non en atelier; les maîtres couteliers réunissaient les objets fabriqués et traitaient avec les marchands. La condition des ouvriers nogentais était, à coup sûr, meilleure que celle de leurs confrères de l'Auvergne; la bonne qualité de leurs couteaux fabriqués complètement par eux, leur permettait d'en augmenter le prix, tandis qu'à Thiers, l'ouvrier bornant son travail à une seule pièce, se trouvait désarmé contre les exigences du patron.

A Saint-Etienne, 5 ou 6,000 ouvriers se livraient à la fabrication des armes, qui suivait les fluctuations de la politique extérieure. Lorsque des bruits de guerre, de complications européennes surgissaient, la confection des armes de guerre reprenait avec activité, si l'horizon redevenait pacifique, les ouvriers retournaient dans leurs ateliers fabriquer les armes de luxe dont le débit était assuré à Paris.

Voici un exemple concluant :

En 1830. — Armes de guerre.....   24,697
           — de luxe........   29,127 — 1,303 pistolets.
En 1831. — Armes de guerre.....   103,637
           — de luxe.......   8,497 — 919 pistolets.

La fabrication des machines à vapeur s'était étendue, mais sans offrir aucun progrès bien remarquable. C'étaient des améliorations de détails, une plus grande perfection d'exécution ; le génie inventif n'avait que peu de part dans ces résultats : ils indiquaient, seulement, des ateliers de construction mieux organisés, des ouvriers plus habiles. Toutefois il fallait reconnaître notre infériorité dans la confection des grands appareils destinés à la navigation, non pas que l'intelligence et la volonté de nos ingénieurs ne fussent à la hauteur de cette entreprise, mais les moyens matériels manquaient.

Pour faire de grands mécanismes il faut de grands outils, et le Gouvernement lui-même, loin d'encourager nos fabricants à risquer leurs capitaux dans l'entreprise de ces coûteuses installations, portait, sans faire appel à la concurrence, ses commandes sur les marchés étrangers. Cette manière de comprendre les intérêts du pays et de développer la grande industrie, excitait le plus légitime mécontentement.

La valeur des machines importées, en majeure partie, d'Angleterre, appartenait, pour les 5/6, aux machines à vapeur.

En 1838, la marine militaire possédait 32 bateaux à vapeur et 10 en construction. L'administration des finances avait reçu des chantiers de la marine royale un ensemble de navires de la force de 160 chevaux qui faisaient le service de la Méditerranée. Les progrès du commerce, dans l'emploi des steamers, étaient sensibles.

	BATEAUX	CHEVAUX	PASSAGERS	TONNES TRANSPORTÉES
1834 . . .	79	2.479	981.489	30.525
1837 . . .	115	4.778	1.719.587	130.427
1830 . . .	160	7.500	—	—

La force des machines à vapeur employées par toutes les industries atteignait 27,187 chevaux. Les navires de l'Etat et des particuliers réunissaient 12,420 chevaux.

Pour la première fois à l'Exposition paraissait une machine loco-

	1823	1827	1834	1837
Importation des machines..	842.586 Fr.	1.045.293 Fr.	1.272.131 Fr.	2.275.111 Fr.
Exportation	—	566.406	1.318.303	1.907.241	3.297.038

motive française due à MM. Stœhelin et Huber, de Bischwiller (Haut-Rhin). Le public accourait en foule autour de ce puissant engin et bien peu des visiteurs qui admiraient ses proportions, son mécanisme compliqué, se rendaient compte de l'influence qu'il devait avoir sur le commerce et l'industrie.

Depuis 1830 la question des chemins de fer était à l'étude et, comme pour le gaz, malgré l'exemple donné par l'Angleterre, il y avait, jusque dans les Conseils du Gouvernement, une sorte de répugnance à inaugurer un système de locomotion aussi nouveau. Des arguments scientifiques sur les dangers que pouvaient présenter les tunnels pour la respiration, des raisons philanthropiques sur la ruine des entreprises postales qui faisaient vivre un si nombreux personnel, venaient contrecarrer tous les efforts des partisans de cette innovation.

Le Gouvernement, ébranlé par une opposition dont les maîtres de poste étaient les plus ardents instigateurs, mettait la plus grande indolence à étudier la question. Pourtant, vers 1833, il se décidait, sur les instances des ingénieurs, à nommer des Commissions chargées de faire le tracé de plusieurs lignes de Paris à Rouen, Dieppe, le Hâvre; Paris à Lille, Calais; Paris à Strasbourg, à Lyon, à Orléans.

Depuis le 1er Octobre 1828 un chemin de fer à une seule voie, traîné par chevaux, existait entre Saint-Etienne et Andrézieux; en 1826, le Ministère de l'Intérieur avait également autorisé l'établissement d'une ligne semblable entre Saint-Etienne et Lyon; l'invention de la locomotive, par Stephenson, les perfectionnements récemment apportés par Seguin au moyen de la chaudière tubulaire donnaient une importance exceptionnelle à ce mode de traction encore rudimentaire; les rails en fer employés constituaient un progrès évident qui, par cette découverte merveilleuse, de Stephenson, acquérait de suite une immense portée.

Malgré la mauvaise volonté du Ministère, malgré les obstacles de toutes sortes dont on sema la route de l'entreprise naissante, en 1835 la ligne de Paris à Saint-Germain fut achevée, en 1836 on travaillait également à celle de Paris à Versailles, rive droite. Voici quel était en 1839 l'état des chemins exécutés ou en cours d'exécution :

CHEMINS EXÉCUTÉS

De Saint-Etienne à Andrézieux . . .	22k
Id. à Lyon	58k
Andrézieux à Roanne	67k
Epinac au canal de Bourgogne . . .	28k
A reporter . .	175k

Report	175^k
Nîmes à Beaucaire.	24^k
Montbrison à Montrond	15^k
Paris à Saint-Germain	18^{k}400
Id. à Versailles (r. d.)	10^{k}345
De Saint-Vaast à Denain	18^{k}900
De Mulhouse à Thann	19^{k}660
Du Creusot au canal du Centre . . .	10^k
De Villers-Cotterets au Port-aux-Perches.	8^{k}115
Total	324^{k}960

La circulation n'était pas encore possible.

CHEMINS EN COURS D'EXÉCUTION

Paris à Versailles (r. g.)	18^{k}630
Nîmes à Alais.	46^{k}319
Alais à la Grande-Combe.	18^k
Epinac au canal du Centre	24^{k}031
Bordeaux à la Teste	51^k
Strasbourg à Bâle	140^k
Abscon à Denain.	5^{k}940
Paris à Orléans	125^k
Montet-aux-Moines à l'Allier	25^k
Total	448^{k}920

Depuis six années d'études on n'avait pu arriver à terminer que 324 kilomètres ; la chose paraît à peine croyable aujourd'hui, mais il faut tenir compte de la résistance qu'on rencontrait un peu chez tout le monde, de la répugnance que montraient beaucoup de personnes de la classe aisée et intelligente à se servir de ce nouveau mode de transport, de l'esprit hostile aux innovations qui distingue le peuple français et qui se traduisait assez vivement en cette occasion.

Il n'est point juste d'accuser le Ministère de mauvais vouloir alors qu'il tentait assez mollement une entreprise dans laquelle il ne comptait que quelques rares partisans, des ingénieurs surtout, et suspects, à ce titre, de partialité dans la question. Il paraissait, en cette occasion (pour rétablir les choses sous leur véritable jour, et faire retomber les responsabilités sur qui de droit), agir contre les volontés du pays en commettant, de plus, la faute de blesser de nombreux intérêts.

Le service de la poste, des diligences, organisé d'une façon très convenable, employait un personnel considérable en hommes et en chevaux. A Paris, entre autres, il y avait 483 grandes diligences et 249 petites

transportant par semaine 90,000 voyageurs, sans compter 10 lignes
d'omnibus desservant spécialement la capitale.

La célérité avec laquelle s'effectuaient les trajets était assez grande,
si on la comparait au temps qu'exigeaient certains voyages à la fin du
règne de Louis XVI. L'amélioration constatée ne pouvait être uniquement attribuée à l'excellence du service, une grande part revenait à la
viabilité mieux entretenue, mais enfin les résultats n'étaient pas moins
satisfaisants, ainsi qu'on en pourra juger par quelques chiffres :

		1785	1835
De Paris à Bordeaux . . .	155 lieues	132 heures	60 heures
— Bourges	59 —	144 —	24 —
— Lyon	119 —	120 —	65 —
— Toulouse. . . .	182 —	192 —	96 —
— Strasbourg. . .	120 —	132 —	66 —

Comme on le voit, pour toutes les distances, le voyage avait été réduit
de moitié ; les prix avaient suivi cette progression descendante ; ainsi, les
moyens de transport, en 1785, coûtaient :

Diligence. . .	80 centimes par lieue	
Carosse . . .	50 —	—
Fourgon . . .	30 —	—

En 1839 :

Coupé	50 —	—
Intérieur. . .	45 —	—
Rotonde . . .	40 —	—
Impériale . .	30 —	—

Il en était de même pour les marchandises :

GENRE DE ROULAGE		DURÉE	PRIX
Fourgon	1785	2 h. 15 par lieue	0,25 c. par 50 kil.
Roulage accéléré. . .	1835	1 h. 30 —	0,05 c. —
Roulage ordinaire . .	1835	3 h. » —	0,01 c. —

Il est facile de comprendre, après ce court exposé, l'anxiété des
maitres de poste, menacés d'être dépossédés par la vapeur d'un monopole
lucratif, et sous le coup d'une ruine complète, sans qu'il leur fût possible
de parer le malheur qui allait les frapper.

Le 25 Octobre 1838 avait eu lieu l'essai, sur la ligne de Paris à Saint-
Cloud, de la première locomotive française, œuvre de MM. Stehelin et
Huber, de Bischwiller, fonctionnant régulièrement. Le duc d'Orléans

assistait à cette cérémonie accompagné de MM. Pereire (Emile) d'Eichthal, Clapeyron, Mony et Lefort. Malgré le brouillard assez intense, la locomotive n'avait mis que 16 minutes pour parcourir la distance.

Que pouvaient les diligences contre une telle rapidité? Céder le pas à la vapeur toute puissante, comme celle-ci, à son tour, s'effacera, peut-être, dans l'avenir, devant une force nouvelle supérieure

L'harmonie était largement représentée à l'Exposition par 8 orgues, 187 pianos, plus de 60 instruments à archet, 4 guitares, 14 harpes, 16 cornets à piston, 17 cors, 3 trombones, 7 ophicléides, 11 flûtes, clarinettes, flageolets, 3 hautbois, 2 bassons; en première ligne se trouvaient les Erard, Pape, Pleyel dont les 300 ouvriers fabriquaient, par an, 900 pianos.

Tous ces facteurs, malgré la rude concurrence que leur faisaient de nombreux rivaux, voyaient s'accroître chaque jour leur renommée et leur importance. Paris, dans cette fabrication, tenait une place hors ligne et spéciale.

La savonnerie de Marseille n'avait rien envoyé cette année, le département de la Seine comptait 18 exposants de parfumerie, savons de toilette, essences, etc..., les usines disséminées autour de Paris l'emportaient sur les produits de Marseille pour les articles soignés dont l'exportation était considérable.

Les sucreries, en pleine crise, dans un état de malaise dont on cherchait le moyen de conjurer les fâcheux effets, n'avaient point répondu à l'appel qui leur était fait, les manufactures s'abstenaient de paraître, mais les ingénieurs n'avaient pas suivi cet exemple, et l'on voyait au palais des Champs-Elysées des alambics, des appareils de toutes sortes employés pour l'extraction du sucre de canne et de betterave, pour l'épuration des jus et sirops, etc...

Une découverte précieuse due à M. Chevreul, de l'Institut, constitrait un immense progrès dans l'art de l'éclairage. M. Chevreul avait constaté la division du suif en substance fluide et solide; immédiatement aussitôt M. de Milly, industriel, saisissant toute la portée pratique de cette découverte de laboratoire, avait créé à Clichy, une manufacture de bougies stéariques.

Il existait une autre espèce de bougie diaphane faite avec du blanc de baleine ou spermacéti, mais son prix élevé ne la rendait abordable

---

Exportation de savons, parfumerie, en 1839 . . . .   9.256.000 Fr.
—   des produits chimiques, couleurs.. . . . .   18.584.000

qu'aux classes riches. La valeur des cargaisons d'huile de cachalot importées en Angleterre était de 16,000,000 fr. et de 30,000,000 fr. en Amérique, et pas un seul navire français n'était armé pour cette navigation fructueuse.

L'importance du gaz avait triplé depuis 1834 : un capital de 18,000,000 fr. dans 7 usines s'appliquait à alimenter 36,700 becs valant 72,000 quinquets. A Londres, la consommation égalait 240,000 quinquets et les grandes routes voisines de la capitale étaient éclairées au gaz.

Bien que les préventions contre ce mode d'éclairage eussent à peu près disparu, Paris ne l'avait pas encore adopté pour remplacer les réverbères. On ne pouvait s'expliquer une telle anomalie alors que les théâtres, magasins, etc .., reconnaissaient la supériorité du gaz sur tous les autres procédés d'éclairage, la chose était d'autant plus choquante qu'il y avait un contraste très grand entre les boutiques de certains quartiers brillamment illuminées et la voie publique à peine éclairée par une lumière tremblottante qui, bien souvent, disparaissait à l'heure où la nécessité s'en faisait sentir.

M. de Desbassyns de Richemont exposait une invention dont la portée pour certaines industries était très grande. Elle consistait en un appareil à l'aide duquel l'hydrogène produit par la réaction entre l'eau, le zinc et l'acide sulfurique passait dans un tube où il rencontrait l'air simultanément insufflé. Les deux gaz mêlés dans les proportions d'un volume du premier et de deux du second, alimentaient au bout d'un troisième tube flexible un jet de flamme ou dard de chalumeau. Ce dard, dirigé sur le joint de deux lames de plomb, opérait la fusion complète des parties et la soudure se faisait, circonscrite à la partie, si bien que la consolidation s'opérait dès que le dard était éloigné.

Dans les industries du bronze et de l'orfèvrerie, il y avait un progrès sensible pour le goût et le dessin et la production se ressentait de cette heureuse amélioration.

Marseille, autrefois célèbre pour sa bijouterie de corail, paraissait vouloir relever cette branche artistique bien dégénérée. Sous Napoléon Iᵉʳ une seule maison occupait 500 ouvriers, la valeur du corail travaillé atteignait 5,000,000 fr. et l'exportation était de 1,000,000 fr. Depuis dix ans ce commerce tombait à ce point qu'en 1834 il ne restait plus qu'une seule maison.

Naples, profitant de cette situation, nous avait enlevé, à son profit,

---

Industrie du bronze à Paris : 200 ateliers, — 6,000 ouvriers, — 25,000,000 fr. de produits.

un monopole lucratif. Depuis quelques années, des fabricants, à force de sacrifices, tentaient de relever cette industrie autrefois si florissante.

Trois maisons existaient à Marseille et deux d'entr'elles exposaient des produits dignes de l'ancienne réputation de la cité phocéenne.

Parmi toutes les découvertes ingénieuses qui attiraient l'attention des visiteurs, il en était une qui excitait en même temps l'étonnement et l'admiration de tout le monde. M. Collas exposait, pour la première fois, ses procédés de sculpture mécanique réduisant les chefs-d'œuvre à des dimensions assez exiguës pour figurer sur des cheminées, consoles, étagères, sans qu'ils perdissent rien au point de vue de l'art.

Les résultats obtenus dépassaient toutes les espérances. Une invention pareille révolutionnait les industries artistiques en permettant la reproduction, réduite mais exacte, de ces statues, objets d'art, qui peuplaient nos musées et nos palais.

La sculpture Collas allait familiariser les yeux avec toutes les merveilles de l'antiquité, de la Renaissance, développer le dessin et le bon goût et fournir à l'industrie du bronze les modèles artistiques qu'on lui reprochait de trop négliger. Grâce à elle, au lieu de ces sujets prétentieux et vulgaires dont nos salons étaient infestés, on allait être à même, pour un prix encore un peu élevé, mais susceptible de diminution, d'acheter les plus purs chefs-d'œuvre des grandes époques de l'art en Europe.

Nos orfèvres, ciseleurs, trouvaient, dans cette application industrielle, un stimulant pour leur talent en même temps qu'un objet d'étude précieux et un thème inépuisable d'inspiration.

Les fabriques de pipes avaient pris une très grande extension, depuis moins de 10 ans : la France en comptait 8 alors qu'en 1830 on en connaissait à peine 3 ou 4 dont deux dans le département du Nord. Nos pipes soutenaient à l'étranger la concurrence de la Belgique et de la Hollande dont l'importation était à peu près nulle.

L'art de la verrerie, avec Baccarat, Saint-Louis, Saint-Gobain, Cirey, Montluçon, Choisy, avait atteint le plus haut degré de perfectionnement, une seule branche de cet art laissait à désirer : la fabrication des verres à vitre.

1,200 ouvriers dans 84 ateliers expédiaient chaque année, d'Annonay, 4,000,000 de peaux de chevreaux de lait pour la ganterie fine, d'une valeur de 7,500,000 fr.

Fabrication du plaqué à Paris : 2,000 ouvriers, — 8,000,000 fr., — Exportation 4,000,000 fr.

La chapellerie de Paris réunissait 1,500 ouvriers dans 120 maisons et produisait 12 à 1,300,000 chapeaux valant 14,000,000 fr.

Les fleurs artificielles, article exclusif de la capitale, entraient dans l'exportation générale du pays pour 4,000,000 fr. Jusqu'à présent on ne les avait faites qu'en toile, une nouvelle matière venait d'être employée, le papier qui, en abaissant les prix, étendait considérablement le marché.

Cet examen rapide et à vol d'oiseau de l'Exposition montre les progrès réels obtenus depuis 1834 et les quelques points assez rares qui laissaient encore à désirer. Les chemins de fer décidés et en cours d'exécution, malgré les tiraillements et les incertitudes de l'opinion, étaient appelés, par leur essence, à rapprocher les intérêts, à développer dans les grands centres la production dont ils facilitaient les débouchés, à donner enfin à l'industrie et au commerce un essor qui ne devait avoir son plein épanouissement que sous le second Empire.

C'était surtout la région du Midi qui paraissait rebelle aux idées nouvelles alors que dans le Nord on poursuivait sans cesse la solution des problêmes industriels. Une preuve éclatante de cette indolence et de cette activité d'esprit ressortait de la proportion des brevets d'invention demandés de 1791 à 1821 par les deux parties du territoire.

32 départements du Nord . . . . 1.689 brevets.
54   —   du Midi   413   —

Il existe encore un autre exemple tout aussi convaincant qui peut à lui seul expliquer cette supériorité du Nord si incontestable. Le nombre des élèves aux écoles primaires était en

1820 { Nord . . . . 740.843   1834 { Nord 1.115.639
      { Midi . · . . 375.931   { Midi 543.181

la population du Midi étant évaluée à 17,000,000 d'habitants, celle du Nord à 13,000,000, cela donnait pour le premier en 1820, 56,988 élèves pour 1,000,000 ; pour le second 20,885 pour 1,000,000. Le budget de l'enseignement primaire, jusqu'en 1827, ne comptait, pour ainsi dire, que comme mémoire, il était de 100,000 fr.! de 1828 à 1830 on crut faire beaucoup en le doublant, dès 1831 il fut porté à 1,000,000 fr.; la somme ne suffisait pas encore pour répandre l'instruction partout, mais il y avait une bonne volonté et un effort louable dont il fallait tenir compte, en 1834 le budget, faisant boule de neige, s'était grossi de 5,000,000 fr. obtenus par la contribution de l'Etat, des départements et des communes.

Etat . . . . 1.500.000 Fr.   ⎫
Votes des départements . . . . 1.880.000   ⎬ 6.660.000 Fr.
Votes des communes . . . . . 3.280.000   ⎭

Il est facile de constater, par ces chiffres dérisoires, combien l'on méconnaissait l'utilité de ce puissant agent du progrès qui s'appelle l'instruction. Le gouvernement, embarrassé dans ses difficultés intérieures sans cesse renaissantes, n'était pas plus coupable de cette indifférence que la plus grande partie des classes intelligentes qui, prises en général, s'occupaient assez peu de la question.

L'enseignement obligatoire était alors une utopie considérée comme dangereuse, une idée précoce, lancée comme ballon d'essai par quelques esprits d'élite jugés dangereux novateurs, anathématisée sans relâche par la religion et la prud'homie timorée des bourgeois, jusqu'au jour où la force du progrès l'imposera au nom de la loi et de la justice.

Cette digression m'a entraîné un peu loin de mon sujet, mais je ne crois pas m'en être sensiblement écarté en touchant un point qui a bien son importance dans l'histoire des progrès industriels.

Le Jury nommé par le Ministre du Commerce se composait de 43 membres pris parmi les notabilités scientifiques et industrielles du pays entr'autres : d'Arcet, Blanqui, Brongniart, Chevreul, Cunin-Gridaine, Dumas, baron Dupin, Gay-Lussac, Girod de l'Ain, Kœchlin, Michel Chevalier, Pouillet, baron Séguier, baron Thénard. Il se partagea tout d'abord en 8 commissions suivant la division déjà adoptée en 1834, et s'imposa 31 séances de 4 à 6 heures chacune, pour examiner, discuter et juger la masse de produits qui étaient soumis à son appréciation.

La distribution des récompenses eut lieu le 28 juillet, au moment des fêtes consacrées à ce que l'on nommait les trois glorieuses journées. Le Roi, sur la proposition du jury, accorda un très grand nombre de distinctions de tous ordres dont voici le total :

Or : médailles 105 ; rappels 100. . . . 205
Argent : id. 323 ; id. 144. . . . 467   } 1.242 médailles
Bronze : id. 456 ; id. 115. . . . 570

RÉCOMPENSES

Liste Officielle des Médailles d'Or & des Rappels de Médailles
ACCORDÉS A LA SUITE DE L'EXPOSITION

Laines, Draps, Châles, Etoffes

Rappels. — Comte de POLIGNAC (Calvados).
— JOURDAIN et fils (Louviers).
— DANNET et Cie, id.
— CHEFDRUE et CHAUVREULX, Elbeuf.
— GRANDIN Elbeuf.
— FLAVIGNY frères, Elbeuf.
— GUIBAL, Castres.
— FAGES, Carcassonne.
— HENRIOT frères et Cie, Reims.
— AUBER, Rouen.
— JOURDAIN-MORIN et Cie, Paris.
— EGGLY, ROUX et Cie, id.
— HINDENLANG aîné, id.
— BIÉTRY, id.
— GIRARD, Chevreuse.
— GAUSSEN aîné, Paris.
— HÉBERT et Cie, id.
— CURNIER, Nîmes.

Médailles. — DUPREUIL DE POUY (Aube).
— CAMUS et CROUTELLE, Reims.
— LUCAS frères, id.
— PRÉVOST, Paris.
— POITEVIN fils, Louviers.
— BERTÉCHE et Cie, Sedan.
— LABROSSE-BÉCHET, id.
— CHENNEVIÈRES, Elbeuf.
— MURET DE BORT, Châteauroux.
— BADIN et LAMBERT (Isère).
— HENRIOT et fils, Reims.
— DELATTRE, Roubaix.
— ARNOULD, Paris.
— FORTIER, id.
— GRILLET aîné, Lyon.
— SABRAN, Nîmes.

Soie, Soieries

Rappel. — CHARTRON et fils, (Drôme).
— TEYSSIER-DUCROS (Gard).
— LIOUD et Cie (Ardèche).
— BERNA-SABRAN, Lyon.
— OLLAT et DESVERNAY, Lyon.
— YEMENIZ, id.
— GRAND frères, id.
— MATHEVON et BOUVARD, id.
— LEMIRE et Cie, Lyon, id.
— DUGAS et Cie, Saint-Chamond.

Médailles. — LANGEVIN et Cie (Seine-et-Oise)
— Camille BEAUVAIS, id.
— CHAMBON (Gard).
— POTTON et CROZIER, Lyon.
— MAURIER et BERNARD, Lyon.
— GODEMAR et Cie, id.
— FAURE frères, Saint-Etienne.
— VIGNAT-CHOVET, id.
— MASSING frères, HUBERT et Cie, (Moselle).

Coton, Tissus

Rappel. — DOLLFUS MIEG et Cie (Mulhouse.
— SCHLUMBERGER et Cie (Haut-Rhin).
— HARTMANN (Haut-Rhin).
— VANTROYEN-CUVELIER, Lille.
— FAUQUET-LEMAITRE, Bolbec.
— LEUTNER, Tarare.
— CLÉREMBAULT, Alençon.
— LECOQ-GUIBÉ id.

Médailles. — HERZOG (Haut-Rhin).
— NÆGELY et Cie (Haut-Rhin).
— COX et Cie (Nord).

Lin, Chanvre

Médailles. — FERAY et Cie, Essonne.

— FERAY et Cie, id.

— DEBUCHY, Lille.

Dentelles

Médaille. — HENNECART, Paris.

Tapis

Médaille. — VAYSON, Abbeville.

Fer, Fonte

Rappel. — BOIGUES frères (Nièvre).

— DROUILLARD-BENOIST (Gard).

Médailles. — MUEL-DOUBLAT (Meuse).

— Cie de DECAZEVILLE (Aveyron)

— FESTUGIÈRE et Cie (Dordogne)

— SCHNEIDER et Cie, le Creusot).

— Emile MARTIN et Cie (Nièvre).

— CALLA, Paris.

Acier

Rappel. — JACKSON frères (Loire).

— TALABOT et Cie, Toulouse.

— DEQUENNE fils (Nièvre).

Médaille. — BAUDRY, Athis.

Limes

Rappel. — MONMOUCEAU, Orléans.

— BOITIN, Paris.

Métaux divers

Rappel. — Société d'IMPHY (Nièvre).

— Fonderies de Romilly (Eure).

— FRÉREJEAN (Isère).

— Baron FALATIEU (Vosges).

— JAPY frères (Haut-Rhin).

Médailles. — THIÉBAULT, Paris.

— SOREL, id.

Toiles métalliques

Rappel. — ROSWAG (Bas-Rhin).

Aiguilles

Médaille. — CADOU-TAILLEFER (Orne).

Quincaillerie

Rappel. — JAPY frères (Haut-Rhin).

— COULAUX aîné (Bas-Rhin).

Marbres

Rappel. — Cie des marbres des Pyrénées.

Médaille. — GERUZET (Hautes-Pyrénées).

Bois de teinture

Médaille. — VALLERY (Eure).

Mécanismes de toutes sortes

Rappel. — Mme COLLIER, Paris.

— PIHET et Cie, id.

— HACHE-BOURGEOIS, Louviers.

— SCRIVE frères, Lille.

— PECQUEUR, Paris.

— PHILIPPE, id.

— LEBAS, ingénieur, Paris.

Médailles. — André KŒCHLIN et Cie (Haut-Rhin).

— Nicolas SCHLUMBERGER (Haut-Rhin).

— PERROT, Rouen.

— GODEMAR et MEYNIER, Lyon.

— SAULNIER, Paris.

Médailles. — STEHELIN et HUBER (Haut-Rhin).

— SCHNEIDER frères, Creusot.

— CAZALIS et CORDIER, Saint-Quentin.

— SCHNEIDER et Cie, Creusot.

— COCHOT, Paris.

— FOURNEYRON, Paris.

— POIRÉE, ingénieur, Paris.

— PIHET, Paris.

Instruments aratoires

Rappel. — TALABOT, Toulouse.

— COULAUX et Cie (Bas-Rhin).

— VALLERY (Eure).

Horlogerie, instruments de précision

Rappel. — MOTEL, Paris.

— PERRELET, Paris.

— PONS (Seine-Inférieure).

— JAPY (Haut-Rhin).

— LEREBOURS et fils, Paris.

— ROSSIN, Paris.

— Charles CHEVALIER, Paris.

Médailles. — WINNERL, Paris.

— BENOIT et Cie, Versailles.

— MORIN, Paris.

Instruments de musique

Rappel. — PAPE, Paris.

— PLEYEL, Paris.

— ROLLER et BLANCHET, Paris.

Médailles. — ERARD (Pierre), Paris.

— VUILLAUME, Paris.

Produits chimiques

Rappel. — GUIMET, Lyon.

— ROARD, Clichy,

— PRIEUR-APPERT, Paris.

— PECQUEUR, id.

Médailles. — Fabrique de Saint-Gobain.

— PELLETIER et Cie, Paris.

— Mines de Bouxwiller.

— BURAN et C¹ᵉ, Grenelle.
— BOBÉE et LEMIRE, Choisy.
— DEROSNE et CAIL, Paris.
— DE MILLY, id.
— DE RICHEMONT, id.
— CELLIER - BLUMENTHAL, Bruxelles.
— CHAPELLE, Paris.

Bronzes, Orfèvrerie, Bijoux

Rappel. — DENIÈRE, Paris.
— THOMIRE, id.
— WAGNER-MENTION, Paris.
Médailles. — SOYEZ et INGÉ, id.
— BONTEMS et LORMIER, Choisy.
— MARREL, Paris.
— CHRISTOFLE, Paris.

Imprimerie

Médailles. — TARBÉ, Paris.
— FIRMIN-DIDOT, Paris.

Ebénisterie

Rappel. — Jacob DESMALTER, Paris.
Médaille. — DE BILLY et C¹ᵉ, id.

Faïence, Porcelaine

Rappel. — UTZSCHNEIDER (Moselle).
— LEBEUF, Montereau.
— GODART, Baccarat.
— Compagnie de SAINT-LOUIS, (Moselle).
Médailles. — DISCRY-TALMOURS, Paris.
— SAINT-QUIRIN (Meurthe).
— BONTEMS, Choisy.
— Baron de KLINGLIN (Meurthe).
— GUINAND, Paris.

Teintures, impressions

Rappel. — GROS-ODIER, ROMAN et C¹ᵉ (Haut-Rhin).
— HARTMANN et fils (Haut-Rhin).
— DOLLFUS-MIEG et C¹ᵉ (Haut-Rhin).

— HAUSSMANN et C¹ᵉ (Haut-Rhin).
— SCHLUMBERGER - KŒCHLIN (Haut-Rhin).
— GROSJEAN (Haut-Rhin).
— JAPUIS frères (Seine-et-Marne).
Médailles. — VIDALIN, Lyon.
— MERLE - MALARTIC, Saint-Denis.
— KETTINGER et fils (Seine-Inférieure).
— GIRARD et C¹ᵉ (Seine-Inférieure).
— PIOT-JOURDAN et C¹ᵉ, (Nord).
— Paul GODEFROY, Saint-Denis.
— CARON-LANGLOIS (Oise).

Papeterie, Papiers peints

Rappel. — AUBER et C¹ᵉ (Haut-Rhin).
— Papeterie du Marais (Seine-et-Marne).
— Papeterie d'Echarçon (Seine-et-Oise).
— MONTGOLFIER, Annonay.
Médailles. — BLANCHET et KLÉBER (Isère).
— LACROIX frères (Charente).
— DURANDEAU - LACOMBE (Charente).

Cuirs, peaux

Rappel. — DALICAN, Paris.
Médailles. — STERLINGUE et C¹ᵉ, Paris.
— DURAND-CHANCEREL, Paris.
— NYSS et C¹ᵉ, id.
— FAULER frères, Choisy.
— PLUMMER, Pont-Audemer.
— COUTEAUX (Seine).

Instruments de chirurgie Anatomie

Rappel. — Docteur AUZOUX, Paris.
Médaille. — CHARRIÈRE, Paris.

DÉCORATIONS DE LA LÉGION D'HONNEUR

DÉCERNÉES PAR S. M., SUR LA PROPOSITION DU JURY

BERTÈCHE, fabricant de draps, Sedan.

BIÉTRY, filateur, Villepreux.

CHEFDRUE, fabricant de draps, Elbeuf.

CURNIER, id. de soieries, Nîmes.

DANET, id. de draps, Louviers

DENEIROUSE, id. de châles, Paris.

DOLLFUS, manufacturier, Mulhouse.

FOURNEYRON, mécanicien, Paris.

GRIMPÉ, id. id.

GRIOLET, filateur, Paris.

GUÉRIN (Adolphe), Directeur des Etablissements d'Imphy.

GUIBAL (Louis), fabricant d'étoffes imperméables, Paris.

HACHE-BOURGEOIS, fabricant de cardes, Louviers.

JACKSON (William), fabricant d'aciers, à Saint-Paul-en-Jarret (Loire).

JAPPUIS (Jean-Baptiste), manufacturier, à Claye.

JOURDAN (Théophile), fabricant, à Trois-Villes (Nord).

MEILLARD-BOIGUES (Bertrand), maître de forges, à Fourchambault (Nièvre).

MICHEL, teinturier, Lyon.

NYSS, fabricant de cuirs vernis, Paris.

OLLAT, fabricant de soieries, Lyon.

PAPE, facteur de pianos, Paris.

PERROT, mécanicien, Rouen.

PONS DE PAUL, horloger, Paris.

SABRAN, fabricant de soieries, Lyon.

SAULNIER aîné, mécanicien, Paris.

SOYER, fondeur de bronzes, Paris.

TALABOT (Léon), fabricant d'acier, Toulouse.

RÉSUMÉ

—◆◆◆—

Pendant la durée de l'Exposition, plusieurs théâtres cherchèrent à attirer la foule en jouant des pièces de circonstance où le public retrouvait l'écho de ses critiques et l'éloge de ce qui méritait véritablement l'admiration : *Une heure d'Exposition*, vaudeville en un acte, de Constant, où il y avait de tout, sauf de l'esprit et de la gaieté ; *Industriels et Industrieux*, vaudeville en trois tableaux, de Duverger et Dubourg, plein de verve et d'originalité : *Les Floueurs ou l'Exposition des produits de la Flibusterie française*, parade en un acte, de Ferdinand Langlé et Dupeuty, qui n'avait d'autre but que de faire rire et qui l'atteignit.

Du 1ᵉʳ Mai au 1ᵉʳ Juillet 1839, le nombre des étrangers et provinciaux accourus à Paris dépassa 100,000 et, bien qu'il ne soit pas possible d'attribuer complètement cette affluence à l'Exposition, on doit reconnaître qu'elle était, pour le plus grand nombre, un objet d'attraction très vif. Il était facile de constater que les années pendant lesquelles arrivait la période quinquennale des concours donnaient au commerce en général et à celui de Paris, tout particulièrement, une activité dont tout le monde se trouvait bien.

Ce mouvement d'intérêt industriel et de curiosité qui se produisait partout, devait être puissamment aidé et facilité par l'exécution des diverses lignes de chemins de fer qui, mettant en communication rapide l'étranger, les départements et la capitale, allaient remplir leur rôle important de précurseur du progrès et d'agent de la civilisation.

—◆◆◆—

SCHNEIDER

M. Eugène SCHNEIDER

M. Eugène SCHNEIDER est né en 1805 à Nancy. Il débuta chez le baron Seillières qui, reconnaissant les aptitudes spéciales dont il lui avait donné les preuves, l'appela, en 1833, à la direction du Creusot, lorsqu'il reprit avec M. Boigues cette usine dont les fers, autrefois estimés, n'avaient plus de valeur dans le commerce.

C'est de cette époque que date l'ère de prospérité qui a fait du Creusot l'égal des grandes usines allemandes et anglaises au point de vue de la perfection du travail, un établissement hors ligne, au point de vue humanitaire et philanthropique. Je ne puis mieux faire connaître M. SCHNEIDER qu'en publiant tout au long cette lettre qu'il écrivait en 1846 :

« Je ne connais pas de spécialité industrielle où nous soyons aussi loin de l'Angleterre que nous le sommes pour celle des grandes constructions de machines, et cependant c'est l'âme de tout développement industriel d'un pays, mais si nous sommes si arriérés, je ne connais pas de production où la France puisse franchir aussi vite et aussi facilement la distance qui la sépare de la nation rivale.

« Nos ingénieurs ont plus de connaissances théoriques et d'esprit d'invention ; nos fers sont meilleurs s'ils sont plus chers ; nos ouvriers aussi intelligents, mais moins formés. Notre tort est, surtout, d'avoir mis la théorie pure à la place de la pratique guidée par la théorie, et d'avoir trop pensé au système, sans avoir assez pensé à la perfection d'exécution.

« Une excellente idée mal exécutée donne de mauvais résultats, et une bonne exécution matérielle donne de la valeur pratique à une idée médiocre. Or, on n'obtient de l'exécution parfaite qu'avec de bons outils, et non pas seulement avec des hommes ; on en obtient surtout dans les grands ateliers où rien n'est économisé, on en obtient avec la volonté absolue d'arriver à tout prix à la perfection. »

En 1844, le Creusot comptait 3,000 ouvriers et fournissait à la marine et à la navigation intérieure une partie de ses chaudières et de ses mécanismes.

Le rapport de l'Exposition de 1855 disait du Creusot :

« En tête des établissements qui ont le plus contribué à améliorer la navigation à vapeur sur les fleuves, nous devons citer le Creusot. »

En 1867, le Creusot recevait un grand prix de 10,000 francs, tant pour l'importance de ses travaux que pour les développements donnés par son directeur à l'amélioration du sort de la classe ouvrière. L'usine alors comptait 10,000 ouvriers et produisait 60,000 tonnes de rails

        10,000   id.   tôle

        30,000 fers marchands

        120 locomotives

sans compter des vaisseaux, ponts, machines de toutes sortes, qui formaient une masse de production évaluée 30 millions.

M. Schneider, alors Président du Corps législatif, annonçait, aux applaudissements unanimes de la Chambre, la fourniture qu'il venait de faire à l'Angleterre de plusieurs locomotives.

Ni les honneurs accumulés sur sa tête par un Souverain heureux de se rattacher les grands industriels, ni les bénéfices considérables d'une entreprise en pleine voie de prospérité ne pouvaient émouvoir M. Schneider autant que cette victoire pacifique remportée sur une rivale dont il se rappelait mieux que personne l'omnipotence absolue en construction de machines, vingt ans auparavant.

1870 vint lui faire perdre la haute situation politique qu'il occupait, mais lorsqu'il s'éteignit, en 1875, il laissait à son fils, digne héritier d'un tel père, un établissement hors ligne dont celui-ci a su augmenter encore l'importance et la réputation.

Le Creusot, en 1878, avec sa production de 550,000 tonnes de houille

                   155,000   id.   fonte

                   126,000   id.   acier

avec ses 221 professeurs, ses 82 écoles fréquentées par 6,000 élèves, dont la dépense s'élève à 220,000 fr., avec son chiffre de 52 millions d'affaires par an, reste un établissement modèle à côté des grandes usines étrangères qui cherchent à l'égaler.

Cette prospérité est due toute entière à M. Schneider qui l'a créée par son intelligence et ses efforts, et son nom mérite, à tous les titres, d'être placé avec admiration parmi les illustrations industrielles dont notre patrie a le droit de s'enorgueillir.

DIXIÈME EXPOSITION

DES

PRODUITS DE L'INDUSTRIE FRANÇAISE

1844

APERÇU GÉNÉRAL

L'Exposition de 1844, comme celle de 1839, eut pour emplacement le grand carré des jeux aux Champs-Elysées ; on y éleva un édifice provisoire dont les dimensions étaient encore plus vastes, car la superficie atteignait 20,000 mètres. Les dispositions consistaient en galeries à triple travée construites sur les quatre côtés avec une cour couverte au milieu.

Le Gouvernement avait jugé nécessaire d'augmenter l'espace abrité pour éviter les inconvénients signalés en 1839. Au dernier moment, à cette époque, on avait dû élever un bâtiment spécial pour l'industrie mulhousienne et laisser les instruments d'agriculture en plein air, exposés à la pluie et à la poussière, en se contentant de les séparer de l'avenue des Champs-Elysées par une barrière en bois.

Le Ministre du Commerce était, en 1844, M. Cunin-Gridaine, grand manufacturier de Sedan, et son expérience des affaires le mettait à même, mieux que personne, d'organiser l'Exposition de la manière la plus satisfaisante.

Dès sa première circulaire, datée du 8 octobre 1843, chacun put constater qu'il était décidé à rompre avec les errements suivis jusqu'alors et à appliquer rigoureusement les réformes depuis longtemps réclamées par les Jurys et l'opinion.

Dans ce document officiel, le Ministre établissait, en première ligne, que l'empressement des manufacturiers à profiter de ces assises du travail atteignait de telles proportions que, dès 1839, l'espace avait manqué pour admettre, sans distinction, les productions de toutes les industries. D'un autre côté l'opinion publique, depuis quelque temps, signalait la convenance de réserver les honneurs de l'Exposition aux grandes industries manufacturières, le Jury, en 1839, dans son rapport particulier, s'était fait l'organe de ce vœu ; le Gouvernement, aujourd'hui, se trouvait dans la

nécessité de déférer à de tels désirs qui s'imposaient ; les Expositions devenaient impossibles, sans cette restriction salutaire.

Une seconde circulaire, du mois de Décembre, entrait dans des détails
plus complets sur les articles que le Jury départemental devait éliminer.
Ses prescriptions rigoureuses s'appliquaient aux produits qui appartenaient
à la science et aux beaux-arts, tels que les travaux d'art proprement dits,
les systèmes planétaires et autres, les méthodes d'enseignement, les appareils médicaux, les pièces anatomiques, etc..., sous ce prétexte que ces
objets avaient leurs juges dans les sociétés savantes et les académies des
arts et des sciences.

Le Ministre demandait aussi qu'on écartât ces spécimens d'inventions
ou de perfectionnements dont les résultats théoriques étaient encore sans
application matérielle, certains produits appartenant plus à la confection
qu'à la fabrique tels que, corsets, perruques, souliers, socques, pour les
vêtements et, en second lieu, les préparations alimentaires, boissons,
cosmétiques, médicaments, etc... Les fabricants devaient avant tout présenter, non des objets fabriqués en vue de l'Exposition, mais des articles
de leur fabrication courante.

Enfin, la circulaire insistait sur l'obligation d'exiger des manufacturiers la mention du prix exact de chaque échantillon.

Ces instructions étaient puisées, en grande partie, dans les observations du Jury de 1839 et dans le rapport déposé par la Commission
chargée, à cette époque, de faire un règlement qui devînt à l'avenir la loi
en matière d'Exposition. Elles n'en furent pas moins attaquées et cri-
tiquées avec sévérité par divers journaux à plusieurs points de vue
différents.

Le Commerce s'étonnait de voir dans l'ordonnance annonçant
l'Exposition, le terme fixé irrévocablement au 30 Juin. Il faisait judicieusement remarquer qu'en 1839 le Gouvernement ayant reculé la clôture
jusqu'à la fin de Juillet, s'était trouvé obligé de payer une indemnité aux
entrepreneurs qui avaient disposé de leurs bois. Pourquoi, cette année,
n'avoir pas fixé la durée à trois mois au lieu de deux afin de ne pas
s'exposer au même désagrément? Ce journal revenait à la charge pour la
construction d'un palais destiné aux expositions industrielles et utilisé,
pendant l'intervalle des cinq années, pour l'exposition annuelle des beaux-
arts.

Le National, plus acerbe, prenait à partie le Ministre du Commerce,
épluchait sa dernière circulaire en discutant les dispositions qu'elle contenait. Il lui reprochait l'ostracisme prononcé trop inconsidérément contre
un grand nombre d'objets dont il était difficile, à son avis, de déterminer

avec précision la qualité exacte, au point de vue commercial. Ces corsets, perruques, souliers, pièces anatomiques, etc..., rejetés comme indignes donnaient lieu à un mouvement d'affaires assez considérable pour être traités moins cavalièrement.

Quant à la prétention de n'avoir, au concours, aucune fabrication mieux soignée que les marchandises courantes, *le National* faisait observer au Ministre qu'il touchait de trop près au monde industriel pour ignorer que c'était une fiction toute platonique, bonne à insérer dans une circulaire officielle, mais dans la pratique, universellement laissée de côté.

Il lui paraissait également invraisemblable d'espérer obtenir des fabricants le prix réel marchand et le prix de vente de leurs articles en présence des réclamations du commerce intermédiaire dont les intérêts légitimes s'opposaient à une mesure aussi inutile que dangereuse.

Quels résultats, dans ces circonstances, amenaient les Expositions ? Les manufacturiers, assemblés, embouchaient la trompette pour célébrer leur mérite, leur supériorité sur l'étranger, ils recevaient, qui, des médailles, qui, la croix, puis, au sortir de ces réunions solennelles et pompeuses, ils retournaient dans leurs usines, dans leurs ateliers, trembler contre les envahissements de l'industrie anglaise et ses progrès redoutables, et réclamer à grands cris la protection du Gouvernement, l'élévation des tarifs de douanes.

Le seul moyen de donner à ces concours une véritable utilité, était d'y appeler ces industries étrangères dont on redoutait la formidable concurrence. La France se trouvait assez forte, assez active pour donner à l'Europe l'exemple d'un tournoi international où tous les peuples seraient conviés, au plus grand bénéfice de l'humanité et de la civilisation.

Ces idées, émises par une feuille avancée, se retrouvaient dans des journaux d'une autre nuance ; elles étaient à ce point passées dans tous les esprits qu'une pétition demandant au Gouvernement d'admettre les produits étrangers était couverte de signatures de fabricants, de commerçants.

Les grands industriels, sans partager complètement les opinions du *National* sur les avantages superficiels de vanité des Expositions exclusivement françaises, sentaient bien et reconnaissaient tous les bénéfices qu'ils pouvaient tirer de la comparaison de leurs produits avec ceux d'une nation étrangère supérieure dans certains genres.

Il est bon d'insister sur cette tendance générale de l'industrie française, dès 1844, alors que l'Angleterre, jalouse de nos progrès et ne voulant point, jusque-là, par amour-propre national, adopter une innovation dont elle avait constaté avec inquiétude les excellents résultats, s'est approprié depuis, à la faveur de nos guerres civiles, l'insigne honneur d'une création dont l'idée revient tout entière à la France.

La chose est d'autant moins indiscutable qu'on retrouve la trace de cette préoccupation dans les vœux émis par le Jury en 1844. Le Jury conseillait au Gouvernement, pour favoriser les produits français, d'envoyer des agents en Allemagne, en Angleterre, en Belgique, chargés de recueillir des documents et des échantillons propres à éclairer nos manufacturiers, de leur confier le soin d'examiner les produits admis aux Expositions de Berlin et de Vienne, enfin de lui faire un rapport de ces Expositions.

Il faut regretter que la monarchie de 1830, trop prudente ou trop occupée d'autres soins, n'ait pas oser se lancer dans une entreprise aussi glorieuse, dont les fabricants en grande partie réclamaient l'expérience, et ait laissé aux Anglais le facile mérite de la réalisation d'un projet né sur notre territoire.

Le nombre des produits admis, malgré les restrictions imposées par le Gouvernement, était en augmentation sensible sur 1839 ; le département de la Seine, atteint plus directement par la circulaire du Ministre, comptait encore 200 exposants de plus qu'en 1839, mais on remarquait que les articles visés nominativement étaient dans une proportion plus faible qui indiquait, de la part du Jury départemental, des égards, inconnus jusqu'alors, pour les prescriptions ministérielles.

Ainsi, les corsets qui, en 1839, comptaient 26 exposants, n'en avaient plus que 10 ; les objets d'art 8, en 1839, 4 : la sculpture d'ornement 10, 1 seul ; les biberons 6, 4 ; les cols-cravates 11, 2 ; les perruques 17, 13 ; la cordonnerie 25, 5. En revanche, certaines industries principales suivaient une heureuse progression :

	1839	1844
Châles.	29	45
Chauffage	40	57
Cristaux, glaces	12	28
Cuirs	25	35
Métaux	45	63
Pianos.	68	85
Tours divers (tourneur)	7	16
Couleurs, vernis	48	74
Faïences, porcelaines	22	37
Dessins de fabrique	8	42

Pour ce dernier article, la différence était considérable ; elle témoignait du développement que prenait cette industrie nouvelle chargée de créer constamment de nouveaux modèles destinés à diriger la mode ou à suivre ses incessants caprices. Paris, avec les ressources de ses musées, bibliothèques, collections industrielles, était la ville par excellence où les artistes habiles pouvaient trouver, en tous les genres, les inspirations de bon goût que se disputaient, à prix d'or, les manufacturiers de la province.

Paris avait perdu la grande industrie, chassée par la cherté de la main-d'œuvre et les frais plus élevés d'établissement, mais son empire sur le pays renaissait avec toute une pléïade d'ingénieux dessinateurs dont les compositions soignées s'imposaient au monde entier par la toute puissance de la vogue.

A l'exception de la Corse, du Gers et du Tarn, la France entière était représentée, trois colonies fournissaient même à la métropole, chacune, un exposant; on voyait, pour la première fois, le Cantal avec trois sabotiers : cet empressement, à peu près général, témoignait d'un progrès réel dans les mœurs industrielles, puisque certains départements, jusqu'alors sourds à toutes les sollicitations, consentaient à envoyer des produits de leur fabrication locale ou peu étendue.

Au 1er Mai, jour de l'ouverture, l'aménagement était loin d'être terminé, et les vastes salles retentissaient encore des coups de marteau des ouvriers achevant les installations. Dans toute la longueur de la galerie du sud, consacrée aux étoffes, il n'y en avait pas un seul mètre. Seul, le point central consacré aux machines, présentait un ensemble complet.

On pouvait se rendre compte maintenant du parti que l'architecte, M. Moreau, avait tiré de l'emplacement si avantageux, comme dimension, accordé par le Gouvernement. Le palais semblable, comme forme, à celui de 1839, était un rectangle plus long, cependant, car le plus grand côté comptait 197 mètres et le petit 97 mètres. L'innovation consistait en deux avant-corps de 45 mètres formant saillie au milieu des galeries du nord et du midi et renfermant des salons pour le Roi et les Membres du Jury, les bureaux de l'Administration, les magasins.

Toute la construction était en bois, la décoration se composait précisément des saillies et des lignes données par les charpentes. Déduction faite des jours fériés, le palais avait été élevé en trois mois d'hiver, c'est-à-dire malgré les difficultés de la mauvaise saison ; cette promptitude faisait honneur à l'architecte et à ses collaborateurs ; Paris seul pouvait mener dans de telles conditions de célérité une entreprise pareille, grâce aux nombreux et habiles ouvriers qu'il trouvait à sa disposition.

Le *Moniteur Universel*, journal officiel du pouvoir, décrivait en détail avec de grands éloges tous ces préparatifs en traitant assez dédaigneusement les divers projets de palais permanent patronnés par d'autres feuilles publiques, il allait même jusqu'à affirmer que l'idée était abandonnée par tout le monde.

Cette assertion hasardée reçut le plus éclatant démenti dans les journaux de toutes nuances qui, à l'occasion de l'ouverture de l'Exposition, reproduisirent sous des formes différentes les critiques les plus judicieuses contre les bâtiments provisoires, peu dignes d'abriter l'industrie d'une grande nation. Il se dépensait dans ces travaux une somme relativement minime, sans doute, mais n'était-il pas préférable d'élever, par un sacrifice de quelques millions, un palais approprié à sa destination spéciale?

Quelques jours avant l'inauguration, le Jury, dans une dernière visite, fit justice de quelques objets qui s'étaient glissés, à l'insu de tous, dans les galeries et faisaient tache au milieu des autres produits. Il prononça l'exclusion d'un plan en relief du Palais-Royal, d'un cheval d'osier, et de quelques articles étranges et ridicules échappés à l'examen du Jury parisien.

Il exigea également la suppression complète d'un abus qui tendait à se renouveler et dont on s'était vivement plaint en 1839. Beaucoup de fabricants avaient porté sur leurs produits les mentions suivantes : acheté par M. un tel, commandé par M. un tel, fabriqué pour telle maison, en ajoutant l'adresse du client, sa qualité, cette manœuvre commerciale avait pour but d'attirer l'attention du public et de donner une haute idée de l'importance des manufacturiers qui la pratiquaient.

Le jury, par sa fermeté, sut remédier à ces inconvénients de tous ordres, mais il fut moins heureux pour l'indication du prix sur les échantillons : quoiqu'on eût fait de cette prescription une condition en quelque sorte expresse d'admissibilité, peu d'exposants s'étaient décidés à compromettre leurs relations avec leur clientèle du commerce dans le seul but de satisfaire au désir du gouvernement.

Toutes les mesures prises pour atteindre ce résultat devaient échouer contre l'intérêt des industriels à la merci de leurs intermédiaires obligés avec le consommateur. Il valait mieux, dans cette situation, laisser à l'initiative privée le soin de reconnaître, elle-même, les avantages que pouvait lui procurer cette mention mise à propos et défiant la concurrence de maisons rivales plus timorées.

Passons maintenant à l'étude plus particulière des différentes industries et de leur état actuel de progrès.

Les laines françaises, loin de s'améliorer, avaient encore rétrogradé; les éleveurs paraissaient avoir renoncé complètement à l'amélioration de la toison sous le rapport de la finesse, si bien que Sedan qui employait annuellement pour 12,000,000 fr. de laines de France, n'en achetait plus que pour 500,000 fr. et demandait le surplus aux laines d'Allemagne plus douces. Elbeuf qui consommait pour 3,000,000 fr. de laines recevait la moitié de cette valeur de Saxe; Louviers, sur 5,000,000 fr. demandait 3,000,000 fr. à l'étranger, si bien que ces trois villes, à elles seules, portaient hors du territoire une somme de 30,000,000 fr.

Les éleveurs français réclamaient le rétablissement de la taxe de douane de 33 0/0 mais était-ce bien là qu'il fallait chercher le remède ? car cette élévation de tarif devait avoir pour résultat ou d'ébranler nos manufactures, ou de faire baisser le prix des laines au dehors ; dans ce dernier cas, elles entraient en aussi grande quantité qu'auparavant.

On ne pouvait pas obliger les fabricants français à accepter, en préjudice de leurs intérêts, des laines, qui ne convenaient pas à leur fabrication ; il appartenait aux éleveurs, s'ils ne voulaient pas perdre complètement leur clientèle, d'améliorer les qualités de leurs toisons. Le nombre des exposants était de 15 dont 6 nouveaux : on remarquait l'absence de quelques propriétaires de grands troupeaux récompensés précédemment et qui n'avaient pas jugé à propos d'exposer leurs produits,

Le filage de la laine peignée ressentait les effets désastreux de la crise déterminée par les taxes considérables que les Etats Unis avaient frappées sur les étoffes de cette espèce. De 15,000,000 fr. en 1839 l'exportation, dès 1842, tombait à 10,000,000 fr. Cette situation défavorable allait cesser avec la disparition des mesures de douane qui l'avaient causée.

Les fils de laine peignée augmentaient en consommation par suite des nouveaux emplois qu'on leur avait trouvés pour la broderie, bonneterie, passementerie. Parmi les 24 exposants de cette industrie, il y avait des fabriques de Mulhouse, Bordeaux, Angers, Saint-Jean-de-Luz qui venaient lutter avec Paris, où jusqu'alors la laine peignée gardait son centre principal d'affaires : cette dispersion des manufactures dans tout le pays indiquait que cette industrie répondait à de nouveaux besoins de la consommation.

La draperie, arrivée à son plus haut progrès, avait dû, pour ne pas reculer, chercher de nouveaux débouchés. Ainsi la ville d'Elbeuf, autrefois vouée à la fabrication des étoffes moyennes, entreprenait le drap noir avec un tel succès qu'elle entrait pour un cinquième dans la consommation de ces draps en France. Louviers, voyant que les qualités de finesse et de supériorité de ses produits ne lui donnaient qu'une clientèle limitée, se lançait dans la confection des draps ordinaires, en imitant la conduite d'Elbeuf.

Ce mouvement général s'étendait du Nord au Midi, de l'Est à l'Ouest. Des fabriques inconnues se révélaient par des échantillons remarquables. Il était urgent pour nos manufacturiers, sous peine de crise, de trouver le moyen d'écouler à l'étranger la masse considérable de draps qui se fabriquaient de tous côtés.

L'exportation s'était bornée assez longtemps à ce qui n'était pas accepté en France, à des étoffes défectueuses ou de mauvais goût, véritables objets de rebuts qui donnaient l'opinion la plus désavantageuse de notre industrie ; il fallait, maintenant, pour affirmer la supériorité des draps français, renoncer à des habitudes aussi déplorables, dangereuses pour ceux qui les suivaient sans réfléchir à leurs conséquences. Il fallait ne livrer que des articles excellents de tous points semblables aux échantillons envoyés, suivre, en un mot, loyalement, les règles de l'honnêteté commerciale qui se confondaient ici avec les intérêts bien compris des fabricants.

La concurrence anglaise, puissante et redoutable, avait un pied dans toutes les parties du monde, l'audace et la confiance étaient nécessaires pour lui disputer la place sur les marchés étrangers ; les manufacturiers qui n'avaient point de dépôts ou de représentants devaient se réunir pour faire un fonds commun destiné à se créer des relations, à alimenter les débouchés du dehors; 37 départements avaient envoyé 142 exposants.

Les étoffes en tissus de laine non drapée produisaient 180,000,000 fr. Les principaux centres étaient Paris, Reims, Amiens, Roubaix.

Paris, ne pouvant lutter pour le bon marché, s'attachait à l'élégance, au bon goût de ses tissus, il n'avait point de rival pour l'art avec lequel il mélangeait la soie, la laine, le coton, dans les fichus, châles, robes, écharpes, étoffes pour ameublement. La prépondérance lui était assurée par ses ateliers de dessin dont la province reproduisait exactement les combinaisons variées à l'infini. La fabrication proprement dite n'y existait plus, mais l'impulsion venait de son ingéniosité toujours en éveil.

Reims commençait à appliquer le tissage à la mécanique aux étoffes de laine douce ; une des maisons les plus considérables faisait des essais dont les résultats donnaient déjà une production de 500,000 fr.

Amiens semblait s'endormir sur ses lauriers, ses articles étaient toujours aussi soignés, mais on remarquait de la part des fabricants un manque

---

Production de la draperie en 1844. . . . 300.000.000 Fr.
Elbeuf 58.000.000
Sedan. 20.000.000
Louviers 9.000.000

d'initiative très sensible, surtout pour le dessin ; chaque manufacturier, à part quelques exceptions, se contentait de reproduire des modèles, dont l'exécution, au point de vue des opérations de fabrique, était parfaite, ces modèles avaient toutefois le grave inconvénient de ne point suivre la voie du progrès et de rester, pour l'invention, les dispositions, au même niveau que par le passé, sans tenir compte des profonds changements apportés aux mœurs et au goût de la clientèle.

La stagnation de l'industrie amiénoise, autrefois si prospère, contrastait avec l'activité que déployait Roubaix pour accroître l'importance de sa fabrication. On trouvait à Roubaix, au degré le plus développé, cet esprit d'entreprise qui tendait à en faire, dans un avenir peu éloigné, le centre le plus considérable pour les articles de nouveautés en laine. Roubaix envoyait 60 exposants, tandis qu'Amiens n'en comptait que 8.

Les châles, un moment en vogue, commençaient, malgré les efforts des grandes maisons de Paris, à s'acheminer rapidement vers la décadence. L'abaissement des prix, la fabrication plus répandue, avaient tué cette industrie si prospère, la mode se prenait à dédaigner les châles qui n'étaient plus le privilège de la fortune, et qui, dans une matière moins fine, sans doute, mais d'une forme identique, s'étalaient sur les épaules d'une femme de la bourgeoisie ou du petit commerce, fière de porter un vêtement semblable à celui d'une classe plus élevée. Les seuls produits des Indes continuaient à garder une faveur qu'expliquaient leur rareté et leur prix.

En somme, les tissus de laine réunissaient un total de 350 exposants : 90 filateurs et 260 fabricants de draps et d'étoffes diverses.

A Lyon, 50,000 métiers tissaient la soie, dans les communes environnantes on en trouvait 20,000 de soie pure et 15,000 de soie mélangée. Ces 85,000 métiers tissant en moyenne 30 kil. de soie (2,555,000,000 kil. par an), donnaient en étoffes une valeur de 3,000 fr. par métier, soit 255,000,000 fr., sur lesquels l'exportation était de 150,000,000 fr. Malgré la production considérable de la soie que l'on cultivait dans le bassin du Rhône et sur le littoral méditerranéen, nous en tirions encore de l'étranger pour 57,000,000 fr.

La grande supériorité de nos fabriques n'empêchait pas l'étranger de nous faire une sérieuse concurrence, comme il résulte du tableau suivant :

	Angleterre	80.000
	Canton de Zurich	15.000
NOMBRE	Id. de Bâle	10.000
DE MÉTIERS	Prusse Rhénane, Saxe.	25.000
	Russie	13.000
	Autriche et Italie	25.000

L'exportation française n'avait pas faibli, grâce à la sûreté de goût des fabricants, à la variété de dessins qu'ils inventaient continuellement. Nîmes, pour les étoffes de soie, tenait la place qu'Elbeuf occupait dans la draperie relativement à Sedan. Ses étoffes, foulards, fichus, châles, de soie pure ou mélangée, se répandaient, en quantités immenses, dans tout le pays et à l'étranger.

L'industrie des rubans à Saint-Etienne et à Saint-Chamond avait eu de grands développements de 1600 à 1680, époque à laquelle 10,000 métiers se trouvaient dans ces deux villes. La révocation de l'édit de Nantes leur porta un rude coup ; de nombreux ouvriers appartenant à la religion réformée transportèrent cette industrie à Bâle qui commença, dès lors, à entamer une lutte fort préjudiciable à leurs intérêts.

La rubannerie, de 1700 à 1760, végéta jusqu'au jour où une maison de Saint-Etienne voulant sortir d'une situation aussi précaire se décida à introduire des métiers mécaniques de la fabrique Zurichoise. En 1788, les métiers de tous genres s'élevaient à 15,000, ils tombèrent pendant la Révolution à 13,000. Aujourd'hui ils atteignaient le nombre de 20,000,

Cette industrie maintenait sa réputation sans rivale par le bon goût que Paris savait inspirer aux manufacturiers ; les maisons étrangères enviaient cette création permanente de dessins, de couleurs, de dispositions qu'elles copiaient de suite. L'exportation, malgré la concurrence de Bâle, atteignait 35,000,000 fr. sur une production totale de 60,000,000 fr. dont la moitié représentait la main-d'œuvre et les bénéfices.

La fabrication de la peluche de soie avait pris un grand développement depuis la dernière Exposition ; la peluche tendait à se substituer au feutre dans la confection des chapeaux ; autrefois les manufactures de Berlin et de la Prusse Rhénane alimentaient l'Europe et l'Amérique ; maintenant la France, sur le marché européen et même en Allemagne, leur faisait une redoutable concurrence. Cette industrie, pratiquée à Lyon où elle réunissait 600 métiers, avait son centre principal dans la Moselle avec 2,500 métiers.

Le département du Rhône produisait les basses et moyennes qualités, tandis que la Moselle, renommée pour les qualités supérieures, l'emportait surtout pour la teinture en noir importée de Berlin où un fabricant français l'avait autrefois perfectionnée. On ne pouvait trop louer l'initiative de MM. Massing et Huber, de Puttelange, qui avaient les premiers tenté avec succès d'introduire dans leur département une industrie qui prospérait de l'autre côté de la frontière. Les exposants pour la soierie s'élevaient à 61.

La bonneterie se trouvait entraînée dans le grand mouvement de progrès qui ne se traduisait pour elle que dans un perfectionnement de mécanismes amenant plus de fini dans le travail. La bonneterie de soie était localisée dans le Gard, dans l'Hérault, à Ganges principalement ; la Picardie faisait la bonneterie de laine et Troyes celle de coton.

L'importation de coton des Etats-Unis montait à 135,000,000 fr. et l'exportation de France pour le même pays en produits manufacturés n'était que de 48,000,000 fr. Il y avait pour les Etats-Unis un avantage de 87,000,000 fr. dans la fourniture de cette matière première si précieuse, mais dont la vogue longtemps persistante en France, semblait se ralentir au profit des produits indigènes. Cette tendance heureuse, encore peu accentuée, était amenée par diverses causes dont les détails sont intéressants à connaître.

En 1834, l'Alsace possédait 56 filatures comprenant ensemble 700,000 broches, soit 12,500 par établissement. Dans le Nord et la Seine-Inférieure la proportion était moins forte et ne dépassait pas une moyenne de 4,000 broches par usine. En 1834, 3,000,000 broches donnaient 38,000,000 kil. de coton; en 1844, 3,600,000 broches produisaient 58,000,000 kil. Ce prodigieux accroissement en dix années avait avili les prix et encombré le marché. L'ouvrier, malgré cela, voyait élever les prix de la journée à cause de la production plus abondante dans le même espace de temps ; les machines produisant mieux et plus, l'ouvrier gagnait une augmentation de salaire, tandis que le patron, embarrassé de ses marchandises, avait un bénéfice moindre, et supportait seul une diminution sensible de son capital par la dépréciation du matériel.

Une situation aussi pénible ne pouvait se dénouer que par une extension du commerce à l'étranger dégageant ainsi le marché intérieur trop chargé : il fallait obtenir des pays où pouvait se déverser le trop plein de notre fabrication des tarifs plus favorables ; il n'y avait pas d'autre moyen de relever une industrie aussi importante dont la décadence complète aurait amené les plus grands désastres,

Le coton avait trouvé, dans les machines, un auxiliaire puissant qui, avec une merveilleuse rapidité, lui avait procuré le plus brillant essor :

Production de la peluche de soie

Rhône.	600 métiers	— Production	2.500.000 Fr.	— Exportation	1.250.000 Fr.
Moselle	2.500 id.	— id.	5.550.000	— id.	1.850.000
Maisons centrales	400 id.	— id.	900.000		

Quantités de coton consommées en France depuis le commencement du siècle		
1814.	8.000.000 kil.
1824.	28.000.000
1834.	38.000.000
1844.	58.000.000

nul, alors, dans cette première période, ne songeait au danger d'une pro·
duction sans cesse en haleine, aujourd'hui les mécanismes constamment
améliorés, doublaient leur puissance productive, tandis que les besoins
restaient dans la même proportion, l'équilibre était rompu ; de là ces
crises redoutables qui ébranlaient une industrie jusqu'alors prospère et
compromettaient sa situation florissante.

Notre colonie d'Algérie, dont la conquête nous coûtait déjà tant de
sang et d'argent sans nous rapporter autre chose qu'une gloire stérile,
exposait un échantillon dont l'importance, dans l'avenir, pouvait com-
penser au-delà tous ces pénibles sacrifices : un ballot de coton. Les cotons
récoltés avaient donné les meilleurs résultats au filage essayé à Rouen
d'abord, puis à Lille. Les deux chambres de commerce les trouvaient comparables aux meilleures espèces d'Amérique.

Le gouvernement devait donc encourager la culture du coton en
Algérie, et, à cet effet, importer d'Amérique les graines les plus favorables,
faire étudier les modes de culture, de préparation. Dans un temps donné
cela nous affranchirait du produit énorme que nous étions obligés de payer
aux Etats-Unis, en ajoutant un nouvel élément de prospérité au commerce
intérieur.

L'industrie des tissus de coton un moment languissante, s'était
relevée depuis 1841 ; ce mouvement heureux de reprise venait d'un abaissement des prix obtenu par la diminution des frais généraux, par l'augmentation et le perfectionnement des métiers.

Le nombre des métiers en Alsace était monté de 13,000 (1839) à
18,000 ; en Normandie, de 6,000 à 9,000. Aussi la production avait-elle
suivi une marche ascendante assez rapide, malgré les obstacles sérieux
qu'elle rencontrait. Les étoffes de laine, mousseline-laine, chaîne coton,
imprimées, l'abaissement des prix des toiles de fil depuis l'application de
la mécanique à la filature du lin, nuisaient au développement du coton ;
c'était en quelque sorte la revanche des matières premières indigènes, si
longtemps négligées, dédaignées.

Le tissage à la main qui occupait beaucoup d'ouvriers dans l'Alsace,
les Vosges, la Normandie, souffrait cruellement du malaise général ;
Mulhouse qui voyait s'affaiblir le prestige du coton s'adonnait à la fabrication des étoffes légères de laine. Rouen restait le grand centre de production pour les cotonnades communes nommées rouenneries ; 500 manu-

		1839	1844
Production des tissus de coton	Alsace.....	65.000.000 mètres	— 100.000.000 mètres
	Normandie	28.000.000 id.	52.000.000 id.

facturiers, tant dans cette ville que dans le pays de Caux employaient près de 120,000 métiers.

La France possédait actuellement 120,000 broches dans 58 filatures, dont 44 appartenaient au département du Nord, pour le filage du lin et du chanvre, alors que l'Angleterre en possédait 1,000,000 et la Belgique 55,000. Malgré cette disproportion relative toute à notre désavantage, les progrès étaient réels, ils paraissaient être moins rapidement obtenus que dans les autres industries, mais cette lenteur tenait à des conditions spéciales peu favorables.

La filature au moyen de machines coûtait beaucoup plus cher à établir que la filature de coton. La force motrice était quatre ou cinq fois plus grande, les mécaniques et métiers étaient plus dispendieux. Les agriculteurs, peu au courant des bonnes méthodes d'amélioration de la culture du lin, ajoutaient de nouvelles difficultés en livrant de mauvais produits qui se prêtaient imparfaitement aux diverses opérations du filage.

En résumé, le capital engagé dépassait 30,000,000 fr., 4,500 ouvriers travaillaient dans 58 ateliers qui nécessitaient une force motrice de 2,000 chevaux ; les 120,000 broches produisaient 6,000,000 kil. La consommation du pays réclamait 67,655,900 kil. La différence si considérable était comblée par 51,260,000 kil. fournis par le filage à la main et par une importation de 10,395,900 kil.

La filature mécanique, comme on le voit par ces chiffres, n'était encore qu'à ses débuts ; le plus grand obstacle que rencontrait son développement se trouvait dans les frais trop lourds d'installation, qui empêchaient les fabricants d'abaisser les prix suffisamment pour s'assurer un débit certain et rémunérateur.

L'avenir appartenait à cette application nouvelle si précieuse des

Importation en fils de lin			
1840	1841	1842	1843
Angleterre . . . . . . 6.164.068 kil.	9.149.341 kil.	10.696.236 kil.	6.490.060 kil.
Belgique 587.505	646.001	545.774	1.079.550
Autres pays 93.858	122.460	68.708	60.380
6.845.431 kil.	9.917.802 kil.	11.310.718 kil.	7.629.990 kil.

Importation en toiles			
1840	1841	1842	1843
Angleterre . . . . . . 943.095 kil.	1.630.682 kil.	1.822.257 kil.	549.131 kil.
Belgique 2.513.934	3.184.146	2.343.696	2.083.565
Allemagne 119.315	118.945	100.382	53.583
Autres pays 187.010	145.952	129.977	48.338
3.763.354 kil.	5.079.725 kil.	4.396.312 kil.	2.734.617

forces mécaniques dont les résultats avantageux se faisaient un peu attendre chez nous à cause de la prudence excessive des manufacturiers effrayés du capital nécessaire pour tenter l'entreprise.

Cette année même, l'inventeur de la filature mécanique, Philippe de Girard, injustement repoussé par la Restauration lorsqu'il réclamait le prix d'un million promis par Napoléon Ier à celui qui s'illustrerait par cette découverte, végétait dans une médiocrité voisine de la misère, alors qu'à l'étranger, son métier, dont les Anglais lui disputaient le mérite, enrichissait de nombreux industriels.

Les principaux mécaniciens de Paris, rendant hommage à ce génie méconnu, se réunirent, durant l'Exposition, au restaurant Ledoyen, pour signer une pétition au Roi en faveur de M. de Girard. Une telle démarche spontanée les honorait en même temps qu'elle leur fournissait l'occasion de proclamer les droits incontestés de Philippe de Girard à une invention que l'Angleterre voulait s'approprier avec une mauvaise foi jalouse, indigne d'une nation qui peut revendiquer hautement les Watt et les Stephenson.

L'impression sur étoffes, longtemps bornée aux toiles de coton, s'étendait maintenant jusqu'à la laine et à la soie, au grand détriment des indiennes dont la vente s'en ressentait vivement. Cette nouvelle industrie, car elle ne datait que de quelques années, faisait concurrence aux étoffes tissées, et se prêtait aux plus riches combinaisons de dispositions et de dessins. Mulhouse l'entreprenait avec un grand succès, et ses dessins du meilleur goût lui assuraient une vogue européenne.

Les tapis présentés à l'Exposition étaient d'une perfection irréprochable comme dessin et main-d'œuvre, ils témoignaient de progrès réels dans toutes les opérations manufacturières, mais on devait leur adresser le reproche très grave de rester à des prix inabordables.

Tous les fabricants d'Aubusson s'ingéniaient à rivaliser avec les tapisseries des Gobelins ou de la Savonnerie; nul ne songeait à mettre les tapis à la portée du plus grand nombre et à réduire les prix d'une manière raisonnable. Ce mercantilisme excitait le plus vif mécontentement : on citait, entre autres pays, l'Angleterre où de nombreuses manufactures fabriquaient, pour toutes les classes, des produits solides et modérés de prix. Les journaux répétaient à l'envi qu'un tapis de 120 mètres carrés acheté à Smyrne ne coûtait que 200 francs, alors qu'à Aubusson on l'eut payé dix fois plus cher.

Les maisons françaises restaient sourdes à tous les reproches, elles se trouvaient protégées contre les dangers de l'importation par un tarif de douanes très élevé, et cette situation privilégiée leur permettait de ne tenir aucun compte des justes observations qu'on leur adressait de tous côtés : rassurés contre toute concurrence possible, les fabricants continuaient tranquillement leur commerce, sans autre but que de s'enrichir, en confectionnant, toutefois, et c'était là leur seule excuse, de superbes articles.

La production ne dépassait pas 8,000,000 fr. et restait stationnaire au milieu du mouvement ascensionnel constaté dans les autres industries. Il fallait faire comprendre aux manufacturiers en tapis qu'ils suivaient une voie d'autant plus dangereuse qu'à un moment donné le Gouvernement pouvait supprimer les tarifs qui les protégeaient au grand détriment des intérêts de la nation lésée par une conduite si peu en harmonie avec les idées modernes.

La fabrication du tulle s'élevait à 10,000,000 fr., les dentelles de coton répandues dans tout le territoire, faisaient le plus grand tort aux dentelles de prix dont la consommation restait réservée aux grandes fortunes. La variété des dessins, la légèreté des tissus employés par les fabricants de coton faisaient disparaître la différence notable qui existait entre ces deux produits et donnaient un désavantage marqué aux vraies dentelles distinguées seulement des autres par une matière première plus fine et un travail manuel très soigné, que la mode n'appréciait plus à leur juste valeur.

Les industries métallurgiques, présentaient, comme aux Expositions précédentes, de grandes inégalités, compensées par de sérieux progrès dans les branches les plus importantes. On comptait en France 39 concessions de gîte de plomb, mais sur ce nombre 36 étaient inexploitées, et trois établissements, en tout, fournissaient 30,000 francs de produits : Vialas (Lozère), Poullaouen (Finistère), Pontgibaud (Puy-de-Dôme). La France recevait de l'étranger plus de 18,000 tonnes valant 7,500,000 francs. La même inertie se manifestait pour le zinc qui, nulle part, n'avait de mine en activité.

La production du fer était de 399,456 tonnes. La fonte au combustible minéral gagnait du terrain, mais les pays pourvus de minerai n'avaient pas la houille et se trouvaient dans l'obligation de la faire venir à grands frais, les voies de transport économique, tels que les chemins de fer, les canaux, manquaient encore pour faire les échanges nécessaires.

L'Angleterre, à ce point de vue, était exceptionnellement favorisée, les hauts-fourneaux s'élevaient à côté de mines de charbon inépuisables, et ce voisinage heureux diminuait considérablement les dépenses ; nos usines n'avaient des charbonnages importants à proximité que dans les départements de la Loire et de Saône-et-Loire.

Le département du Nord, où les conditions pour fonder de grands établissements métallurgiques semblaient meilleures à cause des bancs houillers d'Anzin qui s'étendaient sur tout son territoire, possédait quelques agglomérations ouvrières importantes, telles que : Denain, Hautmont, Maubeuge, Landrecies, Lille, etc..., la création du réseau du chemin de fer du Nord allait faire de cette région, déjà si prospère par son initiative et sa supériorité dans les branches agricoles et manufacturières, un des centres les plus actifs de l'industrie du fer et de l'acier.

La France produisait une grande variété d'acier, mais, comme acier naturel, nous étions inférieurs à l'Allemagne, comme acier fondu inférieurs à l'Angleterre. Nos aciers cémentés avaient fait de grands progrès sans toutefois parvenir à égaler ceux des Anglais. Les aciers du Dauphiné mélangés avec des fers cémentés de Suède pouvaient atteindre la supériorité des produits prussiens ; quant à la concurrence anglaise il fallait, pour la vaincre, acheter comme elle, aux meilleures maisons de Suède. Le problème à résoudre était de fabriquer avec nos fers de l'acier fondu d'aussi bonne qualité que celui qu'on obtenait avec les fers fondus de Suède ; nos ingénieurs devaient poursuivre la solution de cette difficulté sérieuse qui nuisait au développement des industries dans lesquelles la qualité de l'acier jouait un rôle prépondérant.

La quincaillerie, inconnue en France, avant le commencement du siècle, où l'on était obligé de faire venir de l'étranger des ouvriers pour établir tous ces menus objets, avait enfin vaincu les préventions si longtemps entretenues contre les produits français ; vis à bois, boulons, charnières, fers battus, etc. se fabriquaient en telle quantité qu'ils atteignaient la somme de 100,000,000 fr. et s'exportaient partout où les douanes n'y mettaient pas obstacle. Les Coulaux, Migeon, et, en première ligne, les Japy pouvaient à juste titre se considérer comme les créateurs de la quincaillerie française par les ingénieux mécanismes dont ils avaient su doter sa fabrication.

Les instruments agricoles, tels que : charrues, extirpateurs, scarificateurs, semoirs, concasseurs, hâche-paille, machines à battre, se multipliaient avec une rapidité de bonne augure pour l'avenir ; nous tenions le premier rang après l'Angleterre, qui nous dépassait de toute la supériorité de son outillage ; il nous restait beaucoup à faire pour l'atteindre, mais il fallait s'estimer heureux de constater dans les campagnes l'intérêt qu'on paraissait prendre peu à peu à ces inventions si utiles et si dédaignées autrefois. On estimait le nombre des charrues fonctionnant en France à 1,000,000.

Il y avait unanimité parmi les visiteurs de l'Exposition au sujet des progrès incontestables de la mécanique appliquée. On admirait cette nombreuse collection de machines à vapeur de toutes dimensions, ces machines-outils secondant les efforts de l'intelligence, et accomplissant leur travail avec une régularité mathématique. On regardait avec étonnement le marteau-pilon du Creusot, mû par la vapeur et d'une telle précision de mouvement qu'un ouvrier racontait l'avoir vu essayer en cassant des noisettes.

La construction des chemins de fer avançait très lentement ; la question des tracés soulevait, de la part des intérêts excités, les plus ardentes convoitises ; les différents partis qui divisaient la Chambre se disputaient avec acharnement les lignes ferrées dont ils comptaient se faire une réclame électorale, pendant que le pays attendait avec impatience ces railways tant promis et tant vantés. Depuis 1839, on n'avait achevé et livré que 711 kilomètres ainsi décomposés :

De Paris à Versailles (r. d.) . . . .   23 kilomètres.
De   —   —   (r. g.)   17   —
De   —   à Orléans   130   —
De   —   à Rouen   136   —
De Montpellier à Cette   27   —
De Bordeaux à la Teste   52   —
De Beaucaire à la Grand-Combe, par Nîmes . .   88   —
De Strasbourg à Mulhouse, Thann, Bâle . . .   159   —
De Lille à la frontière belge   14   —
De Valenciennes à la frontière belge   13   —
De Nîmes à Montpellier   52   —

Les études des ingénieurs embrassaient le réseau des grandes communications avec les points extrêmes du territoire français, elles témoignaient d'une connaissance approfondie des règles du génie civil ; toutes les difficultés naturelles étaient heureusement évitées ou écartées par les Flachat, Didion, Perdonnet, etc..., et toute une pléïade d'ingénieurs qui brûlaient de doter le pays de voies rapides et directes retardées dans leur exécution par des obstacles administratifs et financiers.

Il était indispensable, avant de songer à créer ce vaste ensemble de voies ferrées, d'établir la législation sur une matière aussi nouvelle. Il fallait déterminer d'une manière précise le rôle de l'Etat et celui de l'industrie privée au point de vue de la construction et de l'exploitation.

Pendant longtemps on avait discuté la question de savoir qui devait tenter l'entreprise. La loi enfin votée le 11 Juin 1842 consacrait un système intermédiaire en partageant la charge entre l'Etat, les départements, les communes et l'industrie privée. On pouvait espérer, maintenant qu'aucune difficulté ne viendrait arrêter l'établissement à bref délai de

chemins de fer étudiés et préparés par les plus grandes autorités en matière de travaux publics.

Les chemins de fer français comptaient 204 locomotives dont moitié
d'origine étrangère. Nos constructeurs n'obtenaient qu'une très faible
partie des fournitures, les compagnies préféraient s'adresser à l'Angleterre où cette industrie était plus ancienne et offrait plus de ressources
par suite du développement plus rapide et plus complet des voies ferrées.

Cette infériorité, purement imaginaire, ne s'appliquait qu'aux machines locomotives ; pour tous les autres mécanismes non-seulement nous
nous suffisions, mais l'étranger, et même l'Angleterre, étaient nos tributaires. La machine à cylindre pour le foulage des draps, inventée vers
1832, dans la Grande-Bretagne, par un sieur Dayer, n'y avait rencontré
que le dédain à cause des imperfections qu'elle présentait : introduite en
France par John Hale, Powels et Scott, en 1836, elle y fut améliorée à ce
point que les fabricants anglais étaient obligés de s'adresser à nos mécaniciens pour en avoir.

Les machines-outils nécessaires pour l'exécution des grands travaux
en locomotives, arbres de couche, et... avaient d'abord été répandues en
Angleterre : nos fabricants allaient s'y approvisionner de tous ces outils
qu'ils trouvaient à très bon compte. Depuis 1839, de grands efforts tentés
par certains industriels avaient amené ce résultat qu'à l'exception de
quelques spécialités, on rencontrait chez nos constructeurs, avec des
perfectionnements dus à leur esprit ingénieux, tous les instruments
nécessaires.

M. Cochot pour la Seine, M. Gâche pour le Rhin, MM. Schneider
frères pour le Rhône et la Saône construisaient des bateaux à vapeur dont
les qualités convenaient parfaitement aux conditions différentes de chacun
de ces fleuves. Le Gouvernement, imitant l'exemple de l'Angleterre, allait
installer un service transatlantique à vapeur ; il s'agissait d'agrandir les
proportions des navires suffisamment pour leur donner le charbon nécessaire à la route, en laissant une place pour les voyageurs et les marchandises. Trois mécaniciens, Cavé de Paris, Schneider du Creusot, Hallette
d'Arras, travaillaient à ces transformations ; la marine militaire, de son
côté, s'occupait de changer les bâtiments de l'Etat en navires mixtes,
voiles et vapeur ; la chose était en expérience à Lorient, sur la frégate la
Pomone.

L'usine du Creusot, depuis la dernière Exposition, avait pris de nouveaux développements, elle occupait 3,000 ouvriers, un chemin de fer la
reliait au canal du Centre, enfin, elle obtenait au concours actuel le plus
grand succès de curiosité et d'admiration par son marteau-pilon à vapeur

dont la construction flattait l'amour-propre national. Cet établissement, déjà hors ligne, avait fait, en cinq années, des mécanismes pour une force de 3,950 chevaux.

Un progrès immense venait d'être réalisé dans la navigation par la substitution de l'eau de mer distillée à l'eau douce dont on était forcé de remplir la cale pour les longs voyages. Les expériences les plus concluantes avaient été faites sur les navires de l'Etat, et, malgré la routine et les préventions, les navires du commerce commençaient à faire usage des appareils.

On étudiait aussi les moyens de rendre les bateaux insubmersibles en faisant usage de coffres à air, de corps plus légers que l'eau installés dans l'intérieur du bateau. Les armateurs accueillaient avec la plus grande faveur les nouvelles voiles fabriquées en toile de lin filé à la mécanique et destinées à remplacer le chanvre. Ils s'accordaient à trouver les toiles de lin plus souples, plus régulières, d'une résistance plus grande à la mer. L'expérience restait à faire pour la marine de l'Etat. En présence de ce discrédit, les filateurs de chanvre essayaient de réagir par le filage à la mécanique, mais la question de supériorité restait encore en suspens. Dans l'industrie des cordages on tentait aussi de remplacer la main-d'œuvre par les machines.

L'industrie parisienne des meubles était représentée à l'Exposition par ses fabricants les plus renommés ; il y avait même dans les objets envoyés une exagération de qualité qui pouvait donner de cette industrie la plus fausse idée. Nombre d'ébénistes n'avaient point saisi le véritable esprit du concours auquel ils étaient conviés ; on admirait un bahut sculpté de 4,000 fr., un lit historié de 2,700 fr., un splendide buffet de 8,000 fr., un bureau en marqueterie, dessiné, composé, mosaïqué par Lund, valant 8,000 fr.

Toutes ces merveilles attestaient le bon goût, l'art des fabricants parisiens, mais aucun d'eux ne jugeait à propos de faire connaître sa fabrication ordinaire, aucun ne montrait les meubles qui constituaient les principaux éléments de son commerce courant ; entre les objets d'art et les meubles de bois blanc ou de noyer des ménages d'ouvrier, il se trouvait pourtant un milieu qui formait le véritable intérêt de l'industrie. Les Expositions ne devaient point dégénérer en bazar, mais il fallait

	1838	1842
Construction de bateaux à vapeur	160	229
Tonneaux	7.493	11.856
Nombre de voyageurs	1.418.189	2.515.691
— de tonneaux	274.808	996.826

aussi éviter l'écueil de les métamorphoser en musée. Tous les styles, depuis l'art égyptien jusqu'au rococo du siècle dernier, s'étalaient aux regards des visiteurs, à défaut d'originalité, on reconnaissait dans tous ces articles une pureté de dessin et d'imitation remarquables.

La musique débordait de tous côtés avec : 136 pianos, 89 instruments à cordes et à archet, 15 harpes, 12 guitares, 52 instruments à vent en cuivre, 87 instruments à vent en bois, 13 orgues, soit un total de 391 instruments qui déchaînaient, à certains moments, sur le public un ouragan de mélodie qui tournait à la cacophonie. Le Gouvernement avait négligé, bien à tort, dans sa nomenclature restrictive des objets mis à l'index, de prescrire aux Jurys départementaux la plus grande réserve concernant la musique. Il est hors de doute que dans ce nombre prodigieux d'instruments, la plupart n'apportaient aucun perfectionnement qui leur méritât l'admission et qu'ils s'attribuaient une place prise à d'autres industries plus intéressantes.

L'arquebuserie comptait 48 exposants ; parmi lesquels MM. Albert Bernard, Léopold Bernard, Gastinne-Rennette, dont les dispositions habiles avaient considérablement augmenté la résistance des canons de fusil. M. le duc de Luynes rapportait d'un voyage en Orient les procédés de fabrication des lames damassées, et venait de dévoiler, sans hésitation, à nos armuriers les opérations métallurgiques nécessaires.

La chimie, dans ses expériences analytiques, avait découvert que le carbure d'hydrogène formait le principe de l'éclairage et qu'il pouvait se tirer des sources les plus différentes, matières schisteuses, résines, alcools, bois, goudrons, etc... le système de lampe à gaz exposé cette année constituait une nouveauté basée sur ce principe.

L'alimentation se faisait par la capillarité d'une mèche de coton qui élevait le liquide vers la partie supérieure du bec où il se volatilisait par la chaleur de la flamme.

Le problème qui consistait à emprunter à la flamme pour la conduire au liquide le calorique nécessaire à sa volatilisation, à bien disposer les ouvertures d'échappement et la forme de la cheminée, enfin à se donner des moyens sûrs de modérer la flamme et de l'éteindre, était résolu de la façon la plus satisfaisante.

La fabrication du gaz s'était beaucoup accrue depuis 1839 ; il y avait 25,000 becs de plus ; des résidus de goudron de houille on tirait le brai pour confectionner des briquettes de houille pulvérisée.

La consommation de bougie stéarique, en dix ans, s'était accrue de 2,000,000 kilogr. 90 féculeries, répandues dans 34 départements, produi-

saient 20,000,000 kil. de fécule de pommes de terre dont la valeur, à 25 fr.
les 100 kilog., montait à 500,000 fr. La récolte de ce précieux tubercule
était de 48,000,000 hectolitres, alors qu'elle ne dépassait pas 29,000,000
hectolitres en 1814.

Les temps étaient loin où Parmentier, pour acclimater la pomme de
terre, avait dû vaincre les préjugés les plus ridicules et les plus enracinés.
On répétait alors que la pomme de terre allait faire dégénérer l'espèce
humaine, l'affaiblir, lui donner la lèpre, qu'elle constituait tout au plus
une nourriture de pauvres, enfin, comme argument plus grave, on
prétendait que ce tubercule épuiserait les terrains fertiles et ne pourrait
réussir dans de médiocres.

Voilà les bruits qui couraient au siècle dernier et qui paralysaient
tous les efforts des philanthropes. Comme réponse, Parmentier planta en
pommes de terre cinquante arpents de la plaine des Sablons, qui produisirent une superbe récolte ; depuis, il avait été égalemement reconnu que
la pomme de terre constituait l'un des meilleurs produits alternes des bons
assolements.

Les produits chimiques, couleurs, vernis, réunissaient, pour Paris
seulement, près de 150 exposants.

La valeur de l'argent employé dans la bijouterie, orfèvrerie, joaillerie,
était de 26,715,924 fr. qui, par le travail, se doublait et montait à
53,431,848 fr.

Le plaqué produisait 8,000,000 fr. avec 2,000 ouvriers ; l'exportation
avait sensiblement diminué, mais la consommation intérieure s'était
accrue. Cette industrie, ancienne déjà en France, venait d'Angleterre où
Thomas Bolsover, de Sheffield l'avait inventée en 1742 pour faire des
boutons et des tabatières ; après lui Joseph Haucoke, coutelier de la même
ville, trouva sa véritable voie en entreprenant l'imitation de la vaisselle
plate. En France, vers 1785, Louis XVI encourageait, par une commande
de 100,000 livres tournois une première manufacture fondée dans l'hôtel
de Pomponne.

Le maillechort, alliage de nickel, de cuivre et de zinc, datait de
25 ans, Paris seul en fabriquait pour 400,000 fr. alors qu'en 1834 la France
entière n'en faisait que pour 100,000 fr.

La supériorité de notre patrie dans l'industrie des bronzes était incontestable, les objets les plus remarquables sortaient des ateliers parisiens
pour porter dans toute l'Europe la réputation de bon goût des artistes
français ; mais à côté de ces produits réservés en quelque sorte aux classes
riches, il y avait la fabrication courante qui était loin de mériter les
mêmes éloges : peu de fabricants savaient conserver dans le bon marché

les traditions sévères de l'art le plus pur ; on pouvait leur adresser comme aux ébénistes du faubourg Saint-Antoine, le reproche de mettre trop de soin ou de laisser aller dans leurs articles, en négligeant, volontairement, de contenter la clientèle moyenne qui n'avait le choix qu'entre des produits trop chers ou trop médiocres.

Le cuivre estampé verni prenait depuis cinq ans un grand développement ; des théâtres, de grands édifices publics adoptaient cette décoration qui avait la faculté de se déplacer facilement, sans l'inconvénient des dorures que la lumière du gaz noircissait si rapidement.

La bijouterie de deuil occupait, à Paris, dans 40 maisons, 400 ouvriers en atelier, et au moins autant au dehors. Ces fabriques nous affranchissaient du tribut que l'on payait à Berlin pour cet article et exportaient la plus grande partie de leur travail. Trois maisons de Marseille, avec 350 ouvriers, travaillaient, 6,654 kil. de corail brut, réduit à 2,352 kil. par le travail, et représentant 1,470,000 fr. dont les 2/3 passaient à l'étranger.

La daguerréotypie faisait sa première apparition aux expositions, car en 1839 elle n'était pas encore connue du public. La découverte de Daguerre, bien incomplète, rencontrait sur son chemin l'hostilité et la défiance. On voulait bien lui reconnaître la faculté de reproduire avec une netteté et une précision incomparables les objets inanimés, mais on lui refusait le droit d'entrer en lutte avec la peinture pour représenter les êtres vivants.

Jusqu'alors les essais de portraits n'avaient qu'imparfaitement réussi ; l'image, souvent trop noire, ne permettait pas de distinguer les traits, les plaques blanchissaient et le visage disparaissait au milieu du miroitement ; ces défauts inhérents à une invention toute récente, lui nuisaient beaucoup auprès des esprits timorés et incapables d'en comprendre l'immense portée.

Les procédés d'électro-chimie de Ruolz et Elkington, exploités par Christofle et Cⁱᵉ, étaient plus heureux et jouissaient d'une vogue qu'ils méritaient du reste. La dorure et l'argenture à la pile ouvraient à l'industrie un horizon nouveau, en même temps qu'elles préservaient des milliers d'ouvriers du danger d'émanations empoisonnées.

Le moulage venait de s'enrichir d'un moyen nouveau par l'emploi de la gélatine dont l'application était tellement exacte qu'on nommait ce nouveau procédé le moulage daguerréotypé.

Exportation des éventails en 1844. . . . . 5.000.000 Fr.

Par la connaissance du secret de la fabrication des verres de Bohême, la verrerie, déjà si avancée, s'était enrichie d'une branche inconnue en France ; l'Exposition comptait une quantité de vases, gobelets, de toutes formes, de toutes couleurs, gravés, taillés. La verrerie de Choisy se signalait par l'imitation des verres de Venise, délicats et légers comme de la mousseline.

Dans toutes les salles le public s'arrêtait devant mille autres objets, utiles ou frivoles, échantillons de l'industrie parisienne, tels que : tabletterie, moulures, paravents, stores, écrans, nécessaires, cadres, cravaches, cannes, découpures, reliure, sellerie, vannerie, carrosserie, etc....., qui excitaient la curiosité un peu superficielle des visiteurs.

Les exposants, qui pour la plupart ne s'étaient installés qu'au milieu du mois de mai, signèrent une pétition pour demander la prolongation du concours, mais le gouvernement ne voulut pas, comme en 1839, se trouver dans l'obligation de payer aux entrepreneurs une indemnité ; la clôture resta fixée suivant les termes de l'ordonnance du 3 Septembre 1843, an 30 Juin courant ; les portes fermées, les produits restèrent pendant huit jours encore dans les galeries afin que le Jury eût le temps de terminer son examen.

Ce fut le 25 Juillet que fût arrêtée la liste des récompenses. Le Jury avait consacré 31 séances à l'examen des objets exposés. Les journaux, à ce sujet, tout en rendant justice à la compétence du Jury, faisaient remarquer qu'il leur paraissait impossible, en deux mois, d'étudier avec soin chacun des objets exposés et de peser avec maturité les titres des candidats aux récompenses. Ils conseillaient au Gouvernement, pour l'avenir, de porter à trois mois la durée des expositions et d'en fixer l'époque vers Août au moment où les fabricants de province avaient l'habitude de venir à Paris traiter les affaires d'hiver. Ce changement leur éviterait le désagrément de quitter leurs usines alors que le travail y était en pleine activité et nécessitait leur présence.

	1834	1840	1841	1842
Exportation des papiers	11.000.000 Fr.	19.000.000 Fr.	21.200.000 Fr.	19.000.000 Fr.

	1844
Exportation des gants	6.125.000 Fr.
Id. des fleurs artificielles	2.000.000
Id. cannes, parapluies.	1.500.000

Saint-Gobain. — 650 ouvriers.	3.000.000 Fr.
Saint-Quirin. — 2.000 ouvriers	4.000.000
Baccarat. — 1.000 ouvriers.	3.000.000
Cuirs, Vernis. — Chiffres d'affaires de la maison Nys	3.000.000
Cuirs. — Chiffres d'aff. de la maison Plummer-Donnet, de Pont-Audemer	2.500.000

Les membres du Jury eux-mêmes, bien qu'en s'acquittant consciencieusement de la tâche lourde et ingrate qu'on leur avait confiée, reconnaissaient la justesse de ces observations, et affirmaient qu'un laps de temps aussi court était tout-à-fait insuffisant pour juger un nombre de produits aussi considérable. Le Gouvernement devait tenir compte d'une opinion aussi unanime, et apporter au règlement des Expositions des réformes jugées indispensables.

Le nombre des récompenses accordées s'élevait à 1,700.

Médailles d'or	126
Rappel de médailles d'or	142
Médailles d'argent	428
Rappel de médailles d'argent	177
Médailles de bronze	687
Rappel de médailles de bronze	140

Le Roi, à la séance solennelle de distribution des récompenses qui eut lieu le 25 Juillet, accorda 31 décorations de la Légion d'honneur. On fit la remarque qu'eu égard au nombre des médailles, celui des croix d'honneur était fort restreint, et tous les journaux s'étonnèrent que le Gouvernement n'eût donné qu'une demi-satisfaction à l'opinion publique en se contentant d'attribuer une médaille d'or à Philippe de Girard qui méritait au moins la décoration.

RÉCOMPENSES

Liste Officielle des Médailles d'Or & des Rappels de Médailles
ACCORDÉS A LA SUITE DE L'EXPOSITION

Laines, Draps, Châles, Etoffes

Rappel. — PRÉVOST, Paris.
— CAMU fils et CROUTELLE, Reims.
— LUCAS frères, id.
— BIÉTRY, Villepreux.
— JOURDAIN et fils (Louviers).
— DANNET et Cie, id.
— POITEVIN et fils, Louviers.
— BACOT (Paul) et fils, Sedan.
— BACOT (Frédéric) et fils, Sedan
— BERTÈCHE et CHESNOU, id.
— RANDOING, Abbeville.
— CHEFDRUE et CHAUVREULX, Elbeuf.
— Louis-Robert FLAVIGNY, Elbeuf.
— Charles FLAVIGNY, Elbeuf.
— Théodore CHENNEVIÈRE, Elbeuf.
— MURET DE BORT, Indre.
— BADIN, LAMBERT et Cie, (Isère).
— EGGLY, ROUX et Cie, Paris.
— AUBER et Cie, Rouen.
— CLÉREMBAULT, Alençon.
— HENRIOT frères et Cie, Reims.
— HENRIOT fils et DRIEN, id.
— DEBUCHY, Lille.
— DELATTRE, Roubaix.
— Frédéric HÉBERT, Paris.
— GAUSSEN et Cie, Paris.
— GAUSSEN et MAUBERNARD, Paris.

— HEUZEY et MARCEL, Paris.
— ARNOULD, Paris.
— FORTIER, id.
— GRILLET aîné, Lyon.
— CURNIERet Cie, Nîmes.
Médailles.— GODIN aîné (Côte-d'Or).
— TRANCHARD - FROMENT (Ardennes).
— BERTHERAND, SUTAINE et Cie, Reims.
— Antoine ROUSSELET, Sedan.
— Adolphe RENARD, Louviers.
— Delphis CHENNEVIÈRE, Louviers.
— DUMOR-MASSON, Elbeuf.
— CHARVET, Elbeuf.
— DURÉCU, id.
— ARROUX, id.
— BEUCK et Cie (Haut-Rhin).
— HOULÈS père et fils, Tarn.
— MORIN et Cie, Drôme.
— GERMAIN, THIBAUT et CHABERT, Paris.
— DAUPHINOT-PÉRARD, Reims.
— COCHETEUX, Roubaix.
— Vve LEFEBVRE - DUCATTEAU, Roubaix.
— TERNYNCK frères, Roubaix.
— DUCHÉ aîné, Paris.
— DEVEZE fils et Cie, Nîmes.

Soie, Soieries

Rappel. — Louis CHAMBON (Gard).

—	LANGEVIN et Cⁱᵉ (Seine-et-Oise)
—	TEISSIER-DUCROS (Gard).
—	OLLAT et DESVERNAY, Lyon.
—	YEMENIZ, id.
—	GRAND frères, id.
...	MATHEVON et BOUVARD, id.
—	LEMIRE et fils Lyon, id.
—	POTTON et CROZIER, id.
—	GODEMAR et MEYNIER, id.
—	FAURE (Etienne), St-Etienne.
—	VIGNAT-CHOVET, id.
—	THOMAS frères, Avignon.
—	MASSING frères et Cⁱᵉ,(Moselle).

Médailles. — BLANCHON (Ardèche),
— MEYNARD (Vaucluse).
— AIGOIN - DELARBRE et Cⁱᵉ (Hérault).
— Claude-Joseph BONNET, Lyon.
— TEILLARD,   id.
— HECKEL aîné,   id.
— Louis GIRARD, neveu, id.
— Paul EYMARD et Cⁱᵉ,   id.
— CINIER,   id.
— ROBICHON et Cⁱᵉ, St-Etienne.
— BALAY,   id.
— SCHMALTZ et THIBER (Moselle)
— MEAUZÉ-CARTIER, Tours.
— LAURET frères (Hérault).

Coton, Tissus

Rappel. — VANTROYEN et MALLET, Lille.
— Cox et Cⁱᵉ, Lille.
— Nicolas SCHLUMBERGER et Cⁱᵉ (Haut-Rhin).
— HERZOG (Haut-Rhin).
... FAUQUET-LEMAITRE, Bolbec.
— GROS-ODIER, ROMAN et Cⁱᵉ (Haut-Rhin).
— DOLLFUS MIEG et Cⁱᵉ (Mulhouse).

Médailles. — PICQUOT-DESCHAMPS, Rouen.
— Henry HOFER et Cⁱᵉ (Haut-Rhin).

Lin, Chanvre

Rappel. — FERAY et Cⁱᵉ, Essonne.
— FAUQUET-LEMAITRE, Bolbec.
— FERAY, Essonne.
— SCHLUMBERGER (Nicolas) (Haut-Rhin).

Médailles. — SCRIVE frères, Lille.
— Société anonyme, Amiens.
— LELIÈVRE et Cⁱᵉ (Nord).
— MALO-DICKSON et Cⁱᵉ (Nord).

Etoffes imprimées

Rappel. — DOLLFUS-MIEG et Cⁱᵉ (Haut-Rhin).
— GROS-ODIER, ROMAN et Cⁱᵉ (Haut-Rhin).
— KŒCHLIN frères (Haut-Rhin).
— SCHLUMBERGER - KŒCHLIN (Haut-Rhin).
— JAPUIS frères (Seine - et - Marne).
— GIRARD et Cⁱᵉ (Seine-Inférieure).
— DEPOUILLY et Cⁱᵉ, Puteaux.
— Paul GODEFROY, Saint-Denis.
— CARON-LANGLOIS fils, Beauvais.

Hors concours. — HARTMANN (Haut-Rhin).
— KETTINGER et fils (Seine-Inférieure).
— BARBET (Seine-Inférieure).

Médailles. — Jean SCHLUMBERGER et Cⁱᵉ (Haut-Rhin).
— PIMONT aîné, Rouen.

Tapis

Hors concours. — SALLANDROUZE, LA MORNAIX.

Rappel. — VAYSON, et Cⁱᵉ, Abbeville.

Médailles. — Emile CASTEL, Aubusson.
— Henri LAURENT (Somme).
— FLAISSIER frères, Nîmes.

Dentelles, gazes

Rappel. — CLÉREMBAULT (Orne).
— LEFEBURE et PETIT, Bayeux.
— HENNECART, Paris.

Non exposants. — Jean-Antoine ARNAUD, Lyon.
— ROUSSY, chef d'atelier, Lyon.

Marbres, ardoises

Médaille. — GERUZET (Hautes-Pyrénées).
— Société des Ardoisières d'Angers.

Métaux autres que le fer

Rappel. — Compagnie de Romilly (Eure).
— FRÉRÉJEAN (Isère).
— THIÉBAUT, Paris.
— SAINT-POL, id.
— FESTUGIÈRE frères (Dordogne)
— ROSWAG (Bas-Rhin).

Médailles. —Comte de PONTGIBAUD (Puy-
de-Dôme).
— CHRISTOFLE et C*, Paris.

Fer, Acier, Quincaillerie

Rappel. — FRÈREJEAN (Isère).
— FALATIEU et C* (Vosges).
— DE BUYER (Haute-Saône).
— MARTIN et C* (Allier).

Rappel. — JACKSON frères (Loire).
— BAUDRY, Athis.
— DEQUENNE fils (Nièvre).
— RUFFIÉ, Foix.
— COULAUX et C* (Bas-Rhin).
— MONMOUCEAU, Orléans.
— COULAUX et C* (Bas-Rhin).

Médailles. —BOIGUES et C* (Nièvre).
— Compagnie des Forges de
l'Aveyron.
— Comte d'ANDELARRE (Meuse).
— BOUGUERET et C* (Côte-d'Or).
— SERRET-LELIÈVRE et C*
(Nord).
— V* DE DIÉTRICH (Bas-Rhin).
— ANDRÉ, Val-d'Osne.
— MASSENET et JACKSON (Loire).
— JAPY frères (Haut-Rhin).

Non exposants. — THOMAS et LAURENS,
ingénieurs.

Coutellerie, Instrument de chirurgie

Rappel. — CHARRIÈRE, Paris.
Médaille. — SAMSON,   id.

Instruments aratoires

Rappel. — THOMAS et VALLERY, Paris.

Machines à vapeur. Locomotives, Mécanismes

Rappel. — CHAPELLE et C*, Paris.
— PHILIPPE,   id.
— CAZALIS, Saint-Quentin.
— PECQUEUR, Paris.
— STEHELIN frères (Haut-Rhin).
— Nicolas SCHLUMBERGER et C*,
(Haut-Rhin).
— PERROT, Vaugirard.
— SCRIVE frères, Lille.
— HACHE-BOURGOIS, Louviers.
— SAULNIER aîné, Paris.

Médailles. — CAVÉ, Paris.
— FARCOT, Paris.
— MEYER, Mulhouse.
— LEMAITRE, La Chapelle.
— MEYER et C*, Mulhouse.
— DURENNE, Paris.

— PIHET et C*, Paris.
— DECOSTER,   id.
— MIROUDE, Rouen.
— PIHET, Paris.
— CALLA,   id.
— DECOSTER, Paris.
— THONNELIER père, Paris.
— THÉNARD, ingénieur (Dor-
dogne).

Non exposant. — Philippe de GIRARD.

Navires à vapeur, Toiles

Médailles. — SCHNEIDER, Creusot.
— GACHE fils, Nantes.
— CAVE, Paris.
— MAZELINE frères, Le Hâvre.
— MALO-DICKSON et C* (Nord).

Instruments de précision

Rappel. — BERTHOUD, Argenteuil.
— BRÉGUET, Paris.
— MOTEL,   id.
— WINNERL id.
— BENOIST et C*, Versailles.
— JAPY frères (Haut-Rhin).
— PONS DE PAUL (Seine-Infé-
rieure).

Médailles. — ROBERT (Henri), Paris.
— WAGNER neveu, id.
— SCHWILGUÉ père, Strasbourg.
— FRANÇOIS jeune, Paris.
— LEPAUTE,   id.
— BRUNNER,   id.

Instruments de musique

Rappel. — Pierre ERARD, Paris.
— PLEYEL et C*, id.
— PAPE,   id.
— ROLLER et BLANCHET, Paris.

Médailles. — KRIEGELSTEIN,   id.
— BOISSELOT et fils, Marseille.
— Henri HERZ,   Paris.
— WOLFEL et LAURENT, id.
— VUILLAUME   id.
— RAOUX,   id.
— Henri HERZ,   id.
— CAVAILLÉ-COLL et fils, id.

Arquebuserie

Médailles. — DELVIGNE, Paris.

Produits chimiques, Couleurs

Rappel. — PRIEUR-APPERT, Paris.
— GUIMET, Lyon.
— RATTIER et GUIBAL, Paris.
— Mines de Bouxwiller.

— Veuve Bobée et Lemire, (Clichy).
— Roard et Cⁱᵉ, Clichy.
—, de Milly, Paris.
— de Richemont, Paris.
— Vidalin, Lyon.
— Malartic et Poncet, Courbevoie.

Médailles. — Balard, professeur, Paris.
— Kuhlmann, Lille.
— Lefebvre et Cⁱᵉ, Lille.
— Mouchot frères, Montrouge.
— Alcan, Paris.
— Dumont, id.
— Lagier, Avignon.
— Boutarel et Cⁱᵉ, Paris.
— Léveillé, Rouen.
— Duvoir-Leblanc, Paris.

Bijouterie, Orfèvrerie, Bronzes

Rappel. — Rudolphi, Paris.
— Odiot, Paris.
— Soyez-Ingé et Cⁱᵉ, Paris.
— Thomire et Cⁱᵉ, Paris.

Médailles. — Froment-Meurice, Paris.
— Morel et Cⁱᵉ, id.
— Lebrun, id.
— Eck et Durand, id.
— Christofle et Cⁱᵉ, id.
— Froment-Meurice, id.
— Morel et Cⁱᵉ, id.

Ebénisterie

Rappel. — Jacob Desmalter, Paris.
Médaille. — Grohé frères, id.

Imprimerie, Typographie, Papiers

Rappel. — Biesta-Laboulaye, Paris.
— Auber et Cⁱᵉ (Haut-Rhin).
— Blanchet et Kléber (Isère).
— Lacroix frères (Charente).
— Canson frères, Annonay.
— Papeterie du Marais (Seine-et-Marne).

— Delaplace (Meuse).
— Durandeau - Lacombe (Charente).
— Société d'Echarçon (Seine-et-Oise).

Médailles. — Legrand et Cⁱᵉ, Paris.
— Duverger, id.
— Best-Leloir et Cⁱᵉ, Paris.
— Delicourt, id.
— Lemercier, id.
— Couder, id.
— Callaud-Belisle (Charente)

Modèle anatomique

Rappel. — Docteur Auzoux, Paris.

Porcelaine, Verrerie

Rappel. — Utzschneider (Moselle).
— Lebeuf, Montereau.
— De Talmours, Paris.
— Discry, id.
— Saint-Gobain.
— Saint-Quirin.
— Baccarat.
— Baron de Klinglin (Meurthe).
— Bontemps et Cⁱᵉ, Choisy.
— Guinand, Paris.

Médailles. — Bougon, Chantilly.
— Rousseau, Paris.
— Hutter et Cⁱᵉ (Loire).

Cuirs, peaux

Rappel. — Bérenger-Roussel et Cⁱᵉ, paris.
— Durand-Chancerel, Paris.
— Ogereau, id.
— Nyss et Cⁱᵉ, id.
— Plummer (Eure).
— Fauler frères, Choisy.
— Dalican, Paris.

Médailles. — Peltereau frères (Indre-et-Loire).
— Delbut et Cⁱᵉ (Seine-et-Oise).
— Baudoin frères, Paris.

DÉCORATIONS DE LA LÉGION D'HONNEUR

DÉCERNÉES PAR S. M., SUR LA PROPOSITION DU JURY

ANDRÉ, fondeur au Val-d'Osne (Haute-Marne).

BACOT (Frédéric), fabricant de draps à Sedan.

BONNET (Claude-Joseph), fabricant de soieries à Lyon.

BONTEMPS, fabricant de verreries à Choisy-le-Roi.

BOURDON, directeur des forges et fonderies du Creuzot.

BOURKARDT, constructeur de machines à Guebwiller.

BURON, fabricant d'instruments d'optique à Paris.

CAIL, constructeur de machines   id.

CAMU fils, filateur de laine à Reims.

CHARRIÈRE, fabricant d'instruments de chirurgie à Paris.

CHENNEVIÈRE (Théodore), fabricant de draps à Elbeuf.

DEBUCHY, fabricant de tissus de lin, laine et coton, à Lille.

FAULER aîné, fabricant de maroquins à Choisy-le-Roi.

FAURE (Etienne), fabricant de rubans à Saint-Etienne.

FRÉREJEAN, maître de forges à Vienne (Isère).

GIRARD, imprimeur sur tissus à Rouen.

GODARD fils, fabricant de cristaux à Baccarat.

GRILLET aîné, fabricant de châles à Lyon.

GROS (Jacques), fabricant de tissus de coton à Wesserling (Haut-Rhin).

LACROIX (Jean-Justin), fabricant de papiers à Angoulême.

LEFEBVRE (Théodore), fabricant de céruse aux Moulins-lès-Lille.

LEMIRE, fabricant de produits chimiques à Choisy-le-Roi.

MASSENET, fabricant d'acier et de faux à Saint-Etienne.

MILLIET, fabricant de porcelaine à Montereau (Seine-et-Marne).

OGEREAU, tanneur à Paris.

PECQUEUR, constructeur de machines à Paris.

ROLLER, facteur de pianos   id.

ROSWAG (Augustin), fabricant de toiles métalliques à Schlestadt.

SCHATTENNMAN, directeur de la Cⁱᵉ des mines de Bouxwiller (Bas-Rhin).

THÉNARD, ingénieur en chef des Ponts-et-Chaussées, à Abzac (Gironde)

WINNERL, fabricant d'horlogerie, à Paris.

RÉSUMÉ

—◦◦◦◦—

Cette Exposition de 1844 clôt la série des Expositions du règne de Louis-Philippe ; la dernière réunion exclusivement française (elle ne fut pas universelle à cause des événements qui venaient de bouleverser la France et agitaient encore le pays, car le principe d'un appel aux autres nations manufacturières posé hardiment en 1844, avait peu à peu conquis tous les suffrages intéressés), eut lieu en 1849, trois ans après la chute de la branche cadette des Bourbons.

De 1830 à 1848 l'industrie, profitant des études et des tâtonnements de la période précédente, se lance hardiment dans la voie du progrès ; nos ingénieurs, puisant à l'école polytechnique l'enseignement théorique le plus étendu portent dans toutes les branches leur esprit d'investigation et de recherche. L'étude approfondie des forces naturelles mécaniques amène leur application immédiate et raisonnée aux besoins industriels.

La locomotive due au génie de Stephenson, incomplète, reçoit de Seguin le perfectionnement qui lui ouvre l'avenir le plus immense. Les chemins de fer sont tracés à travers les plaines, franchissant les montagnes, les fleuves, par des ouvrages d'art, passant à travers tous les obstacles, reliant entr'eux les grands centres de production et doublant l'activité humaine par la rapidité des communications. Epoque d'expansion qui précède et fait entrevoir l'épanouissement merveilleux de l'industrie actuelle, en amenant à sa suite, comme ombre au tableau, les redoutables questions d'économie sociale qui s'y rattachent.

————⊂◦◦◦⊃————

M.   MAME

M. Henry-Amand-Alfred MAME, né à Tours le 17 août 1811, est, depuis 1845, le chef de la maison créée vers la fin du siècle dernier et qui doit à son directeur actuel la place considérable qu'elle occupe dans l'industrie.

M. MAME, qui avait débuté, en 1833, avec son beau-frère, devint seul propriétaire de l'établissement en 1845, et c'est alors qu'il commença l'exécution d'un plan, mûri par lui depuis plusieurs années, de former une maison modèle réunissant tout ce qui concerne l'imprimerie et la librairie depuis la fonderie de caractères jusqu'à la reliure.

L'entreprise était audacieuse, mais M. MAME sut apporter dans la réalisation de ce projet une telle prudence, une telle circonspection, que les événements de 1848 qui vinrent le surprendre dans cette période de création ne purent ébranler ni son crédit ni sa confiance, à côté des misères et des chômages des autres métiers.

Lorsqu'à l'Exposition de 1849 il présenta ses remarquables produits, une médaille d'or et la croix de chevalier de la Légion d'honneur vinrent attester ses mérites.

En 1855, nouveau succès, plus important encore, à cause de la présence de rivaux étrangers : la grande médaille d'honneur avec cette mention spéciale flatteuse :

« Perfection hors ligne, due à l'art, au goût, à la science, au travail, il a rendu, « par la réduction de ses prix, ses produits plus accessibles à une consommation plus « générale. »

M. MAME dut, en présence de la prospérité croissante de son œuvre, agrandir ses ateliers en 1859 et appeler son fils Paul, alors âgé de 25 ans, à partager avec lui la responsabilité de la direction de cette vaste entreprise.

En 1867, la maison MAME reçut la plus haute distinction : le grand prix ainsi que le prix de 10,000 fr. réservé aux établissements modèles où règnent, au plus haut degré, l'harmonie sociale et le bien-être des ouvriers.

MM. MAME ont soutenu à Vienne, après nos désastres, leur réputation hors ligne : la croix de Commandeur de la Légion d'honneur accordée, en 1874, par le Gouvernement français à M. Alfred MAME qui était membre du Jury, la croix de Chevalier décernée en 1870 à M. Paul MAME, sont venues consacrer la haute situation industrielle conquise par leurs efforts et leur direction intelligente.

Leur maison de Tours, qui compte un personnel de 1,000 ouvriers, ateliers d'imprimerie et de reliure, plus 1,500 occupés au dehors, est le type le plus parfait des grands établissements qui cherchent à allier le bien-être de leurs employés avec une organisation bien entendue.

Chaque service est placé sous la direction d'un chef spécial assisté de contre-maîtres. Les ateliers vastes, larges, ont de l'air et de l'espace, ils sont tenus avec une propreté minutieuse et entourés de jardins. Les machines d'impression les plus nouvelles, les procédés les plus récents sont adoptés, après un examen attentif de leurs résultats, pour tenir en haleine une production qui ne peut être évaluée à moins de 20,000 volumes par jour, soit 6 millions par an.

Le caractère particulier de la maison MAME est cette variété, cette perfection de travail qui donne ces ouvrages célèbres en typographie tels que : *les Jardins, la Touraine, la Bible, les Chefs-d'œuvre de la Langue française au XVII° siècle, le Saint-Louis*, de Wallon, *la Sainte-Elisabeth*, de Montalembert, *le Charlemagne*, de Vétault, honoré du prix Gobert de 10,000 francs, splendides éditions illustrés par les premiers artistes, et à côté ces in-8°, in-18°, in-32°, à des prix incroyables : 0,80 cent., 0,25 cent., 0,10 cent. cartonnés. livres de piété, d'éducation, de sciences qui se débitent à 100,000 et 150,000 exemplaires.

MM. MAME créant, au centre de la France, un établissement modèle, ont voulu intéresser leurs ouvriers au moyen d'une participation basée sur le chiffre d'affaires. Cette initiative, fort appréciable, car elle a pour avantage de supprimer, chez eux, la question sociale, mérite une mention particulière et fait honneur à ces grands industriels dont la ville de Tours et le pays peuvent être fiers à juste titre.

FONDATIONS : Cité ouvrière, Société de secours, Caisse de retraite, Asile, Crèche, Ouvroir, etc.

M. Léopold BERNARD

de Paris

Apporter dans l'outillage de la canonnerie des améliorations importantes, des
perfectionnements essentiellement utiles et
obtenir ainsi une fabrication irréprochable
et sans rivale ; telle fut la préoccupation
constante de Léopold BERNARD.

Un travail opiniâtre de 35 années lui fit
atteindre ce but de toute la vie, mais lui-
même put rappeler en différentes circonstances, combien furent longs et pénibles
les commencements de son industrie.

Ce fut en 1835 que Léopold BERNARD prit
la direction de l'usine de canonnerie fondée
par son père quatorze ans avant. Il avait
alors 27 ans.

Dès 1839 il exposa des canons en damas
fer et acier, dont la fabrication reconnue
supérieure lui valut une médaille de
bronze.

Bientôt, à l'action irrégulière de la lime,
il substitua celle du tour à chariot et assura ainsi l'égalité d'épaisseur des parois
et la solidité des canons.

Ceux qu'il exposa en 1844 et 1849, fabriqués par ce nouveau procédé, furent jugés
dignes d'une préférence marquée et lui
firent décerner, chaque fois, une médaille
d'argent.

Léopold BERNARD, incomplétement satisfait d'un tel résultat, voulut arriver à
une perfection plus grande. Aussi vers la
fin de 1854 il inventa une machine à raboter les canons pour remplacer le tour à
chariot.

Cette machine a l'indiscutable mérite de
régler les épaisseurs, de donner la courbe
et d'approcher le canon du fini.

Les canons présentés à l'Exposition universelle de 1855 valurent à Léopold BER-
NARD une double et légitime récompense !
la première médaille et la croix de chevalier de la Légion d'honneur.

Augmentant et perfectionnant sans cesse son outillage, entièrement construit par lui dans ses ateliers, il établit un four à souder au cuivre les canons doubles que la délégation ouvrière à l'Exposition de Londres en 1862 appréciait en ces termes : « Ce four ne donne que la chaleur néces- « saire pour la fusion du cuivre qui s'opère « simultanément dans toute la longueur « des canons. On ne pouvait sans ce pro- « cédé les souder qu'au feu ordinaire de la « forge, et pour éviter que le canon ne « brûlât dans le feu, il était nécessaire de « le retourner fréquemment, et encore, « n'obtint-on ainsi que des canons mal « faits et défectueux, car il arrivait qu'ils « étaient rongés, fortement altérés et ten- « dus en tous sens. Grâce à ce nouveau « procédé trouvé par M. Léopold BERNARD, « la nécessité de retourner le canon n'existe « plus et l'on évite ainsi la torsion. »

En 1849, Léopold BERNARD avait rem- placé les damas moirés, genre anglais, par un autre composé de petites tringles de fer et d'acier alternées.

Ce nouveau damas fut aussitôt imité par tous ses confrères et est le seul employé aujourd'hui ; il a même reçu le nom de son inventeur.

Léopold BERNARD, ne cessant de recher- cher avec persévérance la perfection dans son art, compléta sa machine à raboter de façon à obtenir un travail parfait, et eût cette honorable satisfaction qu'elle fut em- ployée, avec son autorisation, dans les manufactures nationales d'armes.

Aux Expositions universelles de Londres en 1851 et 1862, il avait remporté la Price médaille de son industrie ; celle de Porto en 1865, fut un nouveau succès et lui valut, non-seulement la médaille d'honneur, mais encore la croix de chevalier de l'Ordre du Christ.

Enfin, à la dernière Exposition univer- selle de 1867, les produits exposés par Léopold BERNARD avaient atteint un tel degré de perfection qu'il obtint le n° 1 de sa classe, ce qui l'autorisait à revendiquer, à juste titre, le premier rang parmi les fabricants de canons du monde entier.

La croix d'officier de la Légion d'honneur fut le légitime couronnement de cette vie de travail.

Après 35 ans de labeur incessant, alors qu'il pouvait jouir du succès si laborieu- sement conquis, Léopold BERNARD fut en- levé en quelques jours, à la veille de la déclaration de guerre.

« Si Léopold BERNARD, l'éminent fabri- « cant de canons venait à disparaître, ce « serait un coup fatal à l'industrie pari- « sienne, car parmi tous les représentants « de cette industrie, deux maisons seule- « ment fabriquent leurs canons, toutes les « autres les demandent à M. Léopold BER- « NARD. »

La prédiction contenue dans cet hom- mage rendu à Léopold BERNARD par le Jury de 1862 ne s'est heureusement pas réalisée.

M** veuve BERNARD ne crut pas pouvoir mieux témoigner sa douleur et honorer la mémoire de son mari, qu'en continuant son œuvre. Aidée de Nicolas BERNARD, ne- veu, et élève depuis 30 ans de son regretté mari, elle a résolu de maintenir sa maison au rang où il l'avait placé.

Ce fut à M** veuve BERNARD que la Dé- fense nationale confia le soin d'aléser et de finir les mitrailleuses de Meudon.

Huit cents canons sortirent ainsi de la maison veuve Léopold BERNARD qui s'oc- cupa, jusqu'à la fin de décembre, de ce patriotique travail que le manque absolu de charbon fit seul cesser.

Les modifications subies ces temps der- niers, par l'art de la canonnerie de guerre, n'ont atteint que fort peu les armes de chasse.

M** veuve BERNARD et son collaborateur se sont soigneusement tenus au courant de tout ce qui pouvait intéresser leur spé- cialité.

La maison est restée à la hauteur de sa réputation, et s'il sort annuellement 1,200 canons ils sont dignes de porter la marque si justement réputée de Léopold BERNARD et qui est l'objet de tant de contrefaçons à l'étranger.

EXPOSITION

DES

PRODUITS DE L'INDUSTRIE FRANÇAISE

1849

APERÇU GÉNÉRAL

Au mois de Février 1848, la branche cadette de Bourbon disparaissait sous une révolution populaire dont le mot d'ordre était : Suppression du cens, égalité de tous les Français devant le vote.

La République, à peine installée depuis quelques mois, vit, dès ses premiers pas, son existence compromise par la redoutable insurrection de Juin 1848, qui ne tendait à rien moins qu'à mettre le pouvoir aux mains de la fraction la plus avancée du parti républicain et des apôtres du socia·lisme. Tous les partis s'unirent devant une telle levée de boucliers faite au nom des passions les plus malsaines, et la lutte, qui ensanglanta la capitale, se termina, fort heureusement pour le pays tout entier, par la défaite momentanée des partisans du désordre.

C'est au lendemain de batailles à peine terminées, après l'explosion de haines, comprimées mais non éteintes, que le Président actuel de la République, Louis-Napoléon Bonaparte prit un arrêté, en date du 18 Janvier 1849, qui prescrivait l'ouverture d'une Exposition pour le 1er Juin suivant.

Cette entreprise pouvait paraître téméraire au milieu des complications qui se produisaient sans cesse, à la veille d'élections générales, dans lesquelles les partis se disputaient ardemment la prépondérance; le Gouvernement espérait sans doute, par cette décision, ramener le calme dans les esprits, offrir un puissant dérivatif aux Parisiens surexcités dans les deux camps par une lutte acharnée, et montrer à l'Europe, spectatrice impassible de nos guerres civiles, que ces événements malheureux n'arrêtaient en rien l'essor de notre industrie.

Pour augmenter l'attrait de cette réunion solennelle, pour donner aux gens des campagnes un gage de ses sentiments d'estime et de bienveillance, Louis Bonaparte conviait pour la première fois l'agriculture à exposer ses produits, nombreux et variés. Une telle innovation constituait un pas considérable fait dans la voie du progrès. Jusqu'alors, le règlement des concours autorisait l'admission de ce qui constituait l'outillage agricole, mais là se bornait son indulgence ; du reste, les dimensions restreintes des bâtiments construits pour les Expositions précédentes, n'auraient pas permis de donner suite à cette idée, alors même qu'elle eut été encouragée.

La seule branche de l'agriculture qui, non-seulement était agréée, mais dont le Gouvernement réclamait instamment la présence, et dont le Jury suivait avec attention les progrès ou les défaillances, la laine avait tenu, dans chaque Exposition, la place que lui donnait son importance.

Cette année, à côté des échantillons, chacun allait voir des spécimens du troupeau qui les avait fourni, puis, avec les moutons, les différentes races de chevaux, de bœufs, de porcs, répandues sur le territoire. L'Exposition formait un grand comice agricole où la France entière était appelée à envoyer ses plus remarquables produits. L'appel fait à l'agriculture servait ses intérêts les plus directs en même temps qu'il honorait le pouvoir qui en prenait l'initiative.

Le deuxième paragraphe de l'article 2 de l'arrêté présidentiel introduisait une prescription équitable qui confiait au Jury la mission de signaler, dans un rapport écrit, les services rendus à l'agriculture et à l'industrie par des chefs d'exploitation, des contre-maîtres, des ouvriers ou journaliers.

Trois semaines après, le Ministre du Commerce adressa aux Chambres de Commerce une circulaire qui établit, une fois de plus, en faveur de la France, l'idée première des Expositions universelles.

Le Ministre soumettait aux principaux fabricants le désir qu'il avait de réunir aux produits français des échantillons étrangers. Il savait que l'exiguité du palais interdisait l'admission indistincte de tous les objets fabriqués par l'industrie étrangère, cette considération grave pouvait faire ajourner l'exécution d'un essai aussi utile, mais il pensait qu'une telle difficulté n'était pas insurmontable et qu'elle pouvait être tournée en n'admettant que les seuls produits étrangers qui, par leur nouveauté, leur supériorité, se trouvaient à même d'exercer sur notre industrie les plus heureux résultats. Il terminait en les invitant à se prononcer sur ce principe et sur sa réalisation immédiate.

L'opinion publique accueillit de la manière la plus favorable le projet du Ministre, mais quoiqu'elle fut d'un certain poids à cette époque, elle ne put prévaloir contre les réponses transmises par les Chambres de Commerce (1).

Celles-ci reconnurent en majorité qu'en effet une Exposition universelle présenterait pour la France un intérêt de l'ordre le plus élevé, que le principe, en lui-même, ne pouvait être contesté, mais un grand nombre d'entr'elles ajoutèrent qu'une telle mesure leur semblait trop aventureuse pour que l'Etat songeât à la mettre à exécution. Il y eut aussi cette considération puissante qu'il était dangereux, dans un moment aussi troublé, de réunir un grand nombre d'hommes venant de tous les points de l'univers et dont la présence à Paris serait peut-être une occasion d'agitation publique.

Dans les raisons fournies pour repousser le projet du Ministre, la dernière seule valait quelque chose; elle reposait sur un sentiment trop naturel, à ce moment d'émeutes incessantes, pour ne point décider le Ministre à renoncer à son entreprise.

Il s'en fallut de peu, comme on le voit, que Paris n'eût la gloire de voir la première réunion internationale de même qu'on y avait salué la première et timide apparition de l'industrie aux fêtes patriotiques de l'an VI.

Le Ministre du Commerce, dans une circulaire du 28 Février, prit les mesures indispensables pour éviter la confusion possible par une trop grande facilité d'admission. La circulaire avait en vue principalement les produits de l'agriculture, pour lesquels les précédents n'existaient pas.

Les produits vivants exposés ne pouvaient l'être que par lots de 4 ou 5 bêtes mâles et femelles de la même variété pour les moutons. Les Commissions départementales devaient veiller à ce qu'un même agriculteur n'envoyât pas plusieurs échantillons de même nature; il suffisait de réduire l'expédition au nombre strictement nécessaire pour juger du mérite de l'exploitation ou de la fabrication. Tout exposant était obligé de justifier de sa qualité de fabricant par sa patente ou de prouver sa position d'exploitant rural.

Le Ministre insistait pour exiger des renseignements précis sur le prix exact de chaque article. Il ne s'en tint pas, du reste, à ces prescriptions dont les Commissions départementales faisaient assez bon marché, d'habitude, et voici, quelques semaines avant l'Exposition, les dispositions principales qu'il arrêta, sur l'avis du Jury central :

---

(1) 90 Chambres de Commerce avaient répondu au Ministre ; 28 étaient favorables à son projet, 42 contraires, et 20 proposaient l'ajournement à une autre époque.

1° Les exposants ne pouvaient exposer que leurs produits et non des objets fabriqués sur modèles ;

2° Aucun écriteau ne serait apposé sur les produits pour indiquer qu'ils étaient commandés ou achetés, soit par des établissements de commerce, soit par des établissements publics ;

3° L'exposant avait le droit de montrer ou d'appliquer le jeu de ses mécanismes.

4° Il était interdit d'afficher sur les produits la mention des médailles ou récompenses décernées par des sociétés savantes ou industrielles, seules les mentions de récompenses décernées aux précédentes expositions étaient autorisées, après vérification préalable de l'inspecteur.

5° Tout exposant pouvait rappeler_ les brevets d'inventions obtenus par lui, sans omettre la formule : *Sans garantie du Gouvernement.*

6° Les prix de vente affichés devaient être véridiques : tout exposant qui refuserait les commandes au prix indiqué sur les échantillons serait mis hors concours.

7° Les faillis non réhabilités étaient privés du droit aux récompenses

Ces différents articles obviaient à des abus signalés depuis longtemps par les Jurys et que les gouvernements successifs, par insouciance ou inertie, avaient négligé de faire disparaître au moyen de prescriptions formelles. Il faut aussi reconnaître qu'en édictant ce règlement équitable le Ministre profitait des expériences précédentes, mais il avait, du moins, le mérite d'en faire une application immédiate approuvée par tous les esprits soucieux des véritables intérêts de l'industrie nationale.

Il ne suffisait pas de chercher les moyens de donner à l'Exposition un caractère de complète sincérité ; cette partie des préoccupations administratives, la plus essentielle, sans doute, n'excluait pas d'autres soins également urgents.

Il fallait préparer un emplacement couvert assez vaste pour abriter les nombreux exposants que l'on attendait. Le délai était de 4 mois et demi, à peine, car on ne pouvait terminer les préparatifs au dernier moment, alors que les exposants arriveraient en foule ; le terme franc fixé pour l'achèvement de la construction devait être le 15 mai, au plus tard.

Le Président de la République avait pourvu, par un décret, aux dépenses; il allouait une somme de 600,000 fr. pour les travaux. Les plans furent rapidement établis par M. Moreau, l'architecte désigné, et l'on se mit immédiatement à l'œuvre.

Le bâtiment formait, d'après le projet arrêté, un vaste parallélogramme de 205 mètres de large sur 100 de profondeur. Il était plus près de la contre-allée qu'aux précédentes réunions. En avant de la façade s'élevait un pavillon servant d'entrée principale, avec vestibule et deux salles de service ; à droite et à gauche s'ouvrait une vaste galerie de 26^m de large faisant le tour du palais.

Dans sa largeur le bâtiment était coupé par deux galeries formant trois carrés intérieurs. Le carré du centre destiné à l'horticulture avait pour décoration une vasque et un jet d'eau destiné à entretenir la fraîcheur des plantes exposées.

A l'un des bâtiments on réservait un espace assez vaste pour élever, dans un style simple, une écurie et une bouverie pouvant contenir plusieurs centaines de chevaux, bœufs et vaches Des barrières devaient séparer entr'eux les animaux que le public avait la faculté de voir, sans crainte d'accident, du haut de galeries supérieures établies au centre et dans le pourtour.

Les travaux commencèrent sans désemparer, malgré la mauvaise saison : les événements survenus l'année précédente, le ralentissement des affaires qui en était la suite, laissaient inactifs un grand nombre de bras ; il fut facile de recruter un personnel d'ouvriers suffisant pour tout achever en temps utile, si bien qu'au 15 mai, il ne restait plus qu'à terminer quelques détails de décoration intérieure. Les dépenses, toutefois, excédaient d'un tiers le discrédit accordé, mais, dans de telles conditions, on ne pouvait se montrer très regardant pour un tour de force accompli avec une rapidité aussi surprenante.

L'aspect du bâtiment était simple et grandiose. Sur la façade, huit grand panneaux peints, comme le fronton, en bronze florentin, représentaient les arts avec leurs attributs. Le péristyle était décoré d'une mosaïque en asphalte. A l'entrée se trouvaient deux belles salles destinées aux séances du Jury.

Le public passait du vestibule dans une immense galerie circulaire coupée par deux rangées de colonnes carrées en chêne poli sur lesquelles reposait une corniche sculptée surmontée d'un pan coupé arrivant au plafond. Les plafonds composaient ainsi des caissons peints en bois des îles avec encadrement en chêne, séparés de distance en distance par des traverses avec cul de lampe. Sur les pans coupés, dans des médaillons, fond bleu et à jour transparent, on lisait le nom de 1,000 à 1,200 localités de France connues par leur activité industrielle.

Les galeries principales étaient coupées par deux rangs de colonnes formant elles-mêmes d'autres galeries de moindre largeur, ce qui multipliait à l'infini les emplacements des exposants qui se tenaient huit de front.

En arrivant par la place de la Concorde, sur le côté du bâtiment principal, une vaste écurie parfaitement décorée avait été construite. Trois galeries supérieures élevées de 8 à 9 pieds couraient dans toute la longueur du bâtiment. Les chevaux avaient 120 stalles, la race bovine 120 également, une longue galerie, au terrain battu avec soin, était destinée à parquer les moutons, les chèvres, les porcs. Il entrait dans cette vaste construction 450,000 pièces de charpente, et 400,000 kil. de zinc.

L'ouverture n'eut lieu, cependant, malgré l'achèvement du palais, que le 4 Juin à 10 heures du matin ; il fallut accorder un délai aux manufacturiers admis, retenus dans leurs départements par les élections générales, et qui n'avaient pas eu le temps de s'occuper de l'envoi de leurs produits.

La situation politique, si préjudiciable au commerce et à l'industrie qui ont besoin, avant tout, de paix et de tranquillité, n'influait, en rien, au grand étonnement de tout le monde, sur le nombre d'exposants. Il était encore plus considérable qu'en 1844

Cet empressement ne signifiait pas, comme certains journalistes enthousiastes le prétendaient, que la République eût contribué, depuis sa création, à développer ces deux richesses du pays ; la République était encore trop jeune, ses débuts avaient été signalés par trop de bouleversements pour qu'on pût lui attribuer des résultats aussi immédiats ; il est plus exact et plus impartial de reconnaître que, dans la pensée des fabricants, l'Exposition offrait une occasion favorable d'affirmer la vitalité de l'industrie et de ranimer le mouvement d'affaires sensiblement diminué.

Les journées de Juin 1848, les échauffourées qui s'étaient renouvelées depuis, organisées et tentées par le parti socialiste, effrayaient tout autant que les doctrines répandues dans la classe ouvrière qu'on détournait du travail en lui faisant espérer à la faveur de l'émeute, une égale répartition des fortunes, ce songe creux avec lequel on entraîne les masses. Le nouveau Président de la République, en réprimant vigoureusement ces excitations malsaines, en affirmant, par la fermeté de son langage, les principes sur lesquels repose toute société, inspirait la confiance à toute cette population industrielle de la France qui réclamait instamment du pouvoir la fin de tous les désordres.

Nul alors ne pouvait se douter des desseins ambitieux de ce prince flegmatique habile à profiter du prestige d'un nom dont Béranger, par ses chansons, avait perpétué le légendaire souvenir dans les rangs du peuple.

Il était incontestable qu'on attribuât ou non le fait à la République, que le nombre des exposants dépassait le chiffre de 1844. Quatre départe ments seuls, l'Eure-et-Loir, l'Ariége, la Corse, les Landes, manquaient à l'appel, et sauf pour les deux premiers, on ne pouvait regretter une absence qui prouvait simplement l'inactivité industrielle de ces régions. Les autres départements réunissaient 4,450 exposants, dont 2,819 pour la Seine.

L'augmentation n'existait que pour le département de la Seine, car les chiffres des autres départements avaient à peine varié, tandis que la Seine comptait 700 fabricants de plus. Cette stagnation des envois de la province tenait en grande partie aux causes politiques énumérées plus haut ; beaucoup de manufacturiers craignaient de nouveaux troubles de la part de la population parisienne, si facile à agiter, et l'éloignement amplifiait encore les émeutes sans conséquence qui se produisaient de temps à autre. A Paris, au contraire, dont le commerce souffrait cruellement depuis deux années, chacun s'empressait de saisir l'occasion offerte par le Gouvernement pour ranimer un peu les affaires languissantes.

L'Exposition eut lieu pendant une épidémie de choléra dont la violence atteignit des proportions désastreuses et fit des hécatombes de victimes, surtout dans la classe ouvrière. Un tel fléau éloignant les étrangers de la ville pestiférée fit le plus grand tort à la réunion ; mais, malgré tous ces contre-temps, malgré les conditions fâcheuses au milieu desquelles elle se produisait, l'Exposition de 1849 affirma, dans la plupart des branches de l'industrie, des progrès constants. La Révolution de 1848 avait pu ébranler le commerce, plus sensible aux fluctuations politiques ; mais l'industrie, en général, souffrait moins de la crise par laquelle il lui fallait passer. Le ralentissement des affaires n'empêchait pas les manufacturiers de transformer leur outillage, d'améliorer leurs machines, de chercher les moyens les plus favorables pour entamer une lutte sérieuse contre la concurrence étrangère quand surviendrait une époque moins troublée. L'industrie, arrêtée dans sa marche, pendant quelque temps, reprenait confiance et préparait l'avenir.

L'affluence des visiteurs fut grande les premiers jours ; le jeudi 7 Juin on compta 1,845 curieux acquittant le droit d'un franc fixé comme prix d'entrée chaque jeudi, et perçu au profit des bureaux de bienfaisance.

Malgré les dimensions plus vastes des bâtiments, il avait fallu reléguer, faute de place, hors du palais, un grand nombre d'objets encombrants et qui ne craignaient point d'être détériorés par les perturbations atmosphériques tels que : ponts en fer, instruments agricoles, etc..., des barrières les entouraient et formaient une annexe de l'Exposition.

Passons maintenant à l'examen des produits envoyés en résumant les critiques diverses auxquelles ils donnaient lieu.

EXAMEN DES PRODUITS EXPOSÉS

Le Gouvernement, faisant appel aux agriculteurs pour la première fois espérait réunir de nombreux adhérents ; il y avait, en effet, pour les propriétaires, les fermiers, un avantage tellement évident à montrer leurs différents genres de cultures, leurs races diverses d'animaux, à établir des comparaisons, à préparer des croisements, que le Ministre n'avait pas douté un seul instant du succès de l'Exposition quant aux industries rurales.

Le résultat fut loin de répondre à son attente ; des régions entières n'étaient aucunement représentées, et cette abstention inexplicable provenait précisément des pays doués les plus favorablement par la nature : le Centre et le Midi de la France. Les quelques rares exposants que l'on rencontrait appartenaient presque tous à cette région du Nord toujours au premier rang pour le progrès, sous n'importe quelle forme.

Il est certain qu'une partie très importante de l'économie rurale échappait forcément, par sa nature, à une exhibition quelconque : les irrigations habilement conduites, les drainages, les assolements, les méthodes de labour, d'ensemencement, ces problèmes de pratique poursuivis ou résolus, pouvaient être discutés dans un congrès, mais ne se prêtaient point à une reproduction effective, sous une forme tangible : les produits des cultures semblables comparés, devaient, du moins, c'était là le but du Gouvernement, prouver, par déduction, l'excellence et la supériorité des systèmes employés.

Enfin, lors même qu'on eût laissé à l'écart ce côté de la question, ne restait-il pas les animaux, les races chevalines, bovines, ovines, porcines, entre lesquelles la comparaison était facile, d'après les spécimens envoyés ?

Cette indifférence incroyable tenait toujours aux mêmes causes qui se perpétuaient en s'atténuant en quelques endroits, sans disparaître tout à fait. L'initiative manquait de la part de ces nombreux petits propriétaires peu soucieux d'essayer de nouvelles méthodes, de transformer un outillage insuffisant, retenus en même temps par le manque de capitaux et une répugnance instinctive à se lancer dans des expériences douteuses.

Il manquait en France, soit une classe de grands propriétaires, comme en Angleterre, n'hésitant pas à dépenser des sommes considérables, pour tenter un mode de culture inusité, pour introduire et acclimater des plantes étrangères, pour répandre les machines et les instruments agricoles récemment inventés.

On s'élevait beaucoup en France contre l'ingérence de l'Etat dans les matières agricoles, on blâmait son intervention dans l'amélioration des races. Qui donc, en présence de l'apathie et de l'insouciance des intéressés, devait prendre en main l'intérêt supérieur du pays et du progrès ? Qui, mieux que le Gouvernement, par sa forte centralisation, disposait des moyens nécessaires pour répandre les indications utiles, encourager les efforts privés, récompenser les bonnes volontés ?

Certes, il eût été préférable que le mouvement vînt des agriculteurs eux-mêmes, mais dans un pays comme la France, habitué jusque-là à une direction venant d'en haut, le Gouvernement aurait assumé une lourde responsabilité en se reposant sur l'initiative individuelle ou collective.

Il fallait, pour que l'Etat fût à même de se désintéresser tout à fait, multiplier les sociétés agricoles, l'enseignement pratique, créer des caisses de prêt, de crédit, d'assurances, suivre, en un mot, les préceptes des savants économistes qui consacraient leur esprit à l'étude des moyens d'augmenter toutes les ressources de la richesse nationale.

L'agriculture proprement dite comptait donc peu de représentants, mais les diverses races d'animaux, sauf celles du Midi, avaient une exposition assez brillante. La Normandie tenait le premier rang pour ses chevaux, qui réunissaient toutes les qualités de fond et de forme ; quelques robustes percherons méritaient aussi une mention particulière.

La race bovine de Durham, bien connue en France maintenant, apparaissait pure ou croisée avec les races indigènes ; quelques fermiers, en regard de ses propriétés précieuses comme viande de boucherie, lui reprochaient de n'avoir point cette résistance à la fatigue qui distinguait les bœufs français que l'on soumettait aux travaux les plus durs. Il était possible, par des croisements suivis avec soin, de former de nouveaux sujets participant des qualités des deux races mélangées.

On constatait avec plaisir, par les échantillons envoyés, de nombreux efforts pour la production améliorée des laines communes que les manu facturiers réclamaient avec insistance. Les éleveurs français, au moins ceux qui paraissaient à l'Exposition, semblaient s'inspirer de meilleures méthodes d'éducation. La chose était d'autant plus importante que, par leur négligence, les propriétaires de troupeaux laissaient passer à l'étranger des sommes considérables pour l'achat de laines plus soignées, dans les qualités ordinaires.

L'exposition agricole, peu brillante, en somme, comptait un grand nombre de machines et d'instruments aratoires qui rachetaient l'insuffisance notoire de l'agriculture. Nos constructeurs, sans être encore aussi avancés que les Anglais, car ils avaient à lutter contre la routine pour faire accepter leurs perfectionnements, s'occupaient depuis longtemps de transformer, suivant les préceptes de la mécanique, l'outillage employé dans les campagnes, de suppléer, par l'emploi de machines, simples et faciles, à réparer aux bras qui commençaient à manquer pour le rude labeur des champs.

Dès l'Exposition de 1819, et à toutes les suivantes, on avait pu suivre pas à pas les progrès de cette industrie spéciale. La grande difficulté à vaincre était de faire adopter par le pays ces inventions si utiles mais pour lesquelles le cultivateur avait les plus grandes répugnances. Leur prix d'ailleurs était, souvent encore, trop élevé pour triompher de toutes les résistances. Le problème à résoudre, là plus que dans toute autre industrie où la nécessité des machines s'imposait, était la production à bon marché, et la simplification des mécanismes.

La machine à battre commençait à se répandre dans les départements voisins de Paris où l'influence de la capitale se sentir plus vivement et où l'éducation agricole était arrivée à un degré de développement assez avancé. Les herses, semoirs, extirpateurs, réalisaient de nouveaux progrès, il leur restait à atteindre le bon marché, dont le résultat immédiat devait être une plus grande activité de la consommation.

L'horticulture parisienne émerveillait les visiteurs par la variété de ses plantes, la vivacité de leurs couleurs, l'habile agencement de la partie de l'Exposition qui lui avait été réservée. Le coup d'œil était charmant en entrant dans la vaste cour intérieure où toutes les fleurs s'étageaient dans la verdure ; cet endroit formait un oasis agréable où les visiteurs se reposaient du panorama varié mais fatigant qu'ils venaient d'avoir sous les yeux dans les autres galeries.

Le goût parisien se manifestait là plus que partout ailleurs, non pas tant par la rareté des plantes, que par les oppositions heureuses de couleurs qui formaient le plus séduisant tableau.

Les maraîchers, pépiniéristes, du département de la Seine, de Seine-et-

Oise, du Loiret, étaient à peu près seuls à représenter l'arboriculture et la production des légumes et fruits si étendue sous notre climat essentiellement favorable. Le Midi, encore mieux doué que les provinces du centre, n'avait pas un seul exposant.

Ce rapide examen montre, à première vue, combien peu d'agriculteurs s'étaient décidés à profiter des intentions bienveillantes du Gouvernement, et quels efforts il fallait encore pour faire comprendre aux gens des campagnes l'intérêt qu'ils avaient à sortir de leur apathie, en suivant le courant du progrès, en venant affirmer aux Expositions leur désir de participer au mouvement de progrès si remarquable dans l'industrie.

L'agriculture, en France, représentait une partie trop importante de la prospérité nationale pour que l'on ne s'inquiétât pas de cette indifférence, et le devoir strict de l'État était d'en rechercher exactement les causes pour arriver à les faire disparaître.

Passons maintenant à l'industrie en suivant les divisions adoptées par le Jury.

Dans la construction en fer, la grande chaudronnerie, l'exécution des machines à vapeur, machines-outils, locomotives, nos fabricants pouvaient se mesurer avec les Anglais. On trouvait à l'Exposition les noms des Derosne et Cail, Schneider, Lelièvre, Durenne, Calla, Flachat, Farcot, Joly, Gouin, Stehelin, Graffenstaden, dont les établissements enlevaient, même aux Anglais, sur les marchés étrangers, les entreprises les plus considérables.

Derosne et Cail qui, jusqu'alors, semblaient s'être adonnés plus spécialement à la confection des grands appareils pour les sucreries et raffineries, exposaient une locomotive à grande vitesse, système Crampton, pour le chemin de fer du Nord. MM. Gouin et Cie, des Batignolles, débutaient par une locomotive : *le Rhône*, destinée au chemin de fer de Lyon. Calla, Stehelin, Durenne, Graffenstaden, produisaient de puissantes machines-outils qui laminaient, martelaient, travaillaient le fer, le cuivre, les transformant pour tous les ouvrages industriels.

Mécaniques pour la filature, le tissage, tours, cardes, broches, peignes, machines à fouler, à imprimer, presses, pompes, se signalaient par des perfectionnements continus. MM. Mulot, Degousée, exposaient leurs précieux outils appropriés pour des sondages peu profonds et réduits à des prix accessibles aux moins fortunés; mais, au milieu de tous ces mécanismes, les visiteurs sérieux s'étonnaient d'une absence inconcevable; il y avait à peine deux ou trois échantillons de houille.

Exportation agricole (Vins, fruits, céréales, etc.), en 1848 . . . . 169.772.967 Fr.

Les Jurys des départements où se trouvaient des mines en exploitation n'avaient pas, sans doute, jugé le charbon de terre digne de figurer à une Exposition, en face des produits qu'il contribuait à fabriquer. Le véritable but des Expositions échappait encore à un grand nombre de personnes qui ne voyaient dans ces réunions qu'un spectacle agréable et non les éléments nécessaires pour l'étude des forces productives du pays.

La houille, à ce titre, constituait une richesse qui avait sa place marquée au premier rang et l'on devait regretter qu'aussi peu d'industriels eussent fourni l'occasion de rendre justice à la hardiesse des exploitations entamées sur plusieurs points du territoire.

La période de tâtonnements, dans la construction des chemins de fer semblait terminée; depuis 1844, malgré les obstacles apportés par les dissensions intestines, le réseau français s'était accru de 120 kilomètres; les ingénieurs étendaient les voies ferrées jusqu'aux extrêmes frontières pour les raccorder aux railways étrangers et mettre en rapport les peuples et les intérêts commerciaux; les chemins de fer apportaient à l'industrie et au commerce le plus sûr agent de progrès; modestes encore, ils se ramifiaient dans toutes les directions sans que l'on osât, dans les circonstances présentes, exécuter leurs tracés complets.

Les financiers, comme les ingénieurs, mais à un autre point de vue, comprenaient le parti qu'ils pouvaient tirer de ces entreprises colossales; ils offraient les fonds nécessaires, certains de rentrer dans leurs avances avec des bénéfices considérables. Petit à petit, ces compagnies, aujourd'hui si puissantes, grandissaient avec leurs lignes de fer reliant les centres de production à la capitale, ou aux grande ports de commerce, accroissant leur transit en faisant communiquer rapidement les Etats de l'Europe centrale avec l'Angleterre, l'Amérique par les navires au long cours.

M. Paul Garnier venait d'avoir l'honneur de réaliser le premier l'application de l'électricité à l'horlogerie. En 1839, l'allemand Steinheil, les anglais Wheatstone, Boin et Bret; en 1840, 1841, 1847, Glæsener, belge, avaient tour à tour proposé des solutions que l'expérience n'était point venue confirmer. L'appareil de M. Garnier fonctionnait déjà sur la ligne de chemin de fer du Nord et donnait les plus heureux résultats.

	PRODUCTION DES MINES DE FRANCE	IMPORTATION
Cuivre	6.420 quintaux	75.471 quintaux
Plomb	6.307 —	217.263 —
Zinc	»	117.615 —
Etain	»	18.145 —

L'Exposition réunissait 140 facteurs d'instruments de musique ainsi subdivisés : 72 pianos, 21 orgues, 27 instruments à vent, 11 instruments à cordes, 9 objets relatifs à la musique. Erard, Pleyel, Pape étaient toujours les premiers facteurs de Paris et du monde.

Aristide Cavaillé avait apporté dans la fabrication des orgues les plus grands perfectionnements; jusqu'à lui, les orgues, qui attendaient patiemment un rénovateur étaient restées telles quelles, depuis des siècles, sans que personne eût songé à y apporter une modification quelconque. Cavaillé en avait fait un instrument puissant, aux sonorités écrasantes, au chant doux et suave, comme une plainte ou une prière ; il exposait le grand orgue destiné à l'église de la Madeleine ; Lefébure-Wély, l'illustre organiste, émerveillait le public en montrant tout le parti qu'on pouvait tirer de cet admirable instrument aux harmonies vibrantes ou angéliques.

M. Cavaillé avait, en plus de son talent comme facteur hors ligne et sans rival, le très rare mérite de ne pas garder pour lui seul ses inventions ; il laissait à la merci de ses concurrents les recherches de son esprit toujours en éveil, et cet abandon généreux contribuait à accroître sa juste renommée.

Quant aux instruments de bois et de cuivre, il fallait, pour juger de leur supériorité, s'en rapporter à leurs fabricants ; dans un but de conservation peut-être exagéré, ils étaient enfermés sous une vitrine, ce qui rendait extrêmement difficile pour le public l'appréciation de leurs qualités intrinsèques.

L'arquebuserie était représentée par Delvigne, Gastine-Renette, Lepage-Moutier, Lefaucheux, Claudin, Devisme, Bernard, dont les noms sont encore aujourd'hui les premiers de l'armurerie parisienne.

Paris excellait aussi dans la fabrication de la parfumerie fine, mais les savonniers avaient le grand tort, que le Jury constata sévèrement, de ne faire connaître que leurs prix de vente ordinaire et de laisser dans l'ombre le prix réel pour dissimuler le bénéfice sérieux qu'ils devaient réaliser.

La manufacture de produits chimiques de Javel avait droit à une mention spéciale. Cet établissement, fondé en 1776, avait paru fort tard aux Expositions, bien que son importance fût assez grande pour lui assurer dans ces réunions un rang honorable. L'usine occupait un petit nombre d'ouvriers qui paraissait peu en rapport avec la quantité de produits fabriqués, mais cette anomalie était une preuve de plus de la bonne organisation du travail dans les ateliers, et de l'intelligence de la direction ; toutes les matières employées formaient une filière, se servant les unes aux autres d'aide, d'aliment jusqu'à leur absorption ; rien ne se perdait de la sorte et il en résultait une économie réelle pour le propriétaire.

Les industries céramiques, auxquelles se rattachait la cristallerie, offraient des progrès constants, tantôt par une simplification introduite dans les procédés de travail, tantôt par un abaissement dans les prix. La concurrence amenait ces améliorations dont le public profitait.

. La France tenait, pour la confection des glaces, le premier rang en Europe. Saint-Gobain, Montluçon, à chaque période d'exposition, envoyaient des produits dont les dimensions augmentaient sans qu'ils perdissent rien comme épaisseur et transparence. Plusieurs usines exécutaient d'une façon très satisfaisante la fabrication des verres à vitres, longtemps inférieure et négligée.

Nous voici arrivés, en suivant les divisions adoptées par le Jury, aux industries textiles.

La draperie, pourvue de mécanismes perfectionnés, atteignait une production annuelle de 220,000,000 fr. Elbeuf, par ses progrès persistants et par l'importance de sa fabrication, 70,000,000 fr., venait avant Louviers et Sedan. L'Exposition comptait, à côté de ces trois centres principaux de la draperie superfine, un grand nombre d'échantillons des manufactures de Tarn, du Calvados, de l'Hérault, de l'Aude, de la Meurthe, Bas-Rhin, Isère, Aveyron, Dordogne, Pas-de-Calais, Manche, Vienne. Tous ces échantillons, provenant des parties les plus opposées du territoire, attestaient une amélioration évidente des méthodes de fabrication.

Les tissus de laine légers ou mélangés dépassaient 200,000,000 fr. ainsi répartis : Reims 70,000,000 fr., Roubaix 60,000,000 fr., Amiens 30,000,000 fr., Saint-Quentin 18,000,000 fr., Cambrai 20,000,000 fr., Paris 5,000,000 fr. Roubaix avait la première place dans le département du Nord pour le travail de la laine ; cette ville faisait la concurrence la plus sérieuse, pour les lainages façonnés et mélangés, à Reims en possession incontestée jusque-là de la vente de ces tissus particuliers.

Roubaix, depuis 1844, avait augmenté son chiffre d'affaires de 15 à 20,000,000 fr. aux dépens des manufacturiers rémois qui avaient fort à

Exportation de tissus français	1845.	396.800.000 Fr.
	1846.	419.200.000
	1347.	440.800.000
	1848.	399.000.000
Exportation de soieries	1845.	140.900.000 Fr.
	1846.	146.500.000
	1847.	165.500.000
	1848.	138.800.000

faire pour maintenir leur ancienne supériorité disputée par leur jeune et hardie rivale.

L'industrie de la soie, plus qu'aucune autre, se ressentait des troubles qui agitaient le pays. L'agglomération lyonnaise, imbue de principes socialistes, plus accessible encore que la population parisienne aux déclamations envieuses des démagogues par l'indépendance relative de son mode de travail, s'attendait, au moment de la proclamation de la République, à l'avènement au pouvoir de la classe ouvrière. Cette illusion dura peu de temps, mais comme à Paris, le mécontentement éclata et se traduisit par toutes les horreurs de la guerre civile. Pendant ce temps, les métiers chômaient, la répression inévitable forçait un assez grand nombre d'ouvriers coupables à chercher un refuge à l'étranger.

De tels bouleversements remettaient en question les progrès obtenus par de longues et patientes recherches, arrêtaient le travail et diminuaient l'exportation, en face des fabriques suisses rivales qui profitaient de nos malheureuses querelles. L'exposition lyonnaise, malgré ces mauvais jours, était plus brillante qu'on ne l'espérait généralement. A côté des grands noms universellement connus, de nouveaux fabricants attiraient l'attention par de remarquables produits.

Cette industrie de la soie, comme matière première, devait au major Bronski, polonais d'origine, une découverte dont l'expérience permettrait de vérifier les excellents résultats. M. Bronski, appliquant au ver à soie le principe du croisement des races, produisait des fils d'une blancheur éclatante ; il tenait encore son procédé secret, sans refuser toutefois de le soumettre à une commission chargée par le Gouvernement d'en reconnaître le mérite.

La peluche de soie, depuis 1844, avait presque doublé ses métiers : 5,000 au lieu de 3,000, avec 13,000,000 fr. de produits, au grand détriment des fabriques de Berlin et de la Prusse Rhénane qui alimentaient auparavant la France et l'Europe.

L'exportation des rubans de la Loire montait à 36,318,240 fr., mais nos manufacturiers devaient avoir l'œil sur la fabrique de Bâle dont la concurrence pouvait devenir dangereuse s'ils n'y prenaient garde. La supériorité de la France se maintenait à l'étranger à cause du goût et de la variété des dessins sans cesse renouvelés.

Nombre de métiers à travailler la soie en 1849		
Lyon et départements environnants. . . .	60.000
Saint-Etienne et montagnes de la Loire. .	25.000
Avignon et Nîmes	10.000
Moselle, Alsace, Roubaix, Rouen et Paris	25.000
Total.	120,000

Le coton avait mieux soutenu la crise de 1848 que celle de 1830. Le ralentissement sensible des affaires ne décourageait personne et n'empêchait pas la marche du progrès. Les toiles unies, écrues ou blanches, luttaient de finesse, solidité, bon marché, avec les produits analogues d'Angleterre, de Belgique, d'Allemagne.

Mulhouse et Rouen, aux deux extrémités opposées, comme genre de fabrication, se rapprochaient par les soins apportés aux impressions les plus communes comme aux plus riches. Notre exportation de 20,000,000 fr. seulement était bien mesquine à côté des 150,000,000 fr. de tissus que l'Angleterre répandait sur tous les points du globe.

C'eut été folie d'espérer, un seul instant, arriver à égaler ce chiffre important, mais l'industrie cotonnière pouvait, du moins, établir de solides relations avec certains pays, au moyen de comptoirs, d'agents, et augmenter le travail de ses manufactures, sans craindre un seul instant l'encombrement et la ruine. Cette mesure, avait été déjà prise par certaines maisons de Mulhouse qui, guidées par un esprit commercial très intelligent, comptaient des représentants à Birmingham même, en Angleterre.

La lutte sur le terrain des articles de goût et de choix était seule possible, nous ne pouvions atteindre l'extrême bon marché des produits anglais dû à des circonstances favorables qui leur étaient particulières et à un écoulement prodigieux de tous ces articles manufacturés.

Le lin possédait, comme mécanisme, des machines à filer, à tisser, dont la puissance ne le cédait en rien à tout ce que l'étranger avait de plus accompli ; la difficulté n'était plus là maintenant ; l'obstacle principal à l'extension de cette industrie, si importante, puisqu'il s'agissait d'une matière première indigène, consistait dans le peu de soin que les agriculteurs apportaient à la culture de cette plante textile.

Un pays aussi vaste que la France ne pouvait se suffire pour la consommation du lin, et se trouvait dans l'obligation d'aller chercher en Belgique, les fils nécessaires à ses fabriques. On ne voyait à l'Exposition ni ces lins en brins, teillés, peignés, que la dernière Exposition belge à Bruxelles montrait en si grande quantité avec le plus légitime orgueil. Dans ce royaume minuscule si industrieux, le paysan se mirait dans ses champs de lin, bien entretenus, comme un propriétaire de vins dans ses vignes, un brasseur dans ses houblonnières.

Exportation de tissus de crin pour ameublement

1827	1837	1841	1844	1846	1847
269.100 Fr.	210.000 Fr.	457.000 Fr.	405.000 Fr.	359.000 Fr.	218.000 Fr.

Il fallait qu'en présence de l'inertie de nos cultivateurs, le Gouvernement stimulât leur zèle, excitât leur émulation. La Société d'Encouragement, dont les efforts avaient triomphé de situations plus compromises, devait, en proposant des prix, des distinctions, pousser à l'extension et à l'amélioration de cette culture. Depuis cinq ans le nombre de broches avait doublé et au-delà, 120,000 en 1844, 250,000 fr. en 1849. 15,000 à 16,000 ouvriers produisaient 20,000,000 fr. de toiles de toutes sortes. Il ne tenait qu'aux agriculteurs de mieux comprendre leurs intérêts et de fournir aux manufactures bien outillées une matière première d'aussi bonne qualité que celle qu'elles étaient obligées de demander à l'étranger.

Les tapis, dont en 1844 le Jury et le public avaient vivement critiqué les prix élevés et la fabrication trop luxueuse montraient les plus grands progrès au point de vue du prix, du dessin et des couleurs. Roubaix, tout en confectionnant également des articles de grande valeur comme Aubusson, tenait la tête du mouvement dans la révolution qui transformait heureusement cette industrie.

Nos manufacturiers n'avaient qu'à suivre cet exemple ; sans abandonner la fabrication de ces tapisseries de haute lisse inestimables dont la France était justement fière ils devaient s'adonner à la confection de ce genre plus modeste que les Anglais mettaient à la portée des plus petites bourses, et qu'ils répandaient dans les intérieurs les plus modestes. Dans cette industrie le progrès s'était fait en haut, non en bas ; il paraissait facile, alors, de résoudre le problème d'une production plus économique.

La chapellerie, dont Paris était le centre le plus important, atteignait 35,000,000 fr.

Paris, pour tout ce qui touchait a la mode, à l'habillement, à la fantaisie, occupait une place spéciale ; la capitale étendait même son empire sur toute la France par ses dessinateurs habiles travaillant sans relâche à faire de nouveaux modèles pour les tissus légers, les rubans, la passementerie qui s'exécutaient en province. Les grandes maisons, représentées à Paris, consultaient le commerce parisien pour créer le pouvoir tyrannique de la mode dont l'influence dépassait la frontière et régnait jusqu'en Amérique.

Paris comptait 987 fabricants de corsets occupant 8,000 ouvriers, avec une production totale de 7,000,000 fr. ; 2017 tailleurs employaient 10,000 ouvriers, 4,000 ouvrières et confectionnaient 55,000,000 fr. de

Exportation de lingerie confectionnée	1837	1842	1846	1847
	437.360 Fr.	1.261.760 Fr.	2.309.720 Fr.	2.900.000 Fr.

Exportation de dentelles. . . . . 14.000.000 Fr.

vêtements. L'exportation, en dix ans, avait gagné 7,000,000 fr. (1837 : 2,000,000 fr. ; 1847 : 9,000,000 fr.).

Je cite, sans y ajouter aucun commentaire, toutes ces industries diverses, largement représentées à l'Exposition, en puisant ces détails dans le remarquable rapport de M. Natalis-Rondot, membre du Jury.

L'industrie de la baleine occupait 30 patrons, 150 ouvriers et donnait 1,900,000 fr. Les parapluies, avec 380 patrons et 5,000 ouvriers, faisaient un chiffre de 18,000,000 d'affaires. 170 patrons et 2,500 ouvriers confectionnaient 5,500,000 fr. de boutons dont la moitié passait à l'étranger. La ganterie de peau comptait 28,000 ouvriers avec une production de 36,000,000 fr. ainsi répartie :

Paris.	16.000.000 Fr.
Grenoble	10.000.000
Milhau, Niort, Chaumont, Le Mans, Lunéville . .	10.000.000

L'exportation, en vingt ans, de 1827 à 1847, était quintuplée :

1827	5.516.600 Fr.
1847	29.000.000

La fabrication anglaise ne dépassait pas 12,000,000 fr.

La bimbelotterie avait 330 fabricants, 1,832 ouvriers et donnait 3,660,409 fr. ; dans cette industrie, l'exportation, depuis vingt ans, faisait de constants progrès :

1827.	336.000 Fr.
1837.	593.000
1842.	684.000
1847.	1.217.440

La tabletterie parisienne englobait, malgré la distance, les deux centres de Dieppe et de Méru, dans l'Oise. Le nombre total d'ouvriers atteignait 7,300 ; il rapportaient 20,000,000 fr. dont presque la moitié, 9,000,000 fr., s'exportait.

Cette nomenclature de chiffres un peu sèche montre à quel point

---

Production des éventails.		2.500.000 Fr.
Ebénisterie à Paris (12,000 ouvriers).		30.000.000
Exportation de sabots.		17.500
Exportation de feutres {	1839	520.000
	1847	2.611.000
Exportation de chapeaux de femme.		5.000.000
Exportation de parapluies {	1832	909.000
	1842	1.354.000
	1847	1.752.000

Paris tenait déjà le sceptre du goût en Europe. Cette souveraineté ne s'exerçait pas uniquement sur des objets frivoles, au moyen de colifichets et de brimborions agréables; les savants de toutes sortes qui l'habitaient en faisaient un foyer de lumière, de découvertes, qui éclairait le monde entier.

Il fallait se garder de ne voir dans Paris qu'une ville de plaisir ou de révolution ; on apercevait, en l'examinant de plus près, le vaste et précieux champ d'études qu'il offrait par ses cours, ses bibliothèques, ses musées, à l'esprit sérieux des hommes d'étude et de science. Sa population ouvrière, très développée, contribuait, par ses débordements furieux à certaines époques de l'histoire, à lui donner la réputation d'une cité de désordre, mais on doit lui rendre cette justice qu'une minorité infime abusait du chômage et du ralentissement des affaires pour entraîner un trop grand nombre d'ouvriers à des excès dont ils déploraient eux-mêmes, aussitôt après, les violences.

Notre colonie d'Algérie apparaissait pour la première fois aux Expositions et le public s'était épris pour elle d'un subit engoûment. Les visiteurs, en contemplant ses produits si divers : céréales, tabacs, métaux, marbres, laines, tissus, cotons, soies grèges, minoteries, cuirs, s'étonnaient de cette variété si grande ; plus d'un, jusqu'alors, s'était figuré l'Algérie comme une contrée peuplée de sauvages, semblables à ceux des îles océaniennes ; seuls les esprits cultivés connaissaient la richesse de ce sol qui nourrît Rome pendant tant d'années, l'ingéniosité de ces Maures établis à côté des races autochthones, des Berbères pasteurs et des montagnards Kabyles, plus réfractaires à notre domination.

L'Exposition révélait à la multitude une Algérie encore inconnue; pour elle jusqu'alors, l'Algérie ne constituait qu'un vaste champ de bataille et non une colonie susceptible de fournir à la métropole une masse de produits aussi remarquables. Il appartenait au Gouvernement, maintenant que la conquête était solidement assise au moins dans les grandes villes et sur le littoral, de prendre les mesures nécessaires pour calmer les défiances de la population et appeler le courant de l'émigration européenne vers ces contrés si riches arrosées de notre sang. Le Gouvernement pouvait, en accordant des terres aux colons, en les exemptant d'impôts pendant un certain nombre d'années, en les entourant de toutes les garanties de sécu-

---

Exportation de vannerie $\left\{\begin{array}{l} \text{1827.} \dots\dots\dots\dots\dots\dots 375.000 \text{ Fr.} \\ \text{1831.} \dots\dots\dots\dots\dots\dots 416.500 \\ \text{1842.} \dots\dots\dots\dots\dots\dots 694.000 \\ \text{1847.} \dots\dots\dots\dots\dots\dots 806.000 \end{array}\right.$

rité, favoriser le développement de l'agriculture sur un sol qui ne demandait qu'à produire avec une merveilleuse fécondité.

Le 31 Août, l'Exposition ferma ses portes. A cette occasion, un banquet monstre réunit au palais d'hiver le Président de la République, ses Ministres, les membres du Jury central et 1,100 convives, tous exposants de l'année. Louis Bonaparte, au dessert, adressa quelques mots aux assistants pour les remercier d'avoir répondu à l'appel du pouvoir et d'avoir ainsi prouvé que l'industrie française restait plus brillante que jamais malgré les manœuvres criminelles des factions. Divers toasts furent portés par MM. Lanjuinais, Ministre du Commerce; Charles Dupin. Biétry, Pleyel et Froment Meurice, qui proposa aux applaudissements unanimes de l'assistance de boire à la santé des ouvriers, ces indispensables collaborateurs de tout fabricant.

La distribution des récompenses n'eut lieu qu'au mois de Novembre. Elle fut entourée d'un cérémonial qui en fit une solennité très importante. Le 11 Novembre, à 10 heures et demie du matin, l'archevêque de Paris vint recevoir sur le seuil de la Sainte-Chapelle le Président de la République accompagné de ses Ministres et d'une suite nombreuse de personnages. Après la messe célébrée par l'archevêque, le cortége se rendit dans la grande chambre d'audience de la Cour de Cassation, décorée pour la circonstance. Des écussons attachés aux murs rappelaient les noms des grands inventeurs français et les découvertes dont on leur était redevable.

Le Ministre de l'Agriculture et du Commerce, suivant les dispositions arrêtées, ouvrit la séance et donna la parole au Président du Jury, M. Dupin Celui-ci, dans un remarquable discours, résuma les progrès réalisés depuis 1844, dans toutes les branches d'industrie, il fit ressortir le développement du commerce favorisé par l'exécution, menée avec rapidité, des grandes lignes de chemin de fer; puis il passa successivement en revue, dans leur ensemble, les différents groupes de produits, s'attachant surtout à démontrer qu'aucune industrie ne périclitait sérieusement et que les perfectionnements suivaient une progression constante.

Après cet éloquent panégyrique, les secrétaires du Jury commencèrent l'appel nominal des exposants récompensés, qui vinrent recevoir leurs médailles des mains du Président de la République. La cérémonie fut longue, car le total des distinctions atteignait le chiffre de 1,666 médailles ainsi subdivisées :

	OR	ARGENT	BRONZE	TOTAL
Agriculture et horticulture .	33	83	116	232
Algérie	2	21	37	60

Machines	19	64	102	185
Métaux	15	43	115	173
Instruments de précision . .	14	60	99	173
Arts chimiques.	25	52	67	141
Arts céramiques	5	14	24	43
Tissus.	36	110	154	300
Beaux-arts.	21	63	124	208
Arts divers.	12	39	97	148

Les médailles rappelées donnaient un chiffre de 505 :

	OR	ARGENT	BRONZE	TOTAL
Agriculture	3	6	1	10
Algérie	»	»	»	»
Machines	10	10	19	39
Métaux	22	17	26	65
Instruments de précision . .	12	19	17	48
Arts chimiques.	6	19	28	53
Arts céramiques	9	9	6	24
Tissus.	63	58	23	144
Beaux-arts.	10	29	41	80
Arts divers.	15	6	21	42

RÉCOMPENSES

Liste Officielle des Médailles d'Or & des Rappels de Médailles

ACCORDÉS A LA SUITE DE L'EXPOSITION

Agriculture

Médailles. — MARTIN aîné (Aisne).
— DEMESMAY (Nord).
— DUTAC frères (Moselle).
— CRESPEL et fils (Pas-de-Calais)
— DECROMBECQUE id.
— DARGENT (Seine-Inférieure).
— BAUDOUIN id.
— BAZIN père (Oise).
— QUERET (Finistère).
— LEROI DE BÉTHUNE (Nord).
— LEMARIÉ (Seine-Inférieure).
— BRICE (Meuse).
— CALENGE (Calvados).
— LATACHE (Oise).
— Institut de Grignon.
— D'HERLINCOURT (Pas-de-Cal.)
— DE BÉHAGUE (Loiret).
— AUCLERC (Cher).

Laines

Rappel. — GODIN aîné (Côte-d'Or).
Médailles. — RICHER (Calvados).
— GRAUX (Aisne).

Soies

Rappel. — TEISSIER frères (Gard).
— CHARTRON et fils (Drôme).
Médailles. — Jean MENET (Ardèche).
— CHAMBON (Gard).
— Eugène ROBERT (Bass.-Alpes)
— Major BRONSKI (Gironde).

Instruments et ustensiles aratoires

Médailles. — Docteur DE BEAUVOYS (Maine-et-Loire).
— Dénis-Louis LAURENT, Paris.
— CAMBRAY, id.
— BODIN (Ille-et-Vilaine).
— LEBERT (Eure-et-Loir).
— HOUYAU (Maine-et-Loire).
— Compagnie générale des engrais.
— André LEROY (Maine-et-Loire)
Non exposant. — FONTAINE-BARON, Chartres.
Algérie. — 2 médailles pour les céréales.

Grands Mécanismes à vapeur et autres

Rappel. — DEROSNE et CAIL, Paris.
— MULOT et fils, id.
— CALLA, id.
— DECOSTER, id.
— DURENNE, id.
— STEHELIN (Haut-Rhin).
— HACHE-BOURGOIS (Louviers).
— SCRIVE frères, Lille.
— MIROUDE, Rouen.
Non exposant. — THONNELIER, Paris.
Médailles. — FARCOT, Paris. id.
— BOURDON, id.
— Ernest GOUIN et Cⁱᵉ, id.
— FLACHAT, id.

—   Bourdaloue (Cher).
—   Schneider, Creusot.
—   Nillus, Le Hâvre.
—   Degousée et Laurent, Paris.
—   Louis Travers fils,   id.
—   Lemaitre, La Chapelle.
—   Huguenin-Ducommun (Haut-Rhin).
—   Mercier et Cⁱᵉ, Louviers.
—   Dutartre, Paris.

Corderie

Médaille. — Merlié-Lefébvre et Cⁱᵉ, (Seine-Inérieure).

Outils

Médailles. — Carillon, Paris.
—   Biwer,   id.
—   Foucault,   id.

Cuivre, Plomb, Zinc, Etain

Rappel. — Mouchel, Laigle.
—   Compagnie de Romilly (Eure)
—   Thibault et fils, Paris.
—   Pallu (Puy-de-Dôme).
Médailles. — Estivant frères, Givet.
—   Oswald et Warnod (Haut-Rhin).
—   Société de la Vieille-Montagne.
—   Favrel, Paris.

Fer, Fonte, Acier

Rappel. — De Dietrich (Bas-Rhin).
—   Serret, Lelièvre et Cⁱᵉ, Denain.
—   Fonderies de l'Aveyron.
—   Société de Montataire.
—   Festugière et Cⁱᵉ (Dordogne)
—   Frérejean (Isère).
—   De Buyer (Haute-Saône).
—   Falatieu et Chavannes (Vosges).
—   Carpentier, Paris.
—   André, Val-d'Osne.
—   Baudry, Paris.
—   Talabot et Cⁱᵉ, Toulouse.
Médailles. — Morel frères, Charleville.
—   Société d'Audincourt (Doubs)
—   Bouillon et Cⁱᵉ, Limoges.
—   Jackson frères (Loire).

Faux

Rappel. — Jackson frères.

Quincaillerie

Rappel. — Japy frères (Haut-Rhin).
—   Coulaux et Cⁱᵉ (Bas-Rhin).

Médailles. — Renard, Paris.
—   Migeon et Vieillard (Haut-Rhin).

Toiles métalliques

Rappel. — Roswag (Haut-Rhin).

Marbres, Meules, Ardoises

Rappel. — Ardoisières d'Angers.
Médailles. — Geruzet (Hautes-Pyrénées).
—   Cazaux et Fabrèges (Basses-Pyrénées).
—   Seguin, Paris.
—   Gueuvin-Bouchon et Cⁱᵉ Paris
Non exposant. — Thomas et Laurent, Paris.

Instruments de précision

Rappel. — Berthoud, Argenteuil.
—   Robert (Henri), Paris.
—   Japy frères (Haut-Rhin).
—   Buron, Paris.
—   Charles Chevalier, Paris.
—   Henri Lepaute,   id.
—   Brunner,   id.
Médailles. — Paul Garnier,   id.
—   Wagner neveu,   id.
—   Lerebours et Secretan, id.
—   Béranger et Cⁱᵉ, Lyon.
—   Maurel et Jayet, Paris.

Instruments de musique

Rappel. — Wolffel,   Paris.
—   Kriegelstein, id.
—   Boisselot et fils, Marseille.
—   Raoux,   Paris.
Médailles. — Souffleto,   id.
—   Domeny,   id.
—   Bernardel,   id.
—   Sax,   id.
—   Cavaillé-Coll et fils, id.
—   Ducroquet,   id.

Armurerie

Rappel. — Delvigne,   Paris.
Médaille. — Gauvain aîné, id.

Industries chimiques

Rappel. — Rattier et Guibal, Paris.
—   Mines de Bouxwiller.
—   Lemire, Choisy.
—   Lefebvre et Cⁱ (Nord).
—   de Milly, Paris.
—   Léveillé, Rouen.
Médailles. — Grenet, Rouen.
—   Lefranc frères, Paris

22

— WATTEEN et HITCHENS, Paris
— BOUCHERIE, Paris.
— KUHLMANN frères, Lille.
— Société du blanc de Zinc, Paris.
— KESTNER (Haut-Rhin).
— Compagnie des Salines de l'Est.
— FOUCHÉ-LEPELETIER, Paris.
— MENIER et C'°, Paris.
— MAIRE, Strasbourg.
— COURNERIE, Cherbourg.
— NUMA-GRAR et C'° (Nord).
— HAMOIR et C'° id.
— MASSE et TRIBOUILLET, Neuilly.
— GUIMET, Lyon.
— JOURDAN et C'° (Nord).
— DESCAT-CROUZET (Nord).
— GUINON, Lyon.
— BON, id.

Calorifères

Médailles. — DUVOIR-LÉBLANC, Paris.
— CHAUSSENOT, Paris.

Appareil pour distiller l'eau de mer

Médaille. — ROCHER, Nantes.
Non exposants. — BROQUETTE - GONIN, Paris.
— DE RUOLZ, Paris.

Faïence, Cristaux

Rappel. — LEBEUF et C'°, Montereau.
— DE TALMOURS, Paris.
— SAINT-GOBAIN.
— SAINT-QUIRIN.
— BACCARAT.
— SAINT-LOUIS.
— HUTTER (Loire).
— DE KLINGLIN (Meurthe).
— GUINAND et FEIL, Paris.

Médailles.— DE GEIGER, Sarreguemines.
— BAPTEROSSE, Paris.
— MAËS, Clichy.
— ANDELLE et C'° (Saône-et-Loire).

Non exposant. — VITAL-ROUX, Sèvres.

Laines filées, Draperies, Châles

Rappel. — LUCAS frères, Reims.
— TRANCHARD - FROMENT (Ardennes).
— CROUTELLE neveu (Marne).
— BERTHERAND, SUTAINE et C'°, (Marne).
— BIÉTRY et fils, Paris.

— JOURDAIN et fils (Louviers).
— DANNET frères, id.
— Delphis CHENNEVIÈRE, Louviers.
— CUNIN, GRIDAINE et fils, Sedan
— BERTÈCHE et CHESNON, id.
— ROUSSELOT et fils, id.
— BACOT (Paul) et fils, Sedan.
— BACOT (Frédéric) et fils, Sedan
— RENARD, Sedan.
— Théodore CHENNEVIÈRE, Elbeuf.
— CHEFDRUE et CHAUVREULX, Elbeuf.
— Charles - Robert FLAVIGNY, Elbeuf.
— DUMOR-MASSON, Elbeuf.
— HOULÈS et CORMOULS, Tarn.
— MORIN et C'°, Drôme.
— DAUPHINOT-PÉRARD, Reims.
— DELATTRE (Henri), Roubaix.
— LEFEBVRE-DUCATTEAU frères, Roubaix.
— DEBUCHY, Lille.
— MORIN, Paris.
— Frédéric HÉBERT, Paris.
— GAUSSEN, FARGETON et C'°, Paris.
— ARNOULD (Jean-Louis), Paris.
— DUCHER et C'°, Paris.
— FORTIER, id.
— GRILLET aîné et C'°, Lyon.
— CURNIER et C'°, Nîmes.

Médailles. — DOBLER et fils, Lyon.
— DE MONTAGNAC, Sedan.
— SEVAISTRE et LEGRIX, Elbeuf.
— KUNTZER (Bas-Rhin).
— Julien Clovis LAGACHE, Roubaix.
— SABRAN et JESSÉ, Paris.
— PAGÈS BALIGOT, Reims.
— DENEIROUSE et C'°, Corbeil.
— CONSTANT père et fils, Nîmes.

Soie, Soieries

Rappel. — BONNET et C'°, Lyon.
— POTTON, RAMBAUD et C'°, Lyon.
— TEILLARD, Lyon.
— HECKEL aîné, Lyon.
— LEMIRE et fils, Lyon.
— MASSING frères, Puttelange.
— SCHMALTZ, Puttelange.
— VIGNAT frères, Saint-Etienne.
— BALAY, id.
— LAURET frères, Paris.

Médailles. — HAMELIN (Eure).
—   LANGEVIN et Cie (Seine-et-Oise).
—   YEMENIZ, Lyon.
—   JOLY et CROIZAT, Lyon.
—   BALLEYDIER,   id.
—   PONSON,   id.
—   SAVOYE, RAVIER et CHANN, Lyon.
—   MARTIN frères, Tarare.
—   LARCHER, FAURE et Cie, St-Etienne.

Coton

Rappel. — VANTROYEN et Cie, Lille.
—   Cox et Cie, Lille.
—   Nicolas SCHLUMBERGER et Cie (Haut-Rhin).
—   NÆGELY et Cie (Haut-Rhin).
—   Henry HOFER (Haut-Rhin).
—   HERZOG (Haut-Rhin).
—   FAUQUET-LEMAITRE, Bolbec.
—   GROS-ODIER, ROMAN et Cie (Haut-Rhin).
—   HARTMANN et fils (Haut-Rhin).
—   KŒCHLIN frères   id.
—   SCHWARTZ, HUGUENIN et Cie (Haut-Rhin).
—   LEHOULT et Cie, Saint-Quenti

Médailles. — SCHLUMBERGER et HOFER (Haut-Rhin).
—   DELAMARRE-DEBOUTTEVILLE, Rouen.
—   DAVILLIER et Cie (Eure).
—   SEILLIÈRE et Cie (Vosges).
—   JOURDAIN (Haut-Rhin).
—   Vve LAURENT, WEBER et Cie (Haut-Rhin).
—   BLECH frères (Haut-Rhin).
—   TRICOT (Seine-Inférieure).
—   BLECH, STEINBACH et MANTZ (Haut-Rhin).

Chanvre, Lin

Rappel. — FAUQUET-LEMAITRE et Cie (Eure).
—   BÉGUÉ, Pau.
—   AULOY-MILLERAND (Saône-et-Loire).

Médailles. — COHIN et Cie (Pas-de-Calais).
—   MAHIEU-DELANGRE (Nord).
—   HEUZÉ et Cie (Finistère).
—   SCRIVE frères (Nord).
—   GRASSOT et JOANNARD, Lyon.
—   DUHAMEL frères (Nord).

Etoffes imprimées

Rappel. — GODEFROY, Puteaux.
Médailles. — MEURER et JANDIN, Lyon.

Tapis, Dentelles, Gazes

Rappel. — LAURENT et fils, Amiens.
—   FLAISSIER frères, Nîmes.
—   LEFEBURE, Paris.
—   HENNECART, Paris.

Médailles. — REQUILLART et Cie (Nord).
—   AUBRY frères, Paris.
—   COUDERC et SOUCARET (Tarn-et-Garonne).

Non exposant. — ROUSSY, Lyon.

Bijouterie, Orfèvrerie, Bronzes

Rappel. — RUDOLPHI, Paris.
—   ROUVENAT,   id.
—   LEBRUN,   id.
—   ODIOT,   id.
—   ECK et DURAND, Paris.

Médailles. — FROMENT-MEURICE, Paris.
—   DUPONCHEL^{t}   id.
—   CHRISTOFLE et Cie,   id.
—   DENIÈRE fils.   id.
—   PAILLARD,   id.
—   LACARRIÈRE,   id.
—   Joseph HUBERT,   id.
—   SAVARY et MOSBACH, Paris.

Ebénisterie

Rappel. — GROHÉ et SCHALLER, Paris.
Médaille. — MEGARD,   id.

Imprimerie, Gravure
Papiers peints

Rappel. — MARCELLIN-LEGRAND, Paris.
—   BIESTA-LABOULAYE,   id.
—   DELICOURT,   id.

Médailles. — Paul DUPONT,   id.
—   MAME, Tours.
—   PLON frères, Paris.
—   SILBERMANN, Strasbourg.
—   LEMERCIER, Paris.
—   KAPPELIN,   id,
—   SIMON, Strasbourg.
—   ENGELMANN et GRAFF, Paris.
—   ZUBER, Rixheim.

Modèle anatomique

Médaille. — Docteur AUZOUX, Paris.

Dessin de Fabrique

Rappel. — COUDERC, Paris.
Médaille. — LAROCHE,   id.
Non exposant. — LIÉNARD, Paris.

Papeterie

Rappel. — CANSON frères, Annonay.
—   JOHANNOT,   id.
—   BLANCHET et KLÉBER (Isère).

— Lacroix frères (Charente).
— Durandeau - Lacombe (Charente).
— Papeterie du Marais (Charente).
Médailles.—Société de Souche (Vosges).
— Lombard-Latune (Vosges).
— Laroche frères, Angoulême.

Cuirs

Rappel. — Ogereau, Paris.
— Durand frères, Paris.
— Nyss et C¹ᵉ, id.
— Delbut père, Saint-Germain.
— Pelterbau (Indre-et-Loire).
— Sterlingue, Aubervilliers.
— Plummer et C¹ᵉ (Eure).

— Fauler et Bayvet, Choisy.
— Baudouin frères, Paris.
Médailles.—Duport, Paris.
— Herrenschmidt, Strasbourg.
— Houette, Paris.
— Gauthier, Belleville.
— Seib, Strasbourg.
— Lefébure et Duméry, Paris.

Instruments de Chirurgie

Rappel. — Charrière, Paris.
Médaille. — Luer, id.

Boutons

Médaille. - Trélon, Weldon et Weil, Paris.

Ganterie

Médaille. — Jouvin et Doyon, Paris.

DÉCORATIONS DE LA LÉGION D'HONNEUR

DÉCERNÉES SUR LA PROPOSITION DU JURY

Le Président de la République accorda, en sus de ce nombre considérable de médailles, 51 croix de la Légion d'honneur aux industriels suivants :

AUCLERC, agriculteur et éleveur à Celle-Bruère (Cher).

BAUR, gérant associé de la fabrique de grosse quincaillerie à Molsheim.

BERTHOUD (Charles-Auguste), fabricant d'horlogerie de marine à Argenteuil.

BOUCHON, exploitant de carrières de pierres meulières à la Ferté-sous-Jouarre.

Bouillon, fabricant de fil de fer à Limoges.

BURAT, ingénieur civil à Paris.

CANSON (Etienne), fabricant de papier à Annonay.

CAVAILLÉ-COLL père, fabricant d'orgues à Paris.

CHEVANDIER (Eugène), directeur de la Cⁱᵉ de CIREY (Meurthe).

CRESPEL (Tiburce), agriculteur à Lardret (Pas de-Calais).

DECROMBECQUE, agriculteur (Pas-de-Calais).

CURNIER, fabricant à Nîmes.

DELATTRE (Henri), fabricant de tissus à Roubaix.

DEMESMAY, agriculteur (Nord).

DESROSIERS, imprimeur à Moulins.

DUPORT (Victor-Florian), fabricant de cuirs à Paris.

DURENNE père, fabricant de chaudières à Paris.

FARCOT, constructeur de machines à vapeur à Saint-Ouen

FIZEAU, héliographe à Paris.

FLAVIGNY (Charles), fabricant de draps à Elbeuf.

FROLICH, directeur des forges de Montataire.

GAUSSEN, fabricant de châles à Paris

GOUIN (Ernest), constructeur de machines à Batignolles.

GRAR (Numa) raffineur à Valenciennes.

HARDY, chef des pépinières d'Alger.

HARTMANN, fabricant de fils et tissus de coton à Munster (Haut-Rhin).

HOUEL, directeur des ateliers de la maison Derosne et Cail à Paris.

HOUETTE, fabricant de cuirs tannés et vernis à Paris.

KIND, sondeur artésien.

KOLB-BERNARD, raffineur de sucre à Lille.

LACROIX, directeur de la fabrique de produits chimiques de Chauny (Aisne).

LECOUTEULX, directeur de la fonderie de Romilly (Eure).

LEFÉBURE, fabricant de dentelles et blondes à Bayeux.

LEHOULT père, filateur et fabricant de tissus de coton à Saint-Quentin.

LÉVEILLÉ, filateur et teinturier à Rouen.

MALLET, filateur de coton à Lille.

MARCUS, directeur de la Compagnie des cristalleries de Saint-Louis (Moselle).

MARTINE aîné, agriculteur (Aisne).

MENET (Jean), filateur et moulinier de soie à Annonay.

NILLUS, constructeur de machines à vapeur au Hâvre,

PALLU, directeur des mines de Pontgibaud (Puy-de-Dôme).

POTTON (Ferdinand), fabricant de soieries à Lyon.

RAOUX, fabricant d'instruments de musique en cuivre à Paris.

RENARD (Adolphe), fabricant de draps à Sedan.

ROUSSI, ouvrier mécanicien à Lyon.

SAX, fabricant d'instruments de musique à vent.

SOLEIL, fabricant d'instruments d'optique.

SOREL, fabricant de fer galvanisé

TOUSSAINT, directeur des cristalleries de Baccarat.

TRANCHARD-FROMENT, filateur de laine à Rethel.

ZUBER fils, fabricant de papiers peints à Rixheim (Haut-Rhin).

RÉSUMÉ

—⌒⌒⌒—

Le concours de 1849 termine la série des Expositions exclusivement françaises ; à cette époque déjà, tout ce que l'industrie contenait d'élé‑ments jeunes et hardis, brûlait de se mesurer sur le terrain neutre des réu‑nions universelles avec les nations étrangères : les manufacturiers, pleins de confiance dans leur énergie et leur intelligence, ne tremblaient plus devant le colosse britannique, dont les plus âgés d'entr'eux redoutaient, par tra‑dition, la concurrence.

Ils se rendaient certainement compte des conditions avantageuses où l'Angleterre se trouvait placée, par ses gisements inépuisables de houille, par sa marine trafiquant avec le monde entier, mais cette connaissance impartiale et raisonnée des puissants moyens dont disposaient nos voisins ne les empêchaient pas de constater, par eux-mêmes, que le monopole des Anglais n'était pas tellement étendu qu'il ne fût possible à une nation industrieuse et active de se créer à côté d'eux d'importants débouchés. Les soieries françaises l'emportaient de beaucoup sur les meilleurs produits anglais, nos manufactures de draps et de lainages leur disputaient les marchés étrangers, par leurs nouveautés et leurs dispositions, et les nom‑breux articles de nos industries de luxe étaient fort recherchés, même chez notre rivale.

La nécessité des Expositions universelles s'imposait par ces préoccu‑pations générales, et, comme on l'a vu plus haut, le gouvernement avait fait son possible pour amener un résultat favorable à ses projets.

L'Exposition de 1849 venait à peine de fermer ses portes, qu'un fabricant d'Aubusson, M. Sallandrouze la Mornaix, partait pour l'Angle‑terre afin d'exhiber à Londres ses remarquables produits ; il invitait, en même temps, les manufacturiers français à vouloir bien lui confier des marchandises dans le même but ; beaucoup d'exposants répondirent à cet appel et l'Angleterre accueillit avec un énorme succès cette tentative d'Exposition française.

Il ne restait plus qu'un pas à faire pour convier toutes les nations à la lutte pacifique des industries, il fut franchi en 1851 à la plus grande gloire du Royaume-Uni.

M. BARBEDIENNE

M. Barbedienne, qui se trouve placé, par son talent et l'importance de sa maison, au premier rang dans cette industrie du bronze si éminemment parisienne, est l'exemple le plus frappant que l'on puisse choisir pour montrer quelle situation sont à même d'atteindre l'intelligence et le travail réunis.

Fils de petits cultivateurs du département du Calvados, M. Barbedienne est aujourd'hui Commandeur de la Légion d'honneur et dirige l'établissement le plus remarquable de l'Europe entière pour les bronzes d'art. Cette haute renommée, ces distinctions si honorables, il les doit à sa volonté, à son énergie, à ses études consciencieuses et persévérantes des grands modèles artistiques laissés par l'antiquité et la Renaissance.

Entouré de collaborateurs intelligents et habiles, secondé par les artistes sculpteurs les plus réputés, M. Barbedienne a fait fructifier entre ses mains la découverte de M. Achille Collas, son associé des premiers jours ; il a le grand mérite de s'être appliqué, à une époque où chaque Jury d'exposition se plaignait du mauvais choix des modèles et des préoccupations trop mercantiles des fabricants, à reproduire au moyen du procédé Collas, les chefs-d'œuvre les plus purs de style et de correction que renfermaient les Musées nationaux ; il a relevé, par son exemple, le niveau d'une industrie artistique qui menaçait de s'abâtardir et de disparaître à jamais.

Voilà le fait qui constitue le service le plus réel rendu par M. Barbedienne à son pays, mais son initiative ne s'est pas arrêté là. Au prix de recherches incessantes, de sacrifices pécuniaires considérables, il est arrivé à produire des émaux cloisonnés qui ne le cèdent en rien aux plus remarquables productions chinoises.

Peu de personnes, en admirant ces vases, ces coffrets charmants, aux formes irréprochables, aux couleurs habilement mariées enchâssées dans le bronze, se doutent du travail, des manipulations, des soins, auxquels donne lieu la préparation de ces chefs-d'œuvre artistiques.

Son industrie lui doit encore l'application des bronzes d'art à la décoration, nul mieux que lui ne sait marier le bronze et le marbre pour produire ces merveilles d'élégance désignées, dès les premiers jours d'exposition, par la faveur publique, pour les premières récompenses. Il suffit de rappeler, sans remonter plus haut que l'Exposition de 1878, ces réductions de statues ou de groupes célèbres : l'*Education de l'Enfant*, le *Gloria Victis*, la *Jeunesse du Monument*, de *Regnault*, et cette pendule monumentale, d'un style si gracieux et si imposant en même temps, qui attirait tous les regards à côté de tables, meubles, cheminées, appliques, médaillons, ayant tous la marque du goût le plus parfait.

M. Barbedienne emploie la plus large part de ses bénéfices à créer, sans cesse, de nouveaux modèles pour rester à la hauteur d'une réputation devant laquelle toutes les autres maisons s'inclinent.

Le Gouvernement français, après le grand succès remporté, à Vienne, par sa maison, n'a pas cru trop faire en lui décernant la décoration de Commandeur réservée aux premiers mérites, et la satisfaction qu'a pu éprouver M. Barbedienne en recevant une marque aussi élevée de considération a été doublée par la récompense obtenue en faveur de son chef d'atelier M. Attarge, nommé Chevalier de la Légion d'honneur.

M. Barbedienne a gagné en 1878 la grande médaille et 25 médailles de tous ordres, or, argent, bronze, pour ses collaborateurs ; ses concurrents, eux-mêmes, ont reconnu combien était mérité cet éclatant témoignage de supériorité accordé à l'artiste industriel qui a su grouper et diriger un tel ensemble de talents

M. C.-F. CALLA

M. C.-F. CALLA, né à Paris le 5 février 1802, porte un nom honoré dans l'industrie dès les premières années du siècle.

A l'Exposition de 1806, son père obtenait une médaille d'or pour une mécanique à filature continue, un mull-jenny de 112 broches ; en 1819, une médaille d'argent pour une presse hydraulique ; en 1827, une médaille d'or pour un métier mécanique à tisser. Le Jury ajoutait cette mention élogieuse que M. CALLA était le premier, après Vaucanson, qui avait établi des métiers à tisser mécaniquement.

La Société d'Encouragement pour l'industrie nationale décernait en 1830 à M. CALLA et à son fils, associé à ses travaux, un grand prix de 6,000 francs pour avoir perfectionné le moulage de la fonte de fer et avoir établi les premiers, sur une grande échelle, une fonderie d'ornements, balcons, vases, statues, de fonte de fer, pour les édifices, les Tuileries, le Palais-Royal, etc...

M. Christophe CALLA avait fort à faire pour rester à la hauteur d'une telle situation. Nous venons de montrer, plus haut, son éclatant début dans la carrière industrielle. Successeur de son père en 1835, il reçut en 1839 une mention honorable pour une batteuse et deux métiers à tissus. Cinq ans après une médaille d'or venait récompenser sa fabrication déjà considérable de machines-outils, modèles importés d'Angleterre et qu'il avait améliorés, en 1849, une médaille d'or également pour ses machines-outils. Le jury lui rendait un double hommage en faisant remarquer qu'il venait de créer à La Chapelle une usine spéciale afin de continuer, dans sa maison de Paris, qui était en pleine prospérité, la fonte d'ornement et d'art. A La Chapelle il installait un grand tour pour fabriquer les roues de locomotives, les plaques tournantes, les machines à raboter, etc... et tout cet outillage nouveau dont l'industrie commençait à reconnaître les avantages.

En 1851, M. CALLA, qui poursuivait avec une persévérance couronnée de succès l'adoption en France de tous ces mécanismes anglais jusqu'alors dédaignés, reconnut le premier l'avenir des locomobiles exposées à Sydenham ; dès 1852 il organisait leur fabrication, sur un grand pied, dans ses ateliers, perfectionnait leur fonctionnement en réduisant leur volume et la dépense du combustible, si bien que, grâce à lui, en 1855, les locomobiles françaises à peine connues, quatre ans auparavant, l'emportaient sur les machines anglaises qui leur avaient servi de types. M. CALLA avait encore à l'Exposition un tour, une limeuse, une machine à raboter, et le Jury, en le comblant d'éloges, en rappelant les services qu'il avait rendus à son pays, lui accorda une médaille de 1re classe.

M. CALLA, pendant cinquante années, tout en dirigeant avec activité les établissements importants qu'il avait créés ou augmentés, a rempli de nombreuses fonctions gratuites acceptées avec dévouement dans l'intérêt public.

Membre du Conseil Général des Manufactures pendant 18 ans, du Conseil de la Société d'Encouragement pour l'Industrie nationale pendant 28 ans, Président du Comité des Constructeurs mécaniciens, Membre du Conseil du Comptoir d'Escompte, trois fois Membre élu de la Chambre de Commerce de Paris, etc...

Conseiller municipal à La Chapelle-Saint-Denis pendant 10 ans, il a fondé 3 écoles primaires gratuites, un établissement de charité, l'église Saint-Bernard, etc...

M. CALLA a été nommé Chevalier de la Légion d'honneur en 1843 et l'on peut dire de lui qu'il a contribué plus qu'aucun autre au développement de l'industrie mécanique moderne.

M. BRUNNER

M. Brunner s'est fait, parmi les fabricants d'instruments de mathématiques et d'astronomie, une place distinguée, par ses recherches et les progrès qu'il a réalisés dans une industrie dont l'Angleterre et l'Allemagne avaient le monopole au siècle dernier.

Brunner, en 1844, en 1849, reçut la médaille d'or, mais un plus grand honneur l'attendait en 1855, à cette première rencontre, sur le terrain des expositions, avec l'industrie étrangère.

Brunner venait d'installer à l'Observatoire de Paris la plus belle lunette astronomique connue jusqu'alors ; par une dérogation au règlement de l'exposition, qui fait en même temps l'éloge du constructeur et de ceux qui prirent cette décision, ce précieux travail fut considéré, bien qu'il ne pût être transporté, comme objet d'exposition.

Brunner, nommé juré suppléant, et hors concours, pour cette raison, fut décoré de la Légion d'honneur; en 1867, nouveau succès : une médaille d'or vint reconnaître, la perfection de ses appareils et les progrès qui lui étaient dus pour la fabrication des instruments de grande dimension.

M. Brunner, aujourd'hui retiré des affaires, a laissé sa maison à ses fils, qui en continuent les honorables traditions.

PREMIÈRE EXPOSITION UNIVERSELLE

LONDRES

1851

PREMIÈRE EXPOSITION UNIVERSELLE

1851. — LONDRES

L'Angleterre fut la première à entrer dans la voie des Expositions universelles, à réunir dans ces grands concours internationaux, toutes les nations du globe. Cette idée y naquit à la suite de l'Exposition des produits français tentée avec un éclatant succès en 1850 par M. Sallandrouze la Mornaix et nombre d'autres fabricants.

Dès que le projet fut arrêté, les Anglais s'empressèrent de prendre au plus vite les moyens propres à le réaliser. Des comités se formèrent sous la présidence du prince Albert, on organisa des souscriptions publiques pour former un capital de garantie ; des lords, de grands manufacturiers offrirent jusqu'à 1,000,000 fr.; on obtint, de la sorte, à un taux modique d'intérêt, les capitaux nécessaires qu'avança la Banque d'Angleterre.

Le comité supérieur, en même temps, invita les architectes du monde entier à présenter les plans de construction d'une salle assez vaste pour contenir tous les envois indigènes et étrangers. 233 architectes répondirent à cet appel (Londres 128, Comtés 51, Ecosse 6, Irlande 3, France 37, divers 8). Ce fut un architecte français, M. Horeau, qui gagna les suffrages, mais le Jury, pour des raisons dans lesquelles le patriotisme étroit entrait dans une trop forte proportion, revint sur sa décision et adopta un modèle présenté, après coup, par M. Joseph Paxton, jardinier du duc de Devonshire.

Cet habile homme pensant qu'un palais en cristal analogue à une serre, offrirait, dans un pays de brouillards humides, plus d'éléments de clarté et de lumière que ces vastes constructions en planches et maçonnerie dont on se contentait en France, comme bâtiment provisoire, réussit à faire triompher son plan dont il est juste de reconnaître le mérite.

Il se composait d'une nef immense coupée en deux par une nef transversale ou transept plus courte que la principale : la forme d'une croix latine en un mot ; une galerie supérieure courait tout le long de l'édifice et permettait d'embrasser de l'œil une perspective qui laissait une impression de grandeur et de simplicité.

MM. Fox et Henderson soumissionnèrent les travaux qui durèrent à peine cinq mois, grâce à leurs dispositions ingénieuses et à cette particularité remarquable, bien digne du génie anglais, que tous les matériaux employés en si grande quantité se composaient en réalité de trois ou quatre pièces principales répétées plusieurs milliers de fois. Toutes ces pièces exactement pareilles s'ajustaient avec une régularité parfaite qui diminuait les difficultés de l'entreprise et en abrégeait la durée.

L'organisation administrative de l'Exposition fut ainsi résolue : 6 groupes correspondant aux divisions suivantes : 1° *Produits bruts ;* 2° *Machines ;* 3° *Produits manufacturés ;* 4° *Ouvrages en métaux, verrerie, céramique ;* 5° *Ouvrages divers ;* 6° *Beaux-Arts*, partagés à leur tour en 30 sections. Le Jury composé de 300 membres dont la moitié appartenait à l'Angleterre comprenait, en plus, un conseil supérieur formé des présidents des 30 sections.

Le résultat obtenu fut digne des préparatifs de l'Angleterre : 7,000 exposants étrangers accoururent mesurer leur industrie avec les produits de cette nation qu'on savait si puissante. Voici dans l'ordre de leur importance les pays représentés au concours :

Prusse	872	Espagne	285
Autriche	731	Saxe	190
Belgique	506	Portugal	157
Suisse	263	Suède	117
Amérique	499	Villes hanséatiques	134
Bavière	999	Autres pays	879
Pays-Bas	117		

L'Angleterre réunissait 7,381 manufacturiers, immédiatement après elle venait la France avec 1,751 exposants fournis par 76 départements :

Seine	990	Rhône	83	Marne	44
Nord	62	Ardennes	22	Seine-Inférieure	34

On voit par ces chiffres quelle distance séparait notre pays de la Bavière, de la Prusse, de l'Autriche, qui comptaient à peine la moitié du nombre de fabricants représentant toutes nos industries.

La Reine elle même entourée de sa Cour inaugura le Palais de Cristal au milieu d'un concours de spectateurs qu'on évalua à 20,000 personnes. La cérémonie se passa sans désordre malgré cette affluence ; la foule circulait sans difficulté dans la vaste nef pavoisée, admirant ce spectacle grandiose des produits de l'industrie du monde entier exposés librement à tous les regards.

La France, ce jour-là, manquait complètement à la fête, suivant une tradition constante qui est un de nos défauts principaux, mais qui cette fois pouvait être excusé ; l'inauguration nous avait surpris en plein déballage, et les visiteurs désappointés passaient sans s'arrêter devant nos tables vides et nos vitrines inachevées. Au bout de quelques jours d'activité fiévreuse, tout fut en état, et la section française, terminée comme installation, apparut comme la seule rivale avec laquelle l'Angleterre put se trouver obligé de compter.

Le fait capital de l'Exposition qui se dégageait immédiatement, avant un examen plus attentif, c'était la lutte de la France et l'Angleterre dans le champ ouvert de l'industrie. Nulle autre nation ne se trouvait en ligne, malgré quelques supériorités de détail, sur lesquelles nous aurons à revenir ; le débat était circonscrit, à première vue, entre les deux grandes puissances ; leurs défauts, leurs qualités se manifestaient à tous par cette masse de produits dont chacun pouvait étudier le travail ; il devenait facile, par cette comparaison, côte à côte, d'établir, d'une façon certaine, les aptitudes particulières de chaque peuple.

Les manufacturiers, à leur tour, avaient l'occasion d'observer, sur place, les procédés de leurs concurrents et d'en profiter pour améliorer leur fabrication. Une telle réunion, à quelque point de vue que l'on se plaçât, constituait un événement capital dont les conséquences devaient être encore plus importantes qu'il n'était possible de les envisager.

Après ces considérations générales, passons à l'examen rapide et à la comparaison des produits entr'eux.

L'Angleterre, par son nombre considérable d'exposants, tenait incontestablement la première place ; aucun centre industriel ne s'était abstenu ; les Français apercevaient de près et réunies toutes ces productions si redoutées de Manchester, Birmingham, Sheffield, contre lesquelles les Gouvernements élevaient les barrières de la prohibition, au grand avantage des manufactures nationales, mais au préjudice des intérêts de la consommation. L'Exposition anglaise se distinguait surtout par le luxe des matières premières, depuis la houille indigène jusqu'aux fibres textiles nouvelles de l'Inde et aux laines de l'Australie.

Certains échantillons révélaient à nos manufacturiers des ressources encore inconnues où s'alimentait, sans craindre de jamais les épuiser, l'industrie de notre rivale. Tandis que la métropole poursuivait l'éducation de la race ovine au point de vue de la production de la viande, les immenses troupeaux australiens lui fournissaient sans relâche des laines dont la qualité égalait les meilleures toisons de la Saxe ; cette colonie, dont en France on connaissait à peine le nom, exposait de la houille, du minerai de cuivre, des bois de toutes sortes, une abondance de matières premières, qui étonnaient tout le monde.

A côté de l'Australie, l'Inde envoyait du coton récolté sur son terri- toire, et chacun se rendait compte, en raison de la production cotonnière considérable de l'Angleterre, de l'importance de ces essais de culture jusqu'alors tentés avec succès. L'Inde montrait encore une nouvelle ma- matière textile, exploitée déjà en Ecosse, le jute (écorce filamenteuse du corchorus capsularis), qui se peignait, se cardait et tenait le milieu entre le chanvre et le coton. Le Canada, ses bois précieux, si variés, pour l'ébé- nisterie ; nos fabricants de meubles n'avaient qu'à choisir, parmi ces essences de toutes sortes, de nouveaux moyens de décoration ; ils devaient s'assurer des ressources que leur offraient ces immenses forêts du Nouveau- Monde, d'une richesse inconnue au continent.

De longues tables portaient en ordre méthodique, classés avec une exactitude remarquable, une masse d'échantillons de ce charbon de terre auquel l'Angleterre pouvait attribuer son immense industrie ; puis des minerais de fer, cuivre, étain, etc... provenant de toutes les parties du monde.

L'Angleterre seule avait exposé, avec cette profusion, des matières premières empruntées à tous les règnes de la nature ; et ce n'était pas le moindre intérêt de son exhibition d'être à même de voir, à quelques pas de distance, ces éléments divers transformés en cette multitude de produits dont elle inondait le monde entier : fer, fonte, acier, rails de chemin de fer de 12 mètres de long, arbres de couches, bielles gigantesques, ancres de navire, marteaux, martinets, machines industrielles mises en mouvement par un générateur à vapeur et accomplissant sous les yeux du public toutes les fonctions dont on les avait douées les recherches des ingénieurs.

Nos mécanismes, peu nombreux et peu variés, faisaient triste mine à côté de ce formidable outillage, et le contraste était d'autant plus défa- vorable pour nous que nos produits, silencieux et immobiles, n'avaient pas les mêmes avantages pour racheter leur insuffisance comme quantité. Quelques appareils pour sucreries, raffineries, distilleries, quelques pompes, des mécaniques pour tissus, formaient tout notre contingent, qui aurait gagné à montrer l'activité de la partie anglaise.

Les machines agricoles anglaises excitaient l'étonnement des visiteurs français par le degré d'avancement qu'elles atteignaient dans l'application de la vapeur aux travaux des champs ; des locomobiles légères et parfaitement transportables se prêtaient à toutes les opérations de l'agriculture en lui apportant le concours des forces mécaniques.

Les grands propriétaires fonciers, lésés dans leurs intérêts par la suppression du droit sur les céréales que venait d'obtenir Richard Cobden en faveur de la classe ouvrière, encourageaient de tous leurs efforts les ingénieurs dont les recherches et les inventions leur permettaient de soutenir la concurrence étrangère et de produire en plus grande quantité. Il y avait là, pour les agriculteurs français, un intérêt de premier ordre à étudier toutes ces machines, la plupart inconnues de notre pays, et dont l'expérience venait confirmer les excellents services.

Dans le filage, le tissage de coton, l'Angleterre était arrivée à une telle perfection que nul autre peuple ne pouvait travailler dans des conditions aussi économiques.

La merveilleuse puissance de l'industrie anglaise provenait, avant tout, d'une intelligence parfaite entre le capital et le travail; l'industrie métallurgique était le point de départ de cette fortune sans égale, le bas prix des métaux facilitait l'emploi des mécanismes les plus divers, depuis la machine à battre, la locomotive, jusqu'à celles qui confectionnaient des manches de couteaux et des enveloppes à lettres. Par la division intelligente du travail, les Anglais arrivaient à produire, à un taux inouï de bon marché, des masses d'articles solides en tous genres que leurs flottes dispersaient dans toutes les parties du globe.

Pour résumer l'impression générale, le caractère déterminé de leur Exposition particulière était la force et l'étendue.

Gênées par des droits élevés sur toutes les matières premières importées, nos manufactures se trouvaient dans un état d'infériorité qui ne devait disparaître que par la réduction des tarifs. Le système protecteur, si ardemment défendu en France, alors qu'en Europe les grandes nations commençaient à le repousser ou lui faisaient subir des modifications, recevait dans cette réunion internationale un coup terrible dont il avait pressenti tout le danger.

Cette opposition manifestée contre les Expositions universelles en 1849, et dont la Chambre de Commerce de Paris même avait été complice, tenait aux conséquences fâcheuses que craignaient pour leurs intérêts les protectionnistes, gens obstinés, mais fort au courant des industries étrangères.

Ils savaient les efforts couronnés de succès de Richard Cobden pour la liberté du commerce des grains; ils connaissaient toute la force industrielle des Anglais fondée sur un principe qu'il leur était difficile de suivre eux-mêmes sans compromettre leurs énormes bénéfices; les raisons personnelles qu'ils cherchaient à déguiser sous une apparence patriotique de défense légitime du commerce national avaient été dévoilées et mises au grand jour par un groupe d'hommes convaincus et sincères, plaidant au nom de l'économie politique, la cause du bien-être général.

Mais les protectionnistes, plus habiles que scrupuleux, avaient attribué ce plaidoyer au désir de flatter le peuple, alors agité par la passion politique, et la vaillante phalange des économistes réduite au silence par un argument aussi déloyal, attendait des jours plus heureux pour reprendre la défense des intérêts de la société. L'Exposition de 1851, dont les prohibitionnistes avaient cherché à détourner nombre de fabricants français, les condamnait aux yeux des visiteurs qui comprenaient, en comparant les produits rivaux, tous les avantages d'un régime industriel plus libéral.

Le grand fait qui se dégageait de ce remarquable concours c'était la puissance résultant du prix peu élevé des métaux. Cette vérité nette et précise retombait de tout son poids sur les partisans de la protection et toutes les allégations ne pouvaient en détruire la portée.

Dans toutes les industries où il s'agissait d'applications artistiques, d'élégance, de bon goût, la supériorité nous appartenait de la façon la plus évidente ; nos châles, soieries, toiles peintes, meubles, papiers peints, bronzes, bijoux, lampes, porcelaines, se distinguaient, avant tout, par une harmonie de dispositions, de dessin, devant laquelle tout le monde s'inclinait. Nos draps rivalisaient avec les manufactures de Leeds et d'Ecosse, qui n'avaient pas le droit exorbitant de 25 0/0 sur les matières premières.

Les merveilleuses impressions de Mulhouse l'emportaient sur la fabrication de Manchester, dont les produits se rapprochaient plutôt des articles de Rouen ; les Anglais séduisaient l'acheteur par le bas prix obtenu au moyen de l'immensité des affaires et de l'économie des détails, mais la nouveauté leur importait peu, tandis qu'elle constituait le grand attrait de toutes nos étoffes. L'originalité du dessin, l'heureuse combinaison des couleurs balançaient l'infériorité de notre production comme quantité et maintenaient nos toiles peintes à un prix assez élevé.

En instruments de précision, depuis les chronomètres jusqu'aux pianos, nous conservions le premier rang.

Il résulte de cette revue à vol d'oiseau de l'Exposition française, que tous nos produits étaient rehaussés d'un goût parfait et que leur cherté relative tenait aux charges extraordinaires et fâcheuses qu'ils avaient à supporter. Nos mécaniques allaient de pair comme invention et perfectionnement, avec les machines anglaises les plus parfaites, mais les droits sur le fer et l'acier nous donnaient une infériorité très prononcée comme prix et production. La comparaison de notre coutellerie, taillanderie avec tous les ouvrages de Sheffield, canifs, scies, outils, expliquait l'influence du bon marché des matières premières.

Nous pouvions, en face des colonies anglaises si riches, citer avec orgueil notre Algérie pacifiée, dont les laines, les soies, les bois (80 variétés), le tabac, les matières tinctoriales, les minerais exposés attestaient les précieuses ressources.

Immédiatement après la France venait, comme importance, l'Allemagne, dont les peuples groupés sous la bannière du Zollwerein, devaient à cette union les plus heureuses modifications douanières.

La Prusse entr'autres se signalait par son habileté dans le travail des métaux ; tous les articles allemands, remarquables par leurs bonnes qualités, l'étaient aussi par leurs bas prix.

L'Autriche protectionniste, restée en dehors du Zollverein, se distinguait par ses produits minéralogiques, métallurgiques, ses draps, ses soieries, ses cristaux.

La Belgique comptait au nombre des nations les plus avancées comme développement industriel. On y travaillait avec économie ; la viabilité excellente, le bon marché des charbons, le bas prix de la main-d'œuvre, l'agriculture prospère, donnaient à la production l'élan le plus complet et le plus énergique.

La Suisse, par ses soieries de Zurich, de Bâle, son horlogerie de Genève, ses mousselines brodées, faisait la plus rude concurrence à Saint-Etienne, Tarare et Besançon ; les capitaux y abondaient et la division excessive du travail les faisait fructifier au profit de tous.

L'Italie, à peine remise de ses blessures, le Danemarck, la Suède, étaient peu représentés. Quant aux Etats-Unis, le petit nombre d'objets qu'ils avaient envoyé ne suffisait pas pour donner une idée de leur importance industrielle.

La lutte, comme on le voit, se circonscrivait entre la France et l'Angleterre.

Les deux grands résultats que l'on espérait ne furent pas atteints cependant : la connaissance des prix de vente en gros, la classification officielle des supériorités dans chaque branche d'industrie. Le Jury prétendit qu'en décernant des médailles suivant les mérites comparés entre eux, il paraîtrait désigner certaines maisons pour les commandes au détriment des autres établissements classés comme inférieurs.

Cette mauvaise raison, inspirée par un sentiment plus spécieux qu'équitable n'empêcha pas l'opinion publique de reconnaître, à l'avance, la part qui revenait à chaque nation dans cette exhibition universelle.

Le Jury prit une autre décision non moins bizarre et dont la France supporta seule les sérieux inconvénients. L'ordre des récompenses se trouvait partagé en deux classes de médailles : les council's medals et les prize medals : le Jury fit prévaloir ce principe, contraire à ce qu'on avait fait jusqu'alors en France, que les grandes médailles ne seraient accordées qu'à l'invention et non au perfectionnement ; par ce motif nos toiles d'impressions et nos soieries ne purent recevoir que des récompenses de second ordre.

Une telle décision, conseillée, obtenue par les grandes manufactures de Manchester, Glasgow, Leeds, Preston, Birmingham, etc... prouvait les craintes qu'inspiraient au commerce anglais nos étoffes de première qualité.

Malgré ces dispositions peu équitables, le tableau suivant des distinctions obtenues par la France montre le rang honorable qu'elle avait su mériter.

		COUNCIL	PRIZE	MENTIONS
Première classe. —	Produits bruts.	11	89	105
Deuxième —	Machines.	22	107	37
Troisième —	Produits manufacturés.	2	232	104
Quatrième —	Ouvrages en métaux, céramique, etc.	12	88	62
Cinquième —	Ouvrages divers	6	77	51
Sixième —	Beaux-Arts	3	29	13
	Total.	56	622	372

pour 1,751 exposants sur un total de *172 premières médailles, 2,921 deuxièmes médailles* et *2,093 mentions.* La proportion des récompenses pour cent exposants était de 60.

Le succès de la France était complet ; et le Président de la République, en distribuant les médailles le 25 Novembre 1851 au Cirque des Champs-Elysées, sut réparer l'injustice commise envers nos tissus d'Alsace et de Lyon, en donnant la croix de la Légion d'honneur aux fabricants les plus remarquables. Le Gouvernement français accorda 6 croix d'officier et 47 décorations de chevalier aux vaillants champions qui avaient soutenu à Londres la réputation des produits français.

1851 est le premier pas fait dans la carrière de ces tournois industriels que des esprits élevés comme Richard Cobden croyait appelés par le rapprochement des peuples à supprimer les haines et les guerres !

DÉCORATIONS

Décernées par le Gouvernement, le 12 Novembre 1851, aux Exposants de Londres

---

OFFICIERS DE LA LÉGION D'HONNEUR

CHARRIÈRE, fabricant d'instruments de chirurgie.
CHENNEVIÈRE (Théodore), fabricant de tissus de laine,
ERARD,   id.   de pianos.
FROMENT-MEURICE, orfèvre.
JAPY, fabricant d'outils.
RANDOING, fabricant de draps,

CHEVALIERS DE LA LÉGION D'HONNEUR

AGARD, directeur des salines de Berr.
BÉRARD, ingénieur civil.
BILLIET, filateur de laine.
BOURDON, ingénieur-mécanicien.
BRONSKI, éducation de vers-à-soie.
CASTEL, fabricant de tapis.
CHAMPAGNE, manufacturier en soieries.
COUDER, dessinateur.
COUDERC, manufacturier.
DELEUIL, opticien.
DELICOURT, fabricant de papiers peints.
DUCHÉ, fabricant de châles.
DUQUESNE (Achille), manufacturier.
DUCROQUET, facteur d'orgues.
ESTIVANT aîné, directeur d'usines de cuivre
FOURDINOIS, sculpteur en meubles.
GRENET, fabricant de gélatine.
GUINON, teinturier.
JOURDAIN D'ALTKIRCH, manufacturier.
HERMANN, mécanicien.
LANGEVIN, filateur de bourre de soie.
LEMONNIER, joaillier.
LIÉNARD, sculpteur en bois.

Maes, fabricant de cristaux.

Mallet, fabricant de tulle.

Marrel aîné, orfèvre.

Masson, fabricant de conserves alimentaires.

Mathevon, id.   de soieries.

Merlié-Lefebvre, fabricant de cordages.

Miroude,   id.   de cordes.

Montal, facteur de pianos.

Paillard, fabricant de bronzes.

Patriau, manufacturier.

Plon, imprimeur.

Popelin-Ducarre, fabricant.

Quennesseen, fabricant d'instruments de platine.

Réquillart, fabricant de tapis.

Rudolfi, bijoutier.

Scrive (Désiré), manufacturier.

Seydoux (Auguste), manufacturier.

Steinbach, manufacturier.

Teillard, fabricant de soieries.

Trélon,   id.   de boutons.

Védy,   id.   d'instruments de précision.

Vignat, fabricant de rubans.

Williaume, facteur de violons.

Wagner neveu, horloger.

DEUXIÈME EXPOSITION UNIVERSELLE

1853. — NEW-YORK

DEUXIÈME EXPOSITION UNIVERSELLE

1853. — NEW-YORCK

En 1853, les Etats-Unis d'Amérique, dont l'exposition à Londres n'avait été rien moins que brillante, voulant montrer, sans doute, au continent les efforts de leur industrie dédaignée ou méconnue, invitèrent l'Europe à prendre part au concours ouvert à New-Yorck au milieu de l'année.

L'entreprise était hardie et aventureuse, à une époque où la traversée de l'Atlantique constituait encore, pour beaucoup de monde, surtout en France, un voyage exceptionnel et périlleux, mais l'esprit américain est connu pour ne pas reculer devant ce qui sort de l'ordinaire et, d'ailleurs, les abstentions possibles donnaient à leur industrie un avantage trop précieux pour qu'ils fussent disposés à s'arrêter à cette considération.

La prétention d'attirer à New-York la fabrication européenne était d'autant plus hasardée que personne ne se dissimulait les difficultés de transport, d'emballage, de surveillance, et les inconvénients non moins graves de voir impunément copier ses inventions ou ses perfectionnements avec le sans-gêne que l'on connaissait déjà aux Yankees.

Ces obstacles moraux et matériels réduisirent à des proportions minimes le nombre des envois d'Europe, qui s'élevèrent en tout à 2,251, ainsi répartis :

Zollverein	638
Angleterre.	456
France	396
Autriche.	297
Italie, Pays-Bas, Suisse	464

L'Allemagne, comme on le voit, tenait le premier rang, malgré son éloignement encore plus considérable, mais il faut se rendre compte qu'un courant d'émigration continu rattachait les Etats-Unis à l'Allemagne et créait des relations dont les manufactures allemandes profitaient pour écouler leurs produits.

La réserve de l'Angleterre s'expliquait plus difficilement, car les Etats-Unis, encore dans l'enfance pour un grand nombre de fabrications, s'adressaient souvent à leur ancienne métropole, dont l'intérêt semblait être de paraître dans tout son éclat à côté de nations rivales ; à part les toiles d'Irlande très goûtées en Amérique et une collection remarquable de draps, les Anglais s'effaçaient dans tous les genres et leurs autres échantillons étaient d'une insuffisance complète.

Le Zollverein, convenablement représenté, se distinguait entre tous par une profusion de produits chimiques, alors que l'Angleterre et la France, surtout, où cette industrie était renommée, comptaient à peine quelques exposants.

Notre pays tenait toujours la première place par le goût, l'élégance de ses étoffes, soieries, tapis, modes, tapisseries, bronze, orfèvrerie, bijouterie, céramique, cuirs. Pour conserver cette supériorité plus sensible encore à New-York qu'à Londres, en 1851, où certaines nations les suivaient de près, nos fabricants devaient faire en sorte de ne pas s'endormir dans leur triomphe et de se défier avant tout de la concurrence déloyale des Américains qui, ne pouvant les égaler, copiaient sans vergogne leurs dessins et leurs dispositions.

On pouvait adresser, en général, à l'industrie française deux reproches assez graves qui avaient pour résultat de compromettre le mouvement ascensionnel de nos exportations.

Nos manufacturiers se préoccupaient trop peu, dans la confection de leurs articles de goût, des populations auxquelles ils les destinaient, ils n'attachaient aucune importance à adopter les formes préférées par les Américains, à se plier à leurs usages ; cette négligence pouvait, à un moment donné, éloigner de notre marché les chalands, trouvant ailleurs plus de condescendance.

Le second point, sur lequel il était bon d'attirer l'attention, touchait plutôt au commerce qu'à l'industrie : certains fabricants, au lieu d'aller chercher la commande à l'étranger, au lieu d'entretenir des agents chargés de combattre la concurrence, avaient le tort d'attendre chez eux qu'on vînt leur demander leur marchandise.

Dans les industries où notre supériorité était réelle, l'inconvénient perdait de son importance, mais il fallait, pour les autres, réagir contre une tendance étroite qui ne profitait qu'aux autres nations. L'exemple de l'Angleterre devait décider les manufacturiers à se corriger de ces deux défauts très préjudiciables.

L'étendue des affaires du Royaume-Uni, ses relations avec toutes les parties du globe, provenaient d'une entente parfaite du commerce et des habitudes de ses clients des cinq parties du monde. Sa conduite, si diffé- rente de la nôtre, nous indiquait la route à suivre pour ne pas perdre les débouchés que nous avions su nous acquérir.

L'exportation des vêtements confectionnés français s'était beaucoup ralentie depuis l'extension considérable de la production locale et l'usage qu'on faisait des machines à coudre. Le Gouvernement des Etats-Unis avait contribué à ces résultats fâcheux pour nous, en élevant contre nos articles des tarifs protecteurs.

La mesure n'était pas libérale, mais elle mettait les manufactures de l'Union à même de triompher facilement de l'importation étrangère, et nous avons vu, depuis, les Etats-Unis abuser de ces moyens arbitraires chaque fois que leur industrie indigène s'est trouvée assez forte pour se passer des produits du continent européen.

L'Exposition américaine comptait 1,955 exposants seulement, et les matières premières prenaient une large part. En objets manufacturés, ils avaient des tissus de coton qui, par leur travail soigné, méritaient d'être mis en parallèle avec les tissus anglais et allemands ; leurs indiennes accusaient aussi un progrès très réel ; leur collection de machines de toutes sortes, leur outillage agricole, étaient d'autant plus admirés que la France et l'Angleterre n'étaient représentées que par quelques dessins.

Il faut reconnaître, cependant, qu'ils possédaient une variété fort complète d'instruments propres aux travaux de la campagne et que les dispositions adoptées témoignaient, pour quelques-uns, de remarquables progrès. Ils exposaient aussi une quantité d'armes solides et bien établies : des bow-knifs montés avec soin, riffles, revolvers à six, douze, dix-huit coups, moins brillants, sans doute, qu'un fusil de Lepage ou de Lefaucheux, mais très convenables pour servir de moyens de défense à un fermier perdu dans le Far West.

Le Canada leur disputait la prééminence par ses nombreux échan- tillons de bois précieux et ordinaires, par ses billes ou troncs qui attei- gnaient des dimensions analogues à celles des fameux sequoia gigantea de Californie.

L'Exposition américaine laissait, en un mot, une impression générale de grandeur hâtive et de rude simplicité. On sentait un peuple encore en travail de civilisation qui produisait à la vapeur, en ne sacrifiant à la forme que lorsqu'il la jugeait nécessaire pour le fonctionnement régulier d'un mécanisme ou d'un appareil quelconque ; toutes leurs machines affectaient les apparences les plus grossières, sans que cela les rendît moins parfaites comme service.

Leurs meubles n'avaient point la prétention de rivaliser avec les merveilleuses créations de nos ébénistes, et se contentaient de remplir exactement et lourdement leur office de lits, commodes, buffets, armoires, chaises, etc. Quant aux arts industriels tels que la céramique, cristallerie, instruments de musique, de précision, orfèvrerie, bijouterie, modes, fleurs artificielles, parapluies, nécessaires, etc., ils restaient tributaires du continent et offraient à la France, sans rivale pour tous ces articles, un marché très avantageux dont il était nécessaire de s'assurer le monopole.

L'Exposition, comme il est facile de le voir, en tant qu'exhibition internationale, était fort incomplète, et les envois assez nombreux du Zollverein entr'autres ne compensaient pas les vides laissés par la France et l'Angleterre.

Ouvert le 15 Juillet, le palais de l'Exposition, qui réunissait en deux constructions 16,000 mètres carrés de surface abritée, ferma ses portes le 1er Décembre 1853.

Le nombre de distinctions accordées atteignit 3,239 sur 4,410 exposants, plus de la moitié. La France, pour sa part, obtint 18 médailles d'argent, 141 de bronze et 105 mentions honorables, ce qui lui donna la proportion de 67 récompenses pour 100, alors que la moyenne n'était que de 51 0/0 pour les autres nations.

A New-York, comme à Londres, les fabricants français devaient leur succès aux qualités de bon goût, de dessin, d'élégance réunies dans toutes leurs productions. Malgré cette supériorité, il leur fallait se tenir en garde contre la contrefaçon américaine et les efforts de l'Angleterre et de l'Allemagne qui leur disputaient, par tous les moyens, un marché fort justement recherché.

Il dépendait de leur initiative de s'assurer la clientèle des Deux-Amériques en créant des comptoirs, en établissant des relations suivies au moyen d'agents, de représentants, en se conformant habilement, dans chaque genre d'industrie destiné à l'exportation, aux usages et aux habitudes des peuples qu'ils étaient appelés à fournir. Ces moyens, mis en pratique par l'Angleterre, favorisaient l'essor de son prodigieux commerce ; la France, imitant un exemple aussi concluant pouvait se créer, à son tour, de nouveaux débouchés pour l'excédant de sa fabrication et affirmer partout la prééminence artistique des articles français.

PREMIÈRE EXPOSITION UNIVERSELLE

EN FRANCE

1855. — PARIS

APERÇU GÉNÉRAL

Depuis 1851, de graves évènements avaient encore une fois changé la forme du gouvernement en France. Le prince Louis Bonaparte, Président de la République, s'était, au moyen d'un coup d'État, débarrassé des difficultés que lui créait la Chambre, et le pays, ratifiant par son vote une mesure violente, mais nécessaire, avait fait un Empereur de celui qu'il considérait comme le sauveur de l'ordre et de la Société.

Le nouveau souverain, à peine installé depuis quelques mois, voulut, tout d'abord, pour se concilier plus vivement les sympathies des classes industrielles, donner à l'Europe le spectacle d'une Exposition analogue à celle qui venait, en 1851, d'inaugurer si brillamment à Londres l'ère des concours internationaux.

Cette invitation, lancée à tous les états du monde par un gouvernement d'aussi fraîche date, devait prouver d'une manière éclatante la solidité du trône impérial, et donner en même temps au peuple Français le plus sûr gage de bienveillance envers les véritables intérêts du pays. Napoléon III tenait à montrer les ressources de la France, enfin sortie des troubles et des agitations politiques, reprenant, à la faveur de la tranquillité et de l'ordre rétablis, sa vie de travail, de recherches et de progrès.

Quelques points noirs à l'horizon d'Orient commençaient à attirer l'attention de l'Europe, mais la situation n'était pas encore assez compliquée pour détourner tout-à-fait les esprits de l'entreprise décidée par l'Empereur, et les obliger à se tenir dans une prudente réserve. Le 8 mars 1853, le Moniteur inséra le décret qui annonçait l'ouverture d'une Exposition industrielle et agricole, le 1er mai 1855, dans le carré

Marigny. Un second décret du 22 juin de la même année, compléta le premier en ajoutant un nouvel attrait à la réunion, par une Exposition des Beaux-Arts, sculpture, peinture, architecture. Ce programme était fait pour donner satisfaction à tout le monde et attirer un plus grand nombre de visiteurs ; mettre à côté des merveilles de l'industrie et de la science, les chefs-d'œuvre de l'art moderne, constituait une innovation intelligente qui relevait considérablement le prestige déjà si vif des expositions et faisait grand honneur au pays qui en prenait l'initiative.

Le 24 décembre 1853, l'Empereur nomma une Commission supérieure, composée de 37 membres, présidée par le prince Napoléon, et qui fut chargée de faire les études nécessaires pour assurer la bonne organisation du concours.

Elle se partagea tout d'abord en deux sections :

    1° Agriculture et Industrie ;

    2° Beaux-Arts ;

Puis, elle se mit à l'œuvre et prépara toutes les dispositions du règlement général qui fut approuvé par décret du 6 Avril 1854.

Ses 83 articles formaient, en quelque sorte, un code complet en matière d'Exposition universelle ; on retrouvait dans ce travail une grande partie des prescriptions adoptées en 1851, par l'Angleterre, avec d'heureuses modifications, résultat de l'expérience.

Je cite brièvement, en passant, quelques uns des articles principaux relatifs à la liste des Exposants, qui devait être adressée à la commission, au plus tard, le 30 novembre 1853 ; à la réception des produits, fixée du 15 Janvier au 15 Mars 1855, avec un délai maximum d'un mois ajouté pour certains articles difficilement transportables.

L'Etat prenait à sa charge l'expédition des produits français du chef-lieu du département à l'Exposition : les produits étrangers jouissaient du même privilége, mais seulement à partir de la frontière.

Tous les arrangements particuliers : gradins, tablettes, vitrines, incombaient aux exposants, qui avaient la faculté de se faire représenter et de vendre leurs produits, mais sans qu'ils pussent être enlevés avant la clôture du concours.

Les produits étrangers admis étaient pris en charge par les employés des douanes; le Palais de l'Industrie constituait un entrepôt réel; jusqu'à la fin de l'Exposition ; après cette époque, les manufacturiers étrangers pouvaient vendre leurs produits en acquittant les droits.

Un article spécial visait la protection des procédés ou dessins qui n'étaient ni brevetés, ni déposés. Le Commissariat général délivrait, sur demande, un certificat descriptif de l'objet qui en assurait à l'exposant la propriété exclusive pendant un an, à partir du 1er Mai 1855, sans préjudice du brevet qu'il était libre de prendre avant l'expiration de ce terme. Cette mesure était d'autant plus sage que les deux expériences précédentes, de 1851 et 1853, avaient prouvé l'impudence avec laquelle certains manufacturiers étrangers s'appropriaient nos dessins, elle sauvegardait une propriété respectable au même titre que les autres, et sur la légitimité de laquelle il ne pouvait y avoir le moindre doute.

Le nombre des membre du jury atteignait 280 pour les 27 classes de l'agriculture et de l'industrie, avec 67 suppléants. Le président de chaque jury spécial était nommé par la Commission Impériale, le vice-président et le rapporteur par les membres du Jury. — Les présidents et vice-présidents des huit groupes étaient élus par les membres de chaque groupe. Enfin, les récompenses de premier ordre n'étaient accordées qu'après une révision faite par un Conseil composé des présidents et vice-présidents des jurys spéciaux.

Cette énumération un peu aride des articles principaux du règlement est nécessaire pour faire comprendre les règles posées en matière d'exposition, afin d'éviter les embarras des susceptibilités en éveil, et de garder une stricte impartialité.

La présence au concours des nations étrangères, obligeait à la plus grande courtoisie, et en même temps, à beaucoup de circonspection pour ne froisser personne : le caractère français, éminemment sociable, se prêtait mieux qu'aucun autre, et sans difficulté, à cette situation délicate. La Commission Impériale donna les preuves les plus complètes de tact et de convenance, en nommant présidents de classe, 12 étrangers sur 27, en accordant généreusement aux industries rivales les emplacements les plus avantageux, en leur abandonnant la moitié de la vaste nef du palais.

La question des récompenses donna lieu, avant d'être résolue, à de nombreux tâtonnements, dont on retrouve la trace dans les rapports de la Commission des 9 Mai, 19 Juillet, 25 Juillet, 11 Novembre 1855. Dans le principe, la Commission s'était prononcée contre le système préconisé en Angleterre, et contraire aux habitudes françaises, de n'ac-

corder de distinction qu'aux œuvres résultant de l'invention ; elle admit
en conséquence quatre ordres de récompenses, plus une médaille d'honneur
réservée à une perfection exceptionnelle de produits, à un très-grand bon
marché, à une découverte importante appliquée dans l'industrie. Un
décret du 10 Mai 1855, approuva ces dispositions en affectant aux
médailles dénommées comme il suit, une somme de 150,000 francs.

1° Médaille d'or ;
2° Médaille d'argent ;
3° Médaille de bronze ;
4° Mention honorable.

La médaille d'or devait être décernée par le Conseil supérieur des
Présidents et Vice-Présidents, sur la proposition des jurys de classe approuvée par le groupe auquel appartenait la classe. — Les autres récompenses étaient accordées par chacun des jurys des sept premiers groupes,
toujours sur la proposition du jury de la classe. — Les contre-maîtres,
ouvriers, pouvaient concourir pour les médailles. — Le 25 Juillet, une
circulaire modifiait l'appellation des récompenses en remplaçant le mot :
or, argent, bronze, par grande médaille d'honneur, médaille de première
classe, médaille de deuxième classe. — Le 11 novembre enfin, quelques jours
avant la distribution, un décret vient dédoubler les médailles d'honneur
en réservant la première catégorie sous le nom de grande médaille d'honneur aux mérites exceptionnels et hors ligne, la deuxième, sous le nom
de médaille d'honneur aux services notables, moins éclatants. D'après
ce dernier système, l'ordre des récompenses se composait de :

Grande médaille d'honneur. — Or, module 0,059 millim.
Médaille d'honneur. — Or, module 0,045 millim.
Médaille de première classe. — Argent.
Médaille de deuxième classe. — Bronze.
Mention honorable.

Pendant que la Commission Impériale étudiait tous les détails assez
compliqués d'administration et d'organisation qui sont résumés plus
haut, une Sous-Commission, dite d'exécution, fut chargée de reconnaître
l'emplacement et de s'assurer qu'il pouvait suffire à contenir tous les
exposants. Cette Commission se trouva, dès le principe, aux prises avec
les plus sérieuses difficultés.

Le Palais de l'Industrie, construit sur les-dessins de M. Viel, architecte, par MM. Yorck et Cⁱᵉ, entrepreneurs généraux, sous la direction de
MM. Barrault et Bridel, ingénieurs, appartenait à une compagnie
particulière, concessionnaire.

Cette organisation malencontreuse, dont le but était d'éviter une
dépense trop lourde pour l'État, amena de continuels tiraillements entre
la Commission sans pouvoir efficace sur les entrepreneurs, et la Compagnie
peu disposée à sacrifier ses droits aux réclamations du Comité d'exécution.
Il résulta de cette situation mal définie comme attribution, une mésintel-
ligence dont il eut été facile d'épargner les ennuis aux commissaires du
Gouvernement, en revenant sur une décision fâcheuse.

Le général Morin et M. Vaudremer, auxquels incomba la délicate
mission des études préalables, constatèrent, tout d'abord, que les 45,000
mètres du palais ne pouvaient suffire, alors qu'en 1851, à Londres, 97,000
mètres n'avaient pu contenir tout le monde. On proposa immédiatement à
l'Empereur la construction d'annexes, pour obtenir les 105,000 mètres
jugés nécessaires. Le général Morin et M. Vaudremer préparèrent le
projet qui fut soumis au Chef de l'État.

On élargissait l'emplacement appelé Jeu de Paume, ainsi que l'avenue
qui conduit à l'allée d'Antin; on y construisait deux vastes galeries de
25 mètres formant prolongement du bâtiment principal, et on obtenait
ainsi un supplément de 50 à 60,000 mètres. Le reste de l'emplacement
devait être fourni par l'enceinte extérieure, dans laquelle une partie du
carré Marigny devait être enfermée.

La construction, en maçonnerie, extérieurement de même apparence
que le bâtiment principal, à l'intérieur fonte et fer, était estimée
5,500,000 francs. Le prince Napoléon annonça le 24 février 1854, que ce
projet était adopté par l'Empereur. Sur ces entrefaites, le prince partit
pour l'Orient, et le 3 Mai suivant, le Ministre d'État fit savoir à la Commission que, vu les circonstances dans lesquelles l'Exposition avait lieu,
et les difficultés d'exécution des annexes projetées, il était décidé qu'on se
contenterait du Palais tel qu'il existait, en lui adjoignant, si la chose était
indispensable, des constructions temporaires.

La Commission persista dans son opinion, mais ses réclamations
furent à ce point méconnues, qu'elle apprit, le 23 Juin, l'existence d'un
traité passé, sans qu'elle eût été consultée, avec la Compagnie concession-

naire du Palais, pour la construction d'une annexe de 1,200 mètres de
long et 25 de large, sur le quai de la Conférence.

Le Comité d'éxécution n'était pas au bout de ses infortunes, il obtint
cependant une demi satisfaction en voyant accueillir son projet de
jonction des deux bâtiments, au moyen d'une galerie qui, partant de
l'entrée sud du Palais, traversait et entourait l'ancien Panorama et
conduisait au rez-de-chaussée de l'annexe, par un double pont sous
lequel on avait conservé la circulation du Cours la Reine et dè l'allée
latérale.

L'emplacement obtenu par ces dispositions diverses, comprenait :
le palais : 45,000 mètres, l'annexe : 30,000 mètres, et 22,087 mètres
réservés autour du panorama, pour les sujets encombrants et peu susceptibles de détériorations, plus 1,500 mètres abrités par un hangar
destiné aux instruments agricoles et aux voitures, soit un total de
107,000 mètres carrés.

Cette difficulté résolue, il restait encore la question non moins
importante de l'exécution dans les délais prescrits; le Commissariat
général se heurta à de nombreuses résistances, à un mauvais vouloir
encouragé par l'inertie de la Compagnie, si bien qu'à la date du 1ᵉʳ Mai,
rien n'était encore terminé, et qu'il fallut reculer l'ouverture de
quinze jours.

Le résultat, malgré tous ces tiraillements, était magnifique, au
point de vue de l'empressement général. Malgré la guerre qui venait
d'éclater avec la Russie, et dont les conséquences inquiétaient tous les
esprits, 20,000 exposants avaient répondu à l'appel et se trouvaient
réunis à Paris pour célébrer les fêtes de l'Industrie, alors qu'à l'autre
bout de l'Europe, la Turquie, secourue par les deux grandes puissances
européennes défendait son territoire contre son ennemi traditionnel.
Ce contraste d'autant plus pénible que notre armée figurait parmi les
antagonistes, jetait un sentiment de tristesse sur cette réunion vouée
à la gloire des arts, de la paix.

La France, à elle seule, comprenait 10,690 envois, dont 4,600 de
Paris : pas un département ne s'était abstenu, les plus pauvres, les
plus dénués d'industries, tels que les Landes, le Cantal, la Lozère,
avaient fourni leurs productions locales, des laines, des sabots, des
échantillons de cultures diverses; les plus industrieux comptaient : le
Nord, 513 exposants, la Seine-Inférieure, 236, le Rhône, 360, la Loire
216, le Calvados, 152, l'Isère, 102, la Marne, 111, l'Oise, 108, le Haut-

Rhin, 128, la Somme, 111, le Bas-Rhin, 64. La France, à ce grand concours, était représentée de la manière la plus favorable, par l'élite de ses manufacturiers ; elle pouvait descendre confiante dans la lice ouverte à toutes les nations. L'Exposition de 1851, si incomplète qu'elle fût, avait produit cet avantage immense de montrer de près à tout le monde le puissant empire des machines, et les conséquences heureuses qui résultaient pour un peuple de leur emploi judicieux. Nos fabricants, avec cette vivacité d'intuition qui est le propre du caractère français, s'étaient convaincus de cette vérité, et, depuis lors, en quatre années, avaient fait de surprenants progrès dans la création et l'appropriation de mécanismes nombreux aux besoins industriels.

Pour citer un seul fait, plusieurs constructeurs mécaniciens exposaient des locomobiles, comparables aux meilleures machines anglaises, supérieures par leur légèreté, leur forme moins encombrante, alors qu'en 1851, leur usage était presqu'inconnu en France. Dans l'examen de l'exposition proprement dite, je reviendrai sur cette conquête et sur plusieurs autres importations faites avec un égal succès.

Les exposants étrangers, au nombre de 10,148, égalaient presque le chiffre des fabricants français. Ce total considérable se décomposait ainsi :

Angleterre	2.574	Danemarck	90	Hesse, Bade, Bavière, Brunswick, Saxe, etc.	619
Autriche	1.296	Portugal	443		
Belgique	686	Sardaigne	198		
Espagne	568	Suède et Norwége	538	Etats-Unis	130
Grèce	131	Suisse	408	Amérique du Sud	147
Pays-Bas	434	Toscane	197	Divers	80
Prusse	1.313	Wurtemberg	207		

C'était donc un ensemble magnifique de 20,000 exposants réunis pour la première fois dans la capitale. Les nations étrangères, soit à cause des facilités de communication, soit qu'elles eussent mieux compris, depuis 1851, les avantages résultant de ces exhibitions, avaient toutes un nombre de représentants bien supérieur à celui qu'elles avaient atteint à Londres.

Malgré toute la diligence faite par la Commission dans son classement, malgré sa pression incessante auprès du Directeur du Palais, il fallut retarder l'ouverture de quinze jours. L'Exposition n'ouvrit ses portes au public que le 15 Mai.

L'impression de la foule, en pénétrant par l'entrée principale dans la grande nef était flatteuse pour les organisateurs, et leurs habiles dispositions faisaient ressortir encore plus nettement les différences des caractères français et anglais. A Londres, le Palais de Cristal saisissait de suite le visiteur par son immensité; ses vastes proportions lui donnaient un cachet de grandeur simple qui frappait l'esprit et le regard, mais, le premier moment passé, en suivant de l'œil ces grandes lignes monotones et froides, on se lassait vite d'une perspective fort belle mais trop uniforme.

A Paris, tout le charme du Palais résidait dans l'agencement des produits exposés. Au rez-de-chaussée, les produits monumentaux de toutes les nations et des trophées réunissant les merveilles de chaque industrie se groupaient avec art, suivant une délimitation arrêtée ainsi : la partie sud aux étrangers, la partie nord à la France. La galerie supérieure était partagée également d'après le même esprit d'équité, sans que la Commission eut songé, un seul instant, à avantager, comme choix d'emplacement, les fabricants français.

Des drapeaux de tous les pays flottaient à la hauteur de la galerie d'où l'on pouvait examiner à loisir la nef où se trouvaient rassemblés : des fontaines françaises, un phare exposé par le Ministère des travaux publics, une glace de Saint-Gobain, le trophée de la marine anglaise, le trophée en terre cuite de l'Autriche, la statue en fonte de fer du roi de Prusse, deux chaires des Pays-Bas, puis des autels, bronzes, marbres, tout cela disposé avec goût et méthode. Au premier, les salles contenaient les tissus de luxe, la bijouterie, les fleurs artificielles, etc...

Dans le large corridor qui menait au panorama on préparait encore quelques installations pour les exposants repoussés à cause du défaut de place ; au centre de la grande salle, sur une vaste estrade, étincelaient les diamants de la couronne entourés, plus bas, des chefs-d'œuvre de Sèvres et d'un grand service de Christofle destiné à l'Empereur. Les murs étaient couverts de tapis des Gobelins, de Beauvais et d'Aubusson.

Dans la galerie du pourtour se trouvaient les instruments de musique, les armes, couteaux, meubles, dessins industriels. Deux hangars abritaient, au jardin, l'un la carrosserie, l'autre les instruments agricoles. La partie découverte du jardin contenait des objets ne craignant aucune détérioration, soit par le soleil ou la pluie, tels que des modèles de construction de navire, un yacht appartenant à l'Empereur, une hélice monstrueuse, un modèle de cité ouvrière par M. Clarck.

La section annexe comprenait, d'un côté une double galerie de sept mètres de large, dans laquelle étaient exposés les produits naturels des colonies et de nombreux instruments scientifiques. Au rez-de-chaussée, les produits agricoles, minéraux, métallurgiques, chimiques, substances alimentaires; cette première section se terminait par les articles des colonies françaises et de l'Algérie. La seconde section de l'annexe était exclusivement réservée aux machines.

Ce rapide aperçu donne une idée de la méthode adoptée pour la répar-

tition de l'espace attribué à chaque nation. La France avait été complètement sacrifiée, dans cette occasion, à la courtoisie chevaleresque de
l'hospitalité; ses produits, plus nombreux, disséminés d'un côté et de
l'autre, n'étaient point favorisés par une dispersion préjudiciable à
leur examen attentif et suivi, tandis que les échantillons étrangers,
resserrés, offraient plus de facilité pour l'étude et d'homogénéité comme
ensemble de production.

Le plan adopté d'un palais notoirement insuffisant avait amené ces
conséquences regrettables dont notre pays souffrait plus sensiblement
qu'aucun autre : la faute rejetée sur le comité d'installation remontait
plus haut, et la responsabilité en incombait à ceux qui n'avaient pas prévu
un encombrement inévitable dans un espace aussi restreint. Ces récrimi-
nations assez vives au début de l'Exposition, s'atténuèrent par la suite
lorsqu'il fut bien prouvé que, malgré ces conditions mauvaises, notre
industrie avait eu un succès réel confirmé par les décisions du Jury
international.

EXAMEN DES PRODUITS EXPOSÉS

Passons maintenant à la comparaison des produits exposés en signalant d'une manière concise les degrés de supériorité reconnus chez tous les peuples accourus à ce tournoi industriel.

L'exposition algérienne, si remarquée en 1849 déjà, était magnifique cette année, surtout à cause des résultats qu'elle faisait espérer. Céréales, produits végétaux, minéraux, soies, huiles, laines promettaient beaucoup, si le Gouvernement parvenait à triompher des trois obstacles qui se dressaient devant la prospérité de la colonie : le manque de bras, l'argent, les routes.

Le premier pouvait être vaincu en essayant de détourner au profit de l'Algérie, le grand courant d'émigration allemande vers les États-Unis, en offrant des avantages considérables aux colons qui se décideraient à venir s'y établir, le second, moins sérieux, par la création de sociétés auxquelles on accorderait, en échange de leurs capitaux, des exploitations fructueuses, il fallait, pour attirer l'argent, montrer toutes les ressources si diverses de cette terre privilégiée, enfin, le dernier obstacle tenait en quelque sorte au second, les grandes voies militaires de province à province étaient bien entretenues, il devenait facile, avec de l'argent, de créer un réseau reliant les centres de production aux ports de la côte.

L'avenir de la colonie était attaché à ces améliorations nécessaires ; on y trouvait la laine, susceptible, avec des soins, d'atteindre le degré de finesse des laines australiennes, le coton qui y réussissait admirablement, les huiles d'autant plus précieuses que les départements du Midi ne suffisaient pas à la consommation, des carrières d'un marbre agathisé très recherché : l'onyx, des mines de fer, cuivre, plomb, en gîtes inépuisables ; toutes ces richesses, maintenant que la conquête était solidement établie, pouvaient accroître les ressources de la métropole, au plus grand bénéfice de la colonie.

Les autres possessions françaises avaient une exposition d'une pauvreté remarquable ; pour dissimuler notre indigence à côté des brillants et nombreux échantillons des colonies anglaises, on avait mélangé, sans distinction de provenance, les cafés, sucre, épices, bois de la Réunion et des Antilles ; le Sénégal, le Gabon, la Guyane ne donnaient presque rien. Il était regrettable de constater l'indifférence du Gouvernement pour le développement de cette dernière colonie, dont le climat, malsain sur les côtes, perdait, dans l'intérieur des terres, son influence meurtrière et se prêtait, avec une merveilleuse fécondité, aux cultures les plus variées ; pour s'en convaincre, il n'y avait qu'à jeter les yeux sur les produits exposés par les Anglais et provenant de leur Guyane qui se trouvait dans les mêmes conditions climatériques.

Les colonies anglaises brillaient à l'Exposition par leurs laines, leurs bois, leurs fibres textiles. La Guyane et le Canada fournissaient en bois les essences les plus variées ; le Cap et l'Australie donnaient à la métropole 20,000,000 kilg. de belles laines mérinos fines et l'exonéraient ainsi du tribut qu'elle payait autrefois à l'Allemagne et à la Russie.

L'Angleterre, assurée des matières premières nécessaires à son industrie, s'occupait de la production de la viande et obtenait ainsi ses magnifiques laines longues ; sa population ovine, doublée en un siècle, atteignait 40,000,000 de têtes comme chez nous, mais les races anglaises produisaient deux fois plus de viande que les nôtres, et leurs laines longues convenaient parfaitement à la fabrication des étoffes rases.

Au jute les Anglais ajoutaient l'extraction des fibres du bananier et l'importation en filasse du Ramie (*urtica utilis*) baptisé par eux du nom de : China grass. Depuis 1840 cette plante était connue en France : M. Decaisne en 1850 avait envoyé quelques échantillons accompagnés d'une note au Ministre du Commerce qui les soumit à une commission de filateurs ; ceux-ci après un examen superficiel, sans doute, en méconnurent les qualités : en 1851 le capitaine de Freycinet rapporta de Chine des graines qui, semées au Muséum, donnèrent une tige d'un mètre et demi de hauteur. Il ne fut pas possible, malgré les instances les plus pressantes auprès du Ministre de la Marine, d'obtenir de lui que cette plante fut cultivée au Sénégal, à la Guyane, et dans les colonies des tropiques.

Aujourd'hui cette même plante, dédaignée en France, nous revenait, sous le nom de China grass, d'Angleterre où l'on avait su en apprécier et en utiliser tous les avantages.

Les laines d'Allemagne, courtes et fines, rivalisaient avec les plus belles laines d'Australie ; cette supériorité constante tenait à ce fait que les troupeaux, entourés des soins les plus assidus, appartenaient à de

grands propriétaires dont les vastes domaines, se trouvaient situés dans
des contrées peu habitées : en Moravie, en Bohême, en Saxe, en Silésie,
on y sacrifiait, avant tout, la viande peu nécessaire pour une population
restreinte, à la laine très recherchée par les manufacturiers de tous pays.

La méthode suivie en France constituait un système intermédiaire
qui nous laissait dans un état moyen très défavorable, à ce double point
de vue. L'étranger nous donnait également des laines longues et fines.
Il fallait, dans l'espèce, s'en tenir, comme l'Angleterre, à la production de
la viande et demander à l'Algérie les laines fines nécessaires. L'Algérie,
avec 10,000,000 de moutons, pouvait, en suivant de bonnes méthodes
d'éducation, nous procurer 10,000,000 kil. de laines égales aux meilleures
toisons australiennes.

Le docteur Boucherie présentait des spécimens de bois injecté par les
procédés qui lui étaient particuliers et dont l'expérience avait prouvé les
excellentes propriétés. L'importance de cette découverte, bien établie par
les résultats déjà obtenus, s'affirmait chaque jour davantage et l'on s'expliquait difficilement que son système n'eut pas encore été adopté d'une
façon plus générale.

Il est nécessaire, pour terminer la revue des produits agricoles, de
parler d'un produit qui s'y rattache directement : les engrais. Deux nouveaux spécimens étaient présentés par M. de Molen et Delanoue.

M. de Molen, agriculteur du Finistère, formait, des débris de la
grande pêche et des poissons dédaignés par la consommation, un puissant
engrais qu'il nommait guano-poisson et dont l'emploi lui réussissait parfaitement. A Terre-Neuve on avait formé d'après ces principes, un établissement pour exploiter les détritus de la préparation des morues.

M. Delanoue lui, venait de découvrir un nouvel engrais dont la
richesse est chaque jour de plus en plus appréciée. Il avait trouvé dans le
département du Nord un vaste bassin de phosphate de chaux, en couches
régulières de plusieurs myriamètres d'étendue, de Breteuil à Aix-la-Chapelle, de Calais à Bavay, avec une épaisseur de 0,60 à 0,80 centimètres.

La deuxième partie de l'annexe contenait les machines de toutes
sortes, non plus immobiles et silencieuses comme autrefois, mais accomplissant chacune leur fonction spéciale aux yeux des visiteurs émerveillés.
Une foule compacte se pressait continuellement dans cette galerie bruyante
et affairée ; le spectacle de ces mécanismes nombreux, travaillant avec
leur régularité automatique, impressionnait vivement même les ignorants qui ne pouvaient se rendre compte des difficultés vaincues et des
perfectionnements accomplis.

Les usines du pays de Galles nous avaient envoyé des rails de 26

mètres de long ; sans atteindre ces dimensions colossales, Denain, Decazeville, Commentry, confectionnaient des produits remarquables, et leur
fabrication courante égalait la fabrication anglaise. MM. Pinart frères,
de Marquise, exposaient des modèles des poutres en fonte qu'ils avaient
employées pour la construction des caves de la gare du chemin de fer de
l'Ouest : le caractère particulier de l'art de l'époque ressortait nettement
des autres objets envoyés ; l'introduction du fer dans les constructions
civiles. Les tôles de Commentry, Anzin, Montataire, du Creuzot égalaient
les meilleurs échantillons étrangers. Montataire se distinguait entr'autres
par un produit nouveau : la tôle cannelée dont M. Flachat s'était habilement servi pour couvrir la gare des marchandises des Batignolles.

Les chaudières à vapeur peu nombreuses appartenaient presque
toutes à la France, à MM. Durenne, Farcot, Jackson, Petin, Gaudet
et Cᵢᵉ, ces derniers employaient pour la première fois la tôle d'acier qui
ouvrait une voie nouvelle dans cette industrie. Les machines à vapeur
horizontales, verticales, oscillantes, à grande vitesse, exposaient leurs
améliorations de tous genres ; à côté des machines remarquables de
M. Fairbairn, de Manchester, Schmid, de Vienne, se pressait la foule de
nos constructeurs qui ne leur cédaient en rien comme perfection de travail : Lecouteux, Hermann, Flaud, Bourdon, Rivollier et Cᵢᵉ, Kœchlin
(André), Cail et Cᵢᵉ, Farinaux, de Lille, Voruz de Nantes, Trésel, de
Saint-Quentin : la tendance de l'industrie paraissait être de préférer les
machines horizontales, et, pour les machines fixes, les mécanismes à
grande vitesse avec des dispositions analogues à celles employées dans les
locomotives.

La grande pompe d'Appold pour le dessèchement des marais constituait un des progrès hydrauliques, les plus intéressants ; les pompes de
Nillus, Letestu, Flaud et Guérin, sans atteindre ses puissants effets, se
distinguaient par une bonne exécution due à l'emploi nouveau du caoutchouc. Les ventilateurs et machines soufflantes de Thomas et Laurens,
Dubied et Ducommun, Moussard, Lemielle, montraient l'avancement de
nos ingénieurs dans ces appareils indispensables aux forges, hauts fourneaux, fonderies.

L'Exposition des locomotives était complète : 22 machines de toutes
nationalités attestaient l'importance de ce nouvel agent de civilisation ;
l'Angleterre était représentée par Crampton, Robert Stephenson, Fairbairn, la Prusse par Borsig de Berlin, la Belgique par l'important établissement de John Cockerill à Seraing. La France avait Polonceau, Kœchlin,
Gouin, Cail, et le Creuzot avec une machine d'Engerth à six roues pour
monter les pentes et décrire les courbes dans un petit rayon ; après le
Creuzot et ses 14,000 ouvriers, Seraing qui en comptait 6 à 7,000 tenait
la première place comme centre de production.

La curiosité du public était vivement excitée par les locomobiles, utilisées depuis quelque temps en Amérique et en Angleterre, mais qui paraissaient pour la première fois dans une Exposition française. Calla, depuis 1851, les avait introduites en France, et les types qu'il exposait se recommandaient par la légèreté, la réduction du volume et l'économie du combustible.

Les Anglais avaient longtemps devancé le monde entier pour la fabrication des outils à travailler les métaux : de 1825 à 1835 les inventions, quelquefois venues de France, s'étaient multipliées chez eux, mais nul ne suivait leur exemple et l'Europe leur payait tribut. Cette situation extrêmement favorable pour leur industrie n'existait plus ; de tous côtés on avait regagné le temps perdu et le continent échappait à l'influence anglaise.

La France, entre tous les autres pays, avait réparé son indifférence passée avec un zèle et une ardeur qui produisaient les plus heureux résultats ; Calla, Gouin, Graffenstaden, Kœchlin, Dubied et Ducommun, Decoster fournissaient à l'industrie française et étrangère les machines les mieux établies et les plus perfectionnées.

L'Angleterre maintenait à l'Exposition sa supériorité avec les outils de Whitworth, dont la collection hors ligne faisait l'admiration des connaisseurs. On devait, à cet habile constructeur, une innovation heureuse, l'emploi de la fonte dans les bâtis, ce qui donnait à la machine une stabilité plus grande. L'industrie parisienne comptait une quantité de petits mécanismes pour faire les clous, les épingles, les chaînes, etc..., qui témoignaient de l'ingéniosité des inventeurs.

Dans la fabrication des instruments agricoles, la France s'effaçait complètement devant l'Angleterre et l'Amérique ; ces deux pays comptaient des ateliers considérables qui confectionnaient des machines simples et solides fonctionnant avec une régularité, source d'étonnement pour nous autres Français. Une expérience solennelle, faite à Trappes, avait convaincu tous les esprits des services que pouvaient rendre les moissonneuses inconnues en France, où l'on avait à peine quelques machines à battre.

Les presses typographiques et lithographiques, sans atteindre le tirage énorme des presses anglaises et américaines, atteignaient des résultats honorables, notamment les presses de Marinoni, dites Universelles, qui tiraient 6,000 journaux à l'heure. Un mécanicien, M. Lecoq, venait de prendre la place occupée jusqu'alors, dans les compagnies de chemins de fer, par la machine à imprimer les billets découpés à l'avance de M. Edmonson, ingénieur anglais. Son procédé permettait, au lieu de 10,000 par jour, d'imprimer 10,000 billets par heure, et cela sans fatigue, avec une seule personne.

Les Anglais, les premiers, sans conteste, dans la filature du coton, exposaient un ensemble complet de leur fabrication. En France, le département du Haut-Rhin avait atteint, pour la construction des machines, un degré de perfection qui nous affranchissait du joug de l'Angleterre ; cette industrie était représentée par MM. Schlumberger, Stehelin, Bornèque, Risler, Kœchlin. Les machines à filer le lin venaient des ateliers de MM. Farinaux, de Lille, Ward et Lacroix, Combe et Cⁱᵉ. La France était à peu près seule à montrer des machines destinées au travail de la laine, M. Mercier, de Louviers, dominait tous ses concurrents de son incontestable supériorité.

L'Angleterre revendiquait l'invention du tissage mécanique des étoffes unies bien établi chez elle alors qu'on commençait à peine à l'introduire dans quelques manufactures à Reims ; les tissus façonnés étaient d'origine française, ils consistaient en un mélange des deux systèmes de Jacquart et de Vaucauson.

La foule s'arrêtait avec curiosité devant les nombreuses machines à coudre anglaises, américaines, françaises, établies suivant divers modèles dont l'expérience pouvait seule prouver les qualités.

Les instruments de précision, montres, horloges, comptaient les noms les plus respectés : Lerebours, Duboscq, Radiguet, Brunner, Secretan, Vedy, Nachet, Chevalier ; en horlogerie, la Suisse faisait la plus rude concurrence à nos fabricants de Paris et de Besançon : Redier, Robert, Berthoud, Breguet, Redanet, Winnerl.

L'établissement de MM. Japy, à Beaucourt, méritait une mention spéciale par l'intelligence avec laquelle ils soutenaient et augmentaient une réputation depuis longtemps reconnue. L'outillage perfectionné sans cesse donnait une masse énorme de production et, comme conséquence, de bons articles à des prix peu élevés. L'Angleterre joignait aux chronomètres de Frodsham, Cole, Webster, une collection admirable d'instruments météorologiques employés à l'observatoire de Kew ; cette collection unique, à tous les points de vue, car la France s'était à peu près abstenue, attirait à juste titre l'attention des savants.

Dans l'industrie de l'éclairage, la France tenait le premier rang avec la lampe dite modérateur inventée par Franchot, et les bougies de M. de Milly ; pour le chauffage, l'Angleterre nous disputait la prééminence, surtout dans les fourneaux de cuisine et les calorifères.

L'éclairage électrique restait toujours au même point. La méthode était simple, mais le grand inconvénient résidait dans la consommation rapide et le prix élevé de la lumière produite ; ces deux obstacles empêchaient l'éclairage électrique de tomber dans le domaine industriel. Les moteurs électriques ne donnaient pas également de résultats assez importants pour offrir une nouvelle ressource, ils ne pouvaient servir encore qu'aux besoins de la science, la dépense des métaux et acides de la pile dépassant celle du combustible des plus faibles machines à vapeur.

M. Bonelli' de Turin, prétendait avoir résolu le tissage électrique, mais la chose était très controversée, et le seul moyen de convaincre tout le monde était de tisser de belles étoffes pour un prix modique.

L'Allemagne, la France, la Suisse présentaient les progrès les plus récents en télégraphie avec les appareils : Morse, Bréguet, à signaux. On devait au docteur Gintl, de Vienne, l'idée de transmettre dans les deux sens d'un même fil deux dépêches à la fois.

L'exposition prussienne de produits chimiques, si remarquable en 1853, à New-York, l'emportait encore sur nous, cette année, au point de vue scientifique. Un nouveau produit, l'aluminium extrait des aluns, faisait son apparition, comme curiosité, en attendant que les expériences poursuivies par M. Sainte-Claire Deville permissent de l'obtenir par une opération industrielle. Nos savons parfumés coûtaient encore bien cher comparés aux articles anglais de même qualité.

La consommation anglaise en chiffons pour papeteries dépassait 90,000,000 kil., tandis que la France atteignait à peine 65 000,000 kil. La rareté des chiffons avait poussé certains fabricants à essayer l'emploi du jonc de marais, de roseaux ; ces expériences n'amenaient pas encore de résultats pratiques sur une grande échelle. La production anglaise, avec 403 machines sans fin, 400 cuves, était de 80,000,000 kil. ; en France, 210 machines, 250 cuves donnaient 41,600,000 kil. Le Zollwerein produisait 25,000,000 kil., et l'Autriche 13,000,000 kil. La papeterie du Marais, Firmin Didot, Lacroix frères, Blanchet et Kléber, de Rives, représentaient dignement leur industrie.

La vulcanisation du caoutchouc (immersion des feuilles de caoutchouc dans un bain de soufre fondu) permettait, en remplaçant ses défauts par des qualités, de l'appliquer à un nombre d'usages presque illimité et dont l'exposition anglaise donnait une haute idée : jumelles de théâtre, bijoux, meubles, peignes, cravaches, cannes, etc..., bateaux insubmersibles. Wansbrough, de Londres, montrait des paletots imperméables et confortables à des prix très modérés; en France, MM. Guibal et Rattier, les importateurs de l'industrie du caoutchouc, atteignaient le même but, Hutchinson et Henderson confectionnaient même des chaussures.

La pharmacie française, incontestablement supérieure par le niveau supérieur d'instruction de ses adeptes montrait les produits de MM. Dorvault, Robiquet, Boyveau et Pelletier. Les instruments de chirurgie étrangers peu nombreux faisaient triste mine à côté des appareils de toutes sortes de MM. Charrière, Luer et Mathieu.

Les 13° et 14° classes consacrées au génie civil et militaire, à la marine, excitaient le plus vif intérêt par l'importance de leur exposition. L'Angleterre, pour donner une idée de sa puissante marine, exhibait avec orgueil une vue daguerréotype du gigantesque navire construit par l'ingénieur Brunnel : le fameux *Leviathan*, mesurant 225 mètres de long, jaugeant 23,000 tonneaux et marchant avec une machine de 2,600 chevaux. Ce monstrueux steamer, malgré ses proportions colossales, allait prouver, par la suite, qu'il ne se comportait pas mieux à la mer qu'un transatlantique ordinaire, et qu'il ne suffisait pas à un ingénieur d'augmenter les dimensions d'un bateau à vapeur pour lui donner plus de résistance au roulis.

Les constructeurs tendaient à substituer l'hélice aux roues surtout pour les voyages au long cours où l'avantage de l'hélice était plus marqué. Schneider, Gâche, de Nantes, soutenaient le pavillon français auprès de MM. Todd, Seaward, anglais et de l'usine suédoise de Motala, dont les produits révélaient aux ingénieurs étonnés une concurrence redoutable. Schneider, Petin, Gaudet et Cie avaient des planches de fer laminé destinées à servir de blindage à des batteries flottantes.

L'arquebuserie française, représentée par nos premiers armuriers, Claudin, Gastine-Rennette, Bernard, Lefaucheux, Lepage-Moutier, indépendamment de ses mérites, n'avait que peu de rivaux sérieux, les Anglais s'étaient abstenus, et la fabrique de Liége seule envoyait ses produits remarquables au double titre de l'exécution et de la modicité des prix. L'usine Krupp, d'Essen (Prusse), exposait un canon d'acier fondu très discuté par les officiers des armes spéciales ; une triste expérience, pour nous, devait, quinze ans plus tard, affirmer la supériorité de résistance du métal et les propriétés balistiques de l'engin destructeur. L'acier de M. Krupp se distinguait entre tous les autres par sa ténacité, il devait cette qualité aux procédés employés par M. Krupp dans sa fabrication ; les usines françaises d'Allevard, Firminy, Creusot commençaient à produire l'acier pudlé, et cette initiative devait en rendre l'emploi presque général dans la construction au lieu et place du fer, plus lourd et moins résistant.

L'Angleterre conservait toujours la première place pour les outils, scies, grosses limes, etc..., mais tous les établissements français étaient dans une voie de progrès et de développements rapides.

Les marbres de France et d'Algérie surtout ne perdaient rien à la comparaison avec les plus belles espèces d'Italie envoyées par la Toscane ; les agathes d'Algérie avaient un éclat incomparable auquel le public rendait un juste hommage. Fumay et Angers montraient des ardoises de toutes dimensions et épaisseurs : le pays de Galles n'avait rien envoyé.

J'ai parlé plus haut du procédé du docteur Boucherie pour la conservation des bois, M. Kuhlmann faisait la même chose pour la pierre avec ses procédés de silicatisation qui la rendait indestructible.

Dans l'art des constructions, l'Angleterre réalisait les progrès les plus saillants, son exposition de travaux publics se distinguait par le plan de trois ouvrages attestant l'esprit hardi des ingénieurs anglais qui ne reculaient pas devant les plus larges conceptions pour donner satisfaction aux besoins du pays : le pont tubulaire le Britannia restait, jusqu'à ce jour, le plus étonnant travail qu'il eut été donné à l'homme d'exécuter.

Le Ministère des Travaux publics, en France, montrait les dessins de l'écluse de la Monnaie, les ponts d'Arcole, de Bercy, de Tarascon, le phare de Bréhat, mais ces travaux, malgré leur perfection, n'atteignaient pas le caractère élevé et audacieux du génie civil anglais.

La différence suivante existait entre l'orfèvrerie française et anglaise; chez nous, le métal n'était jamais considéré comme le principal élément d'un ouvrage, le premier rang appartenait à la forme. Les Anglais eux entendaient fort bien le montage, l'ajustage des pièces, mais leur ornementation, lourde et sans grâce, leurs œuvres massives, épaisses, ne pouvaient entrer en comparaison avec les merveilles de nos orfèvres renommés ; leur excuse était de répondre parfaitement aux idées et aux goûts de leurs compatriotes très partisans du solide et du durable et n'attachant qu'une importance restreinte à l'art délicat et soigné.

Ces défauts se reproduisaient en bronze, en joaillerie, en bijouterie ; ils étaient d'autant plus sensibles que les visiteurs pouvaient admirer, à quelques pas, les produits d'un goût si élevé, d'un dessin si pur de MM. Bapst, Froment-Meurice, Rouvenat, Baugrand, Mellerio pour les bijoux ; Poussielgue-Rusand, Rossigneux, Veyrat, Christofle pour l'orfèvrerie ; les bronzes et fontes d'art de Calla, Barbezat, Eck et Durand, Thiébaut, Barbedienne, Raingo, Susse, Delafontaine. Les fontes prussiennes, si remarquées en 1851, à Londres, n'avaient rien perdu de leur excellence et la statue de feu le roi de Prusse témoignait de toute l'habileté de leurs fondeurs.

La porcelaine française l'emportait sur les articles étrangers par la beauté de ses produits et surtout le goût de sa décoration, Hache, Pepin-Le Halleur, Pillivuyt, Pouyat, Lebeuf et Millet, de Geiger maintenaient

notre prééminence artistique contre l'Allemagne d'autant plus redoutable
qu'elle offrait l'avantage d'un bon marché fabuleux ; ses porcelaines
coûtaient moitié prix des nôtres L'établissement de Minton, à Stoke on
Trent, allait presque de pair avec l'Allemagne pour le prix des articles
courants et ordinaires.

La verrerie française avait à lutter contre l'Autriche dont les verres,
remarquables comme forme et exécution, coûtaient une fois moins cher.

Ces deux industries concentrées, en France, dans des usines puissantes, n'employaient, pour annihiler cette rivalité dangereuse, qu'un
moyen tyrannique et suranné : la protection. Jusqu'alors, les Gouvernements qui s'étaient succédés avaient persévéré dans ces errements anti
économiques, fort avantageux sans doute pour ceux qui en profitaient,
mais préjudiciables aux intérêts de la consommation. Nos industriels,
mieux inspirés, devaient chercher dans d'autres dispositions les moyens
de se soutenir contre l'importation étrangère.

Il faut reconnaître, du reste, que les conditions du travail en France
et en Autriche, pour la cristallerie particulièrement, n'étaient pas égales.
L'ouvrier français travaillait en atelier, tandis que l'ouvrier de Bohême
ne fréquentait l'usine que l'hiver, et l'été, restait chez lui. Le même fait
se produisait entre la Suisse et l'industrie lyonnaise. Baccarat avait tenté
d'introduire ce système de travail dans les Vosges, mais les paysans s'y
étaient refusés. Cette difficulté explique, sans l'excuser, toutefois, l'atta-
chement des fabricants de cristaux au régime prohibitif.

Reims était pour la laine le marché le plus vaste de la France entière ;
le peignage,* le tissage y recevaient chaque jour des perfectionnements ;
un manufacturier, M. Croutelle, installait même dans sa maison des
métiers mécaniques, quoique leur utilité fut vivement discutée par ses
confrères, il suivait en cela l'exemple donné par l'Angleterre où Rochdale,
la rivale de Reims pour les flanelles communes, n'employait pas d'autre
moyen de tissage. On reprochait toutefois à Reims de se reposer un peu
trop sur la réputation acquise et de n'avoir pas l'élan nécessaire pour la
maintenir où l'accroître.

A Roubaix les sentiments opposés dominaient, et l'esprit d'aventure
très répandu dans cette ville pouvait causer à Reims, pour l'avenir, des
craintes sérieuses. Les manufacturiers roubaisiens, disposés aux entreprises, ayant un sens industriel hardi, exercé, devaient leur succès à
l'extrême habileté avec laquelle ils se pliaient à tous les caprices de la
mode. Leur genre d'affaires consistait à produire des tissus à apparence
riche avec des étoffes d'un prix moindre s'adressant non-seulement aux

classes moyennes, mais à la grande consommation. Roubaix exposait toute une variété d'étoffes de fantaisie pour robes qui attirait invinciblement les regards de toutes les visiteuses du Palais.

La teinture de ces étoffes se faisait à Paris dans 18 grands établissements situés à Puteaux, Saint-Denis, Saint-Ouen, Clichy, qui comptaient 18 machines à vapeur de 350 chevaux : les principales usines étaient celles de Francillon, Guillaume, Vessière, Boutarel.

La collection des draps était complète et la lutte ardente sur ce terrain. L'Angleterre n'y prenait qu'une part médiocre relativement à son importance, ses étalages n'avaient point l'ensemble de son industrie du coton. Verviers, la Saxe, la Prusse, l'Autriche, présentaient des draps soignés, mais inférieurs aux draps de couleur français ; pour le prix, la palme appartenait à l'Autriche, à la Saxe, les raisons citées plus haut relativement à d'autres industries. reparaissaient avec une même force pour la draperie ; les Autrichiens favorisés par le bas prix de la main-d'œuvre, avaient chez eux les laines fines que nos fabricants devaient acheter fort cher à l'étranger.

Malgré le prix relativement élevé de nos articles, il faut remarquer que les tissus qui se vendaient 70 et 80 fr. sous le premier Empire, ne valaient plus, grâce à l'emploi des machines, que 28 ou 30 francs. M. de Montagnac à Sedan venait d'enrichir l'industrie de cette ville d'un nouveau produit : le drap velours. Elbeuf avait détrôné Louviers autrefois si prospère et dont Vire égalait presqu'aujourd'hui le mouvement d'affaires.

Le Midi, si retardataire, par suite des rapports commerciaux établis au moyen des chemins de fer, avec Paris, avançait à grands pas dans la voie du progrès. Mazamet faisait l'article nouveautés, Bédarieux, des draps légers pour le Levant ; il était regrettable que le centre de la France fût dépourvu d'établissements tels que celui de MM. Balsan, à Châteauroux, et réduit à une industrie locale chétive et peu progressive.

Nos tapis d'Aubusson réalisaient ce qu'on peut espérer de plus parfait comme exécution, mais leur côté faible était toujours le prix. La fabrication anglaise arrivait, pour les qualités moyennes, à un bon marché que nous étions loin d'atteindre ; elle l'obtenait en employant les agents mécaniques et en fabricant continuellement la même chose sans se préoccuper du dessin. Il en résultait que les tapis se trouvaient chez eux dans les plus modestes ménages alors qu'ils étaient à peine accessibles chez nous à la classe moyenne.

L'Inde avait envoyé à Paris ses plus splendides cachemires, c'était une fête des yeux de contempler ces échantillons si curieux de la fantaisie de l'ouvrier hindou, ces dessins d'une délicatesse et d'une variété infinies ; nos dessinateurs n'avaient qu'à puiser dans ces merveilleuses vitrines les inspirations les plus pittoresques et les plus étranges ; nos cachemires français ne faisaient pas trop mauvaise mine à côté de leurs redoutables concurrents, et n'eût été l'origine connue, bien des visiteurs les auraient admirés avec un égal enthousiasme. Dans les châles bon marché, Lyon, Paris, Nîmes avaient pour rivaux les fabricants de Paisley (Ecosse) et de Vienne. Ces derniers, peu scrupuleux sur les moyens, atteignaient un bon marché excessif en copiant simplement nos dessins.

Notre infériorité, sensible déjà par la différence qui existait entre nos 500,000 broches consacrées à la filature du lin et les 2,500,000 broches qui fonctionnaient en Angleterre, s'accentuait encore pour le tissage mécanique ; à peine quelques maisons l'employaient-elles, il en résultait qu'à part la batiste, nous n'exportions aucun produit du lin, tandis qu'une seule maison anglaise Baxter, de Dundee, vendait par an 15 à 20,000,000 francs de marchandises. L'Angleterre tirait ses fils d'Irlande où la culture du lin était pratiquée depuis un temps immémorial : moins bien partagés à ce point de vue, nos fabricants ne trouvaient pas dans les agriculteurs français l'ardeur de progrès et d'amélioration nécessaire pour augmenter et développer l'emploi de cette précieuse matière indigène.

Les dentelles françaises donnaient un total de 65,000,000 fr. autant que tous les autres pays réunis. 300,000 dentellières répandues sur divers points du territoire confectionnaient les genres les plus délicats. Après nous venait la Belgique où cette industrie comptait 100,000 ouvriers.

L'Angleterre tenait la première place pour le coton avec ses 20,000,000 de broches et ses articles bon marché répandus dans toutes les parties du globe ; l'Amérique suivait de près Manchester et Glasgow ; il était même facile de prévoir le moment où les manufactures américaines feraient sur tous les marchés une concurrence redoutable aux produits anglais. La France avec 5,000,000 de broches venait loin derrière sa puissante rivale : Rouen tenait la fabrication commune à bas prix : les articles d'Alsace, de Lille, de Saint-Quentin, par la perfection de l'impression, le bon goût et l'élégance du dessin, l'emportaient de beaucoup sur ceux des autres pays. Les Anglais, en attendant que leurs efforts pour former des dessinateurs fussent couronnés de succès, se contentaient de copier les dessins de Mulhouse, reconnaissant ainsi notre supériorité pour les belles impressions.

La Suisse disputait la palme à Tarare pour les tissus fins, mousselines, tarlatanes, mais nos dessins mieux choisis, moins lourds, nous assuraient la prééminence. Les tulles de Calais égalaient ceux de Nottin-

gham, ils se distinguaient même par leurs dessins plus brillants, mieux
conçus, le prix, toutefois, en était plus élevé. L'outillage mécanique,
employé dans ces deux villes, ne dépassait pas à Calais 610 métiers produisant 15,000,000 d'affaires, à Nottingham 3,500 métiers atteignaient
105,000,000 fr.

La soierie lyonnaise, ordinaire ou de première qualité, n'avait à
craindre aucune concurrence. Là Suisse laisait les tissus ordinaires sans
parvenir à des prix inférieurs à ceux de Lyon. L'Angleterre vendait plus
cher et ses produits n'avaient pas la perfection des articles lyonnais. La
Prusse, à Eberfeld, Crefeld, s'attaquait aux étoffes ordinaires. Malgré
toutes ces rivalités ardentes, les fabricants de Lyon restaient victorieux,
mais il leur fallait de persévérants efforts pour conserver la première
place si vivement convoitée.

Saint-Etienne et Saint-Chamond comptaient, pour les rubans, avec
Bâle et Zurich, qui se trouvaient dans de meilleures conditions de travail ;
la variété du dessin, l'habileté des dispositions leur maintenaient une
supériorité combattue par le bon marché des rubans de Suisse.

Les tissus, dits de Paris : gazes unies, façonnées, toiles, satins de
Chine, valencias, baréges, tenaient le sceptre, en France, comme à
l'étranger ; leur qualité principale était la nouveauté unie à une distinction
rare : la mode tenait le siége de son empire à Paris et chacun s'inclinait
devant sa volonté souveraine ; toutes ces étoffes mélangées de soie, de
coton, changeaient presque chaque jour de nom, se modifiant peu comme
tissu, mais adoptant les nuances les plus diverses et les dessins les plus
variés ; le tissage se faisait en province et les dessins, sans cesse renouvelés, exerçaient à Paris le tact et le bon goût de véritables artistes.

L'ébénisterie parisienne montrait dans ses deux trophées dus à Tahan
et à Jeanselme, tout ce que l'art peut produire de plus parfait ; cantonnée
dans le faubourg Saint-Antoine, cette industrie occupait 15,000 ouvriers
et produisait 40,000,000 fr. Le reproche qu'on pouvait adresser à l'ameublement en général était de viser trop exclusivement à l'art, au grandiose
les buffets, bibliothèques, armoires, étagères, étaient de véritables édifices
qui constituaient une anomalie alors que nos appartements devenaient de
plus en plus exigus ; leur prix, en outre, de 15,000, 20,000, 30,000 fr. ne
les rendait accessibles qu'aux grandes fortunes ; à part ces deux défauts,
l'ébénisterie proprement dite était d'un travail parfait qui défiait toute
concurrence.

Giroux, Tahan avaient des coffrets, des nécessaires aussi bien traités
qu'à Londres, et à Vienne où Klein jouissait d'une haute réputation pour
tous ces articles. Nos papiers peints, depuis les plus modestes jusqu'aux
admirables panneaux décoratifs de Delicourt restaient sans rivaux.

Dans les arts vestimentaires, la France l'emportait encore, bien que l'Angleterre lui disputât la préséance pour la chapellerie, la cordonnerie, la ganterie ; la solidité et le bon marché distinguaient tous les articles anglais, mais nous prenions sans peine le pas dès qu'il s'agissait d'élégance. Nos vêtements de femmes et d'hommes, chapeaux de soie, de paille d'Italie, chaussures fines, gants, attestaient une perfection de travail diffi- cile à égaler ; la ganterie, entr'autres, renommée pour la régularité de la coupe, la souplesse de la peau, le fini de la couture, dont la fabrication dé- passait 50,000,000 francs.

La France seule exposait des corsets et l'abstention des étrangers prouvait à quel point cette industrie était avancée à Paris. Les écrans, éventails parisiens n'avaient également pas de concurrents. Dans la classe de la bimbeloterie d'enfant, la Saxe, la Bavière, le Wurtemberg étalaient leurs articles de bois blanc, leurs soldats de plomb, laissant à Paris la supériorité pour les jouets mécaniques et les poupées dont M. Jumeau, le principal fabricant, exportait des quantités considérables.

L'Exposition offrait les plus beaux types d'impression qui eussent été réunis jusque-là. Les imprimeries impériales de Paris et de Vienne domi- naient tous les autres établissements par leurs spécimens hors ligne ; il fallait avouer, toutefois, que Vienne, au lieu de s'immobiliser comme Paris, dans une majestueuse supériorité, poursuivait constamment des essais, tentait des expériences pour arriver à perfectionner encore ses pro- ductions si estimées. A côté de cette grande institution officielle, la France présentait les Claye, Mame, Plon, Paul Dupont, Lahure pour l'imprimerie administrative, dont les travaux ne craignaient aucune concurrence.

Les machines d'imprimerie comprenaient : la machine à composer de Delcambre et la presse de Marinoni qui, de simple ouvrier monteur de pièces s'était, élevé à la situation d'un des premiers constructeurs. Marinoni, après avoir inventé une presse qui tirait 6,000 journaux par heure, en préparait une nouvelle dont le tirage devait dépasser 15,000.

La chromo-lithographie, récemment découverte, rendait un immense service aux arts et aux sciences en permettant, à des prix modérés, la reproduction exacte en couleur des objets. La photographie, encore dans la période d'invention, s'enrichissait chaque jour de quelque procédé de détail ; M. Niepce de Saint-Victor, neveu, venait d'employer avec succès le verre pour tirer l'image négative ; le but de tous les efforts et de toutes les recherches était d'arriver à donner une image complète en joignant à la ressemblance les couleurs elles-mêmes.

La classe des instruments de musique comptait 472 exposants dont 325 français ; sur les 261 pianos, la France en revendiquait 209. Tous les grands facteurs étaient à leur poste ; chaque jour des flots d'harmonie qui dégénéraient souvent en barbare cacophonie emplissaient la nef de leurs sonorités ; les instruments à vent non métalliques étaient prudemment abrités derrière une vitrine et les membres du Jury, seuls, furent à même de juger leurs qualités ou leurs défauts.

Sax avait opéré dans la fabrication des instruments à vent une révolution radicale. Jusqu'alors les formes, quelques fois bizarres, dépendaient des caprices ou des traditions du facteur qui ne se conformait à aucune règle d'acoustique ; aujourd'hui Sax, appliquant des principes méconnus par ignorance, arrondissait ses cuivres de manière à donner plus de liberté à l'écoulement de l'air et aux vibrations du métal ; il obtenait, par ces procédés si simples, des effets surprenants de puissance orchestrale.

Cet examen à vol d'oiseau suffit pour donner une idée exacte des industries représentées et le moment est venu de conclure et de résumer l'impression qui se dégageait d'un tel spectacle.

La France prenait la plus large part de succès et la chose s'expliquait d'autant plus facilement que les articles français se recommandant surtout par leur bon goût, leur dessin, leur élégance, donnaient, à la foule des visiteurs, une idée très avantageuse de l'importance de notre industrie.

L'Exposition anglaise plus monotone, moins chatoyante, se trouvait dans des conditions moins favorables, elle ne pouvait exprimer par les échantillons envoyés la puissance colossale de la production britannique ; seuls les fabricants ou les économistes étudiaient avec détail ces tissus, ces étoffes de grande consommation, ces machines remarquables, cette métallurgie appliquée à satisfaire tous les besoins ; la France, comme qualité intrinsèque, était à même de faire aussi bien, mais il devait se passer de longues années avant qu'elle pût atteindre l'étendue des débouchés et les prix réduits de l'industrie anglaise.

La Prusse développait rapidement, grâce au peu de cherté de la main-d'œuvre, son industrie lainière dont j'ai fait connaître plus haut l'excellente situation, elle se distinguait également dans tout ce qui se rattachait à la métallurgie et surtout à l'acier fondu. L'Autriche, moins avancée que la Prusse, se signalait par ses produits textiles, sa verrerie, sa cristallerie.

La concurrence la plus directe pour la France venait de ses deux voisins : la Belgique et la Suisse, où l'industrie, depuis le commencement du siècle avait réalisé d'énormes progrès. La Suisse, bénéficiant du bon marché de la vie, du taux peu élevé de l'argent sur son territoire, luttait avec Lyon, Tarare et Saint-Etienne pour les soieries, rubans, mousselines.

La Belgique réunissait de très grandes forces productives : le bas prix du fer, de la houille en abondance dans un bassin inépuisable, le bas prix de la main-d'œuvre, les matières premières sous la main, des facilités de communication très développées, il ne lui manquait qu'un esprit commercial plus ouvert et le sentiment artistique.

Voilà, en quelques lignes, quels étaient les côtés forts ou faibles de l'industrie de chaque grand Etat européen.

Le nombre des visiteurs qui se succédèrent du 15 Mai au 30 Novembre 1855 atteignit 4,500,000. Le Gouvernement, en commettant la faute de laisser construire le palais par une compagnie particulière (l'Etat dut racheter le palais 11,000,000 fr. à la compagnie tombée en déconfiture), l'avait autorisée à fixer, suivant les jours et les heures d'entrée, un tarif variable de 0,20 c., 1 fr. et 5 fr., plus des abonnements pour la durée du concours. Cette combinaison ne réussit pas à remplir les caisses de la Compagnie, car les entrées à 5 francs ne produisirent que 600,000 francs tandis que le tarif à 0,20 c. et 1 fr. donna 2,600,000 fr. Le déficit de la dépense sur la recette monta à 8,100.000. Les dimanches à 0,20 c. la foule dépassait 60,000, 80,000, 96,000 personnes, tandis que la semaine les entrées se balançaient entre 5,000 et 10,000. Un décret du 28 Novembre fixa la clôture de l'Exposition au 30 du même mois. Le 15 avait eu lieu la distribution solennelle des récompenses ; cette cérémonie, entourée d'un grand appareil, présidée par l'Empereur lui-même devait à l'auguste présence du souverain un caractère particulier de grandeur et de majesté. Tous les grands dignitaires de l'Etat, les étrangers de distinction de passage à Paris, les ambassadeurs, les membres des jurys, les exposants assistaient à cette imposante manifestation pacifique. Plusieurs discours furent prononcés auxquels Napoléon III répondit par quelques mots bienveillants mais qui ne sortaient pas assez de la banalité des harangues officielles : puis l'on passa à la distribution des premières récompenses seulement : grandes médailles d'honneur, médailles d'honneur et décorations. Les autres médailles et les mentions furent remises par les soins du Commissariat Général quelques jours après. Voici le nombre des distinctions accordées :

112 grandes médailles d'honneur.
252 médailles d'honneur.
2.300   id.   de 1re classe.
3.900   id.   de 2e classe.
4.000 mentions honorables.
11 croix d'officier de la Légion d'honneur.
105 croix de chevalier   id.

Plus 6 récompenses exceptionnelles à Messieurs :

MOREL, ouvrier orfèvre à Sèvres : Rente de 900 fr.

DERNIAME, ouvrier imprimeur : Rente de 300 fr.

MALOISEL, ouvrier imprimeur, sourd-muet : Rente de 300 fr.

MARIN, ouvrier à Lyon, 3,000 fr. pour sa collection de machines à tisser la soie.

DELVIGNE, à Port-Louis, 10,000 fr. pour son perfectionnement des projectiles.

SUDRE, à Paris, 10,000 fr. pour l'invention de la téléphonie.

Dans le partage des récompenses, la France avait 70 grandes médailles d'honneur et 134 médailles d'honneur. Ce succès très réel pour l'industrie s'accentuait encore pour les beaux-arts dans lesquels notre supériorité restait entière. Quelques noms illustres se détachaient en Europe et s'élevaient au-dessus d'un niveau généralement médiocre; nulle part on ne trouvait ce magnifique ensemble de talents de premier et de second ordre qui constituaient l'école française : Ingres, Delacroix, Scheffer, Delaroche, Vernet, Flandrin et tant d'autres, moins célèbres mais bien au-dessus encore des peintres étrangers.

J'ai dû, dans cette rapide revue de l'Exposition, laisser de côté les œuvres d'art pour me consacrer exclusivement aux produits agricoles et industriels que vise plus particulièrement cet ouvrage ; je me contente de signaler, en passant l'éclatant hommage rendu par le jury international au génie et au talent de nos premiers artistes.

Il devait ressortir de ces grandes réunions de peuple à peuple une conséquence forcée dont les ennemis du libre échange ne prévoyaient pas l'influence dangereuse pour leurs idées. Comment admettre, en effet, que les consommateurs appelés à examiner et à juger les produits fussent disposés à payer plus cher un objet sous prétexte qu'il provenait de l'industrie nationale ? La liberté du commerce ou du moins la suppression ou l'abaissement des tarifs de douanes allaient s'imposer aux gouvernements obligés d'opter entre les intérêts de la société toute entière et ceux du manufacturier. Les industriels craignaient, et c'était là leur principal argument, la concurrence si ardente des nations rivales, favorisées par le bas prix de la main-d'œuvre, mais il ne s'agissait pas d'une réforme brutale et inconsidérée ; dans le grand mouvement d'idées qu'entraînaient avec elles les expositions, ces questions seraient traitées et discutées par les esprits les plus compétents de façon à ne compromettre aucun intérêt. Le libre échange était appelé à révolutionner l'industrie en la forçant à s'organiser sur de nouvelles bases ; les expositions l'amenaient fatalement à leur suite, il s'imposait, au nom de la justice, aux préoccupations des Gouvernements.

M. Amand SAVALLE
Fondateur de la Maison Savalle

Pierre-Désiré-Amand SAVALLE naquit à Canville (Seine-Inférieure), le 3 mars 1791. De bonne heure il fut un physicien distingué, et il s'occupa de la question de la distillation. M. Cellier-Blumenthal, qui a créé, dans les premières années de ce siècle, le premier appareil de distillation continue, fut mis en relation avec lui ; M. SAVALLE lui acheta une de ses colonnes. Malgré la non-réussite de cet appareil, il ne fut pas découragé ; il entreprit, au contraire, de concert avec l'inventeur, de le perfectionner. Dans les essais nombreux qu'ils poursuivirent ensemble à ce sujet, une explosion faillit les faire périr tous les deux.

A la suite de ces accidents, M. SAVALLE se chargea seul, du consentement de Cellier-Blumenthal, de faire construire les appareils de distillation continue destinés à son usine, à la condition de ne pas avoir à payer de prime de brevet, dans le cas où ses modifications amèneraient les résultats désirés. Après des études actives, il parvint à faire fonctionner régulièrement l'appareil établi d'après les principes de Cellier, mais modifié d'après ses propres idées. Ce premier succès obtenu en Hollande, avec le concours d'Amand SAVALLE, évita à Cellier les ennuis nombreux qui seraient provenus des inconvénients des appareils défectueux qu'il avait vendus à plusieurs maisons. Il céda le brevet, pour la France, à Charles Derosne, pharmacien dans la rue Saint-Honoré, pour la modique somme de 1,200 francs par an. Là s'arrêtèrent les rapports de A. SAVALLE avec Cellier-Blumenthal.

Distillateur à la Haye, M. SAVALLE y possédait plusieurs grandes usines ; il continua à perfectionner ses appareils, et ces transformations successives rendirent célèbres ces *distilleries, qui, seules, pendant de longues années, en Hollande, raffinaient l'alcool* et fournissaient un produit très recherché de la consommation.

Quelque honoré que l'on soit à l'étranger, quelque belle position qu'on y occupe, on aspire toujours à la mère patrie, et surtout quand cette mère patrie est notre belle France. M. Amand SAVALLE venait tous les ans, avec sa famille, passer quelques semaines à Paris, et se promettait de venir s'y fixer, mais ce n'était pas pour lui chose facile, ayant ses usines en Hollande.

Les cours élevés que les alcools atteignirent en 1855 furent l'occasion favorable qui le décida à établir une distillerie à Saint-Denis. Il associa dès lors son fils Désiré SAVALLE, à ses travaux. A cette date correspondent les perfectionnements apportés à son système, qui a si puissamment contribué, comme on sait, à développer l'industrie de la distillation agricole de la betterave en France.

Les chiffres suivants permettent de se rendre compte facilement du progrès accompli par l'introduction des appareils SAVALLE, dans l'industrie de la distillation. Jusqu'en 1857, les appareils de rectification des alcools les plus parfaits ne fournissaient que deux pipes d'alcool par jour (soit environ 1,200 litres), d'un alcool chargé d'éthers et d'huiles qui le rendaient infect et impropre à la consommation; les appareils SAVALLE ont permis de produire un alcool de qualité supérieure, comparable au trois-six de vin, et un seul appareil SAVALLE pouvait fournir déjà, à cette époque, dix pipes, soit 6,500 litres d'alcool fin. Aujourd'hui, cette puissance est encore augmentée; puisque le rectificateur SAVALLE n° 12, installé dans plusieurs usines, fournit par jour 20,000 litres d'alcool raffiné.

M. Amand SAVALLE était un chercheur infatigable, patient, laborieux et persévérant; il se distinguait par la fermeté jointe à une grande douceur de caractère; aussi était-il aimé de tous. Il est mort à Lille, le 17 avril 1864, à la suite d'une courte maladie, laissant l'exemple d'une carrière laborieuse bien remplie, et un nom que l'industrie de la distillation conservera et honorera toujours.

M. DECK

M. Deck (Théodore) est alsacien, il est né, le 2 janvier 1823, à Guebwiller (Haut-Rhin), et son nom prend la place qui lui est légitimement due à côté de ces grands industriels alsaciens qui, depuis le commencement de ce siècle, ont pris la tête des progrès réalisés dans tous les genres d'industrie.

M. Deck, et ce n'est pas là son moindre mérite, a commencé la vie seul et sans autre appui qu'une volonté ardente de parvenir, il a débuté comme ouvrier, poussé par une vocation irrésistible vers la céramique artistique qui, après avoir brillé d'un si vif éclat en France, au siècle dernier, semblait être abandonnée par les artistes et le goût public.

M. Deck, par ses recherches persévérantes, arriva le premier à appliquer sur les faïences ces bleus turquoise de Chine que l'on avait désespéré jusque-là d'obtenir, et cette découverte, en même temps qu'elle attirait à son auteur les félicitations des amateurs intelligents, ramenait la vogue vers les productions d'un art bien français complètement délaissé.

Il est bon de faire remarquer, à la gloire de M. Deck, que des maisons anglaises, déjà célèbres dans la céramique, surent apprécier tout de suite l'importance des perfectionnements qu'il avait réalisé. Ses concurrents étrangers copièrent ses procédés, imitèrent son genre de décoration, et réussirent ainsi à donner à leur fabrication, déjà considérable, une extension nouvelle.

Un fait, peu connu, donnera mieux l'idée de l'attention soutenue avec laquelle l'Angleterre suivait ses travaux : en 1869, une maison anglaise lui proposa de fonder, près de Leeds, dans le Yorckshire, une industrie analogue à la sienne, en l'associant à cette usine sans autre apport que ses connaissances pratiques.

M. Deck, plus français qu'intéressé, refusa des offres aussi avantageuses, préférant faire profiter son pays des progrès qu'il réalisait chaque jour.

M. Deck, après avoir obtenu aux Expositions de 1862, 1867, 1873, à Vienne (diplôme d'honneur), les récompenses les plus flatteuses, a reçu, le 7 juillet 1874, la croix de la Légion d'Honneur, qui ne pouvait être accordée à un industriel plus éminent et à un patriote plus sincère.

Malgré tous ces succès, M. Deck ne se repose pas sur ses lauriers, et redouble d'efforts pour faire faire un progrès de plus à la céramique.

Son exposition en 1878 attire l'attention de tous les amateurs du beau qui savent apprécier les difficultés vaincues ; de nouveaux procédés lui ont permis d'obtenir ces émaux cloisonnés d'une coloration si belle et si puissante, ces magnifiques fonds d'or sous couverte dont chacun loue le bon goût et la perfection.

M. Deck, à côté de ces pièces hors ligne, fait voir une application de grande décoration monumentale admirablement réussie, les portiques de l'entrée de la galerie des Beaux-Arts qui seront, nous l'espérons, le point de départ, pour les architectes, de nombreuses applications tant à l'extérieur qu'à l'intérieur de nos habitations.

L'ensemble de son exposition, les progrès que lui doit l'industrie céramique mettent M. Deck au premier rang parmi ces fabricants qui continuent les glorieuses traditions des maîtres dont la France s'honore et qui lui assurent une supériorité incontestable.

M. ARMET DE L'ISLE

M. Jean-Louis Armet de l'Isle est, depuis 1843, le chef de l'établissement le plus ancien et le plus renommé qui existe en Europe pour la préparation du sulfate de quinine.

C'est à MM. Pelletier et Caventou que l'on doit la découverte de ce précieux fébrifuge, et M. Armet de l'Isle qui, débutant, en 1832, à l'âge de 16 ans, dans l'usine, en est devenu propriétaire 11 ans après, a contribué, depuis cette époque, de la façon la plus efficace, à soutenir la réputation d'une marque universellement reconnue supérieure à toutes les autres.

Des tarifs de douanes inintelligents ont, à certains jours, ralenti l'exportation d'un produit dont la France avait eu le monopole, mais la maison Armet de l'Isle, grâce à l'énergie et à l'habile direction de son chef, perfectionnant, améliorant sans cesse les procédés de travail, a triomphé de tous les obstacles et a su rester au premier rang.

La production de l'établissement de Nogent-sur-Marne, qui compte 120 ouvriers, est de 12,000 kilos de sulfate de quinine dont 10,000 kilos à l'exportation, et représente un chiffre de 6,000,000 fr.

M. Armet de l'Isle fabrique également à Paris un bleu d'outremer spécial pour l'industrie du papier et l'impression sur étoffe.

La maison Armet de l'Isle a constamment remporté, à toutes les Expositions, depuis 1834, les plus hautes récompenses, et M. Armet de l'Isle, après le succès de son Exposition, à Londres, en 1862, a reçu la croix de Chevalier de la Légion d'honneur.

Il est mort au mois de Juillet 1878, avant de connaître la décision du Jury qui accordait à ses produits une nouvelle médaille d'or.

Son fils et ses gendres, MM. Gibert et Grenet, qui l'aidaient, depuis quelques années, dans la direction de ses importantes usines, continuent les traditions de fabrication irréprochable qui méritent à M. Armet de l'Isle d'être placé au nombre des industriels les plus honorablement connus.

DÉCORATIONS

Décernées par S. M. l'Empereur dans la Séance solennelle du 15 Novembre 1855 aux Manufacturiers et Artistes qui s'étaient particulièrement distingués dans le grand Concours international.

***

OFFICIERS :

Marquis de BRYAS. — Vulgarisation du drainage dans les départements du Midi.

WINNERL. — Parfaite construction de ses chronomètres.

GUIMET, de Lyon. — Inventeur de l'outremer artificiel.

KŒCHLIN (Daniel), de Mulhouse. — Imprimeur sur étoffes.

GERUZET. — Exploitation des marbres des Pyrénées.

MOUCHEL. — Manufacturier à Laigle.

BLANCHON (Louis). — Moulinier en soie, à Saint-Julien (Ardèche).

BROSSET. — Président de la Chambre de Commerce de Lyon.

SCRIVE (père), à Lille. — Filateur.

BADIN. — Directeur de la manufacture de tapis de Beauvais.

CHEVALIERS :

BONTOUX (Paul). — Vice-Président du Conseil d'Administration des mines de Pontgibaud.

LEVOL. — Essayeur à la Monnaie de Paris.

MEUGY. — Ingénieur des mines.

SAINT-PAUL DE SINÇAY. — Directeur de la Société de la Vieille-Montagne.

CHAMBRELENT. — Reboisement des Landes de Bordeaux.

BONNET. — Maître valet de ferme dans le département de Vaucluse.

Comte du COUËDIC. — Travaux d'irrigation et de drainage.

FABVIER. — Fermier à Orange (Vaucluse).

GODIN (aîné). — Propriétaire à Châtillon-sur-Seine.

Gustave Hamoir. — Agriculteur dans le département du Nord

Lecat Buttin. —   id.   id.   id.

De Nivières. —   id.   à Dombes (Ain).

Pelte. —   id.   à Metz.

Vandercolme. —   id.   à Dunkerque.

Bricogne. — Ingénieur du chemin de fer du Nord.

Cail (Jacques), à Denain. — Ancien ouvrier.

Lavalley. — Ingénieur civil à Paris.

Mesmer. — Ancien ouvrier, directeur de l'usine de Graffenstaden.

Vachon aîné. — Mécanicien à Lyon.

Michel. — Constructeur de la meilleure machine à filer la soie, à Saint-
   Hippolyte (Gard).

Mercier. — Constructeur de machines à filer la laine cardée.

Rieussec. — Horloger à Paris.

Ruhmkorff. — Fabricant d'instruments de physique à Paris.

Thunot-Duvotenay. — Dessinateur.

Coblence. — Ouvrier en galvanoplastie à Paris.

Franchot. — Inventeur de la lampe modérateur.

Hulot. — Application de la galvanoplastie à la gravure.

Laurens. — Ingénieur civil.

Descat-Crouzet. — Teinturier apprêteur à Roubaix.

Dollfuss-Haussey, de Mulhouse.

Godefroy (Léon). — Imprimeur sur étoffes à Puteaux.

Guillaume père. —   id.   id.   à Saint-Denis.

Herrenschmidt. — Tanneur à Strasbourg.

Mero. — Fabricant d'huiles essentielles et de parfumerie, à Grasse.

Schwartz (Edouard). — Manufacturier d'étoffes riches pour meubles, à
   Mulhouse.

Tissier aîné. — Fabrication en grand de l'iode, au Conquet (Finistère).

Francillon. — Teinturier, à Puteaux.

Hette. — Exploitant agricole, à Bresle (Oise).

Lameau — Meunier, à Corbeil.

Bernard (Léopold). — Canonnier-armurier, à Paris.

Delachaussée. — Fabricant d'équipements militaires, à Paris.

Delacour. — Ingénieur de la Compagnie des Messageries impériales.

Favre (Edmond). — Maître ouvrier à l'établissement de Guérigny.

Pille. — Maître ouvrier d'artillerie, à Lorient.

Clère. — Ouvrier en modèles, à Paris.

Guerre. — Coutelier, à Langres.

Peugeot fils. — Outils d'acier, à Pont-de-Roide (Doubs).

Verdier. — Directeur de l'aciérie de Firminy (Loire).

Mage. — Fabricant de toiles métalliques, à Lyon.

VIEILLARD. — Manufacturier, à Belfort.

GOMME (Félix). — Chaudronnier, à Paris.

PALMER. — Fabricant de tuyaux en fer, à Paris.

PAT DE ZIN. — Ouvrier contre-maître, à Saint-Etienne.

DURAND. — Fondeur en bronze, à Paris.

FANIÈRE aîné. — Artiste ciseleur.

LEBRUN. — Orfèvre, à Paris.

LECHESNE (Auguste). — Sculpteur sur chêne, fer, à Caen.

ROUVENAT. — Bijoutier, à Paris.

BAPTEROSSE. — Fabricant de boutons en porcelaine, à Briare-sur-Loire.

BIVERT. — Directeur de la manufacture de glaces de Saint-Gobain.

CLEMENDOT. — Directeur de cristallerie, à Clichy-la-Garenne.

GILLES. — Ancien ouvrier en porcelaine, à Paris.

POUYAT. — Fabricant de porcelaine, à Limoges.

DANSETTE-LEBLOND. — Filateur, à Armentières (Nord).

DE BOUTTEVILLE. — Filateur de coton, à Rouen.

MIEG (Charles). — Manufacturier, à Mulhouse.

ISENMANN (Antoine). — Directeur de filature, à Guebviller.

BERNOVILLE (Edouard). — Manufacturier, à Puteaux.

CROUTELLE. —   id.   à Reims.

DE MONTAGNAC. —   id.   en drap, à Sedan.

SIEBER. — Associé de la maison Paturle, Lupin, Seydoux et Cⁱᵉ.

MORIN. — Fabricant de tissus, à Paris.

BERTRAND (Félix). — Président du Conseil des Prud'hommes de Lyon.

GAMOT. — Directeur de la condition des soies, à Lyon.

HECKEL. — Fabricant de satin, à Lyon.

MARTIN (Jean-Baptiste). — Fabricant de peluche, à Tarare.

ROBICHON. — Fabricant de rubans, à Saint-Etienne.

SCHULZ (aîné). — Fabricant d'étoffes de soie, à Lyon.

DHÉRENS (François). — Chef d'atelier, à Lyon.

GONNARD (François). — Ouvrier monteur de métiers, à Lyon.

HOMON. — Filateur de lin, à Morlaix.

CHAMPAILLER fils aîné. — Fabricant de tulle, à Saint-Pierre-les-Calais.

FALCON (Théodore). —   id.   de dentelles, au Puy.

SIMON. — Ouvrier à la manufacture de tapis d'Aubusson.

DUSSAUCE. — Peintre décorateur, à Paris.

FOSSEY (Jules). — Fabricant de meubles, à Paris.

JEANSELME père. —   id.   id.

LATOUR aîné. — Fabricant de chaussures mécaniques, à Paris.

PÉRINOT. — Ancien ouvrier, à Paris.

SCHLOSS (Simon). — Fabricant de maroquinerie, à Paris.

BAILLEUL. — Président de la Société des Protes,   id.

CAVELIER père. — Dessinateur industriel.
FOURNIER (Henry). — Directeur d'imprimerie, à Tours.
GROSRENAUD. — Dessinateur industriel.
LEFÈVRE (Théotime). — Ouvrier typographe.
SIMON. — Directeur d'une maison de lithochromie.
BERRUS. — Dessinateur industriel.
LAROCHE. —   id.
BLANCHET. — Fabricant de pianos.
BOISSELOT père. — Fabricant de pianos.
MARTIN. — Contre-maître chez un facteur d'orgues.
CHENNEVIÈRE. — Fabricant de draps, à Louviers.
HILDEBRAND. —   id.   d'ustensiles de ménage, à Plombières.
LAURY. —   id.   d'appareils de chauffage, à Paris.
MAGNIN. —   id.   de pâtes alimentaires, à Clermont-Ferrand.

DÉCORATIONS DÉCERNÉES AUX MEMBRES DU JURY

COMMANDEUR :

Michel CHEVALIER. — De l'Institut.

OFFICIERS :

SCHLUMBERGER (Nicolas). — Filateur, à Mulhouse.
MATHIEU. — Membre de l'Institut.
PERSON. — Professeur aux Arts et-Métiers.
GOLDENBERG. — Fabricant de quincaillerie, au Zornhoff
HITTORFF. — Architecte.
Natalis RONDOT.

CHEVALIERS :

FOCILLON. — Membre de la 2° classe du Jury.
VILMORIN. —   id.   id.   id.
BARRAL. —   id.   de la 3° classe   id.
DAILLY. — Grand agriculteur, à Trappes.
ALCAN. —   Membre de la 7° classe du Jury.
BRUNNER. —   id.   8°   id.
VERTHEIM. —   id.   8°   id.
BOULEY. —   id.   12°   id.
ESTIVANT. —   id.   16°   id.

DEVÉRIA (Achille). —   Membre de la 17ᵉ classe du Jury.
SEILLIÈRES (Ernest). —   id.   19ᵉ   id.
DE BRUNET. —   id.   20ᵉ   id.
GIRODON. —   id.   21ᵉ   id.
COHEN aîné. —   id.   22ᵉ   id.
PAYEN (Alphonse). —   id.   23ᵉ   id.
REMQUET. —   id.   26ᵉ   id.
MERLIN. —   id.   26ᵉ   id.
Albert DE SAINT-LÉGER. —   id.   31ᵉ   id.
MICHEL. —   id.   31ᵉ   id.

DÉCORATIONS
accordées aux différents Chefs du Service d'Organisation

COMMANDEUR :

LE PLAY. — Commissaire général.

OFFICIERS :

ARLÈS-DUFOUR. — Secrétaire général de la Commission.
VAUDOYER. — Commissaire des bâtiments.
DE MERCEY. — Commissaire général pour les beaux-arts.
GUILLAUMOT. — Inspecteur général des travaux.

CHEVALIERS :

BLAISE (des Vosges). — Secrétaire du Jury.
TRÉLAT. — Ingénieur-architecte, établissement des machines.
ROSSIGNEUX. — Commissaire adjoint du bâtiment.
DUSERECH. — Inspecteur des douanes.

Plus 3 croix de Commandeur, 16 d'Officier, 111 de Chevalier, pour les étrangers exposants et membres du Jury.

GRANDES MÉDAILLES D'HONNEUR

2° classe. — *Art forestier*
Docteur BOUCHERIE.

4° classe. — *Mécanique générale*
FARCOT, constructeur mécanicien, à Saint-Ouen.

5° classe. — *Matériel des chemins de fer*
CAIL et Cⁱᵉ, constructeurs mécaniciens, à Paris.

6° classe. — *Matériel des ateliers industriels*
VACHON père, fils et Cⁱᵉ, à Lyon.

7° classe. — *Mécaniques pour tissus*
MERCIER, de Louviers (Eure).
MEYNIER, de Lyon.

8° classe. — *Arts de précision*
Dépôt de la Guerre, Paris.
JAPY frères, de Beaucourt.

9° classe. — *Lumière, chaleur, électricité*
Administration des Phares, France.
CHRISTOFLE et Cⁱᵉ, Paris.

10° classe. — *Arts chimiques*
GUIMET, de Lyon.
CHEVREUL, de l'Institut.

COMMISSION MIXTE
10, 19, 20, 21, 22 et 23° classes. — *Teinture, impressions apprêts*
FRANCILLON, de Puteaux.
GROS, ODIER, ROMAN et Cⁱᵉ (Haut-Rhin).
GUINON, de Lyon.
KŒCHLIN frères, de Mulhouse.

11° classe. — *Conservation des substances alimentaires*

CHAMPONNOIS, de Paris.

DUBRUNFAUT, de Paris.

MASSON, de Paris.

12° classe. — *Hygiène, chirurgie*

AUZOUX, de Paris.

CHARRIÈRE fils, de Paris.

13° classe. — *Marine et art militaire*

ARMAN, de Bordeaux.

Dépôt des cartes et plans de la marine.

Industrie armurière de la ville de Paris.

DUPUY DE LÔME, de Paris.

14° classe. — *Constructions civiles*

Ministère des Travaux publics.

VICAT, de Grenoble.

DE MONTRICHER, ingénieur en chef des Ponts-et-Chaussées.

POIRÉE, inspecteur général des Ponts-et-Chaussées.

15° classe. — *Aciers*

JACKSON, PETIN et GAUDET, de Saint-Etienne.

17° classe. — *Bronzes*

BARYE, de Paris.

MOREL, de Sèvres.

VECHTE, de Paris.

18° classe. — *Cristallerie*

Cristallerie de Baccarat.

Manufacture de glaces de Saint-Gobain.

   id. impériale de Sèvres.

19° classe. — *Coton*

Ville de Rouen.

20° classe. — *Laines*

Chambre de Commerce de Paris. — Châles.

    id.   id.   Tissus légers.

PATURLE, LUPIN, SEYDOUX, SIEBER et Cⁱᵉ, de Paris.

Ville d'Elbeuf.

id. de Reims.

id. de Roubaix.

id. de Sedan.

21e classe. — *Soies*

Chambre de Commerce de Saint-Etienne.
       id.   de Lyon.
Départements séricicoles du Midi de la France.
HECKEL et Cie, de Lyon.
MARTIN et CASIMIR, de Tarare.
SCHULZ frères et BÉRAUD, de Lyon.

22e classe. — *Lins et chanvres*

Chambre de Commerce de Valenciennes.

23e classe. — *Bonneterie, tapis, passementerie, broderie, dentelles*

Manufactures impériales de Beauvais et des Gobelins.
Ville d'Aubusson.
  id. de Bayeux.
  id. d'Epinal.

24e classe. — *Ameublement et décoration*

BARBEBIENNE, de Paris.
DELICOURT,   id.
FOURDINOIS,   id.

25e classe. — *Habillement, modes, fantaisies*

Chambre de Commerce de Paris.

26e classe. — *Dessin industriel, typographie*

COLLAS, de Paris.
NIEPCE DE SAINT-VICTOR, de Paris.

27e classe. — *Instruments de musique*

Chambre de Commerce de Paris.
CAVAILLÉ-COLL, de Paris.
SAX, de Paris.
VUILLAUME, de Paris.

31e classe. — *Economie domestique*

BAPTEROSSE, de Briare-sur-Loire.
MAME, de Tours.

MÉDAILLES D'HONNEUR

1" classe
CHENOT, de Clichy-la-Garenne.
Corps impérial des mines.
DUSOUICH, ingénieur des mines.

4' classe
BOURDON, de Paris.
FONTAINE-BARON, de Chartres.
FOURNEYRON, de Paris.
GACHE aîné, de Nantes.

6' classe
BÉRARD, LEVAINVILLE et C'*, de Paris.
NORMAND fils, du Hâvre.
ROHLFS, SEYRIG et C'*, de Paris.

7' classe
HEILMANN (Haut-Rhin).
MICHEL, de Saint-Hippolyte (Gard).
WINDSOR frères, de Lille.

8' classe
BOURDALOUE, de Bourges.
Veuve GAMBEY, de Paris.
LEREBOURG, de Paris.
WAGNER neveu, de Paris.
WALFERDIN,   id.
WINNERL,   id.

9' classe
BRÉGUET et C'*, de Paris.
DUVOIR-LEBLANC,   id.
Paul GARNIER,   id.
HULOT,   id.
LEPAUTE,   id.
SAUTTER.   id.
ROLLAND, de Strasbourg.

10' classe
BAYVET frères et C'*, de Paris.
GUIBAL fils et C'*,   id.
DE MILLY,   id.
NYS et C'*,   id.

KESTNER (Charles), de Thann.
PERRET et fils, de Lyon.
PLUMMER, de Pont-Audemer.
Savonnerie de Marseille.
Société des mines de Bouxwiller.

COMMISSION MIXTE
10, 19, 20, 21, 22, 23' classe
CHOCQUEL et MARION, de la Briche-Saint-
  Denis.
GUILLAUME père et fils, de Saint-Denis.
HARTMANN et fils, de Munster (Haut-Rhin)
SCHWARTZ et HUGUENIN, de Dornach.
STEINBACH, KŒCHLIN et C'*, de Mulhouse.
STEINER, de Ribeauville.

11' classe
CHOLLET et C'*, de Paris.
Comité des fabricants de sucre de Valen-
  ciennes.
CRESPEL-DELLISSE, d'Arras.
SERRET, HAMOIR, DUQUESNE et C'*, de Va-
  lenciennes.

12' classe
AUBERGIER, de Clermont-Ferrand.
MENIER et C'*, de Paris.

13' classe
LÉOPOLD   BERNARD, de Paris.
DELACHAUSSÉE,   id.
DELACOUR,   id.
GAUVAIN,   id.
Maison LEFAUCHEUX,   id.
Compagnie des Messageries maritimes.
MERLIÉ-LEFÈVRE et C'*, du Hâvre.

14' classe
Paul BORIE et C'*, de Paris.

15' classe
GUERRE, de Langres.
SOMMELET-DANTAN et C'* (Haute-Marne).

16° classe

BARBEZAT et Cie, Val-d'Osne (Haute-Marne).
Veuve DIÉTRICH et fils (Bas-Rhin).
ROSWAG et fils (Bas-Rhin).
Société des fonderies de Romilly.
MOUCHEL, de l'Aigle.

17° classe

ALARD,   de Paris.
BAPST et neveu,   id.
DENIÈRE fils,   id.
DUPONCHEL,   id.
ECK et DURAND,   id.
FROMENT-MEURICE, id.
GUEYTON,   id.
MARRET et BEAUGRAND, de Paris.
MARRET et JARRY frères, id.
MELLERIO,   id.
ROUVENAT,   id.

18° classe

BAPTEROSSE, de Briare-sur-Loire.
Cristallerie de Saint-Louis.
MAÏS, de Clichy-la-Garenne.
Manufacture des glaces de Cirey.

19° classe

DELEBAR et LARDEMER, de Lille.
MALLET frères.
MIEG (Charles), de Mulhouse.

20° classe

CROUTELLE et Cie, de Reims.
DAVIN (Frédéric), de Paris.
DUMOR-MASSON, d'Elbeuf.
HÉBERT (L.-F.), de Paris.
DE MONTAGNAC, de Sedan.
MOURCEAU, France.
SCHWARTZ, TRAPPE et Cie, de Mulhouse.

21° classe

BLANCHON, de Saint-Julien (Ardèche).
BERTRAND, GAYET et Cie, de Lyon.
BONNET (Cl.-J.) et Cie,   id.
BOUVARD et LANÇON,   id.
BRUNET-LECOMTE et Cie,   id.
CAQUET-VAUZELLE et Cie,   id.
CHAMPAGNE et ROUGIER,   id.
CROIZAT et Cie,   id.
DURAND frères,   id.
FURNION père et fils,   id.
GIRARD, POIZAT, SÈVE et Cie, de Lyon.
GODEMAR et Cie.   id.
LEMIRE père et fils,   id.
MATHEVON et BOUVARD,   id.

MILLION et Cie,   Lyon.
MONTESSUY et CHOMER,   id.
PONSON (Cl.)   id.
TEILLARD,   id.
COLLARD et COMTE, de Saint-Etienne.
DEBARRY-MERLAN, de Guebwiller.
DOBLER, WARNERY et Cie (Ain).
FEY et MARTIN, de Tours.
LARCHER, FAURE et Cie, de Saint-Etienne.
ROBICHON et Cie,   id.
VIGNAT frères,   id.

22° classe

DROULERS et AGACHE, de Lille.
MALO, DICKSON et Cie, de Dunkerque.

23° classe

BRAQUENIÉ frères, de Paris.
Veuve CASTEL, d'Aubusson.
LAURET frères, de Paris.
LEFÉBURE (Auguste), de Paris.
RÉQUILLART, ROUSSEL et CHOCQUEL, Paris.
VIDECOQ et SIMON,   id.
Les Passementiers   id.
La ville de Saint-Pierre-lès-Calais.

24° classe

BEAUFILS, de Bordeaux.
GROHÉ frères, de Paris.
ZUBER et Cie, de Rixheim (Haut-Rhin).

25° classe

PARISOT (la belle Jardinière), Paris.

26° classe

CLAYE,   de Paris.
Paul DUPONT, id.
LEMERCIER,   id.
PLON,   id.

27° classe

ALEXANDRE père et fils, de Paris.
ERARD,   id.
HERZ,   id.
PLEYEL et Cie,   id.
TRIÉBERT et Cie,   id.

31° classe

BENOIST, MALOT et WALBAUM, de Reims.
CHENNEVIÈRE et fils, de Louviers.
MAGNIN, de Clermont-Ferrand (Pâtes alimentaires.)
Ville de Thiers, Puy-de-Dôme (Coutellerie)
Ville de Vire, Calvados (Draperie).
LAURY, de Paris (Chauffage économique.)

EXPOSITION UNIVERSELLE

—————wwwww—————

1862. — LONDRES

EXPOSITION UNIVERSELLE DE 1862

LONDRES

Au mois d'Avril 1861, le Gouvernement français recevait avis de l'ouverture d'une Exposition universelle à Londres le 1ᵉʳ Mai 1862. La commission anglaise composée de MM. le comte de Granville, marquis de Chandos, Barnig, Wentworth, Dilke, Fairbairn, Sandfort, joignait à cette invitation officielle le texte du règlement adopté pour cette solennité et le détail des mesures prises par elle afin d'en assurer la bonne organisation.

L'emplacement désigné, peu éloigné de celui où avait eu lieu l'Exposition de 1851, était Kensington, faubourg de Londres; de vastes bâtiments, encore en projet, de spacieuses annexes devaient offrir à tous les produits l'installation la plus confortable. Les objets exposés, comme date de fabrication, ne pouvaient pas remonter au-delà de 1850. 4 grandes sections : *matières premières, machines, objets manufacturés, beaux-arts,* comprenaient 40 classes qui s'étendaient à toutes les productions de l'industrie humaine. Tous les articles destinés au concours devaient être rendus du 12 Février au 13 Mars 1862.

Ces prescriptions fort nécessaires rentraient dans le cadre des mesures administratives obligatoires et rien ne les distinguait, comme amélioration, de celles qui avaient été prises en 1855 : la seule innovation introduite par la commission anglaise portait sur les récompenses et tout le monde en France s'entendait à la considérer comme maladroite.

Après avoir établi le principe de prix ou distinctions à décerner aux trois premières sections, la commission déclarait que les beaux-arts ne jouiraient pas de la même faveur. Notre supériorité artistique en 1855 avait été tellement éclatante qu'on ne pouvait raisonnablement expliquer cette disposition bizarre que par la crainte de nous voir remporter un nouveau succès. Cette mesquinerie qui n'empêchait, en rien, le public de rendre à nos artistes la justice due à leurs talents, rappelait l'opiniâtreté avec laquelle les grandes cités anglaises avaient insisté en 1851 pour obtenir qu'il ne fût point distribué de médailles du premier ordre.

Il était regrettable d'avoir à constater ces sentiments étroits et intéressés chez une grande nation, si au-dessus des autres à certains points de vue, alors que que nous avions donné, en 1855, l'exemple de la plus grande générosité et de l'impartialité la plus absolue dans la répartition des récompenses.

Le 14 Mai 1861, l'Empereur nomma la Commission Impériale chargée de prendre toutes les décisions concernant l'Exposition. Elle se composait du prince Napoléon, président, Rouher, ministre du commerce, vice-président, comte de Persigny, ministre de l'intérieur, maréchal Vaillant, ministre de la Maison de l'Empereur, Fould, ministre des finances, Thouvenel, ministre des affaires étrangères, Drouyn de Lhuys, ancien ministre, Schneider, vice-président du Corps législatif, Mérimée, sénateur, Michel Chevalier, de l'Institut, le baron Gros, sénateur, Arlès Dufour, membre de la Chambre de Commerce de Lyon, Gervais (de Caen), directeur de l'Ecole supérieure de Commerce, Marchand, conseiller d'Etat, Le Play, secrétaire général, commissaire général. On lui adjoignit M. du Sommerard.

Un personnel de 35 fonctionnaires de tous grades fut organisé pour assurer tous les services de classement, installation, manutention, direction des travaux, catalogue, comptabilité. Un crédit de 1,200,000 francs était affecté à toutes les dépenses parmi lesquelles figuraient pour une assez grosse somme l'appropriation des galeries annexes et le transport gratuit dè Paris à Londres de tous les produits français.

Des comités départementaux recueillirent les adhésions du 15 Juin au 15 Septembre : elles atteignaient à ce moment un total de 8,000. L'espace attribué à la France par les Commissaires anglais ne dépassait pas 13,740 mètres carrés, lorsque le nombre des demandes d'admission nécessitait une surface horizontale de 41,900 mètres carrés. La Commission impériale, malgré toutes ses réclamations ne put rien obtenir ; la part des autres nations se trouvait encore plus réduite que la nôtre, et, bon gré mal gré, il fallut se contenter de ce qui nous était accordé. Beaucoup d'exposants cédant aux sollicitations et aux instances de la Commission s'étaient organisés pour faire une exposition collective, mais, malgré le concours de toutes ces bonnes volontés, la difficulté restait la même ; l'emplacement disponible strictement calculé de façon à ne pas perdre une ligne suffisait pour 5,000 exposants alors qu'il y avait plus de 8,000 demandes.

Le Jury d'admission, dans des conditions aussi défavorables, dut faire un choix sévère qui eut pour résultat de permettre le classement de 4,730 exposants pour la France et 826 pour l'Algérie et les Colonies.

Les mécontentements furent nombreux à la suite des exclusions prononcées par le Jury. La presse française prit parti pour nos nationaux lésés dans leurs intérêts, elle fit ressortir la conduite peu gracieuse de l'Angleterre qui s'était réservé un emplacement considérable, quoique le nombre de ses exposants ne fût pas sensiblement supérieur à celui des Français demandant à être admis. Quelques journaux allèrent même jusqu'à prétendre que les Anglais cherchaient à exclure ce qui pouvait porter ombrage à l'industrie britannique.

Il est certain qu'en rapprochant cette répartition malencontreuse de la fâcheuse mesure prise à l'égard des artistes, l'esprit le moins prévenu pouvait chercher une explication qui prouvait sans doute le sens pratique de l'Angleterre mais qui ne faisait point honneur à son hospitalité.

Il y eut, du reste, dans la polémique engagée à ce sujet, une manœuvre très évidente des journaux protectionnistes pour jeter le blâme sur une Exposition faite au pays du libre échange. Napoléon III, par un acte de son omnipotence impériale, malgré toutes les résistances, venait, deux ans auparavant, d'inaugurer en France le régime de la liberté du commerce. Il avait renversé, sans s'arrêter aux protestations de certaines industries privilégiées, le vieux système prohibitionniste, en lui substituant un droit variable de 5 0/0 à 20 0/0 de la valeur.

Tout le monde avait dû s'incliner devant cette manifestation d'une prérogative inscrite dans la constitution ; l'opinion publique, égarée par quelques feuilles organes du parti protecteur qui remplaçaient les bonnes raisons absentes par des considérations de patriotisme cachant un intérêt personnel, hésitait à se prononcer dans la question ; peu de personnes, à part les économistes et les industriels intéressés, se rendaient compte des avantages et des inconvénients d'une réforme aussi complète.

Dès que les partisans de la prohibition connurent le projet d'Exposition à Londres, ils se mirent en campagne pour conseiller une abstention systématique, cherchant à ébranler la confiance de ceux qui se sentaient disposés à se rendre au concours, harcelant ceux qui hésitaient.

L'évènement, comme on l'a vu plus haut, déjoua cette entreprise; toutes les mauvaises raisons invoquées ne purent tenir contre le bon sens des industriels français qui comprenaient que ce n'était pas le moment de déserter la lutte alors que l'Angleterre paraissait plus favorisée par les traités. Ce que l'on peut reprocher justement au Royaume-Uni, en résumé, c'es de n'avoir pas compris qu'il devait, pour toutes les causes qui viennent d'être exposées, recevoir, avec la plus parfaite courtoisie, une nation émule et rivale sur le terrain du libre échange.

La Commission française, cette première difficulté surmontée, se heurta, dans le cours de ses travaux, à d'autres obstacles qui les lui rendirent très pénibles. L'entrepreneur anglais, concessionnaire du service de transport des colis au palais s'en acquitta d'une façon tellement insuffisante qu'il fallut au dernier moment avoir recours pour. achever l'installation à un de ses confrères.

L'organisation intérieure de la partie française amena aussi les plus grandes préoccupations. L'espace accordé ne permettait pas d'établir les larges avenues qu'on admirait dans la partie anglaise : la Commission adopta définitivement un plan fort critiqué, du reste, au moment de l'Exposition, mais qui avait le précieux avantage de ne pas laisser perdre la moindre parcelle de terrain. Le carré français séparé par des cloisons montant jusqu'aux galeries se composait de petites pièces à passages étroits et dans lesquelles la circulation était fort difficile : le grand mérite, qu'il faut placer à côté du reproche, consistait à donner satisfaction à tout le monde, autant qu'on le pouvait, et la Commission réussit complètement dans cette partie de sa tâche.

Voici le tableau des nations principales avec le nombre de leurs exposants et le total de la surface qui leur avait été accordée.

France	4.669	13.740 mètres carrés
Colonies	826	
Angleterre	5.457	72.155 id.
Colonies	2.685	
Autriche	1.516	4.874 id.
Espagne	1.132	546 id.
Italie.	2.104	1.654 id.
Portugal	1.193	445 id.
Turquie.	791	1.330 id.
Belgique	815	4.552 id.
Suisse.	374	1.473 id.
Zollverein.	160	
Bade	114	
Bavière	128	7.748 mètres carrés
Saxe	226	
Wurtemberg	195	
Prusse	1.209	

L'Angleterre s'était fait la part du lion dans le partage, la moyenne
accordée à chacun de ses exposants atteignait 8 mètres carrés, tandis que
la France avait à peine 2 mètres 50 centimètres.

Passons maintenant à la description du palais de Kensington élevé
en six mois sous la direction du capitaine Fowke, par M. Kelk, entrepreneur principal. Le nouveau bâtiment pouvait être ainsi défini : une gare,
une halle, une serre. Il donnait, à ce point de vue, l'idée la plus complète
des grandes constructions civiles de l'époque. Le palais de Kensington
méritait, toutefois, un reproche très grave dont la responsabilité retombe
sur la Commission anglaise ; il n'était pas encore achevé lorsque celle-ci
en fit choix pour la solennité qui se préparait. Il résulte de cette affecta-
tion peu judicieuse que le public fut amené à juger défavorablement une
œuvre dont le principal défaut était de n'être pas terminée.

L'apparence extérieure avec ces affreuses briques grises si fort employées en Angleterre était tout à fait à son désavantage ; ses formes
raides et anguleuses lui donnaient l'aspect d'une forteresse, le long mur
de 350 mètres sur Cromwell Road, avec ses immenses baies murées, était
d'une monotonie désespérante.

L'intérieur rachetait un peu tout ce que la construction au dehors
avait de disgracieux. L'impression première rappelait une cathédrale
démesurée ; une grande nef occupait toute la longueur ; à ses deux extrémités, commençaient deux nefs transversales de même largeur. Deux
dômes, dont on ne s'expliquait guère la nécessité, se trouvaient placés aux
points d'entrecroisement ; on avait jugé à propos, je ne sais dans quel but,
de surélever, sous ces dômes, le plancher de deux mètres, si bien que le
public pour passer de la nef principale dans une des nefs secondaires
devait gravir et descendre des marches fort incommodes. Les annexes
étaient installées aux extrémités des nefs transversales, mais avec cet
inconvénient regrettable de ne point communiquer entr'elles.

On retrouvait tout le sens pratique si remarquable des Anglais
dans l'organisation des différents services accessoires. L'annexe des machines en mouvement était parfaitement appropriée ; des stations télé-
graphiques, bureaux de poste, bureau de correspondance, cabinets indispensables, disséminés sur divers points, offraient au public toutes leurs
ressources. Les buffets nombreux occupaient dans toute la longueur du
bâtiment deux étages complets.

Le long des trois nefs courait une galerie large de 14 mètres qui
assombrissait considérablement les objets placés au-dessous et qui malgré
ses facilités d'accès, avait le désavantage d'être fort peu visitée. L'expérience montrait qu'il fallait renoncer dans les Expositions à élever des

galeries qui attiraient seulement les visiteurs intéressés et restaient désertes, le plus souvent, au grand détriment des produits qui y étaient relégués.

La lumière convenablement distribuée venait de la toiture ; ce système avait peut-être l'inconvénient de laisser passage à l'eau par des fissures inévitables, mais l'éclairage par le haut l'emportait sur tout autre.

Ce vaste bâtiment, briques, fonte et verre, répondait parfaitement à sa destination, et cette qualité l'absolvait de tous les reproches que l'on pouvait lui adresser. Il était bon de se rappeler que sa construction remontait à six mois à peine et qu'il remplissait absolument les seules conditions recherchées par les industriels anglais : abriter convenablement et contenir tous les objets qui devaient y être placés. Le palais, au point de vue de l'art, laissait certainement à désirer, surtout à l'extérieur, mais il était inachevé et de plus il fallait tenir compte du seul but poursuivi et qui était atteint.

L'examen de tous les produits rassemblés à Kensington amenait des résultats dont l'esprit s'étonnait avant de chercher à les raisonner. Pas une industrie ne montrait de progrès très sensibles. Les fabrications s'étaient perfectionnées, les bons procédés s'étaient répandus chez toutes les nations. On voyait la Russie soutenir la concurrence des bronzes français avec une originalité artistique très appréciée, les peuples les moins avancés prêts à entrer en lutte avec les industries les plus florissantes. Cette généralisation des bonnes méthodes constituait le côté fort curieux à étudier de l'Exposition, au moment où, les barrières fiscales tombant de tous côtés, la bataille allait s'engager ardente pour conquérir des marchés jusqu'alors fermés et inaccessibles.

C'était là le grand fait économique, conséquence du libre échange ; il fallait de toute nécessité ne pas se laisser distancer et garder, à n'importe quel prix, sa supériorité. Chacun des peuples accourus à cette réunion se présentait ainsi avec une amélioration générale des conditions du travail, mais, à côté de cela, et la chose paraissait bizarre, il ne semblait pas que l'influence des deux Expositions universelles précédentes eût modifié d'une façon particulière le caractère propre de ceux qui y avaient pris part.

Chaque nation cherchant à s'approprier, suivant son propre génie, ce qui faisait la puissance d'une nation rivale, se trouvait dans une période de transition, de conquête pacifique, fort importante pour elle, mais sans action sur les progrès de l'industrie en général.

Ces observations puisées dans un examen attentif des produits suffisaient pour expliquer qu'on ne vît pas de ces grandes découvertes qui se détachent à première vue. Toutes les innovations se bornaient à des perfectionnements de détail souvent fort remarquables, qui méritaient mieux encore que l'approbation exclusive des ingénieurs et des manufacturiers.

L'opinion publique, en France, fort mal disposée déjà envers l'Exposition anglaise, ne voulut y voir, quand les journaux donnèrent ces premières appréciations, qu'une reproduction moins brillante de la réunion de 1855 et se montra, par la suite, très indifférente pour tout ce qui avait trait au concours ouvert à Kensington.

Le monde industriel français, moins prévenu et plus intéressé, ne s'en tint pas à quelques articles pour juger une question de cette importance ; nombre de manufacturiers traversèrent la Manche et vinrent étudier de plus près les échantillons exposés. Plusieurs chambres de commerce prirent même l'initiative d'envoyer des délégués chargés d'examiner attentivement les produits similaires étrangers et de leur faire un rapport circonstancié sur ce qu'ils auraient observé, soit à l'Exposition, soit dans les grandes usines anglaises.

Le Gouvernement, de son côté, fixa un crédit de 40,000 francs pour le voyage d'ouvriers de toutes professions délégués à Londres avec la mission de résumer également, dans un rapport, le résultat de leurs visites. Cette mesure, vivement blâmée par certains esprits inquiets et rétrogrades, inaugurait heureusement un nouveau régime où l'ouvrier, rehaussé à ses propres yeux, prenait une place plus digne de son travail et de son intelligence.

L'adoption de ce système à chaque Exposition promettait les résultats les plus avantageux en donnant, à deux points de vue différents, l'exposé détaillé des progrès industriels du monde entier. Il est regrettable qu'une telle coutume, détournée de son véritable but, n'ait servi depuis lors qu'à favoriser des réunions de travailleurs dans lesquelles la politique et le socialisme ont pris le pas sur les questions purement industrielles.

Les départements de la Seine, Rhône, Nord, Loire, Bas-Rhin, Somme, Haute-Vienne, comptaient 247 patrons, 750 ouvriers délégués qui mirent leur séjour en Angleterre à profit pour passer en revue les grandes fabriques.

Les Anglais, il faut leur rendre cette justice, accueillirent parfaitement tous ces visiteurs, et leur ouvrirent les portes de toutes les usines. Ils purent, grâce aux facilités si généreusement accordées, recueillir une ample moisson de faits, de renseignements sur les procédés de travail, sur l'organisation si méthodique des grands ateliers de l'Angleterre, et leurs impressions résumées dans des rapports faits avec le plus grand soin formèrent une étude complète des ressources et des côtés faibles de la puissante industrie britannique.

L'ouverture de l'Exposition eut lieu au jour fixé bien que rien ne fut encore terminé. L'expérience acquise prouvait qu'il n'y avait pas de plus sûr moyen d'activer l'achèvement des installations. L'inauguration se fit avec le plus grand apparat, en présence du duc de Cambridge et de tous les grands personnages de l'Angleterre (le deuil récent de la Reine l'empêcha de paraître à cette solennité).

Un immense orchestre composé de 2,000 choristes et musiciens, exécuta tour à tour une marche grandiose de Meyerbeer, une ode de Tennysson, le grand poète lyrique, mise en musique par M. Bennett, docteur en musique, comme il s'intitulait, puis une marche très applaudie d'Auber. Le nom de Verdi figurait aussi au programme, mais on supprima le morceau qu'il avait composé par la faute des artistes chargés de son exécution qui déclarèrent n'être pas assez sûrs d'eux-mêmes.

La première place, par le nombre d'exposants, appartenait à l'Angleterre ; la métallurgie, les machines, les produits céramiques, les tissus, présentaient le plus bel ensemble qu'il fût possible de réunir, tous les articles faits sérieusement donnaient une véritable idée de ce qui se passait dans les ateliers.

Les industries de luxe étaient loin d'être aussi avancées ; de nombreux efforts tentés depuis dix ans pour la propagation de l'enseignement du dessin n'amenaient pas encore le sentiment artistique presque toujours absent dans la joaillerie, bijouterie, orfèvrerie ; on retrouvait encore en 1862 ces lourdes pièces massives, fort chères, sans doute, mais dépourvues de toute élégance, ces palmiers, ces chameaux d'argent si fort critiqués lors de l'Exposition de 1851 et qui paraissaient faire le fonds de l'art industriel anglais.

Dans les arts de précision les photographies astronomiques de M. Warren de la Rue, la collection des télégraphes de Wheastone offraient le plus vif intérêt ; les canons Armstrong et Withworth attiraient l'attention à côté de cette multitude d'engins de guerre qui encombraient la nef et usurpaient la place de produits plus utiles. Toute cette artillerie, fourvoyée dans un concours industriel, eut été plus appréciée dans les arsenaux, son véritable domaine.

Les articles manufacturés constituaient la grande puissance du commerce anglais, fabriqués en grande masse, par des procédés mécaniques, avec du combustible à bon marché et des capitaux suffisants, ils avaient ce précieux avantage de passer dans les colonies anglaises, en échange de leurs matières premières. Tout le secret de la prodigieuse fortune de l'Angleterre consistait à produire beaucoup et à bas prix, sans se préoccuper du goût du public acceptant indifféremment ce qu'il n'était pas appelé à discuter.

Les diverses possessions britanniques avaient envoyé une collection de matières premières qui embrassaient tout le règne minéral et végétal, et expliquaient l'importance vitale des colonies pour la métropole. Il ressortait pour la France de cet examen de l'industrie anglaise l'obligation de créer des établissements considérables, de leur assurer les capitaux nécessaires à leur fonctionnement, mais en ayant soin d'éviter l'écueil de la grande production, la perte de ce caractère de distinction et de bon goût qui entrait pour beaucoup dans la seule supériorité que nous possédions.

La Belgique se rapprochait à la fois de l'Angleterre et de la France : de l'Angleterre par l'exploitation de ses mines nombreuses, de la France par l'organisation de ses fabriques de tissus. Son exposition pouvait se résumer en quelques lignes : un grand nombre de produits minéraux, des objets manufacturés de grande consommation, très peu de recherche artistique, une industrie dentellière très développée.

La Suisse, avec ses montres, ses rubans de soie, ses mousselines brodées, faisait une rude concurrence à Lyon, Besançon, Saint-Etienne, avec une infériorité de goût pour les rubans qui nous laissait encore la prééminence. L'Italie, l'Espagne, le Portugal ne se distinguaient que par des produits naturels : les vins, la soie, les matières tinctoriales, les minéraux, etc., quant à l'industrie mécanique elle était peu développée dans ces trois pays.

L'Exposition autrichienne formait un ensemble très complet, fort bien ordonné, et nulle autre nation n'avait tiré un meilleur parti de l'emplacement qui lui était alloué. La collection des minéraux était considérable et comprenait une variété d'échantillons précieux ; les vins représentés par d'excellents spécimens atteignaient comme production 25,000,000 d'hectolitres ; la brasserie de Klein Schwechat était la plus considérable du monde ; la construction des machines, à ses débuts, était trop modeste pour satisfaire à tous les besoins du pays qui s'adressait aux Etats du Zollverein. Les industries textiles exploitées jusqu'alors en famille par de simples tisserands tendaient rapidement à la transformation moderne en grands ateliers.

De grandes usines, appuyées de capitaux considérables, s'étaient fondées depuis quelques années et, quoiqu'en petit nombre encore, elles ne le cédaient en rien à celles des pays plus avancés. Les meubles de

MM. Thonnet frères, en bois courbé, donnaient lieu à une grande fabrication. Les faux de Styrie, les outils à main, alimentaient à Steyr plus de 30,000 ouvriers, enfin la cristallerie de Bohême soutenait sa vieille réputation. En résumé, l'Autriche comptait au nombre des nations dont les progrès étaient les plus rapides : elle pouvait, en gardant la même allure, prendre, avant qu'il fût longtemps, une importance considérable.

La Prusse se signalait, avant tout, par son industrie métallurgique. Les produits de M. Krupp l'emportaient en perfection sur tous les autres, par l'homogénéité du métal. La construction des wagons, machines de toutes sortes, était fort avancée, les machines-outils attestaient une grande intelligence des meilleures formes. Les arts textiles n'offraient aucun fait saillant, malgré leur développement. Les bronzes présentaient un caractère artistique plus satisfaisant qu'en 1855, il en était de même pour la bijouterie et la joaillerie. La Saxe joignait à ses laines et à des tissus fort remarquables une collection de machines de toutes sortes, dont quelques-unes, fort ingénieuses, pouvaient être introduites en France avec utilité. La Bavière, le Wurtemberg, Bade, le Hanovre se trouvaient entraînés dans l'orbe de la Prusse ou de l'Autriche comme fabrication ; un mouvement marqué de progrès s'y faisait sentir excité par des associations formées dans le but de constituer, pour chacun de ces pays, une industrie nationale.

La salle des produits minéraux du Zollverein était une des plus curieuses, et quoiqu'elle fût généralement peu fréquentée, ses innombrables échantillons, ses 42 plans géologiques la faisaient considérer comme le fait le plus saillant de l'Exposition.

La Suède devait à la supériorité de ses produits métallurgiques une industrie plus avancée que celle des pays limitrophes ; le sapin et le pin se trouvaient au palais de Kensington sous toutes les formes, depuis le bois jusqu'à l'essence de térébenthine.

La Russie, absente à l'Exposition de 1855, paraissait à Kensington représentée par 650 exposants. Les échantillons de mines prouvaient une richesse très grande en métaux précieux ; les blés de l'Ukraine, les chanvres et lins, alimentaient depuis longtemps le marché européen ; les usines n'étaient que peu nombreuses et toutes les machines employées dans les centres industriels de Moscou, de Saint-Pétersbourg provenaient de l'étranger, mais, dans le domaine de l'art industriel, la Russie brillait d'un éclat tout particulier. Les soieries, orfèvrerie, bronzes, étaient extrêmement remarquables et se rapprochaient beaucoup de la perfection des articles français.

Les États-Unis, engagés dans une lutte fratricide, n'avaient qu'une exposition fort incomplète : quelques machines, cependant, donnaient une haute idée de l'activité d'esprit de leurs ingénieurs et de leurs efforts pour arriver à suppléer au manque de bras qui s'y faisait sentir, malgré l'affluence toujours croissante du courant d'émigration européenne.

Le palais réunissait encore les produits de la Grèce, du Danemarck, de la Turquie, de l'Egypte, du Brésil, de presque toutes les républiques de l'Amérique du Sud, mais, à part le Danemarck où tout ce qui touchait aux sciences était assez avancé, les articles exposés se composaient de matières premières ou d'objets d'une fabrication toujours identique depuis plusieurs siècles.

La France, imparfaitement représentée par suite de l'emplacement exigu qui lui avait été concédé, conservait cependant un rang honorable à côté de l'Angleterre. Dans toutes les industries où l'art, le dessin, dominaient, elle l'emportait sur tous les autres pays, dans la bijouterie, joaillerie, orfèvrerie, bronzes, meubles, teintures, habillement, instruments de précision, de musique, de chirurgie : pour les machines, en général, elle avait fait des progrès remarquables qui la mettait sur le pied d'égalité avec l'Angleterre, au moins, comme perfectionnement ; il lui fallait, afin de développer encore ces résultats heureux, transformer son organisation industrielle et lui substituer le système anglais en l'appropriant à son propre génie.

Le libre échange paraissait favoriser, comme produits manufacturés, plus directement, l'Angleterre dont l'outillage puissant produisait à bon marché ; mais nous gagnions, de notre côté, une exportation plus considérable de produits naturels, tels que nos vins entr'autres. Les industries, de luxe françaises gardaient leur supériorité, mais il ne fallait pas se dissimuler que l'Angleterre surtout, et d'autres pays à sa suite, cherchaient, par tous les moyens, à marcher dans la même voie. Les efforts de nos fabricants devaient tendre à garder la première place en augmentant, dans de notables proportions, en propageant les éléments d'instruction et d'éducation artistiques, en venant à l'aide des aptitudes particulières de goût et de distinction qui caractérisaient l'ouvrier français.

La Commission anglaise avait, sous le nom de matériel de l'enseignement élémentaire créé une classe spéciale qui constituait un fait capital au point de vue des importantes questions que soulevait cette innovation. Trois nations seulement : l'Angleterre, l'Allemagne, la France, prenaient part à ce concours, au moins comme exposition d'ensemble.

La palme appartenait sans conteste au Zollverein très supérieur, comme niveau d'instruction ; des lois sévères y prescrivaient la fréquentation de l'école gratuite, et des peines rigoureuses frappaient les parents

27

qui cherchaient à se soustraire à une obligation aussi sacrée. Ces prescriptions appliquées à l'enseignement primaire seulement produisaient des résultats excellents et le nombre des gens illettrés décroissait rapidement en Allemagne alors qu'en France et en Angleterre il restait encore très élevé.

Le matériel d'éducation allemand pour l'enseignement pratique des sciences était aussi très remarquable. La France se relevait un peu avec ses livres classiques, et ses cartons de dessin. En résumé, cette classe fort intéressante, au point de vue du matériel classique, avait le mérite de viser plus haut en appelant l'attention des hommes compétents sur les réformes que réclamait l'état de souffrance de l'enseignement primaire.

La part de la France dans les deux ordres de récompenses fixés atteignit le chiffre de 1539 : 926 médailles et 613 mentions. L'Angleterre avait 1,547 médailles et 1,008 mentions. Le gouvernement français, de son côté décerna un certain nombre de décorations aux industriels les plus recommandables et aux membres de la Commission et du Jury dont le zèle ne s'était pas démenti un seul instant au milieu des difficultés de tous genres qui les avaient assaillis. L'Empereur sut ainsi récompenser dignement les mérites des manufacturiers français confondus dans une seule classe de médaille, malgré les protestations des jurés français.

L'Angleterre, dans cette occasion solennelle, parut obéir à un double courant d'opinion qui fut, suivant l'influence dominante, hostile ou généreuse. En accordant à la France un espace aussi insuffisant, elle put encourir le grave reproche d'avoir obéi à des sentiments de concurrence peu loyale de la part d'une grande nation dont l'industrie n'avait à craindre aucune rivalité.

L'Exposition reçut, pendant sa durée, près de 6,000,000 de visiteurs : le prix des entrées variable de 3 guinées, 30 shillings, 10 shillings, 1 shilling, atteignit 10,452,653 fr. comme recette ; à cette somme vinrent s'ajouter diverses redevances payées par les restaurants, les concessionnaires des catalogues, du vestiaire, de la vente des photographies du palais, du bureau télégraphique, qui portèrent la recette totale, avec 250,000 francs versés par l'entrepreneur, M. Kelk, à 11,490,790 fr. La dépense montant à 11,471,595 fr , il resta un excédant de recettes de 19,595 fr.

La Commission française, après la clôture de l'Exposition, fut en butte à des tribulations analogues à celles qu'elle avait éprouvées au moment de l'arrivée des produits, elle dut passer, pour le rapatriement des articles français par toute une série de formalités longues et dispendieuses qui rendirent sa tâche très pénible jusqu'au jour où elle prit fin. Son

Commissaire général, M. Le Play, se montra à la hauteur de tous les obstacles qui surgissaient à chaque instant, il puisa dans l'exercice de ses lourdes fonctions la connaissance parfaite des avantages d'une bonne organisation, et nous verrons bientôt avec quelle habileté, avec quel rare bonheur il sut se tirer d'une opération aussi compliquée que la préparation, et le bon fonctionnement des services de la colossale Exposition de 1867.

RÉCOMPENSES

accordées par le Gouvernement français

Décorations décernées aux Fonctionnaires du Service de la Section française

Officier :

Du Sommerard.

Chevaliers :

Aldrophe, architecte de la Commission Impériale.
Donnat, chef du service du Catalogue.
Rogués,   id.   du Secrétariat.
Docteur Lecorche, médecin de la Commission.

Décorations décernées aux Membres français du Jury international

Commandeur :

Balard, membre de l'Institut.

Officiers :

Barral, directeur du Journal d'agriculture pratique.
Bella,   id.   de l'Ecole de Grignon.
Demarquay, chirurgien.
Wurtz, professeur à la Faculté de Médecine de Paris.

CHEVALIERS :

Baron BAUDE, ingénieur des Ponts-et-Chaussées.
CAVARÉ, ancien négociant.
DECAUX, sous-directeur aux Gobelins.
DUVAL (Jules), directeur du journal *l'Economiste français.*
LABOULAYE (Charles), ancien fondeur en caractères.
LARSONNIER, fabricant de tissus.
LUUYT, ingénieur des Mines.
MASSON (Victor), libraire-éditeur.
TAILBOUIS (Edouard), fabricant de bonneterie.

Décorations décernées aux Exposants

Officiers :

BOURDALOUE, ancien conducteur des Ponts-et-Chaussées.
CAIL, constructeur de machines.
CHANOINE, ingénieur en chef des Ponts-et-Chaussées.
CHRISTOFLE, orfèvre à Paris.
DICKSON, fabricant de toiles à Dunkerque.
FOURDINOIS, fabricant de meubles à Paris.
GOUIN, constructeur de machines id.
GROHÉ, fabricant de meubles id.
HERZ (Henri), facteur de pianos, id.
JAVAL, agriculteur.
MAËS, fabricant de cristaux.
MATHIEU, ingénieur en chef au Creusot.
ROMAN père, fabricant de tissus.
SCHATTENMANN, agriculteur dans le Bas-Rhin.
SEYDOUX, fabricant de tissus au Catteau.

Chevaliers :

ARMET DE L'ISLE, fabricant de produits chimiques.
BARBEZAT, fondeur de métaux.
BARY-MÉRIAN, fabricant de rubans.
BARRÈS, filateur de soie.
BAUDOUIN, membre du Conseil des Prud'hommes de Paris.
BAYARD, photographe.
BERGER, maître verrier.
BLANCHET, fabricant de papiers.
BLANZY, fabricant de plumes de fer.
BOIGEOL-JAPY, filateur de coton.
BOUCHOTTE, meunier à Metz.

BRAQUENIÉ (Alex.), fabricant de tapis.
CAQUET-VAUZELLE, id. de soieries.
CARRÉ, ingénieur civil.
CASSE fils, fabricant de toiles de lin.
CHARRIÈRE fils, fabricant d'instruments de chirurgie.
CHEMERY, agriculteur dans la Marne.
CHOCQUEEL, fabricant de tapis.
DE CIZANCOURT, ingénieur des mines.
CORDONNIER, fabricant de tissus.
CORMOULS, id. de draps.
CUBAIN, id. de cuivre ouvré.
CUMMING, constructeur d'instruments agricoles.
DAVIN, filateur de laine.
DELAFONTAINE, fabricant de bronzes.
DERRIEY, fondeur en caractères.
DESFOSSÉ, fabricant de papiers peints.
DEVISME, arquebusier.
DEZOBRY, libraire-éditeur.
DOGNIN, fabricant de dentelles.
DREYFUS, maître de forges.
DUBOSCQ, constructeur d'instruments de précision.
DUCHÉ, fabricant de châles.
DURAND (François), constructeur de machines.
DURENNE, fondeur en métaux.
ENGELHARDT, directeur de l'usine de Niederbronn.
FANIEN, fabricant de chaussures.
FANNIÈRE, orfèvre.
FEY, fabricant de tissus de soie.
FIÉVET, agriculteur.

FONTAINE, constructeur de machines.
FOURRIER-AUBRY, fabricant de dentelles.
FROMENT, peintre sur porcelaine.
GANTILLON. moireur apprêteur.
GAUPILLAT, fabricant de capsules.
GÉLIS,   id.   de produits chimiq.
GÉRENTET,   id.   de rubans.
GÉVELOT,   id.   de cartouches.
GIFFARD, ingénieur civil.
GOSSE, fabricant de porcelaine.
GUERRE père, ouvrier coutelier.
HÉBERT fils, fabricant de châles.
HENNECART,   id.   de tissus.
HUGUENIN,   id.   de toiles peintes.
IMBERT, directeur des houillères de Rive-
  de-Gier.
KOPP, chimiste.
LAGACHE, fabricant de tissus de laine.
LAURENT,   id.   d'appareils de sondage.
LEGRIX,   id.   de draps.
LEQUIEN, directeur d'une école municipale
  de dessin à Paris.
LEROLLE, fabricant de bronzes.
LUÉR,   id.   d'instruments de chi-
  rurgie.
MATHIEU,   id.   id.
MARTIN,   id.   de pâtes alimentaires.
MERLE,   id.   de produits chimiques.
MILLION,   id.   de tissus de soie.
MONTESSUY,   id.   id.

MORIN, directeur d'une fabrique d'alumi-
  nium.
MOTTE-BOSSUT, filateur de coton.
MOURCEAU, fabricant d'étoffes d'ameuble-
  ment.
MULLER, dessinateur.
NORMAND, fabricant de presses typogra-
  phiques.
PATOUX, maître verrier.
PELTEREAU, tanneur.
PICAULT, coutelier.
PIHAN père, prote à l'imprimerie impé-
  riale.
POITEVIN, photographe.
POUGNET, directeur de mines dans la Mo-
  selle.
PRÉVOST, aide-naturaliste au Muséum.
RENARD, fabricant de produits tinctoriaux.
ROBERT-FAURE, fabricant de dentelles.
ROUQUÈS, teinturier.
SEBILLE, fabricant de tuyaux à Nantes.
SERVANT, fourreur.
STEINER, teinturier.
TAURINES, constructeur d'instruments de
  précision.
THIÉBAULT, fondeur.
VILLEMINOT-HUARD, fabricant de tissus de
  laine.
VISSIÈRE, constructeur de chronomètres.
WOLFF, facteur de pianos.

M. ALPHONSE PIVER

M. Alphonse PIVER est né le 18 décembre 1812 à Melun. Il est la personnalité la plus en vue de cette industrie de la parfumerie qui occupe, à Paris, seulement, près de 3,000 ouvriers et ouvrières, en produisant un chiffre de 40,000,000 de francs.

C'est en 1844, après de sérieuses études chimiques et mécaniques, que M. PIVER, à la suite d'un long stage, prit la direction de l'établissement fondé par le chef de sa famille en 1774, rue Saint-Martin, à l'enseigne bien connue de la *Reine des Fleurs*. Onze ans après, il était obligé, par le développement de ses affaires, de chercher un emplacement plus vaste et faisait installer sur le boulevard de Strasbourg les magasins et ateliers que tout le monde connaît.

M. PIVER, avec une entente parfaite des nécessités de l'industrie moderne, a compris, le premier, tout le parti qu'il pouvait tirer de l'application régulière de la mé-

canique à la fabrication. L'usine modèle d'Aubervilliers, où l'on prépare le savon, où l'on distille les spiritueux aromatiques, est pourvue d'un outillage perfectionné due à ses recherches constantes, qui permet d'obtenir, en même temps que des produits irréprochables, une activité de fabrication qui alimente une consommation toujours croissante.

M. PIVER fait préparer à Grasse, dans son usine, parfaitement appropriée à ce travail spécial et délicat, les parfums, les essences, les pommades et les huiles parfumées, les alcools et les eaux aromatiques provenant des fleurs odorantes de cette contrée privilégiée.

Ses ateliers du faubourg Saint-Martin sont le laboratoire où se terminent toutes ces opérations chimiques successives.

La maison du boulevard de Strasbourg, siége principal, est exclusivement attribuée au commerce, aux expéditions et à la manipulation définitive des savons de toilette.

Une machine à vapeur de 20 chevaux met en mouvement les appareils destinés, à la fabrication définitive et commerciale de ces parfums exquis, élixirs dentifrices, eaux de toilette et de ces produits cosmétiques, si utiles à l'hygiène, à la santé.

La maison PIVER se distingue, entre toutes les autres, par la pureté irréprochable de ses produits, et c'est à cette qualité particulière qu'elle doit la faveur dont elle jouit en France comme à l'étranger. Toutes les matières employées sont choisies avec soin et M. PIVER apporte le même scrupule honorable dans la préparation de tous ses produits comme dans l'extraction des parfums les plus fins et les plus recherchés.

Cette conscience a droit aux plus grands éloges, elle assure à M. PIVER l'écoulement considérable de ses produits qui n'abritent jamais, sous un nom pompeux ou compliqué, une marchandise de mauvais aloi.

M. PIVER, toujours au premier rang, à toutes les Expositions, depuis 1844, a reçu, en 1867, la croix de Chevalier de la Légion d'honneur. Membre du Jury, et hors concours, par le fait, en 1878, il a été promu au grade d'officier de l'Ordre, et cette distinction a eu pour but de récompenser non moins l'industriel éminent que le dévoué philantrope.

M. PIVER a reçu, dans la classe 6, une médaille d'or pour le pensionnat appelé « La Tutelle des Apprentis » qu'il a créé rue Albouy et dans lequel 28 enfants de 12 à 14 ans sont logés, nourris, habillés et instruits à ses frais. Le jour, ils apprennent des professions chez des patrons, choisis, et, le soir, ils reçoivent au pensionnat des leçons de français, dessin, mathématiques, etc. La création de cette institution et les services qu'elle rend depuis 12 ans, ont été récompensés par les palmes académiques.

Une telle fondation mérite une mention spéciale, elle permet de faire connaître, à côté du fabricant renommé, l'homme bienfaisant qui s'intéresse, véritablement, à la classe ouvrière, et emploie les moyens les plus pratiques de lui prouver sa sympathie sincère.

M. PIVER, et le fait n'a rien d'étonnant après ce qui vient d'être dit, est apprécié et aimé par tous ses ouvriers, et l'harmonie qui règne dans leurs rapports avec lui fait le plus grand éloge du fabricant qui est digne de sa haute situation industrielle.

M. Eugène-Victor COLLINOT

M. Eugène-Victor COLLINOT s'est fait une place à part dans la céramique, en introduisant en France l'art oriental, en parvenant par ses recherches et ses travaux, à restaurer un genre disparu.

M. COLLINOT est né le 21 janvier 1824 à Rohrbach (Moselle), dans ce département qui compte un grand nombre de faïenceries anciennes et renommées, et son nom peut être cité avec honneur à côté de ceux de ses compatriotes les plus distingués dans l'industrie céramique.

Il y a trente ans, M. Adalbert de Beaumont et son digne émule et ami, M. COLLINOT, partirent pour l'Italie, l'Orient. Pendant quinze ans de leur vie, ils ont dessiné, reproduit, moulé et gravé les plus beaux spécimens de l'art et de l'industrie ancienne de ces peuples artistes. Dans leurs recherches, ils n'ont rien négligé : sculptures, vases, faïences, étoffes, etc., etc., ont tour à tour appelé leur attention ; tout a été noté et catalogué.

Après avoir ainsi récolté une riche et incomparable moisson de documents, de produits orientaux, ces deux chercheurs infatigables ont voulu donner à tous le bénéfice de leurs travaux. MM. Adalbert de Beaumont et E. COLLINOT ont résumé leurs découvertes dans un livre qui, sous le nom modeste de « *Recueil de dessins pour l'art et l'industrie,* » offre aux artistes et aux amateurs un choix infini de motifs décoratifs de tous genres.

MM. Adalbert de Beaumont et E. COLLINOT peuvent donc être considérés comme les premiers auteurs de tous les chefs-d'œuvre que nos artistes ont exécutés en puisant leurs idées dans leur livre ; malheureusement la mort est venue frapper Adalbert de Beaumont avant l'heure où il lui eût été donné de jouir du résultat de ses travaux.

M. COLLINOT, possédant à fond les secrets des artistes céramistes de l'Orient, grâce aux patientes observations qu'il n'a cessé de faire pendant son séjour en Perse, grâce aussi à ses recherches ultérieures, possesseur enfin des innombrables documents que lui a légués Adalbert de Beaumont, s'est principalement attaché à perfectionner l'art du faïencier.

Perfectionner, mais, en outre, créer dans notre pays un genre jusqu'alors inconnu, tel a été le but constant de ses efforts, but noblement atteint ainsi que le constatent les succès obtenus depuis vingt ans et les nombreuses récompenses de toutes sortes remportées à tous les concours, à toutes les expositions.

Avant les travaux de M. COLLINOT, on avait bien pensé à puiser aux sources orientales, mais on ignorait à peu près l'Arabie et la Perse et tout-à-fait le Japon.

La voie nouvelle qui était offerte à notre faïencerie nationale devait donc consister à emprunter aux Persans leur art profond de la décoration, aux Chinois et aux Japonais leurs couleurs vives et franches, les détails décoratifs qui distinguent ces peuples artistes et industrieux.

Aujourd'hui personne, mieux que M. COLLINOT, ne sait jeter sur du fond rose pâle, chamois ou bleu tendre, ce léger semis de fleurs, ces oiseaux fantastiques, et imiter, avec une élégance de formes et une originalité exquises, ces paysages fantaisistes de l'Orient qui produisent un effet si pittoresque.

M. COLLINOT s'est entouré d'élèves qu'il a initiés au genre nouveau créé par lui : les émaux cloisonnés sur biscuit de faïence ; les procédés qu'il emploie pour obtenir les merveilleux produits de sa fabrication lui appartiennent en propre, ils sont le résultat de ses recherches persévérantes et de ses patients efforts.

A l'Exposition de 1867 le public admira son modèle de kiosque persan, avec plaques de revêtement, fantaisies, vases sur lesquels couraient des guirlandes de fleurs. Le Jury récompensa d'une médaille d'or cette œuvre admirable et décerna la croix de la Légion d'honneur au comte Adalbert de Beaumont, collaborateur de M. COLLINOT. Le gouvernement persan témoigna également sa satisfaction à M. COLLINOT de la manière la plus flatteuse en lui accordant la croix de Commandeur de l'Ordre du Lion et du Soleil de Perse pour avoir relevé l'art céramique persan en France.

A Vienne, en 1873, M. COLLINOT a obtenu la médaille de progrès, la croix de Chevalier de la Légion d'honneur, la croix de François-Joseph d'Autriche ; sa vitrine

réunissait une splendide collection de faïences artistiques, vases de grande dimension, pièces d'architecture, du style persan le plus riche.

M. COLLINOT, membre du Jury en 1878, pour la céramique orientale, hors concours, membre de la Commission supérieure de Perse, a reçu une médaille d'or, dans la classe 18, pour l'art décoratif architectural ; panneaux pour salles de bain, salles à manger, fumoirs, serres. Son exposition, très complète, réunissait une collection magnifique de vases, plats, assiettes, coupes, amphores, jardinières, de toutes formes, de toutes dimensions.

L'usine de Boulogne-sur-Seine qui occupe environ 50 artistes, n'est pas seulement un atelier de céramique bien organisé, c'est encore une école de bienfaisance basée sur l'enseignement mutuel.

Les apprentis y sont divisés en quatre catégories, et leur éducation comprend un nombre égal d'années ou de périodes.

Les heures qui ne sont point données au travail où à la récréation sont consacrées à l'étude, et chaque enfant est tour à tour élève et moniteur. Il commence par gagner 1 fr., puis il ne tarde pas, dès la première année, à voir ses émoluments arriver à 2, 3 et même 4 fr. par jour, suivant son degré d'intelligence et d'activité.

La seconde année, l'apprenti reçoit 4 fr., la troisième 5 fr., la quatrième 6 fr. Il peut, dès lors, prétendre à devenir un véritable artiste, et, si ses aptitudes le lui permettent, il ne tarde pas à se faire des journées de 7 et de 8 fr. au moins.

En conférant à M. COLLINOT une médaille d'or, la Société protectrice du sort des enfants dans les manufactures a voulu consacrer d'une manière éclatante son œuvre philanthropique.

Cette dernière récompense n'est pas la moins honorable parmi toutes celles qui lui ont été conférées : elle prouve l'intérêt qu'il porte à la classe ouvrière, et son désir de lui être utile en élevant le niveau de l'éducation professionnelle.

M. COLLINOT compte maintenant de nombreux imitateurs dans ce genre spécial dont il est le créateur avec M. DE BEAUMONT, mais nul d'entr'eux n'a l'autorité que lui assure toute une vie de travail et d'efforts pour arriver à la situation qu'il a su conquérir.

EXPOSITION UNIVERSELLE

———⁓⁓⁓⁓⁓———

1867, — PARIS

APERÇU GÉNÉRAL

L'Exposition de 1867, la grande Exposition, suivant une expression populaire très judicieuse, par l'importance que le Gouvernement impérial sut lui donner, constitue une nouvelle forme considérablement développée de ces réunions.

Il n'en est pas une antérieure qui puisse lui être comparée, par l'affluence des exposants et des visiteurs, les dimensions de l'espace accordé à tous les produits, les mérites de l'organisation et du classement, et même, à un point de vue plus frivole, par la variété des distractions offertes au public émerveillé.

Des esprits chagrins se sont évertués à relever les petites taches inévitables dans une entreprise aussi considérable, ils ont signalé, avec une persistance trop partiale pour être juste, les difficultés nées de la réglementation, quelquefois excessive dans certains détails, mais, de tels reproches ont besoin d'être mis en regard de la grandeur de l'œuvre pour rester dans leur véritable proportion et l'on peut, sans crainte de se tromper, les taxer de puérilité.

Les Anglais, de leur côté, se plaçant habilement sur un autre terrain, pour qu'on ne pût les accuser de dénigrement systématique, ont prétendu que toute la partie de l'Exposition, attractive pour la masse des visiteurs, c'est-à-dire : les restaurants, le parc et ses mille curiosités, éloignaient la foule de l'examen des galeries intérieures et causaient le plus grave préjudice à l'industrie sérieuse. Des journaux anglais ont même affecté de considérer l'Exposition comme une plaisanterie, pour ne pas traduire exactement le mot plus vulgaire dont ils se sont servis dans leur idiome.

Il n'est pas difficile de reconnaître, malgré l'apparence sérieuse et désintéressée de leurs insinuations, le sentiment de dépit qui les poussait à ces appréciations malveillantes. Toutes les distractions qu'offraient les abords du Palais délassaient l'esprit de l'attention soutenue et fatigante que nécessitait un examen approfondi des diverses galeries, et, parmi les visiteurs anglais eux-mêmes, il n'en était pas un qui, sur place, de bonne foi, n'en reconnût tous les agréments et tous les avantages.

Les Allemands aussi, mais sous l'empire d'autres idées, d'une portée plus ambitieuse, qui ne nous furent expliquées qu'en 1870, prirent un ton sévère pour blâmer ces plaisirs rassemblés au sein de l'Exposition et se livrèrent, avec leur lourdeur germanique, à des digressions hors de propos sur la corruption des mœurs françaises.

J'ai cru devoir, comme préambule, rappeler rapidement toutes ces critiques inspirées par la jalousie qui ne diminuèrent en rien le succès de l'Exposition proclamé par la voix de dix millions d'habitants.

Le décret impérial concernant l'Exposition fut promulgué le 22 Juin 1863, quatre ans avant son ouverture ; le rapport qui le précédait expliquait les motifs d'une décision qui pouvait paraître prématurée.

« Il importe, disait M. Rouher, que l'avis de cette exposition « soit immédiatement publié, afin que tous les producteurs, y compris « ceux des nations les plus éloignées, aient le temps de s'y préparer. »

Un second décret parut le 1ᵉʳ Février 1865, rendu sur la proposition de M. Armand Béhic, Ministre de l'Agriculture, du Commerce et des Travaux publics. Ce décret instituait une commission de 41 membres chargés de diriger et de surveiller les travaux de l'Exposition. On leur adjoignit plus tard 19 membres représentant les souscripteurs du capital de garantie.

Voici quelle était la combinaison financière imaginée pour couvrir les frais de l'opération. L'Etat conservait l'exécution et la gestion de l'Exposition : une société de souscripteurs prenait part à l'entreprise en versant une subvention de 8,000,000 fr. et en entrant pour un tiers de bénéfice dans l'excédant éventuel des recettes sur les dépenses. Cette idée, née après l'Exposition de Londres dans l'esprit de négociants et industriels français qui l'avaient vue appliquée par les Anglais, avait reçu l'approbation du Gouvernement qui évitait ainsi des frais trop considérables. L'Etat et la ville de Paris fournirent douze millions et les huit millions reconnus nécessaires pour satisfaire à toutes les exigences furent demandés à la société de garantie.

Le premier point sur lequel portèrent les délibérations de la Commission fut le choix de l'emplacement. Après de longues discussions dans lesquelles on proposa successivement : l'esplanade des Invalides reliée au

Palais de l'Industrie par un large pont jeté sur la Seine, le rond-point de Courbevoie, le parc des Princes, la plaine Monceaux, le parc de Bercy, le petit Montrouge, les alentours des docks de Saint-Ouen, la Commission se décida pour le Champ-de-Mars comme offrant les conditions les plus favorables d'étendue, de proximité du centre, de facilité d'accès.

La première difficulté fut d'obtenir du Ministre de la Guerre qu'il voulût bien se dessaisir du terrain affecté, de tous temps, aux revues et aux manœuvres de la garnison de Paris. On n'obtint ce résultat qu'en lui en promettant formellement la restitution après la clôture du concours. Une telle décision entraînait forcément la construction d'un bâtiment provisoire qui d'ailleurs, et ce fut, paraît-il, la cause déterminante d'une résolution universellement blâmée, s'il avait été conservé, n'aurait pu suffire pour une Exposition suivante.

Le projet de la Commission suscita, lorsqu'il fut connu, les plus vives critiques dans la presse et dans le public. Il rallia cependant les suffrages de la Chambre des députés, après quelques débats assez étendus, et les fonds furent votés.

Le terrain du Champ-de-Mars fut livré, le 25 Septembre 1865, à la Commission impériale. Les travaux de substruction et de canalisation durèrent six mois ; et, le 3 avril suivant, le premier pilier de la charpente en fer s'élevait sur le sol. Neuf mois plus tard, au milieu de décembre, la construction était terminée et les salles livrées aux exposants pour y organiser leur installation. En quatorze mois on avait fait :

350,000 mètres carrés de terrassements ;
7 kilomètres d'égoûts ;
5 kilomètres 1/2 de galerie d'aération ;
50,000 mètres carrés de maçonnerie de diverse nature.
On avait posé :
13,000,000 de kilog. de fer et de tôle ;
1,500,000 kilog. de fonte ;
6 hectares de zinc pour couverture ;
6 hectares de verres à vîtres, etc., etc.

Une œuvre aussi grandiose, conçue et menée avec une telle rapidité prouvait à l'Angleterre que, si elle avait gardé longtemps la suprématie pour les grandes constructions civiles, nous étions de taille maintenant à lui disputer la première place.

Le Palais de l'Exposition occupait au milieu du Champ-de-Mars une étendue de 151,000 mètres carrés. Il mesurait 490 mètres dans sa plus grande longueur suivant l'axe du pont d'Iéna, 380 mètres seulement entre les avenues de Suffren et de Labourdonnaye. Son pourtour offrait un

développement total de 1,500 mètres. Il semblait à considérer l'aspect de
ce gigantesque gazomètre, comme on se plut à l'appeler tout d'abord par
une analogie plaisante, que la Commission avait voulu à tout prix éviter
le défaut qu'on nous reprochait très vivement à l'étranger de sacrifier
trop facilement à la forme et au goût des belles lignes architecturales.

Rien, dans le Palais de l'Exposition, ne rappelait à l'esprit le sens
monumental de cette expression ; un vaste bâtiment de fonte, couvert
d'une calotte de tôle, éclairé par de larges baies vitrées, voilà ce qui constituait l'Exposition. Dans les dispositions intérieures tout avait été
sacrifié impitoyablement au but poursuivi : répondre de la façon la plus
large aux besoins des exposants et au groupement méthodique des produits. L'expérience de 1855 et celle plus récente de 1862, avaient montré
l'inconvénient des étages peu visités et enlevant de la lumière aux exposants situés directement au-dessous. Toutes les salles étaient de plain
pied.

Au point de vue du classement des objets on avait adopté une innovation dont le mérite revenait au prince Napoléon. Celui-ci, dans son
rapport sur l'Exposition de 1855 avait exprimé le regret que la dissémi-
nation des produits dans diverses annexes n'eût pas permis de les grouper
d'une façon plus rationelle. Pour réaliser cette conception, le Palais du
Champ-de-Mars avait été divisé en sept galeries concentriques et parallèles dont le périmètre s'augmentait en allant du centre à la circonférence.
Ces galeries elliptiques étaient destinées à recevoir, chacune, certaines
classes de produits analogues, suivant les groupes organisés par la Commission, sans distinction de nationalité. En suivant, sans la quitter, une
de ces zones, on passait successivement en revue les produits similaires
de chaque nation.

Au centre du Palais se trouvait un jardin de 166 mètres sur 56 d'où
partaient 16 rues qui coupaient le Palais en un certain nombre de secteurs et allaient aboutir dans le parc. La répartition des secteurs avait
été faite à toutes les nations, suivant leur importance : telle n'occupait
qu'une partie, tandis qu'un autre en embrassait trois ou quatre ; chaque
pays se conformait dans son installation à l'ordre prescrit par la Commission : 1re Galerie : Œuvres d'art ; 2e : Matériel des arts libéraux ;
3e : Mobilier ; 4e : Vêtements ; 5e : Matières premières ; 6e : Travaux des
arts usuels ; 7e : Aliments et boissons.

Il résultait de cette disposition qu'après avoir, dans sa promenade
circulaire, étudié tour à tour la même industrie chez tous les peuples, le
visiteur pouvait, en parcourant l'espace compris entre chacune des 16
grandes voies aboutissant au jardin, passer l'examen des travaux de
toutes sortes d'une même patrie.

Ce progrès immense de la division, par nationalité dans un sens, par spécialité dans l'autre, la France en avait tout l'honneur, car nul pays, jusqu'alors, n'avait songé, dans une exposition, à une méthode aussi simple qu'ingénieuse dont nous pouvions, sans conteste, réclamer la priorité. Cette répartition, à un autre point de vue, présentait également une idée très élevée : le centre même du Palais donnait asile aux plus belles manifestations de l'art et de l'intelligence, puis à mesure que les galeries s'en éloignaient, on passait successivement par toutes les transformations de la matière pour aboutir au pourtour où la classe des produits alimentaires, personnifiée par des restaurants et des cafés, donnait satisfaction aux besoins les moins immatériels de l'humanité.

Trois groupes se trouvaient hors du Palais : le groupe VIII, *produits vivants et spécimens d'établissements de l'Agriculture*, partie dans le parc, partie dans l'île de Billancourt, le groupe IX, *produits vivants et spécimens d'établissements de l'horticulture* dans un jardin réservé pris sur le parc et installé de la façon la plus merveilleuse par M. Barillet, jardinier en chef de la ville de Paris : le groupe X : *Objets spécialement exposés en vue d'améliorer la condition morale et physique de la population*, ne pouvait pas avoir de place déterminée, on le rencontrait soit dans le parc soit dans le palais.

Ces dix groupes constitués suivant l'expérience acquise aux précédentes Expositions, formaient 95 classes. Toute cette organisation était confiée aux soins de M. Le Play, commissaire général, et nul mieux que lui n'était à même de diriger tous les services, aidé d'un personnel très au courant de toutes les questions administratives.

L'admission des exposants fut confiée à un jury divisé en 95 classes. Ce jury était chargé d'examiner les demandes des fabricants transmises par les Jurys départementaux, de faire un choix entr'elles et de présenter ses propositions à la Commission qui jugeait en dernier ressort. Chaque Jury devait répartir l'espace attribué dans le palais aux produits de sa classe aux exposants définitivement admis. Un comité de révision fut également formé pour examiner les réclamations qui pouvaient se produire contre les décisions du Jury.

Les heureux résultats amenés par les rapports des délégués patrons ou ouvriers envoyés à Londres en 1862 décidèrent le Gouvernement à prescrire aux Comités départementaux : 1° l'établissement de Commissions de savants, d'agriculteurs, de manufacturiers, de contre-maîtres, pour se livrer à une étude particulière de l'Exposition et publier un rapport sur les applications qui pourraient être faites dans chaque département des enseignements qu'elle devait fournir : 2° la création par voie de souscription, ou tout autre moyen, d'un fonds destiné à faciliter la visite et l'étude de l'Exposition universelle aux contre-maîtres, cultivateurs et ouvriers du département et à subvenir aux frais de publication des rapports.

La Commission d'Encouragement pour les études des ouvriers, président M. Devinck, de son côté, fit construire avenue Rapp des logements contenant 625 lits, un buffet omnibus à prix réduits en face l'Ecole militaire ; elle obtint à force d'instances une réduction de 50 0/0 des grandes compagnies de chemins de fer pour le voyage des délégués, et 40,000 francs de la Commission Impériale.

	Espace occupé par les exposants		Nombre d'exposants	Hors Concours	Grands Prix	Médailles d'Or
	Palais	Surface totale				
France	67.025	157.546	15.969	163	41	584
Angleterre	23.586	37.129	6.077	45	12	114
Prusse.						
Allemagne du Nord. .	12.991	21.887	2.489	44	7	60
Bavière.			407	48	1	13
Autriche	8.569	17.496	2.044	32	2	56
Belgique	7.336	16.508	1.918	7	—	23
Italie.	4.030	6.990	4.140	14	1	16
Etats-Unis	3.870	8.984	705	3	4	17
Russie.	3.145	6.291	1.414	27	2	19
Suisse	2.948	6.496	1.006	7	1	21
Pays-Bas	2.208	6.920	501	4	—	4
Espagne	2.015	3.393	2.648	17	—	19
Suède et Norvége. . .	2.010	4.646	1.083	4	5	6
Turquie	1.347	4.131	4.946	2	1	4
Wurtemberg	1.312	2.328	265	7	—	9
Hesse.	1.032	1.156	245	1	—	4
Danemark	1.049	1.456	293	3	—	—
Roumanie	901	1.467	1.061	2	—	2
Bade	823	2.591	204	—	—	4
Maroc	726	823	75	1	—	1
Républiq. américaines	704	1.598	455	6	1	2
Portugal	696	704	1.883	5	—	13
Grèce	696	2.016	482	1	—	—
Egypte.	555	696	93	7	1	2
Brésil	470	6.455	1.339	3	1	2
Etats romains	419	470	186	—	1	1
Japon	591	1.749	232	3	1	—
Chine	362	2.453		1	—	—
Siam.	137	407	29	1	—	—
Tunis	—	—	41	—	—	—
Perse	105	105	27	—	—	1
Hawaï	63	63	53	—	—	—
Luxembourg	—	—	7	—	—	—
Andorre	—	—	1	—	—	—

L'ensemble des décisions prises par la Commission Impériale pour assurer le fonctionnement régulier, la bonne organisation d'une entreprise aussi importante, formerait un gros volume : le nombre considérable de demandes d'admission adressées, le développement donné à certains groupes, la création du groupe X, qui paraissait, pour la première fois, aux Expositions, l'emplacement plus vaste, tout cela constituait autant de points à étudier, d'une façon complète, et dont dépendait le succès de l'Exposition.

Il fallait, en plus des préoccupations que faisait naître l'installation convenable d'un palais destiné à recevoir 50,000 exposants, répondre aux réclamations qui surgissaient à chaque instant, surveiller un personnel nombreux d'entrepreneurs disposés à éluder les conditions des marchés ou à traîner en longueur l'exécution des travaux qui leur avaient été adjugés, stimuler l'activité des exposants enclins à prolonger, par indolence, les délais prescrits pour l'achèvement définitif de leur installation.

M. Le Play suffit à cette tâche laborieuse dont les ingénieurs et architectes placés sous ses ordres lui allégèrent considérablement la charge en déployant un zèle dont il est juste de les féliciter.

La question des récompenses fut ainsi résolue : un crédit de 800,000 fr. leur était affecté. Les distinctions à décerner comprenaient :

Grands prix et allocations en argent : 250,000 fr.
100 médailles d'or (valeur de 1.000 fr.)
1.000 id. d'argent.
3.000 id. de bronze.
5.000 mentions honorables au plus.

Un ordre spécial de récompenses était créé en faveur de personnes ou d'établissements assurant aux ouvriers le bien être matériel moral et intellectuel.

Ces récompenses comprenaient : 10 prix de 10.000 fr. et 20 mentions honorables. Un prix de 100,000 fr. pouvait être décerné à l'établissement ou à la personne se distinguant par une supériorité hors ligne. Pour cet objet, il était constitué un Jury spécial composé de 25 membres.

Le nombre des membres du Jury de classe s'élevait à 517 — 239 français — 278 étrangers. Dans les Jurys de groupe la France comptait 11 nationaux contre 16 étrangers.

La décision qui fixait un nombre relativement modeste de médailles à distribuer se trouva, dans la suite, sensiblement modifiée sur les réclamations qui se produisirent de la part des Jurys : on augmenta de beaucoup le chiffre primitivement arrêté en portant :

Les médailles d'or à   1.000
     Id.   argent à   3.700
     Id.   bronze à   6.600

Les frais nécessités par cet accroissement du nombre des récompenses furent couverts au moyen de divers prélèvements, entr'autres sur les sommes versées par 12,000 abonnés.

Le prix des entrées, de 20 fr. pour le jour de l'inauguration, le 1er avril, descendit à 5 fr., pendant une semaine, jusqu'au 7 avril pour être, ensuite, invariablement fixé à :

1 fr. » l'enceinte du parc.
2   » heures réservées du matin.
1   50 avec droit d'entrée au jardin.

On créa des cartes d'abonnement pour toute la durée de l'Exposition : 100 fr. les hommes, 60 fr. les dames. Enfin pour 6 fr. chaque visiteur pouvait se procurer un billet valable pendant toute une semaine.

On ne peut se faire une idée des gigantesques travaux souterrains auxquels donna lieu la construction même du Palais. Il fallut creuser ici, remblayer à côté, faire toute une série de galeries maçonnées, bétonnées, pour asseoir les fondations de l'édifice, livrer passage aux conduites d'air, d'eau, de gaz, et servir de caves aux restaurants et cafés du promenoir circulaire. La constitution géologique du terrain créait une difficulté nouvelle, le sol du Champ-de-Mars reposait sur un lit d'argile imperméable qui le convertissait, en vrai marécage, lorsqu'il pleuvait : les ingénieurs utilisèrent cet obstacle naturel en lui donnant pour mission d'alimenter le lac où se trouvait le grand phare,

La ventilation fut obtenue d'une façon très simple et très efficace. L'air aspiré du dehors par plusieurs puits, passait sous le plancher du palais et venait déboucher dans toutes les parties de l'édifice au moyen d'ouvertures grillées.

Le service des eaux était assuré par cinq pompes puissantes installées sur les bords de la Seine, aidées, pendant certaines heures du jour, par les machines du Friedland exposées sous le hangar des machines marines françaises. Les conduites d'eau se dirigeaient les unes vers le lac, les autres vers le château d'eau, vaste réservoir en tôle de 5 mètres de haut sur 4 mètres de diamètre, dissimulé par les ruines poétiques d'une vieille tour moyen-âge, d'où une conduite principale gagnait le palais pour l'alimentation de tous les moteurs et tous les autres besoins.

Au sommet du Trocadéro, à 35 mètres au-dessus du niveau du Champ-de-Mars, on avait installé un réservoir d'une capacité de 4,000 mètres cubes, desservi par des machines élévatoires de 25 chevaux placés en aval du pont d'Iéna sur la rive gauche. La canalisation aménagée alimentait les jets d'eau du Palais et du Parc, les bouches d'incendie, d'arrosage, et traversait le palais avec un diamètre de 0,35 centimètres et une pression de trois atmosphères. Le filtrage pour les besoins d'eau potable du Palais, du Parc, de l'aquarium se faisait instantanément dans une conduite de 0,100 millimètres. Tous ces travaux (12,000 mètres de longueur), dirigés avec la plus remarquable habileté par les ingénieurs de la ville ne dépassaient pas 200,000 fr. comme dépense.

Le gaz arrivait au Champ-de-Mars par un tube en fonte de 0,50 centimètres, près la porte d'Iéna, dans un bâtiment spécial où étaient installés deux énormes compteurs pouvant alimenter 10,000 becs. De là des conduits de 0,35 centimètres rayonnaient autour du Palais diminuant jusqu'au diamètre de 0,10 centimètres à mesure qu'ils se prolongeaient. Le gaz n'entrait pas au Palais pour plusieurs raisons, dont la meilleure était qu'il fermait ses portes à 6 heures du soir. La canalisation du gaz avec tous ses branchements comptait 11 kilomètres. La Commission Impériale prenait à ses frais, en outre des conduites principales : 600 candélabres destinés à éclairer les allées du Parc le soir, 330 lampes avec globes en verre dépoli suspendues à la marquise du promenoir circulaire, 225 girandoles à trois branches fixées aux devantures des cafés et restaurants : un total de 1,686 becs. Les branchements étaient aux frais des concessionnaires du Champ-de-Mars qui restaient maîtres d'adopter le système d'éclairage qui leur convenait le mieux.

Après avoir décrit les grands services de la ventilation, de l'eau et du gaz, il nous reste à rappeler la distribution intérieure en montrant les mesures prises pour éviter l'encombrement et créer de larges voies de communication. Autour du monument se trouvait une large marquise qui abritait la galerie extérieure, et une vaste allée où la circulation du public était des plus actives. La galerie des machines se distinguait par ses dimensions exceptionnelles. Elle avait 85 mètres de large et 25 mètres de haut. Elle était supportée par 176 piliers d'un poids de 1,200 kilog. chacun et soutenait la toiture vitrée en forme de dôme disposée pour servir de promenoir. Le milieu de la galerie était occupé par une plate-forme de fonte, large de 3 mètres, longue de 1,200 mètres, élevée à 4^{m}50 du sol. Des escaliers placés de distance en distance y donnaient accès et le public pouvait ainsi contempler le travail des machines en planant au-dessus d'elles. Au-dessous s'étendait un espace de 23 mètres de largeur où s'étalaient tous les produits du groupe. Un chemin de 5 mètres, pour la circulation, laissait, le long des parois de la nef, une place libre où l'on avait placé des vitrines de serrurerie, sellerie, etc...

Entre les colonnes de la plate-forme étaient rassemblées plusieurs industries qui ajoutaient un attrait nouveau à l'Exposition. Ces métiers, dans lesquels la mécanique ne jouait aucun rôle, dont l'habileté de l'ouvrier faisait tout le mérite, tels que les fleurs artificielles, les dentelles, la gravure sur bois ou sur acier, la tabletterie, etc..., avaient été installés là par la Commission afin de démontrer que, pour certains travaux, la main de l'homme défiait toute concurrence.

Neuf générateurs à vapeur placés dans le Parc faisaient marcher un certain nombre de machines qui soit, par transmission, soit directement, mettaient en mouvement tous les mécanismes. De grandes orgues se dressaient sur la plate-forme aux points d'intersection avec les rues se dirigeant vers le jardin central.

La cinquième galerie, affectés aux matières premières, se composait d'une suite de salles, peu fréquentées, d'habitude, et, comme cette indifférence était prévue, on avait supprimé le chemin de 5 mètres de large qui traversait les autres galeries entre les produits rangés à droite et à gauche. Les 4°, 3°, 2° et 1° galeries avaient une largeur de 15 mètres et contenaient dans le même ordre : les vêtements, meubles, œuvres d'art, le musée rétrospectif, puis on atteignait le jardin central entouré d'un élégant portique soutenu par des colonnes de fer légères et abritant des statues, des photographies de monuments historiques.

Au milieu du jardin se dressait le pavillon des poids et mesures de tous les pays du globe ; tout autour un parterre de gazon, de fleurs, entrecoupé de massifs, de bassins d'eaux jaillissantes qui entretenaient une fraîcheur agréable. Le visiteur pouvait, moyennant une rétribution modique, s'y reposer des fatigues d'un examen trop rapide, ou trop consciencieux, en contemplant de la verdure, un coin de ciel bleu, et les merveilles de la statuaire prodiguées dans ce charmant petit oasis. Il faut, néanmoins, faire observer que l'absence d'un velum destiné à protéger le jardin contre la grande ardeur d'un soleil d'été, nuisit beaucoup à ce patio qui eut été fort agréable si l'on avait jugé à propos de supprimer un tel inconvénient.

Abordons, maintenant, résolûment la tâche plus difficile de décrire, avec concision, toutes les richesses accumulées dans ce Palais de la paix et du travail par toutes les nations du globe.

EXAMEN DES PRODUITS EXPOSÉS

Le Musée rétrospectif, qui se présentait tout d'abord aux yeux, en partant du jardin central, constituait une Exposition sans précédent et dont tout le succès était dû à l'habileté des organisateurs. Réunir les richesses de toute nature, de toutes époques, de tous pays, les livrer à l'admiration publique, en les classant méthodiquement pour montrer la succession des progrés, transformations, décadences, de l'art industriel, voilà le but que s'était proposé la commission de l'histoire du travail, et ce but elle l'avait pleinement atteint, grâce au zèle de tous ses membres entre lesquels il est juste d'assigner une place à part à l'éminent directeur du Musée de Cluny, M. du Sommerard.

Ce plan répondait complètement à la réaction si vive qui se produisait en faveur de chefs-d'œuvre du passé, étudiés, recherchés, par des collectionneurs passionnés ou des artistes épris du beau. Toutes les nations avaient répondu à l'appel de la Commission en envoyant des collections rétrospectives d'un intérêt irresistible. Le classement embrassait dix époques bien tranchées depuis les ustensiles d'os et de pierre jusqu'à la Révolution française.

Ces objets provenaient de collections particulières, de Musées de province, de cathédrales qui avaient consenti, pour quelques mois, à se dessaisir de souvenirs aussi précieux. Les grands Musées de Paris, les bibliothèques ne prenaient point part à ce concours, et cette abstention s'expliquait d'autant plus facilement qu'un règlement toujours respecté s'opposait à la sortie des richesses enfermées dans les Musées. Il eut été, d'autre part, malencontreux, au moment où le Monde entier accourait visiter Paris, de désorganiser nos grandes collections nationales en leur enlevant tout ce qui leur donnait une physionomie si complète et si intéressante.

Instruments en silex, en bois de renne, parures, bracelets de l'âge de pierre; haches, bronzes, couteaux, terres cuites, etc..., des époques, celtique, gallo-romaine ; poteries, manuscrits, chartes, monnaies, calices, ostensoirs, psautiers, de l'époque carlovingienne; statuaire, sculpture, meubles, bronzes, sceaux, armes, miniatures, tissus, broderies, du Moyen-Âge ; faïences, émaux, sculpture, orfèvrerie, tapisseries, reliures, de la Renaissance ; faïences de Nevers, de Rouen, de Saint-Cloud, marqueteries, meubles sculptés, dorés, etc., des règnes de Louis XIII et de Louis XIV ; clavecins, porcelaines de Chantilly, de Sèvres, faïences d'Alsace, de Lorraine, de Picardie, etc., du règne de Louis XVI; toutes ces merveilles se pressaient dans les vastes salles qui leur étaient réservées rappelant aux yeux éblouis le travail de plusieurs siècles et les efforts de tant de générations disparues.

L'Angleterre, si fort au-dessous d'elle-même, au point de vue des arts, remontait à son rang dans cette galerie et prouvait qu'à une autre époque, moins occupée d'intérêts matériels, elle avait eu des artistes remarquables. Son exposition comptait une variété d'échantillons pleins d'élégance, de délicatesse, d'inspiration, de goût et d'habileté de mise en œuvre.

M. Rau, conseiller au Ministère du Commerce du Grand-Duché de Bade, exposait une collection de 187 modèles d'outils à bras et de charrues employés à différentes époques et chez différents peuples, dans le but de démontrer comment les outils à bras s'étaient changés en appareils de trait : cette exhibition était à la fois instructive et amusante.

L'Autriche se distinguait par une quantité d'armes à feu et d'armes blanches d'une rare beauté, par des cristaux hongrois en cristal de roche, sculptés et ciselés avec une perfection inimitable. Le Portugal montrait, entr'autres, un ostensoir d'un travail délicieux fabriqué avec l'or que Vasco de Gama exigea comme tribut du roi de Quiloa qu'il venait de vaincre. Les Pays-Bas joignaient à de magnifiques vases en cuivre ciselé, les produits les plus curieux de leurs possessions d'outre-mer, des armes remarquables tant par le fini des ornements que par la valeur des matières employées.

La Prusse, de création trop récente comme nation, ne figurait pas dans ces galeries consacrées aux siècles passés ; plusieurs autres peuples, contribuaient à l'éclat de cette Exposition si nouvelle, fréquent e continuellement par la foule émerveillée et par les amateurs discrets de tous ces trésors habituellement dérobés aux regards profanes.

Laissons de côté la galerie suivante consacrée aux beaux-arts, et constatons, en passant, que la France maintenait hautement sa supériorité, bien qu'aucun peintre ne s'élevât à la hauteur des Ingres, Scheffer, Delacroix, Delaroche, Vernet, bannis par une prescription rigoureuse.

Rosa Bonheur, Bouguereau, Breton, Cabanel, Corot, Daubigny, Dubufe, Fromentin, Gérôme, Jalabert, Meissonnier, Pils, Yvon, Robert Fleury, Troyon, Millet, Rousseau, Bida, représentaient dignement l'école française égalée par quelques individualités étrangères remarquables telles que Knaus, Leys, de Kaulbach, mais ayant pour elle une moyenne bien supérieure de talents distingués.

En sculpture les groupes et statues d'Italie excitaient l'admiration générale ; nos sculpteurs étaient un peu sacrifiés à un engoûment, justifié, d'ailleurs, par une perfection de forme et de goût digne du glorieux passé de l'Italie dans la statuaire. En gravure comme en architecture la France tenait le premier rang que nul autre pays n'était à même de lui disputer.

Cette courte digression artistique terminée, revenons aux produits industriels qui composaient la deuxième galerie. Ils étaient nombreux et comprenaient 8 classes diverses. La première classe : produits d'imprimerie et de librairie réunissait 148 exposants parmi lesquels les premières maisons de Paris : Didot, Hachette, Claye, Morel, Best, Crété (de Corbeil). Dupont. La maison Mame, de Tours, qui occupait près de 2,000 personnes, méritait à un double titre le grand prix que le Jury lui décerna ; elle atteignait comme fabrication la perfection et le bon marché, en répandant le bien être autour d'elle. La province, sans atteindre le prodigieux développement de l'imprimerie parisienne comptait quelques maisons d'une réputation sérieuse : Danel, de Lille, Berger-Levrault, de Strasbourg, Oberthur, de Rennes. Les gravures étaient dignement représentées par Goupil, et les cartes géographiques par Erhard-Schieble.

Dans la seconde classe du groupe, l'industrie du papier s'étalait sous toutes ses formes, cartons, cartes à jouer, papiers de fantaisie, cartonnages, reliure, enveloppes. Cette industrie donnait de l'ouvrage à 40,000 ouvriers en formant un produit de 200,000,000 fr. Des maisons depuis longtemps célèbres : Canson et Montgolfier, Johannot, Lacroix, Laroche, Blanchet et Kléber, soutenaient la réputation française en cherchant par tous les moyens à substituer aux chiffons insuffisants, la paille, le sorgho, le maïs, le sparte, le bois

En photographie nos artistes l'emportaient sur tous les autres tant par la nouveauté de leurs appareils que par leur habileté personnelle. De nouveaux procédés dus aux recherches de MM. Garnier, Armand Durand, Baldus, Charles Nègre, réalisaient des perfectionnements continus qui étendaient le domaine de la découverte de Niepce bien au-delà de ce qu'avait entrevu l'esprit hardi de l'inventeur.

La classe des instruments de précision contenait les appareils d'induction électrique de Ruhmkorff, les instruments de Gaiffe, Nachet,

Perreaux, Chevalier, Soleil, les disques de flint glass de Feil, les ba-
lances de Deleuil, les baromètres de Bréguet, Chevalier. Les établissements
de ces ingénieurs, connus depuis longtemps, se tenaient au courant
des progrès de la science et participaient largement aux résultats
obtenus. Ruhmkorff, avec sa bobine d'induction jugée digne du grand
prix Volta de 50,000 francs en 1865, avait contribué puissamment à
attirer l'attention des savants sur les applications industrielles de
l'électricité qui faisaient l'objet des plus ardentes recherches depuis
quelque temps.

La fabrication des instruments de musique équivalait à 23,000,000 fr.
dont la moitié passait à l'étranger. Les progrès signalés dans cette industrie consistaient dans l'extension considérable donnée aux procédés
mécaniques et à l'emploi général de l'outillage à vapeur. Le Jury, subissant l'influence de l'engoûment général, fut injuste envers les pianos
français en accordant les premières récompenses aux bruyants instruments exposés par les Etats-Unis qui n'avaient pour eux qu'une sonorité
exagérée, tandis que les facteurs parisiens les plus estimés ne recevaient
que des distinctions de second ordre, malgré toutes les qualités de précision et de solidité de leurs mécanismes. MM. Erard. Pleyel, Debain, Herz,
devaient s'estimer heureux de faire partie du Jury et d'éviter ainsi l'af-
front de se voir préférer de tels rivaux.

La France tenait le premier rang pour les instruments de chirurgie,
les appareils orthopédiques, hydrothérapiques, etc..... 5,000 personnes
travaillaient dans cette industrie spéciale dont le rapport atteignait
15,000,000 fr. Les progrès obtenus n'amenaient pas de résultats nouveaux,
mais de notables améliorations, dus à l'emploi judicieux de la gutta-
percha, du caoutchouc vulcanisé. M. Mathieu, déjà décoré en 1863 à la
suite de l'Exposition de Londres, méritait le grand prix de 10,000 francs
qui lui fut accordé, par le fini, la légèreté, la délicatesse des instruments
de toutes sortes que sa luxueuse vitrine montrait à tous les visiteurs.
M. Mathieu devait la prospérité de sa maison à l'habileté dont il avait
fait preuve en parvenant, seul, parmi tous ses concurrents, à doter le
ténor Roger d'un bras artificiel qui lui permit de rentrer au théâtre de
l'Opéra-Comique, sans que le public s'aperçut trop visiblement du déplorable accident dont il avait été la victime. Les Charrière, Collin, Galante,
Capron contribuaient à assurer la suprématie de la France dans cette
industrie humanitaire.

Le deuxième groupe comprenait le mobilier depuis l'ébénisterie jusqu'à la parfumerie. Cette dernière classe eut peut-être été mieux à sa
place parmi les produits chimiques dont elle dépendait directement, mais

la commisson considérant les parfums comme une des nécessités de la toilette, les avaient attribués au groupe de l'ameublement intérieur des appartements.

L'ébénisterie de luxe, exclusivement cultivée à Paris, donnait lieu à un mouvement d'affaires de 38,000,000 fr. avec 38,000 ouvriers et 7,000 patrons. A part les grandes renommées de MM. Grohé, Fourdinois, Roudillon, Lemoine, Beurdeley, Mazaroz-Riballier, il était difficile, en parcourant la galerie, d'établir une différence bien accusée entre les mérites des divers exposants. MM. Guéret frères, Roux, Lanneau, Quignon, Mercier frères, se faisaient remarquer par des meubles d'un goût irréprochable dont la forme, le dessin, les ornements variaient à l'infini.

La maison Krieger-Racault et Cie, par son nombreux personnel, l'étendue de ses opérations, la perfection de son travail, se plaçait à la tête de l'industrie du faubourg Saint-Antoine. Cette maison, grâce à son intelligente organisation, tout en élevant les salaires, en donnant plus de soin à ses articles, avait pu baisser les prix dans une proportion assez considérable pour mériter une mention spéciale.

Le voisinage du Musée rétrospectif nuisait beaucoup à l'ameublement en général, la comparaison n'était pas souvent à l'avantage des modernes qui ayant à leur disposition des moyens de fabrication plus rapides, moins coûteux, des matières premières inconnues à leurs devanciers, n'arrivaient à produire que des meubles chers, et, au point de l'art, rarement égaux aux ravissants modèles légués par les siècles passés.

La classe 16 : cristaux, verrerie, atteignait comme production 75,000,000 fr. avec 35,000 ouvriers de tout sexe. L'exposition de Baccarat excitait l'admiration générale par la variété et le goût de ses nombreux articles, depuis la fontaine monumentale de 7m20 de haut, merveilleuse de légèreté, malgré sa taille colossale, jusqu'aux coupes, aiguières, vases de toutes formes dont une taille habile faisait scintiller les facettes de toutes les couleurs du prisme. L'établissement de Saint-Gobain, placé dans la rue de Paris, formait une barrière invisible avec une glace de 6m 50 de haut sur 3m 60 de largeur. 4 autres gigantesques glaces attestaient la pureté, la transparence sans défaut de leur travail. A Saint-Gobain les procédés les plus nouveaux, chimiques et mécaniques, rencontraient de fervents adeptes, et cette initiative toujours en haleine maintenait la supériorité de cette manufacture de premier ordre âgée déjà de deux siècles.

La porcelaine, les faïences françaises, depuis l'abolition des tarifs protecteurs, semblaient être l'objet de nombreux perfectionnements de la part des fabricants menacés par la concurrence étrangère. Toutes les pièces exposées par MM. Hache et Pepin-Lehalleur, Ustzchneider, Pillivuyt, Haviland, Pannier-Lahoche, Signoret, Avisseau, Deck, Lebeuf, Milliet et Cⁱᵉ, de Creil et Montereau, attestaient une variété de modèles et une richesse de décoration d'un goût excellent. L'imitation des anciennes faïences était poussée à un tel degré de supériorité, qu'il paraissait difficile de distinguer entre ces plats, ces aiguières modernes et les merveilles qui s'étalaient dans les vitrines du Musée rétrospectif.

La salle suivante contenait les tapis, tapisseries et autres tissus d'ameublement. Là les tapis d'Aubusson de Duplan, de Braquenié, de Sallandrouze-la Mornaix, Réquillart, Roussel et Chocquel, les tapis de Nîmes, d'Arnaud Gaidan, de Flaissier, luttaient pour le coloris, le ton chaud de leurs nuances habilement graduées ; les tapis d'Aubusson, avec leurs grands sujets d'un dessin si correct séduisaient le public dont l'admiration ne s'arrêtait pas au prix élevé de ces articles luxueux. Roubaix et Tourcoing, Mulhouse, Tarare, Saint-Quentin, exposaient les plus riches assortiments de reps, damas, popelines, cotons imprimés, rideaux brodés, mousselines, gazes, brochés, etc..., tous ces produits d'une élégance sans rivale, attiraient la foule qui s'extasiait devant ces somptuosités abordables aux plus modestes fortunes.

Les papiers peints, fabriqués, pour la plus grande partie, à Paris, commençaient à rencontrer de sérieux concurrents sur les marchés étrangers, non pas qu'ils fussent inférieurs à ce qu'ils étaient autrefois, mais l'emploi généralisé des procédés mécaniques ne nous laissait plus que la supériorité du dessin. Cet avantage suffisait pour assurer à cette industrie une exportation de 5,000,000 fr. à peu près égale au chiffre de 1855. MM. Zuber, de Rixheim, Bezault, Leroy, Gillou et Thoraillier, Marsoulan, de Paris, produisaient les papiers de tenture les plus soignés à des prix accessibles aux petites bourses ; ce progrès compensait largement l'état stagnant de l'exportation, en augmentant les débouchés intérieurs.

La coutellerie se trouvait, comme au commencement du siècle, concentrée dans trois grands centres principaux : Paris, Nogent-le-Roi et Thiers. Thiers tenait la première place par l'importance de sa fabrication : 12,000,000 fr., après venait la Haute-Marne avec 4,000,000 fr., puis Paris 2,000,000 fr. et Châtellerault 1,000,000 fr. Thiers faisait toujours les articles à bas prix, Nogent préparait les lames de couteaux de table qui étaient montées à Paris. La capitale avait la spécialité de la coutellerie fine et des rasoirs. La maison Parisot et Gallois, de Paris, se distinguait par le fini du travail dans ses couteaux de table et dans ses nécessaires de toilette, commodes, et de bon goût.

L'orfèvrerie parisienne, malgré tous les efforts des Anglais pour l'égaler en renonçant à leurs formes lourdes, disgracieuses, restait incomparable. Chacun s'arrêtait émerveillé devant la coupe et les candélabres destinés à l'Empereur, l'aiguière commandée par le duc de Montpensier, chefs-d'œuvre de Froment-Meurice. La maison Christofle joignait au magnifique service de table de l'Empereur, pièce hors ligne comme dimension et comme exécution, grâce aux artistes qui y avaient collaboré, un vase représentant l'éducation d'Achille, une statuette du Prince Impérial, une Victoire, modèle d'Aimé Millet. Cet établissement, qui occupait 1,500 ouvriers, avait, depuis 1845, fait un chiffre d'affaires de 107,000,000 francs, et les directeurs employaient les importants bénéfices réalisés par eux à chercher l'application des découvertes de la science aux progrès de l'orfèvrerie artistique.

Dans le bronze, encore Paris n'avait rien à craindre des compétiteurs étrangers. Avec Barbedienne, Denière, Paillard, Raingo, Delafontaine, Thiébault, Lerolle, la concurrence n'était pas possible. MM. Durenne, Monduit et Béchet, Barbezat, d'un autre côté, pour la fonte de fer, les objets de grande décoration, les métaux repoussés, nous mettaient à même de lutter avec les grands fondeurs de l'Allemagne du Nord. La grande fontaine de la porte d'Iéna faisait le plus grand honneur à M. Klagmann et à M. Durenne qui l'avait si habilement exécutée. L'usine électro-métallurgique d'Auteuil, dirigée par M. Oudry, n'avait pu trouver place dans le palais et un petit pavillon en forme de serre lui donnait asile dans le parc. Les visiteurs, peu nombreux, malheureusement, restaient confondus devant la hardiesse des procédés de M. Oudry, devant ses gigantesques bas-reliefs ; ils regardaient avec le plus vif intérêt les portes destinées au Nouvel-Opéra, d'un goût élégant et sévère en même temps.

L'horlogerie, dont la fabrication atteignait 50,000,000 fr. tant à Paris qu'à Besançon, dans le Jura, à Saint-Nicolas-d'Aliermont (Seine-Inférieure), avait une rivale sérieuse dans l'industrie suisse. Depuis dix ans, cependant, l'importation avait baissé dans des proportions considérables, et ce résultat heureux provenait des efforts tentés par les fabricants français pour soutenir la concurrence. Deux écoles d'horlogerie, à Besançon, à Cluses (Haute-Savoie), formaient d'habiles ouvriers. Les machines tendaient à se substituer au travail manuel pour certaines opérations, et en augmentant la production, abaissaient les prix de vente.

Paris terminait les montres et pendules que lui envoyait Besançon ; Breguet, Lepaute, Detouche, Sandoz, Lecoq, Robert, Saunier, malgré les décisions d'un Jury trop courtois envers l'étranger (l'Angleterre qui n'était qu'en troisième ligne, avait 18 récompenses pour 20 exposants), n'en conservaient pas moins une haute situation que les Jurys antérieurs, depuis 50 ans, avaient justement consacrée.

Le Jury de la classe 23 ne s'en tint pas là, et le fait suivant montre à quel point il s'était acquitté consciencieusement des fonctions dont il avait été chargé. Une médaille d'or fut accordée à un fabricant qui n'avait pas exposé et le lendemain de cette mémorable décision, les confrères de l'absent récompensé, déposaient sur le cadran qui seul ornait la vitrine un magnifique bouquet dont ils se chargèrent d'expliquer la présence au public.

Les calorifères n'indiquaient aucune découverte nouvelle, M. d'Hamelincourt, appliquant le premier dans ses appareils la double circulation d'eau chaude, exposait le plan adopté pour le chauffage et la ventilation du Nouvel-Opéra. La Compagnie parisienne du gaz montrait une cheminée spéciale pour le chauffage au coke. Cette innovation, en permettant d'employer un combustible peu coûteux, devait rendre les plus grands services au public et constituer une réelle économie.

Les lampes, depuis l'invention de la lampe modérateur par Franchot, n'avaient point subi de modifications nouvelles ; elles rentraient plutôt en France dans l'ameublement par les différents genres de style qu'on cherchait à donner à leur forme extérieure. MM. Gagneau et Schlossmacher se distinguaient, à ce point de vue, par les formes pittoresques et artistiques qu'ils savaient choisir pour leurs produits et dont chacun à l'exposition louait l'originalité,

La parfumerie, dont l'exportation dépassait 15,000,000 fr., attirait, de loin, la foule par ses parfums violents et accentués. Une fontaine, toujours en haleine, l'après-midi, laissait couler dans une vasque de marbre un vinaigre de toilette dont chaque passant pouvait imprégner son mouchoir. Les noms les plus pompeux ou les plus étranges s'appliquaient à une quantité de vinaigres, cosmétiques, pommades, savons, etc..., différents d'aspect et de forme, mais se composant en somme de six ou sept produits principaux comme bases avec des parfums empruntés à tous les règnes de la nature. Les vases, flacons, boîtes, de bois, ivoire, ébène, cristal, verre taillé, porcelaine, variaient à l'infini, et cette multiplicité de récipients, aidait à une vente qui ne s'élevait pas à moins de 40,000,000 francs. Les Piver, Guerlain, Violet, Demarson, Chardin, de Paris, Méro, Chiris, de Grasse, jouissaient d'une légitime notoriété par le caractère sérieux de leurs établissements n'ayant pas recours, pour attirer la foule aux procédés de charlatanisme très en vogue dans cette industrie.

Vienne faisait à Paris la plus rude concurrence pour tous ces articles qui constituent la maroquinerie : porte-monnaie, porte-cigares, portefeuilles, nécessaires, trousses de voyage, petits meubles de fantaisie, coffres à bijoux, boîtes à gants, etc... L'exposition autrichienne, parce

qu'elle était étrangère, attirait tous les regards au préjudice des coffrets
si élégants dans lesquels nos fabricants parisiens, alternaient les
marbres précieux avec les essences de bois les plus rares pour former un
tout exquis de forme et de goût. MM. Schloss, Aucoc, Midocq et Gaillard, Giroux, pour ne citer que les premiers, faisaient les articles les plus
charmants de fantaisie qui n'avaient certainement qu'un tort, à l'Exposition, c'était d'être faits à Paris. La tabletterie embrassait également un
grand nombre d'objets : peignes, billes de billard, tabatières, jeux d'échecs,
de dominos, de dames, de tric-trac, fiches, manches d'ombrelles, d'éventails, etc..., et donnait un produit de 50,000,000 fr. Cette industrie occupait à Paris un personnel spécial très nombreux dont la majeure partie
travaillait en chambre, indépendamment des centres de Dieppe, Saint-
Claude, Méru. L'exportation était de 15,000,000 francs.

La quatrième galerie, groupe du vêtement offrait au public féminin
le plus irrésistible attrait ; que de regards d'envie jetés sur ces étoffes de
Lyon, Mulhouse, Reims, Roubaix, Paris ; quelles tentations excitaient
ces broderies, dentelles, confections de toutes sortes, dont les dessins,
sans cesse renouvelés, changeaient suivant les caprices de la mode, en
faisant vivre tout un monde d'ouvriers et d'artistes.

Dans l'industrie du coton, l'avénement du libre échange avait
amené l'emploi de l'outillage mécanique pour le tissage. Mulhouse brillait
à l'Exposition d'un éclat incomparable par la perfection de ses couleurs,
l'élégance et la variété de ses dessins. Je cite au courant de la plume ces
grands établissements dont le monde entier était tributaire : Schlumberger, Mieg, Dolfus Mieg, Steinbach-Kœchlin, Kœchlin frères, Gros-
Roman, Thierry Mieg. La rouennerie, plus ordinaire, souffrait un peu
de la situation nouvelle qui lui était faite et demandait aux machines le
moyen de lutter contre l'importation étrangère. Là, comme pour l'Alsace,
je rappellerai les noms de ces maisons de premier ordre dirigés de la façon
la plus remarquable par les Lemaître, Fauquet, Desgénétais, de Bolbec,
Lemaître-Lavotte, Hazard, Girard et Cie, de Rouen, Daliphard, de Radepont (Eure). Le coton, avec ses 600,000 ouvriers, réunissait 6,250,000
broches et 80,000 métiers mécaniques. Les métiers à bras, encore au
nombre de 200,000, résistaient à l'invasion des machines pour les tissus
soignés et les mousselines brodées de Tarare et de Saint-Quentin. La
production totale était de 800,000,000 fr.

L'influence des traités de commerce se faisait sentir encore plus vivement dans l'industrie du chanvre, lin, jute, où le nombre des broches de
300,000 en 1855 était monté à 750,000. Le Nord tenait la première
place, et plus d'un tiers des produits lui appartenait. MM. Casse, Wallaert, Droulers et Agache, pour les tissus, Malo Dickson, Heuzé, Homon

et C¹ᵉ, du Finistère, pour la filature et les cordages, assuraient à la France un rang honorable à côté des 1,500,000 broches dont disposait la Grande-Bretagne.

Etoffes de fantaisie, de laine pure ou mélangée, voilà sous quel titre banal se présentaient ces admirables tissus de Paris, Reims, Roubaix, dont l'exportation en dix années s'était accrue de 114,000,000 fr. De tels résultats étaient dus à une amélioration constante des procédés de fabrication, à des perfectionnements nombreux des méthodes d'apprêt, à l'application des couleurs d'aniline à l'impression. Trois catégories de fabrications bien distinctes résumaient les nombreux échantillons offerts à la curiosité des visiteurs :

1° Les tissus de haute nouveauté, pour la vente de Paris, faits sur commande et avec les dispositions et dessins arrêtés par les grands marchands de nouveautés de Paris.

2° Les tissus de vente courante, produits par le travail libre du fabricant, suivant des combinaisons de son invention, en vue d'un placement probable.

3° Les étoffes pour l'exportation, distinctes des autres, par des couleurs vives et bruyantes, répondant au goût et aux nécessités des pays où elles étaient expédiées.

Tous ces tissus, quelles que fussent leurs catégories, étaient traités avec un soin égal et portaient fièrement, au chef de la pièce, la marque de la maison qui les avaient fabriqués.

Roubaix, où le chiffre d'affaires montait à 450,000,000 fr. était représenté par dix-neuf manufacturiers, entr'autres MM. Delâtre, Morel et C°, Cordonnier, Lefebvre-Ducatteau, Terninck.

Reims avait 22 exposants, au nombre desquels MM. Villeminot-Huart, Roger et C¹ᵉ, Harmel frères, Rogelet, Paris comptait 30 maisons : MM. Seydoux, Siéber et C¹ᵉ, Larsonnier frères, Carroz, Tabourier et C¹ᵉ, tenaient le premier rang tant par l'importance de leur fabrication que par le goût et l'élégance de leurs splendides articles.

Les draps français, malgré leurs mérites reconnus par tous ceux qui étaient à même de les apprécier à leur juste valeur, furent assez maltraités dans la distribution des récompenses. Le Jury montra peu d'égards pour une industrie dont la production s'élevait à 250,000,000 fr. Les médailles d'or décernées furent attribuées impersonnellement aux Chambres de Commerce de Sedan, d'Elbeuf, de Louviers, en confondant sous le même niveau égalitaire les maisons les plus considérables et les ateliers de second ordre. C'est ainsi qu'en mettant à part MM. de Montagnac, de

Sedan, Vauquelin, d'Elbeuf, Balsan, de Châteauroux, membres du Jury, on vit attribuer une simple médaille d'argent à des établissements honorés depuis longtemps de distinctions supérieures : Flavigny frères, Chennevière fils, d'Elbeuf, Bertèche, Cunin-Gridaine, Gollnisch, de Sedan, Danet, Gastinne et Cⁱᵃ, de Louviers.

Il était regrettable de voir traiter avec autant de sans façon une industrie très ancienne, qui se tenait au niveau du progrès et contribuait pour une large part à l'état florissant de notre commerce extérieur. De nouveaux centres se formaient dans toutes les régions, à Lisieux, Caudebec, pour la Normandie, à Vienne (Isère), dans le Midi, à Carcassonne, Bédarieux, Mazamet, Castres, Saint-Pons ; Bischwiller, Nancy, dans l'Est, étaient le siége d'une production très active, et devaient à l'emploi plus répandu des machines un développement de bon augure pour l'avenir.

La soierie, depuis plusieurs années, subissait le contre-coup d'événements malheureux, qui, sans atteindre la qualité des produits, en diminuaient sensiblement la fabrication. Cette crise, dont le Gouvernement et le Commerce s'inquiétaient à juste titre, provenait de plusieurs causes qu'il me paraît utile de citer brièvement. La maladie des vers à soie en diminuant la qualité des cocons, en amenant plusieurs contrées à renoncer à une éducation peu rémunératrice, avait nécessité l'approvisionnement de matières premières à l'étranger. Ces soies grèges ou moulinées, indépendamment de leur prix plus élevé, avaient l'inconvénient de ne pouvoir être employées, à cause de leurs imperfections, à tous les travaux. D'un autre côté, les guerres d'Amérique, d'Allemagne, arrêtant l'essor des affaires, étaient venues compliquer encore une situation déjà mauvaise.

Il fallait aussi remarquer la tendance générale qui se manifestait à remplacer les étoffes de luxe par des tissus ordinaires qui en avaient toutes les apparences ; la chose était sensible, non-seulement pour la soie, mais encore pour d'autres industries ; de même qu'on préférait aux tentures de soie, les colonnades de Mulhouse, on substituait le ruolz à l'argenterie, et cette révolution de goût qui s'opérait en France devait agir plus vivement sur une industrie qui ne s'adressait qu'aux classes aisées. L'organisation du travail à Lyon était aussi très défectueuse et demandait une prompte réforme.

Toutes ces causes réunies amenaient un malaise qui n'altérait en rien, du reste, la perfection des tissus lyonnais. La foule s'arrêtait avec plaisir devant les vitrines dans lesquelles brillaient les splendides étoffes façonnées, mêlées d'or et d'argent de MM. Schulz et Béraud,

Lamy et Giraud, Caquet Vauzelle, Mathevon et Bouvard, les rideaux destinées à S. M. l'Impératrice exécutés par MM. Grand frères, les ornements d'église de Vanel et Cⁱᵉ, les velours de Jules Gautier, les unis de Bonnet, Ponson. L'exportation, malgré toutes ces conditions défavorables, était encore de 400,000,000 fr.

Paris avait la spécialité des châles riches, laissant à Lyon les châles moyens, à Nîmes les qualités ordinaires. Les vieilles réputations se soutenaient, malgré le discrédit qui frappait les châles français ; MM. Hussenot, Hébert, Heusey Deneirouse, Calenge et Cⁱᵉ (maison Gaussen) par l'originalité de leurs dessins, la délicatesse de leur travail, pouvaient lutter de perfection avec les châles indiens, dont l'engoûment du public ignorant exaltait outre mesure les réels mérites.

La dentelle française n'avait à craindre aucune concurrence à juger par les merveilleux produits exposés dans les fastueuses vitrines de MM. Verdé Delisle, Aubry, Lefébure, de Paris. Que d'envies excitaient ces ravissants points d'Alençon, de Chantilly, Caen, Bayeux, ces guipures blanches de Mirecourt ou noires du Puy tissées au fuseau, au métier, par 200,000 ouvrières.

Les tulles et dentelles à la mécanique dont Saint-Pierre-lès-Calais était le centre le plus important rivalisaient de dessin et d'invention avec les dentelles véritables en offrant ce précieux avantage, pour la classe moyenne, d'être d'un prix inférieur. M. Herbelot, le plus ancien fabricant de Saint-Pierre, représentait avec une supériorité incontestée, une industrie dont le chiffre d'affaires donnait 75,000,000 fr.

Tout à côté reluisaient, scintillaient les broderies d'or et d'argent, les passementeries, les chasubles de MM. Biais et Rondelet, Louvet, Truchy et Vaugeois, de Paris, Alamagny et Oriol, de Saint-Chamond. Tous ces cordons, ces ganses, lacets, épaulettes, soutaches, ornements d'église, occupaient près de 130,000 personnes, et là, comme dans toutes les autres industries de goût, la France ne connaissait point de rivale. La mécanique n'avait pas encore envahi ce domaine de l'art industriel qui rapportait 100,000,000 fr.

Toute cette galerie de l'habillement attestait, par l'affluence des visiteurs français et étrangers, la supériorité réelle de nos produits dans les arts vestimentaires. Quelle nation pouvait exposer les costumes élégants de la maison Opigez-Gagelin, ou des magasins du Louvre, les chapeaux de M. Dufour, les chaussures de Pinet, les gants de Jouvin, les éventails de Duvelleroy, les fleurs de Marienval ou de Delaplace, les nattes et chignons de Normandin et les corsets de Mᵐᵉ veuve Grégoire.

Quel autre pays avait assez d'autorité, en matiére d'élégance, pour imposer la mode masculine avec les chemises, les cravates d'Hayem ou de Longueville, les chapeaux de Gibus ou de Pinaud, les habillements de Dusautoy et de Laurent Richard ?

Des esprits austères prenant au sérieux quelques déclamations sur le luxe sorties d'une bouche trop spirituelle pour qu'on voie dans les paroles qu'elle prononça autre chose qu'une charmante boutade, affectaient de fuir ces salles où s'empressait la foule élégante des visiteuses ; mais ces produits sur lesquels ils appelaient toutes les malédictions de la froide raison ne devaient pas être envisagés au seul point de vue du développement exagéré des goûts de luxe, ils entraient, et cet autre côté de la question méritait bien quelque estime, dans le grand mouvement d'affaires dont Paris était le centre, ils faisaient vivre des masses d'ouvriers, de femmes, d'enfants, dont l'intelligence et les bras pouvaient être utilisés de la façon la plus heureuse pour tout le monde.

Ces confections pour dames, auxquelles on criait anathème produisaient 100,000,000 fr. ; ces chapeaux si calomniés 24,000,000 fr. dont 12,000,000 fr. à l'exportation ; les gants 70,000,000 fr. dont 56,000,000 fr. à l'étranger. Des principes aussi sévères, professés à haute voix, par des hommes se disant sérieux, s'ils avaient pu être appliqués, ne tendaient à rien moins, en somme, sous prétexte de restreindre le luxe, qu'à ruiner des industries dont le chiffre d'affaires dépassait 500,000,000 fr. Il fallait, dans une thèse aussi délicate, se garder, avant tout, d'une exagération qui allait au delà du but, et se rendre compte que ces fabrications répondaient aux nécessités des classes riches de la société en créant l'aisance et le bien-être pour des milliers de familles.

A côté de ces productions de choix venaient se placer les articles plus ordinaires, mais réunissant au bon marché les plus solides qualités, de MM. Bessand, directeur de la colossale maison de la *Belle Jardinière;* Godchau, chef d'un établissement dont les affaires augmentaient chaque jour, les chaussures à vis de MM. Sylvain Dupuis, Savart, Latour, qui avait à Liancourt, dans l'Oise, une usine admirablement installée. Toutes ces maisons, d'une importance considérable, parvenaient, grâce à leurs débouchés étendus, à diminuer leur prix de vente, tout en fournissant des marchandises du meilleur aloi.

Arrivons à la bijouterie et à la joaillerie parisiennes dont il est inutile de faire ici l'éloge. Comment décrire ces diamants, ces perles, ces pierres précieuses que les Bapst, Martial Bernard, Rouvenat, Boucheron, Mellerio, Duron, Baugrand, Massin, Fontenay, groupaient en diadèmes, aigrettes, rivières, dont l'art du dessinateur et du sertisseur faisait le resplendissant éclat ! quels chefs-d'œuvre de bon goût réalisaient ces parures ! quelles merveilles de création, d'invention ! La femme la plus coquette rencontrait derrière ces vitrines étincelantes tout ce que son imagination pouvait rêver de richesse et d'élégance.

Les récompenses décernées à l'armurerie étaient collectives et attribuées aux Chambres de commerce de Paris et de Saint-Étienne. On retrouvait là toutes les anciennes renommées de l'arquebuserie parisienne : MM. Lefaucheux, Léopold Bernard, Claudin, Lepage-Moutier, Devisme, avec une nouvelle balle lingot explosible qui avait pour but de faire éclater le gibier ; une carabine inventée par M. Leroux, chargée et amorcée pour 30 coups. Le seul reproche qu'on était en droit d'adresser à tous ces armuriers consommés consistait dans le luxe malencontreux de sculpture qu'ils déployaient. Les crosses en ébène, en noyer, en poirier, étaient fort remarquables comme ornementation, mais toutes ces arabesques, ces chimères, ces animaux fantastiques devaient être, à la chasse, une véritable souffrance pour le malheureux obligé d'appuyer sa figure sur de telles aspérités. Ces armes, comme parade, dans un trophée, méritaient tous les suffrages ; mais, pour leur usage ordinaire, il était difficile de les utiliser, à cause de ces graves inconvénients. Elles étaient en quelque sorte des pièces d'exposition qui prouvaient la perfection de la fabrication habituelle des maisons citées plus haut.

Le groupe du vêtement se terminait par la bimbelotterie ; si les grandes personnes trouvaient dans les autres salles toutes les séductions du confortable et de la richesse, les enfants étaient attirés invinciblement vers la classe 39 par tout un monde de poupées et de polichinelles aux costumes les plus pailletés et les plus resplendissants Quels soupirs de regret, quelles exclamations d'envie devant ces charmants visages de porcelaine, devant ces atours ajustés à la dernière mode, depuis le chapeau et l'ombrelle, jusqu'aux bottines mordorées et aux bas de soie à jour ! quels cris d'enthousiasme belliqueux des bambins à la vue de ces forteresses mobiles soutenant toute une garnison de soldats en carton-pâte ou en plomb, défendant vaillamment le drapeau contre un assaillant obstiné ! Le jury réservant les premières récompenses à des industries plus relevées n'avait pas cru pouvoir accorder une médaille d'or à M. Jumeau, ce vétéran des expositions, dont les produits, fort appréciés, s'exportaient dans tous les pays du monde. La vitrine de la maison Guillard-Rémond se distinguait entre toutes les autres, tant par le luxe des toilettes de ses poupées que par le bon goût et l'élégance de la disposition des nombreux articles qui s'y trouvaient réunis.

Le groupe 5 comprenait les matières premières. Peu de visiteurs autres que les industriels intéressés ou les hommes de science pénétraient dans ces salles qui paraissaient monotones à un public distrait par toutes les

attractions des autres galeries. Il faut reconnaître, pour excuser cette
indifférence, qu'il était fort difficile, à moins de connaissances spéciales,
de pouvoir juger la valeur des innombrables échantillons exposés. Le but
poursuivi, du reste, en les réunissant, n'avait pas été d'offrir un aliment
à la curiosité d'une foule désœuvrée qui s'abstenait d'examiner des produits
dont elle reconnaissait toute l'importance sans être à même d'en apprécier
les mérites.

La 1re classe : métallurgie et produits des mines rassemblait toute
l'industrie minière de la France, fort pauvre en ce qui concernait les minéraux autres que la houille. Quelques établissements, tels que Pontgibaud
(Puy-de Dôme), Vialas (Lozère), Meyrueis (Lozère), exploitaient des plombs
argentifères. La Compagnie de Pontgibaud exposait même un magnifique
lingot d'argent de 135,000 fr., mais, à part deux ou trois autres compagnies également florissantes, les matières premières nous faisaient défaut.
Toutes les houillères du Nord, Pas-de Calais, Saône-et-Loire, Gard, Hérault,
étaient représentées par des morceaux de charbon de terre de propriétés
diverses.

La France reprenait son rang dans la métallurgie avec les grandes
usines Laveissière, Estivant, de Givet, Commentry, de Dietrich, les aciéries
de Dorian Holtzer et Cie, d'Imphy-Saint-Seurin, où l'on entreprenait avec
activité la préparation de l'acier Bessemer, les grandes forges et hauts fourneaux de Marrel frères, à Rive-de-Gier, d'Audincourt (Doubs), de Montataire, de Boigues, Rambourg et Cie, de Denain et d'Anzin, de la Providence à Hautmont, de Terre-Noire (Rhône), de Maubeuge.

Les grosses quincailleries de Goldemberg, Coulaux et Cie, Peugeot
Jackson et Cie, de Pruines, Vieillard-Migeon, continuaient en première
ligne, à fournir le marché français qu'elles avaient délivré depuis longtemps, et c'était leur principal titre de gloire, du tribut qu'il payait à
l'étranger. M. Roswag gardait dans l'industrie des toiles métalliques la
supériorité acquise par sa maison depuis soixante ans, et confirmée à
toutes les expositions, comme à celle-ci, par les plus hautes récompenses.
Il en était de même pour M. Mouchel, de Laigle, dont la tréfilerie, toujours
estimée, gardait le rang élevé que lui disputaient de nombreux concurrents. C'est avec une bien grande satisfaction que j'enregistre ces succès
obtenus par des usines que j'ai retrouvées à chaque époque, dans cette
histoire des expositions, poursuivant sans relâche la solution des problèmes posés chaque jour par les progrès réalisés à l'étranger et conser-
vant avec patriotisme l'héritage d'honneur et de gloire laissé par leurs
devanciers.

L'exposition forestière, et généralement tous les produits du groupe 5, étaient victimes de l'indifférence que montrait le public pour tout ce qui constituait les matières premières. Peu de visiteurs se risquaient dans cette galerie solitaire, et les quelques rares personnes qui s'y aventuraient la traversaient rapidement en se contentant de jeter un coup d'œil sur ses innombrables échantillons. Il y avait pourtant, dans cette suite de grandes salles, une foule d'objets intéressants, même pour un promeneur ignorant ou dédaigneux.

Ces troncs d'arbres énormes, ces rondelles d'une circonférence respectable, appartenant à diverses essences, attestaient la variété de production ligneuse de notre climat, et l'habile aménagement qui réparait les exploitations ruineuses du passé. Tous ces produits agricoles : céréales, houblon, plantes fourragères, oléagineuses, miels, cires, formaient le tableau le plus complet des progrès réalisés par l'adoption des bonnes méthodes de culture, et une connaissance plus profonde et plus répandue des principes établis par des observations scientifiques. Les laines, vers lesquelles s'était porté l'attention des Chambres d'agriculture des grands propriétaires, avaient beaucoup gagné en qualité ; le poids des toisons augmentait en même temps que la production de la viande, et la meilleure preuve des bons résultats obtenus était l'exportation, très active depuis quelques années, d'animaux reproducteurs de la race mérinos améliorée dans toutes les parties du monde,

La sériciculture, terriblement éprouvée par la maladie des vers à soie qui causait dans les départements du Midi les plus grands désastres, cherchait à produire de la graine donnant des vers susceptibles de résister à la maladie. Quelques essais étaient aussi pratiqués pour acclimater des races de vers autres que ceux du mûrier ordinaire. Il fallait espérer que toutes ces tentatives faites pour ranimer une branche de production, autrefois très importante, gravement compromise, amèneraient un résultat satisfaisant et permettraient de restreindre l'importation étrangère que ces malheureux évènements avaient considérablement développée.

Le lin, profitant de la cherté du coton causée par les guerres civiles aux Etats-Unis, avait pris une très grande extension, comme culture, en quelques années, et les soins intelligents dont il avait été l'objet amélioraient sensiblement ses qualités. Le grand problème dont l'ardente recherche préoccupait l'esprit des inventeurs ; le rouissage industriel, après des expériences faites sur une grande échelle, était sur le point d'être résolu.

La classe 42 échappait à l'indifférence que le public montrait pour les autres classes du groupe V ; tout l'honneur de cette métamorphose

revenait à une industrie pour laquelle Paris jouissait d'une renommée
européenne : la pelleterie. MM. Révillon père et fils, Bougenaux-
Lolley, Lhuillier et Grébert, Servant, exposaient les modèles les
plus nouveaux en fourrures confectionnées, tandis que M. Verreaux montrait toute une ménagerie d'animaux féroces au pelage soyeux et lustré,
dont l'admirable préparation rappelait avec une vérité saisissante les
attitudes ordinaires.

Parmi les découvertes dont la chimie avait doté les autres
industries, il n'en était pas de plus intéressante que cette variété de
couleurs pour teinturerie connues sous le nom d'anilines et de fuch-
sines. Nuances violettes, rouges, bleues, vertes, jaunes, noires, toutes
résultaient d'une série de manipulations chimiques opérées sur les huiles
provenant de la distillation de la houille. J'aurais voulu pouvoir indiquer
brièvement par quelle suite d'expériences un tel but avait été atteint,
mais le défaut d'espace m'oblige à me contenter d'en faire cette mention
spéciale.

Dans toutes les branches de l'industrie des produits chimiques,
dont l'ensemble représentait une valeur de 1,200,000,000 fr., la France
occupait le rang le plus honorable et n'avait à craindre aucune concurrence. A côté de MM. Fourcade, Ménier, de Milly, Kuhlmann, de Lille,
Guimet, de Lyon, venaient se placer MM. Armet de l'Isle, Merle et Cⁱᵉ,
d'Alais, Tissier et fils, du Conquet, Hardy-Milori, Gauthier-Bouchard,
Gontard et Cⁱᵉ, Leroy et Durand, de Paris, puis les grands savonniers de
Marseille : Roulet et Chapponnière, Arnavon, Roux fils. MM. Rattier
et Cⁱᵉ, Guibal et Cⁱᵉ, Aubert, Gérard et Cⁱᵉ, donnaient au caoutchouc
docile toutes les formes, depuis les paletots imperméables, jusqu'au câble
destiné à transmettre le courant électrique à travers les profondeurs de
l'Océan, industrie jusqu'alors exclusivement anglaise.

La classe 45 qui comprenait les spécimens des procédés chimiques de
blanchiment, de teinture, d'impression, d'apprêt, ramenait le nom de
tous les grands industriels Alsaciens, toujours à la recherche de perfectionnements dans une fabrication déjà si avancée. Paris pouvait citer et
mettre sur la même ligne les Larsonnier, Guillaume père et fils, Bontarel
et Cⁱᵉ, Rouquès. Roubaix avait les frères Descat ; Lyon : Gillet, Pierron,
Guinon, Marnas et Bonnet. Tous ces manufacturiers profitaient, avec le
plus louable empressement, des découvertes de la science qu'ils appliquaient
immédiatement à leur industrie, et cette initiative intelligente, en même
temps qu'elle augmentait la production, entraînait avec elle ces deux
conséquences très appréciables : l'abaissement des prix de revient et
l'accroissement des salaires.

La tannerie, la corroierie françaises, l'emportaient à tous les points de vue sur les produits étrangers similaires : aussi l'exportation atteignait-elle le chiffre important de 147,000,000 fr. Les améliorations constatées ne portaient que sur des détails de fabrication et sur des méthodes de travail mieux étudiées et plus rationnelles. Les essais d'opérations mécaniques tentées dans quelques usines n'avaient pas réussi, et quant au tannage accéléré, il ne donnait que des résultats peu satisfaisants. Dans la distribution des récompenses la France, sur 20 médailles d'or, en avait obtenu 12 à elle seule ; un tel jugement attestait, sans qu'il fut besoin de commentaires, les qualités des cuirs français.

MM. Houette et Cie, Bayvet frères, Ogereau frères, Durand frères, Jullien, Donau et fils, Fortin et Cie, Gallien et Cie, Couillard et Vitet, Sueur, Placide Pellereau, Herrenschmidt fils, distingués entre tous leurs confrères, formaient une élite de fabricants qui représentaient dignement leur industrie au grand concours de 1867.

Nous sommes arrivés dans notre promenade, après toutes ces salles où le silence était rarement troublé par quelques visiteurs, à la vaste galerie des machines, dont le vacarme incessant absorbait tous les autres bruits. C'était, tout le long du jour, un fracas indescriptible où s'entremêlaient les grincements, les sifflements, les grondements de tous ces mécanismes, la respiration sonore de la vapeur, le gémissement des poulies et des courroies de transmission, dominés à certaines heures, par la voix puissante d'un des orgues immenses placés aux intersections des rues principales sur la plate-forme.

Une foule compacte se pressait continuellement dans cette vaste galerie dont les aspects variaient à l'infini ; elle personnifiait en quelque sorte le génie moderne avec tous ses enchantements et toutes ses surprises.

Il serait au-dessus de mes forces et de ma compétence d'examiner par le menu, tout ce que le 6° groupe comptait de merveilles en mécanique ; là, comme dans les autres salles du palais, la France soutenait sa renommée par l'esprit d'invention et la hardiesse heureuse des conceptions de ses ingénieurs ; égale, et quelquefois supérieure à l'Angleterre, sur un grand nombre de points, elle ne se laissait distancer par l'étranger que dans quelques industries d'une importance secondaire.

Une des machines à vapeur qui attirait surtout l'attention du public par ses énormes proportions et la puissance de ses effets, était la machine verticale à balancier de MM. Thomas et Powel, de Rouen. Cet appareil, d'une disposition parfaite, intéressait vivement tout le monde par la régularité des mouvements et le cachet de grandeur et de simplicité qui caractérisait sa masse. Plus modeste, la machine horizontale de MM. Farcot ne se signalait aux visiteurs que par une mention des plus flatteuses pour l'habileté de ces constructeurs : *Grand prix* de la classe 53. Outre le moteur à gaz Lenoir dont les petites dimensions pouvaient rendre l'emploi très précieux en permettant de substituer une force mécanique au bras de l'ouvrier dans un grand nombre de petits métiers, l'exposition montrait une quantité de machines à pression d'eau, à air comprimé, à air chaud, à ammoniaque, soit à l'étude, soit adoptées déjà en mainte occasion.

Les produits de la mécanique agricole française expérimentés à Billancourt avaient soutenu la comparaison avec les moissonneuses, batteuses, herseuses, etc... anglaises et américaines. Nos constructeurs les plus distingués, MM. Albaret, Cumming, Gérard, Pinet fils, commençaient à triompher de la routine en envoyant à chaque concours agricole leurs instruments perfectionnés, en démontrant la simplicité des diverses pièces qui les composaient, en abaissant les prix à un taux qui les rendait facilement accessibles à tous. La plupart des grands propriétaires, que le manque de bras, au moment des récoltes ou de l'ensemencement, mettait souvent dans l'embarras, avaient adopté l'emploi de ces utiles auxiliaires, et cet exemple venu d'en haut, dont les cultivateurs voyaient de leurs yeux les excellents résultats, contribuait grandement à un mouvement de progrès très-accentué.

Il n'est pas possible de mentionner cette quantité d'engins de toutes sortes qui fonctionnaient sans relâche, cousant, tissant, dévidant, filant, ces métiers, ces cardes, ces broches confectionnant, automatiquement, sous le regard du public, les articles les plus précieux comme les plus grossiers.

Que dire de ces machines-outils pour lesquelles nous n'avions plus rien à envier à l'Angleterre, forant les canons de fusil ou rayant les bouches à feu, tournant les arbres de couche et les canons, laminant des plaques de fer et de cuivre aussi facilement qu'un rabot aplanit le bois le plus tendre, forant, perçant les métaux les plus durs avec une régularité mathématique !

Et ces machines à travailler le bois dont M. Périn avait encore élargi le domaine : cette scie à lame sans fin dont chaque dent parcourait 1,600 mètres à la minute, deux fois rapide comme un train express, sans avoir même le temps de faire de la sciure : ces mortaiseuses, la toupie pour fabriquer des moulures de toutes dimensions ! Une telle variété d'outils, sans cesse augmentée par les découvertes des inventeurs, fournissait à l'industrie les mille moyens mécaniques dont elle s'enrichissait en accroissant continuellement sa production.

Plus loin, le matériel des chemins de fer occupait une vaste place avec la gigantesque locomotive à douze roues couplées, à tuyau renversé de M. Gouin, avec les machines de divers modèles des chemins de fer d'Orléans, de l'Est, de Lyon, de Graffenstaden, de Cail et Cie. Quelques wagons exposés par plusieurs lignes ne faisaient qu'affirmer la supériorité de l'étranger au point de vue du confortable des voyageurs si étrangement sacrifiés en France, alors que l'Allemagne, la Belgique, la Suisse nous montraient les spécimens les plus satisfaisants.

Les machines de l'industrie sucrière n'avaient pas de constructeur plus habile que Cail dont l'établissement alimentait toutes les grandes usines du Nord : l'appareil à distiller les alcools, de Savalle, se recommandait aux agriculteurs importants par le fonctionnement parfait de toutes ses parties et le rendement supérieur qu'on obtenait en l'employant de préférence à tout autre.

L'exposition du Ministère des travaux publics méritait qu'on s'y arrêtât quelques instants. Reproduits à 1 mètre par 25 mètres, tous les travaux entrepris ou achevés faisaient le plus grand honneur au corps des ingénieurs français, tant par la considération des difficultés vaincues que par l'aspect grandiose qu'ils avaient su donner à leurs œuvres. Il suffit de rappeler le viaduc d'Auteuil avec ses 225 arches et ses 1,610 mètres de longueur, son pont monumental à deux étages de 175 mètres sur la Seine, le tunnel d'Ivry exécuté au-dessus d'anciennes catacombes, au milieu de difficultés inouïes, les égouts développés, ramifiés dans toutes les directions de Paris, les réservoirs de la Dhuys contenant 131,000 mètres cubes d'eau ; puis en s'éloignant de la capitale : le pont tournant de Brest établi par M. Oudry et mesurant 174 mètres de long ; la création de nouveaux bassins à Brest, à Marseille, au moyen de blocs artificiels coulés au fond de la mer ; le phare de la Banche, près St-Nazaire, élevé en pleine mer, enfin les deux forts, Chavagnac, à Cherbourg, Boyard, près Rochefort dressant, au-dessus des vagues, leurs murailles de granit hérissées de canons à longue portée. Cette nomenclature donne une idée très-favorable des progrès réalisés en France, depuis 1855, dans les travaux publics et permet de constater qu'il n'était pas d'obstacle qui pût arrêter nos ingénieurs dans l'exécution des plans les plus audacieux.

Le génie civil embrassait toute la construction depuis le plâtre et les briques jusqu'à la couverture, il s'étendait aussi aux grands ouvrages métalliques dont la France avait ravi à l'Angleterre le monopole. Ponts en fer, en acier, grues, chalands, dragues, etc... s'exportaient en Russie, en Espagne, en Egypte. Des ateliers tels que ceux du Creusot, de Gouin, de Mme veuve Joly, d'Argenteuil, Rigolet, de Paris, expédiaient partout

de vastes constructions de fer pour halles, marchés, gares, elc... qui
étaient montées pièce par pièce et sur place. L'organisation de ces établissements pourvus d'un outillage spécial, d'un personnel exercé, leur permettait de faire, sur les marchés du continent, la concurrence la plus
sérieuse à l'Angleterre.

La France comptait en télégraphie un certain nombre d'ingénieurs
qui, par des améliorations de détail opérées sur des appareils déjà connus
étaient arrivés à une extrême simplicité fort appréciable dans un service
public aussi important. L'abbé Caselli exposait le pantélégraphe de son
invention qui reproduisait également le dessin, l'écriture et la signature
de l'expéditeur. Le seul obstacle que pouvait rencontrer l'adoption pratique de ce système vraiment admirable était sa délicatesse excessive.

MM. Binder frères, Ehrler, Belvallette se distinguaient, entre tous
leurs confrères, par l'élégance de leurs voitures, la légèreté des formes,
le bon goût des ornements. Victorias, coupés, landaus, mail-coachs, etc...
faisaient le plus grand honneur à la carrosserie parisienne, dont le mouvement d'affaires donnait un chiffre considérable.

Le Ministère de la Marine, la Société des forges et chantiers de la
Méditerranée, de l'Océan, Normand, du Hâvre, le Creusot, réunissaient
dans la grande galerie et sur la berge de la Seine une série de modèles des
nouveaux navires au long cours, des vaisseaux cuirassés, avec de fortes
machines calculées pour donner, sous le volume et le poids les plus réduits,
le maximum de puissance. Les machines du Friedland qui fonctionnaient
pendant une heure ou deux chaque jour, exécutées dans les ateliers de
l'Etat, à Guérigny, représentaient le type le plus parfait de ces nouvelles
machines qui donnaient des vitesses, inconnues auparavant, de 13 à 14
nœuds.

Les scaphandres étaient peu nombreux au palais, mais sur la berge
de la Seine, la foule regardait avec un vif intérêt, un plongeur muni de
l'appareil respiratoire de M. Galibert, qui se promenait tranquillement
au fond d'un grand réservoir rempli d'eau et paraissait aussi à l'aise que
tous les curieux qui suivaient cette expérience très-concluante. Tout le
matériel de sauvetage se trouvait sur la berge, principalement les bouées,
ceintures, chaloupes de la Société centrale pour les naufragés dont la surveillance s'étendait sur le développement immense de nos côtes. Cette
société, encore récente, s'ingéniait à accroître ses ressources afin d'augmenter le nombre de stations ou postes, disséminés à de grandes distances,
qu'elle entretenait par ses soins. Nulle œuvre ne méritait mieux les sympathies de tout le monde et la coopération des visiteurs riches et généreux.

C'est à dessein que je n'ai pas parlé de cette artillerie nombreuse que l'on retrouvait à chaque pas, tant dans la section française que dans les sections étrangères. L'insistance que montraient nos grands fondeurs à produire un type ou un modèle nouveau, soit de pièce, soit de projectile, témoignait mieux que toutes les assurances pacifiques des souverains rassemblés, des préoccupations belliqueuses qui travaillaient tous les esprits et qui devaient amener, trois ans plus tard, la grande catastrophe de 1870.

Je ne dirai qu'un mot de ces petits métiers qui se succédaient sous l'armature de la plate-forme de la galerie des machines : perles, fleurs artificielles, travaux d'ivoire, porte-monnaies, éventails, peignes en écaille. bijoux en cheveux, lorgnettes, pipes d'écume, dragées, filets, chapeaux de feutre, etc.... Cette innovation plaisait au public qui pouvait comparer entr'eux le travail manuel et le fonctionnement automatique si parfait des machines. La foule, en regardant toutes ces merveilles que l'habileté de l'ouvrier savait tirer d'une matière première, quelquefois sans valeur, faisait à chacun la part qui lui revenait et rendait justice à la supériorité de l'homme sur les machines, si accomplies qu'elles fussent. L'idée de placer côte à côte la mécanique inconsciente et le travail intelligent était fort heureuse et faisait l'éloge des organisateurs.

Il me reste à parler, avant de quitter la galerie des machines, d'un appareil installé par M. Edoux pour transporter les visiteurs sur la plate-forme du palais. M. Edoux, calculant la pression de l'eau distribuée jusqu'aux derniers étages d'une maison, avait immédiatement songé à utiliser une force aussi considérable; partant de cette donnée, il appliqua l'eau comme agent d'impulsion de l'ascenseur déjà connu et employé dans les gares de chemin de fer, avec l'aide de la vapeur, comme monte-charge. Deux cages en fer, sans secousse, sans fatigue, élevaient les curieux, moyennant une légère rétribution, jusqu'au faîte de l'édifice. Le mouvement, doux et régulier, était si peu sensible que nul n'en avait conscience. Il rappelait exactement l'impression éprouvée dans l'ascension du ballon captif, autre attraction très-vive dont je parlerai plus loin.

Il est facile au lecteur, en parcourant les quelques pages consacrées aux machines de remarquer que les mêmes noms reviennent continuellement dans la construction de la plupart des mécanismes : Cail, Gouin, Schneider, personnifient de la façon la plus éclatante les grands industriels français, et, dût-on m'accuser de chauvinisme outré, je m'associe au mouvement d'orgueil patriotique qui souleva la Chambre des Députés entière le jour où M. Schneider, alors président, vint, d'une voix tremblante d'émotion et de fierté, annoncer la grande victoire qu'il venait de gagner sur l'Angleterre en lui fournissant des locomotives.

Je me reporte alors de 20 ans en arrière et je me rappelle les plaintes de nos constructeurs, dédaignés par les chemins de fer qui naissaient à peine, incapables de lutter contre les ingénieurs anglais préférés à tous les autres, victimes d'un préjugé accrédité par la sottise, puis, en regard, je contemple les magnifiques résultats qui nous mettent de pair, comme perfection de travail, avec la Grande-Bretagne, en rivalisant avec elle d'invention et de hardiesse dans les plus grandioses conceptions.

Nos colonies étaient mieux représentées qu'aux précédentes expositions L'Algérie surtout avec ses marbres, ses cotons, ses laines, son minerai de Mokta-El-Hadid, ses fibres textiles, ses bois, n'attendait plus, pour devenir tout à fait prospère, qu'un régime militaire moins absolu et une colonisation plus active à l'aide de puissants capitaux. On ne paraissait pas assez en France pressentir l'avenir réservé à ce sol fécond, dont un bras de mer seulement nous séparait. L'exhibition très-soignée, habilement entendue, de toutes les productions algériennes, était bien faite pour tirer le public de son indifférence et lui montrer que la France avait là, sous la main, un vaste territoire capable, si l'on voulait s'en occuper un peu, de devenir pour elle ce qu'était l'Australie à l'Angleterre.

Les Antilles, l'île Bourbon, s'adonnaient presqu'exclusivement à la culture de la canne, renonçant petit à petit au café, aux épices dont les bénéfices étaient moins rémunérateurs. Les bois si variés de la Guyane commençaient à être l'objet d'une exploitation régulière encore très-modeste, mais fort avantageuse pour ceux qui l'avaient entreprise.

Le groupe VII réservé aux aliments (frais ou conservés, à divers états de préparation) occupait le promenoir couvert extérieur. La dénomination méthodique dont on l'avait gratifié ne pouvait donner aucune idée du spectacle et des distractions qu'il offrait au public. La Commission Impériale, et c'est un des griefs que l'on invoque encore avec le plus de complaisance contre elle, ayant à organiser ce groupe, arrêta le plan suivant qui lui permettait d'atteindre un double but très-avantageux : elle loua les emplacements en façade sur le pourtour du palais à des restaurants, cafés, de toutes les parties du globe.

Cette décision, sans nuire aux intérêts des autres classes du groupe convenablement installées, devait, dans sa pensée, ajouter un attrait de plus à l'Exposition et permettre, en même temps, de percevoir un droit de location assez élevé. D'un autre côté, plusieurs membres de la Commission se rappelaient les difficultés que l'on avait éprouvées à Londres, en 1862, pour approcher des buffets à certaines heures du jour. Ces établissements, pris littéralement d'assaut, se trouvaient dévalisés en un clin d'œil. Un tel souvenir influa beaucoup sur leur détermination : la nécessité de multiplier les endroits où l'on pouvait, en même temps, se reposer et se rafraîchir, les amena tout naturellement à adopter l'idée neuve et originale qui leur était présentée.

Ces quelques mots d'explication suffisent pour faire justice des critiques malveillantes qui cherchèrent, en parlant des grands intérêts de l'industrie compromis par un indigne voisinage, à donner le change à l'opinion publique. La foule, par son empressement à encombrer les établissements de toutes sortes réunis autour du palais, se chargea de rendre une éclatante justice à l'intelligente innovation des organisateurs. Les zoïles grincheux ou moroses durent, à leur grande confusion, reconnaître le grand succès du promenoir. Ils se retranchèrent alors, pour dissimuler leur défaite, derrière de hautes considérations philosophiques sur les intérêts terre à terre de la multitude, mais ce grand dédain ne put tromper personne et l'on n'y vit autre chose que l'irritation d'esprits orgueilleux mécontents d'avoir complètement tort.

Le côté français du promenoir comprenait de nombreux échantillons de confiserie, comestibles, pâtes, céréales, etc... puis, réunis par régions, tous ces vins qui font la richesse et la gloire de notre pays depuis les grands crûs de Bourgogne jusqu'au champagne si recherché à l'étranger. Deux restaurants, un bouillon Duval, un buffet-omnibus pour les petites bourses, offraient aux consommateurs, à des prix modérés, une cuisine suffisante et soignée. Les premières maisons de Paris n'avaient point jugé à propos de se faire concurrence à elles-mêmes en installant à l'Exposition une succursale sans objet ; les concessionnaires admis représentaient un genre d'établissement habitué plutôt à satisfaire les exigences d'un public nombreux que les délicatesses de goût de quelques raffinés.

Mais ce n'était pas la France, qui, dans ce groupe, malgré sa grande supériorité, attirait la curiosité générale. La foule courait au café hollandais, où de jeunes Néerlandaises authentiques, avec leur casque d'or recouvert de dentelles, leurs longues boucles d'oreilles d'or massif, versaient le curaçao, le genièvre, le schiedam des Pays-Bas : plus loin l'on s'empressait au café scandinave où l'on dégustait le kummel en contemplant une blonde Suédoise en costume national. Le restaurant russe se distinguait par son originalité : des moujicks en tunique de soie jaune, bleue, verte, de robustes Finlandaises, en robes de couleurs éclatantes, le cou et les bras nus, le front ceint d'un diadème, offraient du caviar, du saumon fumé et d'autres mets russes que chacun se contentait de goûter, en l'arrosant d'un verre de kwass.

Le café tunisien joignait, aux boissons orientales une musique monotone, pleine de couleur locale sans doute, mais horriblement bruyante.

Le café espagnol, asile de gracieuses Andalouses? avait d'excellentes limonades glacées; le café italien, des glaces et sorbets également délicieux. Les États Unis faisaient absolument fureur avec leurs sodas, leurs sherry-cobblers, mint julep, boissons composées d'un assemblage étrange de fruits, cognac, champagne, le tout additionné de glace. Les bières autrichiennes de Dreher, Fanta, d'un prix très-modéré, révélaient aux parisiens, habitués jusqu'alors aux mauvaises bières dites de Strasbourg et fabriquées aux alentours de Paris, une boisson fraîche, agréable et qui ne fatiguait pas l'estomac. Il n'est pas possible de calculer le nombre prodigieux de bocks qui se consommaient dans une journée chez Dreher ainsi que chez Neéser un concurrent bavarois dont la bière plus forte, plus nourrissante, était aussi fort appréciée.

Au long buffet anglais de Bass and Cº où l'on mangeait et buvait debout comme au bar américain, de ravissantes Anglaises aux longs cheveux dorés, aux joues roses et diaphanes, accueillaient, avec une dignité pleine de réserve, les propos galants que leur attirait leur resplendissante beauté.

Des salons de dégustation pour les liqueurs, les vins étrangers, faisaient suite à tous ces établissements très-fréquentés, puis le visiteur rencontrait des salons de lecture, de correspondance, des bureaux de poste, un bureau télégraphique, uns succursale d'agence dramatique délivrant des billets pour la représentation du soir dans tous les théâtres de Paris, des salles de repos pour les dames fatiguées, un barbier-coiffeur. Plusieurs débits de tabac français et étranger se trouvaient disséminés de place en place.

Un service de fauteuils roulants, poussés par un homme, permettait aux personnes, impotentes ou lasses, de voyager à travers le palais, dans tous les sens, à raison de 3 fr. l'heure.

Avant d'aborder la description de toutes les curiosités réunies dans les parties du Parc attribuées aux diverses nations, rentrons dans le Palais pour examiner, à vol d'oiseau, les expositions étrangères, et caractériser leur industrie par ses côtés saillants : cette tâche accomplie, nous traverserons rapidement les abords du Palais pour terminer notre longue promenade par une visite aux produits rassemblés dans l'île de Billancourt.

L'Angleterre manifestait, surtout dans la galerie des machines, sa grande puissance industrielle; tous les procédés de filage, de tissage de la laine, du lin, du coton, se succédaient avec leurs perfectionnements, leurs améliorations, sensibles seulement pour des gens du métier; ils suffisaient amplement pour donner une haute idée de cette énorme production anglaise, sans cesse en haleine avec ses 35,000,000 de broches.

M. Witworth, de Manchester, jugé digne d'un grand prix pour ses
machines outils, aux combinaisons si simples, à la forme si pure, avait
cru devoir y joindre un canon à âme hexagonale fort admiré, mais moins
admirable à coup sûr que tous ces appareils pacifiques dus à son puissant
esprit. Un outil, dit le menuisier universel, de MM. Worssam et Cⁱᵉ sciait,
rabotait, taillait les rainures, accomplissait, en un mot, le travail de
15 hommes. Citons aussi le marteau-pilon de Thwaites et Carbutt pour la
fabrication des arbres de couche. Les locomotives n'avaient rien qui les
distinguât des produits des autres nations : on s'étonnait même que l'Angleterre, où cette industrie était née, s'en tint, le plus souvent, à des
modèles anciens, tandis que la France, l'Allemagne cherchaient continuellement à améliorer leurs types.

Les câbles sous-marins anglais jouissaient d'une réputation, justifiée
d'ailleurs, par les brillants résultats obtenus grâce à eux, et le gouvernement français, reconnaissant leur supériorité de résistance, s'apprêtait à en
faire usage pour établir une communication transatlantique avec l'Amérique. Tout un matériel de pompes à bras, à vapeur, témoignait des
recherches faites pour arriver à établir une pompe sans défaut, Les pompes
de Merryweather, gratifiées d'un grand prix, étaient employées dans tous
les docks du Royaume-Uni. Une autre pompe centrifuge de Gwyme
émerveillait les visiteurs par les torrents d'eau qu'elle versait en un
instant dans un large bassin. Les machines à vapeur proprement dites
ne se signalaient par aucune particularité : on remarquait cependant, dans
quelques-unes d'entr'elles, la préoccupation, inconnue jusqu'alors, en Angleterre, d'économiser le combustible.

Les draps et autres tissus d'Halifax, de Bradford, Leeds, Manchester, Preston, Glascow, étaient remarquables par leur éclat et leur
belle apparence; Nottingham, pour les tulles, n'avait rien perdu de sa
réputation affirmée par une médaille d'or. Les orfèvres et bijoutiers semblaient s'être inspirés dans leur exposition du bon goût français, on
retrouvait, dans l'exécution de leurs œuvres les plus distingués, la main
d'un compatriote attiré par quelque proposition alléchante aux bords de la
Tamise. Tous les cristaux, admirables comme pureté et limpidité, avaient
une forme lourde, heurtée, ils présentaient un ensemble peu harmonieux
et imparfait comme dessin. L'Angleterre se relevait avec les produits céramiques de MM. Wegwood, Minton et Copeland auxquels on ne pouvait
refuser une rare perfection de travail unie à un bon marché très-redouta-
ble pour leurs concurrents français.

Les meubles, exagérés dans la masse et dans la taille, surchargés
d'ornements, commençaient cependant à se corriger de ces défauts parti-

culiers à l'Angleterre. Quelques mobiliers se ressentaient heureusement
de l'influence exercée par la France, depuis que des relations plus suivies
s'étaient établies entre les deux nations.

Terminons ce bref aperçu par une visite aux colonies anglaises.
L'Australie tenait le premier rang avec ses laines de toutes sortes, dont
l'exportation en 1865 avait atteint 75,000,000 fr. Admirablement disposée pour l'élève du mouton, cette colonie jouissait d'un climat tempéré,
de prairies nombreuses, d'excellents pâturages qui permettaient l'acclimatation de toutes les races ovines. Les toisons y devenaient plus soyeuses,
plus fines, plus délicates. Grâce à ces conditions extrêmement favorables,
l'Australie était devenue en peu de temps le marché principal de l'Europe
pour les laines et le gouvernement de la métropole tendait, par tous les
moyens, à encourager les efforts des producteurs.

Les richesses minérales et métallurgiques répondaient à cette source
de prospérité principale : cuirs, peaux, produits des industries forestières,
agricoles, de la chasse, de la pêche, attestaient les progrès surprenants
accomplis depuis quelques années par les colons et présageaient à l'Australie le plus brillant avenir,

La Guyane anglaise exposait toute une collection remarquable de bois
d'ébénisterie et de nouvelles matières fibreuses et textiles découvertes par
les patientes recherches de ses gouverneurs. Les produits de l'Inde, châles
meubles, tabletterie, étoffes de gaze, tapis, écharpes, babouches, témoignaient d'une exécution très-soignée; mais, il faut bien le reconnaître,
ils n'avaient pas la perfection des ouvrages de leurs devanciers ; tous ces
objets prouvaient, de la manière la plus convaincante, combien l'Inde
était déchue de son ancienne splendeur au temps des rajahs. Le Canada
joignait à des bois de diverses essences, tous, de dimensions remarquables,
des minerais, des matières textiles, des tissus qui montraient la vitalité
industrieuse de cette terre autrefois française.

L'exposition autrichienne avait ce caractère particulier que, pour tout
ce qui touchait à l'élégance, au tact, au bon goût, elle présentait une
frappante analogie avec les produits français. Qui ne se rappelle cette
quantité d'objets de fantaisie luxueux, ces cristaux, porcelaines, émaux,
ciselures, maroquinerie, marqueterie, dus aux ouvriers viennois ! Meubles
étoffes, vêtements, donnaient également une haute idée de l'habile industrie autrichienne. La partie des machines était plus faible et le moment
n'était pas encore venu où l'Autriche pouvait songer à s'affranchir du joug
de l'étranger.

La collection de minerais de toutes sortes envoyés par la Hongrie,
la Bohême, la Galicie, attestait la richesse des gisements et l'état avancé

des procédés d'exploitation. La Bohême, avec ses cristaux fins, ses verres colorés, gardait intacte son ancienne réputation ; le public s'empressait autour des longues tables chargées de ces précieux produits d'une variété et d'une perfection achevée. L'imprimerie impériale de Vienne méritait une place à part par sa typographie hors ligne et ses efforts persévérants pour profiter des nouvelles découvertes de la science. L'Autriche, au lendemain d'une guerre terrible et désastreuse, affirmait sa volonté de réparer par le développement d'une industrie, déjà très-avancée, ses ruines et ses défaites ; elle méritait, à ce point de vue, l'estime et les sympathies de tous les gens de cœur.

La Prusse occupait le premier rang pour les industries métallurgiques avec le fameux fondeur d'acier d'Essen, M. Krupp; 7,000 ouvriers réunis dans cet établissement considérable travaillaient le fer sous toutes les formes et peu d'usines pouvaient lui être comparées comme centre de fabrication ; il était regrettable, toutefois, que M. Krupp employât son intelligence d'organisateur à la production presqu'exclusive des engins de destruction perfectionnés dont il exposait les plus formidables spécimens. La collection des minerais de toutes sortes, des produits chimiques allemands, attirait l'attention des connaisseurs par sa prodigieuse variété et les heureuses dispositions qui en faisaient ressortir l'importance exceptionnelle.

L'industrie du tissage de la soie, de la laine, du coton était à peine représentée et les quelques échantillons envoyés prouvaient une infériorité notoire. La métallurgie prussienne pour les grands moulages de fonte était véritablement remarquable : les salles 13, 15, 18 réunissaient un ensemble d'objets d'art d'un goût excellent, d'un modèle très pur. Les wagons allemands, aussi bien de seconde que de première classe, l'emportaient sans contredit, par leur confortable, sur ceux des autres nations : le public ne pouvait se lasser d'admirer ces voitures luxueuses dans lesquelles un voyage n'était ni une fatigue ni un ennui, alors qu'en France les grandes compagnies ne prenaient aucun souci de leurs voyageurs considérés tout au plus comme des colis.

Le nouveau moteur à gaz de M. Otto, réalisant une économie de combustible sur l'appareil Lenoir, un four annulaire à briques, méritaient chacun un grand prix. Les meubles, l'orfèvrerie, la bijouterie, à part quelques articles bien traités, ne sortaient pas d'une honnête médiocrité; la nation prussienne, en somme, chez laquelle l'instruction était très-avancée grâce à des lois rigoureuses, ne semblait pas encore avoir tiré d'une situation aussi favorable les conséquences les plus naturelles pour le développement de toutes les branches d'industrie nécessaires à un grand Etat.

L'exposition belge se distinguait par une fabrication irréprochable unie à des prix très-inférieurs aux nôtres. Favorisé par l'exploitation de gisements de houille inépuisables, ce petit peuple s'adonnait tout entier au commerce et à l'industrie, offrant à l'Europe entière l'exemple d'une prospérité toujours croissante. De vastes mines métallurgiques, de nombreux ateliers de tissage pour le lin, la laine, le coton entretenaient en Belgique une activité continuelle, tandis que les cultivateurs, pourvus des meilleures méthodes, au courant des procédés nouveaux, augmentaient constamment le rapport d'un sol naturellement fertile.

La Suisse, qu'il convient de placer à côté de la Belgique, à cause des points de rapprochement que présentent ces deux pays, avait une exposition dont chaque objet portait la marque d'un esprit pratique et utilitaire avant tout. Ses wagons séparés en deux, dans le sens de la longueur, par une allée qui aboutissait à un large escalier, étaient simples mais fort commodes ; on s'étonnait, en les regardant, que les compagnies françaises n'eussent pas encore adopté une disposition agréable pour le voyageur et sans inconvénient pour elles.

Je ne dirai qu'un mot de l'horlogerie dont l'école du Locle assurait l'enseignement théorique et pratique en fournissant de contre-maîtres instruits les établissements de la Chaux-de-Fonds et de Genève. De ravissantes sculptures sur bois se groupaient sur de vastes étagères dans la salle St-Gall où le public féminin était attiré par les admirables broderies de St-Gall et du canton d'Appenzell. Toutes les étoffes suisses, laine, coton ou soie, pouvaient lutter avec les articles français soignés, mais il faut reconnaître, que, pour les qualités moyennes, les fabricants suisses joignaient à une fabrication solide, un prix inférieur au moins de 10 % à celui de nos produits.

L'Italie, à peine sortie d'une guerre heureuse qui avait décidé son unité, ne comptait pas encore, en Europe, au nombre des nations industrielles. En mettant à part les verreries et mosaïques de Venise, quelques bijoux et articles d'orfèvrerie, les faïences du marquis Ginori, il ne lui restait plus que les matières premières d'un sol très-généreusement doué par la nature. Je ne puis, toutefois, passer sous silence les chefs-d'œuvre de ses sculpteurs, dignes représentants de la patrie de Michel-Ange, les Dupré, Vela, Miglioretti, Barzacchi, Magni, Tantardini, Lazzerini, dont les noms révélaient à la foule enthousiasmée l'existence d'une école italienne fort remarquable.

L'exposition des États-Unis était indigne de la grande république américaine. A part quelques métiers, une locomotive gigantesque, un omnibus vaste et bien disposé, des machines à coudre, des pianos aux muscles de fer, plus bruyants qu'harmonieux, mais bien accueillis, des

instruments agricoles fort intéressants, dont nos constructeurs devaient
étudier avec fruit les combinaisons, l'étroit espace accordé par la commission n'offrait aucune production qui donnât une idée de l'importance
industrielle si avancée de la terre des Yankees.

Cette indifférence n'avait pas une excuse plausible ; si l'espace manquait au palais, le parc se prêtait à la construction d'annexes. Les Etats·
Unis, longtemps tributaires de l'Europe, étaient arrivés. au moment où,
soulevant le joug, ils s'entouraient, au nom de leurs intérêts particuliers,
d'une barrière de tarifs de douanes excessifs afin de réduire l'importation
étrangère et de rendre toute concurrence impossible. Ces procédés rétrogrades, en désaccord avec les principes démocratiques de la Constitution
américaine, expliquaient, jusqu'à un certain point, le dédain de cette
grande nation pour l'Exposition ; que lui importait l'Europe, alors qu'elle
ne visait à rien moins qu'à conserver pour ses produits le vaste marché
intérieur de son immense territoire !

La Russie avec ses métaux, ses bois, laissait l'impression d'une nation
pleine de force et d'une étonnante vitalité. L'industrie de luxe était représentée seulement par une orfèvrerie d'une originalité artistique très appréciée, par des porcelaines de la manufacture impériale de St-Pétersbourg
semblables aux meilleurs produits de Sèvres, Le plus brillant avenir parais
sait réservé à ce peuple, trait-d'union entre l'Europe et l'extrême Orient :
son rôle qui pouvait satisfaire l'ambition la plus élevée, consistait à développer rapidement ses forces productives pour initier le continent asiatique
aux progrès modernes et aux bienfaits de la civilisation.

Après ces grands Etats, au point de vue industriel, il convient de
rappeler la métallurgie suédoise si réputée, les bois de Norwège qui approvisionnaient la France; les minéraux, vins et matières premières de l'Espagne dont l'exposition rétrospective attestait l'industrie autrefois prospère
en face d'un présent qui tendait à faire oublier une décadence momentanée ; le Portugal et ses richesses naturelles, il ne manquait à ce pays, si
bien doué par la nature, qu'un système de voies de communication
mieux établi et des capitaux pour exploiter avec profit toutes ses ressources minières. Les Etats pontificaux avaient le météorographe du
père Secchi, appareil admirable et parfait qui enregistrait automatiquement tous les phénomènes météorologiques.

Les Etats allemands inféodés à la Prusse, la Bavière, Bade, le Wurtemberg, la Hesse, la Saxe se distinguaient par un niveau d'instruction
très remarqué et favorable aux progrès de l'industrie, fort sensibles,
surtout en Saxe. La Turquie, l'Egypte, la Perse, exposaient de merveilleux tapis, des objets de luxe brodés, ciselés, damasquinés, d'un travail

ravissant, mais l'industrie proprement dite n'existait pas dans ces contrées. La foule se pressait autour des tables chargées des spécimens les plus étincelants de l'art oriental, mais l'économiste réfléchissait en contemplant ces chefs-d'œuvre de patience et de goût, à tout ce que des peuples, aussi favorisés par la fécondité du sol, la douceur du climat, l'abondance des richesses naturelles, auraient pu produire, en suivant l'exemple des nations industrieuses de l'Europe.

Le Brésil, les républiques de l'Amérique du Sud, étonnaient par une variété de productions naturelles telles que le café, le tabac, les bois de teinture et d'ébénisterie, les huiles, le caoutchouc, etc..., ces pays étaient le réservoir où le vieux monde allait puiser les matières premières que son activité incessante transformait pour satisfaire ses besoins ou ses appétits.

Toute cette partie de l'Exposition offrait le plus réel intérêt, en mettant sous les yeux du public sérieux ou frivole, à quelques pas des appareils les plus perfectionnés de la mécanique, tous les minéraux, végétaux du Nouveau-Monde sous leur forme primitive. Quel monde de pensées affluaient à l'esprit, à la vue de ce panorama qui embrassait toute l'industrie, depuis ses manifestations premières dans la galerie de l'histoire du travail, jusqu'aux dernières découvertes de la science !

Je n'ai pas encore parlé du 10ᵉ groupe qui constituait une innovation bien intentionnée dont il faut tenir compte à ceux qui en avaient eu l'heureuse idée. Ce groupe, dans ses 7 classes, comprenait tous les spécimens et documents qui intéressent l'éducation populaire à ses divers degrés, l'alimentation à bon marché, le vêtement, le ménage et le logement, ainsi que les instruments et les produits du travail de l'ouvrier chef de métier ; il n'avait et ne pouvait avoir de place déterminée, on le rencontrait dans le parc avec la fameuse maison de 3,000 fr. les modèles des cités ouvrières de Mulhouse, les bâtiments d'école, crèches, etc... dans le palais avec les spécimens très-curieux de l'habillement chez tous les peuples du globe, une série de mannequins costumés qui formaient une collection unique dans son genre. M. Michel Chevalier, l'éminent économiste, présidait ce groupe ; il n'est pas besoin de dire que ce fut surtout à ses efforts, à ses relations personnelles avec les commissaires étrangers, que l'on dut le succès d'une entreprise dont l'Exposition de 1862, à Londres, avait donné l'idée, sans l'avoir réalisée d'une façon aussi complète.

La Commission Impériale avait affecté l'île de Billancourt à l'agriculture. Les 23 hectares de cette île étaient coupés par une route qui partageait en deux parties l'Exposition : d'un côté les machines agricoles, les étables, les animaux, de l'autre, le champ libre destiné aux expériences

Une extrémité de l'île était divisée en petits jardins qui présentaient un spécimen de toutes les cultures. Là se trouvaient réunies les puissantes charrues à vapeur anglaises, dont l'usage était inconnu en France, les batteuses, herseuses, anglaises et américaines.

Nos constructeurs ne faisaient pas trop mauvaise contenance à côté de cet outillage agricole si perfectionné ; leurs mécanismes, bien étudiés, plus en rapport avec les conditions du travail en France, avec le mor cellement de la propriété, étaient déjà répandus dans les exploitations sérieuses : le grand obstacle à l'adoption des machines était cette dispersion de la propriété entre les mains d'un grand nombre de cultivateurs ; très heureux au point de vue du bien-être général plus répandu, un tel état de choses s'opposait à ces expériences répétées que ne craignaient pas de tenter les gentlemen farmers anglais sur leurs vastes domaines.

L'agriculteur français, encore esclave de la routine, hésitait à faire usage d'outils qui nécessitaient une dépense première assez élevée, alors que l'étendue de ses terres était trop peu considérable pour qu'il eut un bénéfice assuré. Il n'y avait que deux moyens de remédier à la situation : le premier consistait à acheter en commun, par une cotisation, les instruments utiles, devenus ainsi propriété d'une commune ou d'un syndicat : le second, à provoquer, dans les pays agricoles, l'établissement de constructeurs ou dépositaires de machines les louant aux cultivateurs suivant leurs besoins. Ces deux méthodes, préférables l'une à l'autre suivant les départements, pouvaient amener, de la façon la plus rapide, l'introduction de la mécanique, encore dédaignée dans la culture. Pendant deux mois, on vit défiler dans l'île de Billancourt tous les produits vivants de nos éleveurs, toutes les races de bœufs, moutons, porcs, chevaux, ânes, mulets, poulets, dindons, canards, etc.... et les divers jurys chargés de procéder à cet examen minutieux furent à même de constater les nombreux progrès obtenus dans cette branche si importante de l'agriculture. Il était regrettable que, pour compléter cette exposition, le Gouvernement n'eut pas autorisé l'installation provisoire de brasseries, distilleries, moulins à huile, etc.... l'île de Billancourt eut gagné un attrait de plus en permettant à chacun d'apprécier l'importance de ces grands établissements du Nord qui réunissaient tous les genres d'industrie agricole.

Revenons au Champ-de-Mars maintenant et terminons cette longue promenade par une revue, à vol d'oiseau, des sujets d'étude et des distractions réunis dans le Parc. Cette partie de l'Exposition avait une superficie de 271,000 mètres carrés. divisée en quatre parties distinctes par les deux grandes voies qui traversaient le palais dans toute son étendue : le quart français entre le quai d'Orsay, la grande avenue d'Europe faisant face au pont d'Iéna et l'avenue de La Bourdonnaye; le quart belge, de l'avenue de la Motte-Piquet, à la rue d'Europe et à l'avenue La Bourdonnaye; le quart allemand entre l'avenue de la Motte-Piquet, la rue d'Europe et l'avenue de Suffren, enfin le quart anglais et oriental entre l'avenue de Suffren, la rue d'Europe et le quai d'Orsay.

On rencontrait tout d'abord, en pénétrant dans le quart français par la porte d'Iéna, une grande fantaisie décorative de l'usine Barbezat, le pavillon de la Société protectrice des animaux, où se trouvait réuni tout ce qui permet d'améliorer leur sort; les vitraux admirables de Tessié du Motay et Maréchal, de Metz, puis le pavillon impérial, salon de repos, exécuté et décoré par 14 entrepreneurs différents, merveille de luxe et de confort dont le public n'était admis qu'à contempler l'extérieur.

Ensuite un spécimen de crèche avec son matériel; le dimanche des enfants pris dans les crèches de Paris y étaient amenés et donnaient leur véritable physionomie à ces établissements philanthropiques: près de la crèche, une cristallerie en activité, des modèles de maisons ouvrières de Blanzy, Mulhouse, une chapelle, d'une architecture sans caractère, contenant une exposition d'ornements du culte.

Plus loin se trouvaient: le Château-d'Eau dissimulé par une tour en ruines d'une tournure romantique, un carillon destiné à l'église de Buffalo, le châlet où M. Leboyer imprimait des cartes de visite sans encre, le pétrin mécanique de M. Lebaudy qui fournissait le pain à tous les restaurants de l'Exposition, le pavillon des cachemires de MM. Frainais et Gramagnac, le théâtre international qui ne put attirer la foule malgré les représentations qu'y donna la tribu des Aïssaouai, l'annexe où le Creusot avait rassemblé tout ce qui constituait sa puissante production, les appareils réfrigérants de l'ingénieur Tellier, les pompes puissantes de Neustadt et Dumont, le câble télodynamique de Hirn dont peu de personnes s'expliquaient la merveilleuse découverte comme nouvel agent de transmission de force, en contemplant ce mince fil de fer qui traversait l'espace au-dessus de leurs têtes.

Au milieu du lac, le phare français dressait son immense colonne de tôle rouge; quelques autres constructions légères abritaient la photosculpture, des collections céramiques, des photographies; la berge, que l'on gagnait en passant sous un pont, réunissait tout le matériel de la navigation de plaisance, et les canots de sauvetage.

Le quart belge, moins étendu, se composait de l'annexe des Beaux-Arts de la Belgique, des Pays-Bas, d'un hangar abritant le matériel des chemins de fer belges, d'une métairie et de la taillerie de diamants de

Coster, d'Amsterdam. Ce dernier pavillon excitait au plus haut point la
curiosité féminine surtout, mais le grand attrait du quart belge était le
jardin réservé ou exposition particulière du groupe IX. Le plan et le
dessin de cette charmante création étaient dus à M. Barrillet, jardinier en
chef de la ville de Paris, sous l'habile direction de M. Alphand. Une
grande serre, élevée sur une éminence de terrain contenait les nombreux
produits de la flore tropicale. Indépendamment des concours de fleurs
qui se succédèrent suivant des périodes déterminées, le jardin contenait
toute une collection d'objets de jardin tels que : bancs, chaises, volières,
serres, fauteuils, etc... Deux aquariums, l'un d'eau douce, l'autre d'eau
de mer, cachés dans des grottes artificielles, initiaient le visiteur aux
mœurs et aux habitudes des races de poissons les plus variées. Le pavillon
de l'Impératrice se trouvait au milieu des fleurs ; sa forme gracieuse était
de meilleur goût que l'aspect bizarre du pavillon impérial dans le quart
français.

Le quart allemand offrait le plus vif intérêt à cause des nombreuses
constructions originales qui s'y trouvaient réunies : l'annexe des Beaux-
Arts de la Suisse, de la Bavière, un village autrichien avec une brasserie
et une boulangerie au centre, dont la bière et les petits pains étaient
fort appréciés, les poteries et terres cuites de Drasche, de Vienne, un
chalet tyrolien, un pavillon où l'on voyait une machine à faire de la pâte
de bois pour la fabrication du papier, l'annexe du Wurtemberg, l'annexe
des machines belges, une exposition de locomotives routières, la statue
du roi de Prusse, par Drake, un kiosque oriental, inventé à Berlin et
destiné à un riche pacha du Bosphore, un chalet norwégien contenant
des peaux d'ours blanc magnifiques, la reproduction exacte de la maison
de Gustave Wasa, le libérateur de la Suède, une isba ou cabane russe,
un haras autrichien, une école primaire prussienne, des écuries russes
abritant douze chevaux superbes, un pavillon espagnol, un autre portu-
gais, un spécimen des caves de Roquefort.

Le quart anglais et oriental, mieux placé, au débouché de la gare du
chemin de fer, se distinguait par l'étrangeté de ses divers modèles d'habitations : l'Orient surtout y revivait avec le Bardo ou palais d'été du Bey
de Tunis, dont le style mauresque évoquait le souvenir des ravissants
palais dus à la domination arabe en Espagne, le Salamlick ou palais du
vice-roi d'Egypte, la tente de voyage de l'émir du Maroc, un temple
égyptien où M. Mariette, bey, le directeur du Musée de Boulacq, avait
exposé des antiquités du plus grand intérêt, la reproduction de la mosquée
de Brousse, des bains turcs.

L'extrême Orient était représenté par le pavillon chinois, copie
exacte d'un des kiosques du palais d'été. Il était encombré de curiosités

chinoises authentiques, mais la foule venait surtout pour apercevoir deux jeunes chinoises vendant du thé et du tabac : une maison japonaise construite en bois du pays et apportée par morceaux. Le public n'était pas moins empressé à visiter le pavillon où la direction du Canal de Suez montrait en même temps qu'un plan en relief de ses travaux, quelques spécimens des dragues gigantesques que MM. Borel et Lavalley, avaient dû établir pour activer ce travail surhumain.

Plus loin se dressaient une chapelle roumaine, à côté des catacombes de Rome en simili-pierre, le temple mexicain de Xochicalco, une caserne anglaise massive et lourde, un phare électrique anglais, monté sur une charpente en bois qui lui donnait fort mauvaise tournure. Un long bâtiment s'étendait du côté de l'avenue La Bourdonnaye et servait d'annexe aux machines anglaises et américaines. Après ces constructions très visitées on trouvait encore : un cottage anglais, un temple pompéïen, une maison italienne en faïences, une école américaine, une maison mobile sur roulettes, toute une collection de canons et d'engins de guerre.

En façade sur le quai s'élevaient le cercle international et la salle des conférences, qui, restés sans emploi, furent attribués aux concours d'orphéons, des musiques militaires et aux instrumentistes fêtés du célèbre Johann Strauss de Vienne. La Commission avait pensé faire du Cercle un lieu de réunion pour les exposants de tous pays, une sorte de bourse internationale où se seraient traitées les transactions commerciales ; elle ne put vaincre les répugnances que rencontra son projet dont il faut louer l'idée pratique et nouvelle.

La Commission, avait obéi, en créant une salle de conférences, à un mobile analogue ; elle croyait qu'en invitant des orateurs, savants, industriels, français et étrangers, à prendre la parole sur l'exposition, sur des sujets d'un ordre supérieur, la foule s'empresserait de profiter d'une occasion aussi favorable de s'instruire en goûtant l'éloquence ou la science profonde d'hommes de grand mérite ; elle dut, sur ce point également, reconnaître son erreur et abandonner une entreprise qui ne rencontra qu'indifférence.

M. Giffard, à qui l'industrie mécanique devait déjà l'injecteur adopté par l'Europe entière pour les locomotives, se signalait par une innovation très-goûtée du public riche séduit par ce qui sort de l'ordinaire. Dans une vaste enceinte dépendant des ateliers de construction de M. Flaud sur l'avenue de Suffren, il avait installé un ballon, retenu à terre au moyen d'un câble et contenant une douzaine de personnes.

Cet aérostat, de fortes dimensions, s'élevait à une hauteur de 300 mètres, restait immobile quelques instants, puis redescendait, pour reprendre de nouveau sa course à travers les airs. Le moyen qu'employait M. Giffard pour atteindre ce résultat mérite une courte description : le ballon d'un volume de 5,000 mètres cubes était maintenu par une corde de 330 mètres enroulée sur l'arbre d'un treuil qu'une machine à vapeur de 50 chevaux faisait tourner. Toutes les dispositions prises pour rendre cette ascension sans danger étaient parfaites, toutes les difficultés se trouvaient résolues de la manière la plus heureuse, en ce qui concernait l'aérostat lui-même, son enveloppe, son mode de gonflement, son point d'attache au câble directeur. La vogue s'empara immédiatement de cette attraction nouvelle, et parmi les visiteurs aisés du Champ-de-Mars, il y en eut bien peu qui ne s'offrirent la satisfaction de planer quelques minutes dans les airs et de jouir du panorama immense de la grande capitale étendant au-dessous d'eux son enceinte trop étroite de fortifications.

J'ai essayé, dans cet examen si rapide de l'Exposition, de fixer par un mot, par un souvenir, le caractère particulier qu'offrait chacune des parties de ce vaste palais, mais je ne puis montrer que par un chiffre l'affluence énorme du public qui ne cessa, pendant les six mois de l'Exposition, de parcourir les galeries et le parc, en rappelant, par sa composition, la Tour de Babel et ses ouvriers accourus de toutes les parties du globe.

Dans les dix millions de visiteurs se succédant à Paris, le monde entier était représenté, au moins par les peuples civilisés; cette invasion pacifique, imprévue dans de telles proportions, occasionna, d'abord, un moment d'embarras ; les services des omnibus, des voitures, du chemin de fer, surchargés, furent insuffisants pour ramener dans l'intérieur de Paris la foule chassée du Palais par la fermeture des portes ; mais cet inconvénient assez sérieux fut combattu par l'apparition des bateaux-mouches, qui multiplièrent les voyages; la province envoya des chevaux et des véhicules de toute forme et de tout âge ; les chars à bancs organisèrent, concurremment aux omnibus, des départs pour les divers quartiers, et ce n'était pas un des spectacles les moins curieux que d'assister à la sortie du palais et de voir les visiteurs assaillis par les sollicitations des automédons improvisés se disputant à grands cris un client embarrassé dans son choix.

L'Exposition fermait ses portes à 6 heures, mais le parc restait ouvert jusqu'à minuit. Toutes les tentatives faites dans le but de retenir ou d'amener le monde au Champ-de-Mars, le soir, furent inutiles ; sauf les cafés étrangers constamment remplis, il n'y avait, dans les allées du Parc qu'une certaine catégorie de visiteuses, en quête d'aventures, dont la présence contribua beaucoup à éloigner les gens qui se respectaient et qui venaient pour s'amuser honnêtement.

L'Exposition exerça sa puissante attraction jusqu'auprès des cours
étrangères conviées, du reste, par l'Empereur, à venir admirer ce spectacle
imposant. Pendant trois mois, presque tous les souverains de l'Europe
passèrent à tour de rôle dans la capitale. Napoléon III les reçut de la façon
la plus cordiale et la plus fastueuse : fêtes, revues, carrousels se succédèrent du mois de juin au mois d'octobre offrant aux visiteurs et aux parisiens les éléments les plus variées de cérémonies et de distractions officielles.

Le 1er Juillet eut lieu dans le palais de l'Industrie décoré, magnifiquement pour la circonstance, la distribution solennelle des récompenses
présidée par S. M. l'Empereur, entouré de tout ce que Paris comptait
d'illustrations : le Sultan, alors présent, occupait une place d'honneur à
côté du Souverain. M. Rouher, Ministre d'Etat, exposa, dans un discours
remarquable, les résultats de cet immense concours en insistant sur l'idée
humanitaire qui avait amené la création du groupe X. L'Empereur répondit par une allocution très-applaudie dans laquelle il affirmait sa volonté
d'étudier les moyens les plus favorables d'améliorer le sort des classes
laborieuses et son désir sincère de maintenir la paix indispensable à tous
les intérêts.

« L'Exposition de 1867 peut, à juste titre, s'appeler universelle,
car elle réunit les éléments de toutes les richesses du globe, à côté
des derniers perfectionnements de l'art moderne apparaissent les produits des âges les plus reculés, de sorte qu'elle représente, à la fois, le
génie de tous les siècles et de toutes les nations. Elle est universelle,
car, à côté des merveilles que le luxe enfante pour quelques-uns, elle
s'est préoccupée de ce que réclament les nécessités du plus grand
nombre. Jamais les intérêts des classes laborieuses n'ont éveillé une
plus vive sollicitude. Leurs besoins moraux et matériels, l'éducation,
les conditions de l'existence à bon marché, les combinaisons les plus
fécondes de l'association ont été l'objet de patientes recherches et de
sérieuses études. Ainsi toutes les améliorations marchent de front, si
la science, en asservissant la matière, affranchit le travail, la culture
de l'âme, en domptant les vices, les préjugés et les passions vulgaires,
affranchit l'humanité.

« Les étrangers ont pu apprécier cette France jadis si inquiète
et rejetant ses inquiétudes au-delà de ses frontières, aujourd'hui

laborieuse et calme, toujours féconde en idées généreuses, appropriant son génie aux merveilles les plus variées et ne se laissant jamais énerver par les jouissances matérielles.

« Les esprits attentifs auront deviné sans peine, que, malgré le développement de la richesse, malgré l'entraînement vers le bien-être, la fibre nationale y est toujours prête à vibrer dès qu'il s'agit d'honneur et de patrie ; mais cette noble susceptibilité ne saurait être un sujet de crainte pour le repos du monde.

« L'Exposition de 1867 marquera, je l'espère, une nouvel'e ère d'harmonie et de progrès. Assuré que la Providence bénit les efforts de tous ceux qui, comme nous, veulent le bien, je crois au triomphe définitif des grands principes de morale et de justice qui, en satisfaisant toutes les aspirations légitimes, peuvent seuls consolider les trônes, élever les peuples et ennoblir l'humanité. »

Ces paroles sorties d'une bouche auguste furent d'autant plus remarquées que déjà la France avait les yeux fixés sur la Prusse menaçante pour la tranquillité européenne depuis l'écrasement de l'Autriche, l'année précédente. Nul ne pouvait prévoir le sanglant démenti qu'allait recevoir le monarque trois ans plus tard dans cette guerre désastreuse où il engloutit son trône et sa dynastie.

Le nombre des récompenses décernées atteignit :

     64 grands prix
     883 médailles d'or
     3,653   id.   d'argent
     6,585   id.   bronze
     5,801 mentions honorables.

sans compter les distinctions des groupes 8, 9, 11, et de quelques classes du groupe 10, accordées seulement au mois d'octobre. Des décorations de la Légion d'honneur furent aussi attribuées aux industriels hors concours, aux membres du jury, à tous ceux enfin qui avaient contribué au succès de cette réunion sans précédent. M. Le Play reçut la plaque de Grand Officier qui lui fit oublier toutes les tracasseries dont il fut l'objet dans une administration des plus laborieuses. Les Commissaires étrangers lui rendirent également justice dans une lettre où ils le remercièrent vivement de sa courtoisie en le félicitant de l'excellence de l'organisation ; ce précieux témoignage, offert spontanément, fut un bill d'indemnité pour les quelques taches inévitables dans une œuvre aussi compliquée.

Le tableau ci joint montre, dans tous leurs détails, les résultats financiers de l'Exposition comme administration, mais il ne peut donner la
plus faible idée de l'immense mouvement d'affaires dont elle fut l'occasion
et, en quelque sorte, le point de départ.

RECETTES		DÉPENSES	
Subvention de l'Etat.	6.000.000	Construction	11.783.024
id. de la ville de Paris	6.000.000	Installations intérieures.	292.272
Entrées par abonnement	935.000	id. des machines	1.347.557
id. par tourniquets	9.830.000	Service des eaux	346.134
Restaurateurs, etc.	475.327	id. du gaz	346.108
Salons et boutiques.	40.020	Clôture du parc,	50.000
Bureau de change	25.000	Etablissement du parc	2.879.621
Chaises.	36.000	Pont sur le quai	69.278
Affichage.	75.000	Subvention pour voyage d'ou-	
Fauteuils roulants	5.000	vriers.	10.233
Bureaux de tabac.	70.000	Impressions et publicité	215.205
Catalogue officiel.	323.000	Administration	919.331
Médailles commémoratives	14.361	Matériel, frais de bureaux.	132.529
Ateliers photographiques	85.000	Bureaux (bâtiments).	102.242
Concessions d'eau.	18.757	Frais spéciaux pour les Beaux-	
id. de gaz.	100.454	Arts	92.595
Matériaux de démolition du		Expériences agricoles.	597.413
palais	1.011.079	Médailles, etc.	1.082.192
Matériaux du parc	63.475	Gratifications.	555.384
Water-closets.	25.011	Frais de représentation.	174.680
Vestiaires	35.000	Cérémonie des récompenses.	578.530
Concessions à Billancourt.	70.000	Intérêts payés pour avances du	
Intérêts des comptes courants.	249.808	Crédit foncier.	10.353
Concerts	106.417	Exposition musicale.	190.900
Diverses	519.829	Dépenses non prévues.	835.369
		Entretien du palais.	79.584
TOTAL.	26.114.657	Remise en état du Champ-de-	
		Mars	293.283
		TOTAL.	22.883.817

Excédant des Recettes. 3.130.840

(Ces trois millions de bénéfices furent ainsi répartis — un million aux
souscripteurs du capital de garantie; les deux autres millions appliqués
aux subventions de l'Etat et de la ville de Paris les réduisirent chacune à
5 millions).

Doit-on s'étonner qu'après un fait aussi considérable, des économistes
prenant leurs désirs pour une réalité, aient pu croire de bonne foi à un
rapprochement pacifique des peuples abjurant leurs rivalités jalouses pour
ne songer qu'à leurs intérêts ?

L'année 1870 forme le sombre épilogue de 1867 et ramène la civilisation aux premiers âges du monde où, comme des bêtes fauves, les êtres humains se déchiraient entr'eux. L'âge de fer revient avec ces haines de race, suscitées, excitées, exploitées, remplaçant le progrès par des hécatombes de victimes.

Faudra-t-il, donc, toujours rencontrer, à côté de ces événements qui restent lumineux dans l'histoire de l'humanité, des pages douloureuses et sanglantes, pleines de deuils et de ruines !

MEMBRES DU JURY INTERNATIONAL

nommés ou promus dans la Légion d'Honneur

OFFICIERS :

Duc de VALENÇAY, président du jury du groupe III.
BONTEMPS, ancien fabricant de cristaux.
CLERGET, ancien receveur principal des douanes.
PAYEN (Alphonse), négociant en tissus de soie.
GAUSSEN (Jean-Maxime), ancien fabricant de châles.
LOUVET, ancien manufacturier,
DUCHARTRE, professeur à la faculté des sciences de Paris.
JACQUIN, ingénieur des ponts-et-chaussées.
VITU, homme de lettres.

CHEVALIERS :

DOMMARTIN, négociant à Paris.
CARLHIAN, fabricant de tapis.
OLLIVIER (Elysée), ancien négociant.
COLLIN (Alfred), négociant en tissus de coton.
KOECHLIN (Jules), manufacturier.
RAIMBERT (Jules), négociant en soies.
RONDELET, fabricant de tissus pour ornements d'église.
DUVELLEROY, fabricant d'éventails.
DUSAUTOY,   id.   d'équipements militaires
BAUGRAND, joaillier bijoutier.
SALMON (Gustave), négociant en métaux.
RENARD, entrepreneur de travaux publics.

TEISSONNIÈRE, négociant à Paris.
Comte AGUADO, président de la classe 9.
GRATEAU, ingénieur civil des mines.
GUSTAVE DE ROTHSCHILD, membre du jury de la classe 43.
MARTELET, ingénieur des mines.
GRANDEAU, docteur ès-sciences.
DE GAYFFIER, inspecteur des forêts.
DUMARESQ, peintre d'histoire.
LÉON PLÉE, homme de lettres.
DUCUING,   id.

ADMINISTRATION-DIRECTION

Grands Officiers :

DEVINCK, membre de la Commission Impériale.
CONTI, président de la classe 93.
LE PLAY, commissaire général.
Duc d'ALBUFÉRA, membre de la Commission.

Commandeurs :

DE CHANCOURTOIS, secrétaire   id.
ALPHAND, ingénieur, en chef des ponts-et-chaussées.
GERVAIS (de Caen), membre de la Commission.
LEFUEL, architecte.

Officiers :

DAILLY, membre de la Commission.
GARNIER,   id.
HERVÉ-MANGON, commissaire général adjoint.

FOCILLON, chef de service.
DONNAT,   id.
TAGNARD,   id.
KRANTZ, directeur des travaux de construction.
ALDROPHE, architecte de la Commission.
DUVAL, ingénieur attaché à la direction des travaux.
Comte DE ST-LÉGER.

Chevaliers :

GUIBAL, membre de la Commission.
HALPHEN,   id.
Duc DE MOUCHY, id.
CUMENGE, secrétaire adjoint.
MONNIER, chef de service.
LEFÉBURE, secrétaire du jury spécial.
CHEYSSON,   id.
HOCHEREAU, architecte.
HARDY,   id.
DE BEHR.

Exposants décorés à l'occasion de l'Exposition

Commandeurs :

KUHLMANN, fabricants de produits chimiques, à Lille.

GOLDENBERG, directeur de la quincaillerie du Zornhoff.

DOLLFUS (Jean), manufacturier à Mulhouse.

DU SOMMERARD, directeur du musée de de Cluny.

Officiers :

BARBEDIENNE, bronzes d'art.

VICTOR PAILLARD, id.

DIETERLE, artiste peintre décorateur.

GODARD, administrateur de Baccarat.

VAUQUELIN (Félix), draps à Elbeuf.

BONNET (Claude-Joseph), soies à Lyon.

BERNARD (Léopold), bronzes, Paris.

BAUR (Jacques), quincaillerie à Molsheim.

FOURCADE (Alphonse), produits chimiques Paris.

PERRET, directeur des mines de Chessy.

LECOINTE, ingénieur de la marine.

COUCHE   id. en chef ponts-et-chaussées

POMPÉE, directeur de l'école d'Ivry.

DECROMBECQUE, agriculteur, à Lens.

BOITEL, inspecteur général de l'agriculture

HARDY père, travaux sur l'arboriculture.

PAUL DUPONT, imprimeur-éditeur.

Chevaliers :

TEMPLIER, associé de la maison Hachette.

BERGER-LEVRAULT, imprimeur à Strasbourg

ERHARD-SCHIEBLE, cartes typographiques.

KLÉBER (Alexandre), papiers à Rives (Isère).

HENRY (Hippolyte), dessinateur industriel.

MERKLIN, facteur d'orgues.

SCHÆFFER, associé de la maison Erard.

SECRETAN, instruments de précision.

HARO, restaurateur de tableaux.

VIOT, objets décoratifs d'ameublement.

GUÉRET, sculpteur sur bois.

ROUDILLON, ébéniste à Paris.

DE BRAUER, gérant de St-Gobain.

DIDIERJEAN,   id.   St-Louis.

RAABE, directeur des verreries de la Loire.

PILLIVUYT, fabricant de porcelaines.

DE GEIGER fils,   id.   Sarreguemines.

HACHE,   id.   Vierzon.

GOBERT, peintre sur émaux.

ARNAUD-GAIDAN, tapis, Nîmes.

GILLON, papiers peints.

ZUBER,   id.   Rixheim.

PARISOT, coutellerie, Paris.

BOUILHET, de la maison Christofle.

LEPEC, peintre-émailleur.

MERMILLIOD, coutelier, Châtellerault.

GILBERT, chef d'atelier aux Gobelins.

CHEVALIER,   id.   Beauvais.

RAINGO, bronzes d'art.

DUCEL, fondeur, Paris.

PIVER, parfumeur.

FAUQUET-LEMAITRE (Gustave), filateur, Bolbec.

DALIPHARD, tissus imprimés, Radepont.

LEHOULT, tissus, St-Quentin.

LEFEBVRE-DUCATTEAU (Jean), id. Roubaix.

JOURDAIN-DEFONTAINE, id. Tourcoing.

BARDIN, impressions, Rouen.

GROS (Edmond),   id.   Wesserling.

DELATTRE (Jules),   id.   Roubaix.

LARSONNIER frères,   id.   Paris.

ROGELET, filateur de laine, Reims.

TRAPP,   id.   Mulhouse.

SEYDOUX (Charles), id. au Cateau.

BELLEST (Edouard), draps, Elbeuf.

DE LABROSSE (Edmond), id. Sedan.

BÉRAUD (Michel), dessinateur de fabrique.

DURAND (Eugène), filateur de soie, Ardèche.

MARTIN (Petrus), peluches de Tarare.

GIRON (Antoine), rubans, St-Etienne.

MASSING (Nicolas), peluches de Puttelange.

MICHEL (César), soies unies, Lyon.

AUBRY (Victor), dentelles, Paris.

VERDÉ-DELISLE,   id.   id.

SUSER, fabricant de cuirs, Nantes.
DELACOUR, armes blanches, Paris.
JAPY (Octave), forges de Beaucourt.
LAVEISSIÈRE père, métaux, Paris.
PEUGEOT (Charles), quincaillerie, Pont-de-Roide.
DUPONT (Myrtil), forges d'Ars.
SCHNEIDER (Henri), le Creusot.
CORENWINDER, chimiste, Houpelin.
BINGER, agriculteur. Bainville-aux-Miroirs.
MASQUELIER fils, agriculteur, Oran.
MATHIEU-PLESSY, produits chimiques, Paris.
BRUNET-LECOMTE, impressions sur étoffes, Bourgoin.
DESCAT (Gabriel), teinturier, Roubaix.
COURTOIS, fabricant de cuirs, Paris.
BESNARD, cordages, Angers.
QUILLACQ, machines à vapeur, Anzin.
GRAFFIN, directeur des mines de la Grand-Combe.
CHAGOT, directeur des mines de Blanzy.
DUBOIS (Oscar), ingénieur civil au Creusot.
GERMAIN, administrateur des forges de Commentry.
ALBARET, machines agricoles, Liancourt.
FARCOT (Joseph), machines, Saint-Ouen.
BOYER,   id.   Lille.
PIERRARD-PARPAITE, id.   Reims.
PERIN,   id.   Paris.
HAAS, fabricant de chapeaux, Aix.
DULOS, graveur, Paris.
DUTARTRE, machines typographiques, Paris
BINDER, (Louis), carrossier,   id.
CRAPELET, associé de la maison Rattier.

SAUTTER, appareils pour phares.
HARET père, menuisier, Paris.
CHABRIER (Ernest), ingénieur civil.
RIGOLET, charpentes en fer, Paris.
KRETZ, directeur de la manufacture de tabacs de Metz.
DARBLAY (Paul), minotier, Corbeil.
DE LAVERGNE, viticulteur, Gironde.
Comte DE LA LOYÈRE, viticulteur, Côte-d'Or
TERNYNCK, fabricant de sucre, Aisne.
SAVARD, fabricant de chaussures, Paris.
DE BEAUFORT (Henri), inventeur d'appareils mécaniques pour les amputés.
GILBERT père, agriculteur, Wideville (Seine-et-Oise).
GÉRARD, constructeur-mécanicien, Vierzon.
DAMEY,   id.   Dôle.
GARNOT, agriculteur, Genouilly (Seine-et-Marne).
CHARLIER, vétérinaire, Paris.
PRILLIEUX, secrétaire du Jury, groupe VIII.
JOURDIER, membre du Jury international.
CHANTIN, horticulteur, Paris.
JAMAIN,   id.   id.
HORTOLÈS, membre du Jury international.
HIRN, ingénieur-constructeur, Logelbach.
BENOIT-CHAMPY, président du comité des expériences de sauvetage.
MONDUIT, entrepreneur de plomberie d'art.
ALEXANDRE, délégué des ouvriers horlogers
MOLLET, président des délégations ouvrières
Léon BARBIER, délégué des ouvriers ferblantiers.

Décorations décernées aux Nations étrangères

Autriche

1 grand officier.
6 officiers.
11 chevaliers.

Prusse et Allemagne du Nord

1 grand officier.
5 officiers.
14 chevaliers.

Belgique

1 grand officier.
1 commandeur.
2 officiers.
8 chevaliers.

Russie

1 grand officier.
2 commandeurs.
1 officier.
10 chevaliers.

Suède et Norwége
1 grand officier.
1 officier.
8 chevaliers.

Bavière
1 commandeur.
1 officier.
4 chevaliers.

Danemark
1 commandeur.
1 officier.
2 chevaliers.

Egypte
1 commandeur.
2 officiers.
1 chevalier.

Italie
1 commandeur
3 officiers
10 chevaliers.

Espagne.
1 commandeur.
3 officiers.
1 chevalier.

Wurtemberg.
1 commandeur.

Bade.
1 officier.
2 chevaliers.

Brésil.
2 officiers.
2 chevaliers.

Canada.
2 officiers.

Etats-Unis.
1 officier.
7 chevaliers.

Etats Pontificaux.
1 officier.
1 chevalier.

Pays-Bas.
2 officiers.
2 chevaliers.

Portugal.
1 officier.
5 chevaliers.

Suisse.
1 officier.

Turquie.
1 officier.
1 chevalier.

Hesse.
3 chevaliers.

Chine.
2 chevaliers.

Républiques de l'Amérique.
4 chevaliers.

Iles Sandwich.
1 chevalier.

JURY SPÉCIAL

NOUVEL ORDRE DE RÉCOMPENSES

Établissements et localités où règnent à un degré éminent l'harmonie spéciale
et le bien-être des populations

Baron de DIERGARDT (Prusse), fabrique de soie et velours.
STAUB (Wurtemberg), filature et tissage de coton.
Jean LIEBIG (Bohème),   id.   de laine.
VIEILLE-MONTAGNE (Belgique), mines et fonderies.
Colonie agricole de BLUMENEAU (Belgique).
CHAPIN (Etats-Unis), filature et fabrique de tissus.
SCHNEIDER et Cᵉ (Creusot), hors concours.
De DIETRICH (forges de Niederbronn, Bas-Rhin).
GOLDENBERG   id.   de Zornhoff,   id.
Groupe industriel de GUEBWILLER (Haut-Rhin).
Alfred MAME, Tours, imprimerie et reliure.
Comte de LARDEREL, Italie, acide borique.
Société de HOGANAS (Suède), Mines et usines.

GRANDS PRIX

GROUPE II

Alfred MAME et fils,	Tours	classe 6, imprimerie.	
GARNIER,	Paris	id. 9, gravure héliographique.	
SAX,	id.	id. 10, instruments de cuivre.	
MATHIEU,	id.	id. 11, id. chirurgie.	
FOURDINOIS,	id.	id. 15 et 16, meubles.	
BACCARAT,	id.	id. 16, cristaux.	

GROUPE IV

La ville de Lyon,   classe 31,   soieries.

GROUPE V

Petin et Gaudet,	Rive-de-Gier	classe 40,	acier fondu.
Schneider et Cⁱᵉ,	Le Creusot	id.	fers, etc.
Japy frères,	Beaucourt	id.	quincaillerie.

GROUPE VI

Schneider et Cⁱᵉ,	Le Creusot	classe 47,	forges.
Hirn,	Logelbach	id. 52,	câble télodynamique.
Farcot et fils,	St-Ouen	id. 53,	machine à vapeur.
Vignier,	Paris	id. 63,	appareil pour chemin de fer.
Canal de Suez,		id. 65,	modèles de travaux.
Feu Prosper Meynier,		id. 66,	forage de puits de mines.

GROUPE VII

Pasteur,   Conservation des vins.
Marès,   Soufrage de la vigne.

GROUPE VIII

Decrombecque, agriculteur à Lens.
Schattenmann,   id.   Bouxwiller.
Fiévet,   id.   Masny.
Bignon aîné,   propriétaire à Theneuille.

GROUPE IX

Vilmorin-Andrieux et Cⁱᵉ,   Paris   Horticulture.

GROUPE X

S. M. l'Empereur des Français,   classe 93, Maisons ouvrières.
Henri Dufresne,   Paris   id. 94, procédés de dorure sur cuivre.

GROUPE XI

Société de secours mutuels des Jardiniers-Maraîchers du département de la Seine.

MÉDAILLES D'OR

GROUPE II

Classe 6

Hors concours. — Imprimerie Impériale,
    Paris.
Médailles. — CLAYE,   Paris.
  —   GOUPIL et Cie,   id.
  —   BEST,   id.
  —   HANGARD-MAUGÉ, id.
  —   HACHETTE et Cie,   id.
  —   MOREL et Cie,   id.
  —   CRÉTÉ et fils, Corbeil.

Classe 7

Hors concours. — BLANCHET frères et
          KLÉBER, Isère.
  —   BLANZY et Cie,
          Boulogne.
  —   HARO, peintre-exp^{rt}
Médaille. — LACROIX frères, An-
          goulême.

Classe 8

Médailles. — PHILIPPE, ciseleur, Paris.
  —   BERRUS, dessinateur, id.
  —   RAMBERT,   id.   id.
  —   PRIGNOT,   id.   id.
  —   DUFRÈNE, ciseleur,   id.
  —   COLLINOT et DE BEAUMONT,
          Boulogne.
  —   STERN, graveur, Paris.

Classe 9

Hors concours. — NIEPCE DE SAINT-
          VICTOR, Paris.
  —   DAVANNE, Paris.
  —   ROBERT,   id.
  —   DUBOSQ,   id.
Médailles. — LAFOND DE CAMARSAC,
          Paris.
  —   TESSIÉ DU MOTAY et
          MARÉCHAL, Metz.

Classe 10

Hors concours. — Veuve ERARD,   Paris.
  —   Henri HERZ,   id.
  —   PLEYEL-WOLFF,   id.
  —   VILLIAUME,   id.
  —   CAVAILLÉ-COLL,   id.
  —   DEBAIN,   id.
Médailles. — MERKLIN-SCHUTZE id.
  —   ALEXANDRE père et fils,
          Paris.
  —   TRIÉBERT,   Paris.
  —   HERZ et Cie,   id.

Classe 11

Hors concours. — Comité des Ambulances
  —   Ministère de la Guerre,
          Matériel des Ambu-
          lances.
Médailles. — ROBERT et COLLIN, Paris
  —   CHARLES,   id.
  —   PRÉTERRE,   id.
  —   GALANTE,   id.

Classe 12

Hors concours. — BRÉGUET,   Paris.
  —   THÉNARD   id.
Médailles. — DUBOSQ,   Paris.
  —   NACHET et fils,   id.
  —   KŒNIG   id.
  —   RUHMKORFF,   id.
  —   Docteur AUZOUX, id.
  —   DUMOULIN-FROMENT id.
  —   SECRETAN,   id.
  —   BRUNNER,   id.
  —   HARTNACK,   id.
  —   FEIL,   id.
  —   DELEUIL,   id.

Classe 13

Hors concours. — Dépôt de la guerre.
  —   id. cartes et plans
          de la marine.
Médaille. — Elie DE BEAUMONT.

GROUPE III

Classes 14 et 15

Hors concours. — GROHÉ, Paris.
Médailles. — ROUDILLON, Paris.
— VIOT,   id.
— GUÉRET,   id.
— DELAPIERRE id.
— ROUX,   id.
— BEURDELEY, id.
— PARFONRY,   id.
— PENON,   id.

Classe 16

Hors concours. — MAÈS, Clichy.
Médailles. — Cie de SAINT-GOBAIN.
— Cie de SAINT-LOUIS.
— MONNOT, Pantin.
— PARIS, Paris.
— ROUX fils et Cie, Montluçon.

Classe 17

Hors concours. — Manufacture de Sèvres.
Médailles. — UTZSCHNEIDER et Cie, Sarreguemines.
— PILLIVUYT et Cie, Nevers
— LEBEUF MILLIET et Cie, Montereau.

Classe 18

Hors concours. — SALLANDROUZE DE LA MORNAIX, Aubusson
— Manufacture des Gobelins.
Médailles. — Ville d'AUBUSSON.
— BRAQUENIÉ frères, Aubusson.
— RÉQUILLART, ROUSSEL et CHOCQUEL, Aubusson.
— MOURCEAU, Paris.
— FLAISSIER, Nîmes.
— ARNAUD GAIDAN, id.
— MAZURE - MAZURE, Roubaix.
— BOUCHARD-FLORIN, Tourcoing.

Classe 19

Médailles. — ZUBER et Cie, Rixheim.
— BEZAULT, Paris.
— GILLOU et THORAILLIER Paris.
— LEROY, Paris.
— HOOCK frères, id.

Classe 20

Médailles. — PARISOT et GALLOIS, Paris.
— MERMILLIOD, Chatellerault.

Classe 21

Hors concours. — CHRISTOFLE et Cie, Paris
Médailles. — LEPEC, Paris.
— FANNIÈRE, id.
— ODIOT, id.
— FROMENT-MEURICE id.
— POUSSIELGUE - RUSAND, Paris.
— Armand CALLIAT, Paris.
— DUPONCHEL, id.

Classe 22

Hors concours. — DENIÈRE fils, Paris.
— BARBEDIENNE, id.
Médailles. — DUCEL, id.
— Victor PAILLARD, id.
— LEROLLE, id.
— DELAFONTAINE, id.
— THIÉBAULT, id.
— MÈNE, id.
— BARDEZAT et Cie, id.
— DURENNE, id.
— MONDUIT et BÉCHET id.
— MARCHAND, id.
— SERVANT. id.
— RAINGO frères, id.

Classe 23

Hors concours. — BRÉGUET, Paris.
Médailles. — Onésime DUMAS, Saint-Nicolas-d'Aliermont.
— MONTANDON frères, Paris
— VISSIÈRE, le Hâvre.
— SCHARF, Saint-Nicolas-d'Aliermont,
— BOREL, Paris.

Classe 24

Médailles. — D'HAMELINCOURT, Paris.
— Ve DUVOIR-LEBLANC id.
— LACARRIÈRE et Cie, id.
— SCHLOSSMACHER, id.
— GAGNEAU, id.

Classe 25

Hors concours. — PIVER, Paris.
— MERO, Grasse.
Médaille. — CHRIS, id.

Classe 26

Hors concours. — Louis Aucoc, Paris.
— Simon Schloss, id.
— Latry aîné, id.
Médailles. — Midocq et Gaillard id.
— Gellée frères, id.
— Tahan, id.
— Alessandri, id.

GROUPE IV

Classe 27

Hors concours. — Fauquet-Lemaitre Bolbec.
— Schlumberger et C'", Guebwiller.
— Mimerel et fils, Roubaix
— Dolfus-Mieg et C'", Mulhouse.
— Barrois frères, Lille.
— Aimé Sellières et C'", Senones.
— Terouelle fils et C'",
Médailles. — Steinbach-Kœchlin et C', Mulhouse.
— Kœchlin frèr. Mulhouse
— Thierry-Mieg. et C'", Mulhouse.
— Gros-Roman et C'", Wesserling.
— Gérard et C'", Rouen.
— Delebarre-Mallet, Fives-Lille.
— Lemaitre-Lavotte, Rouen.
— Bourcart et C'", Guebwiller.
— Daliphard-Dessaint, Radepont.
— Charles Mieg, Mulhouse,
— Desgenetais, Bolbec.
— Scheurer-Roth, Thann
— Chambre consultative de Tarare.
— Japuis-Kastner et C'",

Classe 28

Hors concours. — Casse et fils, Lille.
—. Fauquet-Lemaitre et C'", Bolbec.
Médailles. — Droulers et Agache, Lille.
— Heuzé, Homon et C'", Landerneau.
— Dickson et C'", Dunkerque.

Médailles. — Wallaert, Lille.
— Exposition collective des fabricants de fil à coudre de Lille.

Classe 29

Hors concours. — Seydoux, Sieber et C'", Le Cateau.
— Larsonnier frères et Chenest, Paris.
— Rogelet et C'", Reims.
Médailles. — Chambre de Commerce de Reims.
— Chambre de Commerce de Roubaix.
— Delattre père et fils, Roubaix.
— Rogelet, Gand et C'", Reims.
— Harmet frères, Reims.
— Trapp et C'", Mulhouse.
— Ternynck fr., Roubaix.
— Lelarge et Augé, Reims
— Lefebvre-Ducatteau, Roubaix.
— Hoper et Tabourier, Paris.

Classe 30

Hors concours. — De Montagnac, Sedan.
— Vauquelin, Elbeuf.
— Balsan, Châteauroux.
Médailles. — Chambre de Commerce d'Elbeuf.
— Chambre de Commerce de Sedan.

Classe 31

Hors concours. — Girodon, Lyon.
Médailles. — Chambre de Commerce de Lyon.
— Chambre de Commerce de Saint-Etienne.
— Départem' de l'Ardèche
— Chambre de Commerce de Paris.

Classe 32

Hors concours. — Hébert fils, Paris.
— Hussenot et C'", id.
Médaille. — Chambre de Commerce Paris.

Classe 33

Hors concours. — Biais et Rondelet, Paris.

Médailles. — LEFÉBURE,   Paris.
—   AUBRY frères,   id.
—   VERDÉ-DELISLE,   id.
—   HERBELOT, Calais.
—   BABOIN, Lyon.
—   DOGNIN et Cie, Paris.
—   Chambre de Commerce de PARIS.
—   ALAMAGNY-ORIOL et Cie, Saint-Chamond.
—   TRUCHY et VAUGEOIS, Paris.
—   LOUVET fils, Paris.

Classe 34

Hors concours. — TAILBOUIS et Cie, Paris.
—   DUVELLEROY,   id.
—   HAYEM aîné,   id.
Médailles. — GUIVET et Cie, Troyes.
—   JOUVIN-DOYON, Paris.
—   BAPTEROSSES, Briare.
—   Chambre de Commerce de PARIS.
—   PORON frères, Troyes.
—   Chambre de Commerce de PARIS.

Classe 35

Hors concours. — LAVILLE, Paris.
—   LATOUR,   id.
—   HAAS,   id.
Médailles. — Chambre de commerce de PARIS, fleurs.
— !   Chambre de commerce de PARIS, confections.
—   Industrie de la chaussure.
—   Industrie de la pelleterie

Classe 36

Hors concours. — BAUGRAND,   Paris.
Médailles. — DURON,   Paris.
—   MASSIN,   id.
—   FONTENAY,   id.
—   ROUVENAT,   id.
—   MELLERIO,   id.
—   BOUCHERON,   id.

Classe 37

Médailles. — Industrie armurière de PARIS.
—   Industrie armurière de SAINT-ETIENNE.

Classe 38

Médaille. — Chambre de Commerce de PARIS, objets de voyage.

Classe 39

Médaille. — Chambre de Commerce de PARIS, bimbelotterie.

GROUPE V

Classe 40

Hors concours. — DAGUIN et Cie,   Paris.
—   CHRISTOFLE et Cie,   id.
—   GOLDENBERG, Zornhoff.
—   Ministère des Travaux publics.
Médailles. — Forges de COMMENTRY.
—   LAVEISSIÈRE et fils, Paris.
—   De DIETRICH et Cie, Niederbronn.
—   ESTIVANT, Givet.
—   COULAUX et Cie Molsheim.
—   VERDIÉ et Cie, Firminy.
—   DORIAN HOLTZER et Cie, Firminy.
—   MARREL frères, Rive-de-Gier.
—   ŒSCHGER et Cie, Paris.
—   Forges d'AUDINCOURT.
—   OUDRY, Paris.
—   Houillères de la LOIRE.
—   LETRANGE et Cie, Paris.
—   Paul MORIN,   id.
—   Compagnie de VIALAS.
—   Société d'IMPHY-SAINT-SEURIN.
—   Société de MONTATAIRE.
—   DUPONT et DREYFUS, Ars.
—   ROSWAG, Schlestadt.
—   MÉNONS et Cie, Fraisons.
—   KARCHER et Cie, Ars.
—   VIEILLARD-MIGEON et Cie Grandvillars.
—   De PRUINES, Plombières.
—   GARNIER, Paris.
—   BOIGUES-RAMBOUR et Cie Paris.
—   Société de DENAIN.
—   id. de la PROVIDENCE Hautmont.
—   Société des Hauts-Fourneaux de MAUBEUGE.
—   PINART et Cie, Marquise.
—   FEUQUIÈRES, Paris.
—   VILLE, Alger.

Médaille d'or. — PEUGEOT-JACKSON et C¹ᵉ,
    Pont-de-Roide.
—   MOUCHEL, Laigle.
—   HULIN, Indre-et-Loire.
—   MATHER et fils, Toulouse
—   Société de TERRE-NOIRE,
    Lyon.

Classe 41

Hors concours. — Marquis de VIBRAYE.
—   De GAYFFIER.
—   Ministère de la Marine.
—   Administration des
    Forêts de l'Etat.
—   Service forestier de la
    province d'ALGER.
Médailles. — DELARBRE et JACOB
    Paris.
—   BESSON LECOUTURIER
    et Cⁱᵉ, Algérie.

Classe 42

Hors concours. — SERVANT, Paris.
Médailles. — VERREAUX.   Paris.
—   De CLERMONT,   id.
—   ASHERMANN,   id.
—   RÉVILLON père et fils,
    Paris.
—   VIEILLARD , Nouvelle-
    Calédonie.
—   LHUILLIER et GREBERT,
    Paris.

Classe 43.

Hors concours. — Fermes de l'EMPEREUR.
—   Ministère de la GUERRE
—   id.   de la MARINE.
—   Administration générale
    des TABACS.
—   Institut agronomique de
    GRIGNON.
Médailles. — GODIN aîné, Châtillon-
    sur-Seine.
—   Général GIROD, Chevry.
—   DALLE, Rousbecque.
—   Compagnie des produits
    agric. de BOUFARICK.
—   Comité linier des Côtes-
    du-Nord.
—   MASQUELIER, St-Denis
    du-Sig.
—   VILMORIN-ANDRIEUX,
    Paris.
—   SAHUT. Montpellier.
—   DESPRETZ, Capelle.
—   BINGER, Bainville-aux-
    Miroirs.

Médailles. — Société d'agriculture
    d'ARRAS.
—   Société d'agriculture
    d'AMIENS.
—   FIEVET, Masny.
    DANTU-DAMBRICOURT,
    Steenere.
—   PILAT, Brebières.
—   BIGNON, Theneuille.
—   VENDERCOLME Rexpoëde
—   HAMOIR, Sultain.

Classe 44

Hors concours. — FOURCADE, Paris.
—   GUIMET, Lyon.
—   KUHLMANN et Cⁱᵉ, Lille.
—   MÉNIER, Paris.
—   De MILLY, Paris.
Médailles. — TESSIÉ du MOTAY, Metz.
—   PERRET et fils, Lyon.
—   ARMET de l'ISLE et Cⁱᵉ,
    Nogent.
—   Soudière de CHAUNY.
—   KESTNER, Thann.
—   Salines de DIEUZE.
—   MERLE et Cⁱᵉ, Alais.
—   Mines de BOUXWILLER.
—   TISSIER, le Conquet.
—   COURNERIE et Cⁱᵉ, Cher-
    bourg.
—   Cⁱᵉ du GAZ de PARIS.
—   CASTELAZ, Paris.
—   HARDY-MÉLORI, Paris.
—   GAUTHIER-BOUCHARD ,
    Paris.
—   Société de la FUCHSINE,
    Lyon.
—   GONTARD et Cⁱᵉ, St-Ouen.
—   LEROY et DURAND,
    Gentilly.
—   GUIBAL et Cⁱᵉ, Paris.
—   RATTIER et Cⁱᵉ, Paris.
—   AUBERT-GÉRARD et Cⁱᵉ,
    Paris.
—   ROULET et CHAPONNIÈRE,
    Marseille.
—   ARNAVON, Marseille.
—   ROUX fils,   id.
—   COGNIET-MARÉCHAL
    et Cⁱᵉ, Nanterre.
—   DEISS,   Paris.
—   POIRRIER et CHAPPAT, id.
—   LEFEBVRE et Cⁱᵉ, Lille.

Classe 45

Hors concours. — BOUTAREL et Cⁱᵉ, Paris.
—   LARSONNIER frères, id.

Médailles. — BRUNET-LECOMTE et C¹ᵉ, Isère.
— DESCAT frères, Roubaix.
— ROUQUÉS, Clichy.
— GUILLAUME, Saint-Denis.
— WULVÉRYCK, Paris.
— GUINON et MARNAS, Lyon.
— GILLET-PIERRON, id.

Classe 46
Médailles. — HOUETTE et Cᵉ.
— BAYVET.
— OGEREAU.
— DURAND frères.
— JULLIEN.
— DONAU et fils.
— FORTIN et Cᵉ.
— GALIEN et Cᵉ.
— COUILLARD et VITET.
— HERRENSCHMIDT.
— PELTEREAU.
— SUEUR.

GROUPE VI
Classe 47
Hors concours. — Ministère des TRAVAUX PUBLICS.
Médailles. — DEGOUSÉE et LAURENT, Paris.
— DRU frères, Paris.
— Houillères de la Loire.
— Mines de la GRAND-COMBE.
— Forges de CHATILLON et COMMENTRY.
— Mines de la CHAZOTTE.
— Id. d'ANZIN.
— QUILLACQ, Anzin.
— Compagnie de FIVES-LILLE.

Classe 48
Hors concours. — S. M. NAPOLÉON III.
— Comte de KERGORLAY.
— DELESSE, Paris.
Médailles. — ALBARET et Cᵉ, Liancourt.
— GÉRARD, Vierzon.
— PINET et fils, Abilly.
— CUMMING, Orléans.
— LOTZ, Nantes.

Classe 49
Médaille. — ROUQUAIROL-DENAYROUZE, Paris.

Classe 50
Hors concours. — TOUAILLON fils, Paris.
Médailles. — CAIL et Cᵉ, id.
— DEVINCK, id.
— SAVALLE et Cᵉ, id.

Classe 51
Hors concours. — Ministère des FINANCES.
— — de l'INSTRUCTION PUBLIQUE.
— Manufacture des TABACS
— Laboratoire de l'ECOLE NORMALE.
Médailles. — GUIBAL et Cᵉ, Paris.
— AUBERT-GÉRARD et Cᵉ, Paris.
— MORANE frères, Paris.
— LEROY et DURAND, Gentilly.
— MONNOT, Pantin.

Classe 52
Hors concours. — Usine de GRAFFENSTADEN.
Médailles. — PIOERRON DE MONDÉSIR, LEHAÎTRE et JULIENNE Paris.
— FARCOT, Saint-Ouen.
— LECOUTEUX, Paris.
— BOYER, Lille.
— THOMAS et POWEL, Rouen.
— LEGARIAN, Lille.

Classe 53
Hors concours. — GOUIN, Paris.
— FOURNEYRON, id.
— FOUCAULT, id.
— Ministère de la Maison de l'EMPEREUR.
Médailles. — BOURDON, Paris.
— BRAULT et BETHOUARD, Chartres.
— CLAIR, Paris.
— Compagnie de FIVES-LILLE.
— TAURINES, Paris.

Classe 54
Hors concours. — Usine de GRAFFENSTADEN.
Médailles. — KREUTZBERGER Puteaux
— Compagnie des Chantiers de l'OCÉAN.
— DUCOMMUN et Cᵉ, Mulhouse.
— COLMANT, Paris.
— VARRAL, ELWELL et POULOT, Paris.

Classe 55

Mors concours. — ALCAN, Paris.
— MERCIER, Louviers.
— SCHLUMBERGER, Gueb-
willer.
— SCRIVE, Lille.
Médailles. — STEHELIN et C°, Bischwiller.
— BERNARD et GÈNES, Angers.

Classe 56

Hors concours. — MERCIER, Louviers.
— TAILBOUIS, Paris.
Médailles. — BUXTORF,   Troyes.
— BERTHELOT et C°, id.

Classe 57

Hors concours. — HAAS, Paris.
Médailles. — DUPUIS ET DUMERY, Paris.

Classe 58

Médailles. — PERIN,   Paris.
— BARRÈRE et CAUSSADE, id.

Classe 59

Hors concours. — NORMAND,   Paris.
Médailles. — DUTARTRE,   id.
— DULOS,   id.
— DERRIEY,   id.
— LECOQ,   id.
— ALAUZET,   id.
— MARINONI,   id.
— PERREAU et C°,   id.

Classe 61

Hors concours. — BINDER frères, Paris.
Médailles. — BELVALETTE,   id.
— EHRLER.   id.
— Compagnie générale des
OMNIBUS, Paris.

Classe 62

Médaille. — RODUWART, Paris.

Classe 63

Hors concours. — GOUIN, Paris.
— Usine de GRAFFENS-
TADEN.
Médailles. — Compagnie du chemin de fer
du NORD.
— Compagnie du chemin de fer
d'ORLÉANS.
— Compagnie du chemin de fer
de l'EST.
— Compagnie du chemin de fer
du MIDI.
— Compagnie du chemin de fer
de PARIS à LYON.

Médailles. — ARBEL et C°, Rive-de-Gier.
— CAIL et C°.
— SCHNEIDER et C°.

Classe 64

Hors concours. — BRÉGUET.
— Administration des
TÉLÉGRAPHES.
Médailles. — DIGNEY frères et C°, Paris.
— RATTIER et C°,   id.
— CASELLI,   id.
— GUYOT D'ARLINCOURT, id.

Classe 65

Hors concours. — GOUIN, Paris.
— Ministère de l'AGRICUL-
TURE.
Médailles. — CASTOR,   Paris.
— MARTIN,   id.
— LEPAUTE,   id.
— SAUTTERS et C°, id.
— Veuve JOLY, Argenteuil.
— RIGOLET,   Paris.
— FORTIN-HERMAN,   id.
— NEUSTADT,   id.
— MONDUIT et BÉCHET,   id.
— BORIE,   id.
— CAIL et C°,   id.
— SCHNEIDER et C°,   id.

Classe 66

Hors concours. — NORMAND père, le Hâvre
— GOUIN, Nantes.
— Ministère de la MARINE.
— Direction des PHARES.
Médailles. — SCHNEIDER et C°.
— Société des forges de l'OCÉAN
— Compagnie générale TRANS-
ATLANTIQUE.
— ROUX, Toulon.

GROUPE VIII

Classe 74

Médailles. — HARY, agriculteur, Oisy-le-
Verger.
— Comte DE KERGORLAY, agri-
culteur, Canisy.
— CHAMPONNOIS, instruments
agricoles, Paris.
— DE DOMBASLE, instruments
agricoles, Nancy.
— PINET, instruments agricoles
Abilly.
— GÉRARD, instruments agri-
coles, Vierzon.

Médailles. — CHEVANDIER DE VALDRÔME, Cirey.
— Chambre de Commerce de LILLE.
— TISSERAND, Paris.
— VALLERAND, machines, Moufflaye.
— DAMEY, Dôle.
— DELAHAYE-TAILLEUR, Liancourt.
— GAUTREAU, Dourdan.
— Société des Caves de ROQUEFORT.
— HAUSSMANN père, Paris.
— BERTRAND aîné, Béziers.
— SITGER, le Mans.
— SAMAIN, Blois.
— MABILLE frères, Amboise.
— MOREAU-CHAUMIER, Tours.
— FUSELLIER, Saumur.
— DE SAINT-ROMAS, Paris
— DE LAPPARENT, id.
— BLANCHARD et CHATEAU, id.

Classe 75

Médailles. — DELAVILLE, Bretteville-sur-Odon.

Médailles. — MARION, Blainville.
— CHARLIER, Paris.
— TURPAUD, Puissec.
— MANSOY, Paris.

GROUPE X

Classe 89

Hors concours. — Charles BARBIER, Paris.
— RAPET, id.

Classe 90

Hors concours. — POMPÉE, Ivry.

Classe 91

Hors concours. — MÉNIER, Paris.
— DEVINCK, id.
— HAAS, id.
— GROULT, id.
Médailles. — JAPY, Beaucourt.
— MIROY et Cⁱᵉ, Paris.
— GIEBHERDT, id.
— GOSSE, Bayeux.
— UTZSCHNEIDER, Sarreguemines.

INDEX ALPHABETIQUE

DES NOMS CITÉS DANS L'OUVRAGE

A

ABADIE, 244.
AGACHE, 393, 437, 478.
AGARD, 349.
AITKENS, 141.
AJAC, 159, 171, 209.
ALAIS, 243.
ALAMAGNY, 440, 479.
ALARD, 94, 398.
ALAUZET, 482.
ALBARET, 447, 472, 481.
ALBERT, 106.
ALCAN, 304, 390, 482.
ALDROPHE, 414, 470.
ALESSANDRI, 478.
ALEXANDRE, 390, 472, 476.
ALLARD, 68, 140, 173.
ALLUAUD, 108.
ALPHAND, 462, 470.
AMFRYE, 73.
ANDELARRE (D'), 303.
ANDELLE, 332.
ANDRÉ, 303, 305, 331.
ANDRÉ (Jacob), 142.
ANGERS (Ardoisières), 302, 331.
ANZIN, 443, 481.
APPERT, 210, 271, 303.
ARAGO, 121, 206.
ARBEL, 482.
ARLÈS-DUFOUR, 391, 402.
ARMAN, 394.
ARMET DE L'ISLE, 415, 445, 480.
ARNAUD, 209, 210, 302.
ARNAUD-GAIDAN, 434, 471, 477.
ARNAVON, 445, 480.
ARNOULD, 270, 301, 332.
ARPIN, 102, 139, 143.
ARROUX, 301.

ASHERMANN, 480.
ASSIER-PÉRICAT, 39.
ATKINS, 243.
AUBÉ, 209, 242.
AUBER, 270, 272, 301, 304.
AUBERGIER, 397.
AUBERT, 66, 72, 107, 445, 480, 481.
AUBERT (Louis), 242.
AUBERTOT, 208.
AUBRY, 333, 440, 471, 479.
AUCLERC, 330, 335.
AUCOC, 478.
AUDINCOURT, 331, 443, 479.
AUDRY, 21.
AUGER, 478.
AUGUSTE, 67, 73, 108.
AULOY-MILLERAND, 333.
AUTREMENT (D'), 171.
AUZOUX, 244, 272, 304, 333, 394, 476.
AVEYRON (Forges), 303, 331.
AVISSEAU, 434.

B

BABOIN, 479.
BACCARAT, 211, 233, 244, 272, 304, 332, 378, 394, 433, 474.
BACOT, 139, 143 171, 209, 242, 301, 305, 332.
BADIN, 72, 270, 301, 387.
BAILLEUL, 389.
BAKER, 243.
BALARD, 304, 414.
BALAY, 302, 332.
BALDUS, 431.
BALIGOT, 69.
BALLEYDIER, 333
BALME, 209.
BALSAN, 379, 439, 478.
BALTARD, 106.

BANSE, 171.
BAPST, 377, 398, 441.
BAPTEROSSES, 332, 389, 395, 398, 479.
BARBEDIENNE, 377, 395, 435, 471, 477.
BARBET, 130, 241, 302.
BARBEZAT, 377, 398, 415, 477
BARBIER; 472, 483.
BARDEL, 40, 70, 94.
BARDIN, 471.
BARILLET, 423, 462.
BARRAL, 390, 414.
BARRÉ, 20.
BARRÈRE, 482.
BARRÈS, 415.
BARROIS, 478.
BARY-MÉRIAN, 415.
BARYE, 394.
BASSAL, 46.
BATAILLE, 105.
BAUDE, 415.
BAUDOUIN, 330, 334, 415.
BAUDRY, 271, 303, 331.
BAUGRAND, 377, 398, 441, 469, 479.
BAUMGARTNER, 243.
BAUR, 335, 471.
BAUSON, 171.
BAUWENS, 38, 45, 67, 71.
BAYARD, 415.
BAYVET, 397, 446, 481.
BAZIN, 330.
BEAUFILS, 398.
BEAUFORT (DE), 472.
BEAUFOUR, 71.
BEAUNIER, 132, 141, 143, 172.
BEAUVAIS, 139, 143, 206, 270.
BEAUVOYS (DE), 330.
BÉCHET, 435, 477, 482.
BÉGUÉ, 333.
BÉHAGUE (DE), 330.

BÉHIC, 420.
BEHR (DE), 470.
BÉLANGER, 141, 142.
BELHIER, 245.
BELLA, 414.
BELLANGÉ, 208.
BELLEST, 471.
BELLONI, 107.
BELOT, 142.
BELVALETTE, 449, 482.
BÉNARD, 39, 46, 74, 104.
BENOIST, 303, 398.
BENOIT, 271.
BENOIT-CHAMPY, 472.
BÉRANGER, 331.
BÉRARD, 349, 397.
BÉRAUD, 395, 439, 471.
BÉRENGER-ROUSSEL, 304.
BERGER, 415.
BERGER-LEVRAULT, 431, 471.
BERNA-SABRAN, 270.
BERNADAC, 172.
BERNARD, 209, 441, 482.
BERNARD (Léopold), 296, 376, 388, 397, 442, 471.
BERNARDEL, 331.
BERNISET, 142.
BERNOVILLE, 389.
BERRUS, 390, 476.
BERTÈCHE, 270, 273, 301, 332, 439.
BERTÈCHE - LAMBQUIN , 242.
BERTHELOT, 482.
BERTHERAND, 301, 332.
BERTHIER, 21.
BERTHOLLET, 36, 40, 50, 121.
BERTHOUD, 18, 40, 67, 72, 140, 164, 238, 244, 303, 331, 335, 374.
BERTIN, 107.
BERTRAND, 389, 398, 483.
BESNARD, 472.
BESSAND, 441.
BESSON, 480.
BEST, 431, 476.
BEST-LELOIR, 304.
BETHOUARD, 481.
BEUCK, 301.
BEURDELEY, 433, 477.
BEZAULT, 434, 477.
BIAIS, 440, 478.
BIENNAIS, 140.
BIESTA-LABOULAYE, 304, 333.
BIÉTRY, 242. 270, 273, 301, 328, 332.
BIGNON, 475, 480.

BILLIET, 349.
BILLY (de), 272.
BINDER, 449, 472, 482.
BINGER, 472, 480.
BIOT, 206.
BIVERT, 389.
BIWER, 331.
BLANCHARD, 483.
BLANCHET, 244, 271, 272, 303, 304, 333, 375, 390, 415, 431, 476.
BLANCHON, 142, 302, 387, 398.
BLANQUI, 241, 269.
BLANZY, 415, 476.
BLECH, 130, 333.
BOBÉE, 272, 304.
BODIN, 330.
BODONI, 106.
BOHMÉ, 100.
BOIGEOL-JAPY, 415.
BOIGUES, 140, 172, 174, 210, 243, 258, 271, 303, 443, 479.
BOISSELOT, 303, 331. 390.
BOITEL, 471.
BOITIN, 271.
BON, 332.
BONIFACE, 70.
BONJOUR, 41.
BONNARD, 128, 141, 143.
BONNARD (de), 250.
BONNET, 302, 305, 332, 387, 398, 440, 445, 471.
BONTEMS, 70, 272, 304, 305, 469.
BONTOUX, 387.
BONVALET, 37, 46.
BORDIER, 107, 136.
BORDIER-MARCET, 244.
BOREL, 463, 477.
BORIE, 397, 482.
BORMAND, 172.
BORNÈQUE, 65, 133. 374.
BOSC, 41.
BOSQUILLON, 171, 209, 242, 245.
BOSSUT, 44, 106.
BOUAN, 70.
BOUCHART-FLORIN, 477.
BOUCHAT, 142.
BOUCHER, 258.
BOUCHERIE, 332, 371, 303.
BOUCHERON, 441, 479.
BOUCHON, 335.

BOUCHOTTE, 72, 415.
BOUGENAUX-LOLLEY, 445.
BOUGON, 304.
BOUGUERET, 303.
BOUILHET, 471.
BOUILLON, 331, 335, 349.
BOULAY, 70.
BOULEY, 390.
BOURCART, 478.
BOURDALOUE, 331, 397, 415.
BOURDON, 305, 330, 372, 397, 481.
BOURGEOIS, 38.
BOURKARDT, 305.
BOURLIER, 46.
BOUTAREL, 304, 445, 480.
BOUTET, 45, 72.
BOUVARD, 242, 270, 302, 398, 440.
BOUVIER, 21, 45, 72.
BOUXWILLER, 271, 303, 331. 397, 480.
BOYER, 472, 481.
BOYER-FONFRÈDE, 19.
BOYVEAU, 376.
BRAQUENIÉ, 398, 415, 434.
BRAUER (de), 471.
BRAULT, 481.
BRÉANT, 141.
BRÉGUET, 16, 20, 67, 72, 106 121, 140, 143, 164, 165, 172, 174, 210, 244, 303, 374, 397, 432, 435, 476, 477, 482.
BRETON, 141.
BRICE, 330.
BRICOGNE, 388.
BRONGNIART, 121, 241, 250, 269.
BRONSKI, 323, 330, 349.
BROQUETTE-GONIN, 332.
BROSSER, 69.
BROSSET, 387.
BRUNET (de), 391.
BRUNET-LECOMTE, 398, 472, 481.
BRUNNER, 303, 331, 374, 390, 476.
BRYAS (de), 387.
BURAN, 272.
BURAT, 335.
BURDIN, 211.
BURGIN, 142.
BURON, 106, 305, 331.
BUSSCHE, 150.

BUXTORF, 482.
BUYER (de), 210, 243, 303, 331.

C

CADOU-TAILLEFER, 260, 271.
CAGNIARD LA TOUR (b⁰ⁿ), 150.
CAHIER, 140, 173, 210.
CAHOURS, 21, 45, 64, 71.
CAIL, 272, 305, 319, 330, 372, 388, 393, 415, 448, 481, 482.
CALENGE, 330, 440.
CALLA, 39, 46, 106, 141, 155; 210, 271, 303, 319, 330, 373, 377.
CALLAUD-DELISLE, 304.
CALLIAT, 477.
CAMBRAY, 330.
CAMU, 305.
CAMUS, 270, 301.
CANDES, 244.
CANSON, 103, 139, 243, 304, 333, 335, 431.
CAPRON, 432.
CAQUET-VAUZELLE, 398, 415, 440.
CARCEL, 39, 46, 73, 107.
CARILLON, 331.
CARLHIAN, 469.
CARON, 108.
CARON-LANGLOIS, 272, 302.
CARPENTIER, 209, 331.
CARRÉ, 415.
CARREAU, 39, 46, 73, 107.
CARROZ, 438.
CARTIER-ROZE, 70.
CASALIS, 141, 211, 271, 303.
CASELLI, 449, 482.
CASIMIR, 395.
CASSE, 415, 437, 478.
CASTEL, 302, 349, 398.
CASTELBAJAC (DE), 151.
CASTELAZ, 480.
CASTOR, 482.
CAUCHOIX, 164, 210, 244, 245.
CAUSSADE, 482.
CAUTHON, 208.
CAVAILLÉ, 321.
CAVAILLÉ-COLL, 303, 331, 335, 395, 476.
CAVE, 67, 243, 245, 294, 303.
CAVARÉ, 415.
CAVELIER, 244, 300.

CAVENTOU, 196.
CAZAUX, 331.
CELLIER-BLUMENTHAL, 272.
CHABERT, 301.
CHABRIER, 472.
CHAGOT, 140, 165, 166, 173, 472.
CHALGRIN, 86.
CHALONS (ECOLE), 140, 172.
CHAMBON, 270, 301, 330.
CHAMBRELENT, 387.
CHAMPAGNE, 349, 398.
CHAMPAILLER, 389.
CHAMPONNOIS, 394, 482.
CHANCOURTOIS (DE), 470.
CHANOINE, 415.
CHANTIN, 472.
CHAPELLE, 272, 303.
CHAPER, 238.
CHAPONNIÈRE, 445, 480.
CHAPPAT, 480.
CHAPTAL, 18, 30, 121, 140, 143, 150, 165, 188.
CHARDIN, 435.
CHARLES, 238, 476.
CHARLIER, 472, 483.
CHARRIÈRE, 237, 272, 303, 305, 334, 349, 376, 394, 415, 432.
CHARTRON, 242, 270, 330.
CHARVET, 301.
CHATONAY, 139, 171, 209.
CHAUNY, 480.
CHAUSSENOT, 245, 332.
CHAUVREULX, 242, 270, 301, 332.
CHAVANNES, 331.
CHAYAUX, 171, 208, 209, 242.
CHEFDRUE, 242, 270, 273, 301, 332.
CHEMERY, 415.
CHENAVARD, 161, 172, 241, 243, 245.
CHENEST, 478.
CHENNEVIÈRE, 270, 301, 305, 332, 349, 390, 398, 439.
CHENOT, 397.
CHESNON, 301, 332.
CHEVALIER, 39, 67.
CHEVALIER (Michel), 269, 342, 390, 450.
CHEVALLIER, 244, 271, 331, 374, 432, 434, 471.
CHEVANDIER, 335, 483.
CHEVASSUT, 46.

CHEVREUL, 250, 265, 269, 393.
CHEYSSON, 470.
CHIRIS, 435, 477.
CHOCQUEL, 378, 397, 415, 434, 477.
CHOLLET, 21, 65, 397.
CHOMER, 398.
CHOVET, 270, 302.
CHRISTOFLE, 272, 298, 303, 377, 393, 415, 433, 477, 479.
CHUARD, 139, 171, 209.
CIMIER, 302.
CIREY, 398.
CIZANCOURT (DE), 415.
CLAIR, 481.
CLAPEYRON, 265.
CLAUDIN, 321, 376, 442.
CLAUSSE, 46.
CLAYE, 382, 398, 431, 476.
CLEMANDOT, 389.
CLÈRE, 388.
CLÉREMBAULT, 209, 270, 301, 302.
CLERMONT (DE), 480.
CLOUET, 20.
COBLENCE, 388.
COCHETEUX, 301.
COCHOT, 271, 294.
COCKERILL, 126.
COGNIET, 480.
COHEN, 391.
COHIN, 333.
COINTEREAU, 16.
COLAS DE BROUVILLE, 69.
COLIN DE CANCEY, 72.
COLLARD, 393.
COLLAS, 267, 395.
COLLET-DESCOTILS, 94.
COLLIER, 140, 155, 157, 173, 200, 210, 243, 271.
COLLIN, 432, 469, 476.
COLLINOT, 476.
COLMANT, 481.
COMBE, 374.
COMMENTRY, 443, 479, 481.
COMTE, 398.
CONSTANT, 332.
CONTÉ, 16, 20, 43, 68, 73.
CORBIÈRE (DE), 149, 182.
CORDERIER, 209.
CORDIER, 141, 211, 271.
CORDONNIER, 415, 438.
CORENWINDER, 472.
CORMOULS, 332, 415.

COSTAZ, 41, 68, 90, 94, 97.
COUCHE, 471.
COUDER, 304, 349.
COUDERC, 333, 349.
COUILLARD, 446, 481.
COULAUX, 105, 133, 140, 172, 210, 236, 243, 271, 292, 303, 331, 443, 479.
COURNERIE, 332, 480.
COURTOIS, 233, 472.
COURTOIS-GÉRARD.
COUSIN, 71.
COUSINEAU, 108.
COUTEAUX, 272.
COX, 270, 302, 333.
CRAPELET, 472.
CRESPEL, 330, 335.
CRESPEL-DELLISSE, 210.
CRÉTÉ, 431, 476.
CREUSOT (LE), 21, 39, 45, 107, 211.
CROIZAT, 333, 398.
CROOS (DE), 165.
CROUTELLE, 270, 301, 332, 378, 389, 398.
CROZIER, 270, 302.
CUBAIN, 415.
CUCHET, 45.
CUÉNIN, 142.
CUGNOLET, 105.
CUMENGE, 470.
CUMMING, 415, 447, 481.
CUNIN-GRIDVINE, 171, 209, 241, 269, 277, 332, 439.
CURANDEAU, 107.
CURNIER, 242, 270, 273, 301, 332, 335.

D

DAGOTY, 108.
DAGUERRE, 298.
DAGUIN, 479.
DAILLY, 390, 470.
DALICAN, 272, 304.
DALIPHARD, 437, 471, 478.
DALLE, 480.
DAMART-VILET, 73.
DAMEY, 472, 483.
DANEL, 431.
DANNET, 171, 242, 270, 273, 301, 332, 439.
DANSETTE-LEBLOND, 380.
DANTU-DAMBRICOURT, 480.
DARBLAY, 472.

DARCET, 18, 73, 135, 140, 143, 165, 178, 241, 269.
DARGENT, 330.
DARTHE, 108.
DASSERAT, 71.
DAUBENTON, 47.
DAUPHINOT, 301, 332.
DAVANNE, 476.
DAVILLIER, 333.
DAVIN, 398, 415.
- DEBAIN, 432, 476.
DEBARRY-MERLAN, 398.
DEBLADIS, 172, 210, 245.
DEBUCHY, 271, 301, 305, 332.
DECAISNE, 370.
DECAUX, 415.
DECAZES (Comte), 114, 149.
DECAZEVILLE, 271.
DECK, 434.
DECOSTER, 303, 330, 373.
DECRESNE, 71.
DECRETOT, 36, 44, 69, 100.
DECROMBECQUE, 330, 335, 471, 475.
DEFRESNE, 171, 209.
DEGEN, 142.
DEGOUSÉE, 319, 331, 481.
DEGOUVENAIN, 73.
DEHARME, 20, 43, 73.
DEISS, 480.
DEJOLY, 183.
DELACHAUSSÉE, 388, 397.
DELACOUR, 388, 397, 472.
DELADERRIÈRE-DUBOIS, 71.
DELAFONTAINE, 377, 415, 435, 477.
DELAHAYE, 45, 71, 102.
DELAHAYE-TAILLEUR, 483.
DELAITRE, 19, 44, 71, 102.
DELAMARRE-DEBOUTTEVILLE, 333, 387.
DELANOUE, 371.
DELAPLACE, 304, 440.
DELARBRE, 480.
DELAROCHE, 241.
DELARUE, 46, 70, 100, 141.
DELATOUCHE, 245.
DELATTRE, 270, 301, 332, 335, 438, 471, 478.
DELAVILLE, 483.
DELBUT, 304.
DELBUTTE, 334.
DELCAMBRE, 382.
DELEBAR, 398.
DELEBAR-MALLET, 478.

DELÉPINE, 45, 71, 102.
DELESSE, 481.
DELESSERT, 50, 67.
DELEUIL, 349, 434, 476.
DELFAU, 142.
DELICOURT, 304, 333, 349, 381, 395.
DELORE, 209.
DELVIGNE, 303, 321, 331, 385.
DEMARQUAY, 414.
DEMARSON, 435.
DEMESMAY, 330, 335.
DENAIN, 443, 479.
DENEIROUZE, 209, 242, 273, 332, 440.
DENIÈRE, 172, 208, 210, 243, 272, 333, 398, 435, 477.
DENNÉ, 107.
DENYS, 43.
DÉON, 245.
DEPOUILLY, 139, 143, 171, 302.
DEQUENNE, 139, 172, 210, 243, 271, 303.
DERNIAME, 385.
DEROSNE, 135, 141, 197, 211, 244, 245, 272, 319, 330.
DEROUET, 142.
DERRIEY, 415, 482.
DESARNOD, 20, 43, 73, 107, 140.
DESCAT, 245, 388, 445, 472, 481.
DESCAT-CROUZET, 332.
DESCROIZILLES, 46, 73, 103.
DESFOSSÉ, 415.
DESGENETAIS, 437, 478.
DESMALTER, 140, 272.
DESORMES, 162, 241.
DESPRÈS, 108, 480.
DESQUINEMARE, 73.
DESRAY, 74.
DESROSIERS, 335.
DESSOYE, 244.
DESVERNAY, 209, 242, 270, 302.
DETOUCHE, 435.
DETREY, 21, 45, 65, 71, 143.
DEVERIA, 391.
DEVÈZE, 301.
DEVILLERS, 71.
DEVINCK, 424, 470, 481, 483.
DEVISME, 321, 415, 442.
DEVRINE, 67, 72.
DHÉRENS, 389.

DICKSON, 415, 478.
DIDIER, 73, 104, 108.
DIDIERJEAN, 471.
DIDION, 293.
DIDOT, 16, 19, 20, 37, 39, 43, 67, 74, 106, 140, 143, 173, 211, 243, 244, 272, 375, 431.
DIDOT-SAINT-LÉGER, 131, 141, 210.
DIÉTERLE, 471.
DIÉTRICH (DE), 303, 331, 398, 443, 474, 479.
DIGNEY, 482.
DIHL. 20, 108.
DISCRY, 272, 304.
DIXON, 173, 210.
DOBLER, 332, 398.
DOBO, 141, 155.
DODILLET, 142.
DOGNIN, 415, 479.
DOLLÉ, 209.
DOLLFUS, 103, 130, 139, 242, 270, 272, 273, 302, 388, 437, 471, 478.
DOLLFUS-HUGUENIN, 230.
DOMBASLE (DE), 243, 482.
DOMENY, 331.
DOMMARTIN, 469.
DONAU, 446, 481.
DONNAT, 414, 470.
DORIAN, 443, 479.
DORVAULT, 375.
DOUDEAUVILLE (DE), 169.
DOUGLAS, 106, 126.
DOYEN, 171, 209.
DOYON, 334.
DREYFUS, 415, 479.
DRIEN, 301.
DROUARD, 245.
DROUILLARD-BENOIST, 271.
DROULERS, 398, 437, 478.
DROZ, 72.
DRU, 481.
DUBAUX, 43, 73.
DUBIED, 372, 373.
DUBOIS, 472.
DUBOSQ, 374, 415, 476.
DUBRUNFAUT, 394.
DU CAYLA (Comtesse), 207.
DUCEL, 471, 477.
DUCHARTRE, 469.
DUCHÉ, 301.
DUCHER, 332, 349, 415.
DUCOMMUN, 372, 373, 481.

DUCOUËDIC (Comte), 387.
DUCROQUET, 331, 349.
DUCRUSEL, 65, 72, 105.
DUCUING, 475.
DUFAUD, 141, 143, 163, 172, 245.
DUFOUR, 440.
DUFRESNE, 475, 476.
DUGAS, 101, 171, 270.
DUHAMEL, 333.
DULONG, 178.
DULOS, 472, 482.
DUMARESQ, 470.
DUMAS, 250, 269, 478.
DUMÉRY, 334, 482.
DUMINY, 69.
DUMONT, 244, 304, 461.
DUMOR-MASSON, 301, 332, 398.
DUMOULIN-FROMENT, 476.
DUPIN (Ch.), 187, 241, 250, 269, 328, 434.
DUPLESSIER, 70.
DUPOIRRIER, 108.
DUPONCHEL, 333, 398, 477.
DUPONT, 243, 472, 479.
DUPONT (Paul), 333, 382, 393, 431, 471.
DUPORT, 334, 335.
DUPREUIL, 270.
DUPUIS, 441, 482.
DUPUY DE LÔME, 394.
DUQUESNE, 349.
DUQUESNOY, 18.
DURAND, 333, 334, 389, 398, 415, 431, 445, 446, 471, 480, 481.
DURAND-BOUCHET, 242.
DURAND-CHANCEREL, 272, 304.
DURANDEAU-LACOMBE, 272, 304, 334.
DURIEU, 301.
DURENNE, 303, 319, 330, 335, 372, 415, 435, 477.
DURON, 441, 479.
DUSAUTOY, 441, 469.
DU SOMMERARD, 402, 414, 429, 471.
DUSOUICH, 397.
DUSSAUCE, 389.
DUTAC, 330.
DUTARTRE, 331, 472, 482.
DUTILLEU, 171, 173.
DUVAL, 415, 470.
DUVELLEROY, 440, 469, 479.

DUVERGER, 304.
DUVOIR-LEBLANC, 304, 332, 397, 477.

E

EASTWOOD, 244.
ECHARCON, 243, 272, 304.
ECK, 304, 333, 377, 398.
EDOUX, 450.
EDWARD, 238.
EGGLY, 242, 270, 301.
EHRLER, 449, 482.
EICHTHAL (D'), 265.
ELIE DE BEAUMONT, 476.
ELWEL, 481.
ENGELHARDT, 415.
ENGELMANN, 333.
ERARD, 136, 140, 173, 210, 244, 245, 271, 303, 349, 398, 432, 476.
ERHARD-SCHEEBLE, 431, 471.
ESTIVANT, 331, 349, 390, 443, 479.
EYMARD, 302.

F

FABRÈGES, 331.
FADVIER, 387.
FAGES, 209, 270.
FALATIEU (Baron), 210, 271, 303, 331.
FALCON, 389.
FALLOIS, 73.
FANIEN, 415.
FANIÈRE, 389, 415, 477.
FARCOT, 303, 319, 330, 335, 372, 393, 446, 472, 475, 481.
FARGETON, 332.
FARINAUX, 372, 374.
FAUCONNIER, 173, 210.
FAULER, 44, 73, 104, 172, 210, 243, 272, 304, 305, 335.
FAUQUET, 437.
FAUQUET-LEMAITRE, 243, 245, 270, 302, 333, 471, 478.
FAUQUIER, 72.
FAURE, 270, 302, 333, 398.
FAVEROT, 71.
FAVRE, 388.
FEIL, 332, 431, 476.
FERAY, 271, 302.

FESTUGIÈRE, 271, 302, 331.
FEUQUIÈRES, 499.
FEY, 398. 415.
FIÉVET, 445, 475, 480.
FIGUIER, 197.
FILHOL, 107.
FIOLET, 65.
FIVES-LILLE, 481.
FIZEAU, 335.
FLACHAT, 293, 319, 330, 372.
FLAGES, 21
FLAISSIER, 302, 333, 434, 477.
FLAUD, 372, 463.
FLAVIGNY, 69, 209, 242, 245, 270, 301, 332, 335, 439.
FLEUR (V'), 72, 105.
FLEURY, 72, 105.
FLORIN, 139.
FOCILLON, 390, 470.
FONTAINE, 241, 250.
FONTAINE-BARON, 330, 397.
FONTENAY, 441, 479.
FORTIER, 270, 301, 332.
FORTIN, 16, 40. 164, 173, 446, 481.
FORTIN-HERMANN, 482.
FOSSEY, 389.
FOUCAULT, 331, 481.
FOUCHÉ-LEPELETIER, 332.
FOUQUES, 172, 210.
FOURCADE, 445, 471, 480.
FOURCROY, 50, 188.
FOURDINOIS, 349, 395, 415, 433, 474.
FOURMAND, 142.
FOURMY, 39, 45, 73.
FOURNEYRON, 271, 273, 397, 481.
FOURNIER, 209, 210, 390.
FOURRIER-AUBRY, 416.
FRAISNAIS, 461.
FRANCHOT, 374, 388, 436.
FRANCILLON, 388, 393.
FRANÇOIS, 303.
FRANÇOIS DE NEUFCHATEAU, 7.
FRÉREJEAN, 105, 210, 243, 271, 302, 303, 307, 331.
FRESNEL, 164, 178.
FRICHOT, 173, 243.
FROHLICH, 335.
FROMENT, 416.
FROMENT-MEURICE, 304, 328, 333, 349, 377, 398, 435, 477.

FRONTIN, 69.
FURNION, 398.
FUSELLIER, 483.

G

GACHE, 294, 303, 397.
GAGNEAU, 436, 477.
GAIFFE, 431.
GAILLARD, 437, 478.
GALANTE, 432, 476.
GALIBERT, 449.
GALLE, 108, 172, 210, 243.
GALLIEN, 446, 481.
GALLOIS, 18, 434, 477.
GAMBEY, 140, 164, 173, 208, 210.
GAMOT, 389.
GAND, 478.
GANTILLON, 416.
GARDEUR, 204.
GARDON, 141.
GARNIER, 320, 331, 397, 431, 470, 474, 479.
GARNOT, 472.
GARRIGOU, 140, 172, 210.
GASTIENNE, 439.
GASTINE-RENNETTE, 296, 321, 376.
GATTELIER, 46.
GAUDET, 372, 394, 475.
GAUDRY, 71.
GAULTIER-LAGUIONIE, 200.
GAUPILLAT, 416.
GAUSSEN, 209, 242, 270, 301. 332, 335, 469.
GAUTHIER, 21, 69, 100, 334.
GAUTHIER-BOUCHARD, 445, 480.
GAUTIER, 440.
GAUTREAU, 483.
GAUVAIN, 331, 397.
GAY-LUSSAC, 94, 178, 206, 241, 269.
GAYET, 398.
GAYFFIER (DE), 470, 480.
GAYON-MARTIN, 69.
GEIGER (DE), 332, 377, 471.
GÉLIS, 416.
GELLÉE, 478.
GENGEMBRE, 72.
GENSOUL, 100.
GENSSE, 69, 100, 139.
GEORGES, 105.

GÉRANDO (DE), 94.
GÉRARD (Baron), 121, 241.
GÉRARD, 445, 447, 472, 478 480, 481, 482.
GERDRET, 139, 171, 173, 209
GERENTEL, 21.
GERENTET, 416.
GERMAIN, 472.
GERMON, 173.
GÉRUZET, 271, 302, 331, 387
GERVAIS, 402, 470.
GÉVELOT, 416.
GIBUS, 441.
GIEBHERT, 483.
GIFFARD, 416, 463.
GILBERT, 471, 472.
GILLÉ, 74.
GILLES, 389.
GILLET, 445, 481.
GILLET-LAUMONT, 18, 94.
GILLOU, 434, 471, 477.
GIRARD, 116, 242, 270, 272 302, 305, 398, 437.
GIRARD (DE), 128, 290, 300 303.
GIROD, 241, 269, 480.
GIRODON, 391, 478.
GIRON, 471.
GIROUD, 440.
GIROUX, 381, 437.
GISCARD, 100.
GIVET, 443.
GLAIZE, 171.
GOBELINS, 477.
GOBERT, 471.
GODARD, 173, 305, 471.
GODCHAU, 441.
GODEFROID, 270.
GODEFROY, 302, 333, 388.
GODEMAR, 270, 302, 398.
GODET, 45, 71, 102.
GODIN, 301, 330, 387, 480.
GOHIN, 73.
GOLDENBERG, 390, 443, 471 474, 479.
GOMME, 389.
GONARD, 108.
GONFREVILLE, 103, 172.
GONIN, 141.
GONNARE, 389.
GONORD, 140, 173.
GONTARD, 445, 480.
GOSSE, 416, 483.
GOUIN, 319, 330, 335, 372, 373, 415, 448, 481, 482.

GOUNON, 70.
GOUPIL, 431, 476.
GOURY, 44, 105.
GRAFF, 333.
GRAFFENSTADEN, 319, 373, 448, 481, 482.
GRAFFIN, 472.
GRAMAGNAC, 461.
GRAND, 139, 171, 270, 440.
GRAND-COMBE (LA), 481.
GRANDEAU, 470.
GRANDIN, 69, 100, 242, 270.
GRANDJEAN, 142.
GRANGER, 243, 245.
GRAR-NUMA, 332, 335.
GRASSET, 105.
GRASSOT, 333.
GRATEAU, 470.
GRAUX, 330.
GRÉAU, 209.
GREBERT, 445, 480.
GRÉGOIRE, 102, 440.
GREMONT, 20.
GRENET, 331, 349.
GRIGNON, 330, 480.
GRILLET, 270, 301, 305, 332.
GRILLON, 46, 71.
GRIMPÉ, 244, 273.
GRIOLET, 242, 273.
GROHÉ, 304, 333, 398, 415, , 433, 477.
GROS, 305, 402, 471.
GROS-DAVILLIER, 130, 139.
GROSJEAN, 272.
GROSJEAN-KŒCHLIN, 243.
GROS-ODIER, 242, 272, 302, 333, 393.
GROSRENAUD, 390.
GROS-ROMAN, 437, 478.
GROULT, 483.
GUAITA (DE), 236.
GUENTZ, 44, 105.
GUÉRARD, 20, 108.
GUÉRET, 433, 471, 477.
GUÉRIN, 105, 209, 273, 372.
GUÉRIN-PHILIPPON, 139.
GUERLAIN, 436.
GUÉROULT, 71.
GUERRE, 388, 397, 416.
GUEUVIN-BOUCHON, 331.
GUEYTON, 298.
GUIBAL, 69, 100, 291, 242, 243, 270, 273, 303, 331, 375, 397, 445, 470, 480, 481.

GUIBAL ANNE VEAUCE, 158, 171, 173, 208, 209, 242.
GUICHARD-PORTAL, 71.
GUILLARD-RÉMOND, 442.
GUILLARD-SENAINVILLE, 241.
GUILLAUME, 388, 397, 445, 481.
GUILLEMIN, 244.
GUIMET, 233, 244, 245, 271, 303, 332, 387, 393, 445, 480.
GUINAND, 270, 304, 332.
GUINON, 332, 349, 393, 445, 481.
GUIVET, 479.
GUYOT D'ARLINCOURT, 482.
GUYTON-MORVEAU, 41, 50, 94.

H

HAAS, 472, 479, 482, 483.
HACHE, 377, 433, 471.
HACHE-BOURGOIS, 172, 243, 271, 273, 303, 330.
HACHETTE, 150, 431, 476.
HAERNER, 73.
HALETTE, 142, 294.
HALPHEN, 470.
HAMELIN, 333.
HAMBLINCOURT (D'), 436, 477.
HAMOIR, 332, 388, 480.
HANAPIER, 71.
HANGARD-MAUGÉ, 476.
HARDY, 336, 470, 471.
HARDY-MILORI, 445, 480.
HARET, 472.
HARING, 106.
HARMEL, 438, 478.
HARO. 471, 476.
HARTMANN, 243, 245, 270, 272, 302, 333, 336, 397.
HARTNACK, 476.
HARY, 482.
HAUSSMANN, 103, 130, 139, 172, 209, 210, 242, 272, 483.
HAUTANCOURT (D'), 209, 242.
HAUTMONT, 443, 479.
HAVILAND, 434.
HAYEM, 441, 479.
HAZARD, 437.
HÉBERT, 242, 301, 332, 398, 416, 440, 478.
HECKEL, 302, 332, 389. 393.

HECQUET-D'ORVAL, 69, 103.
HEILMANN, 130, 139, 172, 244, 245, 397.
HENNECART, 271, 302, 333.
HENRAUX, 126.
HENRI, 72, 245.
HENRIOT, 209, 242, 245, 270, 301.
HENRY, 238.
HERBELOT, 440, 479.
HERHAN, 43, 140, 173.
HÉRICART DE THURY, 150, 169, 241.
HERLINCOURT (D'), 330.
HERMANN, 349, 372.
HERRENSCHMIDT, 334, 388, 446, 481.
HERVÉ-MANGON, 470.
HERZ, 303, 398, 415, 432, 476, 477.
HERZOG, 270, 302, 333.
HETTE, 388.
HEUZÉ, 333, 437, 478.
HEUZEÉ, 301, 440.
HILDEBRAND, 390.
HIMMER, 142.
HINDENLANG, 171, 172, 209. 242, 270.
HIRN, 461, 472, 475.
HIRSCH, 204.
HITCHENS, 332.
HITTORF, 390.
HOCHEREAU, 470.
HOFER, 139, 210, 302, 333.
HOLKER, 140, 105, 244.
HOLTZER, 443, 479.
HOMBERG, 100.
HOMON, 389, 437, 478.
HONORÉ, 203.
HOOCK, 477.
HOPER, 478.
HOREAU, 341.
HORTOLÈS, 472.
HOUEL, 336.
HONETTE, 334, 335, 446, 481.
HOULÈS, 301, 332.
HOUYAU, 330.
HUBER, 256, 262, 270, 271, 286.
HUBERT, 333.
HUGONET, 142.
HUGUENIN, 333, 397, 416.
HUGUENIN-DUCOMMUN, 331.
HULIN, 480.
HULOT, 388, 397.
HUOT, 71.

HUSSENOT, 440, 478.
HUTTER, 305, 332.
HUZARD, 50.

I

IMBERT, 416.
IMPHY, 243, 271, 443, 479.
INGÉ, 272.
IRROY, 105, 139.
ISENMANN, 389.

J

JACKSON, 172, 243, 271, 273, 303, 331, 372, 394, 443, 480.
JACOB, 45, 74, 211, 480.
JACOB-DESMALTER, 108, 304.
JACOND, 245.
JACQUART, 38, 46, 141, 143.
JACQUEMARD, 39, 46, 74, 104.
JACQUIN, 469.
JAMAIN, 472.
JANDIN, 333.
JANIN (Jules), 240.
JANVIER, 67, 72, 106, 164, 173.
JAPUIS, 243 272, 273, 302, 478.
JAPY, 65, 72, 106, 140, 172, 210, 236, 243, 244, 245, 271, 292, 303, 331, 349, 374, 393, 472, 475, 483.
JARRY, 398.
JAUBERT, 127, 159.
JAVAL, 210, 415.
JAYET, 331.
JEANDEAU, 72.
JEANNETY, 72.
JEANSELME, 381, 389.
JECKER, 39, 46, 67, 72, 105, 106.
JEFFERY-HORNE, 172, 216.
JESSAINT (DE), 209, 242.
JESSÉ, 332.
JOANNARD, 333.
JOBERT, 69.
JOBERT-LUCAS, 159.
JOHANNOT, 46, 72, 103, 139, 243, 333, 431.
JOLY, 73, 107, 171, 173, 319, 333, 448, 482.
JOUBERT, 73, 140.

JOUFFRET, 142.
JOURDAIN, 171, 173, 209, 242, 270, 301, 332, 333, 349.
JOURDAIN-DEFONTAINE, 471.
JOURDAN, 143, 273, 332.
JOURDAN-MORIN, 270.
JOURDE, 46.
JOURDIER, 472.
JOUVET, 74.
JOUVIN, 334, 440. 479.
JUBIÉ, 70, 100.
JULLIEN, 20, 446, 481.
JULLIENNE, 481.
JUMEAU, 442.

K

KAPPELIN, 333.
KARCHER, 479.
KASTNER, 478.
KEMPFF, 44, 73, 104.
KERGORLAY (DE), 481, 482.
KESTNER, 332, 397, 480.
KETTINGER, 130, 272, 302.
KIND, 336.
KLAGMANN, 435.
KLEBER, 272, 304, 333, 375, 431, 471, 476.
KLINGLIN (DE), 272, 304, 332.
KŒCHLIN, 103, 130, 139, 141, 143, 241, 242, 243, 245, 271, 302, 333, 372, 373, 387, 393, 397, 437, 469, 478.
KŒNIG, 476.
KOLB-BERNARD, 336.
KOPP, 416.
KRANTZ, 470.
KRETZ, 472.
KREUTZBERGER, 481.
KRIEGELSTEIN, 303, 331, 433.
KUHLMANN, 304, 332. 377, 445, 471, 480.
KUNTZER, 333.
KUTSCH, 16, 21.

L

LABBÉ, 172.
LABOULAYE, 415.
LABROSSE (DE), 471.
LABROSSE-RÉCHET, 270.
LACARRIÈRE, 333, 477.
LACAZE, 16.

LACROIX, 272, 304, 305, 334, 336, 374, 375, 431, 476.
LADRIÈRE, 172.
LAFFINEUR, 65.
LAFFON DE CAMARSAC, 476.
LAGAGHE, 332, 416.
LAGIER, 304.
LAGORCE, 171.
LAHURE, 382.
LA LOYÈRE (DE), 472.
LAMBERT, 270, 301.
LAMI, 142.
LAMY, 440.
LANÇON, 106, 398.
LANDON, 107.
LANGEVIN, 270, 302, 333, 349.
LANJUINAIS, 328.
LANNEAU, 388, 423.
LA PIERRE (DE), 477.
LA PLACE (DE), 243.
LAPPARENT (DE), 483.
LARCHER, 333, 398.
LARDEMER, 398.
LAROCHE, 333, 334, 390, 431.
LA ROCHEFOUCAULD (DE), 121.
LARSONNIER, 415, 438, 445, 471, 478, 480.
LASTEYRIE, 94.
LATACHE, 330.
LATOUR, 389, 441, 479.
LATRY, 478.
LAURENS, 303, 372, 388.
LAURENT, 107, 108, 140, 302, 303, 331, 333, 416, 481.
LAURET, 302, 332, 398.
LAURY, 390, 398.
LAVALLEY, 388, 463.
LAVEISSIÈRE, 443, 472, 479.
LAVERGNE (DE), 472.
LAVERRIÈRE, 210.
LAVILLE, 479.
LAVOISIER, 188.
LEBAS, 243, 271.
LEBAUDY, 461.
LEBEAU, 21.
LEBERT, 330.
LEBEUF, 244, 272, 304, 332, 377, 434, 477.
LEBLANC, 135, 142, 211, 245.
LEBON, 175.
LEBOYER, 461.
LEBRETON, 73.
LEBRUN, 304, 333, 389.
LECAMUS, 69, 100.
LECAMUS DE LIMARE, 163.

LECAT-BUTTIN, 388.
LECHESNE, 389.
LECLERC, 210, 243.
LECOINTE, 471.
LECOQ, 373, 435, 482.
LECOQ-GUIBÉ, 270.
LECOUTEULX, 336, 372, 481.
LECOUTURIER, 480.
LEFAUCHEUX, 321, 376, 397, 442.
LEFÉBURE, 302, 333, 334, 336, 398, 440, 470, 479.
LEFEBVRE, 63, 74, 304, 305, 331, 480.
LEFEBVRE-DUCATTEAU, 301, 332, 438, 471.
LEFÈVRE, 46, 69, 108, 396.
LEFORT, 265.
LEFRANC, 331,
LEFUEL, 470.
LE GAVRIAN, 481.
LEGENTIL, 206, 241, 250.
LEGRAND, 71, 304.
LEGRIX, 332, 416.
LEHAITRE, 481.
LEHOULT, 333, 336, 471.
LELARGE, 478.
LELIÈVRE, 71, 302, 319, 331.
LELONG, 209.
LEMAIRE, 74, 242.
LEMAITRE, 71, 302, 331, 437.
LEMAITRE-LAVOTTE, 437, 478.
LEMARIÉ, 330.
LEMERCIER, 304, 333, 398.
LEMIELLE, 372.
LEMIRE, 209, 242, 270, 272, 302, 304, 305, 331, 332, 398.
LEMOINE, 433.
LEMONNIER, 349.
LENFUMEY-CAMUSAT, 46, 71.
LENOIR, 16, 20, 39, 43, 67, 72, 106, 143, 164.
LEPAGE-MOUTIER, 321, 376, 442.
LEPAUTE, 106, 164, 303, 331, 397, 435, 482.
LEPEC, 471, 477.
LEPETIT-WALE, 16, 21, 45.
LE PLAY, 391, 402, 413, 423, 466, 470.
LEQUIEN, 416.
LEREBOURS, 67, 72, 106, 140, 161, 210, 244, 271, 331, 374, 397.

LEROI DE BETHUNE, 330.
LEROLLE, 435, 477.
LEROY, 103, 330, 434, 445, 477, 480, 481.
LETESTU, 372.
LETIXERAND, 37, 46, 65.
LÉTRANGE, 479.
LEUTNER, 209, 545, 270.
LEVACHER, 42.
LEVAINVILLE, 397.
LEVEILLÉ, 304, 331, 336.
LEVOL, 387.
LEVRAT, 134.
LHUILLIER, 445, 480.
LIÉGROIS, 73, 104.
LIÉNARD, 333, 349.
LIGNEREUX, 45, 74.
LINARD, 71.
LIOUD, 242, 270.
LOMBARD-LATUNE, 334.
LONGUEVILLE, 441.
LORMIER, 272.
LOTZ, 481.
LOUVET, 440, 469, 479.
LUCAS, 69, 270, 301, 332.
LÜER, 334, 376, 416.
LUPIN, 394.
LUTON, 39, 46.

M

MABILLE, 483.
MAËS, 332, 350, 398, 415, 477.
MAGE, 388.
MAGNIN, 390, 398.
MAHIEU, 70.
MAHIEU-DELANGRE, 333.
MAILLÉ, 171.
MAIRE, 332.
MAISSIAT, 209.
MALARTIC, 304.
MALIÉ, 101, 109, 143.
MALLET, 302, 336, 350, 398.
MALO-DICKSON, 302, 303, 398, 437.
MALOISEL, 385.
MALOT, 398.
MAME, 333, 382, 395, 431, 474.
MANBY, 210.
MANOURY D'HECTOT, 142.
MANSOY, 483.
MANTZ, 333.
MARAIS (LE), 243, 272, 304, 334, 375.

MARCEL, 301.
MARCELIN-LEGRAND, 333.
MARCHAND, 477.
MARCUS, 336.
MARÉCHAU, 461, 476, 480.
MARÈS, 475.
MARET, 83.
MARIENVAL, 440.
MARIETTE-BEY, 462.
MARIN, 385.
MARINONI, 373, 382, 482.
MARION, 397, 483.
MARNAS, 445, 481.
MARREL, 272, 350, 443, 479.
MARRET, 398.
MARSOULAN, 434.
MARTEL, 69, 100.
MARTELET, 470.
MARTIN, 243, 250, 271, 303, 330, 333, 389, 390, 395, 398, 416, 471, 482.
MARTINE, 336.
MASQUELIER, 472, 480.
MASQUILIER, 73.
MASSE, 332.
MASSENET, 303, 305.
MASSIN, 441.
MASSING, 256, 270, 286, 302, 332, 471, 479.
MASSON, 350, 394, 415.
MATAGRIN, 102, 139, 209.
MATHER, 480.
MATHEVON, 242, 270, 302, 350, 398, 440.
MATHIEU, 16, 376, 415, 416, 432, 474.
MATHIEU-PLESSYS, 472.
MATTLER, 104, 139, 172, 243.
MAUBERNARD, 301.
MAUBEUGE, 443, 479.
MAUREL, 331.
MAURIER, 270.
MAZELINE, 303.
MAZIÈRES, 66.
MAZURE-MAZURE, 477.
MEAUZÉ-CARTIER, 302.
MÉGARD, 333.
MEILLARD-BOIGUES, 273.
MELLERIO, 377, 398, 441, 470.
MÉNARD, 241.
MÈNE, 477.
MENET, 330, 336.
MÉNIER, 332, 377, 445, 480, 483.
MÉNONS, 479.

MENTION, 239, 243.
MÉRAT-DESFRANCS, 71.
MERCIER, 209, 331, 374, 388, 393, 433, 482.
MÉRIMÉ, 41, 94, 402.
MERKLIN, 471.
MERLE, 416, 445, 480.
MERLE-MALARTIC, 272.
MERLIÉ-LEFEBVRE, 331, 350.
MERLIN, 391.
MERLIN-HALL, 44, 73, 203.
MERMILLIOD, 471, 477.
MÉRO, 388, 435, 477.
MERTIAN, 140, 172.
MESMER, 388.
METTON, 105.
MEUGY, 387.
MEURER, 333.
MEYER, 303.
MEYNARD, 302.
MEYNIER, 271, 302, 393, 475.
MICHAUD, 73, 142.
MICHEL, 273, 388, 391, 397, 471.
MIDOCQ, 437, 478.
MIEG, 103, 139, 242, 270, 272, 302, 389, 398, 437, 478.
MIGEON, 292, 331.
MIGNARD-BILLINGE, 198.
MIGNERON, 241.
MILLE, 139, 171.
MILLET, 238.
MILLIET, 305, 377, 434, 477.
MILLING, 107.
MILLION, 398, 416.
MILLY (DE), 265, 272, 304, 331, 374, 397, 445, 480.
MIMEREL, 478.
MINGRE-BAGUENEAU, 71.
MIROUDE, 303, 330, 350.
MIROY, 483.
MISTRAL, 142.
MOITTE, 18.
MOLARD, 18, 41, 93, 118.
MOLÉ, 164, 173, 174.
MOLLERAT, 140.
MOLLET, 472.
MOLON (DE), 371.
MONDUIT, 472, 477, 482.
MONFORT, 45.
MONGE, 50, 93, 98, 188.
MONMOUCEAU, 172, 210, 243, 271, 303.
MONNIER, 470.
MONOT, 477, 481.

MONTAGNAC (DE), 382, 379, 389, 398, 433, 478.
MONTAL, 350.
MONTANDON, 478.
MONTATAIRE, 331, 443, 479.
MONT-CENIS, 39, 45.
MONTESSUY, 398, 416.
MONTGOLFIER (DE), 37, 41, 72, 94, 103, 139, 172, 272, 431.
MONTRICHER (DE), 394.
MONY, 265.
MORANE, 481.
MOREAU, 139, 172, 209.
MOREAU-CHAUMIER, 483.
MOREL, 304, 331, 385, 394, 431, 438, 476.
MOREZ, 69.
MORGAN, 45, 71, 102.
MORIN, 271, 301, 332, 389, 416, 479.
MOSBACH, 333.
MOTEL, 244, 271, 303.
MOTTE-BOSSUT, 416.
MOUCHEL, 103, 134, 140, 172, 210, 245, 304, 331, 387, 398, 443, 480.
MOULFARINE, 243.
MOURCEAU, 398, 416, 477.
MOURET, 72, 105.
MOUSSARD, 372.
MUEL-DOUBLAT, 271.
MULLER, 416.
MULOT, 319, 330.
MUNTZER, 44, 73.
MURET DE BORT, 270, 301.
MUSSEAU, 210.

N

NACHET, 374, 431, 476.
NAEGELY, 270, 333.
NAST, 108, 140, 173, 203, 211, 244.
NÉE, 107.
NÈGRE, 431.
NEUSTADT, 461, 482.
NICOLAS, 64, 108.
NIEPCE DE SAINT-VICTOR, 395, 476.
NILLUS, 331, 336, 372.
NIVIÈRES (DE), 388.
NODIER, 176.
NOËL, 44, 71, 102.

NOIR-DUFRÊNE, 46, 71.
NORMAND, 397, 416, 449, 482.
NORMANDIN, 440.
NUELLENS, 203.
NYSS, 272, 273, 304, 334, 397.

O

OBERKAMPF, 102, 103, 130, 139, 206.
OBERTHUR, 431.
ODELANT-DESNOS, 160.
ODIOT, 67, 73, 108, 134, 140, 173, 210, 243, 304, 333, 477.
OESCHGER, 479.
OGEREAU, 304, 305, 334, 446, 431.
OLIVE, 105.
OLIVIER, 74.
OLLAT, 209, 242, 270, 273, 302.
OLLIVIER, 469.
ONFROY, 71.
OPIGEZ-GAGELIN, 440.
ORIOL, 440, 479.
OSWALD, 331.
OUDIN, 106.
OUDRY, 435, 448, 479.

P

PAGÈS-BALIGOT, 332.
PAILLARD, 333, 350, 435, 471, 477.
PALLU, 336.
PALMIER, 389.
PANNIER-LAHOCHE, 434.
PAPE, 239, 244, 271, 273, 303.
PAPINAUD, 134.
PARFONRY, 477.
PARIS, 477.
PARISOT, 398, 434, 471, 477.
PASTEUR, 475.
PAT DE ZIN, 389.
PATOULET, 21.
PATOUX, 416.
PATRIAU, 350.
PATURLE, 241, 245, 394.
PATUROT, 46.
PAUWELS, 176.
PAVIE, 42, 146.
PAYEN, 244, 250, 391, 469.
PAYN, 20, 71.

PECQUEUR, 155, 173, 271, 303, 305.
PELLETIER, 160, 172, 196, 209, 271, 376.
PELLUARD, 72.
PELTE, 388.
PELTEREAU, 304, 334, 416, 446, 481.
PENIET, 106.
PENON, 477.
PEPIN-LEHALLEUR, 377, 433.
PERCIER, 121.
PERDONNET, 293.
PERDREAU, 142.
PÉREIRE, 265.
PERIER, 41, 50, 94, 238.
PÉRIN, 447, 472, 482.
PÉRINOT, 389.
PERNON, 70, 94, 101.
PERREAU, 482.
PERREAUX, 432.
PERRELET, 210, 244, 245, 271.
PERRET, 271, 397, 471, 480.
PERRIN, 26, 45, 72.
PERROT, 273, 303.
PERSON, 244, 390.
PETIN, 372, 376, 394, 475.
PETIT, 241, 302.
PETOU, 46, 100.
PEUGEOT, 388, 443, 472, 480.
PEYRE, 69.
PFEIFFER, 108.
PHILIPPE, 244, 271, 303, 476.
PHILIPPON, 209.
PIAT, 63, 74.
PIAT-LEFEBVRE, 103.
PICAULT, 416.
PICHOT, 164, 176.
PICQUOT-DESCHAMPS, 302.
PICTET, 38, 46.
PIERRARD-PARPAITE, 472.
PIERRON, 445, 481.
PIHAN, 416.
PIHET, 243, 271, 303.
PILAT, 480.
PILLE, 388.
PILLET, 171, 209.
PILLIVUYT, 203, 377, 434, 471, 477.
PIMONT, 302.
PINARD, 164.
PINART, 372, 479.
PINAUD, 441.
PINET, 440, 447, 481, 482.

PINTEVILLE-CERNON, 94.
PIOERRON DE MONDÉSIR, 481.
PIOT-JOURDAN, 272.
PIRANESI, 40, 46, 74.
PIVER, 436, 471, 477.
PLANTIER, 105.
PLÉE, 470.
PLEYEL, 210, 239, 244, 245, 271, 303, 328, 398, 432, 476.
PLON, 333, 350, 382, 396.
PLUMMER, 272, 304, 334, 397.
PLUMMER-DONNET, 21, 45, 104.
PLUVINAGE, 102.
POIDEBARD, 172, 208, 209.
POIRÉE, 271, 394.
POIRRIER, 480.
POISAT, 244.
POITEVIN, 270, 301, 416.
POIZAT, 398.
POLIGNAC (DE), 171, 191, 209, 242, 270.
POLONCEAU, 372.
POMPÉE, 471, 483.
PONCET, 304.
PONGIBAUD (DE), 303.
PONS, 106, 164, 173, 210, 271.
PONS DE PAUL, 244, 273, 303.
PONSON, 333, 398, 440.
PONT-SAINT-OURS, 243.
POPELIN-DUCARRE, 350.
PORON, 479.
POTTER, 20, 73.
POTTON, 270, 302, 332, 335.
POUCHET, 71, 106, 130.
POUGNET, 416.
POUILLET, 241, 250, 260.
POULOT, 481.
POUPARD DE NEUFLIZE, 100, 140, 143, 171, 209.
POUPART, 173, 200, 210.
POUSSIELGUE-RUSAND, 377, 477.
POUYAT, 377, 389.
POWEL, 446, 481.
PRÉTERRE, 476.
PRÉVOST, 270, 301, 416.
PRIGNOT, 476.
PRILLEUX, 472.
PRONY, 41, 178.
PROST, 142.
PRUDON, 16.
PRUINES (DE), 443, 479.
PRUNET, 71.

PUGENS, 210.
PUJOL, 71.

Q

QUENNESSEN, 350.
QUÉRET, 330.
QUESNÉ, 171, 209.
QUIGNON, 439.
QUILLACQ, 472, 481.

R

RAABE, 471.
RACAULT, 433.
RAEPSEL, 73.
RAIMBERT, 469.
RAINGO, 377, 435, 471, 477.
RAMBAUD, 332.
RAMBERT, 476.
RAMBOURG, 443, 479.
RANDOING, 242, 301, 349.
RAOUL, 21, 45, 72, 133.
RAOUX, 303, 331, 336.
RAPET, 483.
RATTIER, 231, 243, 303, 331, 375, 445, 480, 482.
RAVIER, 333.
RAVRIO, 108.
RAYMOND, 41, 86, 94, 130, 141, 143.
RÉCICOURT (DE), 69.
REDIER, 374.
REIMONT, 243.
RÉMOND, 172.
REMQUET, 391.
RENARD, 301, 331, 332, 376, 416, 469.
RÉQUILLART, 333, 350, 398, 434, 477.
REVERCHON, 242, 245.
RÉVILLIOD, 171.
RÉVILLON, 445, 480.
REY, 171, 174, 183, 206, 242.
RIBOULLEAU, 139, 242.
RICHARD, 46, 71, 102, 441.
RICHEMONT (DE), 206, 272, 304.
RICHER, 330.
RIÉDER, 244.
RIEUSSEC, 388.
RIGOLET, 448, 472, 482.
RISSLER, 155, 173, 210, 374.
RIVOLLIER, 372.

ROARD, 140, 173, 271.
ROBERT, 45, 65, 72, 104, 106, 142, 243, 303, 330, 331, 476.
ROBERT-FAURE, 416.
ROBICHON, 302, 389, 398.
ROBILLARD, 106.
ROBIQUET, 376.
ROCHEBLAVE, 171, 209.
ROCHEBRUNE, 72.
ROCHER, 332.
ROCHET, 38, 46.
RODANET, 374.
RODUWART, 482.
ROËLAND, 165.
ROGELET, 438, 471, 478.
ROGER, 438.
ROGIER, 39, 74, 103.
ROHLFS, 399.
ROITIN, 243.
ROLAND, 71.
ROLLAND, 397.
ROLLÉ, 155.
ROLLER, 244, 271, 303, 305.
ROMAN, 242, 272, 302, 333, 393, 415.
ROMILLY, 140, 172, 243, 271, 302, 331, 398.
RONDELET, 440, 469, 478.
RONDOT, 326, 390.
ROSSIGNEUX, 377.
ROSSIN, 271.
ROSWAG, 172, 210, 243, 271, 302, 305, 331, 398, 443, 479.
ROUDILLON, 433, 471, 477.
ROUFFLET, 211.
ROUGIER, 398.
ROUHER, 420, 465.
ROULET, 445, 480.
ROUQUAIROL - DENAYROUZE, 481.
ROUQUÈS, 416, 445, 481.
ROUSSEAU, 64, 73, 304.
ROUSSEL, 398, 434, 477.
ROUSSEL-GRIMONPREZ, 66.
ROUSSELET, 301.
ROUSSELOT, 332.
ROUSSI, 336.
ROUSSY, 302, 333.
ROUVENAT, 333, 377, 389, 398, 441, 479.
ROUVIÈRE-CABANES, 242.
ROUVILLE, 63.
ROUX, 242, 301, 433, 477, 480, 482.

ROUX-CARBONNEL, 201, 209.
ROZE-CARTIER, 208.
RUDOLPHI, 304, 333, 350.
RUFFIÉ, 172, 210, 243, 303.
RUHMKORFF, 388, 431, 476.
RUOLZ (DE), 298, 332.
RUSSINGER, 16, 45, 73.

S

SABRAN, 171, 209, 242, 270, 273, 332.
SAHUT, 480.
SAINT-ANDRÉ, 244.
SAINT-BRIS, 133, 140, 143, 172, 210, 243.
SAINT-CRICQ (DE), 203, 208, 244.
SAINT-ETIENNE, 172.
SAINT-GOBAIN, 140, 173, 211, 244, 271, 304, 332, 394, 433, 477.
SAINT-LÉGER (DE), 391.
SAINT-LOUIS, 37, 65, 244, 272, 332, 398, 477.
SAINT-OLIVE, 171, 209.
SAINT-PAUL DE SINÇAY, 387.
SAINT-POL, 302.
SAINT-QUIRIN, 244, 272, 304, 332.
SAINT-ROMAS (DE), 483.
SALINES DE L'EST, 332.
SALLANDROUZE-LA-MORNAIX, 39, 46, 74, 103, 243, 245, 302, 337, 434, 477.
SALMON, 469.
SALNEUVE, 21, 45, 106, 141.
SAMAIN, 483.
SAMSON, 303.
SANDOZ, 2, 435.
SANSON, 46.
SARRETTE, 94.
SAULNIER, 72, 244, 271, 273, 303.
SAUNIER, 435.
SAUTTER, 397, 472, 482.
SAVALLE, 448, 481.
SAVARD, 472.
SAVART, 241, 250, 441.
SAVARY, 333.
SAVOYE, 333.
SAX, 331, 336, 383, 395, 474.
SCHAEFFER, 471.
SCHALLER, 333.

SCHANN, 333.
SCHARF, 477.
SCHATTENMANN, 305, 415, 475.
SCHEURER-ROTT, 478.
SCHEV, 45, 140.
SCHLOSS, 389, 437, 478.
SCHLOSSMACHER, 477.
SCHLUMBERGER, 130, 209, 230, 242, 270, 271, 272, 302, 303, 374, 390, 437, 478, 482.
SCHMALTZ, 302, 332.
SCHMIDT, 108.
SCHNEIDER, 166, 258, 271, 294, 303, 319, 331, 372, 376, 402, 448, 449, 450, 472, 474, 475, 482.
SCHULZ, 389, 395, 439.
SCHWARTZ, 333, 388, 392, 398.
SCHWILGUÉ, 155, 303.
SCRIVE, 243, 245, 271, 302, 303, 330, 333, 350, 387, 482.
SEBILLE, 416.
SECRETAN, 331, 374, 476.
SEGHER, 73.
SÉGUIER, 241, 269.
SÉGUIN, 139, 155, 161, 171, 209, 331.
SEIB, 334.
SELLIÈRE, 258, 333, 391, 478.
SENEFELDER, 136, 155.
SERCILLY, 72.
SERRET, 331.
SERRET-LELIÈVRE, 303.
SERVANT, 416, 445, 477, 480.
SEVAISTRE, 332.
SÈVE, 398.
SEVENNE, 46, 102, 139, 140.
SÈVRES, 477.
SEYDOUX, 350, 394, 415, 438, 471, 478.
SEYRIG, 397.
SIEBERT, 389, 394, 438, 478.
SIGNORET, 434.
SILBERMANN, 333.
SIMON, 74, 100, 333, 389, 390, 398.
SITGER, 483.
SMITH, 45.
SOLAGES, 44, 106.
SOLEIL, 336, 434.
SOLLIER, 37, 44, 70.
SOMMELET-DANTAN, 397.
SOREL, 271, 336.

SOUCARET, 333.
SOUCHE, 334.
SOUDRA, 71,
SOUFFLETO, 331.
SOYEZ, 272, 273, 304.
STEHELIN, 262, 271, 303, 319, 330, 374, 482.
STEINBACH, 333, 350, 397, 437, 478.
STEINER, 397, 416.
STERLINGUE, 272, 334.
STERN, 476.
SUDDS, 243.
SUDRE, 385.
SUEUR, 446, 481.
SUSER, 472.
SUSSE, 377.
SUTAINE, 301, 332.

T

TABOURIER, 438, 478.
TAGNARD, 470.
TAHAN, 381, 478.
TAILBOUIS, 415, 479, 482.
TALABOT, 243, 271, 331.
TALMOURS (DE), 304, 332.
TARBÉ, 272.
TARBÉ DE VAUXCLAIRS, 241.
TAURINES, 416, 482.
TAYLOR, 243.
TEILLARD, 302, 332, 350, 398.
TEISSIER, 330.
TEISSONNIÈRE, 470.
TELLIER, 461.
TEMPLIER, 471.
TERNAUX, 37, 44, 64, 69, 100, 121, 127, 139, 143, 153, 154, 158, 159, 171, 200.
TERNYNCK, 301, 438, 472, 478.
TÉROUELLE, 478.
TERRE-NOIRE, 443, 480.
TESSIÉ DU MOTAY, 461, 476, 480.
TEYSSIER-DUCROS, 242, 270, 302.
THÉNARD, 206, 241, 250, 269, 303, 305, 476.
THEVARD, 232.
THIBAULT, 244, 331.
THIBAUT (Germain), 301.
THIBER, 302.
THIÉBAUT, 271, 302, 377, 416, 435, 477.

THIERRY-MIEG, 478.
THIERS, 217, 251.
THILORIER, 39, 107.
THIROUIN, 21, 72.
THOMAS, 242, 303, 331, 372, 446, 481.
THOMIRE, 108, 134, 140, 172, 210, 243, 245, 272, 304.
THONNELIER, 303, 330.
THORAILLER, 434, 477.
THORON, 62, 69.
THUNOT-DUVOTENAY, 388.
TIBERGHIEN, 102.
TISSERAND, 483.
TISSIER, 388, 445, 480.
TISSOT, 72.
TOUAILLON, 481.
TOUROUDE, 16.
TOURROT, 173.
TOUSSAINT, 336.
TRABUCCHI, 74.
TRANCHARD-FROMENT, 301, 332, 336.
TRAPP, 471, 478.
TRAPPE, 398.
TRAVERS, 331.
TRÉLON, 334, 350.
TRÉMEAU-ROCHEBRUNE, 103.
TRÉMEAUX, 171.
TRÉSEL, 372.
TREUTTEL, 107.
TRIBOUILLET, 332.
TRICOT, 333.
TRIÉBERT, 398, 476.
TROSTORFF, 63.
TROTRY, 70.
TRUCHY, 440, 479.
TURGIS, 208, 209.
TURPAUD, 483.
TUVION, 244.

U

UTZSCHNEIDER, 37, 44, 65, 73, 108, 140, 143, 173, 202, 211, 244, 272, 304, 433, 477, 483.

V

VACHER, 70.
VACHON, 388, 393.
VALENTIN, 73.
VALLERAND, 483.

VALLERY, 271, 303.
VANDERBERGUE, 69.
VANDERCOLME, 388, 480.
VAN DER SCHELDEN, 73.
VANDESSEL, 46, 70, 101.
VANEL, 440.
VANNIER, 45, 104.
VANTROYEN, 243, 270, 302, 333.
VARALL, 481.
VATINEL, 71.
VAUCANSON, 237.
VAUGEOIS, 440, 479.
VAUQUELIN, 50, 188, 439, 471, 478.
VAYSON, 271, 302.
VECHTE, 394.
VEDY, 350, 374.
VERDÉ-DELISLE, 440, 471, 479.
VERDIÉ, 479.
VERDIER, 388.
VERMONT, 73.
VERREAUX, 445, 480.
VERTHEIM, 390.
VEYRAT, 377.
VIALAS, 479.
VIALÈTES D'AIGNAN, 69.
VIALIS, 171.
VIARD, 155, 173.
VIBRAYE (DE), 480.
VIC, 172.
VICAT, 211, 394.
VIDALIN, 272, 304.
VIDECOQ, 398.
VIEILLARD, 331, 389, 480.
VIEILLARD-MIGEON, 443, 479.
VIEN, 18.
VIGNAT, 270, 302, 332, 350, 398.
VIGNIER, 475.
VILLARMAIN, 72, 103.
VILLEMINOT-HUARD, 416, 433.
VILLEROY, 73.
VILMORIN, 390.
VILMORIN - ANDRIEUX, 475, 480.
VINCENT, 41, 94.
VINCHON, 73.
VIOLET, 435.
VIOT, 471, 477.
VISSER, 70.
VISSIÈRE, 416, 477.
VITAL-ROUX, 332.
VITALIS, 141, 143.

VITET, 446, 481.
VITU, 469.
VORUZ, 372.
VUILLIAUME, 271, 303, 395, 476.

W

WAGNER, 239, 243, 272, 303, 331, 350, 397.
WALBAUM, 398.
WALFERDIN, 397.
WALLAERT, 437, 478.
WALTER, 73.

WARD, 374.
WARNERY, 338.
WARNOD, 331.
WATTEEN, 332.
WEIL, 334.
WEILLER, 37.
WELDON, 334.
WELTER, 143.
WENDEL (DE), 172.
WHITE, 72.
WIDMER, 141, 143.
WILLIAUME, 350.
WINDSOR, 397.
WINNERL, 271, 303, 305, 374. 387, 397.

WOLFF, 416.
WOLFEL, 331, 363.
WULVÉRYCK, 481.
WURTZ, 414.

Y

YÉMENIZ, 139, 270, 302, 333.

Z

ZUBER, 104, 243, 245, 333, 336, 398, 434, 471, 477.

TABLE DES MATIÈRES

		PAGES
	Préface	V
1ʳᵉ	Exposition de l'Industrie (PARIS) 1798	5
2ᵐᵉ	— — — 1801	29
3ᵐᵉ	— — — 1802	53
4ᵐᵉ	— — — 1806	79
5ᵐᵉ	— — — 1819	113
6ᵐᵉ	— — — 1823	149
7ᵐᵉ	— — — 1827	181
8ᵐᵉ	— — — 1834	217
9ᵐᵉ	— — — 1839	249
10ᵐᵉ	— — — 1844	277
11ᵐᵉ	— — — 1849	309
1ʳᵉ	Exposition universelle (LONDRES) 1851	341
2ᵐᵉ	— (NEW-YORK) 1853	353
3ᵐᵉ	— (PARIS) 1855	359
4ᵐᵉ	— (LONDRES) 1862	401
5ᵐᵉ	— (PARIS) 1867	419
	Index alphabétique.	1

BIOGRAPHIES ET PORTRAITS

ARMET DE L'ISLE.

BARBEDIENNE.

BERNARD (Léopold).

BRUNNER.

CALLA.

COLLINOT.

DECK.

ÉRARD.

JACQUART.

MAME.

OBERKAMPF.

PIVER.

SAVALLE.

SCHNEIDER.

TERNAUX.

IMPRIMERIE
LÉON SAULT
PARIS

www.ingramcontent.com/pod-product-compliance
Lightning Source LLC
Chambersburg PA
CBHW031357210326
41599CB00019B/2803